Michael Beißwenger

Sprachhandlungskoordination in der Chat-Kommunikation

Linguistik – Impulse & Tendenzen

Herausgegeben von
Susanne Günthner
Klaus-Peter Konerding
Wolf-Andreas Liebert
Thorsten Roelcke

26

Walter de Gruyter · Berlin · New York

Michael Beißwenger

Sprachhandlungskoordination in der Chat-Kommunikation

Walter de Gruyter · Berlin · New York

Dissertation, Universität Dortmund 2007

♾ Gedruckt auf säurefreiem Papier,
das die US-ANSI-Norm über Haltbarkeit erfüllt.

ISBN 978-3-11-020050-8
ISSN 1612-8702

Bibliografische Information der Deutschen Nationalbibliothek

Die Deutsche Nationalbibliothek verzeichnet diese Publikation in der Deutschen Nationalbibliografie; detaillierte bibliografische Daten sind im Internet über http://dnb.d-nb.de abrufbar.

Einbandgestaltung: Christopher Schneider, Berlin

Meinen Eltern

Vorwort

Die vorliegende Arbeit wurde im März 2007 von der Fakultät Kulturwissenschaften der Universität Dortmund als Dissertation angenommen. Für kontinuierliche Ermunterung bei der Konzeption meines Forschungsvorhabens, für zahlreiche Anregungen, konstruktive Diskussionen und Hilfestellungen bei seiner Umsetzung und nicht zuletzt für ein stets inspirierendes Forschungs- und Arbeitsklima danke ich Angelika Storrer. Ludger Hoffmann danke ich für viele wertvolle Hinweise sowie für das Interesse, mit dem er mein Vorhaben begleitet und mich bei seiner Verwirklichung beraten hat.

Ein geeigneter motivationaler und institutioneller Rahmen bildet *einen* wichtigen Faktor, um ein Buch zu schreiben – mindestens ebenso wichtig ist ein privates Umfeld, das Freiräume gewährt, in deren Rahmen eine Ausarbeitung und Reflexion theoretischer Konzepte überhaupt erst möglich wird. Für die Ermöglichung solcher Freiräume und für eine weitestgehende Entlastung von Obliegenheiten des privaten Alltags in den verschiedenen Phasen des Arbeitsprozesses danke ich meiner Frau Alexandra.

Die Organisation und Durchführung der Datenerhebungen zu Nutzeraktivitäten beim Chatten wäre nicht möglich gewesen ohne die tatkräftige Unterstützung von Jan Liemen, Bianca Selzam und Anika Steffenhagen. Martyna Zaczek hat engagiert an der Erarbeitung der Transkripte mitgewirkt und mich immer wieder auf Zweifelsfälle aufmerksam gemacht, die bei der Ausarbeitung des Transkriptionsformats noch zu berücksichtigen waren. Den Mitarbeitern des Medienzentrums der Universität Dortmund danke ich für Hilfestellungen bei der Anfertigung und technischen Aufbereitung der Video- und Screencam-Aufzeichnungen. In verschiedener Funktion haben mich darüber hinaus Claudia Beißwanger, Julia Heinrich, Alexander Kurek, Vera Pleßer, Nadja Radtke, Birgit Reuter, Annemarie Waschk und Nicole Wilkens unterstützt. Ihnen und allen weiteren Personen meines beruflichen und privaten Umfelds, die mich während der Ausarbeitung meines Projekts begleitet und ihren Teil zu seiner Fertigstellung beigetragen haben, gilt mein besonderer Dank.

Inhalt

1 Einleitung

Die wissenschaftliche Beschäftigung mit Formen internetbasierter Kommunikation – E-Mail, Mailinglisten, Newsgroups, Foren und Bulletin Boards, Internet Relay Chat, Webchat und Instant Messaging, netzgestützter Telefonie, Weblogs, Websites und Wikis[1] – stellt zwar ein vergleichsweise junges Feld sprachwissenschaftlicher Forschung dar, kann aber im Jahre 2007 aufgrund ihrer regen und ertragreichen Entfaltung über die letzten eineinhalb Jahrzehnte als ein Forschungsfeld bezeichnet werden, das seinen „Exotencharakter" abgelegt und sich als eine weithin akzeptierte Domäne im interdisziplinären Feld von Sprach-, Human-, Sozial-, Kommunikations- und Medienwissenschaften etabliert hat.

Die „Pionierphase" der Bestandsaufnahme und Gegenstandskonstituierung seit Anfang der 90er-Jahre hat in einer Reihe wichtiger Überblicksdarstellungen und explorativer Einzelstudien zu verschiedenen Phänomenen und Formen internetbasierter Kommunikation eine Kartographie des Feldes und der darin zu studierenden sprachlichen, interaktionalen und sozialen Besonderheiten hervorgebracht. Dabei hat sich gezeigt, dass die internetbasierte Kommunikation für die benannten Disziplinen nicht lediglich ein Anwendungsfeld darstellt, sondern dass die Beschäftigung mit den Merkmalen internetbasierter Kommunikationsprozesse und ihrer Kontexte durchaus auch neue Perspektiven eröffnet, etablierte Konzepte zur Beschreibung und theoretischen Modellierung sozialer Interaktion und soziokommunikativer Konstituierung von Sinn und Verstehen neu zu diskutieren. So haben sich beispielsweise für das psychologische Konzept der *Identität* sowie die soziologischen Konzepte *Gruppe* (*Community*) und *(soziale) Beziehung* durch die Gegenwart „virtueller" Formen sozialer Interaktion

1 Auf eine Nachzeichnung der Geschichte des Internet und seiner Dienste wird in dieser Arbeit verzichtet. Fundierte Überblicksdarstellungen lassen sich in diversen Vorgängerarbeiten zum Gegenstand nachlesen; ich verweise diesbezüglich auf Kap. 1 („Das Internet als neues Medium") in Runkehl, Schlobinski & Siever (1998) und auf die Kap. 1 („Entwicklung und Bedeutung des Internet") und 2 („Dienste und Anwendungen im Internet") in Döring (2003). Eine ausführliche, wenig „technische" und gut lesbare Gesamtdarstellung der Geschichte des Netzes (die allerdings mit dem Aufkommen des World Wide Web endet) bieten Hafner & Lyon (2000). – Möglichkeiten zur Typologisierung von Formen internetbasierter Kommunikation werden in Kap. 2 dieser Arbeit aufgezeigt.

und Organisation auf der Basis von Computernetzen Gegenstände ergeben, deren Vereinbarkeit mit „traditionellen“ Konzeptualisierungen von *Identität*, *Gruppe* und *Beziehung* nicht immer unproblematisch ist und die zu einer detaillierten Auslotung dessen einladen, was an ihnen als spezifisch „neuartig“ zu gelten hat.[2]

Eine Frage, die insbesondere für die Linguistik von Interesse ist, ist die Verortung der mit dem Internet gegebenen neuen Formen des Kommunizierens in Bezug auf die beiden fundamentalen Praktiken sprachlichen Handelns *Text* und *Gespräch* (beziehungsweise in der Terminologie der Funktionalen Pragmatik *Text* und *Diskurs* oder in der Terminologie der angloamerikanischen Discourse Analysis *text* und *conversation*). Diese Arbeit fokussiert auf die Chat-Kommunikation und versucht, die Frage der Gesprächshaftigkeit chatbasierter Kommunikation durch Miteinbeziehung einer individuenzentrierten Sichtweise auf die Kommunikationsteilhabe neu zu stellen und zu bearbeiten. Dass die Chat-Kommunikation in verschiedenen ihrer Eigenschaften dem Gespräch deutlich näher steht als dem Text, ist unbenommen und auch in der Forschungsliteratur zum Thema weitgehend unstrittig. Probleme bereitet aber nach wie vor eine genaue Verortung des Chat in seiner Stellung zum Gespräch. „Wenn Chat nicht *Text* ist“, so müsste man meinen, „dann kann Chat eigentlich nur *Gespräch* sein“. Ganz so einfach ist es aber nicht, da Chat andererseits auch Merkmale aufweist, die ihn in deutlicher Differenz zum Gespräch zeigen. Die Frage, die sich stellt, ist die, wie strapazierfähig eine Kategorie *Gespräch* angelegt sein muss, die die Chat-Kommunikation integriert bzw. ob hinsichtlich der charakteristischen Differenzen chatbasierter Interaktion zum Gespräch eine Einordnung unter die Kategorie *Gespräch* noch praktikabel erscheint und theoretisch wünschenswert ist.

Von Seiten der Chatter[3] wird die Chat-Kommunikation in starker Nähe zum Gespräch verortet beziehungsweise mit einer Form des Gesprächs identifiziert: „Chatter meinen zu reden, wenn sie schreiben“ (Hess-Lüttich & Wilde 2003: 59). Dies zeigt die Metaphorik, mit welcher im Chat *auf* den Chat (als Form), auf die ausgetauschten Beiträge oder auf den Austausch als solchen Bezug genommen wird. Die hierbei verwendete Lexik entstammt nahezu ausnahmslos dem Bereich ‚Sprechen – Gespräch – mündliche Kommunikation‘, Lexik aus dem Bereich ‚Schreiben – Text – schrift-

2 Für die Sozialpsychologie zeigt dies ausführlich Döring (2003: Kap. 6-8) am Beispiel der Konzepte *Identität*, *Beziehung* und *Gruppe*.

3 In dieser Arbeit wird, wenn feminine und maskuline Formen von Nomina nicht explizit unterschieden werden, die unmarkierte Form als generischer Bezeichner sowohl für weibliche als auch für männliche Vertreterinnen und Vertreter der damit bezeichneten Klasse verwendet.

liche Kommunikation' kommt hingegen nur sehr selten vor. Nachfolgend einige Beispiele für Gesprächsmetaphern bei der Bezugnahme auf Chat-Kommunikation, Chat-Beiträge und chatbasierten Austausch – wobei dahingestellt sei, ob den Chattern der metaphorische Charakter der verwendeten Ausdrücke tatsächlich immer bewusst ist:[4]

reden:

- gut daß wir mal drüber *geredet* haben
- hm, denza, du ignorierst mich wieder? wir hatten doch zwischenzeitlich schon wieder miteinander *geredet*...
- hallo, lust zu *reden* ??
- Wer *redet* mit mir?

sprechen / Gespräch:

- ich finde dieses massen*gespräch* hier bringt nicht viel.......wenn jemand lust hat konstruktiver zu diskutieren kommt doch in den raum zeitgeschehen
- ihr seid nicht so *gesprächig*, oder?
- *keller:* laura42 - was machst du denn jetzt beruflich - oder habe ich das verpasst.
  Cronade: @Keller, laura will nicht darüber *sprechen*

unterhalten:

- Haaaallllloooo, will sich denn keiner mit mir *unterhalten*????? ßSchnüfff,heul....#

quatschen:

- Will dann jemand *quatschen*??

sagen:

- is wer da den ich kenn.. dann wär s nett, wenn du mal was *sagst*!
- bin nochmal gekommen um gute Nacht zu *sagen*
- Ich *sag* mal für heute "Gut N8!
- *sag* bitte nein moni
- *sag* ich doch!!!!
- das sind doch plattheiten. - warum *sagst* du so sachen. - was ärgert dich denn.

---

4 Dass sich Chatter einer dem Bereich mündlicher Gespräche entlehnten Lexik bedienen, um auf chatbasierten Austausch Bezug zu nehmen, mag auch daran liegen, dass die Lexik, die zur Bezugnahme auf Schriftlichkeit und Formen schriftlichen Austauschs zur Verfügung steht, (bislang) keine Ausdrücke beinhaltet, mit denen sich *dialogisch* geprägte Formen *synchronen schriftlichen* Austauschs komfortabel bezeichnen lassen. Auch unser Wortschatz zeigt damit, dass synchrone schriftliche Kommunikation, so wie sie mit den internetbasierten Formen *Chat* und *Instant Messaging* möglich und populär geworden ist, eine „kommunikationsgeschichtliche Novität" (Storrer 2001: 462) darstellt, für die geeignete Konzeptualisierungen und Bezeichnungen erst noch gefunden werden müssen. Dies gilt im Übrigen nicht nur für das alltägliche, sondern auch für das wissenschaftliche Reden über Chat. – Die zitierten Beispiele sind dem *Dortmunder Chat-Korpus* (http://www.chatkorpus.uni-dortmund.de) sowie Beißwenger (2000: 119f.) entnommen.

In der linguistischen Chat-Forschung ist die Frage, ob Chat eher *Gespräch* oder eher *Text* ist, eigentlich unstrittig; zur Frage, ob Chat folglich unter die Kategorie *Gespräch* eingeordnet werden kann oder lediglich in ihrer „Nähe" angesiedelt werden sollte, gibt es hingegen durchaus unterschiedliche Auffassungen. Um das Anliegen der vorliegenden Arbeit zu motivieren, soll im Folgenden kurz die Bandbreite der existierenden Ansätze in einem exemplarischen Überblick dargestellt werden; die Reihenfolge der Behandlung erfolgt hierbei nicht chronologisch, sondern cum grano salis nach „Verwandtschaft" der einzelnen Ansätze:

- Dürscheid (1999: 21) charakterisiert den Chat trotz seiner medialen Schriftlichkeit als Gespräch, „da er die konstitutiven Merkmale eines Gesprächs trägt: Produktion und Rezeption sind direkt aneinander gekoppelt, es erfolgt ein ständiger Sprecherwechsel, die Struktur ist dialogisch". Zentrales Merkmal für die Subsumption des Chat unter die Kategorie *Gespräch* ist für Dürscheid die Synchronizität des Austauschs, nicht die mediale Schriftlichkeit der ausgetauschten Äußerungen. Dass dies Konsequenzen für die Gesprächsforschung nach sich zieht, macht Dürscheid explizit:

  > In einem Gespräch wird gesprochen, charakteristisch für ein Gespräch ist die mündliche Realisierung der Äußerungen. Wenn der Terminus ‚Gespräch' auch auf diese Kommunikationsform ausgedehnt wird, so hat dies Konsequenzen für die linguistische Gesprächsanalyse. Sie muß ihren Untersuchungsgegenstand neu definieren. (Ebd.)

- Hess-Lüttich & Wilde (2003) weisen darauf hin, dass Chat, obgleich in einigen Merkmalen Gesprächen sehr ähnlich, auch deutliche strukturelle Unterschiede zum Gespräch aufweise, die aus den technischen Randbedingungen dieser Form des Kommunizierens abzuleiten seien; um gesprächsanalytische Kategorien auf die Chat-Analyse anzuwenden, müssten diese daher zuvor „entsprechend angepasst bzw. erweitert werden" (ebd.: 59f.).
- Thaler (2005) sieht Chat als „medial schriftliche, per Tastatur und Bildschirm geführte Gespräche" (ebd.: 85), konzediert aber, dass „ein turn-taking im klassisch diskursanalytischen Sinn im Chat nicht möglich" sei (ebd.: 88). Die Kategorie *Gesprächsschritt* (*turn*) behält sie jedoch als grundlegende Beschreibungseinheit für die Analyse von Strukturen in Chat-Mitschnitten bei.
- Storrer (2001) fasst die Chat-Kommunikation unter die funktional-pragmatische Kategorie *Diskurs*, zeigt aber, dass z.T. erhebliche Unterschiede zwischen Chats und ihren funktional entsprechenden mündlichen Diskursarten bestehen. Insbesondere hinsichtlich ihrer Organisation verhalte sich chatbasierte Kommunikation recht unter-

schiedlich zu Gesprächen, „die Regeln zum Sprecherwechsel, so wie sie für das mündliche Setting beschrieben wurden," seien daher „nicht ohne weiteres anwendbar" (ebd.: 453). Die Zuordnung des Chat zum Diskurs wird dadurch motiviert, dass die Kategorie *Diskurs* auch medial schriftliche Formen integrierbar macht, während der Terminus *Gespräch* schon rein wortgeschichtlich auf medial mündliche Formen des Austauschs referiert. Auf dem Hintergrund dieses Diskursbegriffs stellt eine Etikettierung des Chat als „getipptes Gespräch" (die neben Storrer 2001 auch in Beißwenger 2002 verwendet wird) keinen Widerspruch dar, sondern betont den innovativen Charakter der Kommunikationsform, mediale Schriftlichkeit für die Prozessierung dialogischen Austauschs im zeitlichen Nahbereich zu verwenden.

- Hoffmann (2004) zieht für die Verortung der Chat-Kommunikation wie Storrer (2001) die funktionalpragmatische Unterscheidung von *Text-* und *Diskursformen* heran und würdigt auf der Grundlage eines detaillierten Kriterienrasters den Chat als eine *paradiskursive Form*, bei welcher Überlieferungsqualitäten von Textformen zur Prozessierung von Diskursen verwendet werden, wobei die ausgetauschten Beiträge jedoch erst in der Rezeption (also in der je individuellen mentalen Verarbeitung) diskursive Qualität erhalten. Innerhalb der Familie der Diskursformen wird damit dem Chat (und auch dem Instant Messaging) eine vergleichsweise exponierte Stellung eingeräumt, was der Tatsache geschuldet ist, dass beim Chatten – anders als bei *derivierten Diskursformen* wie der Telefonie – nicht lediglich eine diatopische Erweiterung der Sprechsituation stattfindet, sondern durch die charakteristische Texthaftigkeit der ausgetauschten Produkte sowie der Abläufe, nach denen sie produziert und übermittelt werden, die für die prototypische Sprechsituation charakteristische zeitliche Einheit von Veräußerung und Perzeption aufgebrochen wird.

Den verschiedenen Vorschlägen zur Verortung der Chat-Kommunikation ist gemein, dass sie die Chat-Kommunikation nicht der Kategorie *Text* zurechnen, sondern in relativer Verwandtschaft zum *Gespräch* (bzw. *Diskurs*) sehen. Selbst bei Dürscheid (1999), die Chat explizit als Gespräch bezeichnet, ist dabei jedoch mitgedacht, dass Chat auch wesentliche Unterschiede zu mündlichen Gesprächen aufweist – weswegen die Kategorie *Gespräch* in ihrer hergebrachten Konzeptualisierung reinterpretiert und in Gegenwart medial schriftlicher Formen synchronen dialogischen Austauschs extensional erweitert werden müsse. Hess-Lüttich & Wilde (2003) sind (in Anlehnung an Storrer 2001 und andere) der Auffassung, dass aufgrund der *Nähe* zum Gespräch gesprächslinguistische Zugänge für eine Analyse chatbasierter Kommunikation besser geeignet seien als Zugänge auf Basis textlinguistischer Kategorieninventare; die entsprechenden Kategorien müssten allerdings aufgrund der charakteristischen Unterschiede beider Formen reinterpretiert werden. Storrer (2001: 454) weist z.B. explizit darauf hin, dass das, was in der Chat-Forschung häufig mit *Turn* und *Turn-taking* bezeichnet wird, einen anderen Status besitze als die mit denselben Termini bezeichneten Analyseeinheiten in mündlicher Kommunikation. Im Vorschlag von Hoffmann (2004) schließlich erhält Chat – als diskursive Form – eine klare kategoriale Profilierung gegenüber mündlichen Formen des Diskurses (Gesprächsformen): Als *Paradiskurs* werden dem Chat und auch dem Instant Messaging Alleinstellungsmerkmale zugesprochen, die sich gerade daraus ergeben, dass Überlieferungsqualitäten von *Textformen* für Zwecke aktualgenetischer dialogischer Verständigung im zeitlichen Nahbereich genutzt werden.

In dieser Arbeit soll der Versuch unternommen werden, durch einen Wechsel der Perspektive auf chatbasierte Interaktion die Differenzen zwischen Chat und mündlichen Diskursen stärker herauszuarbeiten. Dass Chat-Kommunikation mündlichen Diskursen (Gesprächen) wesentlich näher steht als Texten, steht dabei außer Frage. Dass eine Verortung der Chat-Kommunikation zwischen Text und Diskurs für notwendig erachtet wird – beispielsweise, um zu motivieren, dass anstatt textlinguistischer diskursanalytische Kategorien zu ihrer Analyse herangezogen werden –, beweist die Tatsache, dass in der überwiegenden Mehrzahl linguistischer Arbeiten zur Chat-Kommunikation die AutorInnen sich veranlasst sehen, deutlich zu machen, in welcher Stellung sie die Chat-Kommunikation gegenüber hergebrachten Formen des Kommunizierens sehen. Während sich die Chat-Forschung bislang jedoch fast ausschließlich mit so genannten „Mitschnitten" beschäftigt und ihren Gegenstand damit auf Basis von Dokumentationen (nur) der ausgetauschten schriftlichen Beiträge betrachtet hat, soll in dieser Arbeit der Versuch unternommen werden, ein Modell für die Sprachproduktion im Gespräch – nämlich das ‚Regelkreismodell der Sprachproduktion' von Theo Herrmann und Joachim Grabowski (Herrmann & Grabowski 1994) – auf Prozesse der Sprachproduktion im Chat zu übertragen und ein Modell zu entwickeln, wie die einzelnen Chat-Beteiligten ihre Kommunikationsteilhabe erfahren und organisieren. Dieses Modell soll es ermöglichen, die Art und Weise, wie Chat-Beteiligte ihren sprachlichen (synchronen) Austausch gestalten, als einen hochgradig individuell organisierten Kommunikations*teilhabe*prozess zu beschreiben. Chat-Kommunikation weist eine Reihe von Merkmalen auf, die als gänzlich gesprächs-*untypisch* gelten können und die zu einer Divergenz dessen führen, was die einzelnen Beteiligten als „Laufzeit der Interaktion, an der sie teilhaben" auffassen. Dürscheid (2006: 29) kommt zu der Einschätzung, „die Möglichkeit einer direkten Interaktion" sei im Chat im Grunde

„nicht gegeben". Auf der Grundlage des in dieser Arbeit zu entwickelnden Modells ist auszuloten, inwieweit diese Einschätzung geteilt werden kann und welche Konsequenzen für die Sichtweise auf Chat sich daraus ergeben.

Zugleich leistet diese Arbeit damit einen Beitrag zum besseren Verständnis der Besonderheiten bei der Organisation sprachlichen Austauschs in der Chat-Kommunikation. Während sich ein Großteil der linguistischen Untersuchungen zum Chat mit Phänomenen an der sprachlichen Oberfläche von Chat-Beiträgen befasst – z.B. den relativ gut beschriebenen Merkmalen konzeptioneller Mündlichkeit, den ökonomiebedingten Besonderheiten des Umgangs mit den Mitteln des Schriftsystems sowie sprachlichen Sonderformen wie den Emoticons und Inflektiven –, müssen Untersuchungen zur Produktion von Chat-Beiträgen sowie zur Planung, Realisierung und ggf. Revision von Sprachhandlungsplänen, von wenigen Ausnahmen abgesehen, derzeit noch als ein Desiderat gelten. Dies dürfte weniger daran liegen, dass Besonderheiten der Sprachverwendung und des Umgangs mit der Schrift den linguistisch interessanteren Forschungsgegenstand bilden, sondern vielmehr daran, dass Mitschnitte chatbasierter Kommunikationsprozesse eben nur rudimentäre Rückschlüsse darauf zulassen, wann die Kommunikationsbeteiligten die Versprachlichung von Handlungsplänen aufgenommen und wann sie die Beiträge ihrer Partner rezipiert haben, ob der Versprachlichungsprozess kontinuierlich verlaufen ist oder ob er – ggf. bedingt durch eine zwischenzeitliche Kenntnisnahme neuer Partnerbeiträge – Überarbeitungsphasen beinhaltet hat, und nicht zuletzt, ob das, was der Mitschnitt als „Äußerungen" eines bestimmten Kommunikanten dokumentiert, eigentlich die Gesamtheit der sprachlichen Produktion repräsentiert, die dieser Kommunikant im Verlauf des betreffenden Chat-Ereignisses hervorgebracht hat.

Fokussiert wird auf die Frage, welche spezifischen *Rahmenbedingungen für die Sprachhandlungskoordination im Chat* gelten und inwiefern die Interaktionsorganisation in chatbasiertem Austausch adäquat mit denselben Methoden untersucht und anhand derselben Kategorien beschrieben werden kann, die sich in der Gesprächsforschung für die Analyse mündlicher Diskurse bewährt haben.[5] Wie sind die offensichtlichen, am Bildschirm und

---

5 Unter *Sprachhandlungskoordination* verstehe ich die handlungssemantischen und interaktionsstrukturellen Grundlagen für die kooperative Realisierung von aufeinander bezogenen Verhaltensäußerungen durch die Kommunikationsbeteiligten. Das *handlungssemantische* Fundament bilden sprachliche Handlungsmuster und die durch sie bereitgestellten, kulturell eingespielten Formate für die repetitive Problembearbeitung in sozialer Interaktion (z.B. *Gruß–Gegengruß*, *Frage–Antwort*, *Ergänzungsfrage–Rückfrage–Antwort auf Rückfrage–Antwort auf Ergänzungsfrage*, *Vorwurf–Rechtfertigung* etc.). In *interaktionsstruktureller* Hinsicht wird das koo-

in Mitschnitten durch Absatzreturns angezeigten Wechsel zwischen den Beiträgen verschiedener Urheber in der strikt sequenziellen Beitragsabfolge zu behandeln (als „Sprecherwechsel"?) und inwiefern ist es legitim, die einzelnen angezeigten Beiträge – so wie die *Turns* („Gesprächsschritte") mündlicher Diskurse – als interaktive Produkte von Produzent und Adressat (Sprecher und Hörer) aufzufassen? Sind die Möglichkeiten des „Sprecherwechsels" (*Turn-taking*) im Chat möglicherweise auf die explizite Fremdwahl und die Selbstwahl eingeschränkt? Gibt es im Chat *überhaupt* einen geregelten „Sprecherwechsel" – beziehungsweise ein schriftlich realisiertes Pendant dazu? Macht es Sinn, von *Turns* als basalen Einheiten des Diskursaufbaus auszugehen, wenn das interaktionale Setting keine Fremdwahrnehmung und Abstimmung der Kommunikanten zur Laufzeit der auf die Prozessierung der Kommunikation gerichteten Aktivitäten erlaubt? – Die Bearbeitung solcher Fragen, die (neu) zu stellen aus der charakteristischen Differenz der Chat-Kommunikation gegenüber dem Gespräch legitimiert werden kann, lässt es als erforderlich erscheinen, die Anwendbarkeit von Analysekategorien aus Konversationsanalyse und Gesprächsforschung, die sich auf die grundlegenden, von einzelnen Kommunikanten vorgebrachten Äußerungseinheiten sowie auf die Ebene des Diskursaufbaus beziehen, einer Überprüfung zu unterziehen. Indem sie dies unternimmt, versteht sich die vorliegende Arbeit (auch) als ein Beitrag zur Methodologie der Erforschung internetbasierter Kommunikation.

Bisherige Untersuchungen zur Sprachhandlungskoordination im Chat sind, sofern in ihnen mit authentischen Daten gearbeitet wird, nahezu ausschließlich auf Mitschnittsdaten basiert. Dies erscheint insofern als unbefriedigend, als aufgrund der benannten Unsichtbarkeit von Beitragsproduktion und Teilnehmeraktivitäten in Mitschnitten wichtige Aspekte, die für die zeitliche Organisation der Teilhabe am Austausch und damit für Aussagen zu den Koordinationsbedingungen in chatbasierten Kommunikationsprozessen grundlegend sind, sich analytischem Zugriff entziehen und somit nicht untersucht werden können.

Derzeit gibt es nur vereinzelte Arbeiten, die das, was auf Seiten der Kommunikationsbeteiligten *vor* den Bildschirmen geschieht und was sich in den Bildschirmverlaufsprotokollen (und damit auch in Mitschnitten davon) nicht dokumentiert, systematisch in die Analyse von Interaktionsstrukturen in chatbasierter Kommunikation miteinbeziehen. Vronay, Smith & Drucker (1999) nutzen automatische Protokollierungen der

---

perative Wechselspiel zwischen den Kommunizierenden in mündlichen Diskursen durch die Prinzipien des Rederechtsmanagements und der Turnkonstruktion und – darauf aufbauend – das System des Sprecherwechsels gestaltet.

Schnittstellenmanipulationen, die per Tastatureingabe oder Mausbedienung von den Chat-Teilnehmern vorgenommen werden (also Texteingabe und -bearbeitung sowie Manipulation von Bildschirmobjekten mit dem Mauszeiger), Ogura & Nishimoto (2004) arbeiten auf der Basis automatisch generierter „typing histories", in denen sämtliche Tastaturanschläge mit den Zeitpunkten ihrer Realisierung festgehalten sind. Garcia & Jacobs (1998; 1999) und neuerdings Markman (2006) basieren ihre Untersuchungen zu den Besonderheiten des Turn-taking im Chat auf so genannte „screen movies", d.h. Videoaufzeichnungen sämtlicher auf den Teilnehmerbildschirmen beobachtbarer Aktivitäten. Auch die vorliegende Arbeit greift auf Daten zurück, die – mithilfe einer *Screen Capturing*-Software – in Form von „screen movies" angefertigt wurden. In dem experimentellen Setting, unter welchem diese Daten erhoben wurden, wurden darüber hinaus per Videobeobachtung Daten zum Blickrichtungsverhalten der Chat-Beteiligten aufgezeichnet. Letzterer Datentyp wurde bislang noch in keiner Studie in die Chat-Analyse miteinbezogen, bildet für den Nachweis einiger Aspekte des in dieser Arbeit vorgestellten Modells jedoch eine wichtige Grundlage.

Das Design, welches der Erhebung der „screen movies" und der Videodaten zugrunde gelegt wurde, wird in der Arbeit ausführlich beschrieben (Kap. 5.1). Auf Basis von Vorüberlegungen aus eigenen Vorarbeiten zum Thema (insbesondere Beißwenger 2003; 2005) wurden die Daten zunächst für die Gewinnung von Hypothesen über die interaktionalen Besonderheiten der Chat-Kommunikation und letztlich zur Erarbeitung eines Modells der Kommunikationsteilhabe, so wie es ausführlich in Kap. 4 beschrieben ist, verwendet. Um die Daten für wissenschaftliche Analysen auf dem Hintergrund der mit dem Modell verbundenen These („Koordination als individuelles Projekt") aufzubereiten, wurde ein Transkriptionsformat entwickelt, welches die zentralen Aspekte des Modells bei der Beschreibung der betreffenden Chat-Teilnahme-Ereignisse berücksichtigt und sichtbar macht. Dieses Format wird dargestellt und anhand ausgewählter Transkriptausschnitte im Detail erläutert in Kap. 5.2.

In Kap. 6 wird schließlich anhand einer Fallstudie veranschaulicht, wie die systematische Miteinbeziehung von Daten zu den Nutzeraktivitäten vor dem Bildschirm Einsichten dazu liefern kann, wie Chat-Teilnehmer ihre Beteiligung an chatbasierter Kommunikation organisieren und wie sie ihre Handlungsplanung und deren Umsetzung nicht (wie in Gesprächen) kontinuierlich, sondern immer wieder punktuell neu auf den aktuell wahrgenommenen Stand des Kommunikationsverlaufs abstimmen. Die Fallstudie liefert zugleich empirische Evidenz für die in Kap. 4 vertretenen Thesen zur Divergenz individuell kognizierter zeitlicher Ereignisstrukturen und zur Individualisierung von Koordination, die im Chat nicht als interpersonale Aushandlung der Realisierung von Tätigkeitswünschen zur Laufzeit möglich ist, sondern als individueller Abgleich eigener Tätigkeitswünsche mit den schriftlich angezeigten Produkten von Partnertätigkeiten geleistet werden muss.

Dem Hauptteil der Arbeit sind mit den Kap. 2 und 3 zwei Grundlagenkapitel vorangestellt, in denen auf Basis einer Profilierung der Chat-Kommunikation – als einer Form der *technologiebasierten Kommunikation* – gegenüber anderen Kommunikationsformen zunächst diejenigen technischen und prozeduralen Rahmenbedingungen dargestellt werden, die maßgeblich prägen, wie kommunikativer Austausch per Chat von den Beteiligten entfaltet und strukturiert werden kann und welche Mittel ihnen für die Herstellung von Verständnis und Verstehen zur Verfügung stehen. Daneben wird, ausgehend von der Ambiguität der alltagssprachlichen Verwendungen des Ausdrucks ‚Chat', ein Vorschlag für eine begrifflich präzise Redeweise über Aspekte und Ebenen chatbasierter Kommunikation unterbreitet, der sowohl für die Analyse als auch für die Dokumentation von Chat-Daten hilfreich sein kann und der zugleich den terminologischen Bezugsrahmen für die weiteren Kapitel der Arbeit bildet.

Kap. 7 fasst die zentralen Punkte der Arbeit zusammen und formuliert theoretische und methodologische Konsequenzen und Perspektiven für die weitere linguistische Forschung zu interaktionalen Phänomenen chatbasierter Kommunikationsprozesse. Darüber hinaus werden aus dem vorgestellten Modell sowie aus den im Rahmen der Fallstudie gewonnenen Ergebnissen einige Vorschläge abgeleitet, wie den mit der Individualisierung der Handlungsplanung und -umsetzung einhergehenden interpersonalen Abstimmungsproblemen beim Chatten durch technische und kommunikationsstrategische Maßnahmen begegnet werden kann, um die Mehrwerteigenschaften der Chat-Kommunikation in Kontexten der Wissenskommunikation möglichst optimal nutzbar zu machen.

Das Transkript-Korpus

Eine Auswahl an Transkripten von Chat-Teilnahme-Ereignissen, die im Rahmen dieser Arbeit erarbeitet und ausgewertet wurden und die in den Kapiteln dieses Buches lediglich ausschnittsweise zitiert sind, wird unter der WWW-Adresse

http://www.michael-beisswenger.de/sprachhandlungskoordination/

zum Download und zur freien Nutzung bereitgestellt. Den Transkripten ist eine Kurzbeschreibung der zugrunde liegenden Transkriptionskonventionen beigegeben, eine ausführliche Dokumentation und theoretische Begründung des Transkriptionsformats findet sich in Kap. 5.2.

Kennzeichnung von Abbildungen und Beispielen

Die in diesem Buch wiedergegebenen Abbildungen und Beispiele sind mit eindeutigen Nummern versehen, um sie auch aus anderen Kapiteln heraus referenzieren zu können. Die Nummerierung der Abbildungen erfolgt kapitelweise und besteht jeweils aus der Nummer des betreffenden Kapitels und einer laufend vergebenden Nummer (z.B. „Abb. 4-3" für die dritte Abbildung in Kapitel 4). Die Beispiele sind jeweils auf Ebene der dritten Kapitelgliederung durchnummeriert. Sie bestehen jeweils aus einer dreistelligen Ziffer für die Nummer des betreffenden Kapitels und einer laufend vergebenen Nummer (z.B. „Beispiel 432-3" für das dritte Beispiel in Kapitel 4.3.2); ist die dritte Gliederungsebene noch nicht erreicht, kennzeichnen Nullen die Einordnung des betreffenden Beispiels (z.B. „Beispiel 420-2" für das zweite Beispiel in Kapitel 4.2).

2 Entflüchtigung und Entortung: Die Technologisierung der Kommunikation

2.0 Überblick

In diesem Kapitel geht es darum, *vermittelte* Kommunikation gegen die Face-to-face-Kommunikation als onto- wie phylogenetisch primärer Form menschlicher Verständigung abzugrenzen und speziell die internetbasierte Kommunikation gegenüber andere Formen technologisch vermittelter Kommunikation zu profilieren.

Kommunikation ist dann *vermittelt* (‚mediatisiert'), wenn für die Produktion und/oder Übermittlung und/oder Rezeption von Kommunikaten notwendigerweise körperexterne Medien (zur Enkodierung, Speicherung, Darstellung) und eigens für die Zwecke des Austauschs definierte Prozeduren (der Herausgabe, Weiterverarbeitung, Übermittlung) benötigt werden. Ein geregeltes Zusammenspiel von Medien und Prozeduren für Zwecke der Abwicklung kommunikativen Austauschs nenne ich eine *Kommunikationstechnologie.* Vermittelte (‚mediatisierte') Kommunikation ist in diesem Sinne stets *technologiebasierte Kommunikation*, und den entsprechenden Formen des Kommunizierens ist zu eigen, dass sie auf der Grundlage von Technologien zustande kommen, durch die der „ganzheitliche, kontinuierliche und variable Kommunikationsprozeß ... nach festen Regeln in Ebenen und Einheiten zerlegt und so für den technischen Prozeß zugänglich gemacht" (Weingarten 1989: 32) wird. Sich einer Form vermittelter Kommunikation über eine Beschreibung der ihr zugrunde liegenden Kommunikationstechnologie anzunähern, bedeutet somit, die kommunikativen Rahmenbedingungen aufzuzeigen, unter denen sich zwischenmenschliche Kommunikation in der betreffenden Kommunikationsform entfalten kann und durch deren Restriktionen sie zugleich in der Wahl ihrer Mittel bei der Herstellung von Verständnis und Verstehen determiniert wird.

In den Kapiteln 2.1 und 2.2 wird der für die vorliegende Arbeit grundlegende Begriff der *Kommunikationstechnologie* eingeführt sowie ein Vorschlag formuliert, wie sich internetbasierte Kommunikationstechnologien in ihrem Verhältnis zu anderen Technologien – von mündlichen und monumentalschriftlichen Tradierungsformen über den Brief bis hin zum Telefon – verorten lassen und welchen Formen sprachlichen Handelns die anhand einzelner Technologien erzeugten Kommunikate cum grano salis zuzuordnen sind. Die dabei vorgeschlagenen Differenzierungen haben hinführenden Charakter. Es wird nicht der Anspruch erhoben, damit ein eigenständiges medien- oder kommunikationsformentheoretisches Konzept vorzulegen. Vielmehr geht es darum, eine prägnante Übersicht über die grundlegenden Besonderheiten und Alleinstellungsmerkmale von Formen internetbasierten Kommunizierens gegenüber der Kommunikation von Angesicht zu Angesicht (face-to-face) oder auf Basis anderer (nicht-internetbasierter) Technologien zu geben und auf diese Weise den Rahmen für eine Reihe an Präzisierungen abzustecken, die (in Kap. 3) für eine Charakteristik der Aspekte und Rahmenbedingungen speziell der Chat-Kommunikation bzw. (in Kap. 4) für die Herausarbeitung fundamentaler Charakteristika chatbasierter gegenüber mündlicher Kommunikation benötigt werden.

2.1 Elementare vs. technologiebasierte Kommunikation

Zwischenmenschliche Kommunikation ist entwicklungs- wie individualgenetisch primär immer körpergebundene Kommunikation, die im *Hier* und *Jetzt* eines interpersonal geteilten physikalischen Wahrnehmungsraums stattfindet und die für den Ausdruck und die Interpretation von Propositionen und kommunikativen Zwecksetzungen auf prinzipiell sämtliche Sinnesmodalitäten zugreifen kann, die im Raum unmittelbarer, *somatischer* Begegnung zur Verfügung stehen. Fiehler et al. (2004: 53f.) benennen als charakteristische Grundbedingungen der ursprünglichen Form mündlicher Verständigung (gegenüber anderen Formen zwischenmenschlicher Kommunikation)

(1) die Kopräsenz der Parteien und Gemeinsamkeit der Situation, verbunden mit einer Konstituierung der Umgebung als gemeinsamem Bezugsraum für Wahrnehmen und Handeln (vgl. auch ebd.: 64);
(2) die wechselseitige sinnliche Wahrnehmung;
(3) die Multimodalität der Verständigung (die parallel und gleichzeitig auf verschiedenen kommunikativen Ebenen – Sprache, Prosodie, Mimik, Gestik, Körperhaltung, Proxemik etc. – erfolgt, zwischen denen z.T. komplexe Wechselwirkungen bestehen; vgl. auch ebd.: 66f.);
(4) die ständige wechselseitige Beeinflussung der Kommunikationspartner;
(5) die materiale Flüchtigkeit der Kommunikationsbeiträge, die in kurzlebigen leiblichen Hervorbringungen (lautlichen Äußerungen, Körperbewegungen) bestehen;

(6) die zeitliche Sukzession des Austauschs zur Laufzeit.

Die *elementare* Form der Kommunikation ist somit einerseits beschränkt auf die Reichweite unserer körperlichen Präsenz und sinnlichen Wahrnehmung; andererseits bietet sie die effizientestmögliche Form zur Aushandlung und Evaluation wechselseitigen Verstehens. Einerseits muss alles, was kommunikativ verhandelt werden soll, unter Anwesenheit aller Beteiligten an ein- und demselben Ort geschehen; andererseits erlauben gerade die Simultaneität und Multimodalität des Austauschs eine jederzeitige Evaluation von Partnerhypothesen auf Basis para- und nonverbaler Reize sowie eine redebegleitende Einflussnahme (als Hörer oder Sprecher) auf das kommunikative Gegenüber.

In zeitlicher Hinsicht ist das Merkmal der Äußerung in der elementaren Form des Kommunizierens die *Verflüchtigung*. Die körperliche Hervorbringung hat Bestand nur für die Zeitspanne ihrer Materialisierung und kann als Sinnträger erfahren werden nur in der Gleichzeitigkeit produktiver Veräußerung und rezeptiven sinnlichen Erlebens, wie sie die Hier-und-Jetzt-Situation bietet. In physikalischer Hinsicht ist das Merkmal solcher Äußerung daher die *Verortung*, insofern ihre sinnliche Erfahrbarkeit unweigerlich an den Ort ihrer (kurzfristigen) materialen Existenz gebunden ist. Elementares Kommunizieren ist in der ursprünglichen Form sozialer Begegnung verankert, vermag aufgrund ihrer Disposition als Praxis für die unmittelbare, aktuell zu leistende Problembearbeitung deren basale Hier-Jetzt-Konfiguration jedoch nicht zu transzendieren.

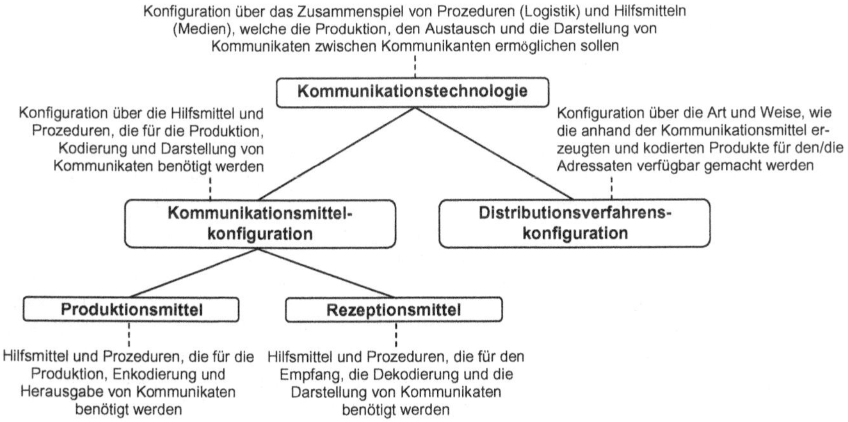

Abb. 2-1: Komponenten von Kommunikationstechnologien.

Kommunikation, die darauf zielt, das Hier und/oder das Jetzt zu transzendieren, bedarf entweder der *Ent*-flüchtigung oder der *Ent*-ortung, oder gar einer Überbrückung von Jetzt und Hier zugleich (Entflüchtigung und Entortung). Für solche Zwecke haben sich menschliche Gesellschaften *Technologien* zugelegt, mittels derer – als Praktiken soziokultureller Spezialisierung – Kommunikate (durch Verdinglichung) mit zeitlicher Persistenz und (durch Wahl eines bestimmten Trägermaterials) mit dinglichen Eigenschaften (z.B. Monumentalität, Transferierbarkeit, Fälschungssicherheit) ausgestattet oder aber – etwa im Falle der optischen Telegraphie und der Telefonie, bei denen Kommunikate flüchtig bleiben – in ihrer Reichweite verstärkt werden können.

Das Konzept der *Kommunikationstechnologie* fasse ich in diesem Zusammenhang nicht so eng, dass es sich im informationstechnischen Sinne lediglich auf Systeme zur Unterstützung technisch realisierter Kommunikation beziehen lässt; vielmehr verstehe ich darunter ganz allgemein ein geregeltes Zusammenspiel von Hilfsmitteln und Prozeduren zu Zwecken der materialen Enkodierung, Fixierung, Übermittlung und Darstellung von Kommunikaten. Grundlegende Komponenten einer Kommunikationstechnologie sind:

– eine *Kommunikationsmittelkonfiguration*, die – als *Produktionsmittel* – ein Inventar an Hilfsmitteln sowie einen Kode umfasst, die dazu dienen, kommunikative Äußerungen in einer bestimmten Art und Weise zu kodieren, und des Weiteren – als *Rezeptionsmittel* – eine Festlegung darüber beinhaltet, unter Rückgriff auf welche Kodes und ggf. mithilfe welcher Hilfsmittel die anhand der Produktionsmittel erzeugten Kommunikate bei der Rezeption zu behandeln sind;[6]
– eine *Distributionsverfahrenskonfiguration*, die vorgibt, auf welche Weise (und ggf. auf welcher Art von Träger) die von einem Produzenten er-

6 Wenn hier die Rede von *Kodes* ist, nach deren Maßgabe Kommunikate en- und dekodiert werden, so sind damit lediglich bestimmte semiotische Realisierungsformen (z.B. Bild- oder Symbolsysteme) gemeint. Bei der Rezeption von Kommunikaten muss beim Rezipienten ein Wissen um das Zeichensystem vorhanden sein, das der Erzeugung des Kommunikats seitens des Produzenten zugrunde gelegt wurde; ansonsten ist eine wesentliche Voraussetzung für die Möglichkeit zur (korrekten) Semantisierung des *Inhalts* des Kommunikats nicht erfüllt. Mit der Redeweise von *Kodes*, *enkodieren* und *dekodieren* soll hier allerdings keineswegs eine „naive" ‚Informationstransport'-Auffassung von Kommunikation propagiert werden. Dass die Kenntnis des vom Produzenten verwendeten Zeichensystems den Rezipienten letztlich nur *potenziell* in die Lage versetzt, das Kommunikat so zu semantisieren, dass es den Intentionen des Produzenten entspricht, bleibt unbenommen. Die Kenntnis des *Kodes* ist nur *eine* Grundbedingung (unter mehreren) für das adäquate Verstehen eines Kommunikats. Sie ist allerdings insofern basal, als weitere Faktoren für die rezipientenseitige Interpretation (und auch für mögliches Missverstehen) von Kommunikaten überhaupt erst dann eine Rolle spielen können, wenn zumindest die Frage des verwendeten Zeichensystems als zwischen Produzent und Rezipient gesichert gelten kann.

zeugten Kommunikate den Adressaten zugänglich gemacht werden und ob hierbei ggf. vermittelnde Instanzen (*Transmitter*) oder zwischengeschaltete (mechanische, technische) Umkodierungsprozesse eine Rolle spielen. Aus dem Distributionsverfahren ergibt sich auch, ob die Verfügbarmachung von Kommunikaten allen oder nur privilegierten Nutzern der Technologie möglich ist (was zur Konsequenz hat, dass die durch die Technologie konstituierte Kommunikationsform – wie beispielsweise bei der Rundfunk- und Fernsehkommunikation – durch weitgehend festgelegte Produzenten-/Rezipientenrollen geprägt sein kann, insofern der Zugriff auf die für die Distribution benötigten Distributionskanäle nur solchen Beteiligten gewährt ist, die über entsprechende Lizenzen verfügen).

2.1.1 Einteilung von Kommunikationstechnologien

Eine Einteilung von Kommunikationstechnologien kann danach erfolgen, ob die Kommunikationsprozesse, zu deren Unterstützung sie konzipiert wurden, auf zeitliche Verdauerung oder auf räumliche Überbrückung oder auf beides zielen (vgl. Abb. 2-2).[7]

2.1.1.1 Monumental-Technologien

Maximal entflüchtigt, aber dennoch ortsfest sind solche Kommunikate, die auf Basis von Technologien erzeugt wurden, bei welchen immobile Träger (Menhire, Stelen, Höhlenwände) artifiziell gestaltet bzw. verformt werden: Bild- oder Runensteine tradieren – ikonisch, symbolisch oder

7 Kommunikationstechnologien können auch anhand anderer Kriterien eingeteilt werden – etwa nach dem Grad des erforderlichen Technikeinsatzes. In Anlehnung an die Unterscheidung von Medientypen in Faulstich (2000: 21f.) könnten primäre, sekundäre, tertiäre und quartäre Kommunikationstechnologien unterschieden werden, wobei erstere solche sind, die ganz ohne Technik auskommen, und bei letzteren alle zwei (drei) Komponenten – die Kommunikationsmittel (Produktions- und Rezeptionsmittel) und die Distributionsmittel – technische Hilfsmittel und Prozeduren voraussetzen. Die im Folgenden als ‚Mnemotechnologien' bezeichneten Technologien wären in diesem Sinne primäre Kommunikationstechnologien, die internetbasierten Kommunikationstechnologien wären den quartären Kommunikationstechnologien zuzurechnen. Für die vorliegende Arbeit wird eine andere Einteilung gewählt, da für die Behandlung des im weiteren Verlauf in Rede stehenden Gegenstandes (der Chat-Technologie und der durch sie konstituierten Kommunikationsform) der Aspekt der kommunikativen Überbrückung von Ort und Zeit von größerer Relevanz ist als der Grad des Technikeinsatzes (der ohnehin bei allen internetbasierten Kommunikationstechnologien präsent ist und ein Höchstmaß an Komplexität erreicht).

schriftlich – als Teil des „kulturellen Gedächtnisses" (i.S.v. Assmann 1999) Erzählungen, Mythisches, kulturelle Identität und kulturelles Wissen. Das Kommunikat muss zu Zwecken der Rezeption aufgesucht werden, häufig ist es an einem für seine Produzenten besonderen Ort angebracht („veräußert"). Zur Produktion werden (als Inskriptionsmittel) Werkzeuge zur Bearbeitung derjenigen Materialien (Stein, Holz, Horn) benötigt, die als Trägermedien des Kommunikats fungieren sollen, des Weiteren muss eine Wahl für ein bestimmtes Enkodierungsprinzip (eine bestimmte Abbildungs- oder Symboltechnik) getroffen werden, nach deren Maßgabe die Bearbeitung des Materials erfolgen soll. Die Distribution erfolgt durch die lange Verfallsdauer des Materials auf dem Wege der Überlieferung durch die Zeit an Adressaten, die denselben Ort aufsuchen; eine Distribution unter Überbrückung räumlicher Entfernung ist nicht vorgesehen. Solche *Monumental-Technologien* entspringen dem Bedürfnis nach Konservierung von Kommunikaten unabhängig vom Äußerungszeitpunkt und in aller Regel mit der Absicht einer Verdauerung auf möglichst lange Zeit.

2.1.1.2 Mnemotechnologien

Eine weitaus flüchtigere und in Ausdruck und Form auch weniger stabile Variante für die Konservierung von Kommunikaten stellen die *Mnemotechnologien* dar, worunter alle Formen der Speicherung von Kommunikaten im Langzeitgedächtnis fallen, bei welchen die Speicherung zu Zwecken der Tradierung erfolgt. Die produktive Entflüchtigung des Kommunikats erfolgt hierbei anhand von Prozeduren zur Einprägung eines Wortlauts oder einer zu reproduzierenden Sachverhaltskonstellation ins Gedächtnis; als Produktionsmittel können somit Gedächtnis- und Merkhilfen (Mnemotechniken) angesehen werden. Gemeinsam mit einem bestimmten Distributionsverfahren (z.B. Weitergabe der zu tradierenden Wortlaute und Inhalte durch Weitererzählen an ein Mitglied der nächsten Generation) bilden diese Techniken eine Kommunikationstechnologie eigener Qualität, insofern in ihr – im Gegensatz zu den Monumental-Technologien – die Rezeption des Kommunikats einen zeitlich-räumlich unmittelbaren Kontakt zwischen seinem Träger und seinen Adressaten voraussetzt, wobei im Gegensatz zur elementaren Kommunikationssituation jedoch der Kontakt insofern wiederum als „vermittelt" gelten kann, als der unmittelbare Kontakt eben nicht zwischen dem originären Produzenten und den Adressaten des Kommunikats stattfindet, sondern über den Kommunikatsträger als Mittler.

Der Rückgriff auf Mnemotechnologien und damit auf das individuelle Gedächtnis als Kommunikatsträger ist prototypischerweise nicht dadurch motiviert ist, dass Menschen – etwa im Gegensatz zu Bildsteinen oder

Höhlenwänden – potenziell mobil sind und Entfernungen überbrücken können. Auch hier geht es zuvorderst um die Überbrückung von Zeit und um eine Weitergabe von Kommunikaten *durch* die Zeit. Aus diesem Grunde stehen die Mnemotechnologien in der Darstellung in Abb. 2-2 näher am Pol „Verortung“ als die *Simultan-* und die *Boten-Technologien*, die für die Überbrückung von Raum konzipiert und daher genuin auf eine „Entortung“ von Kommunikaten gerichtet sind.

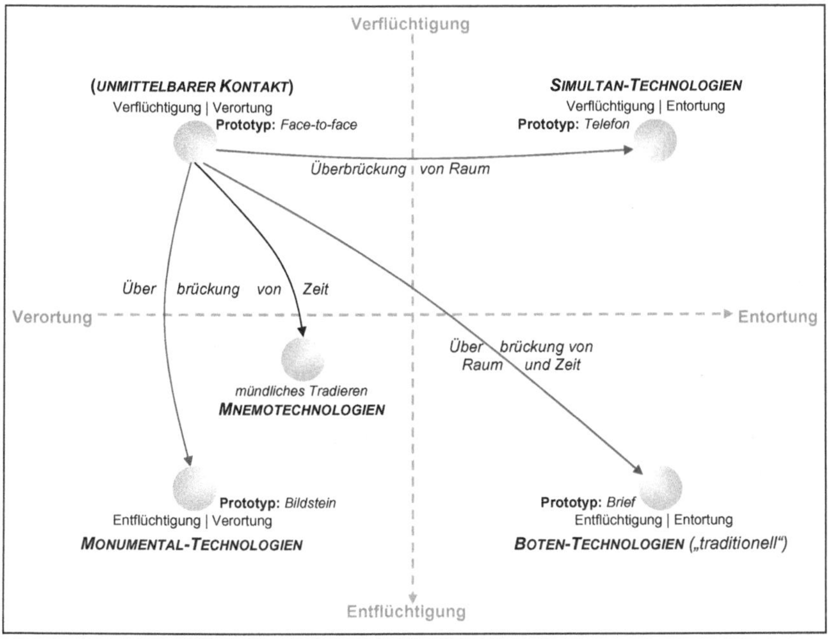

Abb. 2-2: Einteilung von Kommunikationstechnologien der „Vor-Internet-Zeit“.

2.1.1.3 Simultan-Technologien

Während die Monumental- und die Mnemotechnologien die Grenzen der elementaren Situation unmittelbaren Kontakts zwischen dem Produzenten und den Rezipienten eines Kommunikats entlang der Dimension Zeitlichkeit transzendieren, stellen die *Simultan-Technologien* eine Gruppe von Kommunikationstechnologien dar, in denen lediglich die Bedingung gemeinsamer *räumlicher* Kopräsenz aufgehoben, die *zeitlich-simultane* Kopräsenz der Kommunikationsbeteiligten hingegen jedoch aufrechterhalten wird. Obwohl sie gegebenenfalls durch zwischengeschaltete Transmitter umkodiert wird (z.B. bei der Telefontechnologie in elektrische Signale), bleibt die über Simultan-Technologien vermittelte Äußerung letztlich kaum weniger flüchtig als eine Äußerung in elementarer Kommunikation. Die Äußerung wird lediglich verstärkt (Megafon-Technologie, Mikrofon-Lautsprecher-Technologie) oder in einen sich über ein materiales Medium oder Funkwellen fortpflanzenden Impuls verwandelt (Telegraphen-Technologie, Telefon-Technologie, Sprechfunk-Technologie); das, was der Produzent als Kommunikat realisiert, und das, was der Rezipient sinnlich wahrnimmt, besitzt keine weiter reichende Materialität, sofern es nicht unter flankierender Nutzung einer zugeschalteten Aufnahmetechnik konserviert wird.

„Simultan" ist die Kommunikation auf Basis von Simultan-Technologien insofern, als die Kommunikate zur Laufzeit ihrer Hervorbringung übertragen und der rezeptiven Wahrnehmung zugänglich gemacht werden.[8] Während in einem Teil der Simultan-Technologien zudem eine zeitgleiche Produktion von Kommunikaten zur Laufzeit der Kommunikation übertragen werden kann (z.B. Telefon-Technologie, Rauchzeichen-Technologie), ist in anderen Simultan-Technologien das Senden und Empfangen von Kommunikaten standardmäßig nur abwechselnd möglich (z.B. in der Sprechfunk-Technologie, bei welcher ein gleichzeitiges Senden und Empfangen die gleichzeitige Nutzung *zweier* Frequenzen erfordert).

Simultan-Technologien können den Wechsel zwischen Rezipienten- und Produzentenrolle und somit dialogischen Austausch prinzipiell zulassen (z.B. Telefon-, Telegraphen-, Sprechfunk-Technologie) oder für eine rein monodirektionale Bereitstellung von Kommunikaten konzipiert sein (z.B. die Broadcasting-Technologien, die für „Live"-Ausstrahlungen in Rundfunk- und Fernsehen verwendet werden).

---

8 Mit Weingarten (1989: 54f.) lässt sich die hier als ‚Simultan-Technologien' bezeichnete Familie von Kommunikationstechnologien alternativ auch als ‚online-Übertragungstechnologien' bezeichnen. ‚Online' bezieht sich hierbei auf die Möglichkeit der Verarbeitung der über die Technologie übertragbaren Arten von Verhaltensäußerungen (bei der Telefontechnologie Sprache und stimmliche Eigenschaften, bei der Videokonferenz-Technologie darüber hinaus auch nonverbales – z.B. mimisches und gestisches – Verhalten) *zur Laufzeit ihrer Hervorbringung*. Den ‚online-Übertragungstechnologien' stellt Weingarten die ‚offline-Übertragungstechnologien' gegenüber, die in etwa dem entsprechen, was ich in Kap. 2.1.1.4 als ‚Boten-Technologien' fasse. Da in der vorliegenden Arbeit das Begriffspaar ‚online' – ‚offline' gegenstandsbedingt bereits in einem anderem Sinne besetzt ist, werde ich, um Missverständnisse zu vermeiden, die von mir eingeführten alternativen Bezeichnungen verwenden. Trotzdem ist die Terminologie Weingartens natürlich sprechend und sind die von mir gewählten Bezeichnungen cum grano salis in die Terminologie Weingartens übersetzbar.

2.1.1.4 „Traditionelle" Boten-Technologien

„Traditionelle" Boten-Technologien (d.h.: die Boten-Technologien des Vor-Internet-Zeitalters) ermöglichen die Überbrückung von Zeit *und* Raum: Weder müssen der Produzent und die Rezipienten eines Kommunikats zeitgleich für den Austausch zur Verfügung stehen, noch einen bestimmten Ort aufsuchen, um zueinander in Kontakt zu treten oder ein Kommunikat zu rezipieren. Gegenüber den Monumentaltechnologien nutzen die Boten-Technologien für die Fixierung von Kommunikaten mobile Träger (menschliche Boten, Tontäfelchen, Pflanzenteile, Tierhäute, Papier, analoge oder digitale Speichermedien etc.). Gegenüber den Mnemotechnologien werden menschliche Träger, wenn sie verwendet werden, aufgrund ihrer besonderen Mobilität herangezogen und nicht als „Langzeitspeicher" für die jahrzehntelange Konservierung. Gegenüber den Simultan-Technologien, bei welchen die Kommunikate ebenfalls Entfernungen überwinden, erfolgen die Produktion, die Herausgabe (an den Boten), die Übermittlung, die Zustellung und die Rezeption von Kommunikaten strikt konsekutiv – die Kommunikation per Bote erfordert somit zwar keine zeitgleiche Verfügbarkeit der Kommunikanten, ermöglicht aber (dies als Gemeinsamkeit zu den Monumental-Technologien) gerade dadurch auch keinen Einblick in die Entstehung eines Kommunikats und auch keine direkten Rückfragen des Rezipienten oder steuernde Rückmeldungen zur Laufzeit der Produktion.

Die Bandbreite der „traditionellen" Boten-Technologien reicht von Boten-Technologien mit mündlichen Kommunikaten (Nuntius, Waldläufer) über die Weitergabe schriftlicher Kommunikate durch Dritte bis hin zur Brieftechnologie auf der Grundlage der Infrastruktur und Logistik moderner Postdienstleister.

2.1.2 Kommunikationstechnologien im Zeitalter „Neuer Medien"

Durch die Beschleunigung der Datenübermittlung, an welcher die Entwicklungen im Bereich der Computer-, Datenverarbeitungs-, Netzwerk- und Mobilfunktechnologie der 40er- bis 90er-Jahre des 20. Jahrhunderts entscheidenden Anteil hatten, sind Boten-Technologien heutzutage nicht mehr zwangsläufig Technologien, bei welchen sich die Überbrückung räumlicher Distanz durch die Beanspruchung einer „Reisezeit" ausdrückt und Kommunikation somit prinzipiell durch eine Asynchronizität der Partizipation ihrer Beteiligten gekennzeichnet ist. Insbesondere die Datenübertragung auf Basis des *Internet Protocol* (*IP*) und der rapide Ausbau von IP-basierten Netz-Infrastrukturen ab Beginn der 80er-Jahre hat erheblich zur Beschleunigung der Übermittlung von Daten nach dem Botenprinzip beigetragen, so dass sich in neuesten IP-basierten Kommunikationstechnologien eine immer stärkere Annäherung des Potenzials von Boten-Technologien an die Leistung von Simultan-Technologien abzeichnet. *IP*-basierte Technologien sind insofern Boten-Technologien, als das Distributionsmodell von *IP* keine Simultan-Übermittlung vorsieht, sondern einzelne Datenpakete sukzessive von einem Zwischenziel an das jeweils nächste weiterleitet, bis sie schließlich der anfordernden Anwendung auf einem Zielrechner zugestellt werden können (vgl. IP 1981).

Durch die Schnelligkeit der Datenübertragung per Internet wird es möglich, dass Kommunikationsbeteiligte zeitgleich an Endgeräten (internetfähigen Computern) präsent sind und Kommunikate mit nur geringer Zeitverzögerung austauschen. Die Gesamtheit heutiger Boten-Technologien kann daher in drei Gruppen unterteilt werden (vgl. auch Abb. 2-3):

2.1.2.1 Asynchrone Boten-Technologien

In diese Gruppe fallen solche Boten-Technologien, die keine zeitgleiche kommunikative Verfügbarkeit (= zeitliche Kopräsenz) der Kommunikationsbeteiligten erfordern. Hierzu zählen all diejenigen Boten-Technologien, die im vorigen Kapitel als „‚traditionelle' Boten-Technologien" bezeichnet wurden sowie des Weiteren all diejenigen internetbasierten Kommunikationstechnologien, bei denen Kommunikate zeitversetzt verschickt und rezipiert werden können (z.B. E-Mail, Newsletter, Mailinglisten, Newsgroups, Foren, Online-Gästebücher, Websites, Wikis). Auch die SMS-Technologie, die Mobiltelefone als Kommunikationsmittel nutzt, fällt in diese Gruppe. Selbstverständlich kann es vorkommen, dass Nutzer asynchroner Boten-Technologien – zufällig oder verabredet – in Einzelfällen *zeitgleich* in einen gemeinsamen Kommunikationsprozess involviert sein können; dennoch bleibt die verwendete Technologie eine *asynchrone*, insofern die zeitgleiche Beteiligung zwar möglich, nicht aber notwendig ist.

2.1.2.2 Synchrone Boten-Technologien

Als ‚synchron' sind solche Boten-Technologien zu bezeichnen, bei denen einerseits eine zeitliche Kopräsenz der Kommunikationsbeteiligten Voraussetzung ist, um Kommunikate zustellen zu lassen oder zu rezipieren, andererseits jedoch keine simultane Rezeption der Verbalisierung möglich oder gewährleistet ist. Prototypische Vertreter sind der Internet Relay

Chat (IRC) und Webchats sowie Instant-Messaging-Technologien wie z.B. *ICQ* und *AOL INSTANT MESSENGER* (*AIM*).[9]

Das Kriterium für die Unterscheidung von asynchronen Formen ist, dass in aller Regel Kommunikate den Adressaten nur dann erreichen, wenn dieser zeitgleich kommunikationsbereit ist bzw. nur solche Kommunikate empfangen werden können, die von zeitlich kopräsenten Urhebern produziert und verschickt werden. Die Übergänge zu den asynchronen Technologien sind jedoch – insbesondere in neueren Implementierungen synchroner Technologien – fließend, insofern in manchen Chat-Anwendungen (z.B. *TULKA*, *FACTCHAT*) Kommunikate für einen gewissen Zeitraum als Protokoll nachlesbar bleiben und somit auch dann noch rezipiert (und ggf. respondiert) werden können, wenn ihr Produzent bereits nicht mehr für einen unmittelbaren Austausch zur Verfügung steht. Auch integrieren Instant-Messaging-Systeme (wie z.B. *ICQ*) häufig eine „Mailbox"-Funktion, die dann, wenn ein Adressat nicht „online" zur Verfügung steht, ein an ihn gerichtetes Kommunikat zwischenspeichert, um sie ihm automatisch zuzustellen, wenn er die Anwendung das nächste Mal startet. Dennoch sind IRC, Chat und Instant Messaging genuin für Formen synchronen Austauschs konzipiert und werden auch überwiegend auf diese Weise genutzt, weshalb eine konzeptuelle Unterscheidung von den asynchronen Technologien trotzdem und nach wie vor Sinn macht.

Das Kriterium für die Unterscheidung von simultanen Formen ist, dass die Prozedur für die Produktion und Übermittlung von Kommunikaten strikt konsekutiven Charakter hat (Produktion → Verschickung → Übermittlung → Zustellung → Darstellung → Rezeption) oder (bei Technologien mit kontinuierlicher *keystroke-per-keystroke*-Übermittlung) eine un-

9 In der Literatur zur internetbasierten Kommunikation werden die durch die hier als *synchrone Boten-Technologien* bezeichneten konstituierten Formen des Kommunizierens bisweilen auch als „quasi-synchron" etikettiert (z.B. Garcia & Jacobs 1999; Dürscheid 2005). Die Abtönung mittels „quasi" ist hierbei jeweils dadurch motiviert, auf die Unterschiede in der Synchronizität von Chat und Instant Messaging gegenüber der Synchronizität mündlicher Gespräche hinzuweisen. Dieser Unterschied liegt nun (neben der Kanalreduktion) gerade in der fehlenden Simultaneität von Chat und Instant Messaging. In der vorliegenden Arbeit wird unter ‚synchron' jeweils ausschließlich eine zeitgleiche Verfügbarkeit von Kommunikanten für die Zwecke der Kommunikation verstanden; ‚simultan' hingegen wird als Hyponym zu ‚synchron' verwendet, das darüber hinaus auch noch das Bedeutungsmerkmal ‚Rezeption der Verbalisierung zur Laufzeit' umfasst. *Simultaneität* impliziert also *Synchronizität*, wohingegen *Synchronizität* nicht zwangsläufig *Simultaneität* einschließt. – Eine Übersicht über unterschiedliche Konzeptualisierungen von Synchronizität, die der Einteilung von Genres internetbasierter Kommunikation zugrunde gelegt werden (können), sowie eine Begründung des in dieser Arbeit zugrunde gelegten Synchronizitätskonzepts finden sich in Kap. 2.2.2.

unterbrochene simultane Rezeption der Produktion aufgrund der medial schriftlichen Realisierung der Kommunikate nicht gewährleistet ist.[10]

2.1.2.3 „Simultane" Boten-Technologien

„Simultane" Boten-Technologien zielen auf eine Nachbildung von Simultan-Technologien durch die Bereitstellung von Boten-Technologien mit extrem optimierten Distributionsverfahren. Prototypische Beispiele für solche Technologien sind die netzbasierte Telefonie (*Voice over IP*, kurz: *VoIP*) sowie das netzbasierte Videoconferencing. Zum derzeitigen Stand wird mit solchen Technologien Simultaneität jedoch erst annähernd erreicht, weshalb es opportun erscheint, durch die Verwendung von Anführungszeichen deutlich zu machen, dass das der Distribution zugrunde liegende Botenprinzip sich nach wie vor auf die Art und Weise des Kommunizierens auswirkt: *VoIP* und auch Videoconferencing zeichnet sich gegenüber „echt" simultaner Kommunikation durch geringfügige Latenzzeiten (Delays) bei der Übermittlung aus. Parallelproduktion von Kommunikaten sowie redebegleitendes Feedback oder eine Koordination der

---

10 Die Tatsache, dass Kommunikate medial graphisch einzugeben sind und beim Rezipienten auch medial graphisch zur Darstellung gelangen, ist bei Boten-Technologien mit *keystroke-per-keystroke*-Übermittlung ein entscheidendes Kriterium, sie den *synchronen*, nicht aber den *„simultanen" Technologien* zuzuordnen. Zwar findet in gewisser Hinsicht eine „simultane" Übermittlung (zur Laufzeit der Produktion) statt, doch ist dadurch nicht automatisch gewährleistet, dass der Adressat die sukzessive auf seinem Bildschirm zur Anzeige gebrachten Schriftzeichen auch wirklich simultan zu ihrer Verfügbarmachung rezipiert. Während es in mündlich realisierter Kommunikation unmöglich ist, die Realisierung von Lauten *nicht* mitzubekommen, und bei der optischen Kommunikation auf Basis von Simultan-Technologien (optischer Telegraph, Rauchzeichen) Kommunikate nicht erhalten bleiben, nachdem sie übermittelt wurden (was eine kontinuierliche Rezeption obligatorisch macht), kann es im Falle medial schriftlicher Kommunikation auf Basis synchroner Boten-Technologien sehr wohl der Fall sein, dass auf dem Bildschirm angezeigte Schriftzeichen nicht im Augenblick ihres Erscheinens wahrgenommen werden, sondern erst zu einem nachgeordneten Zeitpunkt (beispielsweise weil der Adressat selbst gerade am Tippen oder mit etwas anderem beschäftigt ist). Das Konzept von *Simultaneität*, welches der hier und im vorangehenden Kapitel vorgenommenen Einteilung von Kommunikationstechnologien zugrunde liegt, umfasst somit nicht lediglich die Tatsache, ob eine Technologie Kommunikate zur Laufzeit ihrer Entstehung *distribuiert*, sondern darüber hinaus die Tatsache, dass auch die *Rezeption* im Regelfall unweigerlich zur Laufzeit der Produktion erfolgt. Da Schrift sich dem Auge nicht unweigerlich aufdrängt (insofern das Auge erst auf sie fallen muss, um sie zu bemerken) und im Bedarfsfall *nach*-gelesen werden kann, „drängt" sich Lautliches gewissermaßen an die Ohren, ob man will oder nicht. Simultane Technologien sind somit – mit Ausnahme solcher optischer Technologien, bei denen die simultan übermittelten Kommunikate keinerlei Verdauerungsqualität aufweisen – grundsätzlich nur solche, die Lautliches als Ein- und als Ausgabemodalität zulassen.

Kommunikationsbeteiligten zur Laufzeit der Interaktion werden dadurch gegenüber „echt“ simultanen Technologien erschwert. Auch kann es aufgrund des zugrunde liegenden Paketprinzips der Übermittlung zu Unregelmäßigkeiten beim Empfang einzelner Pakete oder mithin auch zum Paketverlust kommen, was sich ebenfalls auf die Qualität des beim Empfänger eingehenden Signals auswirkt.

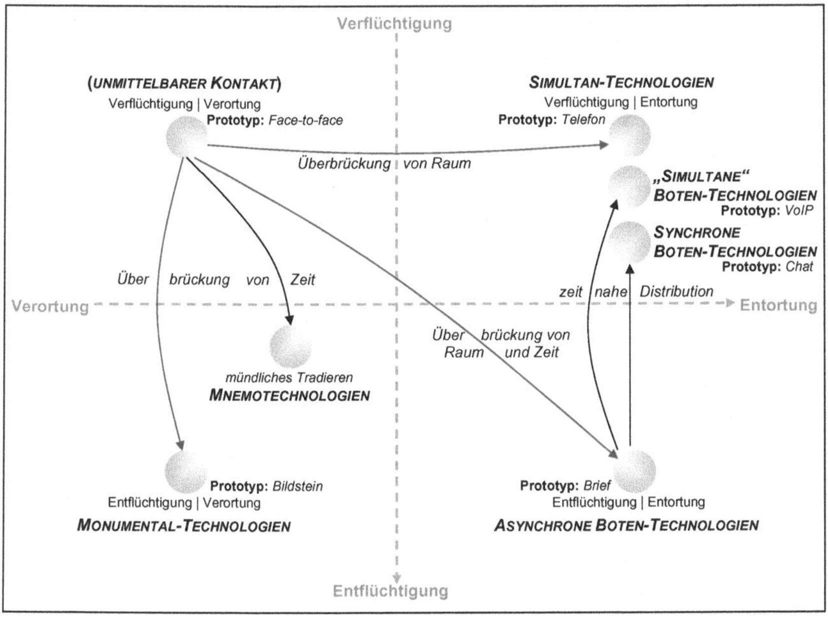

Abb. 2-3: Einteilung von Kommunikationstechnologien im Zeitalter „Neuer Medien“.

2.1.3 Kommunikations*technologien* und Kommunikations*formen*, *Texte* und *Diskurse*

Kommunikationstechnologien (als ein geregeltes Zusammenspiel aus Hilfsmitteln und Prozeduren) entspringen spezifischen Bedürfnissen zur Überbrückung der naturgemäßen Beschränkungen des Wirkungsbereichs von Äußerungen in der elementaren Situation sozialer Begegnung, dem unmittelbaren Kontakt im *Hier* und *Jetzt*. Die elementare *Form* sozialen Handelns bestimmt sich aus den Möglichkeiten, die dem Menschen aufgrund seiner körperlichen Disposition (Ausdrucksmittel und -modi), der Leitfähigkeit der ihn von seinen Handlungspartnern trennenden Materie (natürliche Reichweite von optischen und akustischen Signalen in Abhängigkeit von Umwelteinflüssen) und der perzeptiven Disposition der Handlungspartner (abhängig z.B. vom Grad der Aufmerksamkeit oder Müdigkeit) zur Verfügung stehen. Die *elementare Kommunikationssituation* bringt die Form, in welcher in ihr kommuniziert werden kann, bereits mit: Sie ist ein natürliches Kontaktmedium, in dem die Produktion und Perzeption von Äußerungen durch die physiologisch-organische Grundausstattung der Beteiligten und die Distribution über naturgesetzmäßige Gegebenheiten gesichert ist. Alle anderen Arten des Kommunizierens bedürfen (dies wurde in den vorangehenden Kapiteln bereits motiviert) des Rückgriffs auf artifizielle Hilfsmittel und Prozeduren, wodurch sie im Gegensatz zur elementaren Kommunikationsform in spezifischer Weise *ver*-formt werden.

Das Konzept der *Kommunikationsform* möchte ich wie folgt fassen:

(1) Kommunikationstechnologien schaffen *Kontaktsituationen* mit je spezifischen Rahmenbedingungen (Anzahl und Qualität der verfügbaren semiotischen Modi; Dialogizität/Monologizität, Synchronizität/Asynchronizität, Simultaneität/Nicht-Simultaneität des Austauschs; mündliche oder schriftliche Realisierung verbaler Kommunikatsanteile; Einflüsse verwendeter Hilfsmittel für die Produktion, Übermittlung und Rezeption; …).

(2) Kommunizieren unter gleichen äußeren (durch die Technologie eingebrachten) Rahmenbedingungen vollzieht sich in der gleichen *Form.*

(3) Die Gesamtheit der Kommunikationsereignisse, die auf Basis einer Kommunikationstechnologie K_n realisiert werden, konstituiert eine Kommunikationsform Kf_n. Die Gesamtheit der Kommunikationsereignisse, die auf Basis einer Kommunikationstechnologie K_m realisiert werden, konstituiert eine Kommunikationsform Kf_m.

(4) Die einzige Kontaktsituation, zu deren Herstellung keine Technologien erforderlich sind, ist die Begegnung im Hier und Jetzt. Sie determiniert die *elementare Kommunikationsform.*

(5) Merkmale von Kommunikationsereignissen, die sich aus der zugrunde liegenden Technologie bzw. aus den Rahmenbedingungen der Kontaktsituation ergeben, sind zu unterscheiden von Merkmalen, die durch andere Rahmenbedingungen – z.B. pragmatische (institutionelle Einbettung, soziale Rollenkonstellation, Zweckbereich des sprachlichen Handelns) oder technische (z.B. Art und Funktionsumfang der verwendeten Endgeräte beim Telefonieren) – eingebracht werden. Kommunikationsformen sind somit nur dahingehend als ein homogener Phänomenbereich zu betrachten, als bestimmte technologiebe-

dingte Merkmale innerhalb ihrer Grenzen invariant sind.[11] Die sie konstituierenden Kommunikationsereignisse lassen sich jedoch unter anderen Aspekten weiter differenzieren – unter pragmatischen Aspekten beispielsweise in *kommunikative Gattungen* (*Diskursarten*) oder *Textsorten*.[12] Da die Nutzung einer bestimmten Kommunikationstechnologie zur Realisierung und Veräußerung von Kommunikaten jedoch immer pragmatisch bedingt ist (entweder weil die äußeren Umstände die Nutzung einer bestimmten Technologie nahe legen oder weil die Nutzung einer von mehreren zur Verfügung stehenden Technologien in Hinblick auf die Zweckbestimmung des Kommunikats bewusst gewählt wird), kann man die entsprechenden Kommunikationsformen (z.B. Telefonkommunikation, Briefkommunikation) aber auch als übergeordnete Diskurs- bzw. Textklassenkonzepte auffassen, die dann auf untergeordneten Typologieebenen feinere Ausdifferenzierungen erfahren können (z.B. telefonisches Auskunftsgespräch, Telefon-Interview; Liebesbrief, Geschäftsbrief, Bewerbungsanschreiben, etc.).

Ebenso wie sich Kommunikationstechnologien nach ihren spezifischen Überbrückungsleistungen zu Familien zusammenfassen lassen (z.B. die Gesamtheit aller Kommunikationstechnologien, mit denen Zeit und Raum überbrückt werden kann, zur Familie der *Boten-Technologien*; vgl. Abb. 2-2), lassen sich Kommunikationsformen nach den Praktiken sprachlichen Handelns, die sie hervorbringen bzw. unterstützen, zu zwei Kategorien zusammenfassen:

– Entweder kann sprachliches Handeln auf eine aktuelle, dialogisch ausgerichtete Problembearbeitung im zeitlichen Nahbereich gerichtet sein. Hierbei ist die längerfristige Fixierung des einzelnen Kommunikats weniger wichtig als das Ergebnis der Interaktion, das ein gemeinsames Produkt sämtlicher Beteiligter darstellt. Die Funktionale Pragmatik (z.B. Ehlich 1983; 1984; 1994; Ehlich & Rehbein 1986; Hoffmann (Hrsg.) 1989; Brünner & Graefen (Hrsg.) 1994; Redder (Hrsg.) 1994) fasst sprachliches Handeln, welches diese Merkmale aufweist, unter die Kategorie *Diskurs*. Kommunikationsformen, die die Bedingungen der Kategorie *Diskurs* erfüllen, werden im Folgenden als *dis-*

---

11 Ähnlich konzipiert Ulrich Schmitz den Zusammenhang zwischen Medien und Kommunikationsformen (‚Medium' entspricht bei Schmitz cum grano salis dem, was ich unter dem Etikett der ‚Kommunikationstechnologie' eingeführt habe): „Medien (z.B. Rundfunk) sind Kommunikationsmittel. Ihre technischen Bedingungen ziehen jeweils bestimmte Kommunikationsformen (z.B. Rundfunksendung) nach sich." (Schmitz 2004: 57)

12 Zur Abgrenzung von Kommunikations*formen* und kommunikativen *Gattungen* vgl. auch Kap. 3.7.

kursive Kommunikationsformen (oder: *Diskursformen*) bezeichnet. Für die *elementare Diskursform*

> sind Kopräsenz der Handelnden, gemeinsamer situativer Verweisraum mit Synchronisationsmöglichkeit, Simultanität der Verarbeitung, unmittelbare Rezeption der Produktion, steuernder Einfluss aus der Hörerposition typisch. (Hoffmann 2004: 103)

– Zielt sprachliches Handeln darauf, Produkte zu schaffen, die unabhängig von der Produktionssituation und von einem direkten Kontakt mit dem Produzenten rezipiert und verstanden werden können sollen, so liegen andersgeartete Handlungsmotive vor: Hier geht es um die „Entbindung" des Produkts von den Umständen seiner Entstehung und um die Schaffung von Möglichkeiten zur (ggf. wiederholten) Sinnentnahme aus Artefakten im weitesten Sinne. Durch ihre Fixierung und ihre damit gewonnene Überlieferbarkeit kann die elementare Sprechsituation, die eine räumlich-zeitliche Kopräsenz von Äußerndem und Adressat(en) erfordert, transzendiert, „zerdehnt", „dissoziiert" werden (Ehlich 1994: 19). Die Funktionale Pragmatik fasst sprachliches Handeln, welches diese Merkmale aufweist, unter die Kategorie *Text*:

> Von textueller Qualität sprechen wir, wenn die folgende Bestimmung erfüllt ist: *Texte* sind Produkte sprachlichen Handelns, die in ihrer medialen Repräsentation und Gestaltkonstanz darauf angelegt sind, abgelöst von der Entstehungssituation an anderen Orten und zu anderen Zeiten (immer neu) rezipierbar zu sein. (GDS: 249)

Prototypischerweise werden sprachliche Handlungen dieser Kategorie im Medium der Schrift auf externen Trägern realisiert. Dennoch fallen auch andere Formen der Verdauerung von Sprachlichem unter diese Kategorie:

> Das Merkmal der Schriftlichkeit, das im alltäglichen Gebrauch des Ausdrucks als konstitutiv, heute häufig als gleichbedeutend mit „Text" gilt, ist … kein notwendiges Merkmal eines Textes. Die Tradition der mündlichen Überlieferung von wissen und kulturellen Gehalten in Form von Texten existierte und existiert noch heute in mündlichen bzw. mündlich geprägten Kulturen. (Brünner & Graefen 1994: 8)

Von den in Kap. 2.1.1 und 2.1.2 eingeführten Typen von Kommunikationstechnologien generieren diejenigen Technologien Produkte der Kategorie *Text*, die auf zeitliche Konservierung und damit auf eine Entflüchtigung von Kommunikaten angelegt sind, also die Monumental- und Mnemo- sowie die asynchronen Boten-Technologien.

Die elementare (und damit prototypische) *Diskurs*form ist die Face-to-face-Kommunikation. Dennoch darf die Kategorie *Diskurs* nicht gleichgesetzt werden mit der Kategorie *Mündlichkeit.* Zwar ist Mündlichkeit (sowohl die ‚mediale' wie auch die ‚konzeptionelle' i.S.v. Koch & Oesterreicher 1985; 1994) ein Merkmal, welches für viele Diskursformen charakteristisch ist, doch sind diskursive Praktiken nicht zwangsläufig an Mündlichkeit geknüpft:

> Mündlichkeit ist zwar keine *alle* Formen diskursiven Handelns kennzeichnende Eigenschaft (vgl. z.B. „computer conversations", cf. Murray 1989), ist aber sehr wohl der charakteristische Fall. (Brünner & Graefen 1994: 8)

Un-charakteristisch (weil schriftlich), aber dennoch unter die funktional-pragmatische Kategorie *Diskurs* zu fassen wären demnach Formen wie die „computer conversation" als einer Form des Austauschs schriftlich realisierter Beiträge zwischen zwar geographisch getrennten, aber synchron auf die Prozessierung des Austauschs hin orientierten Kommunikationsbeteiligten. Formen wie die „computer conversations" sind zwar auf eine dialogische Problembearbeitung im zeitlichen Nahbereich angelegt, die Überlieferungsmerkmale der dabei ausgetauschten Beiträge sowie die geringe, aber prinzipiell nicht unwesentliche zeitliche „Zerdehnung" zwischen der Situation ihrer Produktion und ihrer Rezeption können jedoch durchaus als *texthafte* Merkmale aufgefasst werden. Die Frage, die sich damit für die Einordnung solcher Formen stellt, ist die, welche der beiden Praktiken *Text* und *Diskurs* hier zur Realisierung der jeweils anderen herangezogen wird – ob also „computer conversations" eher als „getippte Gespräche" (= Realisierung von Diskurs durch Nutzung von Textmerkmalen) oder als „dialogische Texte" (= Generierung von Text in einem dialogischen Setting) aufzufassen sind (vgl. Storrer 2001). Hoffmann (2004) spricht diesbezüglich von einer Nutzung von „Mittel[n] der Textualität zur Überbrückung von Zeit und Raum und zur Speicherung und Distribution", die letztlich aber dem „Ziel aktualer Verständigung" untergeordnet wird, wodurch Kommunikationsformen wie Chat und Instant Messaging diskursiven Charakter erhalten:

> Das diskursive Moment besteht darin, dass der Chat anders als der Text nicht primär auf „die Bearbeitung des Vergessens" (Ehlich 1989: 91) zielt, sondern auf aktuelle Verständigung. Was jeweils auf den Schirmen entsteht, erhält in der Rezeption diskursive Qualität. Zweck ist eine unmittelbare Kommunikation, die wechselseitige Verständigung aktualgenetisch, im zeitlichen Nahbereich anstrebt. (Hoffmann 2004: 105)

Kommunikationsereignisse auf Basis von Simultan-Technologien und „simultanen" Boten-Technologien können mit Hoffmann als *derivierte Diskursformen* aufgefasst werden, insofern in ihnen die elementare Kommunikationssituation durch Verstärkung diatopisch erweitert wird. Produktion und Rezeption bleiben trotzdem simultan, die Verbalisierung kann vom Rezipienten direkt zur Laufzeit mitverfolgt werden, wenn auch unter den Bedingungen einer (mit der Überbrückung des *Hier* unweigerlich verknüpften) Kanalreduktion. Die synchronen Boten-Technologien, zu welchen die Chat- und die Instant Messaging-Technologie zu rechnen sind, generieren hingegen (nicht-simultane) *Paradiskurse*, indem sie durch den Rückgriff auf Überlieferungsqualitäten von Textformen ihren Kommunikaten für eine gewisse Dauer Inskription verleihen und zugleich durch die zeitgleiche Kopräsenz der Kommunikationsbeteiligten eine dialogische und dynamische Ausgestaltung des Austauschs erlauben.

Merkmale von Diskursen können ferner solche Formen *asynchroner Boten-Kommunikation* aufweisen, die aufgrund der Schnelligkeit der verwendeten Infrastrukturen (Internet) eine zeitnahe Rezeption und Respondierung erlauben und/oder die aufgrund der infrastrukturellen Nähe zu bestimmten *synchronen* Formen (im World Wide Web: Möglichkeit zur Nutzung asynchroner und synchroner Formen mit ein- und derselben Client-Software) Merkmale solcher synchroner Formen übernehmen. Trotzdem sind z.B. die E-Mail-Kommunikation oder die Kommunikation in Online-Foren und Bulletin Boards nicht pauschal dem Diskurs zuzurechnen, da das Auftreten von Merkmalen des Diskurses je nach Zweckbereich ihrer Nutzung stark variieren kann. Die Kommunikation anhand synchroner Boten-Technologien hingegen erfüllt schon allein aufgrund ihrer im zeitlichen Nahbereich vollzogenen Dialogizität ein fundamentales Kriterium von Diskursen.

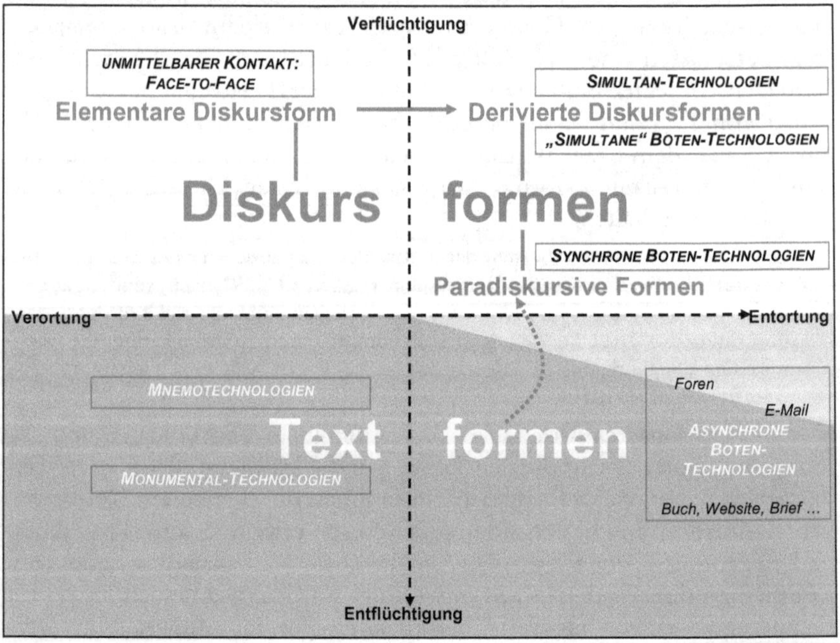

Abb. 2-4: Formen sprachlichen Handelns und jeweils entsprechende Kommunikationstechnologien.

Eine Zuordnung von Kommunikationstechnologien zu den Kategorien *Text* und *Diskurs* lässt sich entlang der Dimensionen ‚Verortung—Entortung' und ‚Verflüchtigung—Entflüchtigung' vornehmen, die oben bereits als Grundlage für eine Einteilung von Kommunikationstechnologien herangezogen wurden. Wichtig ist hierbei, dass die Dimensionen ‚Verortung—Entortung' und ‚Verflüchtigung—Entflüchtigung' als Skalen zu denken sind, bei denen der Grad der ‚Entortung' bzw. ‚Entflüchtigung' jeweils in Pfeilrichtung ansteigt. Während Kommunikate, deren Beständigkeit in der Zeit durch Verflüchtigung geprägt ist, in aller Regel im Rahmen von Diskursen auftreten, haben Kommunikate, die auf Entflüchtigung angelegt sind, in aller Regel Text-Charakter. Abb. 2-4 veranschaulicht eine solche Grobeinteilung und ordnet Diskurs- und Textformen mit jeweils denjenigen Kommunikationstechnologien zusammen, die die entsprechenden Formen konstituieren. Ein gewisser Peripheriebereich kann im Sektor ‚Entflüchtigung/Entortung' (in der Darstellung rechts unten) für diejenigen Formen angesetzt werden, die – wie bereits erwähnt – aufgrund der infrastrukturell bedingten Möglichkeit zu schnellem, bisweilen annähernd synchronem Austausch und einer hochfrequenten Nutzung in der informellen Kommunikation in z.T. starkem Maße diskursive Merkmale ausbilden können (Merkmale konzeptioneller Mündlichkeit; Anzeichen für eine Ökonomisierung der schriftsprachlichen Produktion; Generierung dialogischer Strukturen im Text, z.B. durch Nutzung der Zitat-Funktion in E-Mail- oder Foren-Beiträgen). Dennoch sind diese Formen aufgrund ihrer prinzipiellen Asynchronizität noch der Kategorie *Text* zuzurechnen, wohingegen die bereits erwähnten paradiskursiven Formen aufgrund der Synchronizität des Austauschs insgesamt der Kategorie *Diskurs* zufallen, obwohl sie auf Basis textueller Kommunikate prozessiert werden.

2.2 Computervermittelte Kommunikation – Internetbasierte Kommunikation

Die Einteilung in Formen *computervermittelter* und *nicht-computervermittelter Kommunikation* liegt quer zu der oben vorgenommenen Einteilung in Monumental-, Mnemo-, Simultan- und Boten-Technologien. Das Attribut „computervermittelt" (eine Lehnübersetzung von engl. „computer-mediated") wird im zugehörigen Forschungsbereich in aller Regel für solche Formen des Kommunizierens verwendet, für deren Zustandekommen Computermedien eine zentrale Rolle zukommt:

> Computer-mediated communication (CMC) is communication that takes place between human beings via the instrumentality of computers. (Herring 1996: 1)

> Computer-Mediated Communication (CMC) is the process by which people create, exchange, and perceive information using networked telecommunications systems (or non-networked computers) that facilitate encoding, transmitting, and decoding messages. (John December, *What is Computer-Mediated-Communication…*, http://www.december.com/john/study/cmc/what.html [o.J., 28.07.2007]).

John December betont, dass Computer-Mediated Communication nicht lediglich als Technologie zu denken ist, sondern als Gesamtheit der Kommunikationsprozesse, in denen sich menschliche Individuen der Unterstützung von Computermedien bedienen, um Kommunikationsprozesse mit unterschiedlichsten Zwecksetzungen und in unterschiedlichsten sozialen Kontexten zu realisieren:

> If you think of Computer-Mediated Communication only in terms of technologies, you might conclude that CMC on the Internet involves only information exchange and retrieval. […] Computer-Mediated Communication is a process of human communication via computers, involving people, situated in particular contexts, engaging in processes to shape media for a variety of purposes. (December 1997)

Mit dem in der vorliegenden Arbeit verfolgten Ansatz, Kommunikation, sofern sie nicht in Situationen unmittelbaren Kontakts (also *face-to-face*) stattfindet, primär als *technologiebasiert* zu betrachten, wird zwar prinzipiell davon ausgegangen, dass Kommunikation, wenn sie Distanzen überbrückt, zuvorderst durch den Rückgriff auf Technologien (Hilfsmittel, Prozeduren, Logistik) geprägt ist; die sich auf Basis der Nutzung einer bestimmten Technologie ergebende *Form* des Kommunizierens ist – wie in Kap. 2.1.3 ausgeführt – jedoch letzten Endes immer die *Gesamtheit aller Nutzungsweisen einer Technologie* und damit die Gesamtheit aller Kontexte, in denen von sozialen Individuen unter jeweils spezifischen sozialen Randbedingungen zu jeweils bestimmten kommunikativen Zwecken die zeitlichen und/oder räumlichen Überbrückungsfunktionen ebendieser Technologie in Anspruch genommen werden.

Innerhalb des Gegenstandsbereichs *Computervermittelte Kommunikation* lässt sich die *internetbasierte Kommunikation* ausgrenzen. Während zur computervermittelten Kommunikation ganz allgemein all diejenigen Kommunikationsformen zählen, deren zugrunde liegende Technologien Computermedien für den Austausch (die „Vermittlung") von Kommunikaten nutzen (also auch z.B. die Mobiltelefonie und die SMS-Kommunikation), umfasst die internetbasierte Kommunikation nur diejenigen Formen, deren zugrunde liegende Technologien hinsichtlich der genutzten Distributionsverfahren mit der Architektur und den Prozeduren des Datenaustauschs in *IP*-basierten Computernetzen kompatibel sind. Da das *Internet Protocol* (*IP*) als Standard für die netzbasierte Datenübertragung eine paketorientierte Übermittlungsprozedur definiert, sind internetbasierte Kommunikationstechnologien grundsätzlich Boten-Technologien (selbst wenn

– wie in 2.1.2 ausgeführt – manche ihrer Varianten darauf zielen, die Effizienz von Simultan-Technologien zu erreichen). Zur computervermittelten Kommunikation zählen hingegen auch bestimmte Simultan-Technologien, nämlich solche, deren Distributionskomponente auf computergestützter Übermittlungslogistik basiert.

Internetbasierte Kommunikation ist somit, was die zugrunde liegende Technologienfamilie anbelangt, durch das genutzte Übermittlungsprotokoll definiert:

> To say that communication is Internet-based means that, at the data level, it conforms to a particular set of data communications protocols. [...] Internet-based communication takes place on the global collection of networks that use the TCP/IP protocol suite for data exchange. (December 1996)

Eine pragmatische Definition internetbasierter Kommunikation kann hiervon ausgehend wie folgt formuliert werden:

Def.: *Internetbasierte Kommunikation*:

Internetbasierte Kommunikation ist die Gesamtheit aller Nutzungsweisen von Kommunikationstechnologien, deren Distributionsverfahren als IP-kompatibel gelten können und die auf Basis IP-basierter Computernetze realisiert werden.[13] Subtypen internetbasierter Kommunikation lassen sich einzelnen Mitgliedern der Familie internetbasierter Kommunikationstechnologien zuordnen: Die Gesamtheit der Nutzungsweisen der E-Mail-Technologie konstituiert die *E-Mail-Kommunikation*, die Gesamtheit der Nutzungsweisen internetbasierter Hypertexttechnologien konstituiert die *internetbasierte Hypertext-Kommunikation*, die Gesamtheit der Nutzungsweisen der Chat-Technologie konstituiert die *Chat-Kommunikation*, etc. Auf einer Zwischenebene lassen sich einzelne Formen internetbasierter Kommunikation nach den (durch jeweils spezielle, auf IP aufsetzende Protokollschichten definierten) Diensten des Internet unterscheiden, über die sie abgewickelt werden (z.B. *SMTP-basierte Kommunikation*, *IRC-basierte Kommunikation*, *WWW-basierte Kommunikation*).

13 Da die internetbasierte Telefonie in der Regel als Transportprotokoll nicht das *Transmission Control Protocol* (*TCP*) nutzt, sondern das *User Datagram Protocol* (*UDP*), wird im Gegensatz zur vorangehend zitierten Definition von December (1996) die internetbasierte Kommunikation in meiner Definition lediglich als „*IP*-kompatibel", nicht aber als „*TCP/IP*-kompatibel" bezeichnet. Dass in der Definition von December TCP mitgenannt wird, liegt daran, dass die internetbasierte Telefonie zu dieser Zeit noch nicht die Bedeutung hatte wie heute.

2.2.1 Einteilung internetbasierter Kommunikationstechnologien nach Art der zugrunde liegenden Internetdienste

Die dienstspezifische Zwischenebene kann dann eine Rolle spielen, wenn es darum geht, dienstspezifische Merkmale solcher Kommunikationsformen herauszuarbeiten, deren zugrunde liegende Kommunikationstechnologien sich mit Ausnahme des verwendeten Dienstes nur minimal unterscheiden (z.B. die *IRC-Kommunikation* und die *Webchat-Kommunikation* als zweier Ausprägungsformen der *Chat-Kommunikation*, deren zugrunde liegende Technologien sich in einer Protokollspezifikation ihrer Distributionskomponenten unterscheiden; dieser Unterschied kann allerdings Auswirkungen auf die Form des Kommunizierens nehmen, da WWW-basierte Technologien beispielsweise ein Multimedia-Potenzial aufweisen, das nicht-WWW-basierten Anwendungen nicht zur Verfügung steht). Abb. 2-5 zeigt einen Ausschnitt aus einer Typologie internetbasierter Kommunikationstechnologien; dass sich bestimmte Technologien bei Abstraktion vom jeweils verwendeten Internetdienst wiederum zusammenfassen lassen, ist in der Typologiedarstellung durch gebrochene Linien deutlich gemacht.

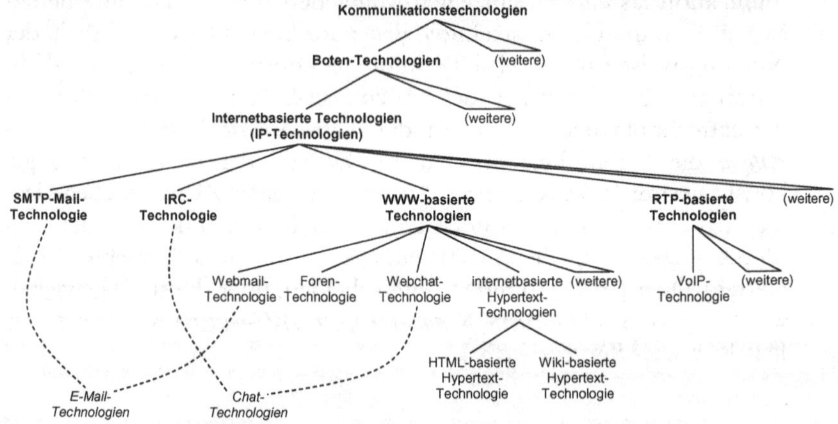

Abb. 2-5: Ausschnitt aus einer Typologie internetbasierter Kommunikationstechnologien nach Art der zugrundeliegenden Internetdienste; Erläuterungen: *IP* = Internet Protocol, *SMTP* = Simple Mail Transfer Protocol, *IRC* = Internet Relay Chat (Protocol); *WWW* = World Wide Web (basierend auf dem Hyper Text Transfer Protocol), *RTP* = Real-Time Transport Protocol; *VoIP* = Voice over IP.

2.2.2 Einteilung von Formen internetbasierter Kommunikation nach der *Synchronizität* / *Asynchronizität* des Austauschs

Während die Einteilung internetbasierter Kommunikationstechnologien nach Art der jeweils genutzten Internetdienste von eher technischem bzw. technikgenetischem Interesse ist, spielen in der Auseinandersetzung der Sprach- und Verhaltenswissenschaften mit den entsprechenden Kommunikationsformen noch weitere Einteilungskriterien eine Rolle. Eine wichtige Unterscheidung bei der Einteilung von Formen internetbasierter Kommunikation ist verbunden mit dem Begriffspaar ‚synchron' – ‚asynchron' und betrifft die Frage, ob die jeweiligen Technologien eher zeitversetzten Austausch ermöglichen oder ob die Kommunikanten zeitgleich an ihren Rechnern verfügbar sein müssen, um ihren Austausch zu prozessieren. Da in der Forschung zur internetbasierten Kommunikation die Begriffe ‚synchron' und ‚asynchron' z.T. unterschiedlich konzeptualisiert und verwendet werden und insbesondere das Konzept der ‚Synchronizität' (und darauf aufbauend auch ein bestimmtes Konzept von ‚Simultaneität') in dieser Arbeit eine grundlegende Rolle spielen, sollen im Folgenden zunächst verschiedene Konzeptualisierungen skizziert und anschließend die dieser Arbeit zugrunde gelegten Konzeptualisierungen erläutert werden.[14]

Döring (2003: 37) unterscheidet *asynchrone* und *synchrone* Formen internetbasierter Kommunikation danach, „ob der Datenaustausch zeitversetzt (asynchron) oder zeitgleich (synchron) stattfindet". Als klassisches asynchrones Kommunikationsmedium benennt sie den Brief, als wichtigstes synchrones Medium das Telefon (ebd.: 80). Zu den synchronen Formen computervermittelter Kommunikation zählt sie nicht nur die Online-Telefonie, sondern (neben anderen) auch die Chat- und MUD-Kommunikation sowie die als „Instant Messaging" bezeichneten Formen der 1:1-Kommunikation. Kriterium für das Vorliegen von ‚Synchronizität' bzw. ‚zeitversetztem Datenaustausch' ist damit bei Döring zunächst einmal lediglich das zeitgleiche Orientiertsein mindestens zweier Nutzer auf die Kommunikation; Kommunikationstechnologien, die ein solches Zu-einander-in-Kontakt-Treten unter gleichzeitiger kommunikativer Verfügbarkeit der Beteiligten ermöglichen, werden als synchrone Formen klassifiziert. Dass es – z.B. aufgrund bestimmter technischer Funktionen oder im Rahmen bestimmter Nutzungsweisen – Übergänge zwischen eigentlich synchronen und asynchronen Formen geben kann (und umgekehrt), ist

14 Zu den unterschiedlichen Konzeptualisierungen von *Synchronizität* in der linguistischen Chat-Forschung vgl. auch Spitzmüller (2005: 10f.).

durch eine Einteilung internetbasierter Kommunikationstechnologien in (primär) synchrone und asynchrone Technologien nicht ausgeschlossen (vgl. ebd.: 81).

Enger gefasste Konzeptualisierungen von Synchronizität finden sich beispielsweise bei Thaler (2005) oder Dürscheid (2005). Um einen „hohen Grad an Synchronizität" aufzuweisen, müssen für Thaler verschiedene Kriterien erfüllt sein, von denen die zeitgleiche Verfügbarkeit der Kommunikanten nur eines darstellt. Je mehr dieser Faktoren zutreffen, desto höher der Synchronizitätsgrad einer Kommunikationsform. Die Chat-Kommunikation weist für Thaler daher „einen relativ niedrigen Grad an Synchronizität auf" (Thaler 2005: 97):

> Tatsächlich erfolgt die Sprachproduktion im Chat zwar synchron, d.h. gleichzeitig, die Rezeption einer Äußerung findet jedoch stets mit einer nicht zu vernachlässigenden zeitlichen Verzögerung statt […]. Produktion und Rezeption sind somit bei genauerer Betrachtung derart voneinander abgekoppelt, dass es […] ungerechtfertigt erscheint, den Chat als synchrone Kommunikationsform zu bezeichnen. (Ebd.: 80)

> Die Problematik der Synchronizität von Kommunikation lässt sich nicht ausschließlich auf den Parameter der Zeit reduzieren. Vielmehr verbirgt sich hinter dem rein zeitlichen Aspekt – also hinter der Frage, ob die Übertragung in absoluter Echtzeit oder mit minimaler Verzögerung erfolgt – eine ganze Reihe von Auswirkungen auf die Gesprächsorganisation sowie auf Art und Grad der Kooperation zwischen den Gesprächspartnern im Chat. (Ebd.: 81)

Für Dürscheid (2005) sind ‚synchron' solche Formen, bei welchen kontinuierlich zum Prozess der Versprachlichung die Übertragung und somit die Möglichkeit der Verarbeitung des Versprachlichten erfolgt. Die Simultaneität von Produktion und Rezeption ist Teil des von Dürscheid zugrunde gelegten Synchronizitätskonzepts[15] – wozu allerdings anzumerken ist, dass aufgrund der medialen Schriftlichkeit des Bildschirmverlaufsprotokolls eine *tatsächlich* simultan zur Produktion erfolgende Rezeption auch bei zeichenweiser Übermittlung nicht grundsätzlich angenommen werden kann (der Adressat muss nämlich auf den Bildschirm blicken, um simultan zur Produktion/Übermittlung den entstehenden Beitrag wahrnehmen und verarbeiten zu können):

> Zwar gibt es eine Variante der Chat-Kommunikation, bei der die Kommunikationspartner tatsächlich synchron kommunizieren [Anm.: gemeint sind Systeme

15 Ähnlich auch bei Markman (2006: 60): „Although chat is generally considered to be a synchronous technology when compared to channels such as email or bulletin boards, when compared to speech it is only quasi-synchronous. One of the most important characteristics of chat is that the simultaneous monitoring feature characteristic of spoken interaction is no longer present."

> mit zeichenweiser Übermittlung wie *TALK*; M.B.], doch wird diese noch kaum genutzt. Sie können hier sehen, wie der andere schreibt, wie der Text auf dem Bildschirm entsteht. Die Produktion und die Rezeption der Äußerung verlaufen in diesem Fall – wie bei einem Gespräch – simultan. (Dürscheid 2005)

In der vorliegenden Arbeit werde ich das Etikett ‚synchron' ausschließlich auf die *Gleichzeitigkeit des Orientiertseins der Kommunikanten auf den gemeinsamen Austausch* beziehen. Unter der Maßgabe einer solchen weit gefassten Konzeptualisierung ist Synchronizität also ein Merkmal, welches die Chat-Kommunikation mit dem elementaren Diskurs teilt. Im *Unterschied* zu mündlichen Diskursen ist Chat aber *nicht simultan*, insofern eine Verarbeitung von Verhaltensäußerungen zur Laufzeit ihrer Hervorbringung ausgeschlossen ist. Die Profilierung der Chat-Kommunikation gegenüber dem elementaren Diskurs anhand *zweier* Merkmale vorzunehmen (Nähe zum elementaren Diskurs aufgrund ihrer *Synchronizität*, Differenz zum elementaren Diskurs aufgrund fehlender *Simultaneität*) erscheint mir sinnvoll, um Nähe und Differenz zum elementaren Diskurs getrennt benennen und behandeln zu können; außerdem macht ein solcherart weit gefasstes Synchronizitätskonzept die nur z.T. befriedigende Einordnung der Chat-Kommunikation als „quasi-synchron" (z.B. Garcia & Jacobs 1998; Dürscheid 2005; 2006) oder „annähernd synchron" (z.B. Beißwenger 2002; 2003) vermeidbar. Für andere Fragestellungen (z.B. solche der Medienwahl zur Unterstützung je bestimmter Arten von Kommunikationsprozessen) kann es aber natürlich durchaus sinnvoll sein, wie Dürscheid (2005) die (potenzielle) Simultaneität von Produktion und Rezeption zur Synchronizität hinzuzurechnen, oder mit Thaler (2005), die an Arbeiten zur Mediensynchronizität anschließt, ein mehrfaktorielles Synchronizitätskonzept zugrunde zu legen, in dem Merkmale wie ‚Geschwindigkeit des Feedbacks' und ‚Möglichkeit paralleler Kommunikationsvorgänge' enthalten sind. Wenn ich in dieser Arbeit Aussagen der Art treffe „Chat-Kommunikation ist synchron, aber nicht simultan", so decken sich die damit versprachlichten Auffassungen über den Status der Chat-Kommunikation mit Aussagen wie „Die Chat-Kommunikation weist einen relativ niedrigen Grad an Synchronizität auf", die mit Thaler (2005: 97) auf dem Hintergrund eines mehrfaktoriellen Synchronizitätskonzepts getroffen werden können.

3 Chat-Kommunikation als technologiebasierte Kommunikation: Implikationen und Differenzierungen

3.0 Überblick

Sich einer Form vermittelter Kommunikation über eine Beschreibung der ihr zugrunde liegenden Kommunikationstechnologie anzunähern, bedeutet, die kommunikativen Rahmenbedingungen aufzuzeigen, unter denen sich zwischenmenschliche Kommunikation in der betreffenden Kommunikationsform entfalten kann und durch deren Restriktionen sie zugleich in der Wahl ihrer Mittel bei der Herstellung von Verständnis und Verstehen determiniert wird.

Nachdem in Kap. 2 der Begriff der *Kommunikationstechnologie* eingeführt und Möglichkeiten einer Verortung der internetbasierten Kommunikationstechnologien und der durch sie determinierten Formen gegenüber anderen Familien von Kommunikationstechnologien und -formen aufgezeigt wurden, widmet sich das folgende Kapitel en detail den technischen und kommunikativen Rahmenbedingungen der Chat-Technologie und den medialen und sozialen Randbedingungen ihrer Nutzbarmachung für unterschiedliche Kontexte interpersonalen Austauschs. Zugleich wird versucht, ausgehend vom alltagssprachlichen Reden über ‚Chat' zu einer begrifflich präzisen Redeweise über Aspekte und Ebenen chatbasierter Kommunikation zu gelangen, die sowohl für die Analyse sprachlicher und kommunikativer Besonderheiten chatbasierter Kommunikationsereignisse als auch für die Dokumentation von Chat-Daten und den Aufbau entsprechender Korpora hilfreich sein kann.

Eine wichtige Grundlage für die weiteren Kapitel dieser Arbeit bildet dabei insbesondere das Teilkapitel 3.2, in welchem die zentralen Merkmale und Besonderheiten der Chat-Technologie dargestellt werden, die sich auf verschiedenen Ebenen chatbasierter Kommunikationsprozesse auswirken. In Kap. 4 wird ausgehend von diesen Merkmalen und den damit verbundenen Kommunikationsbedingungen eine Perspektive auf die Kommunikationsteilhabe und Sprachhandlungskoordination beim Chatten eröffnet, unter der sich Chat, obgleich diskursiv, als Gesprächen (mündlichen Diskursen) nur bedingt vergleichbar und daher in struktureller Hinsicht auch nur unter Vorbehalt anhand von Kategorien mündlicher Diskursorganisation beschreibbar erweisen wird.

Die Kapitel 3.2 bis 3.5 und 3.7 zeigen, welche der Besonderheiten, die sich an konkreten Beispielen chatbasierter Kommunikation beobachten lassen, auf Eigenschaften der zugrunde liegenden Technologie zurückzuführen sind und damit als allgemeine Merkmale der durch die Technologie konstituierten Kommunikationsform gelten können, und welche Besonderheiten ggf. mit den individuellen Implementierungen der Technologie in je spezifisch ausgestalteten Software-Applikationen tun haben, mit den sozialen und institutionellen Rahmenbedingungen der Bereitstellung eines konkreten Kommunikationsangebots auf Basis einer solchen Software oder mit den pragmatischen Rahmenbedingungen einzelner Kommunikationsereignisse, die in konkreten Fällen der Nutzung eines solchen Angebots durch zwei oder mehrere Kommunikanten zum Tragen kommen. Kap. 3.6 beschreibt Zusammenhang und Unterschied zwischen dem, was während eines Chat-Ereignisses als medial schriftliche Verarbeitungsgrundlage über die Bildschirme der Kommunikationsbeteiligten läuft (‚Bildschirmverlaufsprotokolle'), und dem, was sich als Ergebnis der Speicherung solcher Kommunikationsverläufe in Dokumentenform fixieren lässt (‚Mitschnitte', ‚Logfiles'). Diese Unterscheidung ist u.a. auch methodologisch relevant, wenn es darum geht zu fragen, was Chat-Mitschnitte – als zentrale Datenbasis für die Analyse von Chat-Ereignissen – eigentlich repräsentieren bzw. welcher Status und Quellenwert ihnen für die Erklärung sprachlicher und kommunikativer Phänomene in chatbasiertem Austausch zukommt. Dieser Punkt wird später in den Kapiteln 5.3 und 7.3 wieder aufgegriffen und mit Blick auf die Möglichkeit der Erhebung multimodaler Daten zu den auf Kommunikationsteilhabe gerichteten Aktivitäten von Chat-Beteiligten vor dem Bildschirm weiter ausgeführt.

3.1 Bezugssemantische Ambiguität des Ausdrucks ‚Chat'

Das Reden über technologiebasierte Kommunikation kann unter unterschiedlichen Aspekten erfolgen: Fokussiert werden kann dabei auf allgemeine Merkmale der zugrunde liegenden Technologie, spezielle Merkmale konkreter technischer Umsetzungen der Technologie, allgemeine Merkmale der durch die Technologie determinierten Kommunikationsform, Merkmale bestimmter Nutzungskontexte der Kommunikationsform oder Merkmale einzelner Kommunikationsereignisse, die von bestimmten Individuen auf Basis der betreffenden Technologie realisiert werden.

Für Dokumentations- und Analysezwecke erscheint es wünschenswert, solche unterschiedlichen Fokussierungen auch jeweils begrifflich voneinander unterscheiden zu können. Da der alltagssprachliche Ausdruck ‚Chat‘ in bezugssemantischer Hinsicht als mehrfach ambig zu gelten hat, soll im Folgenden ein Vorschlag für eine terminologische Differenzierung vorgestellt werden, der auf dem Wege der Komposition des Lexems ‚Chat‘ mit verschiedenen spezifizierenden Zweitgliedern eine konzeptuelle Unterscheidung der Bedeutungsvarianten seiner alltagssprachlichen Verwendung erlaubt. Nach einem Überblick über die Vielfalt der Bedeutungen, in denen ‚Chat‘ in nicht-fachsprachlichen Kontexten verwendet wird, werden in den folgenden Kapiteln die einzelnen mit diesen Verwendungen verbundenen Konzepte terminologisch präzisiert und beschrieben. Hierbei handelt es sich nicht lediglich um eine terminologische Pflichtübung; vielmehr soll – ausgehend von der Vielfalt der alltagssprachlichen Verwendungen des Ausdrucks ‚Chat‘ – anhand einer begrifflichen Differenzierung unterschiedlicher Aspekte des Gegenstands verdeutlicht werden, was es eigentlich bedeutet, sich mit technologiebasierter Kommunikation zu beschäftigen und welche Faktoren zu berücksichtigen sind, wenn es darum zu tun ist, diejenigen technologischen, technischen, sozialen und interaktionalen Randbedingungen von Kommunikationsereignissen zu erfassen, die für ein Verständnis der in ihnen feststellbaren sprachlichen und kommunikativen Besonderheiten von Bedeutung sind. Die Ausführungen in den Kapiteln 3.2 bis 3.7 zielen somit auf zweierlei: Einerseits beschreiben sie Faktoren und (technische wie kommunikative) Randbedingungen chatbasierter Kommunikation, andererseits leisten sie eine begriffliche Differenzierung, die im weiteren Verlauf der Arbeit benötigt wird, um beim Reden über den Gegenstand für die Leserin und den Leser jeweils sicherzustellen, ob nun von Merkmalen der *Technologie* als solcher, von der durch diese Technologie determinierten *Kommunikationsform*, von Merkmalen einer bestimmten *Software-Applikation* bzw. *Implementierung* der Technologie, von Merkmalen konkreter Installationen einzelner solcher Implementierungen und ihres *institutionellen und medialen Kontexts*, von singulären, unter Nutzung solcher Installationen realisierten *Kommunikationsereignissen*, von der dynamisch sich verändernden *Dokumentation ausgetauschter Kommunikationsbeiträge auf den Teilnehmerbildschirmen* oder von *Mitschnitten* solcher Verlaufsprotokolle mit Dokumentencharakter die Rede ist.[16]

16 Nicht zuletzt erscheint eine terminologisch-konzeptuelle Differenzierung dieser unterschiedlichen Aspekte auch in Hinblick auf die Dokumentation von Chat-Daten (z.B. in

Werfen wir zunächst einen Blick auf die Verwendung des Ausdrucks ‚Chat' in nicht-wissenschaftlichen (d.h.: nicht durch terminologische Differenzierungen geprägten) Kontexten: Eine Sichtung von Belegen für die Verwendung des Ausdrucks ‚Chat' in journalistischen Kontexten und auf WWW-Seiten legt nahe, sieben Verwendungsweisen des Ausdrucks zu unterscheiden:[17]

Chat (1):

die Kommunikationstechnologie, die synchronen Mehrpersonen-Austausch ermöglicht bzw. die Gesamtheit aller Software-Lösungen, die sie implementieren (**Chat-Technologie**).

(1) **Chat** erlaubt Internetbenutzern, online textbasiert mit einem oder mehreren anderen Benutzern zu kommunizieren. Die Kommunikation erfolgt synchron, d.h. zeitgleich. Man unterscheidet zwei verschiedene Formen des Chats: IRC (Internet Relay Chat) und WebChat. (Aus einem informationswissenschaftlichen Online-Glossar, http://server02.is.uni-sb.de/trex/glossar_en.php; 22.03.06)

(2) **Chat** ist eine Möglichkeit, sich im Internet live mit anderen Menschen zu unterhalten. (Online-Glossar zu Internet-Begriffen, http://www.frauen-ans-netz.de/online-kurs/glossar.htm; 22.03.06)

(3) **Chats** ermöglichen, im direkten Austausch mit anderen Chat-Teilnehmern über das Internet in Echtzeit zu kommunizieren. (http://www.e-teaching.org/didaktik/gestaltung/kommunikation/chat; 22.03.06)

Chat (2):

die Kommunikationsform, die durch die *Chat-Technologie* konstituiert wird, bzw. die Gesamtheit aller Kommunikationsereignisse, die unter Nutzung der *Chat-Technologie* realisiert werden (**Chat-Kommunikation**).

(4) Besonders beliebt ist das Chatten: **Chat** ist eine Online-Kommunikation, die über die Tastatur geführt wird. (*St. Galler Tagblatt*, 19.11.1999: „Die Sucht im Netz")

(5) Eine wichtige Rolle spielen bei nahezu allen Nutzern die indirekten Electronic-Mail-Systeme, während direkte Formen der Computerkommunikation wie **Chat** oder **Multi-User-Chat** eher von speziellen User-Groups in An-

---

Korpora für wissenschaftliche Analysezwecke) und die Erhebung entsprechender Metadaten von Belang.

17 Die Belege entstammen einer Online-Recherche mit *COSMAS II* in den Sprachkorpora des Instituts für deutsche Sprache (IdS), Mannheim (https://cosmas2.ids-mannheim.de/cosmas2-web) sowie den im Rahmen einer *Google*-Suche (http://www.google.de) gefundenen Treffern.

spruch genommen werden. (*Computer Zeitung*, 28.04.1994, S. 13: „Mailboxen etablieren einen alternativen Informationsmarkt")

(6) Nur zur Vollständigkeit: **Chat** ist ein virtueller Tratsch an dem man sich mit selbst gewähltem Namen anmeldet und mit fremden Menschen via geschriebene Botschaften kommunizieren kann. (*Die Presse*, 05.06.2000: „Durchs Netz wird die Welt zum Dorf, wo man elektronisch tratschen")

Chat (3):
Nutzungszusammenhang der *Chat-Technologie* im Handlungs- und Zweckbereich ‚Freizeitkommunikation/Etablierung sozialer Kontakte' (**„Plauder"-Chat-Kommunikation**).

(7) Andererseits bietet der **Chat** schüchternen Computer-Freaks die Möglichkeit, sich einmal anonym und „ohne Gefahr" mit Mädchen zu unterhalten. (*Vorarlberger Nachrichten*, 17.05.1997: „Die Sucht, in die Tasten zu hauen...")

(8) Wer auf seiner Reise durch die virtuelle Welt, die Welt des Computers, auf der Suche nach Gesprächspartnern ist, kommt am **Chat** nicht vorbei. (*Vorarlberger Nachrichten*, 11.05.1998: „Willkommen in der bunten Welt des Chats")

(9) Das macht den **„Chat"** ja so spannend: Jeder Teilnehmer verbirgt sich hinter einem Spitznamen. (*Vorarlberger Nachrichten*, 04.02.1999: „„Haben Sie schon dritte Zähne?',,)

Chat (4):
eine einzelne softwaretechnische Implementierung der *Chat-Technologie* („Tool", „Werkzeug"; **Chat-System**).

(10) Also ohne groß nachzudenken fallen mir 10-20 Arten ein, wie ein **Chat** programmiert sein könnte ... (Beitrag im PC-WELT-Forum, http://www.pcwelt.de/forum; 22.03.06)

(11) Wer kann mir ne Beschreibung aufschreiben wie ich den **Chat** installieren muß? (Beitrag im Online-Forum „Alles für die Homepage", http://www.inspire-world.de/board/, 22.03.06)

(12) habe den **Chat** wohl erfolgreich installiert *megafreuzundstolzbin* :)! (Beitrag im Online-Forum „Alles für die Homepage", http://www.inspire-world.de/board/, 22.03.06)

Chat (5):
eine konkrete Installation eines *Chat-Systems* (ggf. mit spezieller Ausgestaltung in Hinblick auf den Anwendungskontext) und ihre Bereitstellung für einen anvisierten Adressatenkreis im Rahmen eines bestimmten Angebotskontexts, z.B. der Community-Website eines Radiosenders oder Jugendmagazins (**Chat-Angebot**).

(13) **Chats** sind eine Bereicherung für jede Homepage. Sie binden Besucher dauerhaft an den eigenen Internetauftritt und bieten überdem eine Interaktionsmöglichkeit für die Besucher mit hohem Spaßfaktor. (Website des Web-Services-Provider *domainsteam*, http://www.domainsteam.de/index.html?tg=chats)

(14) Das macht ehrgeizig: „Unser Ziel ist es, zum größten deutschsprachigen **Chat** zu werden“, so Roks. (*Tiroler Tageszeitung*, 14.09.2000: „Tiroler lassen täglich 4000 flirten“)

(15) Der **Chat** des Hitradios Ö3 bietet die Möglichkeit, Leute aus ganz Österreich kennenzulernen. (*Vorarlberger Nachrichten*, 04.12.1999: „Chatten – virtuelles Kennenlernen“)

(16) Der klassische Nutzen eines **Chats** ist die Nutzerbindung. Damit der Nutzer sich mit Ihren Produkten oder Dienstleistungen wiederholt beschäftigt, ist es wichtig, dass er Ihre Website immer wieder besucht. (Aus der Produktwerbung eines Chat-Providers, http://www.worldweb.de/chat-nutzen.html; 23.03.06)

(17) In einem **Chat** im Internet haben sich Michael Huhs und Delores Johnson aus Tennessee zufällig kennen gelernt. (*Kleine Zeitung*, 31.08.2000: „Flaute im heimischen Wald: In den Pilzsammelstellen...“)

(18) Davon weiß eine 37-jährige Angestellte zu berichten, die als Amicella im **Chat** der Kleinen Zeitung zu finden ist. (*Kleine Zeitung*, 21.01.2000: „Hyundai liebt Amicella – ein modernes ‚Netzmärchen‘„)

(19) Alle, die über nette Erlebnisse im **Chat** der Kleinen Zeitung berichten möchten, schreiben an diese Adresse: meinekleine@kleinezeitung. (*Kleine Zeitung*, 21.01.2000: „Hyundai liebt Amicella – ein modernes ‚Netzmärchen‘„)

(20) Zum Mitdiskutieren während der Sendung ist ein **Chat** unter www.zdfmsn.de eingerichtet. (*Frankfurter Rundschau*, 28.08.1997, S. 9: „Von den Chancen und Risiken des Internet“)

(21) Auf der deutschen Homepage, die eher an Teenies gerichtet ist, gibt es auch Liebesgedichte und -lieder, einen **Chat,** Einzelberatung und eine Singlebörse. (*Frankfurter Rundschau*, 24.12.1998, S. 9)

(22) Obwohl die Idee zum virtuellen Friseursalon zunächst aus „purer Spielerei“ entstanden sei, habe sich der Zugang zum Laden über das Internet durchgesetzt, berichtet Haas. Vor allem Terminvergabe und Beratung laufe bereits zu großen Teilen über den direkten **Chat,** der als Button auf allen Seiten von www.schehrensache.de hinterlegt ist. (*Mannheimer Morgen*, 19.01.2001: „Nur Online-Schneiden geht noch nicht“)

(23) „In meiner Freizeit bin ich wenig im Netz und wenn, dann chatte ich im Tiroler **Chat** ‚La Plaza‘, der sehr interessant ist, oder ich informiere mich über Sportereignisse, diese Informationen sind im Internet immer sehr aktuell.“ (*Vorarlberger Nachrichten*, 28.08.1998: „Grenzenlose Freiheit auf dem Daten-Highway“)

(24) Über die Adresse www.limit.ch gelangen die Zuhörer auf den neuen **Chat**. (*St. Galler Tagblatt*, 20.11.1999)

Chat (6):

ein konkretes Kommunikationsereignis, das unter Nutzung der *Chat-Technologie* (in einem bestimmten *Chat-Angebot*) realisiert wird (**Chat-Ereignis**).

(25) „Ich habe täglich meinen **Chat** mit meiner Internet-Freundin in Schweden." (*Tiroler Tageszeitung*, 18.11.1997: „Frontalstrebern ist ‚out'„)

(26) Nie wieder will Regisseur Steven Spielberg unter seinem eigenen Namen im Internet an einem **Chat** teilnehmen. (*St. Galler Tagblatt*, 29.11.1999: „Blitzlicht")

(27) Der **Chat** findet auf der von der „literaturWERKstatt berlin" konzipierten Website „lyrikline" statt. (*St. Galler Tagblatt*, 21.03.2000: „Welttag der Poesie als Wettkampf")

(28) „Dieser **Chat"**, mailt einer zum Abschied, „ist ein Grund, nicht CDU zu wählen" gezeichnet: „ein ehemaliger CDU-Anhänger". (*Frankfurter Rundschau*, 019.09.1998, S. 1 „Als Helmut Kohl einmal mit dem Wahlvolk chatten wollte")

(29) Denn bei allem Humor, der bei diesen Chat-Stunden stets eine Rolle spielt, wird Sausgruber, der bereits den zweiten **Chat** absolvierte, auch mit Themen konfrontiert, die vielen Vorarlberger(innen) unter den Nägel brennen: Parteipolitik, Volksbegehren, der geplante Bau der S 18, die Arbeitslosenproblematik und viele andere Themen werden in Kurzform abgehandelt. (*Vorarlberger Nachrichten*, 14.04.1997)

(30) Das beinhaltet nicht nur den Kontakt via elektronischer Post, die Diskussion in Newsgroups oder den kurzen **Chat** zwischendurch, sondern gilt auf besondere Weise für spielerische Inhalte. (*Frankfurter Rundschau*, 10.10.1998, S. 9: „Bei Strategie- und Rollenspielen geht der Trend weg vom PC und hin zum Netz")

(31) Daß zunehmend Politiker sich für das Potential des Internet interessieren und beispielsweise zu einem **Chat** beim Hamburger E-Zine „politik-digital" (www.politik-digital.de) aufgelegt sind, mag augenblicklich noch Imagezwecken dienen. (*Frankfurter Rundschau*, 12.06.1999, S. 9: „Wählen per Internet könnte funktionieren, garantiert aber keine richtige Politik")

(32) Heute 14.30 bis 15. 30 - **Chat** mit Bundesrätin Ruth Dreifuss (*Züricher Tagesanzeiger*, 22.01.1998, S. 7: „In Kürze")

(33) Neben Ergebnissen aus den Gemeinden gibt es auch einen **Chat** mit Landesbischof Dr. Ulrich Fischer, Synodenpräsidentin Margit Fleckenstein und Staatsminister Dr. Christoph Palmer. (*Mannheimer Morgen*, 08.11.2001: „Evangelische Christen haben am Sonntag die Wahl")

Chat (7):
das abgespeicherte Protokoll eines *Chat-Ereignisses* (**Chat-Mitschnitt**).

(34) Den kompletten **Chat** lesen Sie unter www.morgenweb.de (*Mannheimer Morgen*, 28.03.2003: „SVW: Regelein spricht von Reinigungsprozess")

(35) Der gesamte **Chat** ist unter http://www.asn.or.at abrufbar. (*Vorarlberger Nachrichten*, 27.06.2000: „Fußballszene Österreich")

3.2 Chat-Technologie

Def.: *Chat-Technologie*:

Die Chat-Technologie ist eine *Kommunikationstechnologie*, die einen synchronen (nicht-simultanen)[18] Austausch zwischen mehreren Kommunikanten ermöglicht, der auf einem das Internet Protocol (IP) und das Client-Server-Prinzip des Internet als Infrastruktur nutzenden *Distributionsverfahren* sowie auf Nutzerseite einem mit einer entsprechenden Client-Software ausgestatteten PC als *Kommunikationsmittel* basiert.

Da Kommunikationstechnologien lediglich *Konfigurationen* über das Zusammenspiel von Hilfsmitteln und Prozeduren darstellen, konkrete Kommunikationsvollzüge jedoch erst auf Basis von Installationen einzelner Implementierungen (softwaretechnischer Umsetzungen) von Technologien möglich werden, ist das, was die Technologie konfiguriert, nur insoweit spezifisch als es notwendig ist, um die Technologie gegenüber anderen Technologien bzw. die durch die Technologie konstituierte Kommunikations*form* gegenüber anderen Kommunikationsformen abzugrenzen.

Prinzipiell lassen sich die Konfigurationen, die eine Technologie umfasst, auf zweierlei Weise klassifizieren: Einerseits kann unterschieden werden zwischen Konfigurationen, welche die *Kommunikationsmittel* betreffen, und Konfigurationen, welche das *Distributionsverfahren* betreffen (vgl. Abb. 3-1). Andererseits lässt sich unterscheiden zwischen

(a) Konfigurationen, die sich aus der Einordnung der betreffenden Kommunikationstechnologie in eine bestimmte Familie von Kommunikationstechnologien ergeben und mit denen nicht-variable Spezifikationen getroffen werden (im Folgenden: *technologiegenetische Basisspezifikationen*);

---

18 *Synchronizität* wird in der Forschung zur internetbasierten Kommunikation z.T. unterschiedlich konzeptualisiert; zu den Konzepten, die in dieser Arbeit den Begriffen ‚synchron', ‚asynchron' und ‚simultan' zugrunde gelegt sind, vgl. Kap. 2.2.2.

(b) Konfigurationen, die sich aus der Einordnung der betreffenden Kommunikationstechnologie in eine bestimmte Familie von Kommunikationstechnologien ergeben und die in einzelnen softwaretechnischen Umsetzungen der Technologie (in einzelnen *Systemen*) auszugestalten sind (im Folgenden: *Variablen*);

(c) Konfigurationen, die innerhalb der Familie von Kommunikationstechnologien spezifisch für die betreffende Kommunikationstechnologie sind und mit denen nicht-variable Spezifikationen getroffen werden (im Folgenden: *Alleinstellungsmerkmale*).

Die Chat-Technologie lässt sich anhand dieser Klassifikationsmerkmale wie folgt charakterisieren:

		Basisspezifikation	Variable	Alleinstel-lungsmerkmal
Kommunikationsmittelkonfiguration:				
KM-1	Für die Nutzung der Technologie wird als Endgerät ein Computer mit Internetanschluss benötigt.	X[19]		
KM-2	Als Produktions-/Rezeptionswerkzeug wird eine Client-Software benötigt.		X	
KM-3	Sprachliche Anteile von Kommunikaten sind im Medium der Schrift zu realisieren.	X		
KM-4	Für die Kodierung von Kommunikaten sind nur bestimmte Zeichentypen und Äußerungsmodi zulässig.		X	
KM-5	Die Verschickung von Kommunikaten ist der Produktion nachgeordnet und erfolgt „en bloc".			X
KM-6	Für die Darstellung von Kommunikaten in der Darstellungskomponente der Rezeptionsmittel ist eine endliche Menge an Darstellungsmodi definiert.[20]		X	

19 Als *Basisspezifikationen* und *Variablen* werden hier all diejenigen Konfigurationen angenommen, die für sämtliche Mitglieder der Familie der *synchronen Boten-Technologien* gelten (vgl. Kap. 2.1.2.2). Z.T. handelt es sich hierbei um Spezifikationen, die wiederum Alleinstellungsmerkmale der synchronen Boten-Technologien darstellen (z.B. KM-7), z.T. aber auch um Spezifikationen, die bereits für die übergeordnete Familie der *Boten-Technologien* konstitutiv sind (z.B. KM-4 und KM-6).

		Basisspezifikation	Variable	Alleinstel-lungsmerkmal
KM-7	Der Empfang von Kommunikationsdaten ist nur möglich, wenn der Adressat zeitnah zum Zeitpunkt ihrer Verschickung durch den Produzenten die Client-Software nutzt und vom Transmitter (Chat-Server) als Adressat identifiziert werden kann.[21]	X		
Distributionsverfahrenskonfiguration:				
DV-1	Als Datenträger fungieren elektronische Speichermedien.	X		
DV-2	Die Datenübertragung im physikalischen Medium erfolgt analog oder digital.	X		

20 Mit *Rezeptionsmitteln* ist hier nicht der menschliche Wahrnehmungs- und Verarbeitungsapparat gemeint, sondern die (technischen) Hilfsmittel und Prozeduren, die für die Entgegennahme, die Dekodierung und die Darstellung von Kommunikaten benötigt werden (vgl. Abb. 2-1).

21 Standardmäßig ist sogar die zeit*gleiche* (synchrone) kommunikative Verfügbarkeit des Produzenten und des Adressaten eines Kommunikationsbeitrags erforderlich, damit der Beitrag zugestellt werden kann. Vereinzelt sind aber in den letzten Jahren auch Chat-Systeme aufgekommen, die Kommunikationsbeiträge für einen gewissen Zeitraum auch für solche Kommunikanten abrufbar halten, die zum Zeitpunkt der Verschickung nicht beim System als Nutzer angemeldet waren. Im Chat-System *TULKA* (http://www.karlin.mff.cuni.cz/~benes/tulka/) beispielsweise bleiben sämtliche ausgetauschten Beiträge jeweils bis 0:00 Uhr nachlesbar, erst dann wird der Protokollverlauf geleert und das Vorhalten von Beiträgen beginnt für die nächsten 24 Stunden von vorn. Auch gibt es bei der Entwicklung innovativer internetbasierter Kommunikationswerkzeuge für spezialisierte Einsatzkontexte verschiedene Bestrebungen, die Vorteile synchroner und asynchroner Kommunikationsformen kombiniert nutzbar zu machen, beispielsweise dadurch, dass „erchattete" Kommunikationsverläufe nahtlos im Modus asynchroner Forenkommunikation fortgeführt werden können; ein entsprechendes System wurde beispielsweise im Rahmen des *KOLUMBUS 2*-Projekts an der Universität Dortmund (mittlerweile: Bochum, siehe http://www.imtm-iaw.rub.de/projekte/k2/) entwickelt (vgl. Kienle 2006). Nimmt die Anzahl solcher Funktionalitäten in Chat-Systemen zu und wird der Übergang zwischen synchronen und asynchronen Formen dadurch fließend(er als bisher), so verändert sich dadurch mittelfristig auch die Technologie als solche. Aus diesem Grunde wurde in der Beschreibung von KM-7 (prospektiv) die „weichere" Restriktion ‚zeitnah' anstatt der strikteren Restriktion ‚zeitgleich' gewählt, obwohl die Chat-Technologie zum gegenwärtigen Stand prototypischerweise und in der ganz überwiegenden Mehrzahl ihrer Implementierungen die synchrone kommunikative Verfügbarkeit von Produzent und Adressat erfordert.

		Basisspezifikation	Variable	Alleinstel-lungsmerkmal
DV-3	Unabhängig vom physikalischen Medium folgt die Datenübertragung dem Client-Server-Prinzip sowie der *IP*-Protokollspezifikation.	X		
DV-4	Es gibt einen Transmitter (Chat-Server), der als vermittelnde und das Kommunikationsaufkommen strukturierende Instanz die an ihn übermittelten Nutzdaten im *Push*-Verfahren an die Endgeräte der Adressaten weiterleitet.	X		
DV-5	Es existiert ein Prinzip, nach welchem der Transmitter eingehende Nutzdatenpakete vor der Weiterverschickung sequenziert.		X	
DV-6	Der Transmitter kann Daten zwischen mehr als zwei Nutzern übermitteln.			X

Abb. 3-1: Konfigurationsprofil der Chat-Technologie.

Die Verschickung von Kommunikaten *en bloc* bildet innerhalb der Familie der synchronen Boten-Technologien insofern ein Alleinstellungsmerkmal, als zu dieser Familie z.B. auch die *TALK*-Technologie zu rechnen ist, bei welcher Kommunikate nach dem *keystroke-per-keystroke*-Prinzip verschickt werden (zu *TALK* vgl. Meise-Kuhn 1998). Jeder Tastaturanschlag stellt in solchen Technologien zugleich eine Verschickungsanweisung dar; in Chat-Technologien hingegen muss eine Verschickungsanweisung explizit als eigener Akt realisiert werden – in aller Regel durch Betätigung der Eingabetaste oder per Mausklick auf einen „Sende"-Button. Das Alleinstellungsmerkmal der *en bloc*-Verschickung teilt die Chat-Technologie innerhalb der Familie der synchronen Boten-Technologien mit der Instant-Messaging-Technologie. Unter Hinzunahme ihrer Mehrpersonen-Fähigkeit als zweitem Alleinstellungsmerkmal wird die Chat-Technologie jedoch auch gegenüber den Instant-Messaging-Technologien abgrenzbar.

Neben der *Synchronizität* und *Dialogizität*, die kennzeichnend für alle synchronen Boten-Technologien ist, zeichnet sich die Chat-Technologie somit durch ihre *Multilateralität* aus sowie durch die Tatsache, dass sie mit ihrem *konsekutiv konzipierten Produktions-Verschickungs-Prinzip* ein Merkmal behält, welches eigentlich typisch ist für „traditionelle" (asynchrone) Boten-Technologien wie den Brief oder die Print-Publikation. Dieses Merkmal nimmt, wie noch zu zeigen sein wird, entscheidenden Einfluss auf die

Möglichkeiten, die sich den Kommunikationsbeteiligten bieten, um ihr wechselseitig aufeinander bezogenes Sprachhandeln zu koordinieren. Die strikte Konsekutivität von Produktion, Verschickung, Übermittlung, Darstellung und Rezeption hat den Charakter eines „klassischen" Publikationsprozesses (vgl. Abb. 3-2).[22]

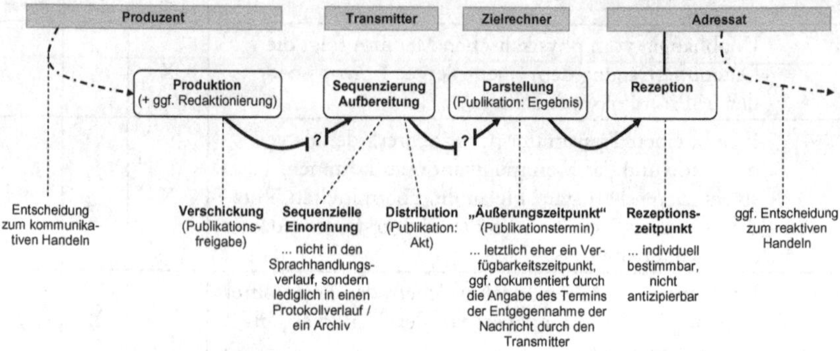

Abb. 3-2: Produktion und „Publikation" von Kommunikaten in chatbasierten Kommunikationsprozessen.

Während Kommunikationstechnologien, die mündliche Äußerungen simultan übertragen, die für die Face-to-face-Kommunikation fundamentale zeitliche Einheit der Verbalisierung, Materialisierung, Perzeption und Rezeption von Kommunikaten beibehalten, konzipiert die Chat-Technologie die Produktion, Veräußerung, Wahrnehmung und Rezeption von Kommunikaten als eine zumindest minimal „zerdehnte" Äußerungssituation (i.S.v. Ehlich 1984), in der nicht nur Produzent und Rezipient einander räumlich distant sind, sondern in der überdies die Rezeption von Kommunikaten tendenziell entkoppelt ist von ihrer unmittelbaren Entstehung. Zwar besteht aufgrund der zeitlichen Kopräsenz der Kommunikationsbeteiligten die Möglichkeit zur direkten Rückfrage; der Zeitpunkt, die Dauer und der qualitative Verlauf des Produktionsprozesses, die Zeitspanne zwischen Produktion und Verschickung sowie der Zeitpunkt der Verschickung sind für den Rezipienten nicht transparent oder antizipierbar. Um-

22 Unter dem Aspekt der damit ermöglichten weitgehenden Kontrolle über das, was man im Chat von sich selbst preisgibt, kann die Tatsache, dass Beiträge vor der Verschickung vollständig produziert werden (müssen) und ggf. auch noch überarbeitet oder wieder verworfen werden können, auch als Vorteil angesehen werden:

> the nature of the medium gives users the luxury of pretransmission composing and editing, allowing them to present those aspects of identity that they wish to highlight and hide those that they do not. (Rintel & Pittam 1997: 531)

gekehrt kann der Produzent eines Kommunikationsbeitrags bestenfalls mutmaßen, ob und wann ein von ihm zur Übermittlung an den Chat-Server aufgegebenes Kommunikat tatsächlich vom Adressaten wahrgenommen und rezipiert wird. Klarheit über die erfolgte Rezeption (und ggf. auch über mögliche Missdeutungen) seines Beitrags gewinnt er in aller Regel erst durch einen Folgebeitrag des Adressaten, der sich als Reaktivbeitrag auf seinen vorangegangenen Beitrag auffassen lässt, oder – im Falle des Ausbleibens einer erwarteten Reaktion – durch entsprechende metakommunikative Thematisierung („Haste meine Frage nicht gelesen?", „Hatte dich eben was gefragt" o.Ä.).

Die basale Trägereinheit partnerorientierten Handelns JEMANDEM EINEN KOMMUNIKATIONSBEITRAG ZUR WAHRNEHMUNG BRINGEN, die die Verarbeitung des Beitrags durch das kommunikative Gegenüber mit einschließt und sich in Face-to-face-Situationen als eine zeitliche Einheit aus Hervorbringung und gleichzeitiger Verarbeitung (zur Laufzeit) darstellt, wird von der Chat-Technologie in eine Abfolge von zwölf Ereignissen zerlegt, die sich zu acht aufeinander folgenden Zeitpunkten abspielen:

t	Ereignis	Verantwortende Instanz	Transparent für K_1?	Transparent für K_2?
t_1	**1** Kommunikant K_1 entscheidet sich zu einem Wechsel in die Produzentenrolle	K_1	√	–
$t_1 \rightarrow t_2$	**2** **Produktion eines Kommunikationsbeitrags** durch K_1: Eingabe einer Zeichenkette über die Tastatur. Die Zeichenkette kann von K_1 beliebig oft und umfänglich bearbeitet und modifiziert werden. K_1 entscheidet selbst, wann das Eingegebene die Qualität besitzt, um als an die anvisierten Adressaten zu distribuierendes Kommunikat an den Chat-Server übermittelt zu werden.	K_1	√	–
t_2	**3** **Verschickung der Zeichenkette:** Durch Ausführung einer Verschickungshandlung (Betätigung der Eingabetaste oder Mausklick auf einen entsprechenden Button) gibt K_1 das Ergebnis seiner Produktionstätigkeit explizit zur Übermittlung an den Chat-Server auf. Eine nachträgliche Bearbeitung des Eingegebenen ist nach t_2 nicht mehr möglich. Dem Nutzdatensegment, das die Zeichenkette	K_1	√	–

t		Ereignis	Verantwortende Instanz	Transparent für K_1?	Transparent für K_2?
		trägt, werden bei der Verschickung durch das verwendete Produktionswerkzeug weitere Daten hinzugefügt, die die Verarbeitung der Daten auf dem Chat-Server steuern und es dem Chat-Server ermöglichen sollen, den Absender einer bestimmten Nutzerkennung zuzuordnen.			
$t_2 \rightarrow t_3$	**4**	**Übermittlung der Datensendung an den Chat-Server.** Geleitet durch Router und nach dem IP-Prinzip werden die Daten über die Netz-Infrastruktur dem Chat-Server als unmittelbarem Ziel zugeleitet.	Netz	–	–
t_3	**5**	**Entgegennahme der Datensendung durch den Chat-Server.**	S	–	–
$t_3 \rightarrow t_4$	**6**	**Verarbeitung der Zeichenkette durch den Chat-Server:** (1) Sequenzierung (Einordnung des Nutzdatensegments in die Sequenz bereits übermittelter Kommunikationsbeiträge); (2) Aufbereitung (Abgleich der mitübermittelten Absender-ID mit dem für den betreffenden Nutzer hinterlegten Profil und ggf. Hinzufügung des Absender-Nicknames zur Zeichenkette; Anreicherung der Zeichenkette um Formatinformationen, z.B. HTML/CSS-Codes); (3) Einreihung der aufbereiteten Zeichenkette (versehen mit neuen Steuerdaten für die Verarbeitung des Nutzdatensegments auf den Zielrechnern) in der Anzahl der benötigten Kopien (entsprechend der Anzahl der Adressaten und jeweils versehen mit individuellen Adressatenkennzeichnungen) in die Schlange der zu distribuierenden Kommunikationsbeiträge.	S	–	–
t_4	**7**	**Distribution:** Übergabe der Datensendungen an die Netz-Infrastruktur	S	–	–
$t_4 \rightarrow t_5$	**8**	**Übermittlung der Datensendung an die Adressatenrechner.**	Netz	–	–
t_5	**9**	**Entgegennahme der Datensendung durch**	R	–	–

t	Ereignis	Verantwortende Instanz	Transparent für K_1?	Transparent für K_2?
	den Rechner von Kommunikant K_2; Verarbeitung und Darstellung (als Kommunikationsbeitrag) mit dem Rezeptionswerkzeug (Computer).			
t_6	**10** **Kenntnisnahme des Kommunikationsbeitrags:** Kommunikant K_2 nimmt wahr, dass ein für ihn relevanter (neuer) Beitrag im Verlaufsprotokoll am Bildschirm angezeigt wird	K_2	–	√
$t_6 \rightarrow t_7$	**11** **Rezeption des Kommunikationsbeitrags durch K_2.**	K_2	–	√
t_8	**12** (ggf.:) Kommunikant K_2 entscheidet sich zu einem Wechsel in die Produzentenrolle, um reaktiv kommunikativ aktiv zu werden	K_2	–	√
...	[da capo]			

Abb. 3-3: Chatbasierte Kommunikationsprozesse als konsekutive Abfolge von Produktions-, Verschickungs-, Übermittlungs-, Darstellungs- und Rezeptionsereignissen; *Legende:* t_i = Zeitpunkt i; $t_i \rightarrow t_j$ = Zeitspanne zwischen t_i und t_j; K_1 = Kommunikant 1; K_2 = Kommunikant 2; S = Server; R = Rechner.

Festzuhalten ist für chatbasierte Kommunikationsprozesse, dass nicht nur die Produktionsphase einen privaten Akt darstellt, in deren Rahmen eine Redaktionierung möglich ist und das in Arbeit befindliche Produkt einer mehrfachen diskontinuierlichen Revision unterzogen werden kann, sondern dass darüber hinaus – ebenfalls ähnlich Publikationsprozessen – die eigentliche „Veröffentlichung" des erzeugten Produkts nicht durch dessen Urheber selbst, sondern durch eine zwischengeschaltete Distributionsinstanz erfolgt. Die Verschickung der produktiv erzeugten Zeichenkette (Ereignis 3 in Abb. 3-3) hat somit dieselbe Funktion wie die Erteilung einer Publikationsfreigabe („Imprimatur") in traditionellen Publikationsprozessen. Der Produzent gibt damit sein Produkt in einer von ihm für publikationsreif befundenen Endfassung aus der Hand und überantwortet dessen Weiterverarbeitung und Verbreitung einer externen Instanz (traditionell: Verleger; Chat: Server). Die noch anfallenden Verarbeitungsschritte beziehen sich dann nicht mehr auf den Inhalt und die sprachliche Form des Produkts, sondern sind formaler Art (Formatierung, Layout, Beifügung von Metadaten). Anschließend erfolgt die Auslieferung des Produkts in entsprechend aufbereiteter Form an die Adressaten oder – in traditionellen Publikationsprozessen – an eine anvisierte Öffentlichkeit oder Teilöffentlichkeit. Die Ereignisse 7, 8 und 9 in Abb. 3-3 haben Publikationscharakter, insofern mit ihnen das aufbereitete Produkt den vom Produzenten anvisierten Adressaten als Kommunikat zugänglich gemacht wird. Folglich gleichen die Beteiligten in chatbasierten Kommunikationsprozessen – obwohl sie durch ihr synchrones Eingeloggtsein die Möglichkeit zu schneller Aktion und Re-Aktion sowie zum fluiden Wechsel zwischen Produzenten- und Rezipientenrolle haben – eher den (Text-)Produzenten und Lesern im Rahmen zeitversetzter Distanzkommunikation als den Sprechern und Hörern in Face-to-face-Diskursen:

> Participants … are not actually speakers and hearers; they are writers of textual messages who then post those messages. Recipients of messages are readers of completed messages rather than „hearers". (Garcia & Jacobs 1999: 346)

Aufgrund der Synchronizität des Austauschs handelt es sich dennoch um *(para-)diskursiven* Austausch, auch wenn

> aus dem schriftlich auf dem jeweiligen Bildschirm repräsentierten Text … der Diskurs sowie die pragmatischen und thematischen Zuordnungen erst in der Rezeption hergestellt werden. (Hoffmann 2004: 105)

In denjenigen Teilen des Kommunikationsprozesses, deren Zeitpunkt und Ausführung für den Produzenten nicht direkt kontrollierbar ist, kann der zeitliche Ablauf und die Qualität des Prozesses durch Verzögerungen oder prinzipiell auch durch Datenverlust beeinträchtigt werden. Ein weiterer bemerkenswerter und für die Handlungskoordination in chatbasierter Kommunikation folgenreicher Punkt ist derjenige, dass der Erfolg einer partnerorientierten kommunikativen Handlung (nämlich, dass ein Kommunikat nicht nur ordnungsgemäß zugestellt, sondern auch rezipiert und verstanden wurde) nicht direkt vom Produzenten überprüft werden kann. Umgekehrt ist für einen Kommunikanten nicht direkt ersichtlich, ob und wann sich ein anderer Kommunikant dazu entschließt, einen an ihn gerichteten Kommunikationsbeitrag zu produzieren, wie lange er an diesem Beitrag arbeitet und wann er ihn verschickt. *Dass* ein Kommunikationsbeitrag von einem anderen Kommunikanten an ihn gerichtet *wurde*, bemerkt er erst bei dessen Kenntnisnahme und Rezeption. Während zwischen der Verschickung eines Kommunikationsbeitrags durch den Produzenten (Ereignis 3 in Abb. 3-3) und seiner Darstellung im Rezeptionswerkzeug auf dem Adressatenrechner (Ereignis 9) im Idealfall nicht mehr als eine Sekunde Differenz liegt, kann die Differenz zwischen Verschickung (Ereignis 3) und *Rezeption* eines Kommunikationsbeitrags (Ereignis 11) unter Umständen erheblich sein – beispielsweise, weil der Adressat im Augenblick der Darstellung des Beitrags (Ereignis 9) gerade selbst mit der Produktion eines Beitrags beschäftigt oder mit Tätigkeiten in einer anderen

Anwendung auf seinem Rechner befasst ist oder sich gerade überhaupt nicht vor seinem Rechner aufhält. Der Beitrag wird somit von ihm unter Umständen zu einem Zeitpunkt *nach*-gelesen und für aktuell befunden, zu welchem der Absender des Beitrags diesen bereits für veraltet erachtet oder ihn für sich als gescheiterte Initiative „abgehakt" hat. In jedem Fall ist ein Zusammenfallen des Zeitpunkts der Darstellung eines Beitrags am Bildschirm (Ereignis 9) und des Zeitpunkts seiner Kenntnisnahme (Ereignis 10) und rezeptiven Verarbeitung (Ereignis 11) eher Sache des Zufalls und kann daher nicht als Standardfall angenommen werden.

Die von der Technologie vorgegebene mediale Schriftlichkeit (vgl. Abb. 3-1, KM-3) determiniert nämlich nicht lediglich, dass die produzentenseitige Realisierung von Kommunikationsbeiträgen im graphischen Medium zu erfolgen hat, sondern auch, dass das Medium, auf welchem Kommunikate für die Adressaten verfügbar gemacht werden, die von ihm dargebotene Information lediglich vorhält, nicht aber direkt und kraft eigener Materialität an den Perzeptionsapparat der Kommunikanten weiterübermittelt. Der Bewahrungs-/Verdauerungscharakter der Schrift macht sich auch in der Art und Weise bemerkbar, wie in schriftlich realisierter Kommunikation (sei es nun im asynchronen oder im synchronen Modus) neue Information zur Kenntnis ihrer Adressaten gelangt: Schrift drängt sich nicht auf. Während es in (synchroner) mündlicher Kommunikation zwar möglich ist, Partnerbeiträge bewusst „zu überhören" (im dem Sinne, dass eine Verarbeitung respektive semantische und pragmatische Interpretation rezipientenseitig verweigert wird), ist es ohne Hilfsmittel unmöglich, *nicht* zur Kenntnis zu nehmen, *dass* etwas geäußert wird. Man mag also zwar einen Gesprächsbeitrag propositional und auch hinsichtlich seines Handlungswerts ignorieren – die reine Existenz des von einem Partner verursachten Schallereignisses wird jedoch unweigerlich bemerkt.

In schriftlicher Kommunikation hingegen ist das Ob und das Wann der Kenntnisnahme neuer, potenziell zu verarbeitender Information davon abhängig, dass der Adressat zunächst seine (visuelle) Aufmerksamkeit auf einen bestimmten Ort richten muss, an dem die neue Information erwartungsgemäß Verdinglichung erfährt – im Falle der Chat-Kommunikation ist dieser Ort ein bestimmter Bereich des Computerbildschirms (der Anzeigebereich für das Bildschirmverlaufsprotokoll). Das in diesem Bereich dargestellte Verlaufsprotokoll bildet die Verarbeitungsgrundlage für die rezeptive Teilhabe am Kommunikationsgeschehen; es ist ein *Augenmedium* in dem Sinne, dass neue Information nicht – wie in der Mündlichkeit – kraft eigener Materialität an den Perzeptionsapparat des Adressaten dringt, sondern dass neue Information mit den Augen von einem Träger abgeholt werden muss. In dieser Hinsicht erfolgt die Übermittlung von Kommunikaten in synchroner Mündlichkeit im *Push*-Verfahren, in allen

Formen schriftlicher Kommunikation hingegen im *Pull*-Verfahren. Der Austausch einer Nachricht zwischen den Kommunikanten (nicht zwischen den beiden Endgeräten) ist somit erst dann abgeschlossen, wenn der Adressat der Nachricht (a) das nächste Mal mit den Augen den Protokollbereich der auf dem Bildschirm angezeigten Chat-Benutzeroberfläche aufsucht, und (b) den darin wahrgenommenen neuen Beitrag auch tatsächlich zur Kenntnis nimmt und mental verarbeitet.

Aus der strikt konsekutiven Konzeption des Kommunikationsprozesses und der medialen Schriftlichkeit der Verarbeitungsgrundlage (des Bildschirmverlaufsprotokolls) resultiert für den Chat gegenüber synchroner mündlicher Kommunikation eine radikale Individualisierung der zeitlichen Ereignisstruktur, die die einzelnen Beteiligten vom gemeinsam prozessierten Kommunikationsverlauf entwerfen. Eine vollständige Synchronisierung des Bewusstseins vom aktuellen Stand der Kommunikation zwischen zwei Kommunikanten kann daher eher als Ausnahme denn als Regelfall gelten (vgl. hierzu ausführlich Kap. 4.2, 4.3 und 4.5). Dass diese Tatsache weit reichende Auswirkungen auf die Realisierung von kommunikativen Zügen und auf die Antizipation von Zügen der kommunikativen Partner nimmt, illustriert die Fallstudie in Kap. 6.

3.3 Chat-Systeme

Def.: *Chat-System*:

Ein Chat-System (auch: *Chat-Werkzeug*, *Chat-Tool*) ist eine konkrete Instanziierung und softwaretechnische Umsetzung der Chat-Technologie, welche die Konfigurationen der Technologie (in z.T. individueller Ausgestaltung) implementiert.

3.3.1 Allgemeines zu Chat-Systemen

Chat-Systeme bilden die Basisspezifikationen der Chat-Technologie und die für sie konstitutiven Alleinstellungsmerkmale in einer Softwareanwendung ab und gestalten daneben die variablen, aber notwendigerweise umzusetzenden Konfigurationen der Technologie in spezifischer Weise aus. Darüber hinaus können sie weitere, über die Vorgaben der Technologie hinausgehende Funktionsmerkmale implementieren.

Notwendigerweise ausgestalten muss ein Chat-System die variablen Konfigurationen KM-2, KM-4, KM-6 und DV-5 aus dem Konfigurationsprofil der Chat-Technologie (vgl. Abb. 3-1). Einem Chat-System liegen daher Festlegungen darüber zugrunde,

- ob clientseitig eine bereits existierende Software-Anwendung (z.B. ein WWW-Browser) als Produktions-/Rezeptionswerkzeug verwendet werden soll (und wie die Schnittstelle vom Chat-Server zu dieser Software beschaffen ist) oder ob eine eigene, systemspezifische Client-Komponente definiert wird (Spezifikation zu KM-2);
- auf welche Zeichentypen, Gestaltungsmerkmale und Medientypen für die Realisierung von Kommunikationsbeiträgen zurückgegriffen werden kann (ASCII-Text, Text mit Schriftformatierung, Text und Grafik, animierte Grafik, ...; Spezifikation zu KM-4);
- wie viele und welche Darstellungsmodi den Nutzern mit dem Rezeptionswerkzeug bereitgestellt werden (schriftrollenartiges Verlaufsprotokoll mit/ohne Scroll-Funktion bzw. mit/ohne relativer Persistenz, Mindmap-orientierte Darstellungsfläche mit Möglichkeit zur freien Positionierung von Beiträgen im zweidimensionalen Raum, ...; Spezifikation zu KM-6);
- nach welchem Prinzip die Serverkomponente eingehende Beiträge sequenziert (nach dem Zeitpunkt des Eingangs; nach der Zuordnung des Beitrags zu einem bestimmten Thema, die vom Produzenten über eine Zusatzfunktion spezifiziert wurde; nach Zugehörigkeit des Produzenten zu einer bestimmten vordefinierten Nutzergruppe; ..., Spezifikation zu DV-5).

Je nach dem, wie die entsprechenden Konfigurationen ausgestaltet sind, können Chat-Systeme recht unterschiedliche Benutzeroberflächen aufweisen und unterschiedlichen „Darstellungslogiken“ folgen. So greifen beispielsweise die Systeme *CHAT CIRCLES* (Abb. 3-4) und *FACTCHAT* (Abb. 3-5) für die Darstellung von Nutzerbeiträgen nicht auf die weitgehend konventionalisierte Schriftrollenmetapher zurück (jeder Beitrag nach Absatzreturn auf einer endlos von oben nach unten laufenden zweidimensionalen Anzeigefläche), sondern interpretieren die zweidimensionale Bildschirmfläche ähnlich der Fläche eines Diagramms, auf welchem Positionierungen nicht nur in der vertikalen, sondern auch in der horizontalen Dimension möglich sind. In beiden Systemen können Kommunikationsbeiträge von ihren Produzenten anhand des Mauszeigers frei auf einem Punkt des zweidimensionalen Koordinatenraums platziert werden.[23] Freie räumliche Positionierung erlauben auch sog. „Grafik-Chats“ oder „Ava-

23 Eine Demo-Installation von *CHAT CIRCLES* (Version 2.65 alpha) findet sich unter http://chatcircles.media.mit.edu und ist beschrieben in Viegas & Donath (1999); eine Installation des *FACTCHAT*-Systems steht unter http://www.factchat.com bereit, die Funktionen des Systems sind beschrieben in Harnoncourt et al. (2005).

tar-Chats" wie das *PALACE*-System, in welchem Nutzer zusätzlich zu einem Teilnehmernamen einen grafischen Avatar[24] wählen, der frei auf einer Hintergrundgrafik verschoben werden kann und dem die Kommunikationsbeiträge des Nutzers jeweils in Form von Sprechblasen zugeordnet werden (Abb. 3-6; zu Besonderheiten der Interaktion in einem Chat-Angebot auf Basis des *PALACE*-Systems vgl. Suler 2001).[25]

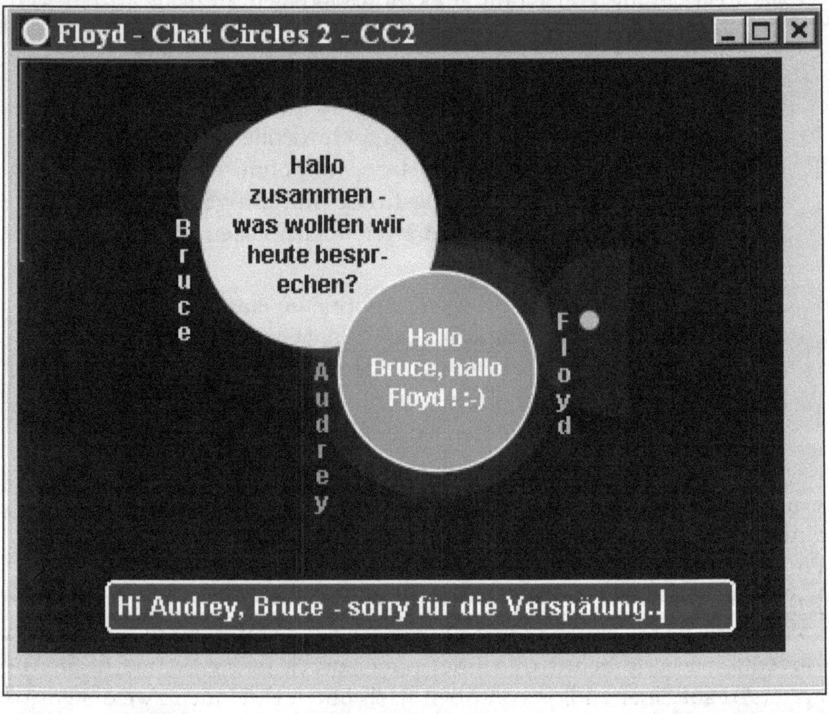

Abb. 3-4: *CHAT CIRCLES* (http://chatcircles.media.mit.edu).

24 Der Begriff *Avatar* bezeichnet im Netz-Jargon eine Bilddatei (Grafik oder Bewegtbild-Grafik), die einen Nutzer eines Online-Angebots (z.B. eines Chat-Angebots, eines Online-Forums oder einer Community-Website) symbolisiert. Der Ausdruck kommt ursprünglich aus dem Sanskrit und bezeichnet im Hinduismus die Inkarnation einer Gottheit (vgl. *Wictionary*, Art. „Avatar", http://de.wiktionary.org/wiki/Avatar, Version v. 06.11.06). Einen Überblick über diverse Avatar-Chat-Angebote bietet das *Open Directory Project* auf der Seite http://dmoz.org/World/Deutsch/Computer/Internet/WWW/Webchat/Grafikchat/.

25 Das *PALACE*-System beinhaltet eine eigene Client-Software. Eine deutschsprachige *PALACE*-Community findet sich unter http://www.palace4all.de, die Client-Software kann dort aus dem Bereich „Software" kostenlos bezogen werden.

Eine andere Form des Grafik-Chat mit statischer, an Comicpanels angelehnter Darstellung einzelner Kommunikationsbeiträge bzw. Beitragssequenzen bietet der auf das IRC-Protokoll aufsetzende *MICROSOFT COMIC CHAT* (Abb. 3-7). Einen Chat mit konventionell schriftrollenartiger Protokolldarstellung kombiniert mit einem Werkzeug zur kooperativen Erzeugung und Bearbeitung von Mindmaps bietet das an der FernUniversität Hagen entwickelte Brainstorming-Werkzeug *FUB* (Abb. 3-8; vgl. Schümmer & Haake 2005). Die Option einer Strukturierung der angezeigten Beiträge nach dem aus Newsgroups und WWW-Foren bekannten Baumprinzip, in welchem von den Nutzern über entsprechende Programmfunktionen indizierte Bezüge zwischen Beiträgen („Threads") Verzweigungen in Äste und Unteräste nach sich ziehen können, bietet der *THREADED CHAT* (Abb. 3-9; vgl. Holmer & Wessner 2005).

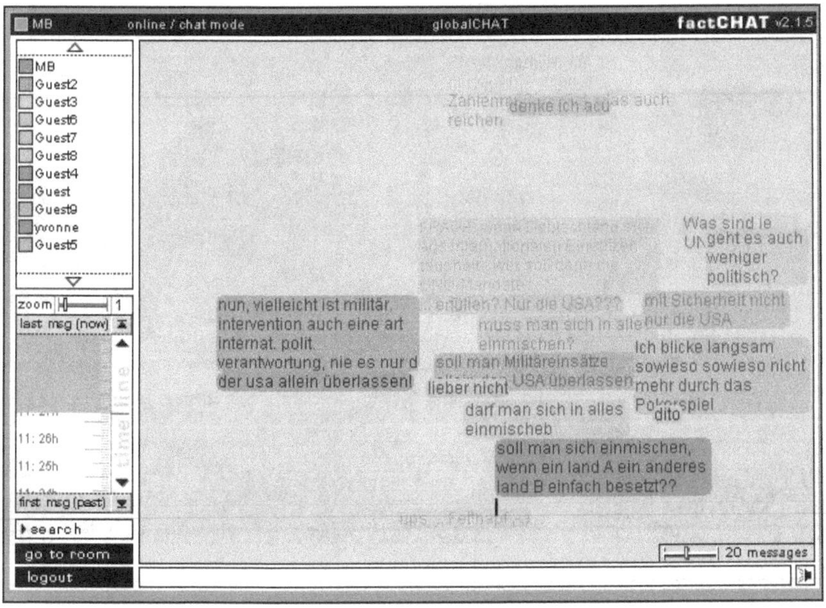

Abb. 3-5: *FACTCHAT* (http://www.factchat.com).

Zusatzfunktionen, die über die Vorgaben der Technologie hinausgehen, zielen häufig auf eine Strukturierung des Beitragsaufkommens oder auf eine Unterstützung des Chat-Einsatzes in bestimmten Anwendungskontexten. So bietet der *THREADED CHAT* seinen Nutzern die Möglichkeit, zu selbstverfassten Beiträgen aus dem am Bildschirm angezeigten Verlaufsprotokoll einen Referenzbeitrag auszuwählen, auf den er thematisch bezogen ist; anhand der so vom Nutzer spezifizierten thematischen oder referenziellen Bezüge wird dann in der Anzeige die Baumdarstellung generiert. Das System *ERKLÄRUNGSDISKURS* erlaubt die Zuordnung von Sprachhandlungsetiketten (‚Frage', ‚Antwort', ‚Kommentar') zu Nutzerbeiträgen; einzelne Handlungstypen initiieren hierbei, gestützt auf ein im System implementiertes Set typischer Handlungssequenzen in Erklärungsdiskursen, Typen von Folgehandlungen, die jeweils den Inhabern einzelner Kommunikantenrollen (‚Lernender' oder ‚Tutor') zugewiesen werden.[26]

Abb. 3-6: *THE PALACE.*

Die Mindmap-Funktion in *FUB* (s.o.), die Funktion zur graphischen Strukturierung von zentralen Begriffen im Rahmen kollaborativer Gruppenar-

26 Eine Beschreibung des Systems *ERKLÄRUNGSDISKURS* findet sich in Mühlpfordt & Wessner (2005).

beit im System *EASY DISCUSSING* [27] oder Anzeigebereiche für die Darstellung von Visualisierungen oder die Fixierung von Stichpunkten und Zwischenergebnissen („Shared Whiteboards“ wie z.B. im System *TULKA*[28]) sind Zusatzfunktionen, die über die reine Chat-Funktion hinausgehen und insbesondere auf Online-Kollaboration (z.B. in Lehr-/Lernkontexten) als Anwendungszusammenhang zielen. Ein System, das für Chat-Events mit großer Teilnehmerzahl konzipiert ist und Möglichkeiten zur redaktionellen Vorselektion und Filterung von Beiträgen und zu einer restriktiven technisch unterstützten Strukturierung des Beitragsaufkommens bietet, ist *TALK42*.[29]

Abb. 3-7: *MICROSOFT COMIC CHAT.*

---

27 Das System *EASY DISCUSSING* wurde von der *Collide*-Gruppe an der Universität Duisburg entwickelt; eine Beschreibung der wichtigsten Funktionen findet sich z.B. in Zumbach & Reimann (2001).

28 *TULKA* ist eine Entwicklung des Instituts für Mathematik der Universität Tübingen (Tomas Barta & Michael Benes); eine Dokumentation und ein Installations-Paket sind verfügbar unter http://www.karlin.mff.cuni.cz/~benes/tulka/ (14.09.2007).

29 Eine Produktbeschreibung findet sich unter http://www.talk42.de/, eine Installation des Systems *TALK42* findet sich auf http://www.politik-digital.de. Das Funktionsprinzip von *TALK42* und vergleichbarer Systeme ist in Beißwenger (2003: 220-224) beschrieben und veranschaulicht.

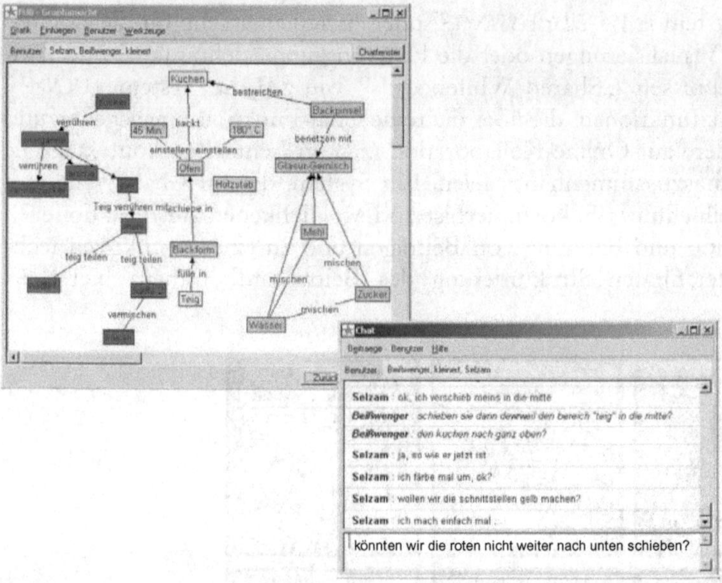

Abb. 3-8: *FUB.*

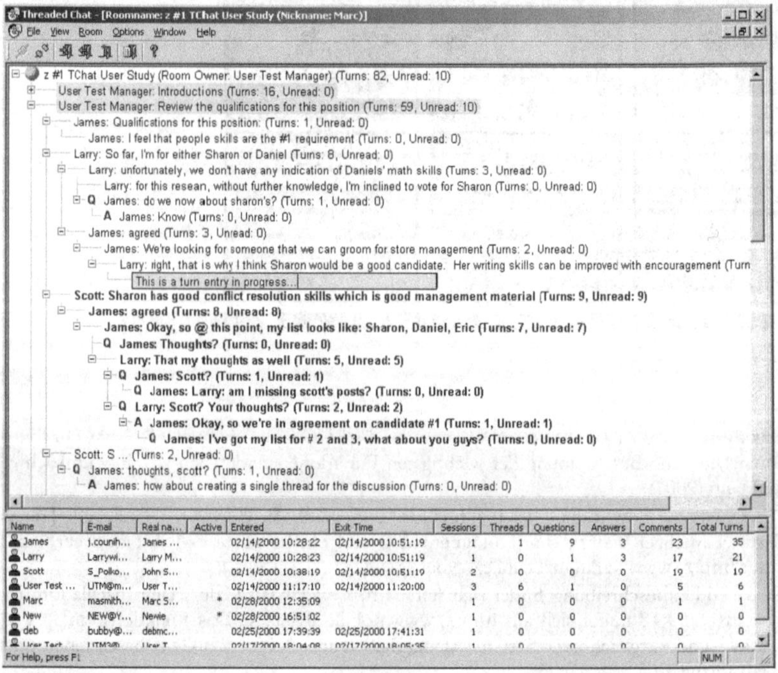

Abb. 3-9: *THREADED CHAT* (Abbildung aus Holmer & Wessner 2005: 194).

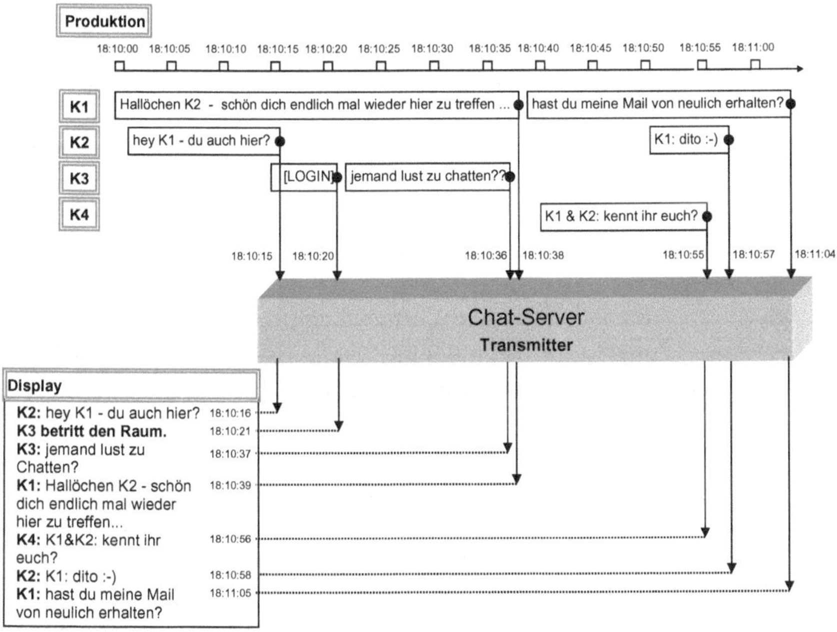

Abb. 3-10: Sequenzierung von Chat-Beiträgen nach dem „Mühlen-Prinzip" (Veranschaulichung anhand eines fiktiven Beispiels): Zwei Kommunikanten *K1* und *K2* starten jeweils unabhängig voneinander und kurz nacheinander mit der Produktion jeweils an den anderen gerichteter Grußinitiativen; da *K2* seine Grußhandlung schneller versprachlicht und an den Server abgeschickt hat als *K1* und weil *K1* überdies während der Ausführung der Produktion das Bildschirmprotokoll nicht überprüft und daher den Gruß von *K2* vor Verschickung seines eigenen Grußbeitrags nicht zur Kenntnis genommen hat, erweckt der Gruß von *K1* im Bildschirmverlaufsprotokoll den Anschein eines auf den Gruß von *K2* bezogenen *Gegengrußes*. Faktisch jedoch hat *K1* die Produktion seines Grußbeitrags sogar *vor K2* begonnen – die (hier fingierte) Tatsache, dass sein Gruß nach dem Gruß von *K2* im Protokoll angezeigt wird sowie die Tatsache, dass *K1* bei Verschickung seines Grußbeitrags den bereits angezeigten Grußbeitrag von *K2* noch nicht zur Kenntnis genommen hatte, veranschaulicht, dass einerseits die Abfolge von Beiträgen im Bildschirmverlaufsprotokoll weitgehend zufällig ist, und dass andererseits Beiträge nur deshalb, weil sie auf dem Darstellungsmedium angezeigt werden, noch lange nicht von ihren Adressaten rezipiert worden sein müssen. – Für eine ausführliche Beschreibung des Beispiels vgl. Beißwenger (2003: 214ff.). Ein authentisches Äquivalent zu diesem fiktiven Beispiel wird – auf Basis multimodaler Beobachtungsdaten zur Kommunikationsteilhabe einer der beteiligten Kommunikantinnen – ausführlich in Kap. 4.2 vorgestellt und analysiert.

Innerhalb der zahlreichen existierenden Chat-Systeme lässt sich eine Familie von Systemen eingrenzen, bei deren Mitgliedern bestimmte Funktionsmerkmale in gleicher Weise ausgestaltet sind. Diese Familie von Systemen möchte ich im Folgenden als *Standard-Chat-Systeme* bezeichnen. Die Mehrzahl der existierenden Chat-Systeme ist dieser Familie zuzurechnen. Charakterisieren lassen sich Standard-Chat-Systeme über die folgenden Merkmale:

- Die Möglichkeit des jederzeitigen Wechsels beliebiger Teilnehmer von der Rezipienten- in die Produzentenrolle sowie die Möglichkeit zur gleichzeitigen Produktion und Verschickung von Beiträgen durch verschiedene Nutzer ist nicht durch technische Restriktionen begrenzt;
- die Produktion von Nutzerbeiträgen wird als ein privater Akt behandelt, dessen Ausführung für die kommunikativen Koakteure nicht ersichtlich ist;
- der Transmitter sequenziert eingehende Beiträge für die Darstellung in den Bildschirmprotokollen nach dem „Mühlen-Prinzip" (d.h. in der Reihenfolge ihres Erhalts: „wer zuerst kommt, mahlt zuerst"; vgl. die Veranschaulichung in Abb. 3-10)[30];
- die Darstellung von Beiträgen auf den Nutzerbildschirmen ist in Form eines schriftrollenartigen Verlaufsprotokolls organisiert, an das neu eintreffende Beiträge jeweils linear angehängt werden.

3.3.2 Zur Geschichte von Chat- und Instant Messaging-Systemen

Vorläufersysteme der heutigen *internet*basierten Umsetzungen der Chat-Technologie finden sich bereits im Jahrzehnt vor der Etablierung des Internet Protocol (IP) als netzwerkübergreifendem Standard für den Datenaustausch. Bereits in den Netzwerken der Vor-Internet-Ära mit ihren jeweils proprietären Protokollen wurden verschiedene Kommunikationssysteme implementiert, die in ihren Funktionsmerkmalen als konzeptuelle Vorläufer späterer Messaging- und Chat-Systeme gelten können. Die Pionierphase der Entwicklung von Systemen für den getippten Austausch zwischen synchron an Rechnern desselben Netzwerks präsenten Nutzern fällt in die frühen 70er Jahre. Neben dem *UNIX*-basierten Instant-Messaging-System *TALK*, das für 1:1-Kommunikation über das *ARPANET* entwickelt wurde, finden sich mit den Systemen *PARTY LINE* (als Komponen-

30 Der Ausdruck „Mühlen-Prinzip" geht zurück auf Wichter (1991).

te des *EMISARI*-Projekts[31], 1971), *PLANET* (*Planning Network*, 1973) sowie *TALKOMATIC* und *TERM-TALK* (als Komponenten des *PLATO*-Projekts[32], 1973) auch bereits erste Systeme, die Gruppenkonversationen sowie eine Verwaltung des Kommunikationsaufkommens in mehreren „Channels"[33] ermöglichen. Technologiegeschichtlich interessant ist, dass bei der Entwicklung dieser frühen Systeme der synchrone schriftbasierte Austausch zunächst in erster Linie als eine getippte Variante der Telefonie konzipiert worden zu sein scheint. Für diese Annahme spricht zum einen die Tatsache, dass sowohl *TALK* als auch *TALKOMATIC* eine zeichenweise Übermittlung implementierten, bei welcher jede minimale Realisierungseinheit (sprich: der per einzelnem Tastaturanschlag realisierte *character*) unmittelbar nach ihrer Erzeugung übermittelt wird, was eine Rezeption von Äußerungen zur Laufzeit ihrer Produktion ermöglicht; zum anderen finden sich beispielsweise in den verfügbaren Informationen über *PARTY LINE* Hinweise, dass die Entwicklung des Systems ursprünglich dadurch motiviert war, eine (effizientere) Alternative zu Telefonkonferenzen zu schaffen:

> Party Line ... was originally developed to replace telephone conferences which might have 30 participants, but where no-one could effectively respond and take part in a meaningful discussion. (Stewart 2000-2006)

Und auch die folgende Beschreibung der *TERM-TALK*-Funktion in der *PLATO*-Zugangs-Software für *ATARI*-Heimcomputer aus dem Jahr 1984

---

31 *Emergency Management Information Systems and Reference Index* (*EMISARI*), initiiert von Murray Turoff und später weitergeführt von Murray Turoff und Starr Roxanne Hiltz unter dem Namen *Electronic Information Exchange System* (*EIES*); vgl. Stewart (2000-2006).

32 Das *PLATO*-Projekt (*Programmed Logic for Automatic Teaching Operations*) wurde 1960 gestartet mit dem Vorhaben, ein Lehr-/Lernnetzwerk für Schüler und Studierende an Schulen und Hochschulen aufzubauen, das neben der Bereitstellung fachlicher Informationen auch eine Kommunikation zwischen den Nutzern ermöglichen sollte. Eine kurze Übersicht zum Konzept und zu den Anfängen des *PLATO*-Projekts findet sich auf http://www.platopeople.com.

33 Für den *Internet Relay Chat* (*IRC*) wird das „Channel"-Konzept später wie folgt spezifiziert:

> A channel is a named group of one or more clients which will all receive messages addressed to that channel. The channel is created implicitly when the first client joins it, and the channel ceases to exist when the last client leaves it. While channel exists, any client can reference the channel using the name of the channel. (IRC 1993: 4)

Viele Webchat-Systeme implementieren mit den „rooms" („Chat-Räumen") ein ähnliches Konzept, allerdings mit dem Unterschied, dass private 1:1-Konversationen in Webchats in aller Regel als „Flüster"-Modus realisiert ist, der innerhalb ein- und desselben Chat-Raums oder auch quer zu Chat-Räumen eine die Raum-Metaphorik unterlaufende Möglichkeit zu diskretem privatem Austausch (ähnlich einer Art „Chat-Telepathie", vgl. Suler 1997) ermöglicht, wohingegen im IRC grundsätzlich jede Art der Konversation (also auch 1:1-Konversation) als eigener „Channel" repräsentiert wird.

veranschaulicht die konzeptuelle Analogie, in welcher netzbasiertes 1:1-Messaging in der Anfangszeit zum Telefonanruf verortet wird:

> You can talk to any PLATO user directly via „TERM-talk". TERM is a special PLATO key. To initiate this means of communication, press START-t. When the message „what term?" appears at the bottom of the screen, type „talk" and press [RETURN]. You will then be asked for the name and group of the person you want to talk to. Once you've provided this information, PLATO will „ring" the other person. (Small & Small 1984)

Das erste *internet*basierte Chat-System wurde schließlich im Jahr 1988 von Jarkko Oikarinen unter dem Namen *INTERNET RELAY CHAT* (*IRC*) programmiert. Inspirationsquellen bildeten einerseits ein unter dem Namen *RELAY CHAT* im *BITNET* etabliertes System der Vor-Internet-Ära und andererseits das 1:1-Messaging-System *RMSG*, die Vorlage bildete ein von Oikarinen als optimierungswert befundenes System mit dem Namen *MULTI USER TALK* (*MUT*), das wiederum eine Weiterentwicklung des *UNIX TALK*-Systems darstellte (vgl. Oikarinen o.J.; Stewart 2000-2006). Als erstes internetbasiertes Chat-System hat *IRC* den Funktionsumfang nachfolgender Chat-Systeme entscheidend beeinflusst. Im Unterschied zu *Webchat*-Systemen, die auf das *Hyper Text Transfer Protocol* (*HTTP*) aufsetzen und mit WWW-Browsern eine nicht-proprietäre Client-Software nutzen, arbeitet *IRC* mit einem eigenen Protokoll (dem *Internet Relay Chat Protocol*, vgl. IRC 1993) und spezifischen Clients und stellt daher einen eigenen Internet-Dienst dar. Webchat-Systeme sind hingegen lediglich *Anwendungen* auf Basis des Internet-Dienstes *WWW*. Vermittels für WWW-Browser emulierter IRC-Clients ist eine Nutzung von IRC-Netzen inzwischen zwar auch via WWW möglich, der Funktionsumfang solcher WWW-basierter Zugriffe auf das IRC ist jedoch gegenüber dedizierten IRC-Clients z.T. eingeschränkt.

3.4 Chat-Umgebungen und Chat-Angebote

Def.: *Chat-Umgebung*:

Eine Chat-Umgebung ist eine konkrete, auf einen spezifischen Anwendungskontext angepasste Verwendung eines Chat-Systems. Sie umfasst eine Installation des betreffenden Chat-Systems (wobei die variablen Parameter des Systems mit konkreten Werten versehen, d.h. mit Blick auf die Erfordernisse der Anwendung „eingestellt" werden) und darüber hinaus ggf. konversationsstrategische Festlegungen (z.B. ein Inventar an Kommunikantenrollen und/oder Konventionen für die Aushandlung einer Beitragsabfolge).

Eine Chat-Umgebung ist eine Kommunikationsökologie, sprich: eine Gesamtheit an Handlungs-, Äußerungs- und Perzeptionsmöglicheiten bzw. eine Gesamtheit handlungs-, äußerungs- und perzeptionsdeterminierender Rahmenbedingungen, die sich den Nutzern eines Chat-Angebots für die gemeinsame Realisierung von Kommunikationsereignissen bietet.

Def.: *Chat-Angebot*:

Der Terminus *Chat-Angebot* bezieht sich auf die Stellung und Funktion einer Chat-Umgebung im Rahmen ihres medialen Kontexts (z.B. Community-Website, Informationsportal) und ihrer institutionellen Einbettung (z.B. im Online-Angebot einer Behörde, eines TV-Senders oder eines kostenpflichtigen Online-Games) inklusive der Intentionen, die der Bereitstellung dieser Chat-Umgebung seitens der Anbieter unterliegen (z.B. Bindung einer bestimmten Zielgruppe an eine Website; politische Information) und inklusive derjenigen Ressourcen und chat-externen Angebote, die in Kombination mit der Nutzung der Chat-Umgebung eine Rolle spielen und diese beeinflussen können (z.B. gleichzeitige oder vorangehende Ausstrahlung einer TV-Sendung; parallele Interaktion in einem Online-Game; parallele Nutzung eines Online-Forums oder einer Wiki-Anwendung).

Chat-Umgebungen lassen sich beschreiben, indem man angibt, welche Funktionsmerkmale des zugrunde liegenden Chat-Systems in der entsprechenden Installation zur Verfügung stehen und durch welche zusätzlichen – system-externen – Parameter das Kommunizieren darüber hinaus determiniert wird. Beispielsweise ist denkbar, dass in einer Umgebung, die für regelmäßig abzuhaltende Gruppenkonversationen in einem Lehr-/Lernkontext eingerichtet wurde, die Funktionen eines Chat-Systems ergänzt sind um eine Reihe von „Konversationsregeln", die dazu dienen, das beliebige Produzieren und Verschicken von Beiträgen zugunsten einer strukturierten Beitragsabfolge einzuschränken und die den technische Funktionen des Chat-Systems pragmatische Funktionen zuweisen.

Eine Chat-Umgebung kann, sofern sie für die Realisierung solcher Kommunikationsereignisse eingerichtet wurde, in denen es um die Nachbildung bestimmter Diskursarten geht, als Umsetzung eines *Chat-Szenarios* aufgefasst werden. Ein Chat-Szenario ist eine Spezifikation für eine Chat-Umgebung, in der technische und konversationsstrategische Parameter auf die pragmatischen Anforderungen einer bestimmten Diskursart hin abgestimmt sind (vgl. Beißwenger & Storrer 2005). Eine Chat-Umgebung kann aber auch diskursarten-unspezifisch sein und lediglich darauf zielen, eine soziale Kontaktsphäre bereitzustellen, in welcher die Nutzer jeweils selbst entscheiden können, auf welche Weise, zu welchem Zweck und in welcher Konstellation sie sich austauschen. Chat-Umgebungen wie sie in „Plauder-Chat"-Angeboten zum Einsatz kommen, sind diskursarten-unspezifisch: bei ihnen geht es nicht darum, Umgebungen für die bestmögliche Nachbildung *bestimmter* Diskursarten bereitzustellen, sondern lediglich darum, einen „virtuellen Treffpunkt" bzw. einen Ort für die Anbahnung und Pflege sozialer Kontakte zu etablieren. Bereitgestellt wird hier lediglich die für die interpersonale kommunikative Kontaktaufnahme notwendige Infrastruktur, sprich: ein Chat-Server, dessen Leistung von Nutzern, die über die erforderliche Client-Software verfügen, in Anspruch genommen werden kann. Auf welche Weise die Nutzer vom Funktionsumfang dieser Infrastruktur Gebrauch machen, bleibt ihnen selbst überlassen – der Zugriff auf die technischen Möglichkeiten der Kommunikationsumgebung ist durch keinerlei Regeln außer denjenigen begrenzt, welche die Nutzer im Bedarfsfalle selbst aushandeln.

Während die Beschreibung einer Chat-Umgebung auf die interaktionalen Rahmenbedingungen und Möglichkeiten fokussiert, mit denen die Kommunikanten konfrontiert sind, zielt die Beschreibung von *Chat-Angeboten* darauf, die institutionellen und pragmatischen Rahmenbedingungen zu erfassen, die der Bereitstellung einer Chat-Umgebung seitens ihrer Anieter unterliegen, und den Handlungs- und Zweckbereichen Rechnung zu tragen, in welche ihre Bereitstellung und Nutzung eingebettet ist. Hierbei spielt der mediale Kontext eine Rolle, über den eine Chat-Umgebung erreicht werden kann (z.B. Community-Website eines TV-Senders, Online-Portal zu politischen Themen, Online-Lernumgebung begleitend zu einem Hochschul-Seminar) und der unter Umständen Ressourcen bereithält, die begleitend zur Prozessierung chatbasierter Kommunikationsereignisse genutzt werden oder eine Rolle spielen können (z.B. chatbasierte Koordination gemeinsamer Arbeit an einem Wiki-Artikel in einer Lernumgebung, die die parallele Nutzung einer Chat-Umgebung und einer Wiki-Umgebung erlaubt; Kommentierung einer per Videostream verfügbaren Live-Übertragung eines Sportereignisses in der Chat-Umgebung eines journalistischen Online-Angebots; Experten-Chat, der im Anschluss an eine Polit-Diskussionsrunde im Fernsehen auf der Website des Fernsehsenders angeboten wird). Ein Chat-Event, in dessen Rahmen einem Spitzenpolitiker seitens der Nutzer Fragen gestellt werden können, kann thematisch erheblich variieren, je nach dem, ob es im Rahmen eines Online-Portals zu politischen Themen stattfindet oder auf der Community-Website eines Musiksenders mit einer Zielgruppe im Alter zwischen 14 bis 29 Jahren. Die Art und Weise, wie in einem Experten-Chat Themen initiiert werden, kann erheblich variieren je nach dem, ob der Chat an eine TV-Diskussion gleicher Thematik anschließt oder ob er als genuine Online-Diskussionsrunde *ohne*

Rückbindung an eine in einem anderen Medium erfolgte Vorkommunikation stattfindet.[34]

Für die Analyse von Chat-Ereignissen auf Basis von Mitschnitten bilden Informationen über den Angebotskontext häufig eine wichtige Voraussetzung, um sprachliche Bezugnahmen auf chat-extern (z.B. in einer vorangegangenen TV-Sendung) eingeführte Themen oder auf chatbegleitend genutzte externe Ressourcen (z.B. auf den Videostream eines per Internet übertragenen Musikevents oder Sportereignisses; auf ein von den Chat-Nutzern gemeinsam bearbeitetes Wiki-Netz, das Teil derselben Lernplattform ist wie auch das Chat-Angebot) zu rekonstruieren. Für die Interpretation interaktionaler Besonderheiten, aber auch solcher Parameter wie der Länge und Elaboriertheit von Chat-Beiträgen oder der Frequenz des Auftretens solcher häufig als „typisch chatsprachlich" bezeichneter Stilmerkmale wie ‚Verwendung von Inflektiven' und ‚Gebrauch von Emoticons' bilden Informationen über die durch die jeweilige Chat-Umgebung gesetzten Rahmenbedingungen und durch die mit dem Angebotstyp gesetzte mediale Einbettung und den vorgesehenen Nutzungskontext häufig unverzichtbare Verständnishilfen.[35]

34 Experten-/Politiker-Chats im Anschluss an TV-Diskussionsrunden wurden beispielsweise regelmäßig von der Redaktion des Polit-Talk-Formats *Sabine Christiansen* (ARD) durchgeführt, genuine Online-Begegnungen zwischen (und mit) Politikern veranstaltet das Portal *politik-digital.de*. Ausgewählte Mitschnitte aus beiden Angeboten finden sich im *Dortmunder Chat-Korpus* (http://www.chatkorpus.uni-dortmund.de).

35 Allein schon der Vergleich der durchschnittlichen Beitragslängen in Chat-Umgebungen unterschiedlichen Zuschnitts zeigt, dass die je gegebenen kommunikativen Rahmenbedingungen erheblichen Einfluss nehmen können. Ein eigener Vergleich von je 1.000 Beiträgen aus

(i) einer Standard-Chat-Umgebung im Rahmen eines „Plauder"-Chat-Angebots,
(ii) einer Chat-Umgebung, die im Rahmen eines „virtuellen" Hochschulseminars eingesetzt wurde und in der verbindliche Konventionen für die Organisation einer „Sendeabfolge" für die beteiligten Studierenden eingeführt waren,
(iii) einer Chat-Umgebung mit redaktioneller Vorselektion der Beiträge, die für die punktuelle Durchführung von chatbasierten Fragestunden mit Politikern genutzt wurde,

ergab für die Standard-Chat-Umgebung im „Plauder"-Kontext eine Beitragslänge von durchschnittlich 5,37 Tokens, für die im Rahmen des „virtuellen" Seminar genutzte Chat-Umgebung eine Beitragslänge von 9,95 Tokens und für die Chat-Umgebung, in welcher die Politiker-Fragestunden durchgeführt wurden, eine Beitragslänge von 17,71 Tokens.
Storrer (2007) berichtet von einer Vergleichsstudie, in deren Rahmen Korpora mit Chat-Daten aus den Zweckbereichen Freizeit, Bildung, Medien und Beratung hinsichtlich der Häufigkeit der Verwendung von Emoticons, Aktionswörtern und Aktionsbeiträgen verglichen wurden. Auch hier sind z.T. erhebliche Unterschiede festzustellen.

3.5 Chat-Ereignisse

Def.: *Chat-Ereignis*:

Ein Chat-Ereignis ist ein konkreter Vollzug dialogischer und thematisch zentrierter Interaktion zwischen zwei oder mehreren Kommunikanten in einer Chat-Umgebung und unter dem Einfluss der durch sie gesetzten kommunikativen Rahmenbedingungen. Es ist entweder durch klar identifizierbare (erfolgreiche) Eröffnungs- und Beendigungsakte begrenzt oder lässt sich (im Falle nicht-terminierten, spontanen Austauschs in Chat-Umgebungen mit kontinuierlichem Kommunikationsfluss und kontinuierlich wechselnder Kommunikantenkonstellation) als individuelle Sicht auf das Kommunikationsaufkommen fassen, die all diejenigen Kommunikationsbeiträge beinhaltet, die von einem Chat-Nutzer produziert und respondiert werden, auf seine Beiträge Bezug nehmen oder an ihn gerichtet sind.

3.5.1 Ausgrenzung von Chat-Ereignissen aus dem Kommunikationsfluss

Döring (2003) unterscheidet drei Formate chatbasierter Kommunikation:

- *Chat-Foren*, in denen „trotz Teilnehmerfluktuation potenziell ein permanenter Gesprächsfluss statt[findet]“ und die als „virtuelle Treffpunkte ... in der Regel rund um die Uhr geöffnet und auch frequentiert“ sind (Döring 2003: 85);
- *Chat-Sitzungen*, die „einem festen zeitlichen Plan“ folgen, „wie er etwa im Rahmen eines virtuellen Seminars ... oder einer psychologischen Online-Therapie ... vorgegeben wird“ (ebd.: 85);
- *Chat-Events*, „bei denen man zu einem vorangekündigten Termin mir Prominenten oder Experten chatten kann“ (ebd.: 93).

Mit den in 3.4 getroffenen Differenzierungen lassen sich „Chat-Foren“ als diskursarten-unspezifische Chat-Umgebungen beschreiben, die im Rahmen von Chat-Angeboten bereitgestellt werden, die sich als soziale Kontaktsphären für bestimmte Communities verstehen. Bei „Chat-Foren“ handelt es sich also primär um Chat-Angebote eines bestimmten Typs (beliebig frequentierbare „virtuelle Treffpunkte“ im Rahmen von Community-Portalen oder Lernplattformen), wohingegen „Chat-Sitzungen“ und „Chat-Events“ (schon durch die Wahl der Ereignisbezeichner „Sitzung“ und „Event“ als Zweitkonstituente) Typen von Kommunikationsereignissen bezeichnen, die sich aus den Rahmenbedingungen bestimmter Angebote ergeben, z.B.:

- „Sitzungen" im Rahmen eines chatbasierten Online-Seminars mit exklusiver und gleichbleibender Teilnehmergruppe, die im Rahmen der regelmäßigen Treffen eine gemeinsame kommunikative Vorgeschichte haben;
- „Events" als singuläre und vorangekündigte Veranstaltungen, die für die anvisierte Zielgruppe insofern „Besonderheitswert" haben, als sie nicht jederzeit und von beliebigen Interessierten initiiert oder besucht werden können.

Die Unterscheidungen von Döring (2003) spielen für das Konzept des *Chat-Ereignisses* insofern eine Rolle, als die Ausgrenzung einzelner chatbasierter Kommunikationsereignisse aus dem in einer Chat-Umgebung beobachtbaren Kommunikationsaufkommen im Falle von „Sitzungen" und „Events" eher unproblematisch, im Falle des Kommunizierens in „Chat-Foren" hingegen schwierig ist.

„Sitzungen" und „Events" (und neben „Events" mit Politikern und Experten auch jedwede andere Form institutionell verankerter Chat-Ereignisse, wie z.B. chatbasierte Beratungsdiskurse) lassen sich aus dem Kommunikationsaufkommen der jeweiligen Chat-Umgebung ausgrenzen über die Identifizierung von Eröffnungs- und Beendigungshandlungen, die eine bestimmte kommunikative Konstellation in Kraft setzen bzw. beenden. Die (erfolgreiche) Ausführung von Eröffnungen und Beendigungen ist in der Regel geknüpft an eine Kommunikantenrolle mit entsprechenden, institutionell zugewiesenen oder sozial erworbenen Befugnissen. Mit der Eröffnung beispielsweise einer chatbasierten Sitzung im Rahmen eines Online-Seminars (vgl. Bsp. 351-1) werden die Kommunikationsbeteiligten zu einer thematischen Fokussierung der Kommunikation angehalten und wird eine bestimmte kommunikative Rollenkonstellation (DozentIn – Studierende) in Kraft gesetzt. Das, was vor der Eröffnung und auch nach der Beendigung der Sitzung in der Chat-Umgebung stattfindet, hat als (z.B. informelle) Vor- und Nachkommunikation selbst den Charakter kommunikativer Ereignisse, ist aber vom Ereignis „Seminarsitzung" abzugrenzen. Hingegen fallen bei singulären oder regelmäßig verabredeten Chat-Ereignissen *ohne* asymmetrische Rollenverteilung (z.B. chatbasierte Treffen studentischer Arbeitsgruppen ohne Dozent oder Tutor) Anfang und Ende des von den Gruppenmitgliedern in der gewählten Chat-Umgebung produzierten Kommunikationsaufkommens mit Anfang und Ende des kommunikativen Ereignisses zusammen. Die Übergänge zwischen informeller und thematisch auf den Arbeitsgegenstand fokussierten Diskurssegmenten kann hier unter Umständen fluider erfolgen als in einem Ereignis vom Typ „Sitzung", das von einem Dozenten oder Tutor offiziell eröffnet, geleitet und beendet wird.

Beispiel 351-1: Eröffnung und Beendung eines terminierten Seminar-Chat-Ereignisses durch einen der Seminarleiter (Quelle: Dokument Nr. 1102020a <seminar_classroom_04-12-2002_a> aus dem *Dortmunder Chat-Korpus*):

1	*10:14*	**system**	for all	Teacher1 entered the room Classroom at 10:14:12
2	*10:14*	**system**	for all	Teacher1 locked the whiteboard
3	*10:14*	**Teacher1**	for all	Guten Morgen allerseits
4	*10:14*	**Teacher2**	for all	Mojn mojn.
5	*10:14*	**Student11**	for all	
6	*10:14*	**Student11**	for all	
7	*10:14*	**Teacher1**	for all	wir beginnen in einer Minute
8	*10:15*	**Student11**	for all	Morgen!
9	*10:15*	**Teacher1**	for teachers	Ich bin heute mal bei den Slawisten zu Gast
10	*10:16*	**Teacher2**	for teachers	Teacher1, wieso, Rechnerprobleme?
11	*10:16*	**system**	for all	Student9 entered the room Classroom at 10:16:30
12	*10:16*	**system**	for all	Student1 entered the room Classroom at 10:16:31
13	*10:16*	**system**	for all	Student3 entered the room Classroom at 10:16:32
14	*10:16*	**Teacher1**	for all	So es geht los
15	*10:16*	**Student1**	for all	Morgen!
16	*10:16*	**system**	for all	Student5 entered the room Classroom at 10:16:51
17	*10:17*	**Teacher1**	for all	zunächst: gibt es noch Fragen zu letzter Woche und / oder zur Aufgabe für heute ?
				. . .
316	*11:51*	**Teacher1**	for all	Mag jemand eine Mail an „LEO“ schicken und danach fragen?
317	*11:52*	**Student3**	for all	Ja, mach ich.
318	*11:52*	**Teacher1**	for all	Prima, halte uns dann auf dem Laufenden bitte
319	*11:52*	**Teacher1**	for all	das waärs für heute

320	*11:53*	**Teacher1**	for all	nächste Woche werden wir die Mikrostruktur zweisprachiger Printwörterbücher (als Beispiel) betrachten
321	*11:53*	**Teacher1**	for all	sind noch Fragen / Anmerkungen übrig?
322	*11:53*	**system**	for all	Student2 left the room Classroom
323	*11:54*	**system**	for all	Student9 left the room Classroom
324	*11:54*	**system**	for all	Student6 left the room Classroom
325	*11:54*	**Teacher1**	for all	Wenn nein, dann wünche ich noch einen schönen Tag
326	*11:54*	**Teacher3**	for all	tschüß zusammen!
327	*11:54*	**Student4**	for all	dann tschüß an alle
328	*11:54*	**Teacher1**	for all	denkt an die Wochen(haus)aufgabe
329	*11:54*	**Student11**	for all	Tschüss!
330	*11:54*	**Student3**	for all	tschüß
331	*11:54*	**Student5**	for all	ciao!
332	*11:54*	**system**	for all	Student4 left the room Classroom
333	*11:54*	**system**	for all	Student11 left the room Classroom
334	*11:54*	**system**	for all	Student3 left the room Classroom
335	*11:54*	**Teacher2**	for all	Bis dann und tschüß!
336	*11:54*	**Student1**	for all	Tschüß
337	*11:54*	**Teacher3**	for all	und nicht vergessen: freitag ist nikolaustag!
338	*11:54*	**system**	for all	Teacher2 left the room Classroom
339	*11:54*	**system**	for all	Student1 left the room Classroom
340	*11:54*	**system**	for all	Student5 left the room Classroom
341	*11:55*	**Teacher3**	for teachers	tschüß Teacher1 & Teacher2 :-)

Wie bereits erwähnt, müssen terminierte singuläre Chat-Ereignisse nicht zwangsläufig „Event"-Charakter haben (sondern können z.B. auch in der chatgestützten Beratung oder Projektarbeit vorkommen). Auch erlaubt die Einteilung in „Foren" einer- und „Sitzungen" bzw. „Events" andererseits keine hinreichende Unterscheidung zwischen Chat-Angeboten und Chat-Ereignissen (was im Kontext von Döring 2003 aber auch nicht intendiert ist). Für die Frage einer Ausgrenzung einzelner kommunikativer Ereignisse (im Sinne der oben gegebenen Definition) aus dem Kommunikationsaufkommen, welches während der Verfügbarkeit eines Chat-Angebots in der bereitgestellten Chat-Umgebung zu beobachten ist, ist eine solche begriffliche Trennung jedoch wünschenswert. Für solche Belange (und auch z.B. für Belange der Dokumentation von Chat-Daten zu Analysezwecken und/oder zum Aufbau von Chat-Korpora) möchte ich die Unterscheidungen von Döring (2003) vorschlagsweise wie folgt adaptieren bzw. erweitern:

- Als *terminierte Chat-Ereignisse* bezeichne ich solche Chat-Ereignisse, die zu einem vorab festgesetzten (und der Nutzergruppe oder anvisierten Zielgruppe bekannt gemachten) Termin realisiert werden. Als *spontane* (d.h.: nicht-terminierte) *Chat-Ereignisse* bezeichne ich solche Chat-Ereignisse, bei denen dies nicht der Fall ist, d.h. bei welchen sich die Kommunikanten zufällig in einer Chat-Umgebung begegnen und gemeinsam einen über den bloßen Austausch von Grußformeln hinausgehenden kommunikativen Austausch prozessieren.
- Als *permanente Chat-Angebote* bezeichne ich solche Chat-Angebote, die jederzeit zugänglich sind. In aller Regel fallen hierunter solche Chat-Angebote, die diskursarten-unspezifische Chat-Umgebungen (vgl. Kap. 3.4) bereitstellen und sich als soziale Kontaktplattformen im Freizeitbereich verstehen.[36] Je nach Größe des Nutzerkreises und deren Bindung an das Angebot, sind solche Angebote sporadisch oder kontinuierlich frequentiert. Das in ihnen zu verzeichnende Kommunikationsaufkommen wird von einer stetig wechselnden Anzahl an Nutzern erzeugt und weiterentwickelt. Je nach dem, ob permanente Chat-Angebote beliebigen Nutzern zugänglich sind oder – etwa im Rahmen von Lehr-/Lernumgebungen oder Portalen mit kostenpflichtigen Community-Bereichen – nur bestimmten Nutzergruppen offen stehen, können *öffentliche permanente Chat-Angebote* und *exklusive permanente Chat-Angebote* unterschieden werden.
- Als *punktuelle Chat-Angebote* bezeichne ich solche Chat-Angebote, die nur zu einem bestimmten (der Nutzergruppe oder der anvisierten Zielgruppe zuvor bekannt gemachten) Termin und für eine begrenzte Dauer zur Verfügung stehen. Ihr genuiner Zweck ist es, eine Umgebung für die Realisierung eines ganz bestimmten Chat-Ereignisses bereitzustellen. Den Kern des in ihnen beobachtbaren Kommunikati-

36 Da im weiteren Verlauf dieser Arbeit noch häufiger die Rede sein wird von permanenten Chat-Angeboten, die diskursarten-unspezifische Chat-Umgebungen bereitstellen, wird für Angebote diesen Typs der Einfachheit halber auch die Bezeichnung *„Plauder-Chat"-Angebote* oder kurz *„Plauder"-Chats* verwendet.

onsaufkommens bildet dasjenige (singuläre und terminierte) „Event", zu dessen Realisierung das Angebot eingerichtet wurde. Ihm können ggf. weitere Chat-Ereignisse vorangehen oder nachfolgen, z.B. vorherige Planungsdiskurse der Moderatoren oder vorangehende oder nachfolgende unmoderierte Diskurse der Nutzer.

- Als *singulär terminierte Chat-Ereignisse* bezeichne ich nicht nur solche Ereignisse, die in punktuellen Chat-Angeboten zu Zwecken einer kollektiven Befragung von Politikern, Prominenten oder Experten vollzogen werden, sondern ganz allgemein all diejenigen Chat-Ereignisse, die von einer sich nur einmalig in dieser konkreten Zusammensetzung und zu diesem konkreten Zweck (z.B. einen Experten/Politiker befragen; Rat zu einem individuellen Problem einholen/erteilen; gemeinsam die Bearbeitung einer Aufgabe besprechen) in irgendeinem Chat-Angebot realisiert werden.
- Als *seriell terminierte Chat-Ereignisse* bezeichne ich solche Ereignisse, die nach einem vorab festgelegten (und der Nutzergruppe oder anvisierten Zielgruppe bekannt gemachten) Terminplan realisiert werden. Seriell terminierte Chat-Ereignisse haben (bis auf das planmäßig erste) immer eine kommunikative Vorgeschichte und (bis auf das planmäßig letzte) eine kommunikative Fortsetzung. Die Gesamtheit aller Chat-Ereignisse, die nach ein- und demselben Terminplan realisiert wurden, inklusive ihrer planmäßig vorgesehenen Abfolge bezeichne ich als *Chat-Serie.*

Das Konzept des *seriell terminierten Chat-Ereignisses* entspricht somit dem Konzept der „Chat-Sitzung" in Döring (2003), während die „Chat-Events" lediglich eine Subklasse der *singulär terminierten Chat-Ereignisse* darstellen. Das Konzept des *permanenten Chat-Angebots* entspricht Dörings Konzept des „Chat-Forums"; die konsequente begriffliche Trennung des Redens über Angebote und Ereignisse erlaubt es jedoch, innerhalb eines permanenten Chat-Angebots sowohl die Realisierung von spontanen als auch von terminierten Chat-Ereignissen anzunehmen. Bei Döring hingegen stehen das „Chat-Forum", die „Chat-Sitzung" und das „Chat-Event" als mehr oder weniger strikte Alternativen nebeneinander, die Möglichkeit der Durchführung von „Chat-Sitzungen" oder „Events" in einem „Chat-Forum" ist nicht explizit vorgesehen.

Während die Ausgrenzung von *terminierten Chat-Ereignissen* aus dem Kommunikationsfluss in den jeweils genutzten Chat-Angeboten in der Regel als unproblematisch gelten kann, lassen sich Kommunikationsereignisse (im Sinne einer dialogischen und thematisch zentrierten Interaktion zwischen zwei oder mehreren Individuen) im Kommunikationsfluss *kontinuierlich frequentierter permanenter Chat-Angebote* (z.B. in den sog. „Plauder-

Chats") letztlich nur aus der Sicht einzelner Beteiligter feststellen. Terminierten Chat-Ereignissen liegen überindividuelle Zielsetzungen zugrunde (z.B. an einem Online-Seminar/einer Online-Beratung/einer Online-Fragestunde mit Medienakteuren teilzunehmen). Da diese Zielsetzungen für diejenigen Individuen, die sie sich zu eigen machen, nur dann erreichbar sind, wenn die übrigen erforderlichen Akteure (im Falle des Online-Seminars der/die Dozent/en sowie eine hinreichende Anzahl an Teilnehmern) ebenfalls zur Verfügung stehen, wird für die Instanziierung des angestrebten Ereignistyps ein Termin festgesetzt, um ihre Realisierbarkeit zu gewährleisten. Für „Plauder-Chat"-Angebote lassen sich zwar möglicherweise ebenfalls Nutzungsmotive feststellen, die für eine große Zahl der Nutzer zutreffend sind (z.B. sich kommunikativ die Zeit zu vertreiben, soziale Kontakte anzubahnen etc.); sind entsprechende Angebote jedoch permanent verfügbar und von einer hinreichend großen Community frequentiert, so sind die Aussichten auf eine erfolgreiche Realisierung der damit verbundenen Zielsetzungen prinzipiell unabhängig von einer vorherigen Terminvereinbarung. „Plauder-Chat"-Angebote werden zumeist spontan aufgesucht; wer dort wann als potenzieller Kommunikationspartner anzutreffen ist, ist jedoch nicht unbedingt und immer vorhersehbar.[37] Für die Kommunikation in den uneingeschränkt zugänglichen Bereichen („Chat-Räumen", „Kanälen", „Channels") von „Plauder-Chat"-Angeboten ist charakteristisch,

- dass zumeist rund um die Uhr Kommunikanten online sind und der Kommunikationsfluss daher nur selten „verebbt";
- dass die Kommunikanten (insbesondere in „Chat-Räumen" mit hoher Nutzerzahl) häufig wechseln und sich die Kommunikantengruppe somit beständig verändert;
- dass eine parallele kommunikative Bearbeitung verschiedener Themen durch unterschiedliche Kommunikantengruppen unter potenzieller „Mitleserschaft" der übrigen, an der Bearbeitung *anderer* Themen beteiligter Kommunikanten, möglich ist;
- dass ein Kommunikant in einem Chat-„Raum" prinzipiell an mehreren dort aktuell in Bearbeitung befindlichen Themen parallel mitwirken kann;

37 Selbstverständlich ist es auch in „Plauder-Chat"-Angeboten möglich, sich dort zu einem zuvor vereinbarten Termin einzufinden, um (z.B. in einem separaten „Chat-Raum") ein Chat-Ereignis zu realisieren, über dessen Profil (z.B. Pro-Contra-Diskussion; Rollenspiel; Beratungsdiskurs) vorab unter den Teilnahmeinteressierten Konsens hergestellt wurde. Die Regel ist jedoch die spontane Nutzung ohne vorherige Vereinbarung von Szenario, Termin und Thema.

- dass ein- und derselbe Kommunikant während der Dauer seiner Nutzung eines bestimmten Chat-Angebots somit nacheinander oder gleichzeitig mit verschiedenen und in ihrer Anzahl wechselnden Partnern kommunizieren und dabei nacheinander oder parallel an der kommunikativen Bearbeitung verschiedener Themen mitwirken kann.

Aufgrund des kontinuierlichen Kommunikationsaufkommens, das von einer Vielzahl häufig wechselnder Kommunikanten in z.T. parallel zu- und unabhängig voneinander bearbeiteten thematischen Fäden produziert wird, lassen sich für die hoch frequentierten nicht-exklusiven Bereiche von „Plauder-Chat"-Angeboten Kommunikationsereignisse im Sinne gemeinsam von einer weitgehend gleich bleibenden Kommunikantengruppe von einem Anfang bis zu einem Ende erarbeiteter kommunikativer Produkte nicht feststellen. Um dennoch größere Beschreibungseinheiten oberhalb der Ebene einzelner Sprachhandlungsmuster aus dem Kommunikationsfluss isolieren und zum Gegenstand linguistischer Analyse machen zu können, können jedoch die individuellen Sichten der Chat-Teilnehmer auf das Kommunikationsaufkommen als *individuelle Ereignis-Sichten* rekonstruiert werden. Unter einer solchen individuellen Ereignis-Sicht verstehe ich die Gesamtheit all derjenigen Beiträge, auf die, sofern keine anderen Kriterien für die Ausgrenzung von Chat-Ereignissen vorliegen (z.B. Verabredung, ab einem bestimmten Zeitpunkt mit einer bestimmten Anzahl an Kommunikationspartnern einen separaten Chat-„Raum" aufzusuchen, um dort exklusiv eine bestimmte kommunikative Aufgabe zu bearbeiten), eines der folgenden Merkmale zutrifft:

(i) Der Beitrag wurde vom Kommunikanten K_i, dessen Ereignis-Sicht rekonstruiert werden soll, produziert;

(ii) der Beitrag wurde nicht von K_i produziert, dient K_i jedoch als thematischer oder referenzieller Anker für einen eigenen Beitrag;

(iii) der Beitrag wurde nicht von K_i produziert, kann aber als an K_i gerichtet oder als sich auf einen Beitrag von K_i beziehend interpretiert werden.

Die für K_i nach diesen Kriterien rekonstruierbare individuelle Ereignis-Sicht umfasst neben den Beiträgen in ihrer Originalabfolge auch Angaben dazu, an welchen Stellen bzw. zu welchen Zeitpunkten wie viele *nicht* für die Ereignis-Sicht relevante weitere Beiträge im Verlaufsprotokoll auf dem Bildschirm zu sehen waren. Zwei individuelle Ereignis-Sichten auf ein- und dieselbe Beitragssequenz sind im Beispiel in Kap. 3.5.2 rekonstruiert. Der kleine Ausschnitt in Bsp. 351-2 illustriert, wie anhand der o.a. Kriterien eine solche Ereignis-Sicht dargestellt werden kann.

Beispiel 351-2: Individuelle Ereignis-Sicht auf das Kommunikationsaufkommen in einem „Plauder-Chat-Raum" für die Kommunikantin *Lantonie* (Ausschnitt):

20	**Lantonie**	Ich finde den quaki klasse, ein toller Neuzugang, der sich echt bewährt.
21	**Lantonie**	:)))
22	**Lantonie**	Na, zori? :))
23	**marc30**	den?
24	**quaki**	*g*
25	**quaki**	dange lantonie
26	**Lantonie**	Ich habe heute einen SMS von Tigaaaaelse bekommen.
27	**Lantonie**	*erzähl*
28	**Pharao**	lanto redet wie ne bewährungshelferin
29	***zora freut sich über ihr zeugniss :)))***	
30	**quaki**	*aufpluster*
31	[redacted]	
32		
33		
34		
35	**stoeps** kommt aus dem Raum **Number_of_the_beast** herein.	
36	**Lantonie**	Das hast du dir verdient, zori?
37	[redacted]	
38	**zora**	nur einsen *brustschwell*
39	**Emon** betritt den Raum.	
40	**stoeps**	ree :-)))
41	**Emon**	reee
42	**Emon** ist wieder da.	
43	[redacted]	
44	**zora**	und eine eins minus in benehmen *ggg*
45	[redacted]	
46	**Lantonie**	reee stoeps.
47	[redacted]	
48		
49		
50	**Lantonie**	Hallo Emon.

Statt Eröffnungen und Beendigungen, die für terminierte Kommunikationsereignisse charakteristisch sind, gibt es in „Plauder-Chat-Räumen" mit hoher Teilnehmerfluktuation individuelle Begrüßungen und Verabschiedungen, wenn ein neuer Kommunikant zur Gruppe hinzutritt oder die Gruppe verlässt. Diese Begrüßungen und Verabschiedungen haben – neben ihrer phatischen Funktion – die Funktion einer Deklaration von Kommunikationsbereitschaft (seitens des Hinzutretenden) und einer Bestätigung der Bereitschaft zur Einbeziehung des neu Hinzugetretenen in den Kommunikationsvollzug (seitens der bereits Anwesenden).[38] Der Ausschnitt in Bsp. 351-3, der ebenfalls der in Kap. 3.5.2 in voller Länge wiedergegebenen Beitragssequenz entnommen ist, zeigt ein Beispiel, in welchem neu hinzutretende Kommunikanten (*Lantonie*, *stoeps* und *Emon*) grüßen und gegengegrüßt werden. Die Vielzahl der namentlich adressierten Individualgrüße, die daher rührt, dass die Kommunikanten einander aus vorherigen Chat-Begegnungen bereits bekannt sind, hat auch die Funktion, nach dem Hinzutreten des oder der „Neuen" die Kommunikantengruppe neu zu konstituieren. Trotzdem ließe sich hier nicht ohne weiteres eine Grenze zwischen dem „Davor" und dem „Danach" ziehen, die das „Davor" als vorangegangenes und das „Danach" als anschließendes Kommunikationsereignis fassbar macht; vielmehr läuft parallel zum „Begrüßungsritual" die kommunikative Bearbeitung der aktuell offenen Themen weiter (in Bsp. 351-3 ausgelassen, in Kap. 3.5.2 ungekürzt wiedergegeben).

Beispiel 351-3: Begrüßung neu hinzutretender Kommunikanten (*Lantonie*, *stoeps*, *Emon*) im „Plauder-Chat" als Re-Konstituierung der Kommunikantengruppe:

1	**Lantonie** betritt den Raum.	
2	**Lantonie**	:)
3	**quaki**	lantonieeeeee
4	**Lantonie**	Hallo. :)
5	**zora**	LANTOOO :)))
	...	
7	**quaki**	freu
8	**zora**	juhuuu
9	**Lantonie**	Hallo quaki.
10	**marc30**	Lantöööö :o)
11	**TomcatMJ**	hi lanto
12	**Lantonie**	Huhu zoriiiiii. :)))
13	**Lantonie**	re Tomcat.
14	**Lantonie**	re marc. .)))
	...	
16	**Faryen-Angle**	hi Lantonie
17	...	
18	**Lantonie**	Hallo Faryen.
19	**Lantonie**	:)
	...	
31	**Thor...** betritt den Raum.	
	...	
35	**stoeps** kommt aus dem Raum **Number_of_the_beast** herein.	
	...	

38 Zu Begrüßung(sritual)en im „Plauder-Chat" vgl. auch Beißwenger (2000: 49ff.).

39	**Emon** betritt den Raum.	
40	**stoeps**	ree :-)))
41	**Emon**	reee
42	**Emon** ist wieder da.	
43	**stoeps**	r emon
	...	
46	**Lantonie**	reee stoeps.
47	**quaki**	ohhhh die geitigkeit kommt auch *freu*
48	**marc30**	re schdöbbs :o)
49	**quaki**	+s
50	**Lantonie**	Hallo Emon.
51	**Faryen-Angle**	re stoeps
52	**quaki**	hi emon
53	**Emon**	tag quaki :)
	...	
55	**stoeps**	quaaakiiii
56	**Emon**	und lanto :)
57	**quaki**	hi thor
58	**stoeps**	:-)
59	**TomcatMJ**	hi stoeps
60	**Emon**	unf tom : (
61	**Emon**	*g*
	...	
63	**TomcatMJ**	hi emon
	...	
71	**Thor...**	hi quaki,lantonie

Zwar lassen sich – wie dargelegt – in „Plauder-Chats“ häufig nur individuelle Ereignis-Sichten rekonstruieren; dies bedeutet aber nicht, dass sich in „Plauder-Chats“ überhaupt keine „objektiv“ gegebenen Chat-Ereignisse (im Sinne von Episoden des Kommunikationsvollzugs, die mit klarem Anfang und Ende von einer einigermaßen gleich bleibenden Kommunikantengruppe abgewickelt werden) feststellen lassen. Insbesondere in „Plauder-Chat“-Umgebungen, die ihren Nutzern die Möglichkeit zur individuellen Eröffnung separater Kommunikationskanäle (so genannte „Chat-Räume“ oder „Séparées“) erlauben, kann es durchaus der Fall sein, dass situativ über die Eröffnung eines neuen Chat-„Raumes“ zwischen zwei oder mehreren Kommunikanten Konsens darüber hergestellt wird, sich mit dem Wechsel in diesen neuen „Raum“ bewusst aus dem aktuellen Kommunikationsfluss zu lösen, um gemeinsam ein kommunikatives Ereignis in einer bestimmten Kommunikantenkonstellation und zu einem bestimmten Thema zu initiieren. Der Wechsel in einen anderen Chat-„Raum“ kann in solchen Fällen eine Zäsur bedeuten, die als Grenze zu einem neuen Chat-Ereignis angesehen werden kann, an welchem ein Kommunikant während der Dauer seiner Chat-Teilnahme mitwirkt. Verabreden sich zwei oder mehrere Chat-Nutzer, gemeinsam in einen neuen Chat-„Raum" zu wechseln, um sich dort „in Ruhe" austauschen zu können, oder folgt eine Anzahl von Kommunikationspartnern einem Kommunikanten in einen neu eröffneten Chat-„Raum", so hat dies bereits Züge einer (wenn auch ad hoc und u.U. implizit getroffenen) Verabredung über das Wer und Worüber des weiteren Austauschs. Kommunikationsverläufe, die sich in separaten Chat-„Räumen" mit exklusiver Teilnehmerzahl abspielen, rücken daher gegenüber dem „freien" und spontanen Chataufkommen in beliebig zueinander findenden Großgruppen in die Nähe terminierter Chat-Ereignisse. Die individuell wahrgenommenen Kommunikationsereignisse der einzelnen Teilnehmer weisen in solchen „Räumen" folglich auch einen hohen Grad an Übereinstimmung auf – eine Beobachtung, die in „Plauder-Chat-Räumen" mit hoher Teilnehmerzahl eher unwahrscheinlich ist, wie das Beispiel in 3.5.2 illustriert. Bsp. 351-4 zeigt einen Ausschnitt aus einem „Plauder-Chat"-Mitschnitt, in dem ein Kommunikant (*McMike*) den Vorschlag zur Disposition stellt, spielerisch eine „kleine Kreuzfahrt" zu unternehmen und diesem Vorschlag die Eröffnung eines neuen, temporären Chat-„Raums" mit dem Namen „Kreuzfahrt" folgen lässt. Drei weitere Kommunikanten (*adelheid*, *Raebchen* und *ineli26*) folgen *McMike* in diesen „Raum" und geben damit implizit ihre Zustimmung zu der von *McMike* vorgeschlagenen thematisch-spielerischen Ausrichtung der weiteren Interaktion.

Beispiel 351-4: Ausschnitt aus einem „Plauder-Chat"-Mitschnitt (Dokument Nr. 2211001 <unicum_1998.xml> aus dem *Dortmunder Chat-Korpus*). Der Mitschnitt wurde auf dem Teilnehmerrechner von *ineli26* angefertigt, das „Du" in den Systemmeldungen bezieht sich daher auf *ineli26*.

McMike wie wärs mit einer kleinen Kreuzfahrt?
Interseb betritt den Raum.
adelheid oh ja, in die Wärme...
ineli26 nein, hast du nicht !!
Matrose adelheid: ALAAF, es heisst ALAAF
adelheid huhu Sebastian!
Interseb Hi ho !
ineli26 is egal
McMike geht in einen anderen Raum: **Kreuzfahrt**
Raebchen *wunderschämtuichdocheigentlichimmer*
adelheid nein, es heißt hellau, gaaaanz sicher, oder hipphipp-meckmeck...
McMike lädt Dich ein.
Du kannst der Einladung folgen mit /a oder: /j **Kreuzfahrt**
c_bo betritt den Raum.
Matrose geht in einen anderen Raum: **Kreuzfahrt**
adelheid geht in einen anderen Raum: **Kreuzfahrt**
c_bo hat die Farbe gewechselt.

ineli26 warst wohl schon vor lauter langeweile auf dem locher eingeschlafen
Raebchen geht in einen anderen Raum: **Kreuzfahrt**
Du gehst in einen anderen Raum: **Kreuzfahrt**
Du kommst aus dem Raum **unicum** herein.
adelheid wohin geht´s denn?
ineli26 hallooo *ahoi*
ineli26 hat die Farbe gewechselt.
McMike wir müssen noch auf den Käptn warten
Raebchen McMike, machma besser den Raum zu
adelheid ui, wann kommt denn der?
ineli26 *schwank* ... *seekrank*
Raebchen ein depp kommt gerade zurück
McMike Luuuuuukeeeen DICHT!
McMike schließt ab.[39]
adelheid möchte auch mal SU sein....[40]
Matrose damit das klar ist: ich bin der skipper
McMike janos kann nicht , dann mach ich eben Käptn?
ineli26 wer is denn ein depp? raebchen?
Raebchen *mövenkostüm anzieh*
ineli26 will erster offizier sein
ineli26 will erste offizierin sein
adelheid liegt lieber in der Sonne....
McMike könntet Ihr mich bitte zum Käpten ernennen?
Raebchen @ineli, einer, der jetzt im unicum-raum ist
ineli26 Matrosen, stillgestanden !!!
Matrose ernennt ineli zur nr.1
adelheid wer cremt mich ein???
ineli26 ernennt McMike zum Kapitaen
ineli26 danke, matrose
adelheid hey, interseb ist aber okay
McMike Danke, dann können wir ja los
adelheid juhu!!!

---

39 Das „Abschließen" von temporären „Chat-Räumen" ist eine durch das verwendete Chat-System bereitgestellte Möglichkeit, selbst eingerichtete „Räume" für beliebige Nutzer zu sperren und nur über eine – ebenfalls im System technisch angelegte – explizit an einzelne Nutzer verschickte „Einladung" zugänglich zu machen. Dies ermöglicht dem „Besitzer" eines „Raumes" die Kontrolle über die Zusammensetzung der in seinem „Raum" kommunizierenden Nutzergruppe.

40 „SU" ist die Abkürzung für „Superuser". „Superuser" heißen im Chat-Angebot, in dem der zitierte Mitschnitt aufgezeichnet wurde, diejenigen Nutzer, die in einem „Chat-Raum" Operator-Status haben, sprich: die Befugnis besitzen, den „Raum" „auf- und abzuschließen" und andere Nutzer in ihn „einzuladen" oder aus ihm zu „verbannen". „Superuser" ist im vorliegenden Fall der Nutzer *McMike*, da er den „Raum" eröffnet hat und daher vom System automatisch als „Raum"-Eigner geführt wird. Er hat die Möglichkeit, durch eine bestimmte Programmfunktion seinen „Superuser"-Status an andere Nutzer seiner Wahl weiterzugeben oder ihn mit anderen Nutzern seiner Wahl zu teilen.

Raebchen ich meinte ja auch den c_bo
McMike haben wir noch wen an Land vergessen?
ineli26 juhuuuu
adelheid wen?
ineli26 achso
Raebchen aber genug jetzt davon
ineli26 ich weiss nich ... mich nicht
McMike na dann auf gehts
adelheid ist auch an Bord!
Raebchen sitzt im Krähennest *gg*
McMike LEEEIIIINNNEEEENNN LOOOOOOSSSSSS!!!
Matrose steckt den kurs ab: durch den kanal nach sueden, bei den kanaren rechts ab richtung karibik
McMike geht klar
ineli26 gibt dem Raebchen mal ein Fernglas, damit wir nicht wie die Titanic enden
adelheid genießt das Schaukeln und schaut über die Reling...
McMike ernennt Raebchen zur Supermöve
ineli26 geniesst das Schaukeln nicht und bricht ueber die Reling ...
ineli26 hihi
[...]

3.5.2 Beispiel: Chat-Ereignisse in „Plauder-Chat"-Angeboten

Im Folgenden werden für einen Ausschnitt aus dem Kommunikationsaufkommen in einem öffentlich zugänglichen Chat-„Raum" eines Chat-Angebots mit diskursarten-unspezifischer Chat-Umgebung für zwei Chat-Teilnehmer individuelle Ereignis-Sichten rekonstruiert. Der gewählte Ausschnitt ist dem Dokument Nr. 2211006 <unicum_21-02-2003_(1).xml> aus dem *Dortmunder Chat-Korpus* entnommen und erstreckt sich vom Eintritt der Nutzerin *Lantonie* in den Chat-„Raum" bis zum Ende ihrer Chat-Teilnahme. Rekonstruiert werden die individuellen Ereignis-Sichten für *Lantonie* und für *Emon*, für erstere vollständig und für zweiteren vom Beginn seines Eintritts in den Chat-„Raum" bis zum Ende des Ausschnitts. Gemäß den in Kap. 3.5.1 formulierten Kriterien wurden im Mitschnitt dokumentierte Teilnehmerbeiträge dann als Konstituenten der jeweiligen individuellen Ereignis-Sichten anerkannt, wenn sie eine der folgenden Eigenschaften aufwiesen:

(i) **Der Beitrag wurde vom Kommunikanten K_i, dessen Ereignis-Sicht rekonstruiert werden soll, produziert.** Mögliche Bezüge der Beiträge von K_i auf Vorbeiträge anderer Kommunikanten sind in der Darstellung markiert:

<↑ [Nr.]> indiziert einen möglichen Bezug eines Beitrags von K_i auf einen Vorbeitrag mit der laufenden Nummer *[Nr.]*;

<→ [Name]> indiziert, dass der betreffende Beitrag von K_i eine Ansprache an einen bestimmten, mit *[Name]* bezeichneten anderen Chat-Teilnehmer darstellt;

<→ alle> indiziert, dass der betreffende Beitrag von K_i sich nicht auf einen bestimmten Vorbeitrag bezieht oder eine Ansprache an einen bestimmten Chat-Teilnehmer darstellt, sondern adressaten-unspezifisch an die gesamte Kommunikantengruppe gerichtet ist;

<... [Nr.]> indiziert, dass der betreffende von K_i verfasste Beitrag als Fortsetzung eines bestimmten vorangegangenen Beitrags von K_i interpretiert werden kann.

Aus den mit einer Markierung der Form <↑ [Nr.]> versehenen Beiträgen ergibt sich, welche Beiträge neben den von K_i selbst produzierten Beiträgen nach Kriterium (ii) ebenfalls der Ereignis-Sicht von K_i zuzurechnen sind.

(ii) **Der Beitrag wurde nicht von K_i produziert, dient K_i jedoch als thematischer oder referenzieller Anker für einen eigenen Beitrag.** Welche Beiträge dies sind, ergibt sich aus thematischen und referenziellen Bezügen, die – z.B. durch thematische Wiederaufnahmen oder vermittels Adressierungen – von den Beiträgen von K_i auf die Beiträge anderer Kommunikanten festgestellt oder zumindest angenommen werden können.

(iii) **Der Beitrag wurde nicht von K_i produziert, kann aber als an K_i gerichtet oder als sich auf einen Beitrag von K_i beziehend interpretiert werden.** Beiträge anderer Kommunikanten, die – z.B. aufgrund thematischer Wiederaufnahmen oder Adressierungen – als sich auf Beiträge von K_i beziehend oder an K_i gerichtet angenommen werden können, fallen unter diese Kategorie.

Beiträge der Kategorie (iii) sind in der Darstellung mit <*> gekennzeichnet. Beiträge der Kategorie (ii) sind dann mit <*> gekennzeichnet, wenn sie als von ihren Produzenten explizit oder implizit an K_i gerichtet aufgefasst werden können. Beiträge der Kategorie (ii), auf die sich K_i bezieht, die aber von ihren Produzenten nicht speziell an K_i (sondern an alle oder an einen anderen Kommunikanten) gerichtet wurden, sind mit <◊> markiert.

Ereignis-Sicht *Lantonie*	**Nr.**	**Beitrag**	**Nr.**	**Ereignis-Sicht** *Emon*
→ alle	1	**system:** Lantonie betritt den Raum.	1	
→ alle	2	**Lantonie:** :)	2	
*	3	**quaki:** lantonieeeeee	3	
↑ 3 quaki	4	**Lantonie:** Hallo. :)	4	
*	5	**zora:** LANTOOO :)))	5	
	6	**TomcatMJ:** *mal guck wo quaki sich nu hinstelt*G*	6	
*	7	**quaki:** freu	7	
*	8	**zora:** juhuuu	8	
↑ 3,7 quaki	9	**Lantonie:** Hallo quaki.	9	
*	10	**marc30:** Lantöööö :o)	10	
*	11	**TomcatMJ:** hi lanto	11	
↑5, 8 zora	12	**Lantonie:** Huhu zoriiiiii. :)))	12	
↑11 TomcatMJ	13	**Lantonie:** re Tomcat.	13	
↑10 marc30	14	**Lantonie:** re marc. .)))	14	
	15	**quaki:** ups is das das falsche eck??	15	
*	16	**Faryen-Angle:** hi Lantonie	16	
	17	***quaki krabbelt aus dem eck raus***	17	
↑16 Faryen-Angle	18	**Lantonie:** Hallo Faryen.	18	
... 18	19	**Lantonie:** :)	19	
→ alle	20	**Lantonie:** Ich finde den quaki klas-se, ein toller Neuzugang, der sich echt bewährt.	20	
→ alle	21	**Lantonie:** :)))	21	
→ zora	22	**Lantonie:** Na, zori? :))	22	
*	23	**marc30:** den?	23	
*	24	**quaki:** *g*	24	
*	25	**quaki:** dange lantonie	25	
→ alle	26	**Lantonie:** Ich habe heute einen SMS	26	

Ereignis-Sicht *Lantonie*	**Nr.**	**Beitrag**	**Nr.**	**Ereignis-Sicht** *Emon*
		von Tigaaaaelse bekommen.		
→ alle	27	**Lantonie:** *erzähl*	27	
*	28	**Pharao:** lanto redet wie ne bewährungshelferin	28	
◊	29	***zora freut sich über ihr zeugniss :)))***	29	
*	30	**quaki:** *aufpluster*	30	
	31	**system:** Thor... betritt den Raum.	31	
	32	**marc30:** ich mal wieder nich...	32	
	33	**quaki:** was hast denn zori??	33	
	34	**quaki:** erzähl	34	
◊	35	**system:** stoeps kommt aus dem Raum Number_of_the_beast herein.	35	
↑ 29 zora	36	**Lantonie:** Das hast du dir verdient, zori?	36	
	37	**TomcatMJ:** oh man wat fürn krawall hier draußen...*guck*	37	
◊	38	**zora:** nur einsen *brustschwell*	38	
◊	39	**system:** Emon betritt den Raum.	39	→ alle
◊	40	**stoeps:** ree :-)))	40	
◊	41	**Emon:** reee	41	→ alle
◊	42	**system:** Emon ist wieder da.	42	→ alle
	43	**stoeps:** r emon	43	*
◊	44	**zora:** und eine eins minus in benehmen *ggg*	44	
	45	**Emon:** *njamnjamnajm*	45	→ alle
↑ 35 system, 40 stoeps	46	**Lantonie:** reee stoeps.	46	
	47	**quaki:** ohhhh die geitigkeit kommt auch *freu*	47	*
	48	**marc30:** re schdöbbs :o)	48	

Ereignis-Sicht *Lantonie*	**Nr.**	**Beitrag**	**Nr.**	**Ereignis-Sicht** *Emon*
	49	**quaki:** +s	49	*
↑ 39, 41, 42 system (Emon)	50	**Lantonie:** Hallo Emon.	50	*
	51	**Faryen-Angle:** re stoeps	51	
	52	**quaki:** hi emon	52	*
(*)	53	**Emon:** tag quaki :)	53	↑ 47, 49, 52 quaki
	54	**TomcatMJ:** dat sind schätzungsweise 200 krähen oder so in nem baum der etwa 100 m weg is...	54	
	55	**stoeps:** quaaakiiii	55	
*	56	**Emon:** und lanto :)	56	... 53 (↑ 50 Lantonie)
	57	**quaki:** hi thor	57	
	58	**stoeps:** :-)	58	
	59	**TomcatMJ:** hi stoeps	59	
	60	**Emon:** unf tom : (	60	... 53, 56
	61	**Emon:** *g*	61	... 53, 56, 60
	62	**Thor...:** über meine benehmennote reden wir lieber nicht	62	
	63	**TomcatMJ:** hi emon	63	*
	64	**quaki:** 200 krähen?	64	
	65	**TomcatMJ:** jo..	65	
↑ 38, 44 zora	66	**Lantonie:** Die eins Minus hast du bekommen, weil du eine Zeitlang häufti gesagt hast.	66	
	67	**marc30:** was ist Benehmen?	67	
	68	**quaki:** die vögel	68	
	69	**system:** B67 betritt den Raum.	69	
→ alle	70	**system:** Lantonie ist jetzt weg Pissen	70	
*	71	**Thor...:** hi quaki,lantonie	71	

Ereignis-Sicht *Lantonie*	Nr.	Beitrag	Nr.	Ereignis-Sicht *Emon*
→ alle	72	**system:** Lantonie ist wieder da.	72	
→ alle	73	**Lantonie:** *hehe*	73	
	74	***stoeps gibt thor eine 6***	74	
... 66	75	**Lantonie:** Stimmts?	75	
	76	**quaki:** schtöps	76	
... 66, 75	77	**Lantonie:** :)))	77	
◊	78	**system:** Erdbeere$ betritt den Raum.	78	
... 66, 75, 77	79	**Lantonie:** *looool*	79	
... 66, 75, 77, 79	80	**Lantonie:** zori?	80	
◊	81	**Erdbeere$:** re	81	
*	82	**zora:** *lach*	82	
	83	**Pharao:** tach erdbäre	83	
↑ 78 system, 81 Erdbeere$	84	**Lantonie:** Hallo Erdbeere.	84	
	85	**marc30:** Hallo Beere :)	85	
→ alle	86	***Lantonie kann ihre Noten begründen.***	86	
	87	**Emon:** mann, habe tatsächlich was verdauliches gegessen... :)	87	→ alle
	88	**TomcatMJ:** da is sone etwa 25 m hohe pappel wo die drinsitzen und rumzetern*G*	88	
*	89	**Erdbeere$:** hallo lanto	89	
	90	**quaki:** die viecha reissen imma die müllsäcke auf hmmmm	90	
*	91	***stoeps auch***	91	
*	92	**stoeps:** *g*	92	
	93	**Emon:** re beere	93	↑ 81 Erdbeere$
→ alle	94	**Lantonie:** Und, ausserdem ist zora ja meine Lieblingsschülerin hier.	94	

Ereignis-Sicht *Lantonie*	**Nr.**	**Beitrag**	**Nr.**	**Ereignis-Sicht** *Emon*
... 94	95	**Lantonie:** :))	95	
	96	**Thor...:** oh stoeps hab ich dir was getan?	96	
	97	**Erdbeere$:** hallo pharao	97	
*	98	**zora:** :)))	98	
	99	**quaki:** weißpappel oder schwarz-pappel?	99	
→ zora	100	**Lantonie:** süße kleine zora.	100	
	101	**Erdbeere$:** hello marci	101	
	102	**zora:** 8:)	102	
... 100	103	**Lantonie:** *hach*	103	
*	104	***zora bringt Lanto einen Apfel mit***	104	◊
	105	**TomcatMJ:** keine ahnung,eine die zur blütezeit wohl immer diese berge weißer flocken von sich wirft...	105	
	106	**quaki:** und wo is ein apfel für mich??	106	
↑ 104 zora	107	**Lantonie:** Ah, sehr gesund.	107	
	108	**system:** B67 verlässt den Raum.	108	
... 107	109	**Lantonie:** *freu*	109	
	110	**stoeps:** tom ist ja immer noch da	110	
	111	**Emon:** *wilhelm busch zitier* und vom ganzen hühnerschmaus schaut nur noch ein bein heraus...	111	
	112	**quaki:** dann is eine hmmmmm	112	
	113	**marc30:** sie zieht nach Hannover, net nach Wien	113	
→ zora	114	**Lantonie:** Warst du vom Zeugnis überraschtß	114	
	115	**quaki:** das kommt auf die rinde drauf an	115	
... 114	116	**Lantonie:** ?	116	

Ereignis-Sicht ***Lantonie***	**Nr.**	**Beitrag**	**Nr.**	**Ereignis-Sicht** ***Emon***
	117	**TomcatMJ:** auf jedenfall mit ner wolke schwarzer vögel drüber und drin:-)	117	
... 114, 116	118	**Lantonie:** :)	118	
	119	**system:** Bochum betritt den Raum.	119	
	120	**quaki:** wie die ausschaut	120	
*	121	**zora:** ja wo ich doch kaum was dafür getan hab +s*	121	
	122	**TomcatMJ:** is so ne grobe rinde..	122	
	123	**stoeps:** warum wird tom nicht aus dem chat enfernt? *g*	123	
*	124	***zora bewirbt sich damit mal um stipendien an den unis *s****	124	◊
	125	**marc30:** Krieg ich auch ein Zeugnis?	125	
	126	**quaki:** die habn aber so schönes ge-fieder und sind nicht dumm	126	
↑ 121, 124 zora	127	**Lantonie:** *lach*	127	
	128	**TomcatMJ:** weil ich hartnäckig bin stoeps:-)	128	
	129	***stoeps auch***	129	
	130	**stoeps:** *g*	130	
	131	***quaki bindet tom am chat fest***	131	
	132	**quaki:** *knüpf*	132	
	133	**Emon:** zora bewirbt sich womit um stipendien? nen apfel?	133	↑ 104, 124 zora
	134	***stoeps schreibt ne beschwerde an unicum***	134	
	135	**zora:** ne mit meinem zeugniss, ich bin ja nich doof!	135	*
	136	**TomcatMJ:** eh!*rupf,zerr,reiss,mich losmach*	136	
	137	**quaki:** hmm der paris war ein ganz schön dämlcher	137	

Ereignis-Sicht *Lantonie*	**Nr.**	**Beitrag**	**Nr.**	**Ereignis-Sicht** *Emon*
	138	**Emon:** ah soo	138	↑ 135 zora
	139	**TomcatMJ:** *nicht festgebunden sein mag*	139	
◊	140	**Emon:** welches ezugnis? klärt mich mal jemand über den sachverhalt auf?	140	↑ 13 zora (→ alle)
	141	**quaki:** *nagut50cmlauflaufleine*	141	
	142	**Erdbeere$:** thor	142	
	143	**Thor...:** tach erdbeere	143	
	144	**Erdbeere$:** hello	144	
	145	**marc30:** wie großzügig quaki manchmal ist...	145	
	146	**Emon:** *wart*	146	→ alle
	147	**Erdbeere$:** kommst du zum ct?	147	
	148	**quaki:** *51cm*	148	
	149	**stoeps:** 51?	149	
	150	**TomcatMJ:** *leine durchbeiss*	150	
	151	**Thor...:** wenn zora und lantonie absagen ja *g*	151	
	152	**stoeps:** ui	152	
	153	**Emon:** danke! *brml*	153	→ alle
◊	154	**system:** Shadok kommt aus dem Raum Alshain herein.	154	◊
	155	**quaki:** *neuesuch*	155	
	156	**marc30:** die haben doch noch gar net zugesagt, oder?	156	
	157	**stoeps:** re shad	157	
	158	**Emon:** re sahd	158	→ 154 system (Shadok)
	159	**Erdbeere$:** *g*	159	
	160	**Shadok:** Gnu stoeps, Emon	160	*

Ereignis-Sicht *Lantonie*	Nr.	Beitrag	Nr.	Ereignis-Sicht *Emon*
	161	**marc30:** Holla Shaddy :)	161	
◊	162	**zora:** emon: http://… [URL_1] [41]	162	*
	163	**Erdbeere$:** wieso das denn?	163	
	164	**stoeps:** *s*	164	
	165	**Shadok:** heya marc30 ;o)	165	
	166	**Erdbeere$:** re baby	166	
	167	**quaki:** hi shadok	167	
	168	**TomcatMJ:** *auf bruam raufkletter um nich angeleint zu werden*	168	
↑ 140 Emon	169	**Lantonie:** http://… [URL_2] [41]	169	*
	170	**Shadok:** tag quaki	170	
*	171	**zora:** erste! :)	171	
	172	***hmmm quaki sucht ein m***	172	
	173	**TomcatMJ:** *g*bruam=baum	173	
↑ (162,) 171 zora	174	**Lantonie:** *ts*	174	
*	175	**zora:** *fleisssternchen aufkleb*	175	

41 Unter den in 162 und 169 angegebenen URLs war jeweils die folgende Grafikdatei hinterlegt:

Ereignis-Sicht ***Lantonie***	**Nr.**	**Beitrag**	**Nr.**	**Ereignis-Sicht** ***Emon***
	176	**quaki:** leinbruam	176	
	177	***Shadok schenkt quaki ein m***	177	
↑ 154 system (Shadok)	178	**Lantonie:** Hallo Shadok.	178	
	179	**zora:** weiß jetzt jemand was umzugsunternehmen so kosten?	179	
	180	**quaki:** danke shadok	180	
	181	**Shadok:** bitte schön.	181	
*	182	**Shadok:** heya Lanto ;o)	182	
↑ 182 Shadok	183	**Lantonie:** ;O)	183	
	184	**Shadok:** geld zorsa	184	
	185	**Shadok:** *zora	185	
	186	**Pharao:** teuer.geht nich selber machen mit mietwagen?	186	
	187	**Shadok:** meistens euro	187	
	188	**Shadok:** ;o)	188	
	189	**zora:** verdammt, das hab ich befürchtet shaddy :P	189	
→ zora	190	**Lantonie:** Ich hatte erst Zweifel, ob du überhaupt ein Zeugnis willst.	190	
... 190	191	**Lantonie:** Immer bewerte ich dich dann ja.	191	
... 190, 191	192	**Lantonie:** :O)	192	
	193	**Bochum:** laß es leiber zor	193	
	194	**quaki:** kA was das kostet	194	
... 190, 191, 192	195	**Lantonie:** Aber, ich dachte, du hälst das schon aus.	195	
... 190, 191, 192, 195	196	**Lantonie:** *tapfere kleine zoraaaa*	196	
	197	***quaki wüsste nich wo sie hinziehn sollte***	197	
	198	**TomcatMJ:** unterneh-	198	

Ereignis-Sicht *Lantonie*	Nr.	Beitrag	Nr.	Ereignis-Sicht *Emon*
		men???eigentlich kostet sowas die miete für nen lkw für nen tag und verköstigung für nen haufen helfender freunde@zora		
	199	**Bochum:** bochum-münster ohne küche 3500 euro..	199	
	200	**zora:** der mietwagen kostet auf die entfernung schon ein vermögen	200	
	201	**zora:** uffz bochum	201	
	202	**Shadok:** am besten nach deutschland quaki	202	
	203	**Shadok:** is nich soweit weg	203	
	204	**Pharao:** aber sicher billiger als ne firma	204	
*	205	**Emon:** hmmm... kreativität ne 1?	205	↑ 162 zora *oder* ↑ 169 Lantonie
	206	**system:** stoeps verlässt den Raum.	206	
◊	207	**system:** stoeps betritt den Raum.	207	
↑ 205 Emon	208	**Lantonie:** Ja, auf jedenfall!	208	
	209	**stoeps:** sowas	209	
	210	**Shadok:** wb stoeps	210	
	211	**Bochum:** wagen von intererent und ein paar leute zum anpacken	211	
	212	**stoeps:** *brml*	212	
	213	**Thor...:** ja pharao	213	
... 208	214	**Lantonie:** zoar ist hoch kreativ!	214	
	215	**system:** Asja betritt den Raum.	215	
	216	**Thor...:** re stoeps...	216	
... 208, 214	217	**Lantonie:** Was ihr alles so einfällt, da kommt kein Mensch drauf.	217	◊
	218	**TomcatMJ:** hi asja	218	
	219	***quaki fragt sich wie sie mit au-***	219	

Ereignis-Sicht *Lantonie*	Nr.	Beitrag	Nr.	Ereignis-Sicht *Emon*
		genschaden den nachmittag überstehn soll		
↑ 207 system (stoeps)	220	**Lantonie:** re stoeps.	220	
	221	**marc30:** heyho Asja	221	
	222	**Erdbeere$:** hello asja	222	
	223	**zora:** ich wollt ja vergleichen tom weils eh so teuer ist wenn das keinen so grossen unterschied macht wärs ja mal drin	223	
	224	**Bochum:** am besten welche was handwerkliches machen	224	
	225	**Asja:** Hallo Tom :)	225	
	226	**stoeps:** ree	226	
	227	**Asja:** hi marc :)	227	
	228	**Asja:** huhu Frau Beere *Drück*	228	
	229	**Bochum:** und nimm nicht den billigsten	229	
	230	**Shadok:** nicht chatten quaki? ;o)	230	
	231	**quaki:** Bochum in den kleiderkasten schick zum umziehn	231	
	232	**Erdbeere$:** *mitdrück*	232	
*	233	**Emon:** naja, auf das was mir so einfällt kommt auch meist keine sau drauf *g*	233	↑ 214, 217 Lantonie
	234	**Bochum:** beim ertsen umzug hat nur einer deutsch gesprochen	234	
	235	**Shadok:** heya Asja :)	235	
*	236	**Emon:** dennoch würde ich mir bei kreativität nicht mehr als ne 2 geben	236	... 233
	237	**system:** stoeps verdrückt sich in einen anderen Raum: telefon	237	
	238	***marc30 hat nen Vollschaden und übersteht den Nachmittag ohne***	238	

Ereignis-Sicht *Lantonie*	Nr.	Beitrag	Nr.	Ereignis-Sicht *Emon*
		Probleme :)		
	239	**Asja:** hallo shadok :-)	239	
	240	**zora:** handwerklich kann ich selber	240	
↑ 233 Emon	241	***Lantonie gibt Emon auch eine eins in Einfallsreichtum.***	241	
... 241	242	**Lantonie:** :))	242	
	243	**Erdbeere$:** *g* @ marc	243	
	244	**quaki:** lach marc	244	
	245	**TomcatMJ:** naja,dann heissts wohl mal rumtelefonieren und nachfragen da umzugsfiormen selten im i8nternet stehen@zora	245	
	246	**Bochum:** klar zora	246	
	247	**Pharao:** vollschaden gleich total-schaden marc?	247	
*	248	**Emon:** na okay... *1 anne stirn bapp*	248	↑ 241, 242 Lantonie
	249	**zora:** die stehen da schona ber ohne preise	249	
	250	**Bochum:** aber wie kommste mit den 1,51 an die lampen und hänge-schränke?? :;-))	250	
	251	**zora:** leiter	251	
	252	**zora:** *g*	252	
	253	**marc30:** Hab schon ne richtig dicke Beule um den bauchnabel rum...	253	
	254	**zora:** auserdem bin ich größer!	254	
	255	**Emon:** marc, die beuel um den bauchnabel nennt sichplauze	255	↑ 253 marc30
	256	**Emon:** ;)	256	... 255
↑ 248 Emon	257	**Lantonie:** Ach, die eins ist dir wohl egal, emon. *wieder weg nehm*	257	*
... 257	258	**Lantonie:** *pöööh ruf*	258	*

Ereignis-Sicht *Lantonie*	Nr.	Beitrag	Nr.	Ereignis-Sicht *Emon*
	259	**system:** stoeps kommt aus dem Raum telefon herein.	259	
	260	**quaki:** eine beule??	260	
	261	**Bochum:** wie kommste an die sprossen??	261	
	262	**quaki:** am nabel??	262	
	263	**marc30:** Danke Emon, war mir grad entfallen....	263	*
	264	**marc30:** *hmpf*	264	*
	265	**quaki:** son bierbauch??	265	
*	266	**Emon:** :)	266	↑ 263, 264 marc30 *oder* ↑ 258 Lantonie
↑ 266 Emon	267	**Lantonie:** :)	267	*
◊	268	**quaki:** *kopfkratz*	268	
	269	**Emon:** mit stützrädchen, quaki	269	↑ 265 quaki
	270	**marc30:** klar, nen richtig dicken :)	270	
	271	**Shadok:** *gähn* noch 15 kostbare minuten bis zur mittagspause	271	
↑ 268 quaki	272	**Lantonie:** quaki ist sicher in der mauser.	272	
	273	**system:** stoeps verlässt den Raum.	273	
	274	**system:** stoeps betritt den Raum.	274	
	275	**marc30:** *fettbin*	275	
	276	**Shadok:** wb stoeps	276	
... 272	277	**Lantonie:** *vermutung äusser*	277	
	278	**marc30:** *schwabbel*	278	
	279	**Shadok:** *festbind*	279	
	280	**stoeps:** öhöööööö*	280	
	281	**system:** SexyGe betritt den Raum.	281	
	282	***Lantonie heiratet Thor....***	282	

Ereignis-Sicht *Lantonie*	Nr.	Beitrag	Nr.	Ereignis-Sicht *Emon*
	283	**TomcatMJ:** re stoerps	283	
... 282	284	**Lantonie:** :))	284	
... 282, 284	285	**Lantonie:** Lohnt das?	285	
	286	**Thor...:** stoeps ist etwas unstetig *gg*	286	
	287	**Asja:** hi stoeps	287	
	288	**quaki:** *korsettsuch*	288	
... 282, 284, 285	289	**Lantonie:** Nein. Aber, immerhin, ein Landsmann.	289	
	290	**stoeps:** reee :-)	290	
... 282, 284, 285, 289	291	**Lantonie:** Das ist selten genug.	291	
*	292	**Thor...:** ui lanto *gg*	292	
*	293	**Emon:** kommt drauf an, wieviel geld thor hat ;)	293	↑ 282, 284, 285 Lantonie
*	294	**quaki:** lantonie heiratet thor??	294	
↑ 293 Emon	295	**Lantonie:** Ich verdiene mein eigenes Geld.	295	
*	296	**quaki:** juhuuuuuu	296	
↑ 294 quaki	297	**Lantonie:** quaki?	297	
	298	**system:** meisterP betritt den Raum.	298	
*	299	**zora:** wos? *eifersüchtel*@lanto	299	
	300	**system:** SexyGe geht in einen anderen Raum: My_Room	300	
*	301	**Shadok:** Genau, Lanto ist selbstständig	301	
*	302	**stoeps:** lanto ist ne gute partie	302	
→ alle	303	**Lantonie:** Es gibt Entenbraten zur Hochzeit.	303	
*	304	**Thor...:** umso besser lanto *gg* ich hab nämlich keins	304	
*	305	***stoeps heiratet lanto***	305	

Ereignis-Sicht *Lantonie*	Nr.	Beitrag	Nr.	Ereignis-Sicht *Emon*
	306	***Emon heiratet seinen intellekt...***	306	→ alle
*	307	**Shadok:** Dafür kann se nich kochen ;p	307	
	308	**zora:** emon kocht?	308	
	309	**system:** meisterP geht in einen anderen Raum: My_Room	309	
↑ 307 Shadok	310	**Lantonie:** Ich kann kochen!!	310	
... 310	311	**Lantonie:** *frechheit*	311	
	312	**Emon:** oh nein, er verweigert mir die gefolgschaft	312	... 306
	313	***Shadok heiratet quaki...***	313	
◊	314	**zora:** in den niederlanden will sich doch jetzt ne studentin selber heiraten	314	
... 310, 311	315	**Lantonie:** Ich kann sogar sehr gut kochen!	315	
*	316	**stoeps:** lanto?	316	
*	317	**TomcatMJ:** vor wut?*G*	317	
... 310, 311, 315	318	**Lantonie:** *allerhand*	318	
... 310, 311, 315, 318	319	**Lantonie:** *schimpf*	319	
◊	320	**system:** mieze kommt aus dem Raum Katzenkörbchen herein.	320	
◊	321	**mieze:** rehi	321	
... 310, 311, 315, 318, 319	322	**Lantonie:** *shadok böse anguck*	322	
*	323	**Thor...:** ich kann besser kochen *gg*	323	
↑ 320 system, 321 mieze	324	**Lantonie:** reee mieze.	324	
	325	**Emon:** zora, das ist ne aktionskünstlerin	325	↑ 314 zora
	326	**TomcatMJ:** hi mieze	326	

Ereignis-Sicht *Lantonie*	Nr.	Beitrag	Nr.	Ereignis-Sicht *Emon*
	327	**Bochum:** wer es sich selber machen kanmn, kann sich auch selber heiraten	327	
↑ 314 zora	328	**Lantonie:** Ja, geht denn das zora?	328	
↑ 316 stoeps	329	***lanto mag stoeps net heiraten***	329	
	330	***Thor... ist großgrundbesitzer und hat ein haus***	330	
	331	**Emon:** die muss sowas machen wegen pr	331	... 325
	332	**Emon:** ;)	332	... 325, 331
	333	**Shadok:** ..und verkauft sie dann an polnische Einwanderer...für gutes Geld ;p	333	
	334	**marc30:** ist ne gespaltene Persönlichkeit...	334	
	335	**mieze:** toller Spruch	335	
	336	**Emon:** tag miez	336	↑ 321 mieze
... 329	337	***Lantonie mag doch nur einen Mann haben, stoeps.***	337	
*	338	**stoeps:** mist	338	
*	339	**stoeps:** *mutier*	339	
*	340	**stoeps:** tadaaaa	340	
	341	**mieze:** hallo Emon	341	*
	342	**marc30:** *remiezmiez*	342	
*	343	**stoeps:** *g*	343	
	344	**mieze:** remarcmarc	344	
... 329, 337	345	**Lantonie:** Und, mit zora habe ich eine dreckige Affaire haben wir beschlossen.	345	
... 329, 337, 345	346	**Lantonie:** :)))	346	
*	347	***Thor... läßt sich nicht haben***	347	
*	348	**zora:** oder eine Frau? *hoffnung	348	

Ereignis-Sicht ***Lantonie***	**Nr.**	**Beitrag**	**Nr.**	**Ereignis-Sicht** ***Emon***
		schöpf*		
↑ 338/ 339/ 340/ 343 stoeps	349	**Lantonie:** *lach*	349	
*	350	**zora:** juhuu auch gut *sss*	350	
*	351	**stoeps:** ich denke zora ist deine mama	351	
	352	**Thor...:** zora du alte lesbe *g*	352	
*	353	**stoeps:** was denn nun?	353	
→ alle	354	***Lantonie ist schnell weg.***	354	
... 354	355	**Lantonie:** :))	355	
... 354, 355	356	**Lantonie:** *wink*	356	
	357	**mieze:** Thor, das ist falsch.. Es muss heissen: Thor will man nicht haben	357	
	358	**zora:** wir sind ne verlotterte familie *g*	358	
	359	**system:** Lantonie verlässt den Raum.	359	
		[...]		[...]

3.6 Chat-Mitschnitte und Bildschirmverlaufsprotokolle

Der Schiffsführer hat – falls nicht anders vorgeschrieben, im Schiffstagebuch – unverzüglich durch geeignete Eintragungen über alle Vorkommnisse an Bord zu berichten. (*Schiffssicherheitsgesetz*, § 6)

In der Chat-Forschung wird eine Reihe von Ausdrücken weitgehend synonym dazu verwendet, Bezug zu nehmen auf die während eines Chat-Ereignisses auf den Teilnehmerbildschirmen angezeigte Sequenz bereits ausgetauschter Textbeiträge sowie auf die durch Speicherung in einer Datei erzeugte Dokumentation der Textbeiträge und ihrer Abfolge im Rahmen eines Chat-Ereignisses oder eines Ausschnitts daraus. Gängig sind Benennungen wie „(Chat-)Logfile", „(Chat-)Mitschnitt", „(Chat-)Protokoll" oder mithin auch „(Chat-)Transkript". Während der Ausdruck „Mitschnitt" nur für Speicherinstanzen der während eines Chat-Ereignisses über den Server gelaufenen bzw. auf den Teilnehmerbildschirmen angezeigten Textdatensequenzen verwendet wird, werden die Ausdrücke „Logfile", „Protokoll" und Transkript" sowohl für solche zu Konservierungszwecke angefertigten Dateien verwendet als auch für die während eines Chat-Ereignisses dynamisch sich entwickelnden Bildschirminhalte, die zu unterschiedlichen Zeitpunkten des Interaktionsverlaufs unterschiedlichen Umfang haben und unterschiedlich schnell anwachsen.

Der Ausdruck „(Chat-)Logfile" kann wohl mit einiger Sicherheit als der erste in der (angloamerikanischen) Chat-Forschung für das Reden über Bildschirminhalte beim Chatten und ihre durch Speicherung erzeugten Datei-Instanzen gelten, da er eine Bezeichnung übernimmt, die beim Reden über Computer-Betriebssysteme für automatisch erzeugte Dokumentationen von Ereignissen während des Betriebs eines Systems gebräuchlich ist. Während Logfiles, die von Systemen begleitend zum laufenden Betrieb generiert werden und bestimmte während des Betriebs auftretende Ereignistypen dokumentieren, üblicherweise nur den Systementwicklern oder -administratoren zugänglich sind (um im Falle von Systemfehlern die letzten ausgeführten Aktionen bzw. „besondere Vorkommnisse" nachvollziehen und für die Ursachenforschung nutzen zu können) bzw. – im Falle von Server-Logfiles im World Wide Web – nur von den Server-Administratoren genutzt werden können (z.B. um Analysen zur Auslastung eines Servers und zur Nachfrage des auf ihm bereitgehaltenen Web-Angebots anzustellen), ist es ein zentrales Funktionsmerkmal von Chat-Systemen, dass die automatische Protokollierung von Nutzeraktionen dazu verwendet wird, den Nutzern Informationen über die Aktionen anderer, zeitgleich beim System angemeldeter Nutzer bereitzustellen. Mit dieser Verwendung des auf dem Server geschriebenen Logfiles als Träger für interpersonal ausgetauschte Kommunikate wird chatbasierte Kommunikation überhaupt erst möglich: Nutzeraktionen sowie die von den Nutzern an den Server übermittelten Zeichenketten werden für eine absatzweise Darstellung aufbereitet und dem auf dem Server geführten Logfile hinzugefügt; eine Kopie des auf dem Server geführten Logfiles oder evtl. auch nur ein nutzerspezifisch gefilterter Teil davon wird anschließend direkt an jeden einzelnen Nutzer zurückübermittelt und im Anzeigebereich der auf seinem Bildschirm dargestellten Chat-System-Benutzeroberfläche dargestellt.[42]

---

42 Systeme, die Nutzern verschiedene Kommunikationsmodi zur Verfügung stellen (z.B. *nicht-exklusive Standardäußerung*, die allen im selben Chat-Raum präsenten Nutzern zugestellt wird vs. *Äußerung im „Flüster-Modus"*, die nur einem ganz bestimmten Nutzer übermittelt und an-

Ursprünglich stellt der Ausdruck „Log(file)" auch bereits in der Welt der Computer-Betriebssysteme eine metaphorisch aus einem anderen Bereich übernommene Bezeichnung dar. Im Schifffahrtswesen steht der Ausdruck „Log" sowohl für die vollständige nautische Dokumentation einer Schiffsreise als auch für den einzelnen Eintrag, der täglich in einem „Logbuch" vorgenommen wird und der Auskunft über die Geschwindigkeit und den aktuellen Reisefortschritt gibt.[43]

Für die Analyse chatbasierter Kommunikationsprozesse erscheint es sinnvoll, eine begriffliche Unterscheidung zu treffen zwischen dem, was während des Ablaufs eines Chat-Ereignisses auf den Bildschirmen entsteht und der Datei, die durch Speicherung des auf dem Server erzeugten Logfiles oder der auf dem Bildschirm eines Teilnehmerrechners angezeigten Sequenz von Textbeiträgen erzeugt werden kann. Ersteres – das Protokoll des Austauschs zur Laufzeit der Interaktion und zum Zweck der Bereitstellung der Kommunikationsbeiträge für eine Wahrnehmung durch die beteiligten Kommunikanten – hat Verlaufscharakter, wird beständig fortgeschrieben und dient – als textuelle Verarbeitungsgrundlage – den Kommunikationsbeteiligten zur Prozessierung der aktuell vollzogenen Kommunikation. Zweiteres – die Datei, in welcher eine Abfolge von Textbeiträgen durch Speicherung konserviert und somit für eine Rezeption *außerhalb* des Kommunikationsereignisses gesichert wird – ist statisch, hat Dokumentencharakter und dient nicht mehr der Prozessierung, sondern der nachträglichen Dokumentation des Kommunikationsereignisses; sie kann selektiv und entgegen der Beitragsabfolge gelesen und analysiert

gezeigt wird), übermitteln den einzelnen Nutzern jeweils spezifisch gefilterte Versionen des auf dem Server geführten Logfiles. Bei der Erhebung von Chat-Daten für Analysezwecke ist dies zu berücksichtigen – je nach dem, ob man einen Mitschnitt des Server-Logfiles oder der textuellen Bildschirminhalte auf einem Teilnehmerrechner anfertigt, können die so für ein Chat-Ereignis (oder einen Ausschnitt daraus) gewonnenen Kommunikationsdaten u. U. quantitativ und qualitativ unterschiedlich sein.

43 Vgl. den Eintrag zu „Log" im englischen Wörterbuch *Merriam-Webster OnLine* (http://www.m-w.com/dictionary): „the record of the rate of a ship's speed or of her daily progress; *also*: the full nautical record of a ship's voyage". – Der „Log"-Eintrag bzw. das „Logbuch" (Schiffstagebuch) halten fest, was mithilfe des ebenfalls als „Log" bezeichneten Geräts zur Bestimmung der Schiffsgeschwindigkeit gemessen wird. Die Messmethode basiert darauf, dass ein Stück Holz (engl. *log* = Klotz) an einer Leine zu Wasser gelassen wird. Die Bezeichnungen für den „Log"-Eintrag und schließlich für das „Logbuch" leiten sich also letztlich aus der Bezeichnung für ein Messgerät ab, mit dem die zu dokumentierenden Daten erhoben werden. Als Bezeichnung für das Messen und Dokumentieren von Daten bzw. Ereignissen wurde das Nomen *log* (bzw. auch das daraus abgeleitete Verb *to log* zur Bezeichnung des Vorgangs) dann vermutlich in den Bereich der Betriebssysteme übertragen. Das Kompositum *logfile* für diejenige (häufig nur temporär archivierte) Datei, in der die Eintragungen über Ereignisse während des Systembetriebs vorgenommen werden, könnte eine Analogiebildung zu *logbook* darstellen.

werden, *ohne* dass zwischenzeitlich (wie *in* der Chat-Situation) die Gefahr besteht, dass man dabei neu eintreffende Textbeiträge übersieht; möglicherweise kleidet sie – sofern sie ausgedruckt oder in ein Textverarbeitungsformat überführt wird – die Abfolge der ausgetauschten Beiträge sogar in eine kognitive Metapher, die den während des Chattens entstehenden Bildschirminhalten eher fremd ist (Seitenmetaphorik von Textverarbeitungsprogrammen anstelle der schriftrollenartigen Organisation der Bildschirmanzeige). Ich möchte die sich während des Chattens in den Anzeigebereichen der Teilnehmerrechner aufbauenden Beitragssequenzen als *Bildschirmverlaufsprotokolle*, die Speicherinstanzen von Beitragssequenzen (seien sie nun durch Speicherung der Bildschirminhalte oder durch Speicherung der serverseitigen Protokollierungen des Beitragsaufkommens erzeugt) hingegen als *Chat-Mitschnitte* bezeichnen. Den Ausdruck *Logfile* behalte ich, da er sehr gängig ist, ebenfalls bei, verwende ihn allerdings ausschließlich als Synonym zu *Mitschnitt*, was sich aufgrund der Zweitkonstituente ‚-file' und des damit gegebenen Verdauerungsaspekts auch motivieren lässt.

> Def.: *Bildschirmverlaufsprotokoll*:
>
> Unter dem *Bildschirmverlaufsprotokoll* verstehe ich die temporäre Protokollierung des Kommunikationsverlaufs am Bildschirm der Teilnehmerrechner *zur Laufzeit der Interaktion*. Der Ausdruck bezeichnet sowohl den Akt des Protokollierens (im Verlauf) als auch die zu Zwecken der Darstellung auf dem Bildschirm temporär im Arbeitsspeicher des Teilnehmerrechners hinterlegte, nach Ende der Chat-Teilnahme nicht mehr zur Verfügung stehende, Protokolldatei, die bei Eingang neuer Textbeiträge dynamisch fortgeschrieben wird. Das Bildschirmverlaufsprotokoll ist schriftrollenartig strukturiert und wächst mit jedem neu eingehenden Teilnehmerbeitrag um einen weiteren Absatz. Angezeigt wird vom gesamten Protokoll jeweils nur der letzte Teil (ausgehend vom zuletzt angehängten Textbeitrag bis zur räumlich entgegengesetzten Grenze des Anzeigebereichs[44]); der übrige Teil des Protokolls lässt sich (bei nicht allen, aber den meisten Chat-Systemen) durch Nutzung einer Scroll-Funktion wieder in den sichtbaren Bereich zurückholen. Mit jedem neu angezeigten Textbeitrag ist

44 Prinzipiell kann die Schriftrollen-(engl. *scroll*)-Struktur auch entgegen der gewohnten Leserichtung strukturiert sein. Einige (wenige) Chat-Systeme ergänzen den jeweils zuletzt eingetroffenen Beitrag *oberhalb* der bereits angezeigten Beiträge, die überwiegende Mehrzahl der Chat-Systeme stellt das zeitliche Nacheinander des Eintreffens von Beiträgen entlang der in Alphabetschriftkulturen gewohnten Leserichtung als *oberhalb-unterhalb*-Relation dar.

der Ausschnitt aus dem Protokoll, der im Anzeigebereich sichtbar ist, ein anderer. Treffen in hoher Frequenz mehrere neue Beiträge im Protokoll ein, verschwinden bereits angezeigte Beiträge schneller aus dem Anzeigebereich als bei weniger hohem Beitragsaufkommen. Derjenige Bereich des Bildschirmverlaufsprotokolls, der zu einem Zeitpunkt t_i ohne Nutzung der Scroll-Funktion sichtbar ist, kann als *Fokusbereich*, der übrige Teil (gemäß seiner Funktion, bei Bedarf noch einmal nachgesehen werden zu können) als *Archivbereich* bezeichnet werden.

Def.: *Chat-Mitschnitt* (*Logfile*):

Chat-Mitschnitte sind Dokumente, die Sequenzen von Textbeiträgen archivieren, die im Rahmen von Chat-Ereignissen ausgetauscht wurden. Ein Chat-Mitschnitt konserviert die textuellen Anteile von Chat-Ereignissen (oder von Teilen von Chat-Ereignissen) für eine Rezeption außerhalb ihres Vollzugs (z.B. zu Erinnerungs- oder Analysezwecken) und ggf. durch Personen, die am Vollzug des Ereignisses selbst nicht mitgewirkt haben (z.B. durch Chat-Forscher). Chat-Mitschnitte dokumentieren nicht zwangsläufig komplette Chat-Ereignisse, sondern nur diejenigen Textbeiträge, die zwischen Beginn und Ende der Aufzeichnung ausgetauscht wurden. Chat-Mitschnitte können entweder *serverseitig* oder *clientseitig* erzeugt werden. In ersterem Falle wird das gesamte über den Server laufende Beitragsaufkommen archiviert, in zweiterem Falle lediglich der Inhalt des Bildschirmverlaufsprotokolls auf einem einzelnen Teilnehmerbildschirm. Clientseitige Mitschnitte beinhalten – je nach Chat-System – u.U. nur eine durch Filteroperationen erzeugte Teilmenge des gesamten vom Server verarbeiteten Beitragsaufkommens.

Chat-Mitschnitte unterscheiden sich in mehrerlei Hinsicht von Bildschirmverlaufsprotokollen:

- Chat-Mitschnitte *dokumentieren* Kommunikation, Bildschirmverlaufsprotokolle *ermöglichen* (Bereitstellung von Kommunikationsbeiträgen) und *unterstützen* (Scroll-Funktion) Kommunikationsprozesse zum Zeitpunkt ihres Vollzugs.
- Chat-Mitschnitte sind *statische* Dateien mit Verdauerungscharakter, Bildschirmverlaufsprotokolle sind *temporäre* und *veränderliche* (kontinuierlich fortgeschriebene) Dateien im Arbeitsspeicher.
- Chat-Mitschnitte sind Ergebnisse einer durch ein Individuum in Auftrag gegebenen Speicherprozedur (zu Zwecken der Verdauerung), Bildschirmverlaufsprotokolle werden, veranlasst durch Programmroutinen, temporär im Arbeitsspeicher von Anwendungsprogrammen gespeichert (zu Zwecken der Visualisierung der in ihnen enthaltenen Nutzdaten während der Nutzung der Clientanwendung des betreffen-

den Chat-Systems) und stehen bei Beendigung der Chat-Teilnahme nicht zwangsläufig mehr zur Verfügung (es sei denn, es wurde vor Beendigung der Chat-Teilnahme ein Mitschnitt angefertigt).[45]

- Bildschirmverlaufsprotokolle beinhalten unmittelbar erfahrbare Dynamik („Frequenz des Beitragsaufkommens“: Zeitintervalle zwischen der Anzeige neuer Beiträge), Chat-Mitschnitte geben die Dynamik der dokumentierten Kommunikationsvollzüge entweder gar nicht oder nur in graphisch rekodierter Form wieder (in Form von *Timestamps*, anhand derer sich Zeitpunkte des Eintreffens der einzelnen Textbeiträge beim Chat-Server ablesen lassen und die die Dynamik des Bildschirmgeschehens – zumindest rudimentär – rekonstruierbar machen[46]).

---

45 Bei einigen Chat-Systemen (z.B. *TULKA*) bleibt das Bildschirmverlaufsprotokoll – unabhängig von der Dauer der individuellen Chat-Teilnahme – für einen gewissen Zeitraum *im System* persistent. Sprich: Während eines gewissen Zeitraums (bei *TULKA*: in der Zeit vom Beginn kommunikativer Aktivität bis Mitternacht) kann jeder Nutzer, der die entsprechenden Chat-Räume „betritt“, die bisherigen (ggf. durch andere Kommunikanten) ausgetauschten Beiträge nachlesen. Das Verlaufsprotokoll bleibt, solange niemand mehr daran weiterarbeitet, gewissermaßen „eingefroren“ erhalten, selbst dann, wenn kein Kommunikant mehr beim System angemeldet ist; entspinnt sich später wieder kommunikative Aktivität, so wird das Verlaufsprotokoll wieder fortgeschrieben. Nach Ablauf einer bestimmten Frist wird der Verlauf dann komplett geleert. In solchen Fällen ist das Verlaufsprotokoll somit in der Tat auch noch über das Ende der individuellen Chat-Teilnahme hinaus verfügbar – um es nachzulesen, kann der Chat-Raum (zumindest im Rahmen einer gewissen Frist) wieder betreten werden. Dennoch handelt es sich, solange das Verlaufsprotokoll nicht explizit durch einen menschlichen Benutzer gespeichert wird, im Sinne der o. a. Definition immer noch um ein (temporäres) Verlaufsprotokoll und (noch) nicht um einen Mitschnitt. – Eine Motivation für die Implementierung einer solchen relativen Persistenz des Verlaufsprotokolls in einem Chat-System (z.B. in *TULKA*) ist derjenige, Teilnehmern, die zu spät zu einer chatbasierten Sitzung im Rahmen eines Online-Seminars erscheinen, die Möglichkeit zu geben, das Versäumte nachzulesen und sich somit über den aktuellen Stand des Austauschs zu informieren, um anschließend entsprechend vorbereitet selbst in den Austausch einsteigen zu können.

46 Viele Chat-Systeme fügen den in den Verlaufsprotokollen angezeigten Textbeiträgen überhaupt keine Timestamps hinzu, was eine nachträgliche (mitschnittsbasierte) Rekonstruktion der Eintreffenszeitpunkte von Kommunikationsbeiträgen im Grunde unmöglich macht. Chat-Systeme, die minutengenaue Timestamps zu den Beiträgen im Verlaufsprotokollen vermerken, machen bei Anfertigung von Mitschnitten die Dynamik des Chat-Geschehens immerhin rudimentär rekonstruierbar; auf Basis von Minutenangaben kann allerdings lediglich erschlossen werden, welche Beiträge im gleichen Minutenzeitraum zur Anzeige gebracht wurden, aber nicht, ob der zweite von zwei nacheinander angezeigten Beiträgen realistischerweise in Kenntnis des vorangehenden verfasst worden sein kann oder nicht (an minutengenauen Timestamps lässt sich nicht ablesen, ob zwei Beiträge um 59 Sekunden oder nur um 1 Sekunde versetzt oder möglicherweise sogar in derselben Sekunde in der Anzeige erschienen sind). Bei der Erhebung von Chat-Daten zu Zwecken der Analyse insbesondere interaktionaler Phänomene sind daher, wenn verfügbar, sekundengenaue Eintreffenszeitangaben das Timestamp-Format der Wahl.

- Bildschirmverlaufsprotokolle haben zu unterschiedlichen Zeitpunkten des Kommunikationsvollzugs und auf unterschiedlichen Teilnehmerbildschirmen einen jeweils anderen Fokusbereich (abhängig von der Größe des Anzeigebereichs auf dem individuellen Bildschirm sowie auch davon, ob ein Teilnehmer in bestimmten Phasen seiner Chat-Teilnahme Gebrauch von der Scroll-Funktion macht); welcher Teil der bereits im Verlaufsprotokoll vorhandenen Beitragssequenz für einen Teilnehmer zu einem bestimmten Zeitpunkt den Fokusbereich des Protokolls bildete (welche Beiträge er also zu diesem Zeitpunkt sehen konnte und welche nicht), ist im Mitschnitt nicht dokumentiert.

Den Ausdruck „Chat-Transkript“ zur Bezeichnung von Mitschnitten und/oder Bildschirmverlaufsprotokollen halte ich für problematisch, da er eine Analogie zwischen den textuellen Repräsentationen von Beitragssequenzen im Chat und Transkripten mündlicher Gespräche nahe legt, die m. E. unangemessen ist. Gesprächstranskripte sind keine 1:1-Abbildung von audiovisuell aufgezeichneten Gesprächen, sondern Ressourcen eigener Qualität. Sie stehen zwar ihrem Zweck nach in einer Repräsentationsbeziehung zu audiovisuell dokumentierten Gesprächsereignissen, sind – nach Schmidt (2005) – jedoch gegenüber den ihrer Anfertigung zugrunde liegenden Aufzeichnungen schriftliche *Visualisierungen* einer theoretischen *Modellierung* des repräsentierten Gegenstands und damit selektiv sowie interpretativ und theoriegeleitet (Schmidt 2005: 27-35; 69f.). Chat-Mitschnitte hingegen sind durch Speicherung erzeugte sekundäre Instanzen von (automatisch von einer Programmroutine generierten) Beitragssequenzen, dadurch nicht-selektiv (alles, was auf dem Bildschirm bzw. auf dem Server als Datum bezeugt ist, wird abgespeichert) und somit nicht-interpretativ und theoriefrei. Chat-Mitschnitte sind daher eher den Sekundärdaten (Audio-, Videoaufzeichnungen) bei der Analyse gesprochener Sprache vergleichbar; dass sie bei oberflächlicher Betrachtung bisweilen mit Transkripten gleichgesetzt werden, suggeriert allein ihre Schriftlichkeit.

3.7 Chat-Kommunikation (als Kommunikations*form*)

Def.: *Chat-Kommunikation*:

Der Ausdruck *Chat-Kommunikation* bezeichnet diejenige Kommunikationsform, die durch die Gesamtheit der Nutzungsweisen der Chat-Technologie konstituiert wird.

Die auf Basis der Chat-Technologie realisierten Kommunikationsvollzüge können sich – je nach Funktionsumfang der verwendeten Chat-Systeme und Konfiguration der verwendeten Chat-Umgebungen – in diverser Hinsicht unterscheiden, weisen aber bestimmte Invarianten auf, die sich aus den Basisspezifikationen und Alleinstellungsmerkmalen ergeben, durch welche sich die zugrunde liegende Technologie gegen andere Kommunikationstechnologien abgrenzt (vgl. Kap. 3.2). Genau diese Invarianten sind es auch, die sich in allen Nutzungsweisen der Chat-Technologie – sprich: allen möglichen Einsatzformen irgendgearteter Chat-Systeme in allen möglichen Zweckbereichen kommunikativen Austauschs – niederschlagen, ganz unabhängig davon, welche weiteren Faktoren (Spezifika verwendeter Chat-Systeme, Spezifika der Chat-Umgebungen oder -Angebote, soziale Faktoren wie z.B. Vertrautheit der Nutzer und Stabilität der Community etc.) darüber hinaus noch Einfluss darauf nehmen, wie die Chat-Teilnehmer ihren kommunikativen Austausch organisieren und sprachlich gestalten.

Die Chat-Technologie konstituiert eine *Form* des Kommunizierens – das heißt: bestimmte Rahmenbedingungen sind bei den einzelnen, auf ihrer Basis realisierten Kommunikationsereignissen in gleicher Weise gegeben, seien die Struktur des Kommunizierens und die sprachliche Form der ausgetauschten Beiträge auch noch so unterschiedlich. Die Technologie *formt* einen Rahmen für kommunikativen Kontakt zwischen Individuen unter bestimmten Vorzeichen. Sie determiniert jedoch keine Zwecke oder Formate sozialen Handelns; diese werden vielmehr (wie in anderen Kommunikationsformen auch) durch die konkreten Nutzer und Nutzungskontexte der Technologie eingebracht, ausgehandelt, konstituiert und realisiert. Chat-Kommunikation – als *Form* – darf also nicht gleichgesetzt werden mit einem Interaktions-*Format* (einer kommunikativen Gattung/einem pragmatischen Genre/einer Diskursart)[47]:

> Kommunikationsformen bilden den äußeren Rahmen des kommunikativen Geschehens, kommunikative Gattungen sind die in der Kommunikation konstruierten Handlungsmuster, die den Beteiligten Orientierung geben. (Dürscheid 2005: 9)

---

47 Vgl. hierzu auch Spitzmüller (2005: 3f.). – Vgl. des Weiteren den Hinweis von Geers (1999), dass eine Identifizierung des Kommunikationsmediums Chat mit spezifischen Zwecken/Gattungen kommunikativen Austauschs nicht legitim sei (mit dem Ausdruck ‚Gesprächsform' sind im Zitat konkrete, für Zwecke spezifizierte kommunikative Gattungen gemeint):

> In vielen Interneteinführungen wird der Verdacht zum Ausdruck gebracht, daß IRC mit Small Talk, mit Geschwätz, im Endeffekt mit sinnloser Unterhaltung gleichgesetzt werden kann. [...] IRC kann nicht mit einer bestimmten Gesprächsform gleichgesetzt werden, sondern ist ein Kommunikationsmedium mit spezifischen technischen und konventionellen Bedingungen [...], dessen Potential seine Nutzer nach ihren Bedürfnissen ausschöpfen. (Geers 1999: 94)

Die Gesamtheit aller (möglichen) Chat-Ereignisse als Instanziierungen *einer* kommunikativen Gattung zu beschreiben (so wie dies beispielsweise in Schmidt 2000 vorgeschlagen wird), muss insofern als problematisch gelten, als dabei die kommunikationstechnologischen Rahmenbedingungen (die noch nicht unmittelbar oder zwangsläufig an bestimmte kommunikative Zwecksetzungen bzw. Zweckbereiche sozialen Handelns geknüpft sind) nicht klar genug von der für Gattungen charakteristischen Ausrichtung an „einer voraussagbaren Typik an vorgefertigten Mustern" (Günthner & Knoblauch 1994: 699) getrennt werden. Innerhalb der durch die Chat-Technologie determinierten Kommunikations*form* kann es durchaus „spontane" kommunikative Vorgänge geben – ebenso wie in Face-to-face-Konstellationen oder am Telefon „spontane", d.h. nicht oder nur wenig an kulturell verfügbaren Problemlöseformaten orientierte Interaktionsvollzüge denkbar sind und vorkommen (wobei die Grenze zwischen „spontaner" sozialer Interaktion und einer Instanziierung von Gattungen sicherlich schwierig zu ziehen ist). Luckmann (1986) konzipiert die *kommunikative Gattung* in Analogie zur gesellschaftlichen Institution:

> Tatsächlich können kommunikative Gattungen ... in Analogie zu gesellschaftlichen Institutionen verstanden werden – solange man einen wesentlichen Unterschied nicht vergißt. Gesellschaftliche Institutionen sind mehr oder minder wirksame und verbindliche „Lösungen" für „Probleme" gesellschaftlichen Lebens. Kommunikative Gattungen sind dagegen mehr oder minder wirksame und verbindliche „Lösungen" von spezifisch kommunikativen „Problemen". (Luckmann 1986: 202)

Gattungen stellen Bearbeitungsschemata für wiederkehrende kommunikative Probleme dar; der Problemtypus ist somit ein konstitutives Merkmal einer Gattung:

> Je virulenter bestimmte Kommunikationsprobleme wiederkehren ..., um so wahrscheinlicher ist die Routinisierung der dazu nötigen kommunikativen Praktiken. Dies basiert auf der Grundfunktion kommunikativer Gattungen: Die Lösung rekurrenter kommunikativer Probleme durch typische Muster und Gattungen entlastet von der Aushandlung der Routineprobleme und ermöglicht es durch die Entlastung, sich neuen Problemen zuzuwenden. (Günthner & Knoblauch 1994: 700)

Eine Schwierigkeit der Abgrenzung von *Formen* und *Gattungen* des Kommunizierens dürfte darin liegen anzugeben, welche der Prägungen eines Kommunikationsereignisses, die nicht durch die individuellen Handlungsziele und Strategien der Akteure zustande kommen, auf Merkmale der Gattung zurückzuführen sind und welche nicht. Schmidt (2000: 111ff.) rechnet „Eigenschaften des Mediums" zu den Merkmalen der *Außenstruk-*

tur (als einer der beiden basalen Beschreibungsebenen von kommunikativen Gattungen nach Luckmann 1986: 203ff.).[48] Eigenschaften des ‚Mediums' bzw. der Kommunikationstechnologie müssen aber nicht zwangsläufig mit spezifischen kommunikativen „Problemen" verknüpft sein. Im Kontext der vorliegenden Arbeit werden daher – ähnlich wie in Dürscheid (2005) – Eigenschaften der Kommunikationstechnologie als (noch) nicht gattungskonstitutiv aufgefasst: Sie prägen zwar, legen aber zunächst nur die Veräußerungs- und Wahrnehmungsbedingungen für Kommunikationsereignisse fest, die unter Nutzung der Technologie realisiert werden; die Wahl einer bestimmten Technologie für die Realisierung kommunikativen Austauschs hängt aber (noch) nicht unmittelbar mit der Identifizierung eines bestimmten kommunikativen Problemtypus zusammen.[49] Die Beobachtung allein,

> dass das Medium der gesamten Interaktion strikte Vorgaben setze … berechtigt aber nicht dazu, den Chat selbst als kommunikative Gattung anzusehen (Dürscheid 2005).

Gänzlich frei von Zweckorientierung sind Kommunikationsformen natürlich nicht, sie sind allerdings nicht auf einen *bestimmten* Zweck hin spezifiziert. Stehen in einer Situation mehrere Formen für die Bearbeitung einer

---

48 In Schmidt (2000) geht es allerdings nicht um die Abgrenzung von *Gattungen* und *Formen*, sondern um die Anwendung der Theorie kommunikativer Gattungen, so wie sie – ausgehend von den Arbeiten von Thomas Luckmann (z.B. Luckmann1986) – etwa in Günthner & Knoblauch (1994) und Günthner (1995) ausgearbeitet wurde, auf die Chat-Kommunikation. Schmidt differenziert z.T. kaum zwischen *Gattungen*, *Formen* und auch *Medien.* So wird die Chat-Kommunikation zwar als *Gattung* zu charakterisieren versucht, im selben Artikel zugleich aber auch als Kommunikations*form* (z.B. „Außenstruktur der Kommunikationsform Chat", 112) und als ein *Medium* („Beim Chat handelt es sich um ein Live-Medium", ebd.) bezeichnet. Technologische Rahmenbedingungen und ihre Nutzung werden somit nur wenig differenziert – eine solche Präzisierung wäre aber gerade dann vonnöten, wenn es darum geht, den Einfluss der Eigenschaften des Mediums als strukturprägendes Merkmal einer Form oder Gattung sozialen Handelns zu beschreiben und zu diskutieren.

49 Eine vergleichbare begriffliche Abgrenzung zu den ‚Kommunikationsformen' formuliert Brinker (2001) für das Konzept der ‚Textsorten':

> Für … Kommunikationsformen ist charakteristisch, daß sie – im Unterschied zu den Textsorten – allein durch situative bzw. mediale Merkmale definiert, in kommunikativ-funktionaler Hinsicht also nicht festgelegt sind.
>
> Wir können uns das recht gut am Beispiel der Kommunikationsform „Brief" verdeutlichen. Wir unterscheiden hier z.B. appellative Briefe (Mahnbrief, Bittbrief, Offener Brief, Hirtenbrief usw.), informative Briefe (Geschäftsbrief, viele Formen des privaten Mitteilungsbriefs, aber auch literarische Briefe), Kontaktbriefe (Glückwunsch-, Kondolenz-, Liebesbrief usw.).
>
> Die Kommunikationsformen sind also multifunktional, während die Textsorten … immer an eine bestimmte (dominierende) kommunikative Funktion (die Textfunktion) geknüpft sind. (Brinker 2001: 139)

kommunikativen Aufgabe zur Auswahl, so wird die Wahl in aller Regel auf diejenige fallen, die den aktuellen kommunikativen Notwendigkeiten am ehesten dienlich zu sein verspricht. Es ließe sich ggf. von einer gewissen *Affinität* bestimmter Problemtypen und Gattungen zu bestimmten Kommunikationsformen sprechen (wobei die Affinität einer bestimmten Gattung zu einer bestimmten bevorzugten Form nicht als eine zwangsläufige Zuordnung der betreffenden Gattung zur betreffenden Form zu verstehen ist).[50]

Auf einer sehr allgemeinen Ebene lassen sich Kommunikationsformen nach den Praktiken sprachlichen Handelns, die sie unterstützen, in *Text-* und *Diskursformen* einteilen (vgl. Kap. 2.1.3). Die Chat-Kommunikation ist hierbei – als paradiskursive Form – der Peripherie der Diskursformen zuzurechnen.

Eine weitere „Falle", die dazu verleiten mag, Chat als kommunikative Gattung anzunehmen, besteht darin, der Gesamtheit aller Erscheinungsformen der Nutzbarmachung der Technologie einheitliche – gattungsmäßig verfestigte – sprachliche und kommunikative Besonderheiten zu unterstellen. Betrachtet man ausschließlich die so genannten „Plauder-Chats", so mag man u.U. geneigt sein, eine relativ einheitliche „Sprache des Chat" anzunehmen; bezieht man in die Betrachtung auch andere Nutzungsformen der Technologie mit ein, zeigen sich hingegen z.T. sehr deutliche Unterschiede in der Auftretenshäufigkeit der für „Plauder-Chats" als „typisch" beschriebenen Sprachmerkmale – man vergleiche hierzu etwa die Analyse ausgewählter sprachlicher Merkmale in Mitschnitten aus unterschiedlichen Zweckbereichen des Chat-Einsatzes in Storrer (2007), die zu dem Schluss kommt, innerhalb der Kommunikationsform Chat gebe es

> große Unterschiede, je nachdem zu welchem Zweck, mit welcher Teilnehmerzahl und in welchem Setting kommuniziert wird (Storrer 2007: 50).

Auch Runkehl, Schlobinski & Siever (1998) weisen in der ersten deutschsprachigen Monographie zur internetbasierten Kommunikation bereits darauf hin,

> daß es sehr unterschiedliche Chats gibt und daß Pauschalaussagen über das Chatten, wie man sie all zu häufig findet, problematisch sind (Runkehl, Schlobinski & Siever 1998: 81).

50 Vgl. hierzu auch Schmitz (2004), der – auf der Grundlage der Konzepte ‚Kommunikationsform' und ‚Textsorte' aus Brinker (2001; s. o.) – feststellt, dass sich „manche Kommunikationsformen … besser für diese, andere manchmal besser für jene Textsorten" eignen:

> Zum Beispiel werden Romane (fortsetzungsweise) in Tageszeitungen veröffentlicht und könnten recht umständlich auch per Fax übermittelt werden, kaum aber über Chats. (Schmitz 2004: 61)

Die Feststellung von Schmidt (2000: 128),

> dass die synchrone computervermittelte Kommunikation des Chat verfestigte, gattungsähnliche Strukturformen aufweist, die darauf schließen lassen, dass mit ihr eine neue kommunikative Mediengattung entstanden ist (ebd.),

ist daher zu relativieren.[51] Vielmehr lässt sich, wenn man über die Betrachtung von „Plauder-Chats" hinausgeht und auch andere Typen der Chat-Nutzung hinsichtlich ihrer sprachlichen und kommunikativen Besonderheiten untersucht, empirisch nachweisen,

> dass es keine einheitliche Chat-Sprache gibt, sondern dass der Umgang mit … als typisch ‚netzsprachlich' geltenden Elementen an das Kommunikationsziel und die Adressaten angepasst ist (Storrer 2007: 51).

Die Differenzierung zwischen Kommunikations*formen* (im Sinne der Charakteristik aus Kap. 2.1.3) und kommunikativen *Gattungen* (im Sinne von kulturell vorgefertigten Schemata zur repetitiven sozialen Problembearbeitung, vgl. die o. a. Konzeptualisierungen) erlaubt eine differenziertere Sichtweise auf die Varianz innerhalb der Nutzungsweisen der Chat-Technologie beziehungsweise der sprachlichen und kommunikativen Ausgestaltung dessen, was die *Form* zulässt, in unterschiedlichen Kontexten sozialer Praxis und zu Zwecken der Bearbeitung unterschiedlicher Typen von kommunikativen Aufgaben.

---

51 Hierzu ist anzumerken, dass zu der Zeit, zu welcher Schmidt (2000) verfasst wurde, der Fokus der (deutschsprachigen) Chat-Forschung noch weitgehend auf der als „Plauder-Chat" bezeichneten Ausprägungsform der Kommunikationsform lag. Andere Anwendungskontexte der Kommunikationsform mit ihren sprachlichen Merkmalen wurden von der Öffentlichkeit und auch der linguistischen Chat-Forschung um 1999/2000 bestenfalls am Rande wahrgenommen. (Einen Einblick in die Welt der Chat-Anwendungen jenseits von „Plauder-Chats" bieten die Beiträge in Beißwenger & Storrer (Hrsg.) 2005).

4 Partizipation und Koordination in chatbasierter Kommunikation: Eine individuenzentrierte Sicht auf die Kommunikationsteilhabe beim Chatten

4.0 Überblick: Chatten als Situationsbewältigung

Karl Bühler hat in seiner „Sprachtheorie" (1934) dafür plädiert, das Sprechereignis „samt den Lebensumständen" zu betrachten, „in denen es einigermaßen regelmäßig auftritt" (24) und damit die Relevanz der situativen Einbettung von Sprachverwendungsereignissen für die Konstitution sprachlicher und sozialer Bedeutung betont. Für die Sprachpsychologie hat Theo Herrmann (1982) ein Situationskonzept ausgearbeitet; dabei unterscheidet er zwischen einem „subjektiven" Situationsbegriff, der die (individuellen) *Situationsauffassungen* einzelner Akteure umfasst, und einem „objektiven" Situationsbegriff, der die Beschaffenheit der Außenwelt und der in ihr feststellbaren Reizkonstellationen meint, so wie sie beispielsweise von einem externen Beobachter wahrgenommen werden kann. Die Situationsauffassungen widerspiegeln die „objektive" Beschaffenheit der Außenwelt als interne kognitive Modelle und sind dabei u.U. von Vorerfahrungen der betreffenden Individuen mitbeeinflusst; die „objektive" Situation umfasst all diejenigen Umgebungsfaktoren, die aus einer angenommenen „objektiven" Beobachtersicht wahrgenommen werden können, inklusive der in dieser Umgebung wahrnehmbaren Individuen und der von ihnen generierten Hervorbringungen (vgl. Herrmann 1982: 49f.).

Für die Modellierung von Chat-Kommunikation ist die Berücksichtigung von Situationsfaktoren und Situationsauffassungen insofern von Interesse, als die beteiligten Individuen zwar zeitlich synchron kommunikative Aufgaben bearbeiten (und somit in zeitlicher Hinsicht als *synchron situiert* aufgefasst werden können), bei der Wahrnehmung von Kommunikationsbeiträgen und bei der Erzeugung einer mentalen Kommunikationsrepräsentation aber keine hinsichtlich ihrer zeitlichen Sukzession und der Abfolge der in ihnen angeordneten Kommunikate identischen Ereignisstrukturen erzeugen. Der synchronen Ko-Situiertheit steht somit eine charakteristische Dissoziiertheit des kognizierten Kommunikationsprozesses gegenüber.

Die Grundlage für die Wahrnehmung von Kommunikaten bilden die Verlaufsprotokolle an den Teilnehmerbildschirmen. Diese repräsentieren das Kontaktmedium für die ansonsten räumlich und physisch dislozierten Kommunikanten. Hergestellt wird der Kontakt über textuelle Kommunikate, die im Idealfall kurzfristig nach ihrer Verschickung durch den jeweiligen Produzenten in den Protokollen angezeigt werden. Andere semiotische Modi außer der Schrift stehen nicht zur Verfügung. Das Aufmerksamwerden für neu angezeigte Kommunikate unterscheidet sich von mündlicher Kommunikation dadurch, dass deren Materialität (weil sie eine visuell erfahrbare ist) gegenüber akustischen Reizen nicht unmittelbar an den Wahrnehmungsapparat dringt; vielmehr muss der potenzielle neue Reiz bewusst aufgesucht werden, ein unweigerliches Wahrnehmen von Neuem ist aufgrund von dessen semiotischer Qualität nicht möglich.

Die Kommunikanten verbindet kein gemeinsamer Wahrnehmungs- und Anschauungsraum mit physikalischen Eigenschaften; sie wissen lediglich um die prinzipiell gleichzeitige kommunikative Verfügbarkeit des jeweils anderen. *Physisch situiert* sind sie in ihren je individuellen Umfeldern – in ihrer Wohnung, am Arbeitsplatz, in einem Internetcafé, an irgendeinem Ort vor einem Computer mit Internetanschluss. Ihr chatbasierter Austausch selbst ist hingegen ‚situiert' lediglich im Sinne einer zeitlichen Kopräsenz, die es erlaubt, auf Kommunikate des Partners unmittelbar mit eigenen Kommunikaten zu reagieren. Diese zeitliche Situiertheit umfasst keine interpersonal in gleicher Weise kognizierte zeitliche Ereignisstruktur des Geschehens – eine solche ist aufgrund der Schriftlichkeit des Austauschs sowie der für Chat charakteristisch *texthaften* Produktions- und Übermittlungsprozedur ausgeschlossen. In räumlicher Hinsicht ist die Situiertheit der Kommunikanten eine je individuelle; gemeinsame Wahrnehmung und Orientierung kann lediglich (und auch im Standardfall nur zeit*nah*, nicht zeit*gleich*) hinsichtlich der Textbeiträge hergestellt werden, die auf den Bildschirmen dargestellt werden.

Die individuell gegebene physisch-räumliche Situiertheit umfasst für den einzelnen Kommunikanten – neben Faktoren, die nicht unmittelbar für die Kommunikationsteilhabe relevant sind (es aber im Bedarfsfall werden können, wie z.B. die im Regal neben dem Computerarbeitsplatz stehenden Bücher, das neben dem Computer befindliche Telefon, die am Nachbarschreibtisch arbeitende Kollegin) – diejenigen Möglichkeiten, die ihm sein Computer sowie die Benutzeroberfläche der verwendeten Chat-Umgebung zur rezeptiven und produktiven Partizipation am Chat-Geschehen bereitstellen. Als Verarbeitungsgrundlage für Partnerbeiträge und als Grundlage für die Sicherstellung, dass eigene verschickte Beiträge auch tatsächlich übermittelt wurden, fungiert das bereits erwähnte Bildschirmverlaufsprotokoll, in welchem sämtliche ausgetauschten Beiträge in der Reihenfolge ihres Eintreffens beim Server dargestellt werden. Als Rezeptionshilfen fungieren die Eingabegeräte Tastatur und Computermaus, mit deren Hilfe im Bedarfsfall auch nicht mehr angezeigte Passagen des bisherigen Protokollverlaufs durch Scrollen in den Anzeigebereich des Bildschirms zurückgeholt werden können. Tastatur und Maus fungieren zugleich als Produktionsmittel, insofern sie die Eingabe und Bearbeitung von Zeichenfolgen in einem dafür vorgesehenen Eingabeformularfeld der Benutzeroberfläche sowie die Verschickung von eingegebenen Zeichenfolgen an den Server zwecks Weiterübermittlung an die Adressaten ermöglichen. Tastatur und Maus sind somit diejenigen Apparate, mit deren Mitteln (und damit einhergehenden semiotischen Beschränkungen) sich der eine dem anderen per Chat mitteilt. Den Adressaten vermittelt werden die so generierten und übermittelten Mitteilungen wiederum über das Bildschirmverlaufsprotokoll, das die direkte, simultane Wahrnehmung von Verhaltensäußerungen in synchron-mündlichen Kontaktsituationen durch eine persistent vorgehaltene Dokumentation verschickter Textbeiträge ersetzt.

Im vorliegenden Kapitel werde ich zunächst das Konzept des *Chat-Teilnahme-Ereignisses* vorstellen, das darauf zugeschnitten ist, chatbasierte Kommunikationsereignisse so zu modellieren (und bei Verfügbarkeit geeigneter Daten aus Nutzerbeobachtungen auch zu analysieren), wie sie sich *in der Wahrnehmung je einzelner Beteiligter* darstellen (Kap. 4.2). Anschließend wird in Kap. 4.3 ein Modell vorgestellt, auf dessen Basis sich die Chat-Teilnahme als individuelle *Situationsbewältigung* im Sinne eines Abgleichsprozesses eines informationsverarbeitenden Systems mit seiner (kommunikativen) Umwelt darstellt. Dieses Modell ist angelehnt an das „Mannheimer Regelkreismodell der Sprachproduktion" (das in diversen Arbeiten von Theo Herrmann und Joachim Grabowski ausgearbeitet ist; vgl. Literaturverzeichnis), da unter der zuvor getroffenen Annahme, dass es in chatbasierten Kommunikationsprozessen keine interpersonal in gleicher Weise kognizierte „Laufzeit" gibt, ein individuenzentrierter (anstatt dyadischer), situierter und kontextsensitiver Bezugsrahmen in besonderer Weise geeignet erscheint.[52] Zentrale Aspekte des *integrierten Rezipienten/Pro-*

52 Es geht hier – entsprechend dem Konzept des ‚Chat-*Teilnahme*-Ereignisses' (s. o. sowie ausführlich Kap. 4.2) – nicht um die Modellierung dyadischen Diskursgeschehenes, sondern um die Modellierung individueller *Teilhabe an Kommunikation*. Für diesen speziellen Zweck sind kommunikationsanalytische Einwände gegen individuenzentrierte Modelle wie das „Mannheimer Regelkreismodell" (Problematik des integrierten Partnermodells etc.) ver-

duzenten-Modells der Chat-Teilnahme werden in den Unterkapiteln 4.3.1 bis 4.3.5 diskutiert und z.T. an authentischen Beispielen veranschaulicht. Eine Visualisierung des Modells findet sich in Abb. 4-4.

In Kap. 4.4 werden Kategorien eingeführt, die es erlauben sollen, angemessen über Chat-Beiträge als Ergebnisse von *Textproduktionsprozessen* zu sprechen und dabei insbesondere die Tatsache zu berücksichtigen, dass es sich bei den von den Kommunikanten erzeugten Artefakten zwar um Produkte handelt, die in einer Situation zeitlicher Kopräsenz mit den Partnern und damit unter Zeitdruck und für die Prozessierung von Dialogen erzeugt werden, die aber sowohl in Hinblick auf die spezifische Produktionsprozedur beim Chatten (vgl. Kap. 3.2) als auch in Hinblick auf die Möglichkeit zur produktionsbegleitenden oder nachträglichen Überarbeitung angemessener als *Texte* denn als *Diskursbeiträge* zu beschreiben sind. Zu Diskursbeiträgen werden sie erst im Zuge ihrer rezeptiven Verarbeitung durch die Adressaten. Eine Beschreibung der Beitragsproduktion bei der Chat-Teilnahme, die insbesondere auch dem Prozesscharakter von Texteingabe- und -bearbeitungsaktivitäten Rechnung trägt, kann daher gewinnbringend auf der Grundlage von Analysekategorien aus der empirischen Schreibforschung erfolgen. Die in Kap. 4.4 vorgestellten Kategorien sind auch Teil der Formatspezifikation für die Transkription von Beobachtungsdaten zur Chat-Teilnahme, die später in Kap. 5.2 noch ausführlich dargelegt wird.

Vor dem Hintergrund, dass – technologiebedingt – die Chat-Kommunikation zwar in zeitlicher Hinsicht *synchrone* Kommunikationssituationen stiftet, das Medium aber gegenüber Face-to-face-Situationen deutlich kanalreduziert ist, die Teilnehmer physisch-räumlich je unterschiedlich situiert sind und die Etablierung eines gemeinsam identisch kognizierten „Jetzt" des aktuellen Kommunikationsstandes nicht möglich ist, wird in Kap. 4.5 diskutiert, zu welchem Grad es der Analyse von Chat-Ereignissen wie auch einer theoretischen Konzeptualisierung des Gegenstandes zuträglich ist, Konzepte und Beschreibungskategorien aus der Gesprächsforschung auf chatbasierte Kommunikationsprozesse zu übertragen. Auf Basis einer Auseinandersetzung mit verschiedenen Positionen zur Interaktionsorganisation in der Chat-Kommunikation wird eine eigene Position ausgearbeitet und davon ausgehend ein Vorschlag für die Kategorisierung von Beitrags- und Handlungseinheiten in chatbasierter Kommunikation

---

nachlässigbar, da es hier ja gerade um eine subjektzentrische Modellierung von individueller Partizipation geht, in deren Rahmen das Diskursgeschehen und die kommunikativen Koakteure dann notwendigerweise als interne Repräsentationen des einzelnen Individuums erscheinen. – Zur Kritik am Regelkreismodell von Herrmann & Grabowski siehe Kap. 4.3.

formuliert. Es wird dafür plädiert, auf Konzepte wie *Rederecht*, *Turn*, *Turn-taking* und *adjacency pair* zu verzichten, da diese in ihrer ursprünglichen Konzeption eng an das Vorhandensein von Möglichkeiten zur Verarbeitung von Verhaltensäußerungen zur Laufzeit ihrer Hervorbringung geknüpft sind. Sie für die Chat-Analyse zu übernehmen ist nur unter radikalen Umdeutungen und Modifikationen möglich; die Konzepte sind allerdings für die Analyse mündlicher Kommunikation in bestimmter Bedeutung derart etabliert, dass die Übernahme der entsprechenden terminologischen Lexeme in die Chat-Analyse selbst unter entsprechenden Umkonzeptualisierungen das Risiko einer zu engen begrifflichen Anlehnung an die Analyse mündlicher Diskurse bürge, wodurch die Sicht auf die Besonderheiten des Gegenstandes schon allein lexikalisch verstellt würde. Im Übrigen kann eine Analyse chatbasierter Kommunikation, wenn sie im Sinne einer Analyse von Chat-*Teilnahme*-Ereignissen erfolgt, auch ohne Kategorien mit den Etiketten *Rederecht*, *Turn*, *Turn-taking* und *adjacency pair* erfolgen. Ein Vorschlag zur terminologischen Fassung von Analyseeinheiten für die Beschäftigung mit den Besonderheiten bei der Sprachhandlungskoordination im Chat wird abschließend in Kap. 4.5.4 formuliert.

4.1 Chat als Delinearisierung von Diskurs

In struktureller Hinsicht kann Chat als *Delinearisierung von Diskurs* beschrieben werden. Während der elementare Diskurs und auch derivierte Diskursformen wie die Telefonie einer Strukturierung durch Sprachhandlungssequenzen mit systematischem Turn-Wechsel der Interaktanten unterliegen, ist – wofür in den folgenden Teilkapiteln zu plädieren sein wird – für den Chat *technologiebedingt* eine Außerkraftsetzung der Möglichkeit zur Hervorbringung wechselseitig aufeinander bezogener Partneräußerungen entlang von in Sequenzmustern (sprachlichen Handlungsmustern) gesellschaftlich standardisierten Interaktionsformaten anzunehmen. Das bedeutet nicht, dass sprachliche Handlungsmuster – „gesellschaftlich entwickelte, standardisierte Ablaufformen, die zur Verwirklichung bestimmter sprachexterner Zwecke dienen" (Brünner & Graefen 1994: 12) – im Chat keine Rolle spielen. Sprachliche Handlungsmuster liegen der Chat-Kommunikation genauso zugrunde wie auch jedweder anderen Form sprachlichen Austauschs. Ihre Abarbeitung durch die Interaktionspartner ist jedoch anderen Rahmenbedingungen ausgesetzt als in mündlichen Diskursformen. Eben diese fundamental unterschiedlichen Rahmenbedingungen – begründet in der texthaften Prozedur für die Produktion und Verschickung von Kommunikationsbeiträgen und insbesondere in der medialen Schriftlichkeit der Verfügbarmachung derselben für eine Perzeption durch die Adressaten (vgl. Kap. 3.2) – rechtfertigen die Einordnung der Chat-Kommunikation (gemeinsam mit der Instant-Messaging-Kommunikation) in eine Kategorie *Paradiskurs* (wie sie in Hoffmann 2004 vorgeschlagen wurde) und damit innerhalb der Familie der Diskursformen eine Abgrenzung gegenüber den elementaren und derivierten Diskursformen.

Die Nicht-Linearität von Chat besteht in der Ablösung des kommunikativen Agierens (Produzieren – Rezipieren) der einzelnen Kommunikanten sowie der Koordination zwischen den Kommunikanten (wer ist wann Produzent und wann Rezipient?) von der Laufzeit der Interaktion: Jeder kann jederzeit und ohne dies zuvor mit den Kommunikationspartnern abstimmen zu müssen von der Rezipienten- in die Produzentenrolle wechseln; die Rezeption von Kommunikationsbeiträgen zur Laufzeit ihrer produktiven Entfaltung ist nicht möglich; ob ein Kommunikationsbeitrag unmittelbar nach seiner Übermittlung von den Adressaten auch zur Kenntnis genommen wird, ist für den Produzenten nicht unmittelbar verifizierbar, sondern kann erst aus den Folgebeiträgen der Adressaten erschlossen werden. Die Chat-Teilnehmer produzieren *Texte*, kognizieren diese aber aufgrund der synchronen Präsenz der Partner und des damit verbundenen schnellen dialogischen Austauschs als *Diskursbeiträge*. Die textuellen Beiträge seiner Kommunikationspartner erhalten für den einzelnen Chat-Teilnehmer hingegen erst in der Rezeption diskursive Qualität (Hoffmann 2004) und bleiben, solange sie nicht verarbeitet werden, zunächst einmal ungelesene Nachrichten im temporären Speicher des Darstellungsmediums. In die mentale Repräsentation des Kommunikationsverlaufs werden die selbst verfassten Beiträge zur Laufzeit ihrer Produktion, die fremdverantworteten Beiträge zum Zeitpunkt ihrer Verarbeitung als diskursive Züge eingebaut und aufeinander bezogen. Die entsprechenden Bezüge werden hierbei u. U. auch entgegen der serverseitig sequenzierten Beitragsabfolge hergestellt.[53] Die ursprüngliche Texthaftigkeit der Verarbeitungsgrundlage spielt in der mentalen Repräsentation des Diskursverlaufs keine Rolle mehr; eventuell wird das Wissen um die Schrift-

53 Diese Annahme stützt sich auf die (interessante) Beobachtung, dass geübte Chatter, wenn man sie im Nachhinein mit Mitschnitten von Chat-Ereignissen konfrontiert, an denen sie selbst teilgenommen haben, in Anbetracht der Mitschnitte häufig Erstaunen darüber bekunden, wie „durcheinander" die Kommunikation offenbar verlaufen sei. Dies legt die Vermutung nahe, dass geübte Chatter *in* der Chat-Situation bei der Konstruktion von Kohärenz zwischen Beiträgen durchaus auch gegen die vom Server erzwungene und auf den Bildschirmen angezeigte Beitragssequenz zu denken imstande sind bzw. sich bei der Zuschreibung von Kohärenzbezügen zu Paaren von Beiträgen nicht unbedingt durch deren u. U. irreguläre Abfolge am Bildschirm verwirren lassen.

lichkeit des am Bildschirm angezeigten Verlaufsprotokolls dazu genutzt, sich im Falle besonders „stressiger" Chat-Situationen mit hohem Beitragsaufkommen dadurch kognitiv zu entlasten, dass man zunächst lediglich selektiv rezipiert, da man (als geübter Chatter) weiß, dass man das Restliche bei Bedarf später, wenn die Chat-Situation wieder übersichtlicher geworden ist, durch Scrollen in den Anzeigebereich zurückholen und dann nachträglich rezipieren kann (vgl. Storrer 2001: 458).

Während sich für mündliche Diskursereignisse *eine* zeitliche Ereignisstruktur beschreiben lässt, bei der die individuelle Ereigniswahrnehmung und produktive Ereignisteilhabe der einzelnen Kommunikanten eine einheitliche Chronologie aufweisen, die das Ergebnis einer kontinuierlichen Koordinationstätigkeit der Kommunikanten zur Laufzeit der Interaktion darstellt, kann die Ereignisstruktur und -wahrnehmung in chatbasierter Kommunikation als radikal individualisiert gelten. Eine einheitliche Chronologie von Ereignissen lässt sich ausschließlich in Bezug auf die zeitliche Abfolge des Eintreffens von Teilnehmerbeiträgen beim Transmitter (Chat-Server) und – mit einer gewissen geringfügigen Varianz, abhängig von der Übermittlungsleistung in den jeweils genutzten Teilen der Netz-Infrastruktur – vielleicht noch für die Zeitpunkte des Eintreffens neuer Beiträge in den Anzeigebereichen der Teilnehmerbildschirme annehmen. Eine solche Chronologie verzeichnet jedoch nicht mehr als (bei Idealfunktionieren des Systems und der Übertragungswege) lediglich die frühestmöglichen Zeitpunkte, zu welchen die betreffenden Beiträge der Wahrnehmung durch die einzelnen Kommunikanten zugänglich sind; wann die Beiträge tatsächlich rezipiert werden, ist damit nicht erfasst. Zugleich bezeichnen die in eine solche Chronologie aufgenommenen Zeitpunkte diejenigen Zeitpunkte, zu welchen die jeweils betreffenden Beiträge spätestens von ihren Produzenten fertiggestellt und zur Übermittlung an den Server verschickt wurden; wann die Beiträge tatsächlich in ihrer anschließend verschickten Form vorlagen, wie lange der Produzent für ihre Produktion benötigt hat, ob er während des Produzierens die weitere Entwicklung des Verlaufsprotokolls auf dem Bildschirm verfolgt und seinen in Produktion befindlichen Beitrag ggf. an die durch das zwischenzeitliche Eintreffen neuer Beiträge veränderten Rahmenbedingungen angepasst (also z.B. Revisionen vorgenommen) hat, ist aus einer durch das Protokollieren von Server-Eingangszeitpunkten generierten Chronologie nicht einmal mittelbar ablesbar.

Die Loslösung des Diskurses von einer einheitlich in der Zeit verlaufenden produktiven wie rezeptiven Teilhabe aller beteiligten Kommunikanten an der Weiterentwicklung der Interaktion lässt es erforderlich erscheinen, für die Beschreibung chatbasierten Austauschs Kategorien zu bilden, die einerseits der Individualisierung der Mitwirkung an der Prozessierung von Chat-Ereignissen Rechnung tragen und andererseits Begrifflichkeiten für die sich aus der Nicht-Simultaneität und Delinearisierung ergebenden Besonderheiten bei der Koordination aufeinander bezogener kommunikativer Handlungen bereitstellen. Weiterhin sollen die Kategorien erlauben, den speziellen Charakter von Chat-Kommunikation als *Paradiskurs* (i.S.v. Hoffmann 2004) herauszustellen. Hierzu ist einerseits eine Anlehnung an und teilweise Reinterpretation (bzw. Adaption) von Kategorien aus der Gesprächsforschung erforderlich; andererseits erscheint – wenn es darum geht, der Textualität von Chat-Beiträgen und den Besonderheiten ihrer Produktion Rechnung zu tragen – eine Orientierung an Kategorien und Ergebnissen der Textproduktionsforschung nahe liegend.

In den folgenden Abschnitten dieser Arbeit wird als Bezugsmodell für die Beschreibung der individuellen Teilhabe von Chat-Teilnehmern an Ereignissen chatbasierter Kommunikation das so genannte „Mannheimer Modell" der Sprachproduktion (Herrmann 1985; Herrmann & Grabowski 1994; Herrmann 2003; Herrmann 2003a) herangezogen und auf die spezifischen Charakteristika von Chat-Teilnahmesituationen hin erweitert. Dieses Modell erscheint deshalb als in besonderer Weise geeignet, weil es zunächst nur den einzelnen Kommunikanten (als „integrierten Hörer/Sprecher", Herrmann 1985) ins Auge fasst und dessen produktive Beteiligung an Kommunikationsvollzügen als Auseinandersetzung des Individuums mit seiner Umwelt beschreibt (zu der auch die kommunikativen Koakteure gehören). Orientierungen des einzelnen Kommunikanten in Bezug auf seine Partner, seine pragmatischen Zielsetzungen sowie den Gegenstand und die Rahmenbedingungen des kommunikativen Austauschs bilden in diesem Modell, das auch als „Regelkreismodell" oder „Regulationsmodell" (Herrmann & Grabowski 1994; Herrmann 2003; Herrmann 2003a) bezeichnet wird, Parameter, die bei der Verarbeitung neuen Inputs vom Individuum kontinuierlich hinsichtlich ihres aktuellen Realisiertheitsgrades evaluiert werden und als „Standards" für das individuelle Agieren Regulierungsoperationen (z.B. Sprachproduktion zum Zwecke einer kommunikativen Herbeiführung der als Standards gesetzten Zielzustände) in Gang setzen.

Im Folgenden (Kap. 4.2) wird zunächst anhand einer informellen Beispielanalyse veranschaulicht, was es bedeutet, bestimmte Sprachhandlungssequenzen in Chat-Ereignissen als Effekte (möglicher) divergenter Wahrnehmungen über den aktuellen Stand des Kommunikationsverlaufs aufzufassen. Daran anschließend werden in Kap. 4.3 die für die hier verfolgten Beschreibungszwecke relevanten Faktoren des „Mannheimer Modells" dargestellt. Davon ausgehend wird dann das *integrierte Rezipienten/Produzenten-Modell der Chat-Teilnahme* eingeführt, das es erlaubt, Chat-Ereignisse grundsätzlich als eine Reihe einzelner Chat-*Teilnahme*-Ereignisse aufzufassen, die zeitlich über die Entwicklung der Verlaufsprotokolle auf den Teilnehmerbildschirmen miteinander verknüpft sind, ansonsten jedoch bis auf die gemeinsame Orientierung auf die kommunikativ zu bearbeitende Aufgabe als jeweils individuelle Auseinandersetzungen der einzelnen Kommunikanten mit ihren jeweiligen Bildschirmverlaufsprotokollen (die zu selbst gewählten Zeitpunkten als Inputgeber genutzt werden) beschrieben werden können.

4.2 Chat-Ereignisse und Chat-Teilnahme-Ereignisse

Die Beschreibung kommunikativer Besonderheiten in chatbasierter Interaktion soll in dieser Arbeit nicht auf Grundlage eines Kommunikationsmodells erfolgen, sondern zunächst einmal auf Basis eines situierten Modells der Sprachproduktion, das (für mündliche Gespräche) von einem „integrierten Hörer/Sprecher" (Herrmann 1985) ausgeht, der auf Basis verarbeiteten Inputs laufend IST-Zustände (über die Situation, die Umwelt, die Partner, den Realisierungsgrad von Zielsetzungen) diagnostiziert und diese an selbst gesetzten Standards (SOLL-Werten zu den entsprechenden Parametern) misst. Bestimmte IST-/SOLL-Abweichungen setzen Sprachproduktionsprozesse und damit Stelloperationen in Gang mit dem Ziel, den IST-Wert durch die Hervorbringung von Äußerungen (und damit sprachliche Einflussnahme auf Umwelt, Situation, Partner) dem SOLL-Wert anzunähern (Herrmann & Grabowski 1994; Herrmann 2003: 222ff.; Herrmann 2003a).

Es wird nicht der Anspruch erhoben, anhand eines solchen Modells, das individuenzentriert jeweils nur die produktive und rezeptive (kommunikative) Auseinandersetzung *eines* Individuums mit seiner Umwelt (zu der auch die Kommunikationspartner gehören) beschreibt, ein vollständiges Modell chatbasierter Kommunikationsprozesse zu entwerfen oder ein Chat-Ereignis (als Kommunikationsereignis) hinreichend zu analysieren. Allerdings lässt sich ausgehend von einem individuenzentrierten Modell gut beschreiben, wie einzelne Chat-Teilnehmer in Auseinandersetzung mit dem Bildschirm-Verlaufsprotokoll (als Inputgeber) ihre Partizipation am chatbasierten Austausch organisieren und gestalten. Die Beschreibung der Partizipation für jeden einzelnen Beteiligten an einem Chat-Ereignis eröffnet dann letztlich aber wiederum die Perspektive in Richtung einer Modellierung von Kommunikationsprozessen und eines analytischen Zugangs zu dem, was zwischen den Beteiligten vollzogen und ausgehandelt wird, also der Koordination und der interaktiven Herstellung von Verstehen zwischen den beteiligten Kommunikanten. Dies ist bei einem Ansatz, der zunächst lediglich auf *einzelne* Kommunikanten und ihr individuelles

Partizipationsmanagement zielt, jedoch erst in einem nachgeordneten Modellierungsschritt zu haben und kann in dieser Arbeit auch nicht vollständig ausgearbeitet werden. Hier geht es zunächst einmal darum, ein Modell der Chat-*Teilnahme* zu entwerfen, eine Möglichkeit des methodologischen Zugangs zur Erhebung von Chat-Teilnahme-Daten und ihrer Aufbereitung vorzuschlagen und exemplarisch zu zeigen, was bei der daraus eröffneten Perspektive auf Chat-Ereignisse möglicherweise an (neuen) Einsichten in die nutzerseitige Konzeptualisierung chatbasierten Austauschs zu gewinnen ist.

Ich möchte daher im Folgenden eine Unterscheidung zwischen Chat-Ereignissen und Chat-*Teilnahme*-Ereignissen einführen, die der Redeweise im gesamten weiteren Verlauf dieser Arbeit zugrunde liegen soll.

In Kap. 3.5 wurde das Chat-Ereignis definiert als ein konkreter Vollzug dialogischer und thematisch zentrierter Interaktion zwischen zwei oder mehreren Kommunikanten in einer Chat-Umgebung. Da die Realisierung chatbasierten Austauschs eine synchrone Kopräsenz der Beteiligten voraussetzt (vgl. Kap. 3.2), kann das Konzept des Chat-Ereignisses spezifiziert werden als konkreter Vollzug dialogischer und thematisch zentrierter Interaktion zwischen zwei oder mehreren Kommunikanten, die synchron für die Prozessierung des Austauschs bereitstehen. Die Kommunikanten widmen ihre Zeit und Aufmerksamkeit während desselben Zeitraums der Teilhabe an der Bearbeitung einer kommunikativen Aufgabe. Sie befinden sich in Reichweite des für die Partizipation am Austausch benötigten Kommunikationsmittels (in diesem Fall eines Computers mit Internetanbindung und der erforderlichen Client-Software) und zeigen ihre kommunikative Verfügbarkeit dadurch an, dass sie sich in eine Chat-Umgebung eingeloggt haben.

Da sich das Chat-Ereignis jedoch als zwar *synchron, aber nicht simultan* vollzogene Form kommunikativen Austauschs darbietet, muss bei der Modellierung und theoretischen Fassung chatspezifischer kommunikativer Besonderheiten der Tatsache Rechnung getragen werden, dass eine Verarbeitung kommunikativer Aktivitäten zur Laufzeit ihrer Ausführung (und zwar sowohl Aktivitäten des Produzierens als auch des Rezipierens) durch die Kommunikationspartner nicht möglich ist und dass die Mitwirkenden an einem Chat-Ereignis zu einem beliebigen Zeitpunkt t_i den aktuellen Stand der Interaktion bestenfalls zufällig in gleicher Weise kognizieren. Während beispielsweise für einen Kommunikanten A der aktuelle Stand des Austauschs zu t_i darin bestehen kann, die Antwort auf eine Frage zu formulieren, kann zum selben Zeitpunkt für den Adressaten der Antwort (den Fragesteller B) der Stand der Kommunikation darin bestehen, dass seine Frage soeben (von einem Kommunikanten C) beantwortet wurde und nun ein geeigneter Punkt in der Handlungsabfolge erreicht wäre, um mit der Produktion einer Folgefrage zu beginnen. Das, was von A und B zum Zeitpunkt t_i als aktueller Stand der Handlungssequenz kogniziert wird, wäre in diesem – fiktiven – Fall um genau eine Handlungseinheit verschoben. Für B ist die Kommunikation bereits einen Schritt weiter als für A – mit der Konsequenz, dass A, ohne dies zu t_i bereits zu ahnen, mit der Ausführung einer bereits obsolet gewordenen (redundanten) Produktionsaktivität befasst ist. Die Folge könnte entweder sein, dass A – weil er vor der Verschickung der von ihm produzierten Antwort noch einmal den aktuellen Stand des Bildschirmprotokolls überprüft – die Redundanz des von ihm produzierten Beitrags erkennt, das Verschickungsvorhaben daher verwirft und den Beitrag löscht, oder dass A – weil er nach Fertigstellung seines Beitrags das Bildschirmprotokoll nicht noch einmal überprüft hat *oder* weil er B, etwa um seine Kooperativität unter Beweis zu stellen, explizit wissen lassen möchte, dass auch *er* sich die Mühe der Formulierung einer Antwort gemacht hat – seinen Antwortbeitrag dennoch verschickt und im Bildschirmprotokoll somit zwei assertive Beiträge zweier verschiedener Kommunikanten (nämlich A und C) nach einander erscheinen, die beide als Antworten auf die zuvor von B gestellte Frage interpretiert werden können.

Beispiel 420-1: Äußerung von Beiträgen mit annähernd gleicher Proposition und identischer Illokution durch unterschiedliche Kommunikanten: Beitrag (5) von Kommunikantin *Iw* und die Beitragssequenz (6) und (9) von Kommunikant *Am* wurden offensichtlich entweder parallel produziert (und *Iw* war schneller fertig) oder aber *Am* hat *Iws* Beitrag vor der Produktion seiner Beiträge nicht wahrgenommen. Dafür spricht, dass Iw in (8) mit „ja..." *Ams* Äußerung (6) zustimmt und *Am* in (10) mit „genau Iw" und nachgestelltem „winking smiley" die Tatsache kommentiert, dass *Iw* und er offenbar zeitgleich denselben Gedanken gefasst und versprachlicht haben:[54]

1	**Sw**	dann steht meine chefin allein mit all der arbeit nach ihrem urlaub da.. das kann ich auch nicht bringen...

54 Mitschnitt aus dem „Clanchat" des browserbasierten Online-Games *Freewar* vom 10.08.2006. Die Nicknames der beteiligten Kommunikanten wurden nach folgender Konvention anonymisiert: der erste Buchstabe ist der Anfangsbuchstabe des Original-Nicknames, der zweite Buchstabe kennzeichnet das vermutete Geschlecht der jeweiligen Akteure („w" für „weiblich" und „m" für „männlich"); die Geschlechterzuordnung wurde auf Basis der Nutzerprofile vorgenommen, welche die Teilnehmer in *Freewar* zu ihrem Spielercharakter erstellen können. Abweichungen der für das Spiel gewählten Geschlechterzuordnungen vom realen Geschlecht der Nutzer sind möglich. – Zum *Kontext*: Kommunikantin *Sw* hat zuvor berichtet, ihr Freund sei mit einer ernsthaften Erkrankung ins Krankenhaus eingeliefert worden und werde dort aktuell intensivmedizinisch betreut; sie könne daher bei der Arbeit derzeit keinen klaren Kopf mehr fassen. Die übrigen Kommunikanten haben daraufhin vorgeschlagen, sie solle sich darüber informieren, ob sie sich in solch einem Fall von ihrer Arbeitgeberin freistellen oder beurlauben lassen könne.

	2	**Fm**	doch kannst du, das ist nunmal wichtiger
	3	**Fm**	zumindest weniger arbeiten
	4	**Lm**	kannst es ja so regeln das du zwischen durch mal ins KH kannst
→	5	**Iw**	arbeit lenkt aber auch ein wenig ab... und vielleicht kannst du dir ja mit ihrem einverständnis immer wieder für deinen freund freu nehmen
→	6	**Am**	nasja.. andererseits: wenn man dann komplett nix zu tun hat, zermartert man sich nur dass hirn und macht sich noch mehr fetrtig...
	7	**Iw**	freu = frei
	8	**Iw**	ja...
→	9	**Am**	aber vielleicht kannst du mit deiner chefin besprechen, dass du gegebenenfalls an manchen tagen früher gehen kannst, wenns gar nicht mehr geht
	10	**Am**	genau Iw ;-)
	11	**Sw**	ich hoffe, daß sie es macht... das ist ne situation, die nicht alltäglich ist.. und solange er auf der intensiv liegt, kann ich auch nur zwischen 15.30 uhr und 17.00 uhr hin... und das nur für max. ne halbe stunde
	12	**Sw**	nur das liegt genau in meiner bürozeit..

Bsp. 420-1 dokumentiert einen Ausschnitt aus einem Chat-Ereignis, in dem zwei Kommunikanten unabhängig voneinander denselben Gedanken bzw. Handlungsplan gefasst und in die Tat umgesetzt (= versprachlicht und abgeschickt) haben, wodurch es zu einer Doppelung von Beiträgen mit annähernd gleicher Proposition und identischer Illokution kommt.

Die Nicht-Simultaneität des Austauschs kann sich also erheblich auf die Möglichkeiten auswirken, die den Kommunikanten zur Verfügung stehen, um ihr aufeinander bezogenes sprachliches Handeln zu planen und zu koordinieren. Dass sich dies in Mitschnitten in Form einer „verdächtigen" Struktur zeigt – etwa wie im fiktiven Beispiel durch Vorliegen der offensichtlichen Doppelbeantwortung einer Frage –, muss nicht zwangsläufig der Fall sein. Ob bzw. dass ein Kommunikant einen bereits vollständig in das Texteingabefeld der Benutzeroberfläche eingegebenen Beitrag verworfen und gelöscht hat, wird in Mitschnitten nicht dokumentiert. Und selbst vermeintlich „unverdächtige" Strukturen können sich – sofern Daten zu den Aktivitäten der Kommunikanten an und vor ihren Rechnern zur Verfügung stehen – hinsichtlich des jeweils individuell kognizierten Stands der Handlungssequenzen als gegenüber mündlich-simultanen Kommunikationsprozessen durchaus irregulär herausstellen, was im Folgenden anhand eines authentischen Beispiels illustriert werden soll:

Beispiel 420-2: Eröffnungssequenz eines singulär terminierten Chat-Ereignisses im Bereich Wissenskommunikation (Chatbasierte Befragung einer Expertin zum Thema „eBay und Online-Auktionen"; *bsommer* ist die Expertin, *briha* ist eine von zwei eingeloggten Teilnehmerinnen; die zweite Teilnehmerin *nabro* tritt in der hier wiedergegebenen Sequenz nicht aktiv in Erscheinung):

14:40:23	**server**	bsommer entered the room ebay6 at 14:40:22
14:40:40	**bsommer**	Hallo und herzlich willkommen zur eBay-Onlineberatung! Ich bin Bianca Sommer und werde versuchen, Ihnen einige Fragen zum Thema eBay zu beantworten, auf die Sie schon immer eine Antwort wissen wollten. ;-)
14:40:55	**briha**	Hallo Frau Sommer, hallo nabro
14:41:00	**bsommer**	Gibt es spezielle Fragen, die Ihnen schon unter den Nägeln brennen?
14:41:14	**briha**	ich hätte eine Frage zum Rückgaberecht bei mangelhafter Ware
14:41:42	**briha**	wie sieht es aus, wenn der Verkäufer sich weigert?

In diesem Beispiel, das die Eröffnungssequenz einer chatbasierten Expertenbefragung durch zwei Teilnehmerinnen darstellt und über das neben dem reinen Mitschnitt auch Daten zu den Aktivitäten der Kommunikantinnen an ihren Arbeitsplatzrechnern vorliegen[55], zeigt der Mitschnitt zunächst keinerlei Auffälligkeiten. Nachdem die beiden Teilnehmerinnen bereits zuvor in die Chat-Umgebung eingeloggt waren, wird im Bildschirmverlaufsprotokoll um 14:40:23[56] vermerkt, dass die angekündigte Expertin *bsommer* sich nun ebenfalls eingeloggt hat. Daraufhin folgen, wenn man eine sequenzielle Handlungsabfolge zugrunde legt, zwei Beitragspaare, deren erster Teil jeweils als initiierender (mustereröffnender) und deren zweiter Teil als responsiver (das mit der Vorgängerhandlung zur Disposition gestellte Interaktionsformat ratifizierender und fortführender) Zug interpretiert werden kann: Auf den Gruß von *bsommer* um 14:40:40, mit welchem zugleich ein thematischer Rahmen für das anstehende Kommunikationsereignis vorgegeben wird, folgt 15 Sekunden später (um 14:40:55) ein Gruß der Kommunikantin *briha*, der zugleich als Gegengruß an *bsommer* und als Grußinitiative an die dritte Kommunikantin *nabro* aufgefasst werden kann. Fünf Sekunden nach Abarbeitung des Gruß-Gegengruß-Musters durch *bsommer* und *briha* folgt eine Frage von *bsommer*, die in Bezug auf die Verabredetheit des Kommunikationsereignisses und seines

55 Das Setting, in welchem diese Daten erhoben wurden, ist ausführlich in Kap. 5.1 beschrieben.

56 Die Zeitmarkierungen (Timestamps) sind im Format Stunde : Minute : Sekunde angegeben und bezeichnen diejenigen Zeitpunkte, zu welchen die betreffenden Beiträge vom Transmitter (Chat-Server) entgegengenommen wurden.

Themas als Initiative gedeutet werden kann, um von der Eröffnungsphase, die durch den Austausch von Grüßen und die Nennung des vorverabredeten Themas realisiert wurde, in die Hauptphase des Ereignisses zu wechseln, in welcher die beiden Teilnehmerinnen der Expertin Fragen zum Thema stellen können. Die mit einer Pause von 14 Sekunden um 14:41:14 nachfolgende Assertion von *briha* lässt sich als diese Initiative respondierender Zug auffassen, mit welchem zugleich das Thema „Rückgaberecht bei mangelhafter Ware" für die in der Folge realisierte Fragehandlung „wie sieht es aus, wenn der Verkäufer sich weigert?" konstituiert wird.

Wenn man nun – wie für das vorliegende Beispiel der Fall – Daten über die Aktivitäten der beteiligten Kommunikanten vor und an ihren Rechnern in die Analyse miteinbeziehen kann, dann stellt sich der im Mitschnitt so „unverdächtig" anmutende Sequenzverlauf mit einem Mal ganz anders dar.[57] Im vorliegenden Fall war weder der Gruß von *briha* um 14:40:55 ursprünglich als Gegengruß intendiert, noch kann *brihas* Assertion „ich hätte eine Frage zum Rückgaberecht bei mangelhafter Ware" um 14:41:14 als responsiver Zug auf die Frage von *bsommer* um 14:41:00 angenommen werden. Dies zeigt sich daran, dass *briha* die Produktion ihres Grußes „Hallo Frau Sommer, hallo nabro" bereits um 14:40:39 begonnen hat, also eine Sekunde *vor* Eintreffen des Initiativbeitrags von *bsommer* im Bildschirmprotokoll. Um 14:40:42 unterbricht *briha* die Produktion bei „Hallo Fr" und blickt für drei Sekunden auf das Bildschirmprotokoll, was vermuten lässt, dass sie in diesem Zeitraum den Beitrag von *bsommer* wahrnimmt und auf Basis des dadurch für sie veränderten Standes des kommunikativen Austauschs eine Evaluation ihrer eigenen Planung vornimmt. Da die Videoaufzeichnung für den Zeitraum 14:40:42–14:40:45 nicht nur belegt, dass *brihas* Blick auf den Bildschirmbereich mit dem Verlaufsprotokoll gerichtet ist, sondern des Weiteren zeigt, dass *brihas* Pupillen sich in Textverlaufsrichtung (von links nach rechts und nach Zeilen-

57 Das Beispiel ist einem Chat-Ereignis entnommen, bei welchem unter „Laborbedingungen" und unter Rückgriff auf Screen Capturing- und videobasierte Beobachtungsverfahren sowohl sämtliche am Bildschirm feststellbare Aktivitäten als auch das Gesicht der beteiligten Probanden aufgezeichnet wurden. Die Auswertung der Bildschirmaktivitäten gibt Aufschluss u. a. über Beginn, Ende und Qualität von Aktivitäten, die auf die Produktion von Chat-Beiträgen gerichtet sind; die Auswertung der Videoaufzeichnungen der Gesichter der Probanden gibt Aufschluss darüber, zu welchem Zeitpunkt der Chat-Teilnahme die Probanden auf welchen Bereich ihres Bildschirmarbeitsplatzes geblickt haben. Auf diese Weise ist u. a. feststellbar, welches die frühestmöglichen Zeitpunkte sind, zu welchen ein Proband einen zwischenzeitlich im Bildschirmprotokoll angezeigten Beitrag wahrgenommen haben kann. – Eine ausführliche Beschreibung der Rahmenbedingungen, unter denen diese Daten erhoben wurden, findet sich in Kap. 5.1.

wechsel wieder zum linken Zeilenanfang) bewegen, wird im weiteren angenommen, dass *briha* den Beitrag von *bsommer* tatsächlich rezipiert und verarbeitet hat. Ablesen lässt sich dies an den Daten natürlich nicht (was in den Köpfen vor sich geht, entzieht sich der Beobachtung) – es lassen sich aber hinreichende Indizien dafür anführen, um hier das Vorliegen von Aktivitäten, die auf die Rezeption von textuell manifestem sprachlichen Input gerichtet sind, für plausibel anzunehmen.

Vor ihrem Blick auf das Bildschirmprotokoll war für *briha* der aktuelle Stand der Interaktion derjenige, dass *bsommer* – indiziert durch eine entsprechende Systemmeldung – die metaphorisch als „Raum" konstituierte Kontaktsphäre „betreten" hat und damit nun für die beiden anderen Kommunikantinnen kommunikativ erreichbar ist. *briha* beginnt 16 Sekunden nach Anzeige der Systemmeldung mit der Produktion eines Grußes – dies vermutlich, um eine Gruß-Gegengruß-Sequenz zu initiieren und *bsommer* zugleich wissen zu lassen, dass sie kommunikativ verfügbar und kommunikationsbereit ist. Die Feststellung, dass *bsommer* ihrerseits bereits eine Grußhandlung realisiert hat, die *briha* ab 14:40:42 macht, nimmt *briha* die Möglichkeit, den in ihrem Eingabeformularfeld in Produktion befindlichen Grußbeitrag noch als initiativen Zug einer Grußsequenz lancieren zu können. *briha* setzt die Produktion ihres Beitrags trotzdem fort und schickt ihn – ohne dass sich nachträgliche Revisionen an dem bis zum Blick auf das Verlaufsprotokoll um 14:40:42 eingegebenen Textteil beobachten lassen – um 14:40:55 in der Form „Hallo Frau Sommer, hallo nabro" ab. Es steht also zu vermuten, dass *briha* ihren in Arbeit befindlichen Beitrag trotzdem noch für relevant erachtet hat, obwohl er nicht mehr an derjenigen sequenziellen Position realisiert werden konnte, welche sie ursprünglich für ihn im Sinn hatte. Der Grußbeitrag ist nicht mehr Grußinitiative, sondern Gegengruß im Rahmen eines von *bsommer* eröffneten Gruß-Gegengruß-Musters. Dies scheint *briha* in Kauf zu nehmen. Hätte *briha* ihren Grußbeitrag nur deshalb verworfen, weil eine Verwendung als Initiativbeitrag nicht mehr möglich ist, hätte sie – Kooperationsbereitschaft und Einhaltung minimaler Höflichkeitsstandards vorausgesetzt – anschließend einen neuen Grußbeitrag produzieren und diesen als Gegengruß vorbringen oder die Tatsache, dass sie ebenfalls initiativ zu grüßen beabsichtigte, metakommunikativ thematisieren müssen (z.B. in Form eines Beitrags wie „witzig – ich wollte Sie ebenfalls gerade grüßen, Frau Sommer!"), was unter der Perspektive einer möglichst ökonomischen Abarbeitung der Eröffnungsphase aber als weniger wahrscheinliche Alternative gelten darf.

Unter der steten Prämisse, dass das, was sich in den Köpfen von Kommunikanten abspielt, nicht an den Daten *abgelesen*, sondern auf Grundlage einer Interpretation der Daten lediglich (hypothetisch) *ange-*

nommen werden kann, lässt sich die Organisation des produktiven Agierens von *briha* im Rahmen der Sequenz 14:40:39–14:40:55 veranschaulichen wie in Abb. 4-1.

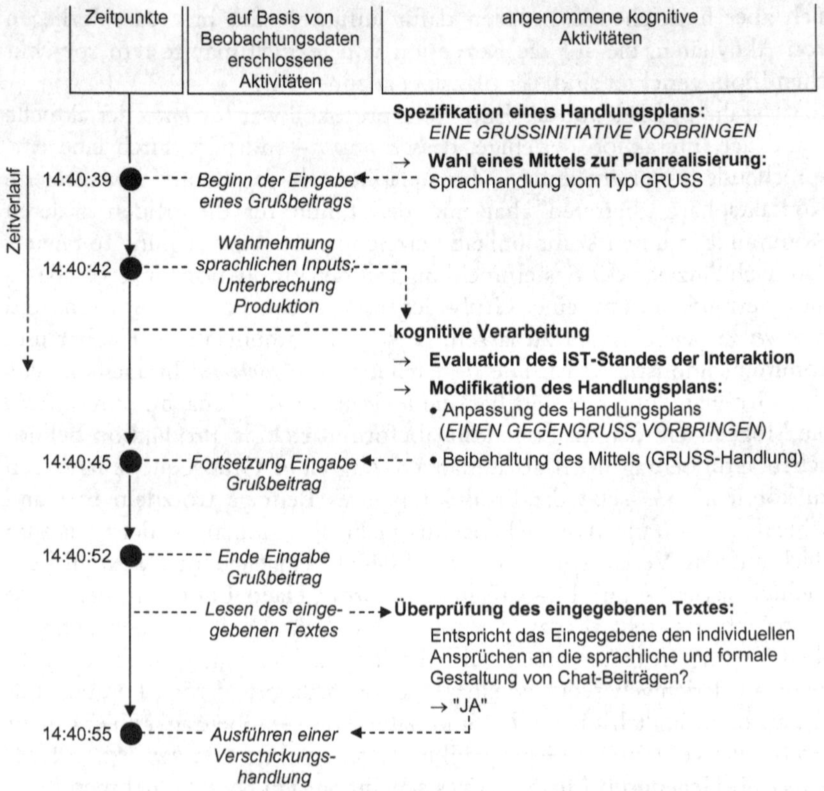

Abb. 4-1: *Veranschaulichung:* Organisation der produktiven Teilhabe von Kommunikantin *briha* an dem Chat-Ausschnitt aus Beispiel 420-2 (Sequenz 14:40:39–14:40:55).

Auch die vermeintlich reguläre Abfolge der die Hauptphase der Interaktion einleitenden Initiative von *bsommer* „Gibt es spezielle Fragen, die Ihnen schon unter den Nägeln brennen?“ in 14:41:00 und der Assertion „ich hätte eine Frage zum Rückgaberecht bei mangelhafter Ware“ von *briha* in 14:41:14 erweist sich unter Miteinbeziehung der Daten zu *brihas* Partizipationsverhalten als zufällig. Was im Mitschnitt aussieht wie eine kohärente Abfolge von *FRAGE* (14:41:00) und *ANTWORT* (14:41:14) bzw. von *EINLEITUNG DER FRAGE-ANTWORT-PHASE DES KOMMUNIKATIONSEREIGNISSES* (14:41:00) und *ETABLIERUNG EINES THEMATISCHEN RAHMENS FÜR DIE ERSTE FRAGE* (14:41:14), der in 14:41:42 von *briha* dann mit „wie sieht es aus, wenn der Verkäufer sich weigert?" eine entsprechende Frage nachgeschoben wird, entpuppt sich als eine Abfolge zweier als Initiativen geplanter und verschickter Beiträge. Da auch hier *briha* die Produktion ihres Beitrags wieder begonnen hat, bevor *bsommers* Beitrag im Verlaufsprotokoll angezeigt wurde (nämlich um 14:40:57), und bis zur Verschickung kein erneuter Blick von *briha* auf das Verlaufsprotokoll festzustellen ist, bemerkt *briha* den Beitrag von *bsommer* erst *nach* der Verschickung ihres Beitrags 14:41:14. Während im ersten Teil des Beispiels (vermeintliche Gruß-Gegengruß-Sequenz) *briha* während des Produzierens den aktuellen Stand des Verlaufsprotokolls überprüft hat und – mit relativer Wahrscheinlichkeit – die Evaluation dieses aktuellen Stands in ihre Entscheidung zur Fertigstellung des angefangenen Beitrags einfließen ließ, produziert sie im Falle des um 14:41:14 angezeigten Beitrags *ohne* eine zwischengeschaltete Überprüfung des Protokolls. Dass ihre Absicht, mit ihrem Beitrag „ich hätte eine Frage zum Rückgaberecht bei mangelhafter Ware" eine Initiative zur Konstituierung eines ersten Teilthemas zum verabredeten Globalthema des Kommunikationsereignisses zu realisieren, bei der Anzeige des Beitrags im Protokoll in anderer Weise aufgefasst werden kann (nämlich als Reaktion auf *bsommers* Beitrag in 14:41:00), kann *briha* also frühestens dann feststellen, als sie – nach Ausführung der Verschickungshandlung in 14:41:14 – wieder das Verlaufsprotokoll inspiziert und dort *bsommers* zwischenzeitlich angezeigten Beitrag vorfindet. Problematisch ist diese Überkreuzung zweier voneinander unabhängiger Initiativen für das Gelingen von *brihas* aktuelles Handlungsziel nicht, da *brihas* Intention, ein erstes Thema zu initiieren, durch *bsommers* Beitrag nicht obsolet wird, sondern – zufälligerweise – sogar begünstigt wird, da *bsommer* mit ihrem Beitrag explizit auf den Hauptteil des Kommunikationsereignisses (Befragung der Expertin) überleitet.

Nach Verschickung ihres Beitrags 14:41:14 blickt *briha* etwa neun Sekunden lang (bis 14:41:23) auf das Bildschirmprotokoll und nimmt offenbar *bsommers* Beitrag von 14:41:00 zur Kenntnis. In den darauf folgenden sieben Sekunden (14:41:24–14:41:31) wechselt *brihas* Blick mehrfach in schneller Folge zwischen Bildschirmprotokoll und Tastatur, was eventuell als Anzeichen für die kognitive Planung eines Folgebeitrags gedeutet werden kann. Jedenfalls gibt *briha* zwischen 14:41:32 und 14:41:42 ihre Frage zum zuvor benannten Thema „Rückgaberecht bei mangelhafter Ware" ins Eingabeformularfeld ein. Ihr Blick ruht dabei kontinuierlich auf der Tastatur, die Verschickung des Beitrags erfolgt, ohne dass – wie in den vorangegangenen Beiträgen – zwischendurch das Bildschirmprotokoll überprüft oder zwischen Eingabe und Verschickung der eingegebene Text noch einmal nachgelesen würde. Möglicherweise erachtet *briha* die Tatsache, dass neun Sekunden nach ihrem vorangegangenen Beitrag immer noch kein – thematisch eventuell konkurrierender – Beitrag der anderen Chat-Teilnehmerin *nabro* eingetroffen ist, sowie die Tatsache, dass die Expertin vorab explizit die Fragephase eingeleitet hat, als eine günstige Gelegenheit, um eine erste Frage in die Kommunikation einzubringen (was ihr um 14:41:42 dann auch gelingt, da *nabro* auch in der Zwischenzeit nicht als Beitragsproduzentin in Erscheinung getreten ist und *bsommer* unterstellt werden kann, dass sie nach ihrem Beitrag um 14:41:00 zunächst einmal auf die erste Teilnehmerfrage wartet).

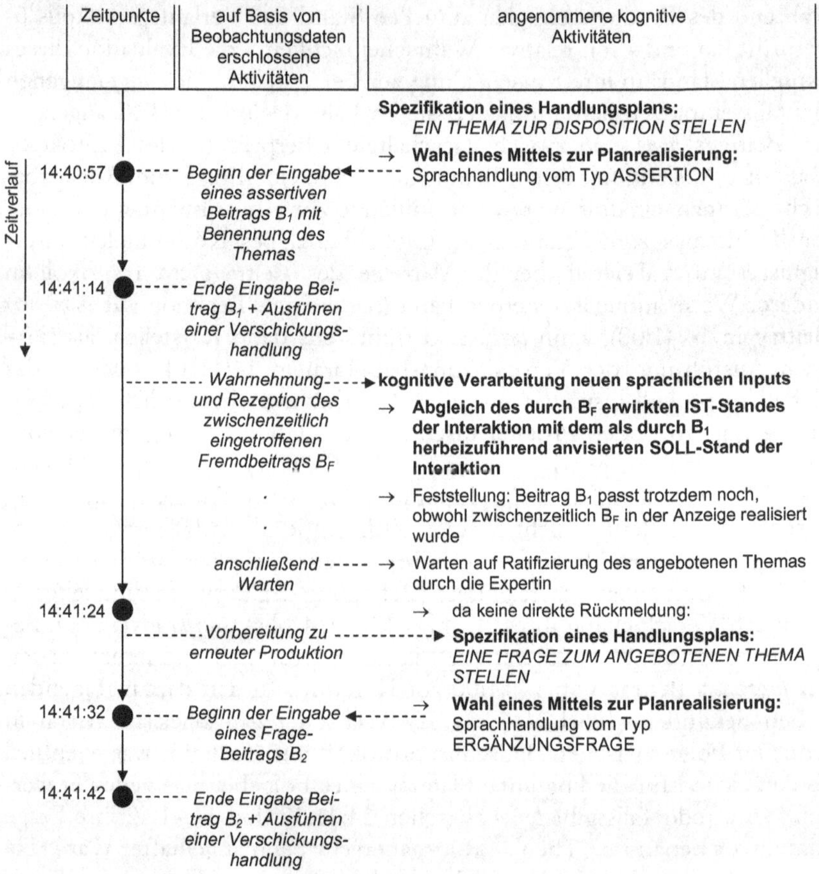

Abb. 4-2: *Veranschaulichung:* Organisation der produktiven Teilhabe von Kommunikantin *briha* an dem Chat-Ausschnitt aus Beispiel 420-2 (Sequenz 14:40:57–14:41:42).

Auch diese zweite Teilsequenz (14:40:57–14:41:42) aus dem Chat-Ausschnitt in Beispiel 242-2 kann in Form einer Veranschaulichung zum Ablauf von *brihas* Partizipation am kommunikativen Austausch dargestellt werden (Abb. 4-2).[58]

Aufgrund der fehlenden Simultaneität von Produktion und Rezeption sind die Kommunikanten in Chat-Umgebungen nicht daran gebunden, ihre Aktivitäten bzw. den Wechsel zwischen unterschiedlichen Arten von Aktivitäten (Produzieren und Rezipieren) davon abhängig zu machen, welche Arten von Aktivitäten ihre kommunikativen Koakteure gerade ausüben bzw. (zum Beispiel nonverbal) als zur Ausführung vorgesehen anzeigen. Eine Aushandlung zur Laufzeit, *wer wann welche* Aktivitäten ausüben und damit bestimmte Rollen (Produzent – Rezipient) übernehmen kann, ist nicht möglich und aufgrund der Schriftlichkeit des Austauschs sowie der strikten Konsekutivität von Produktion und Verschickung auch nicht notwendig. Davon unbenommen bleibt, dass die Formate, in denen sprachliche Interaktion organisiert wird, im Chat in gleicher Weise gelten wie in mündlichen Gesprächen: Fragen legen dem Gegenüber nahe, einen als Antwort interpretierbaren Folgebeitrag zu leisten oder zumindest im Rahmen der Variationsmöglichkeiten bei der Abarbeitung von Frage-Antwort-Mustern zu handeln (zum Beispiel eine Rückfrage zu stellen oder die Antwort unter Angabe von Gründen zu verweigern). Was chatbasierte Kommunikation aufgrund ihrer spezifischen (technologiebedingten) Rahmenbedingungen jedoch von Formen des mündlichen Kommunizierens unterscheidet, ist, dass die Initiierung und Abarbeitung von Handlungsmustern nicht strikt linear erfolgt, sondern dass eine Gleichzeitigkeit des Fassens und Realisierens von Handlungsplänen sowie eine „verspätete" (weil zu selbst gewähltem Zeitpunkt erfolgende) Rezeption angezeigter Sprachhandlungseinheiten möglich ist und der Wechsel zwischen unterschiedlichen Aktivitätsarten (Produzieren und Rezipieren) individuell organisiert werden kann und nicht (wie im Mündlichen) notwendigerweise in Form einer auf Aushandlung gründenden und durch die Partner zu legitimierenden Rollenbeanspruchung und -zuweisung umgesetzt werden muss. Jeder an einem Chat-Ereignis beteiligte Kommunikant erlebt das Ereignis daher in Form eines individuellen *Teilnahme-Ereignisses*, das sich – wie anhand der informellen Analyse des Chat-Ausschnitts in Beispiel 420-2 illustriert wurde – durch eine spezifische zeitliche Abfolge der Rezeption von Fremdbeiträgen und eine individuelle Sequenzialität der Wahrnehmung von Fremdbeiträgen und der Planung (und Produktion) von Eigenbeiträgen auszeichnet. Die Basis für sprachlichen Input im Rahmen von Chat-Teilnahmeereignissen ist nicht eine kontinuierliche Wahrnehmung

58 Auf die Analyse dieser Beispielsequenz wird in Kap. 4.3.4 noch einmal zurückzukommen sein.

des Kommunikationsgeschehens (die in mündlicher Kommunikation aufgrund der Nicht-Überhörbarkeit von Schallereignissen – zumindest material – geradezu unweigerlich ist), sondern eine selbstbestimmte und zu individuell gewählten Zeitpunkten erfolgende Evaluation des Bildschirminhalts, der dann entweder neue, zu verarbeitende Information beinhalten kann oder nicht.

Wenn schon die Kommunikanten im Rahmen chatbasierter Interaktion mit ihren Kommunikationsbeiträgen nicht unweigerlich, sondern erst nach individueller Entscheidung zur Rezeption ans Auge ihrer Partner dringen, dann dürfte es sicherlich opportun sein, die Bewältigung kommunikativer Aufgaben zunächst jeweils aus der Sicht des einzelnen Kommunikanten zu beschreiben, der auf die auf seinem Bildschirm angezeigten textuellen Produkte seiner Partner dann zugreift, wenn er dies selbst für notwendig erachtet. Die Kommunikationspartner werden bei solchem Herangehen an chatbasierte Interaktion zwar in gewisser Hinsicht zu Faktoren des Aufgabenumfeldes „degradiert", in dessen Rahmen der jeweils fokussierte Kommunikant an der Bearbeitung der kommunikativen Aufgabe mitwirkt; um zu beschreiben, wie einzelne Chat-Beteiligte individuell die Organisation von Rezeption und Produktion bewältigen (die nicht an eine mit den übrigen Kommunikanten abzustimmende konsekutive Abfolge je exklusiver Rollenübernahmen gebunden ist), dürfte eine solche Perspektive jedoch einen geeigneten Beschreibungsrahmen bilden. Chat-Ereignisse als eine Reihe von Teilnahmeereignissen aufzufassen, deren jeweiliger Output den Input für die Teilnahmeereignisse der anderen beteiligten Kommunikanten bildet, macht nicht nur Sinn in Kontexten, in denen man – wie etwa in dem vorstehend analysierten Beispiel – neben reinen Mitschnittsdaten auch Daten zum Produktions- und Rezeptionsverhalten der Beteiligten (an ihren Computerarbeitsplätzen) zur Verfügung hat; der Ansatz macht durchaus auch Sinn als Denkmodell im Rahmen rein mitschnittsbasierter Chat-Analysen, insofern er die Divergenz der von den einzelnen Kommunikanten kognizierten zeitlichen Ereignisstrukturen als fundamental für die Teilnahme an Chat-Ereignissen setzt und dies als Erklärungsgrundlage für solche interaktionalen Auffälligkeiten anbietet, die mit der Abfolge aufeinander bezogener Sprachhandlungseinheiten im Bildschirmprotokoll und Mitschnitt zu tun haben.

Def.: *Chat-Teilnahme-Ereignis*:

Ein Chat-Teilnahme-Ereignis ist ein individueller, auf kommunikativen Austausch mit räumlich distanten Partnern gerichteter Handlungskontext, in dessen Rahmen ein Individuum zu Zwecken der kooperativen, partnerorientierten Herstellung von Verstehen in einer bestimmten Abfolge und Wiederholung diejenigen Aktivitäten ausübt, die

(a) für die Aufnahme und Verarbeitung von Input-Daten aus seiner (kommunikativen) Umwelt (= das Rezipieren von Partnerbeiträgen),
(b) für die Generierung sprachlicher Outputs zu Zwecken der Einflussnahme auf diese seine (kommunikative) Umwelt (= das Produzieren eigener Beiträge) und
(c) für eine wechselseitige Stützung zwischen dem, was bei der Evaluation von Inputs als Zustand der Umwelt wahrgenommen und dem, was mit der Generierung von Outputs in Bezug auf die Umwelt bezweckt wird (= Ausrichtung der Planung und Gestaltung eigener Outputs auf den mit der Verarbeitung von Inputs wahrgenommenen Zustand der Umwelt sowie Überprüfung des mit eigenen Outputs erzielten Erfolgs durch Evaluation neuer Inputs)

erforderlich sind.

Dieser Handlungskontext ist geprägt durch die Nutzung technischer Mittel, die für die produktive und rezeptive Teilhabe an chatbasierter Distanzkommunikation benötigt werden. Die Teilnahmeaktivitäten sind auf diese technischen Mittel hin orientiert. Der Handlungskontext spielt sich nicht „im Netz“ ab, sondern als Teil einer ‚realen‘, körperlichen Handlungswirklichkeit vor dem Computer. Er kann daher auch nicht via Netz beobachtet werden, sondern nur an demjenigen Ort, an welchem der betreffende Chat-Teilnehmer seine Chat-Teilnahme vollzieht.

4.3 Ein integriertes Rezipienten/Produzenten-Modell der Chat-Teilnahme

Das „Mannheimer Regelkreismodell“ der Sprachproduktion, das Sprachproduktion als Stelloperation im Rahmen der Auseinandersetzung des Handlungs- und Beeinflussungsziele verfolgenden Individuums mit seiner (sozialen) Umwelt beschreibt, bildet eine gute Basis für die Modellierung von Chat-Teilnahmeereignissen und damit der individuellen Organisation der Aufnahme von Umweltdaten und der Hervorbringung von Äußerungen, die wiederum auf die wahrgenommene Umwelt einwirken und diese im Sinne der individuellen Zielsetzungen beeinflussen sollen.

> Das „Mannheimer Modell" geht aus von einem *integrierten Hörer/Sprecher* (Herrmann 1985), der als ein *informationsverarbeitendes System* (*Hörer/Sprecher-System*) beschrieben werden kann,
>
> – das Funktionen als Beziehungen zwischen Attributen von Informations-Inputs, Systemzuständen und Informations-Outputs aufweist,
> – das aus Subsystemen besteht, die untereinander strukturell verknüpft sind und zu denen das *interne Partner-Modell* gehört,
> – das von einer Umgebung abgegrenzt ist, zu der *Partner* (als Systeme) gehören,
> – und das (u.a.) gegen die Diskrepanz von Ist- und Sollzuständen regulierbar ist.
>
> (Herrmann 1985: 23)

Das System kann als ein Regelkreis beschrieben werden, der Umgebungsrepräsentationen aufbaut und die daraus abgeleiteten IST-Zustände gegen Standards (SOLL-Zustände) evaluiert, die der Hörer/Sprecher an sich selbst und die Umwelt (zu der auch die Interaktionspartner zählen) stellt. Diskrepanzen zwischen Standards und Umgebungsrepräsentation setzen Regulationsprozesse in Kraft, die auf eine Angleichung des den Standards nicht genügenden IST-Zustands der Umwelt an den durch den SOLL-Zustand etablierten Standardwert zielen. Reguliert wird über Stelloperationen, die dazu in der Lage sind, auf die Umwelt Einfluss zu nehmen und diese dadurch idealerweise in Richtung der anvisierten Standards zu verändern (vgl. Herrmann & Grabowski 1994: 269ff.). Sprachproduktion zu Zwecken des kommunikativen Handelns stellt nach diesem Modell eine solche Stelloperation dar:

> Sprachproduktion dient der Regulation des kognitiven, motivationalen und affektiven Systems eines Individuums in dem Sinne, dass der in einer Situation kognizierte Zustand der Welt oder des Individuums selbst (der Ist-Zustand) von einem (gewünschten oder auch nur gesollten) Ziel-Zustand abweicht und dass die Produktion sprachlicher Äußerungen für die Behebung oder Verringerung dieser Abweichung als zielführend erachtet wird. Von der Informationskonstellation im kognitiven System eines Individuums hängt es ab, ob überhaupt ein Sprachproduktionsprozess initiiert wird, welche Inhalte verbalisiert werden und in welcher Weise dies erfolgt. (Grabowski 2003: 358)

Zwei Arten von IST/SOLL-Abweichungen führen typischerweise zur Erzeugung sprachlicher Äußerungen:

> (i) noch nicht erreichte *Handlungsziele*, die (zufolge der Kognition des Sprechers) nur oder am leichtesten durch die Erzeugung eigener Sprachäußerungen erreicht werden können, und (ii) Situationen, in denen spezifische Sprachäußerungen *konventional* gefordert sind. (Herrmann 2003: 222)

Sprachproduktion wird in den Arbeiten von Herrmann & Grabowski somit zuvorderst als pragmatisch motivierte Form der Verhaltensäußerung aufgefasst: ob, wann und zu welchem Zweck Prozesse der Sprachproduktion in Gang gesetzt werden, hängt ab vom situationsspezifischen und situationsübergreifenden Selbst- und Partnermodell des Individuums, von seinem Situations- und Weltwissen sowie den daraus jeweils als Standards für das Handeln in der konkreten Situation abgeleiteten SOLL-Werten. Die erste Prozessinstanz, die für die Systemregulation bzw. die Initiierung des Sprachproduktionsprozesses relevant ist, die so genannte ‚Zentrale Kontrolle', beinhaltet – als Information im ‚Fokusspeicher' – deklaratives Wissen über diejenigen Faktoren, die die Grundlage für die Regulation des Systems gegen die Umwelt bilden (vgl. Herrmann & Grabowski 1994: 324-331). Hierzu gehören aus der Verarbeitung von Input-Daten bezogene Informationen (Annahmen) über das Selbst, den Partner und Dritte sowie über die Situation, die im Fokusspeicher dann unter Einbeziehung von situationsübergreifendem Wissen über die benannten Faktoren aus dem Langzeitspeicher evaluiert werden. Der Fokusspeicher hat dabei „die Eigenschaften eines Arbeitsspeichers mit begrenzter Kapazität" (Herrmann 2003: 223), dessen Aufgabe es ist, IST/SOLL-Konstellationen zu diagnostizieren und auf ihrer Grundlage Entscheidungen für oder gegen die Initiierung von Sprachproduktionsprozessen zu treffen. Fällt die Entscheidung zugunsten der Sprachproduktion, wird auf Basis der festgestellten IST/SOLL-Divergenz sowie unter Verarbeitung von Informationen aus dem Langzeitgedächtnis und eines mentalen Protokolls des bisherigen Kommunikationsverlaufs eine Propositionsstruktur generiert, die den ‚Protoinput' für den Versprachlichungsprozess bereitstellt. Über ‚Hilfssysteme', die auf Basis des Protoinputs einen ‚Enkodierinput' erzeugen, der bereits in Hinblick auf verschiedene versprachlichungsrelevante Parameter (z.B. Satzart, Tempus, Modus, Situationsadäquatheit) spezifiziert ist, wird schließlich über den ‚Enkodiermechanismus' als dritter Prozessinstanz der von den Hilfssystemen bereitgestellte Enkodierinput im Zuge eines hochautomatisierten Prozesses in eine Phonemfolge umgewandelt, die dann als Basis für die Artikulation einer Lautfolge fungiert, die – als Schallereignis – diejenige sprachliche Information trägt, welche den durch die Zentrale Kontrolle anvisierten Regulierungseffekt herbeiführen soll (vgl. Herrmann & Grabowski 1994: 343-421; Herrmann 2003).

Abb. 4-3 veranschaulicht die Funktionen der Zentralen Kontrolle im Rahmen von Sprachproduktionsprozessen sowie ihre Beziehung zu den Hilfesystemen und zum Enkodiermechanismus als den weiteren (nachgeordneten) Prozessinstanzen, die in der Abbildung nicht explizit dargestellt sind.

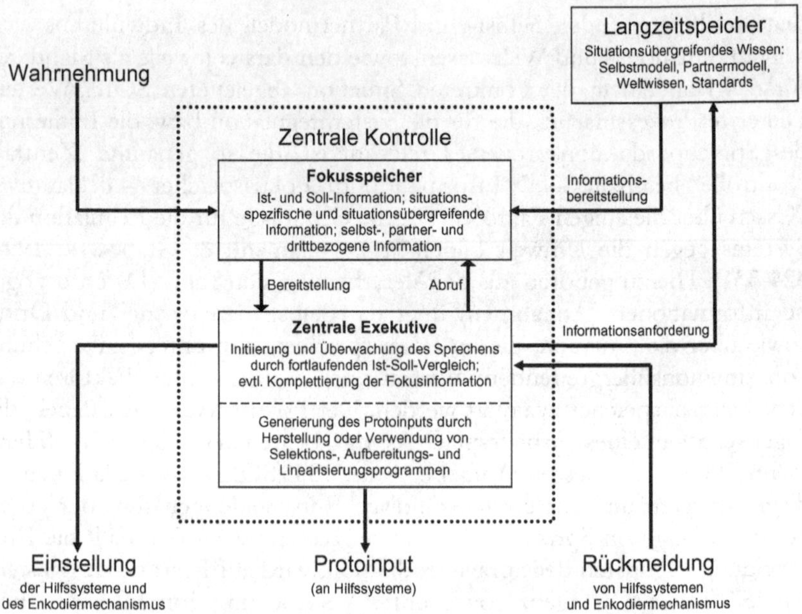

Abb. 4-3: Funktionen der Zentralen Kontrolle im „Mannheimer Regelkreismodell" der Sprachproduktion (nach Herrmann & Grabowski 1994: 359).

Das Modell von Herrmann & Grabowski erscheint deshalb als geeignete Grundlage für die Modellierung von Chat-Teilnahme-Ereignissen, da es im Gegensatz zu akteursbezogenen (dyadischen) Modellen, die auf die Beschreibung von Kommunikativität (also dessen, was zwischen den Gliedern der Dyade geschieht) fokussieren, den Fokus auf die Sicht des einzelnen Individuums legt:

> Wir berücksichtigen die *Kommunikativität* des Sprechens und Sprachverstehens *aus der Sicht des je einzelnen Individuums, also als individuelle mentale Repräsentation.* (Herrmann 2003b: 84; Hervorhebungen im Original)

Herrmann (ebd.) konzediert selbst, dass bei Fokussierung auf die (psychische) Prozessstruktur des Individuums als sich mit seiner Umwelt auseinandersetzendem informationsverarbeitendem System, „nicht die Kommunikativität im Vollsinne des dyadischen Diskursgeschehens" modelliert werden kann. Immerhin wirken aber „der Kommunikationspartner, dasjenige, was schon gesagt wurde, die eigenen und die partnerseitigen Kommunikationsziele, die interpersonale Beziehung zwischen Sprecher und Hörer […] qua *mentales bzw. internes Repräsentat* auf des individuellen Sprecher/Hörers Sprachverwendungsprozesse ein" (ebd.; Hervorhebung im Original). Für die Modellierung von Chat-Teilnahme-Ereignissen erscheint eine solche Annäherung an den Gegenstand insofern attraktiv, als die lediglich mittelbare Erfahrbarkeit der Partner (durch Darstellung ihrer Beiträge am Bildschirm) sowie die Divergenz der individuellen zeitlichen Ereigniswahrnehmung zwischen den Beteiligten die Chat-Teilnahme als eine individuelle Auseinandersetzung des einzelnen Teilnehmers mit dem Geschehen auf seinem Bildschirm beschreibbar macht. „Der andere" ist dabei zwar irgendwo präsent und synchron auf den gemeinsamen Austausch hin orientiert – die Koordination der beiden Teilprozesse Input-Aufnahme (Rezeption) und Output-Generierung (Produktion) stellt jedoch primär eine Aufgabe dar, die der Teilnehmer individuell zu bewältigen hat und die nicht (zumindest nicht zur Laufzeit der Interaktion, da es aufgrund der Nicht-Simultaneität keine interpersonal geteilte Wahrnehmung der zeitlichen Ereignisstruktur gibt) kommunikationsbegleitend ausgehandelt werden kann (es sei denn metakommunikativ).

Darüber hinaus betont das „Mannheimer Modell" (als *kontextsensitives* Modell) die *Input- und Prozessvariabilität* der Sprachproduktion: Der Prozessoutput kovariiert mit dem Prozessinput sowie des Weiteren mit dem situativen und kommunikativen Kontext (vgl. Herrmann 2003: 217). Das Modell beschreibt die Wahrnehmung und Verarbeitung von Inputdaten und die Initiierung der Produktion von Outputs als zwei Funktionen, die zwar beständig aufeinander bezogen sind, sich aber als zwei unterschiedliche Teilprozesse bei der Auseinandersetzung des Hörer/Sprecher-Systems mit seiner Umwelt fassen lassen.

Während in mündlicher Kommunikation die Wahrnehmung und Verarbeitung von Daten (*Rezeption*) und die Hervorbringung von Verhaltensäußerungen (*Produktion*) kaum als jeweils strikt abwechselnd erfolgende Aktivitäten beschrieben werden können, da selbst während der Produktion und Hervorbringung von Äußerungen Umweltdaten (z.B. visuelle Reize als Daten über nonverbale Rückmeldungen der Kommunikationspartner zur Laufzeit) aufgenommen und evaluiert werden (können), ist Chat-Kommunikation aufgrund ihrer medialen Schriftlichkeit eine Form des Austauschs, die sowohl für die Rezeption als auch für die Produktion die aktive Beteiligung desselben Sinnesorgans – des Auges – erforderlich macht. Sowohl, um neuen Input wahrzunehmen und zu rezipieren, als auch, um eigene Beiträge zu verfassen, ist eine Orientierung des Blicks auf den jeweils für Rezeption bzw. Produktion vorgesehenen Bereich des Computerarbeitsplatzes bzw. der Benutzeroberfläche des Chat-Systems vonnöten: Das Rezipieren neuer Beiträge erfordert eine Blickfokussierung auf denjenigen Bereich der Benutzeroberfläche, in welchem das Verlaufsprotokoll angezeigt wird; beim Produzieren eigener Beiträge bedarf es zu Zwecken des Monitoring der per Tastatur erzeugten Eingaben einer Orientierung auf das auf der Benutzeroberfläche zur Verfügung stehende

Eingabeformular sowie (zumindest sporadisch) einer Kontrolle der auf der Tastatur ausgeführten Tippaktivitäten. Ein durchgängig simultanes Produzieren und Rezipieren ist daher kaum möglich, Rezeption und Produktion bei der Chat-Teilnahme sind daher eher als einander abwechselnde Aktivitäten anzusehen. Dennoch sind während der Beitragsproduktion Phasen des Rezipierens neuer Bildschirminhalte denkbar; diese resultieren dann aber vermutlich weniger aus einer Grundhaltung der Erwartung neuer Äußerungen der kommunikativen Partner, sondern eher aus der Motivation, den aktuell in produktiver Ausführung befindlichen eigenen Handlungsplan dahingehend gegen möglichen neuen Input zu evaluieren, ob er nach wie vor aktuell und relevant ist bzw. ob die damit intendierte Stelloperation nach wie vor für zielführend erachtet werden kann oder nicht.

Solange keine empirische Evidenz dafür erbracht ist, wie Chat-Nutzer während ihrer Mitwirkung an der Entwicklung von Chat-Ereignissen *tatsächlich* mit der abwechselnden Wahrnehmung von Rezeptions- und Produktionsaktivitäten umgehen, können Aussagen darüber lediglich in Form von Hypothesen getroffen werden. Immerhin ließ sich bei näherer Analyse der der in Beispiel 420-2 wiedergegebenen Beitragssequenz unterliegenden Teilnahmeaktivitäten der Kommunikantin *briha* zeigen, dass es unterschiedliche Formen des Bezugs produktiver Aktivitäten auf rezeptive Aktivitäten (und umgekehrt) zu geben scheint. Während *briha* zwischen 14:41:14 und 14:41:24 nach der Verschickung eines eigenen Beitrags ganz offensichtlich von einer Produktions- zu einer Rezeptionshaltung wechselt, um einen zwischenzeitlich eingetroffenen Fremdbeitrag zu verarbeiten und anschließend eine mögliche Reaktion auf ihren eigenen Beitrag abzuwarten und dadurch zu ermitteln, ob die mit ihrem Beitrag intendierte „Stelloperation" den gewünschten Effekt – in diesem Falle *EIN THEMA ZUR DISPOSITION STELLEN* – zeitigen konnte, beginnt sie ab 14:41:24, nachdem eine explizite Reaktion ausgeblieben ist, wieder mit der Einleitung einer neuen Produktionsaktivität (mehrfacher Wechsel der Blickrichtung zwischen Tastatur und Eingabeformularfeld). Ab 14:41:32 sehen wir sie dann wieder mit Produktionsaktivität befasst; sie verfasst einen neuen Beitrag, mit welchem sie eine erste Frage zu dem von ihr im Vorbeitrag zur Disposition gestellten Thema formuliert. Während in diesem Ausschnitt ein klarer Wechsel von der Produktionsaktivität (die mit der Ausführung einer Verschickungshandlung abgeschlossen wurde) zu einer auf Rezeption orientierten Grundhaltung (zunächst aktiv, *lesend*, hernach abwartend, aber nach wie vor mit Blick auf das Verlaufsprotokoll) und wieder zu erneuter Produktion feststellbar ist, liegt während der Produktion des Grußbeitrags zwischen 14:40:39 und 14:40:52 der Fall vor, dass rezeptive Aktivität in das Produzieren eines Beitrags eingeschoben ist:

Zwischen 14:40:42 und 14:40:45 nimmt *briha* offenbar den zwischenzeitlich auf dem Bildschirm eingetroffenen Beitrag der Expertin wahr und verarbeitet diesen; erst danach setzt sie die Produktion ihres begonnenen eigenen Beitrags fort.

Im Folgenden wird für die Modellierung von Chat-Teilnahme-Ereignissen ein integriertes Rezipienten/Produzenten-Modell vorgeschlagen, das an die Konzeption der Prozessinstanz ‚Zentrale Kontrolle' aus dem oben skizzierten Regelkreismodell anschließt und das den Rezipienten/Produzenten als ein informationsverarbeitendes System beschreibt, dessen Aufgabe es ist, auf Basis von Sollwert-Standards als suboptimal bewertete Umwelteinflüsse (Regelabweichungen) durch Stelloperationen (Outputs) an Zielzustände zu adaptieren. Das Modell ist sehr spezifisch auf die Modellierung von Chat-Teilnahme-Ereignissen zugeschnitten und beansprucht nicht, ein umfassendes Modell der Sprachproduktion im Chat zu sein; aus diesem Grunde sind die Hilfssysteme und der Enkodiermechanismus aus dem Regelkreismodell darin auch nicht explizit berücksichtigt – von Interesse ist vor allem der Zusammenhang zwischen der Aufnahme von Inputdaten und der Generierung von Output. Dass im Falle einer Entscheidung zur Ausführung einer Stelloperation und damit zur Generierung sprachlichen Outputs ein komplexer Versprachlichungsapparat in Gang gesetzt wird, der für die lexikalische, morphogrammatische und syntaktische Transformation, die Situationsadäquatheit und zuletzt die graphematische Enkodierung des durch die Kontrollinstanz gelieferten Protoinputs verantwortlich ist, ist dabei mitzudenken, wurde im Modell und seiner Veranschaulichung in Abb. 4-4 jedoch nicht gesondert berücksichtigt. Wenn es darum geht zu beschreiben, wie ein individueller Chat-Teilnehmer seine Beteiligung an einem Kommunikationsereignis organisiert (in der Begrifflichkeit der Regulationstheorie: „wie ein Rezipienten/Produzenten-System arbeitet"), so sind insbesondere die folgenden Fragen zu klären:

- Inwiefern ist es gerechtfertigt, ein Modell, das ursprünglich auf mündliche Sprachproduktion fokussiert, auf die Modellierung chatbasierter Kommunikation zu übertragen? (Kap. 4.3.1)
- Welche Umwelteinflüsse wirken – als „Störgrößen" im Sinne der Regulationstheorie – auf das System? Welche verschiedenen Umwelten (kommunikative und reale) spielen bei der Chat-Teilnahme eine Rolle dahingehend, dass ihr Input zum Auslöser von Stelloperationen werden kann? (Kap. 4.3.2)
- Welche Formen der Koordination zwischen den Teilaufgaben ‚Verarbeitung von Input' und ‚Generierung von Output' sind denkbar in ei-

nem System, bei dem Input nicht kontinuierlich wahrgenommen, sondern immer nur punktuell von einem Darstellungsmedium „abgeholt" wird? (Kap. 4.3.3)

- Welche Beziehungen bestehen zwischen dem Bildschirmverlaufsprotokoll (als Verarbeitungsgrundlage für die Aufnahme von Input) und seinem kognitiven Korrelat, dem mentalen Kommunikationsprotokoll? (Kap. 4.3.4)
- Auf welche Informationen kann das Rezipienten/Produzenten-System im Falle chatbasierter Kommunikation bei der Generierung von Partner- und Situationsmodellen zurückgreifen? (Kap. 4.3.5)

4.3.1 Sprachproduktion in synchron-schriftbasierter Kommunikation

Die zentrale Idee der Regulationstheorie, Sprachproduktion als sporadisch und suppletorisch arbeitende psychische Funktion aufzufassen, die auf Basis von Weltwissen sowie mentaler Repräsentationen der aktuellen Kommunikationssituation auf eine Minimierung von IST-SOLL-Differenzen (Erreichung von Handlungszielen) zielt (Herrmann 1985: 40; Herrmann 2003: 222), kann als genereller Erklärungsansatz für die kommunikative Hervorbringung sprachlicher Äußerungen aufgefasst werden – unabhängig davon, ob die aktuelle Systemumgebung eine mündliche oder schriftliche sprachliche Enkodierung erfordert. Ob eine Äußerung mündlich oder schriftlich realisiert wird, betrifft nicht den Sprachproduktionsprozess als Ganzen, sondern wirkt sich – situations- und kontextbedingt – lediglich auf der Stufe der Enkodierung in der Wahl dieser oder jener Modalität aus:

> Angesichts der Flexibilität der bei der Sprachproduktion beteiligten Prozessinstanzen – es gelingt uns durchaus, eine mündlich konzipierte Äußerung via E-Mail zu verschriftlichen oder ein Kochrezept druckfertig am Telefon durchzusagen – ist davon auszugehen, dass es dasselbe Sprachproduktionssystem ist, das fallweise schriftliche oder mündliche Äußerungen produziert, dass es sich also bei den präterminalen (d.h. vor der Phonation bzw. Graphomotorik liegenden) Prozessstufen nicht um separate, input- und outputspezifische Module des Sprechens oder Schreibens handelt. (Grabowski 2003: 357)

Ob ein Individuum Schreiben oder Sprechen als Realisierungsform für seine Äußerungen wählt, hat seine Ursache in „soziale[n] und pragmatische[n] Koinzidenzen in der Welt" (Grabowski 1995: 14) und begründet sich nicht aus notwendigen Zuordnungen zwischen medialen Äußerungsmodalitäten (Laut oder Schrift) und bestimmten Nutzungsmöglichkeiten.

Grabowski (1995: 14 ff.) illustriert anhand einer Reihe von Beispielen, dass schriftliche Produktion nicht in allen Situationen notwendigerweise an eine Konservierung des sprachlichen Produkts gekoppelt sein muss, dass sich mündliche Produktion auch konservieren lässt und dass situative Randbedingungen die Wahl der einen wie der anderen Modalität determinieren können (beispielsweise kann in lauten Umgebungen die schriftliche und bei Dunkelheit die lautliche Äußerung angemessener sein). Grabowski kommt zu dem Schluss:

> Die unterschiedlichen Nutzungsgewohnheiten des Sprechens und des Schreibens in unserem kommunikativen Alltag resultieren also nicht aus den prinzipiellen Möglichkeiten, die für mündliche oder schriftliche Sprachproduktion unter medialem Aspekt gegeben sind, sondern aus der variablen Ziel- und Situationsangemessenheit – oder, in anderem theoretischem Kontext, aus der variablen Funktionalität – beider Sprachproduktionsweisen. Dazu gehören beispielsweise die Aufwandskalkulation des Sprachproduzenten und die Antizipation der Situation und der Bedürfnisse des Rezipienten. (ebd.: 16)

In Chat-Umgebungen ist die mediale Schriftlichkeit als Enkodierungsmodalität nicht frei wählbar, sondern von der Technologie vorgegeben. Situiert ist Chat-Kommunikation jedoch im zeitlichen Nahbereich: Die Verarbeitung sprachlicher Äußerungen erfolgt zwar nicht zur Laufzeit ihrer produktiven Hervorbringung, die Kommunikationsbeteiligten sind jedoch immerhin synchron präsent und somit zeitgleich für die Prozessierung der Kommunikation verfügbar. Dass dies eine kommunikationstechnologische Innovation darstellt, zeigt sich, wenn man sich vergegenwärtigt, dass Nähe und Distanz, Bindung und Entkopplung von Produktions- und Rezeptionssituation prototypische Merkmale traditionell mündlicher vs. schriftlicher Kommunikation darstellen:

> Den engen Zusammenhang von Produktion und Perzeption in der mündlichen Sprachtätigkeit [...] gibt es im Schriftlichen nicht. Ganz im Gegenteil ist gerade das Auseinanderfallen von Produktion, Produkt und Perzeption charakteristisch für die Verarbeitung schriftlicher Sprache. (Günther & Pompino-Marschall 1996: 910)

Zwar fällt auch in der Chat-Kommunikation charakteristischerweise die Produktion und Perzeption nicht in gleicher Weise zusammen wie in mündlicher Kommunikation mit ihrer charakteristischen Verarbeitung zur Laufzeit (vgl. Kap. 3.2), doch ermöglicht die Indienstnahme der Schrift für die synchrone Prozessierung von Kommunikation zwischen räumlich distanten Beteiligten eine im Idealfall nur minimale Differenz zwischen der Übermittlung einer Äußerung und ihrer Rezeption; überdies bietet die dialogische Konzeption des Austauschs die Möglichkeit zu direkten verständnissichernden Nach- oder Rückfragen:

> Die mediengeschichtliche Novität des Chat besteht [...] darin, dass zum ersten Mal im großen Stil die Schrift zur dialogischen, synchronen Kommunikation im Distanzbereich verwendet wird. (Storrer 2001: 439)

Die extensive Nutzung medialer Schriftlichkeit für die Prozessierung von Diskursen („getippten Gesprächen") ist historisch betrachtet neu – die Tatsache, dass in synchronen Settings *ohne* eine technologiebedingte Vorfestlegung auf die medial graphische Realisierungsmodalität prinzipiell auch bei alternativ verfügbaren technischen Möglichkeiten zu phonischem Austausch eine Wahl der medial mündlichen Realisierungsmodalität durch die Kommunikanten denkbar wäre, stützt die Annahme, dass der zugrunde liegende Sprachproduktionsmechanismus erst auf seiner terminalen Prozessstufe und den zugeordneten Hilfesystemen eine Alternative zwischen phonischer und graphischer Umsetzung kennt, die darüberliegenden Prozessstufen jedoch weitgehend unabhängig vom Materialisierungsmedium operieren. Unterschiede zwischen mündlicher und schriftlicher Sprachproduktion bestehen dann in der Bandbreite an Ausdrucksmitteln, die für die Versprachlichung des Protoinputs zur Verfügung stehen:

> Die Frage notwendiger Kompensationen nonverbal-nonvokaler Mittel – beispielsweise des Lächelns zur Kennzeichnung der Einstellung des Sprachproduzenten zum Inhalt der Äußerung, des Stirnrunzelns bei der Verständnissicherung oder einer Zeigegeste als deiktischer Referent des Ausdrucks „so groß" – gehört dagegen zu den allgemeinen situativen Determinanten der Sprachproduktion, die sich daraus ergeben, ob die Kommunikationspartner sich gegenseitig sehen und/oder hören können oder nicht (beziehungsweise ob sie wissen, daß der jeweils andere sie sieht und/oder hört); sie betrifft nicht das Schreiben als solches. (Grabowski 1995: 27)

Gerade unter den Randbedingungen nähesprachlich geprägter Kommunikation im räumlichen Distanzbereich kann es hierbei zur Ausbildung von Sonderformen kommen, die auf eine Bereicherung des gegenüber dem Face-to-face-Kontakt als defizitär empfundenen Ausdrucksrepertoires zielen, indem sie das Fehlen von Ausdrucksmitteln wie z.B. Mimik durch graphostilistische Nachbildung zu kompensieren versuchen (Emoticons) oder indem sie auf kreative Weise die Lautwerte von Graphemen als Träger semantischer Information nutzen. Auch dies betrifft nicht das Schreiben als solches, sondern ist ebenfalls den situativen Determinanten der Sprachproduktion in den entsprechenden kommunikativen Konstellationen geschuldet:

> [...] die schriftliche Kommunikation via e-mail, vor allem bei regelmäßigen Nutzern wie den Teilnehmern an Newslists [...] weist einige Anhaltspunkte dafür auf, daß diese genuin und notwendigerweise schriftliche Kommunikationsform durch eine starke Anlehnung an die mündliche (Umgangs-)Sprache gekennzeichnet ist. So finden sich einerseits Schreibweisen, die nur verstanden werden können, wenn man sich ihre Aussprache vor Augen hält (z.B. „4 2sday nite" für „for

Tuesday night"), andererseits machte es die Beibehaltung mündlicher Ausdrucksweisen ohne die begleitenden non- und para-verbalen Äußerungskomponenten offenbar notwendig, pragmatische Sonderzeichen zu entwickeln. So steht zum Beispiel das Zeichen „8-)" (ein um 90 Grad gedrehtes Smily-Gesicht) für „das meine ich eher nett und freundlich; das soll witzig sein", während das Zeichen „8-(" für eine negative oder ernste Einstellung zum Geschriebenen steht. Die Entwicklung dieser Kommunikationsform, die oft wie ein schriftliches Telefon mit Quasi-on-line-Interaktion der Beteiligten verwendet wird, bietet die Chance, am Produkt und am Prozeß zu untersuchen, welche Merkmale und welche Ausdruckspotenz dem Schreiben als solchem zukommen können und welche bislang erkannten Charakteristika lediglich durch die situativen, sozialen und normativen Vorgaben für seine Verwendung bedingt sind. (ebd.: 27f.)

Eine weiterer interessanter Aspekt, der sich durch die Nutzung medialer Schriftlichkeit für eine am Mündlichen orientierte Kommunikation im zeitlichen Nahbereich ergibt, betrifft – insbesondere in Hinblick auf das Schreiben in synchronen, dialogischen Settings wie dem Chat – die Frage, wie die schriftliche Fixierung und Nachlesbarkeit des Geäußerten den Aufbau und die Nutzung der mentalen Repräsentation von Diskursverläufen (mentales Kommunikationsprotokoll) unterstützt. Hierauf wird in Kap. 4.3.4 noch näher einzugehen sein.

4.3.2 System und Umwelt(en)

Aufgabe des in Abb. 4-4 veranschaulichten Rezipienten/Produzenten-Systems ist es, rezeptive (auf die Aufnahme und Verarbeitung von Input gerichtete) und produktive (auf die Generierung von Output gerichtete) Aktivitäten so zu koordinieren, dass festgestellte Divergenzen zwischen IST-Zuständen (des Selbst- und Partnermodells, der Situation) und selbst etablierten Standards möglichst optimal reguliert werden können. Das Zentrum des Systems bildet eine Kontrollinstanz, die eine operative und eine deklarative Komponente umfasst. Die operative Komponente entspricht cum grano salis der ‚Zentralen Exekutive' des Regelkreismodells, die deklarative Komponente umfasst dasjenige deklarative Wissen, das im Regelkreismodell den Inhalt des „Fokusspeichers" bildet und beständig aktualisiert wird.

Das Rezipienten/Produzenten-System (im Folgenden kurz: *R/P-System*) verarbeitet während der Chat-Teilnahme Inputs aus zwei verschiedenen Umwelten, in denen es zeitgleich, aber in je unterschiedlicher Weise in Handlungszusammenhänge eingebunden bzw. Handlungsnotwendigkeiten unterworfen sein kann.[59] Für die Teilnahme am Chat und die Prozessierung des darüber abgewickelten Kommunikationsereignisses bildet die auf dem Bildschirm angezeigte Chat-Benutzeroberfläche mit ihrem Bildschirmverlaufsprotokoll und den ggf. zur Verfügung stehenden kommunikationsunterstützenden technischen Zusatzfunktionen (z.B. Whiteboard) die Systemumwelt; die Input-Daten werden auf dem Bildschirm bereitgestellt und vom R/P-System durch regelmäßige Überprüfung der Bildschirminhalte aufgenommen. Daneben umgibt den Chat-Teilnehmer an seinem Computerarbeitsplatz aber auch immer noch die reale Umwelt, in welcher er seine Chat-Teilnahme vollzieht. Auch diese Umwelt bietet gegebenenfalls Inputs, die vom R/P-System während der Chat-Teilnahme verarbeitet werden und aufgrund sozialer Verpflichtungen des Individuums unter Umständen auch zur Ausführung von kommunikativen Akten und zur Beteiligung an Kommunikationsereignissen führen, so dass die Aufmerksamkeitsressourcen des R/P-Systems bzw. die für die Verarbeitung von Input und die Generierung von Output zur Verfügung stehenden kognitiven Kapazitäten auf die Repräsentation und Regulierung zweier verschiedener Kommunikationssituationen in unterschiedlichen kommunikativen Umwelten verteilt werden müssen. Darüber hinaus kann das Individuum parallel zur Chat-Teilnahme auch noch mit weiteren, ebenfalls am PC ausgeführten Aktivitäten (z.B. im WWW browsen, ein Computerspiel spielen etc.) befasst oder an anderen Kommunikationspro-

59 Wenn hier vom „Rezipienten/Produzenten-*System*" die Rede ist, das in „*Handlungszusammenhänge*" eingebunden ist, so ist damit eine Redeweise gewählt, die nicht 100%-ig „stilrein" ist im Sinne der Begrifflichkeiten, die in Herrmann (1985) für das Reden über den *integrierten Hörer/Sprecher* verwendet werden. Das Regelkreismodell konzipiert den Hörer/Sprecher nicht als handelnden *Akteur*, sondern als ein *informationsverarbeitendes System*. Das Verhalten des Hörers/Sprechers wird somit interpretiert als ein komplexes Zusammenspiel aus Eingabe-, Zustands- und Ausgabegrößen, die über bestimmte Systemfunktionen zueinander in Beziehung gesetzt und aufeinander abgestimmt werden. Herrmann (1985: 20) konzediert jedoch, dass die Akteur- und die Systembegrifflichkeiten zwar „zwei voneinander getrennte ‚Semantiken'" darstellen, aber „dass man beim uneigentlichen (‚epi-sprachlichen') Reden zwischen Wissenschaftlern oft ohne Kommunikationsrisiken beide Begrifflichkeiten vermengen kann". Wenn in der vorliegenden Arbeit bisweilen Begrifflichkeiten aus der Akteur-Semantik *und* aus der System-Semantik verwendet werden, um darüber zu sprechen, wie ein Chat-Teilnehmer (als Akteur) seine Chat-Teilnahme organisiert bzw. wie das Rezipienten/Produzenten-System anhand der Bewertung von Inputs eine Ausführung von Stelloperationen einleitet, so ist dies der Verständlichkeit der Darstellung geschuldet. Bestimmte Sachverhalte (z.B. wie der Chat-Teilnehmer mit den Handlungsverpflichtungen in zweierlei Umwelten umgeht) lassen sich nur umständlich in System-Begrifflichkeit ausdrücken; andererseits bietet sich die System-Begrifflichkeit wiederum für die Beschreibung der kognitiven Prozesse beim Chatten sowie für die Modellierung der Organisation der abwechselnden, aufeinander bezogenen Ausführung von Input-Verarbeitung und Output-Generierung in besonderer Weise an.

zessen (z.B. per E-Mail, per Instant Messaging oder in anderen Chat-Umgebungen) teilnehmen, die mit ersterer nicht in Zusammenhang stehen.

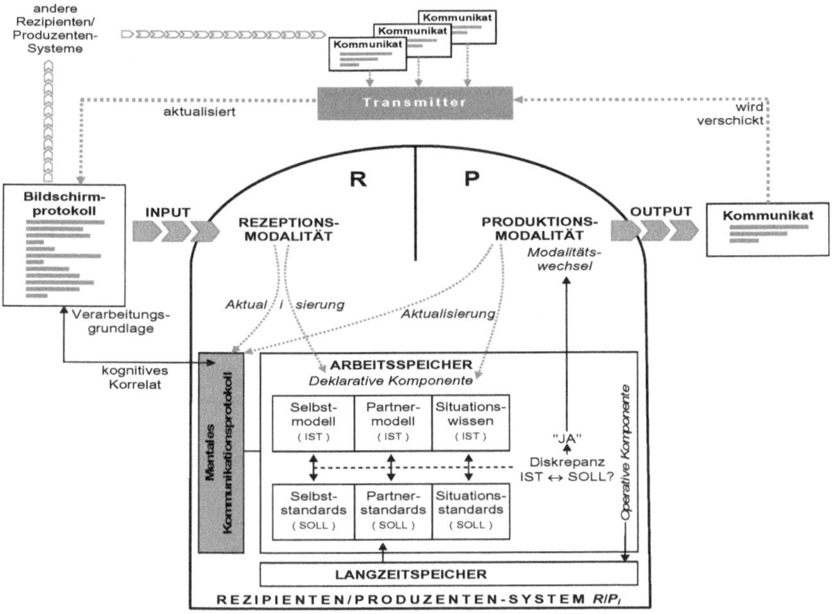

Abb. 4-4: Integriertes Rezipienten/Produzenten-Modell der Chat-Teilnahme.

Längere Phasen vermeintlicher Inaktivität oder das Ausbleiben einer erwarteten Reaktion werden von den Chat-Partnern daher bisweilen mit Fragen bedacht, die darauf zielen, die Kooperativität des anderen sicherzustellen bzw. zu ermitteln, ob dieser das Kommunikationsgeschehen überhaupt verfolgt. In Bsp. 432-1 wird Nutzerin *MissMess* von *brown* nach dem Grund für ihre offensichtliche Inaktivität gefragt. Der Sequenz in Bsp. 432-2 vorausgegangen ist eine Zusage von *Di-Caprio*, Teilnehmerin *nelli* einen Text per E-Mail zuzuschicken; als nach einigen Minuten die erwartete E-Mail immer noch nicht eingetroffen ist, fragt sie, weil sie ihre Chat-Teilnahme beenden muss, diesbezüglich noch einmal nach und verabschiedet sich, als eine Reaktion ausbleibt, schließlich aus dem Chat. *Di-Caprio*, der zu diesem Zeitpunkt offenbar parallel mit der Erstellung der E-Mail-Nachricht befasst ist, scheint dem Chat-Verlauf nur sporadisch zu folgen und daher nicht bemerkt zu haben, dass *nelli* den Chat-„Raum" mittlerweile verlassen hat; seine Antworten auf die Nachfrage von *nelli* erreichen die Adressatin daher nicht mehr.

Beispiel 432-1: Begründung eigener Inaktivität mit Hinweis auf eine zeitgleich zum Eingeloggtsein „in real life" ausgeführte Tätigkeit (Quelle: Dokument Nr. 2221005 <unicum_20-02-2003> aus dem *Dortmunder Chat-Korpus*; das sozialdeiktische „Du" bezieht sich hier auf eine Chat-Teilnehmerin namens *MissMess*, auf deren PC der Mitschnitt erzeugt wurde):[60]

610	**brown *redet zu dir:***	wie kommt es, dass du eingeloggt bist aber ständig schläfst? lieben gruss Tim
649	***Du redest zu brown:***	sorry bin gerade beim arbeiten und hab gar nicht reingeschaut ;-)
654	**brown *redet zu dir:***	achso Hallo!
667	***Du redest zu brown:***	jaja, wenn einen der arbeitseifer überkommt *g*

Beispiel 432-2: „Geteilte Aufmerksamkeit": Nutzer *Di-Caprio* ist während dieser Sequenz offenbar parallel mit der Erstellung einer E-Mail-Nachricht befasst und realisiert daher nicht, dass die Adressatin seiner Beiträge 23 und 27 bereits den Chat-„Raum" verlassen hat (Mitschnitt aus dem *unicum SpaceChat* vom 24.02.1999):

1	**nelli**	DC noch da ?
5	**nelli**	ich habe es noch nicht bekommen meine adddresse steht in meiner info
6	**nelli**	muss nun echt
19	**nelli**	nochmal
20	**nelli**	Tschuess
21	**nelli**	Gute Nacht
22	nelli verlässt den Raum.	
23	**Di-Caprio**	ya bin nur gerade am schreiben !!
27	**Di-Caprio**	email kommt in 5min !!!!!!

Da Eingeloggtsein nicht zwangsläufig bedeuten muss, dass der betreffende Teilnehmer das Kommunikationsgeschehen auch permanent verfolgt, beinhalten manche Chat-Systeme eine Funktion, die es erlaubt, eine Systemmeldung generieren zu lassen, die den Chat-Partnern das eigene „Weg"-Sein ankündigt und einen Grund dafür benennt, und die auch im eigenen Teilnehmerprofil angezeigt wird (siehe Bsp. 432-3). „Weg sein" bezieht sich hierbei nicht unbedingt auf eine Abwesenheit vom (realweltlichen) Arbeitsplatz, sondern darauf, dass der Aufmerksamkeitsfokus des betreffenden Teilnehmers vorübergehend nicht mehr auf die Chat-

60 In diesem und den folgenden Beispielen sind die wiedergegebenen Chat-Beiträge nummeriert. Sind die Beispiele Dokumenten des *Dortmunder Chat-Korpus* entnommen, entsprechen die Beitragsnummern den laufenden Nummern der Beiträge in den entsprechenden Korpusdokumenten. Sind die Beispiele Mitschnitten entnommen, die nicht zum *Dortmunder Chat-Korpus* gehören, so beginnt die Nummerierung jeweils beim ersten zitierten Beitrag mit <1>. Wurde die zitierte Sequenz gekürzt, lässt sich die Anzahl der zwischen zwei wiedergegebenen Beiträgen gelöschten Beiträge aus der Differenz der Beitragsnummern ablesen.

Teilnahme gerichtet ist, unabhängig davon, ob der Teilnehmer nach wie vor in die Chat-Umgebung eingeloggt ist oder nicht:

> Der Unterschied zwischen „hier" und „weg" [...] korrespondiert aus der Sicht der Sprecher mit der An- und Abwesenheit des laufenden Kommunikationsprotokolls am Bildschirm: Wer „hier" ist, kann mitlesen, wer „weg" [...] ist, ist von der Kommunikation abgeschnitten. (Storrer 2001a: 19)

Beispiele 432-3: Von einzelnen Teilnehmern in Auftrag gegebene Systemmeldungen, die deren „Abwesenheit" anzeigen und durch Wiedergabe eines frei formulierten Textes begründen:

411 **Luna84** *ist jetzt weg:* aaaah... studieren is dooooooof...
691 **Kartmen** *ist jetzt weg:* schauen nach ner mail

(Quelle: Dokument Nr. 2221010 <unicum_01-07-2003> aus dem *Dortmunder Chat-Korpus*)

375 **Tigerelse** *ist jetzt weg:* müsli holn
464 **Emon** *ist jetzt weg:* was tun
1695 **Flauscheentchen** *ist jetzt weg:* was lesen

(Quelle: Dokument Nr. 2221003 <unicum_12-02-2003> aus dem *Dortmunder Chat-Korpus*)

373 **silme** *ist jetzt weg:* tel
582 **Kosa** *ist jetzt weg:* microwelle
825 **Asja** *ist jetzt weg:* mal kurz woanders
2365 **Tigerelse** *ist jetzt weg:* küche
3446 **Diddlchen** *ist jetzt weg:* Ice Age gucken

(Quelle: Dokument Nr. 2221008 <unicum_03-03-2003> aus dem *Dortmunder Chat-Korpus*)

Setzt sich das R/P-System parallel mit mehreren verschiedenen sozialen und kommunikativen Umwelten auseinander, so ist anzunehmen, dass die Aufmerksamkeit auf diese verschiedenen Umwelten und die in ihr gegebenen kommunikativen Situationen nach einer individuellen Prioritätenliste verteilt wird; Situationen mit minderem Prioritätsgrad werden dann weniger frequent hinsichtlich ihres aktuellen Standes überprüft und im Fokusspeicher aktualisiert als Situationen mit hohem Prioritätsgrad. Wenn überraschend die Chefin zu einer Besprechung ins Büro kommt, während der Angestellte sich an einem (nicht seinen beruflichen Belangen zugeordneten) Chat-Ereignis beteiligt, wird zweiterer mit ziemlicher Sicherheit der Kommunikation mit der Chefin größere Priorität einräumen als der durch private Interessen definierten Anforderung, den Austausch seiner Chat-Partner zeitnah mitzuverfolgen und sich aktiv in dessen Weiterentwicklung einzubringen.

Beispiel 432-4: Unterbrechung der aktiven Beteiligung am Chat-Geschehen, veranlasst durch den realweltlichen „Besuch" der Chefin (Mitschnitt aus dem *unicum SpaceChat* vom 22.02.1999):[61]

1	***Angel is back!!! (on Linux)***	
3	**McMike** kommt aus dem Raum **unicum** herein.	
12	**SphinX:-)))**	ANGEL!! Hey!! du bist doch auch in der Frankfurter GEgend, oder?
15	**SphinX:-)))**	Hey McM!! *freu*
16	**Angel**	Yepp....SX, hatte nur Ärger hier auf der Arbeit...
17	**Angel**	...und konnte deshalb nicht mehr tagsüber hier rein!
18	**Angel**	Aber Du machst Dich ja auch ganz schön rar...
19	**McMike**	huhuuuuu SX!! *auchfreu*
22	**SphinX:-)))**	ANGEL tja .. ich bin jetzt öfters mal in MZ!
23	**SphinX:-)))**	*ist jetzt weg:* Chefin im Rücken
159	**SphinX:-)))**	*ist jetzt weg:* kann die nich woanders ratschen? *grummel*

Neben spezifisch gearteten Handlungs- und Aufmerksamkeitsverpflichtungen bringen die verschiedenen Umwelten, mit denen das R/P-System während der Chat-Teilnahme konfrontiert ist – die reale Umwelt einerseits und die kommunikative Kontaktsphäre der genutzten Chat-Umgebung andererseits –, unterschiedliche Bezugssysteme für sprachliches Verweisen mit sich. Als Verweisraum, auf den der Produzent einer Äußerung seine Adressaten mit der Verwendung lokaldeiktischer und quasilokaldeiktischer Ausdrücke wie „hier", „dort", „oben", „unten" orientieren möchte, kann sowohl der metaphorisch konstituierte Chat-„Raum" infrage kommen als auch der reale Ort, an welchem sich der Chat-Teilnehmer befindet; des Weiteren können die Ausdrücke „oben" und „unten" verwendet werden, um die Adressaten mittels Verweisfloskeln („siehe oben", „siehe unten") auf zurückliegende Beiträge im schriftrollenartig organisierten Bildschirmverlaufsprotokoll zu orientieren (Storrer 2001a: 17ff.). Im Falle von Chat-Systemen, die in größere Systemarchitekturen (z.B. eine Lernplattform, ein Online-Game) integriert sind, können darüber hinaus verschiedene Komponenten der Online-Umgebung als Origo für sprachliches Verweisen fungieren. Beispiel 432-5 zeigt eine Sequenz aus dem Browsergame *Freewar*, in dem von den Spielern verschiedene „Orte" bereist werden, während sie sich über eine Chatfunktion austauschen können, bei welcher die Beiträge unabhängig davon lesbar sind, ob sich der andere gerade am selben oder einem anderen Spiel-„Ort" befinden (diese Chatfunktion wird

---

61 Nummerierungskonvention wie in Bsp. 432-1. Die 136 Beiträge, die zwischen den Beiträgen 23 und 159 liegen, enthalten keine weiteren Beiträge der Teilnehmerin *SphinX:-)))*; es ist daher davon auszugehen, dass sie aufgrund des Sachverhalts „Chefin im Rücken" gezwungenermaßen ihre weitere Beteiligung am Chat-Geschehen unterdrücken musste.

im Spiel daher auch als „Schrei-Chat" bezeichnet; die darüber ausgetauschten einzelnen Beiträge – „Schreie" – sind für alle Spieler lesbar bzw. – gemäß der „Schrei"-Metaphorik – auf der ganzen Spielwelt zu „hören"). In der Sequenz vereinbaren die Spieler *Pandrodor* und *sir cloud*, am Spielort „Hewien" ein Geschäft abzuwickeln; als *Pandrodor* am vereinbarten Ort eingetroffen ist, gibt er dies bekannt, indem er mit dem Ausdruck „da" auf den Ort verweist:

Beispiel 432-5: Sprachliches Zeigen auf diejenige Komponente der Online-Umgebung (Spielort „Hewien"), die der Beitragsproduzent aktuell ausgewählt hat (Mitschnitt aus dem Chat im Browserspiel *Freewar* (Welt 1) vom 29.07.2006):[62]

1	**Pandrodor schreit:** möchte jemand nen feuerdiamanten kaufen? 4k über hewien wär mein angebot
4	**sir cloud schreit:** panrador ich nehm den
6	**Pandrodor schreit:** ok, in 3 mins in hewien
16	**Pandrodor schreit:** bin da sir cloud
17	**sir cloud schreit:** komme gleich

Wir halten fest: Das R/P-System kann, auch wenn der Aufmerksamkeitsfokus ursprünglich auf die Beteiligung an einem Chat-Ereignis gerichtet ist, in die Lage kommen, Kommunikationssituationen mit verschieden strukturierten Umwelten zu repräsentieren, beurteilen und aktiv gestalten zu müssen. Während der Chat-Teilnahme kann ein Familienmitglied das Zimmer betreten (dessen Zurückweisung soziale Konsequenzen im privaten Umfeld haben könnte) oder der Vorgesetzte in einer dringlichen Angelegenheit anrufen (dessen Zurückweisung – auch wenn sie in der Freizeit erfolgt – soziale Konsequenzen im beruflichen Umfeld haben könnte). Hierbei muss das System nicht nur die parallele Abwicklung seiner Beteiligung an verschiedenen Kommunikationsprozessen koordinieren; vielmehr muss auch das sprachliche Zeigen den unterschiedlichen Verweisräumen angemessen sein. Für den Fokusspeicher des Systems bedeutet dies eine Mehrbelastung, da parallel Inputs aus verschiedenen Umwelten verarbeitet und mentale Repräsentationen mehrerer, zueinander nicht in Zusammenhang stehender und über unterschiedliche Medien abgewickelter Situationen vorgehalten werden müssen. Für die Hilfssysteme bei der Sprachproduktion bedeutet dies, geeignete Enkodierungsspezifikationen für unterschiedliche Situationstypen mit z.T. sehr unterschiedlichen Äußerungs- und Wahrnehmungsmöglichkeiten vorzunehmen. Gänzlich neu sind solche Konstellationen, in denen parallel mit verschiedenen Ty-

62 Nummerierungskonvention wie in Bsp. 432-1.

pen kommunikativer Kontaktsphären umgegangen wird, nicht: Situationen, in denen man nicht umhin kommt, parallel mit einem Partner im selben Raum und mit einem anderen Partner am Telefon ein Gespräch zu führen, hat wohl jeder schon einmal erlebt. Auch in solchen Situationen, in denen bestimmte Formen des Ausdrucks (z.B. Gestik, Mimik) nicht für beide Gespräche in gleicher Weise zur Verfügung stehen und in denen die Inputs aus beiden Kommunikationsprozessen, sofern sie nicht direkt aufeinander bezogen sind, im Fokusspeicher getrennt voneinander verwaltet werden müssen, entsteht kognitive Mehrbelastung. Neu an Situationen schriftlicher internetbasierter Kommunikation ist, dass die parallele Beteiligung an weiteren Kommunikationsprozessen von den jeweiligen Partnern nicht zwangsläufig erkannt werden kann (da mindestens einer der verschiedenen Prozesse unter Nutzung medialer Schriftlichkeit vollzogen wird) und dass – wie oben erläutert – die mediale Schriftlichkeit sowie die metaphorische Konzeptualisierung der virtuellen Kontaktsphäre als „Raum" Bezugssysteme für sprachliches Verweisen eröffnen, die zuvor entweder nur aus der sprachlichen Orientierung in einem textuellen Verweisraum (außerhalb dialogischer Kontexte) geläufig waren oder aber eine Besonderheit des Chat darstellen (die Nähesphäre am Telefon mit einem gemeinsamen „Hier und Jetzt" zu assoziieren, dürfte wohl eher unüblich sein).

4.3.3 Koordination von Input-Verarbeitung und Output-Generierung (Rezeption und Produktion)

Im Unterschied zu Situationen mündlicher Kommunikationsteilhabe drängen sich die Inputdaten in Situationen der Chat-Teilnahme nicht unwillkürlich und zur Laufzeit ihrer Realisierung an die Perzeptoren des R/P-Systems. Vielmehr sind die Outputs der übrigen Kommunikationsteilnehmer zunächst schriftlich auf einem dem R/P-System als Verarbeitungsgrundlage zugänglichen Darstellungsmedium repräsentiert. Zu Inputdaten werden diese Textdaten – im Gegensatz zu Äußerungen in Situationen synchronen mündlichen Austauschs – nicht unwillkürlich und durch ihre bloße Materialität; vielmehr muss seitens des R/P-Systems *aktiv*, d.h. mit der Absicht der Wahrnehmung und Verarbeitung, auf sie zugegriffen werden. Das R/P-System kann die Verfügbarkeit neuen potenziellen Inputs erst dann feststellen, wenn zuvor eine Entscheidung zum perzeptiven Zugriff auf das Darstellungsmedium getroffen wurde.[63] Wenn

63 Zum Bildschirmverlaufsprotokoll als Augenmedium vgl. Kap. 3.2.

der Chat-Teilnehmer sich nicht dazu entscheidet, auf den Anzeigebereich seines Computerbildschirms blicken zu wollen, kann darin noch so viel neuer Text angezeigt sein – er wird von seiner Existenz nichts bemerken. Trifft er die Entscheidung, den Anzeigebereich des Bildschirms mit den Augen auf neue Inhalte zu überprüfen, kann das neu Wahrgenommene anschließend als Input verarbeitet werden. Ob dies geschieht oder nicht, kann davon abhängen, ob zeitgleich noch die Ausführung einer anderen Aktivität anliegt, der zum aktuellen Zeitpunkt Priorität eingeräumt wird. Beispielsweise ist denkbar, dass das System sich aktuell im Modus der Output-Generierung („Produktionshaltung“) befindet und das Bildschirmprotokoll zwischendurch lediglich überprüft, um sicherzustellen, dass eine aktuell als Output in Produktion befindliche Frage zwischenzeitlich nicht bereits von einem anderen Kommunikationsbeteiligten gestellt wurde; andere Kommunikationsbeiträge, die bei der Überprüfung des Protokolls hierbei ebenfalls als neu erkannt werden können, werden lediglich dahingehend überprüft, ob die aktuell in Produktion befindliche Frage durch sie ggf. thematisch obsolet würde. Das System wechselt – im Falle, dass die Frage nach wie vor relevant ist – aufgrund der bloßen Identifizierung neuer Beiträge jedoch nicht zwangsläufig vom Modus der Output-Generierung zu einem Modus der Input-Verarbeitung, sondern kann vielmehr der Zuendeführung des in Produktion befindlichen Outputs Priorität einräumen und die Verarbeitung der als neu erkannten Kommunikationsbeiträge bis dahin in die Warteschlange der abzuarbeitenden Aufgaben stellen.

Ein zentrales Organisationsprinzip mündlicher Diskurse besteht darin, dass die Beteiligten situationsbezogen Rollenwechsel vollziehen, die sich aus den pragmatischen Bedingungen ergeben (d.h.: in informellen Diskursen eher auf Aushandlung basieren, während ihr Auftreten und ihre Verteilung bei institutionell vorstrukturierten Diskursen weitgehend vorgegeben sein kann). Der Rolle des *Hörers* steht die Rolle des *Sprechers* gegenüber, wobei charakteristisch ist, dass die Rolle des Hörers zeitgleich von beliebig vielen Beteiligten eingenommen werden kann, während die Rolle des Sprechers (von Überlappungen an der unmittelbaren Peripherie von Rollenwechseln einmal abgesehen) nur in Ausnahmefällen über einen längeren Zeitraum von mehr als einem Beteiligten wahrgenommen wird. *Hören* und *Sprechen* stellen die beiden fundamentalen Aktivitätstypen dar, die für die erfolgreiche Bearbeitung kommunikativer Aufgaben in direkter mündlicher Kommunikation von den Kommunikanten realisiert werden müssen. Hierbei sind diejenigen, die Hörer-Status einnehmen, in aller Regel keine rein passiven „Inputverarbeiter“, sondern vielmehr Akteure, die zu einem Zeitpunkt den Diskurs zwar nicht eigeninitiativ (durch Hervorbringung einer Äußerung) weiterentwickeln, die aber durch spezifische

Formen des (verbalen und nicht-verbalen) Rückmeldeverhaltens Einfluss auf die Gestaltung desjenigen Redebeitrags nehmen können, den der Kommunikationspartner in Sprecherrolle gerade ausführt.[64] Die Sprecher-Rolle ist somit stets exklusiv, der Redebeitrag, den der Kommunikant in Sprecher-Rolle realisiert, ist jedoch zu gewissen Teilen ein kooperatives Produkt, an dessen Ausgestaltung die Hörer über Mittel der Sprechersteuerung mitwirken.

Die Chat-Technologie erlaubt aufgrund ihrer Nicht-Simultaneität keine Aushandlung einer „Sprecher"-Abfolge zur Laufzeit der Interaktion. Die Chat-Kommunikation *benötigt* zunächst auch kein System zur Regelung einer Beitragsabfolge, da aufgrund der künstlichen Sequenzierung selbst gleichzeitig eintreffender Chat-Beiträge durch den Server ein wechselseitiges „Überschreiben" zweier Beiträge analog zum „Übertönen" zeitgleich realisierter Äußerungen in mündlicher Kommunikation nicht möglich ist (vgl. Lenke & Schmitz 1995: 130). Im Chat wird jeder schriftliche Beitrag zunächst vollständig produziert, dann en bloc an den Server übermittelt und von diesem zwischen zwei erzwungenen Absatzwechseln ins kontinuierlich fortgeschriebene und an die Adressatenrechner übermittelte Verlaufsprotokoll eingehängt (vgl. Kap. 3.2). Um die Produktion eines eigenen Kommunikationsbeitrags aufzunehmen, bedarf es keiner Beanspruchung eines exklusiv zu vergebenden Produktionsrechts bzw. keiner Zuweisung einer Legitimation durch die übrigen Beteiligten, dieses Recht in Anspruch und bis auf Weiteres die Produzentenrolle einzunehmen. Produziert werden kann unabhängig davon, was die übrigen Kommunikanten gerade tun (was sich ohnehin einer direkten Kontrolle zur Laufzeit entzieht), mehrere Kommunikanten können parallel Beiträge fertigstellen und abschicken, wann ein Kommunikant Beiträge produziert und wann er Beiträge seiner Partner rezipiert, ist seiner eigenen Entscheidung überlassen und ergibt sich nicht aus qua Aushandlung herbeigeführten Rollenwechseln.

Unbenommen bleibt dabei selbstverständlich die Option, dass die Entscheidung zu produktiver Aktivität durch die Handlungssemantik vorangegangener Partneräußerungen bedingt sein kann: Dass sprachliche Handlungen bestimmten Typs durch vorangegangene Handlungen bestimmten Typs prädeterminiert werden (z.B. Handlungen vom Typ *AS-*

64 Dies gilt zumindest dann, wenn es sich bei den Zuhörern um *ratified participants* i.S.v. Goffman (1981) handelt. Dass es in mündlichen Diskursen auch *bystanders* geben kann, die nicht in die Interaktion eingebunden sind, diese aber trotzdem mitverfolgen, ist natürlich klar.

SERTION durch Handlungen vom Typ *FRAGE*)[65] und in Bezug auf den vorangegangenen Handlungstyp als Realisierungen bestimmter Positionen im Rahmen sprachlicher Handlungsmuster interpretiert werden können (z.B. Handlungen vom Typ *ASSERTION* als Realisierungen der Position *ANTWORT* im Rahmen von Frage-Antwort-Mustern), ist zunächst unabhängig von der Art und Weise, wie in einer Kommunikationsumgebung die Abfolge und Positionierung von Kommunikationsbeiträgen durch die Beteiligten geregelt ist oder geregelt werden kann. Sprachliche Handlungsmuster als kulturell eingespielte Interaktionsformate dienen der schematisierten (ökonomischen) Bearbeitung wiederkehrender kommunikativer Aufgaben und bilden somit die Grundlage jedweder Form des Kommunizierens.[66] Unter Umständen können sie in unterschiedlichen Kommunikationsumgebungen – z.B. bedingt durch technologische Rahmenbedingungen – spezifische Realisierungsvarianten annehmen, das zugrunde liegende Muster wird dadurch jedoch nicht abgewandelt. Beispielsweise kann es in Chat-Ereignissen vorkommen, dass auf die Frage eines Kommunikanten A seitens dreier anderer Kommunikanten Sprachhandlungen vom Typ *ASSERTION* mit gleicher Proposition ausgeführt werden, die alle als Realisierungen der durch die Frage eröffneten Musterposition *ANTWORT* interpretiert werden können. Dass diese drei identischen Antworten *nacheinander* gegeben wurden, kann ein interpretativer Trugschluss auf Basis des Verlaufsprotokolls sein, welches die betreffenden Beiträge untereinander in drei verschiedenen Absätzen darstellt. Möglicherweise wurden die drei Beiträge jedoch zeitgleich produziert und nahezu zeitgleich verschickt, oder die jeweiligen Produzenten haben vor der Verschickung ihres Beitrags das Verlaufsprotokoll nicht mehr daraufhin überprüft, ob sich die Beantwortung der Frage von A mittlerweile bereits erledigt hat. Oder einer oder mehrere der Antwortenden haben vor der Verschickung ihres Antwortbeitrags zwar bemerkt, dass die Frage sehr wohl bereits beantwortet wurde, im Wissen um die Möglichkeit paralleler Produktion im Chat und um daraus bisweilen resultierende versehentliche Dopplungen ihren Beitrag aber dennoch abgeschickt, um z.B.

- A damit zu signalisieren, dass man sich ebenfalls die Mühe einer Antwort gemacht hat,
- auf diese Weise ihre Kooperativität unter Beweis zu stellen,
- von A soziale Gratifikationen zu erhalten,

65 Gemeint ist hier die Vorstrukturierung der konditionellen Relevanz von Folgeäußerungen durch die Vorgängeräußerung (vgl. z.B. Schegloff & Sacks 1973).

66 Zum Konzept des sprachlichen Handlungsmusters vgl. ausführlich Ehlich & Rehbein (1986: Kap. 6) sowie GDS (Kap. C1).

– das Partnermodell, das A von ihnen hat, positiv zu beeinflussen
– (etc.).

In jedem Fall kann die auf den ersten Blick eigenartige Struktur *FRAGE – ANTWORT 1 – ANTWORT 2 – ANTWORT 3*, bei welcher die Positionen *ANTWORT 1*, *ANTWORT 2* und *ANTWORT 3* propositional identisch sind, aus den spezifischen technologischen Rahmenbedingungen oder – falls, wie beschrieben, andere Intentionen ihrer Verschickung unterliegen – aus einem Wissen der Produzenten um diese spezifischen Rahmenbedingungen resultieren.

Garcia & Jacobs (1999) unterscheiden fünf verschiedene Rollen, die ein Chat-Teilnehmer während seiner Beteiligung an der Prozessierung eines Chat-Ereignisses einnimmt, nämlich *message constructor*, *message poster*, *waiter*, *reader* und *worker*:

> Each participant in QS-CMC [Quasi-synchronous CMC] plays several roles throughout the interaction: *message constructor*, when the participant is engaged in typing, composing or editing a message; *message poster*, when they send their completed message to the posting box; *waiter*, when they are waiting for another participant to post a message (either a response to their own posted message, a message posted by another participant, or a message on a new topic); *reader*, when they are reading the posting box (this may include scrolling up to read previously posted messages); or *worker*, when they are engaged in nonscreen activities such as reading hard documents. (Garcia & Jacobs 1999: 347)

Ich möchte die von Garcia & Jacobs unterschiedenen Rollentypen mit gewissen Modifikationen für die Beschreibung von Aktivitäten bei der Chat-Teilnahme übernehmen, jedoch anstelle von „Rollen" von *Aktivitätstypen* (wenn ich mich auf den Chat-Teilnehmer als Akteur beziehe) bzw. von *Arbeitszuständen* (wenn ich mich im Begriffssystem des R/P-Systems bewege) sprechen. Diese terminologische Entscheidung soll dazu dienen, Chat-Partizipation begrifflich gegenüber einer Beteiligung an mündlichen Diskursen zu kontrastieren. Während bei der Partizipation an Chat-Ereignissen, die in Standard-Chat-Umgebungen abgewickelt werden, jedem Beteiligten jederzeit eine freie Wahl zwischen den verschiedenen für die Beteiligung relevanten Aktivitätstypen möglich ist, müssen Wechsel von der Hörer- in die Sprecherrolle in mündlicher Konversation – wie oben erläutert – verhandelt und individuell durchgesetzt werden. Die Rolle des Sprechers ist dann Produkt einer Legitimation durch die Partner, etwas tun zu dürfen, was im Idealfall nur einer zur Zeit tut: nämlich einen Redebeitrag äußern. Damit ist die Sprecherrolle etwas, das nur aufgrund einer Zuweisung durch die soziale Mitwelt zustande kommt, nicht aber durch individuelle Wahl erworben werden kann. Zudem kann sie nur dadurch exklusiv sein, dass es einen anderen Rollentypus (die Hörerrolle) gibt, der nichtexklusiv ist und der im Idealfall immer von allen anderen eingenommen wird, während einer die Sprecherrolle innehat.

Die verschiedenen Arbeitszustände, die das R/P-System während der Chat-Teilnahme annehmen kann, lassen sich zwei Modalitäten zuordnen, auf welche die Arbeit des Systems ausgerichtet sein kann. Das System kann jeweils nur *eine* der beiden Modalitäten zur Zeit einnehmen. Die beiden Modalitäten repräsentieren die fundamentalen Systemfunktionen, nämlich einerseits das *Messen* (von IST-Zuständen) und andererseits das *Ausführen von Stelloperationen* (zur Regulation). Ich nenne die erstere der beiden Modalitäten die *Rezeptionsmodalität*; sie zielt auf die Wahrnehmung und Verarbeitung von Inputdaten. Die zweitere, die für die Generierung von Output zuständig ist, nenne ich *Produktionsmodalität*. Die Modalität „Produzieren" wird dabei nicht lediglich als dann für gegeben angenommen, wenn die Hervorbringung oder Bearbeitung materialen (schriftlichen) sprachlichen Outputs beobachtet werden kann; vielmehr können Phasen des Produzierens auch Aktivitäten beinhalten, die dazu dienen, während der Erarbeitung einer sprachlichen Output-Einheit (= eines Chat-Beitrags oder einer Sequenz von Chat-Beiträgen, mit dem/der mindestens eine Sprachhandlung realisiert wird) zu überprüfen, ob diese nach wie vor relevant ist. Evaluationen des Verlaufsprotokolls können also als Teile von Produktionsphasen auftreten; die Evaluation des Verlaufsprotokolls übernimmt dann eine Teilfunktion in Bezug auf die Systemfunktion, mittels sprachlichen Outputs eine Stelloperation auszuführen. Die Modalität „Rezipieren" wird hingegen dann angenommen, wenn zuvor eine Produktionsphase entweder erfolgreich abgeschlossen (d.h. mit der Verschickung des Produkts beendet) oder anknüpfungslos abgebrochen (d.h. mit einer vollständigen Löschung des Eingegebenen beendet) wurde, oder wenn die Aktivitäten der Texteingabe und -bearbeitung ohne das Vorhaben einer unmittelbaren Fortführung vorübergehend eingestellt werden (woran sich dann später Aktivitäten entweder der Fortführung, der Verschickung oder der Löschung anschließen können). Eine Rezeptionsphase muss dabei nicht lediglich aus Aktivitäten des Lesens neuer Beiträge im Verlaufsprotokoll (= der Verarbeitung von Input) bestehen, sondern kann des Weiteren solche Aktivitäten umfassen, die auf die Wahrnehmung neuen Inputs zielen, auch wenn solcher aktuell nicht vorhanden ist (z.B. Warten mit Blick auf das Verlaufsprotokoll oder Zurückscrollen im Verlaufsprotokoll).

Ein Wechsel der Modalität ist entweder dann der Fall, wenn die operative Komponente des R/P-Systems im Fokusspeicher eine kritische IST/SOLL-Divergenz diagnostiziert, oder wenn nach der Ausführung einer Stelloperation eine neue Messoperation ausgeführt werden soll, um den durch die Stelloperation erzielten Effekt zu überprüfen. Je nach dem

Ergebnis des Abgleichs der Daten aus der erneuten Messung mit den SOLL-Werten im Fokusspeicher können weitere (ggf. alternative) Stelloperationen in Gang gesetzt werden usf., bis idealerweise der IST-Zustand SOLL-Niveau erreicht. *Messen/Vergleichen* (*Rezipieren*) und *Korrigieren* (*Produzieren*) sind hierbei als alternierend ausgeführte und aufeinander bezogene Teilfunktionen bei der Systemregulation zu denken; sie konstituieren *TOTE*-Einheiten (= *T*est–*O*perate–*T*est–*E*xit; vgl. Herrmann & Grabowski 1994: 272f.) und halten den Regelkreis am Laufen.

Eine gleichzeitige Verarbeitung von Input und Generierung von Output ist im Chat schon allein deshalb bestenfalls über minimale Zeiträume möglich, weil für die Verarbeitung von Input eine andere visuelle Orientierung vonnöten ist als für die Generierung sprachlichen Outputs: Rezipieren erfordert eine Orientierung des Blicks auf die im Bildschirmverlaufsprotokoll dargestellten schriftlichen Beiträge, Produktion erfordert in der Regel ein visuelles Monitoring einerseits der mit den Händen ausgeführten Tippaktivitäten und andererseits des in einem vom Bildschirmverlaufsprotokoll verschiedenen Bereich des Bildschirms angezeigten eingegebenen Textes. Ein „gleichzeitiges Lesen und Schreiben" (Thaler 2005: 86) im Sinne eines Parallellaufens von Rezeption und Produktion ist daher eher nicht anzunehmen; Daten aus Nutzerbeobachtungen (vgl. die Kap. 5 und 6 der vorliegenden Arbeit) stützen diese Annahme.[67] Stattdessen er-

67 Thaler (2005) benennt als eine zentrale kognitive Anforderung an Chat-Teilnehmer die „Tatsache, dass die einzelnen Gesprächsbeiträge nur vorübergehend am Bildschirm zu sehen sind und mit dem Hinzukommen neuer Äußerungen wieder von diesem verschwinden", was dem Chat eine Flüchtigkeit verleiht, „die sich derjenigen von gesprochener Sprache annähert und den Chatter einem teilweise erheblichen Druck aussetzt" (ebd.: 85). Diesbezüglich wäre zu diskutieren, ob die kognitive Belastung beim Chatten nicht sogar als noch höher einzuschätzen ist als im mündlichen Gespräch – nämlich gerade deshalb, *weil* Rezeption und Produktion in der Regel nur alternierend erfolgen können, die Anzeigefläche für neue Beiträge sich aber auch während des Produzierens mit neu zu verarbeitender Information füllen kann (was im Gespräch – zumindest, wenn man den Idealfall annimmt, dass ein gleichzeitiges Sprechen mehrerer Kommunikanten über längere Zeiträume nicht die Regel ist – nicht der Fall ist: Im Gespräch spricht im Idealfall einer zur Zeit, während die Partner die komplementäre Tätigkeit des Zuhörens ausüben). Der Stress, mit dem es für die Chatter umzugehen gilt, besteht somit gerade darin, dass man – egal was man tut, ob man nun produziert oder rezipiert – dies stets in dem Bewusstsein tut, damit zugleich das jeweils andere zu vernachlässigen: Wenn man gerade produziert, kann man vorübergehend keine Aufmerksamkeitsressourcen aufs Rezipieren verwenden, was die Gefahr birgt, mit dem, *was* man produziert, dem Stand des Geschehens hinterherzuhinken; je länger man rezipiert, desto größer die Chance, dass in der Zwischenzeit bereits einer oder mehrere Partner an neuen eigenen Beiträgen zu arbeiten begonnen haben, die möglicherweise gerade dann im Bildschirmverlaufsprotokoll eintreffen und damit den aktuellen Stand der Kommunikation verändern, wenn man sich endlich selbst dazu entschlossen hat, die Versprachlichung eines neuen Handlungsplans aufzunehmen, der sich auf den dann bereits veralteten Stand bezieht. Wenn Thaler (ebd.: 86) also schreibt, dass dem Chat-Teilnehmer

fordert die Bewältigung der Chat-Situation gerade aufgrund des nicht-simultanen Settings einen häufigen Wechsel zwischen Texteingabe/-bearbeitung und Evaluation (Lesen) des Bildschirmverlaufsprotokolls, beispielsweise in Form eines zeitlich engmaschigen Einschubs kurzer Phasen der Sichtung des Protokollinhalts in Phasen des Produzierens, in denen überprüft wird, ob die zwischenzeitliche Weiterentwicklung des Verlaufsprotokolls den eigenen in Arbeit befindlichen Beitrag ggf. obsolet gemacht hat. Im negativen (beziehungsweise im Sinne einer Ökonomie des Produzierens *positiven*) Fall führen solche Evaluationen zum Abbruch der Texteingabe und zu einer Änderung des verfolgten Handlungsplans (vgl. hierzu die Fallstudie in Kap. 6). In der Mündlichkeit besteht die Notwendigkeit des Einschiebens von kurzen Input-Evaluationen während der Beitragsproduktion nicht in vergleichbarer Weise, da aufgrund der simultanen und multimodalen Kommunikationssituation direkt zur Laufzeit der Produktion ersichtlich würde, ob ein anderer Teilnehmer gleichzeitig etwas beiträgt. Überdies verhindern die auf Rationalität gründenden Organisationsprinzipien für mündliche Diskurse, dass mehrere Teilnehmer über einen längeren Zeitraum gleichzeitig Redebeiträge realisieren. Nicht zuletzt wären kurze Unterbrechungen der Produktion zugunsten einer Input-Evaluation im Mündlichen auch in strategischer Hinsicht wenig sinnvoll, bieten doch Sprechpausen anderen Kommunikanten die Option, Vorstöße zur Übernahme des Rederechts zu unternehmen.

Abb. 4-5 zeigt, wie die von Garcia & Jacobs (1999) beschriebenen Rollen während der Beteiligung an „quasi-synchroner" computervermittelter Kommunikation („Quasi-Synchronous CMC") den beiden für die Teilnahme am Kommunikationsprozess relevanten Modalitäten *Rezipieren* und *Produzieren* als Arbeitszustände zugeordnet werden können, die das R/P-System zu Zwecken der Wahrnehmung und Verarbeitung von Input und der Generierung von Output annimmt. Die Rollentypenbezeichnungen von Garcia & Jacobs wurden dabei nicht nur ins Deutsche, sondern auch in eine Begrifflichkeit übersetzt, die anstelle einer Bezeichnung von Partizipationsrollen eine Bezeichnung von Aktivitätstypen bzw. Funktionen von Arbeitszuständen erlaubt. Den Rollentypen *waiter*, *reader* und *worker* sind hierbei Pendants in jeweils verschiedenen Aktivitätsbereichen zugeordnet:

„gleichzeitiges Lesen und Schreiben abverlangt wird", so ist dieser Einschätzung dann zuzustimmen, wenn man sie als Anforderung an einen ‚idealen Chatter' auffasst. Der ‚Chat-Stress' ergibt sich dann gerade dadurch, dass man als Chat-Teilnehmer dieser Anforderung nie zu 100% gerecht werden kann.

Participants' roles in Quasi-Synchronous CMC (Garcia & Jacobs 1999)	**Aktivitäten während der Chat-Teilnahme**		
	Auf die Chat-Teilnahme gerichtete Aktivitäten (Arbeitszustände des R/P-Systems)		nicht auf die Chat-Teilnahme gerichtete Aktivitäten
	Rezipieren	***Produzieren***	
message constructor (typer, composer, editor)	–	einen Beitrag erstellen	–
message poster	–	einen Beitrag verschicken	–
waiter	Warten	–	Warten
reader	Lesen	Scannen	–
worker	–	Rückgriff auf chat-externe Ressourcen	Bearbeitung chat-externer Ressourcen

Abb. 4-5: Teilnehmer-Rollen (nach Garcia & Jacobs 1999) und entsprechende Aktivitätstypen (System-Arbeitszustände) während der Chat-Teilnahme.

- *Warten* kann man während der Chat-Teilnahme auf das Eintreffen neuer (ggf. erwarteter) Beiträge im Verlaufsprotokoll, genausogut aber auch darauf, dass in „real life" etwas geschieht (denkbar ist dies beispielsweise in Situationen, in denen jemand an einem Chat teilnimmt, um sich die Zeit zu vertreiben, bis ein angekündigter Besucher eintrifft); in zweiterem Fall können Wartephasen während der Chat-Teilnahme primär auf das Eintreffen des angekündigten Besuchers gerichtet sein und nicht auf die Weiterentwicklung des Kommunikationsereignisses auf dem Bildschirm.[68]

68 Die Rollenbezeichnung ‚waiter' bzw. die entsprechende Aktivitätstypenbezeichnung ‚Warten' konstituiert ohnehin eine Beschreibungskategorie, die, wenn sie empirisch (durch Beobachtung) nachgewiesen werden soll, als zu einem guten Teil nur spekulativ zuweisbar zu gelten hat: Die Beobachtung eines während eines bestimmten Zeitraums nicht-lesenden, nicht-tippenden, nicht-postenden und nicht mit chat-externen Dokumenten beschäftigten Chat-Teilnehmers besagt uns letztlich nicht mehr, als dass dieser Teilnehmer während des in Rede stehenden Zeitraums weder Beiträge eingegeben, redigiert oder verschickt noch im Verlaufsprotokoll gelesen oder mit chat-externen Ressourcen gearbeitet hat; aus dieser Be-

- Die Verarbeitung oder zumindest die Wahrnehmung neuer Input-Daten kann – wie bereits beschrieben – nicht nur für die Modalität *Rezipieren*, sondern auch für das *Produzieren* eine Rolle spielen. Gerade in der Chat-Kommunikation, bei welcher die Verschickung, Übermittlung und Anzeige eines Kommunikationsbeitrags erst nach Abschluss der Produktion erfolgen kann, besteht die Gefahr, dass ein Beitrag, der zum Zeitpunkt des Beginns seiner Produktion propositional wie auch hinsichtlich seines intendierten Handlungstyps relevant war, zum Zeitpunkt seiner Verschickung bereits redundant oder irrelevant geworden ist. Um das Risiko, Aufwand „für nichts“ zu betreiben (also Beiträge zu Ende zu produzieren, die sich vor Abschluss ihrer Produktion bereits „erledigt“ haben), zu minimieren, können während der Produktion kurze Phasen der Sichtung des Verlaufsprotokolls eingeschoben werden. Wer schon einmal gechattet oder geübte Chatter beim Chatten beobachtet hat, wird die Erfahrung teilen, dass dies durchaus bisweilen der Fall ist. Da, um kommunikativ „am Ball zu bleiben“, die Chat-Teilnehmer in den meisten Chat-Umgebungen stets unter einem gewissen Zeitdruck stehen, ist jedoch stark davon auszugehen, dass während der Produktionsphasen auf Bildschirminhalte anders zugegriffen wird als in Phasen, in denen die Kapazitäten des Systems (bzw. die Aufmerksamkeit des Chat-Teilnehmers) explizit auf die Verarbeitung neuer Information gerichtet sind. Aus diesem Grun-

obachtung abzuleiten, dass der Teilnehmer dann wohl *gewartet* haben muss, ist aber hochgradig interpretativ. Ob jemand wartet oder stattdessen einfach gedanklich abgeschweift oder sonstwie dazu veranlasst ist, in seinem beobachtbaren Verhalten lediglich eine Reihe alternativer Aktivitätsoptionen *nicht* auszuüben, entzieht sich der Beobachtung. Aus Sicht des einzelnen Teilnehmers macht es natürlich durchaus Sinn, das *Warten* als eine „Rolle“ unter mehreren anzunehmen (wie bei Garcia & Jacobs getan) – denn dass auch beim Chatten (wie auch in allen anderen Formen dialogischer Interaktion) nach der Ausführung bestimmter Sprachhandlungstypen auf das Eintreten bestimmter anderer (antizipierter oder erwarteter) Sprachhandlungstypen oder an bestimmten Punkten eines Kommunikationsereignisses auf die Initiierung eines neuen Handlungsmusters oder die Etablierung eines neuen Themas durch einen der Partner gewartet wird (bzw. – im Sinne einer effizienten und zielführenden Verständigung – werden *muss*), kann nicht geleugnet werden. Für empirische Zwecke ist eine Kategorie ‚Warten‘ m. E. jedoch nur unzureichend operationalisierbar. In denjenigen Teilen dieser Arbeit, in denen es um die datenbasierte Beschreibung ausgewählter Aspekte von Chat-Teilnahme-Ereignissen geht, soll daher auf die Kategorie *Warten* verzichtet werden. Wenn in entsprechenden Analysen in dieser Arbeit davon die Rede ist, dass ein Chat-Teilnehmer zu einem bestimmten Zeitpunkt seiner Chat-Teilnahme „warte“, so geschieht das stets unter der Einschränkung, dass aufgrund bestimmter Kontextfaktoren ein Warten des betreffenden Teilnehmers eine plausible Erklärungsmöglichkeit für den Verzicht auf andere Aktivitätsoptionen darstellt, dass es sich bei diesem vermeintlichen Warten aber trotz allem lediglich um eine *Möglichkeit* handelt, die empirisch (auch auf Basis von Videodaten zum sichtbaren Teilnehmerverhalten) nicht „bewiesen“ werden kann.

de wurde in Abb. 4-5 der Rollenbezeichnung ‚reader' von Garcia & Jacobs in der Spalte für die Rezeptionsmodalität der Aktivitätstyp *Lesen*, in der Spalte für die Produktionsmodalität hingegen ein Aktivitätstyp *Scannen* zugeordnet. Wer sich während des Produzierens eines Beitrags schnell vergewissern möchte, dass zwischenzeitlich entweder noch keine neuen Fremdbeiträge eingetroffen sind oder zumindest keine Fremdbeiträge, die den aktuell in produktiver Ausführung befindlichen eigenen Sprachhandlungsplan obsolet machen, dem liegt nicht unbedingt daran, mehr Zeit und kognitive Ressourcen auf die Erfassung der neuen Beiträge zu verwenden als unbedingt notwendig. Er wird daher eher selektiv auf die Bildschirminhalte zugreifen. Ihm wird weniger daran gelegen sein, jeden möglichen neu eingetroffenen Beitrag bis ins letzte Detail in seinem Sinn zu erfassen und in Bezug auf den bisherigen Verlauf der Kommunikation zu verarbeiten; eher wird er sich vermutlich damit begnügen, die neu hinzugekommenen Inhalte nach signifikanten lexikalischen Items abzusuchen („abzuscannen"), aus denen er ökonomisch eine Hypothese über das ungefähre Thema und den Handlungswert der betreffenden Beiträge ableiten kann, die es ihm erlaubt, seinen eigenen in Arbeit befindlichen Entwurf hinsichtlich seiner Relevanz zu beurteilen.

- Die Rollenbezeichnung ‚worker' dient bei Garcia & Jacobs zur Bezeichnung von Aktivitäten, bei denen die Chat-Teilnehmer „are engaged in nonscreen activities such as reading hard documents" (Garcia & Jacobs 1999: 347). Die Beschäftigung mit Dokumenten und sonstigen chat-externen Ressourcen muss allerdings nicht zwangsläufig „nonscreen"-Qualität besitzen; ebenso gut können während der Chat-Teilnahme Dokumente und Ressourcen genutzt werden, die sich „onscreen" befinden und begleitend zum Chat etwa in einem Textverarbeitungsprogramm oder einem WWW-Browser angezeigt werden können. Des weiteren kann die Beschäftigung mit chat-externen Ressourcen dazu dienen, parallel zur Chat-Teilnahme noch anderen Tätigkeiten nachzugehen, die nicht mit dem Chat-Ereignis verknüpft sind (z.B. beim Chatten während der Arbeit); ebenso gut können chat-externe Ressourcen (z.B. Wissensquellen wie etwa die *WIKIPEDIA* oder auch Skripten, Fachartikel oder individuelle Notizen, die in Vorbereitung auf einen Experten-Chat angefertigt wurden) aber auch als Hilfsmittel bei der Erstellung von Chat-Beiträgen genutzt werden. Insbesondere in Kontexten der Wissenskommunikation (Chat-Einsatz in beruflichen und Lehr-/Lernkontexten) ist dies durchaus vorstellbar und kann in bestimmten Szenarien sogar als Mehrwert genutzt werden. Aus diesem Grunde wurde die Möglichkeit eines Zugriffs auf chat-externe Ressourcen in Abb. 4-5 sowohl als Aktivität im Rahmen von Produktionsprozessen als auch als Aktivität im Rahmen von Tätigkeiten verzeichnet, die nicht direkt mit der Chat-Teilnahme zu tun haben, vom Chat-Teilnehmer jedoch parallel ausgeübt werden.

Für die effiziente Gestaltung der individuellen Chat-Teilnahme ist anzunehmen, dass ein Chat-Teilnehmer stets darum bestrebt ist, einen Rhythmus der alternierenden Ausübung von Rezeptions- und Produktionsaktivitäten zu finden, der für seine Möglichkeiten in optimaler Weise sowohl das Verfolgen der Weiterentwicklung des Kommunikationsereignisses durch die Partner als auch die erfolgreiche Lancierung eigener Beiträge zu dessen Gestaltung und zur Einflussnahme auf die Partner gewährleistet. „Nach seinen Möglichkeiten" bezieht sich in diesem Zusammenhang auf die „Chat-Kompetenz" des Teilnehmers. Hierzu gehören Vorerfahrungen mit der Chat-Situation sowie mit der Anforderung, dem Rezipieren und dem Produzieren in gleicher Weise gerecht werden zu müssen, obwohl beides nur abwechselnd möglich ist; zur „Chat-Kompetenz" zählen des Weiteren motorische Fertigkeiten, insbesondere im Hinblick auf eine geübte und routinierte Textgenerierung per Tastatur, sowie die Fähigkeit, eigene Handlungspläne schnell und ökonomisch zu versprachlichen und in das synchron sich fortentwickelnde Kommunikationsgeschehen einzubringen.

Die nur alternativ wahrzunehmenden fundamentalen Teilnahmeaktivitäten des Rezipierens und des Produzierens stellen den Chat-Teilnehmer vor das Problem,

- *entweder* (sofern er zu viel Zeit für das Rezipieren benötigt oder zu langwierig und ohne zwischengeschobene Evaluation des Verlaufsprotokolls mit dem Produzieren eigener Beiträge befasst ist) den Anschluss zu verlieren, mit den Resultaten seiner produktiven Aktivitäten nicht auf Höhe des aktuellen Geschehens zu sein und Redundantes bzw. Irrelevantes beizutragen
- *oder* (sofern er den Wechsel zwischen Rezipieren und Produzieren allzu engmaschig gestaltet) zu wenig Zeit für die Ausführung eigener Beiträge zur Verfügung zu haben und damit die Selektion des zu Versprachlichenden der Notwendigkeit schneller Aktion und Reaktion unterzuordnen.

In ersterem Fall besteht die Gefahr, mit eigenen Beiträgen dem Geschehen „hinterherzuhinken" – im Auszug aus einer Chat-Beratung in Bsp. 433-1 erscheint der Beitrag (7) der Ratsuchenden, gemessen an der Abfolge der Beiträge im Verlaufsprotokoll, an einer Position, an welcher er eigentlich bereits irrelevant geworden ist, da die Beraterin zwischenzeitlich mit Beitrag (6) die Abschlussphase des Beratungsdiskurses einzuleiten versucht hat.

In zweiterem Fall besteht die Gefahr, dass sich der „Chat-Stress“ auf die qualitative Gestaltung der Kommunikationsbeiträge auswirkt und auf Beiträge, die als zu komplex erscheinen, verzichtet wird. Hierauf hat Storrer (2001) hingewiesen; Bsp. 433-2 gibt den in Storrer (2001: 451) hierzu angeführten Chat-Ausschnitt wieder.

Beispiel 433-1: Ausschnitt aus einer 1:1-Chat-Beratung (die Ratsuchende ist eine Studentin mit Prüfungsangst):[69]

(1)	16:58:01	**Beraterin**	Doch ich denke, das ist trotzdem kein Grund, deine eigenen Dinge zu vernachlässigen!
(2)	16:58:11	**Ratsuchende**	ich bekomme zwar auch schöne Geschenke, aber ich finde sie übertreiben, meine Eltern das mit den Kindern meiner Schwester. Es gibt viele Familien, die mehrere Kinder haben und die leben VIEL viel schlechter
(3)	16:58:43	**Ratsuchende**	nein natürlich nicht, aber das beschäftigt mich halt ständig, da ich auch 2-3 mal bei meinen Eltern bin, wei lich da jobbe
(4)	16:59:15	**Beraterin**	Das klingt ziemlich kompliziert. Da ist dann schwer, sich abzugrenzen.
(5)	16:59:39	**Beraterin**	ich empfehle dir sehr, dir für beide Probleme Unterstützung zu holen!
(6)	16:59:56	**Beraterin**	Wir müssen hier nämlich gleich aufhören!
(7)	17:00:05	**Ratsuchende**	und meine ältere Schwester ruft mich auch nur noch an, damit ich den Babysitter spiele oder mit ihr und den Kindern was unternehme, aber nicht mehr so von Schwester zu Schwester, das finde ich auch schade . Da verstehen mich und meine jüngere Schwest
(8)	17:00:33	**Ratsuchende**	meinen sie dass ich echt nur eifersüchtig bin?
(9)	17:00:41	**Ratsuchende**	haben sie demnächst wieder termine?

Beispiel 433-2: Expliziter Verzicht auf die Entwicklung eines längeren Beitrags (Beispiel aus Storrer 2001: 451):

(1)	**Antarktika**	naja...die meisten guten sind auf der HP von einem Chatter,der mehr oder weniger der "papa" der "Nette(n)_Leute" ist..
(2)	**Antarktika**	naja..is aber egal..
(3)	**Antarktika**	zu umständlich,das hier zu erklären :o))

69 Das Beispiel entstammt einem Mitschnitt aus dem Berliner Modellprojekt „Psychosoziale Hilfe online“ (vgl. van Eckert 2005); die Teilnehmernamen der beteiligten Kommunikantinnen wurden anonymisiert. Eine ausführlichere Analyse dieses Ausschnitts findet sich in Beißwenger (2005: 75f.).

4.3.4 Bildschirmverlaufsprotokoll und mentales Kommunikationsprotokoll

Die Verarbeitung von Input-Daten stützt sich bei der Chat-Teilnahme auf ein Verlaufsprotokoll (vgl. Kap. 3.6), das die Kommunikationsbeiträge in einer vom Server generierten Anordnung wiedergibt und über ein geeignetes Darstellungsmedium visuell wahrgenommen werden kann. Es bildet die *Verarbeitungsgrundlage*, auf deren Basis das R/P-System beim rezeptiven Zugriff auf seine kommunikative Umwelt IST-Stände für die deklarativen Teile des Arbeitsspeichers ableitet (siehe Abb. 4-4).

Neben dem Bildschirmverlaufsprotokoll als *medialem Wortlautprotokoll*, das von der Transmissionskomponente eines kommunikationsermöglichenden Systems auf Grundlage von Programmroutinen erzeugt wird, spielt für die Beschreibung von Chat-Teilnahme-Ereignissen allerdings auch noch ein auf der Ebene der Hilfssysteme des R/P-Systems vorgehaltenes *mentales Kommunikationsprotokoll* eine Rolle, das sich auf die Input-Daten stützt und die äußerungsbezogenen Anteile von Selbst- und Partnermodell dokumentiert:

> Im Kommunikationsprotokoll hält der Sprecher den bisherigen Verlauf der sprachlichen Kommunikation fest. Er schreibt diese sequentiellen Informationen wie in einem Tagebuch fort. (Herrmann & Grabowski 1994: 336)

Das mentale Kommunikationsprotokoll wird während des Verlaufs der Kommunikationsteilnahme sukzessive aktualisiert, zunächst in Form eines relativ kurzlebigen *mentalen Wortlautprotokolls*, das einigermaßen exakt den Wortlaut von Äußerungen für eine eventuelle Zitation im weiteren Kommunikationsverlauf fixiert. In der Folge wird dieses Wortlautprotokoll dann in ein *mentales Sinnprotokoll* transformiert, welches nicht mehr den exakten Wortlaut des Kommunikationsverlaufs repräsentiert, sondern den Wortlaut nach Propositions- und Handlungsabfolgen sowie ggf. als auffallend empfundenen Kommunikationsmerkmalen rekodiert und in dieser Form vom Arbeitsspeicher als IST-Repräsentation des Situationswissens genutzt werden kann:

> Der schnell vergessene Wortlaut der eigenen und fremden Sprachäußerungen wird von zentralen kognitiven Instanzen in eine fortlaufende Dokumentation dessen umgewandelt, was man selbst und der Partner mit dem Gesagten nacheinander *gemeint* beziehungsweise *intendiert* hat. (Ebd.)

Während der Sprachproduktion (= der Generierung eigener Kommunikationsbeiträge) stellt das Sinnprotokoll dasjenige Wissen über den bisherigen Verlauf der Interaktion bereit, dessen es bedarf, um neue eigene Äußerungen situationsadäquat zu gestalten und der Anforderung gerecht zu werden, kohärent zu sein (Herrmann 2003a: 323f.).

Ins mentale Kommunikationsprotokoll, das zunächst als Wortlautprotokoll vorgehalten und über kurz als Sinnprotokoll rekodiert wird, fließen nicht nur die aus den sprachlichen Inputs gewonnenen Kommunikationsbeiträge der Partner ein, sondern auch die eigenen Beiträge. Im Falle mündlicher Kommunikation folgt die Sequenzierung des mentalen Protokolls der Abfolge der mündlich geäußerten Beiträge, die durch ein (institutionell vorstrukturiertes oder lokal ausgehandeltes) Interaktionsmanagement (basierend auf Rederecht und Sprecherwechsel) hergestellt wird; längeres Parallelsprechen ist selten, in der überwiegenden Mehrzahl der Fälle „one party talks at a time" (Sacks, Schegloff & Jefferson 1974: 700). Da die Verarbeitung von Redebeiträgen aufgrund der physikalischen Gegebenheiten des realen Kommunikationsraums (Hier und Jetzt) bzw. der verwendeten Kommunikationstechnologie (Telefon: simultane Übertragung akustischer Signale in beide Richtungen) zur Laufzeit ihrer Produktion erfolgt („On-line-Prozessierung"), ist die Wahrnehmung jedes Kommunikanten stets auf Höhe des Geschehens, eine zeitversetzte Rezeption geäußerter Redebeiträge ist nicht möglich.

Für die Beteiligung an chatbasierter Kommunikation hingegen ist anzunehmen, dass die Reihenfolge der Äußerungen im mentalen Kommunikationsprotokoll temporär von der Reihenfolge der Beiträge im Bildschirmverlaufsprotokoll abweichen kann. Dies ist in solchen Situationen zu erwarten, in denen ein Kommunikant gerade selbst einen Beitrag verfasst und dabei vorübergehend das Bildschirmverlaufsprotokoll aus den Augen lässt. Für ihn entsteht in seinem mentalen Protokoll der Beitrag, den er aktuell produziert, bereits als Eintrag, während im Bildschirmverlaufsprotokoll gleichzeitig neue Beiträge *anderer* Kommunikanten eintreffen können. Stellt der Teilnehmer bei seinem nächsten Blick auf das Bildschirmverlaufsprotokoll fest, dass sein mentales Protokoll aufgrund der zwischenzeitlich eingetroffenen Fremdbeiträge vom Bildschirmverlaufsprotokoll divergiert, wird er sich veranlasst sehen, den letzten Teil seines mentalen Kommunikationsprotokolls nachträglich umzustrukturieren. Für solche Umstrukturierungen sind verschiedene Varianten denkbar: Überprüft der Teilnehmer erst *nach* der Verschickung seines eigenen Beitrags wieder das Bildschirmverlaufsprotokoll und findet dort neue, zwischenzeitlich eingetroffene Beiträge anderer Teilnehmer vor, so wird er diese in sein mentales Protokoll möglicherweise *vor* den selbst produzierten Beitrag einfügen und anschließend seinen Beitrag an der ihm nun neu zugewiesenen Position nachträglich auf Relevanz überprüfen. Überprüft er das Bildschirmverlaufsprotokoll *während* der Produktion seines Beitrags, so kann er, wenn sich herausstellt, dass der ursprüngliche Handlungsplan aufgrund zwischenzeitlich neu eingetroffener Beiträge nicht mehr zielführend ist, entweder seinen in Produktion befindlichen Beitrag entsprechend abändern oder aber ihn komplett verwerfen. Im Bildschirmverlaufsprotokoll wird der ursprünglich eingegebene (aber nicht in dieser Form abgeschickte) Beitrag dann entweder gar nicht (im Falle kompletten Verwerfens) oder zumindest nicht eins zu eins (im Falle einer Abänderung) repräsentiert, im mentalen Protokoll bleibt er aber möglicherweise für eine gewisse Zeit erhalten, um ihn ggf. zu einem nachgeordneten Zeitpunkt noch einmal im Wortlaut abrufen und erneut ins Formularfeld eingeben zu können.

Die in Kap. 4.2 besprochene Beispielsequenz 420-2 enthielt eine Beitragsfolge, für die unter Einbeziehung von Daten zu den Start- und Endpunkten der Texteingabeaktivität gezeigt werden konnte, dass die Abfolge im Display ganz offensichtlich (zunächst) nicht der Abfolge im mentalen Kommunikationsprotokoll der Kommunikantin *briha* entsprochen haben kann. Beispiel 434-1a gibt die entsprechende Sequenz noch einmal wieder, Beispiel 434-1b zeigt – unter Einbeziehung der Daten zur Teilnahmeaktivität von *briha* – die erschlossene Abfolge der Beiträge im mentalen Protokoll von *briha* eine Sekunde nach dem Zeitpunkt der Verschickung ihres Beitrags 14:41:14. Da *briha*, wie die Videodaten belegen, erst nach 14:41:14 wieder das Bildschirmprotokoll nachgelesen hat (neun Sekunden Blick aufs Bildschirmprotokoll, z.T. mit Pupillenbewegung in Leserichtung), ist anzunehmen, dass auf Basis des nachgelesenen Beitrags 14:41:00 von *bsommer* im Zeitraum zwischen 14:41:15 und 14:41:23 *briha* die letzten beiden Einträge in ihrem mentalen Kommunikationsprotokoll „umsortiert" hat und auf Basis dieser neuen, durch die Verarbeitungsgrundlage (Bildschirmprotokoll) determinierten Struktur evaluiert hat, ob ihr eigener Beitrag auch nach der Umsortierung (und unter Antizipation einer möglichen Deutung durch *bsommer*) noch relevant ist. Es kann vermutet werden, dass diese Evaluation bei *briha* zu einem positiven Befund führte; jedenfalls unternimmt sie zunächst nichts, um – durch Formulierung eines neuen Beitrags – die Verschickung ihres vorigen Beitrags (metakommunikativ) zu legitimieren. Statt dessen wartet sie offenbar auf eine Reaktion von *bsommer*, was nahelegt, dass sie ihren kommunikativen Zug so deutet (beziehungsweise für von *bsommer* in einer Weise deutbar hält), dass die Handlungsobligation damit der Partnerin *bsommer* zugespielt wurde. *briha* kann *bsommer* folglich – vorausgesetzt, *bsommer* möchte sich kooperativ verhalten, was im in Rede stehenden Setting (verabredete Expertenbefragung) von *briha* angenommen werden kann – unterstellen, dass sie aktuell mit der Produktion eines entsprechenden Reaktivbeitrags befasst ist. Erst als ein Beitrag von *bsommer* bis 14:41:32 ausgeblieben ist, beginnt *briha* mit der Produktion eines weiteren eigenen Beitrags, mit welchem sie kein neues Thema initiiert, sondern offenbar den Versuch unternimmt, das in ihrem vorigen Beitrag thematisierte Ratsucheanliegen (nun unter Wahl einer expliziten Fragesatzform) näher zu spezifizieren.

Beispiel 434-1a: Ausschnitt aus einem singulär terminierten Chat-Ereignis im Bereich Wissenskommunikation (chatbasierte Befragung einer Expertin zum Thema „eBay und Online-Auktionen"; *bsommer* ist die Expertin, *briha* ist eine Ratsuchende – vgl. ausführlich Kap. 4.2):

14:40:55	**briha**	Hallo Frau Sommer, hallo nabro
14:41:00	**bsommer**	Gibt es spezielle Fragen, die Ihnen schon unter den Nägeln brennen?
14:41:14	**briha**	ich hätte eine Frage zum Rückgaberecht bei mangelhafter Ware
14:41:42	**briha**	wie sieht es aus, wenn der Verkäufer sich weigert?

Beispiel 434-1b: Vermutliche Abfolge der in Bsp. 434-1a verlaufsprotokollgetreu wiedergegebenen Chat-Beiträge zum Zeitpunkt 14:41:14 im mentalen Kommunikationsprotokoll der Teilnehmerin *briha*. Die Zeitangaben beziehen sich hier *nicht* (wie in Bsp. 434-1a) auf die Zeitpunkte der Entgegennahme der betreffenden Beiträge durch den Chat-Server, sondern auf den Zeitraum der (im Falle von Fremdbeiträgen frühestmöglichen) Wahrnehmung der Beiträge durch die Kommunikantin *briha*. Zum Zeitpunkt 14:41:15 nimmt *briha* den Beitrag von *bsommer* wahr, der eigentlich (vgl. 434-1a) bereits um 14:41:00 im Bildschirmverlaufsprotokoll dargestellt wurde. Nach 14:41:15 wird dieser Beitrag im mentalen Protokoll von *briha* vermutlich „umsortiert", so dass die mentale Repräsentation der Beitragsabfolge der Sequenz in 434-1a (und damit auf dem Bildschirm) entspricht.

...

–14:40:55	**briha**	Hallo Frau Sommer, hallo nabro
14:40:57 –14:41:14	**briha**	ich hätte eine Frage zum Rückgaberecht bei mangelhafter Ware
14:41:15	**bsommer**	Gibt es spezielle Fragen, die Ihnen schon unter den Nägeln brennen?

Sicherlich werden im Falle solcher „Umsortierungen" von Teilen des mentalen Protokolls die betreffenden Beiträge nicht einfach in ihren Positionen vertauscht. Für die weitere Partizipation am kommunikativen Austausch kann es u. U. von Bedeutung sein, zu einem späteren Zeitpunkt darauf verweisen zu können, dass zwei zuvor realisierte Beiträge offenbar gleichzeitig produziert wurden und es dadurch zu einem – erst später zu Tage getretenen – Missverständnis kam. Es erscheint plausibel, dass im Falle solcher Umsortierungen die betreffenden Einträge im mentalen Protokoll in einer Weise markiert werden, die es ermöglicht, die erfolgte Umsortierung für einen gewissen Zeitraum mitzudokumentieren und somit rekonstruierbar zu halten.

Während anzunehmen ist, dass unter Normalbedingungen „die fortlaufende Speicherung eigener und partnerbezogener Äußerungen automatisch erfolgt […], also keine Aufmerksamkeitsressourcen des Arbeitsspeichers in Anspruch nimmt" (Grabowski 1995: 30), steht für den Fall notwendiger „Umsortierungen" bei der Chat-Rezeption zu vermuten, dass hierdurch mehr kognitive Kapazitäten beansprucht werden als in Fällen, in denen keine Divergenzen zwischen der Abfolge der wahrgenommenen und der kognizierten Einheiten auftreten, die nachträglich bearbeitet werden müssen. Neben der Tatsache, dass Beiträge im Chat *gelesen* werden müssen und nicht, wie in mündlichen Diskursen, zur Laufzeit ihrer Äußerung gewissermaßen „von selbst" an die Rezeptoren dringen, dürfte das Verfolgen des Kommunikationsverlaufs im Chat somit auch dadurch mehr Aufmerksamkeit erfordern, dass das im Bildschirmverlaufsprotokoll zuletzt Hinzugefügte nicht lediglich in eine mentale Repräsentation transformiert und als neues Glied an das bereits vorhandene mentale Protokoll angehängt werden muss, sondern dass zudem zugleich auch immer die strukturelle Konsistenz des Kognizierten mit dem medial Wahrgenommenen überprüft und ggf. korrigiert werden muss.

Es steht aber zu vermuten, dass umgekehrt die mediale Schriftlichkeit und die damit gegebene (zumindest temporäre) Persistenz der Verarbeitungsgrundlage in chatbasierter Kommunikation auch als eine Art externer Speicher genutzt werden kann und den Nutzer somit kognitiv entlastet – dies insbesondere in solchen Kontexten, in denen aufgrund hohen Kommunikationsaufkommens eine Verarbeitung sämtlicher neu eingehender Beiträge nur mit Mühe möglich ist. Hier kann zunächst selektiv gelesen werden; Beiträge, die nicht direkt rezipiert werden, können allerdings, falls sie sich in der Folgekommunikation als relevant erweisen, später im Verlaufsprotokoll nachgelesen werden. Der Chat-Teilnehmer hat somit die Möglichkeit – gerade in komplexeren Chat-Situationen mit z.B. mehreren parallel entwickelten thematischen Strängen –, zu Zwecken des Überblick-Behaltens einem bestimmten (thematisch oder durch die Gruppe der beteiligten Kommunikanten bestimmten) Ausschnitt des Kommunikationsaufkommens für den Augenblick Priorität einzuräumen, ohne sich dabei der Möglichkeit der Rezeption auch der übrigen Teile des Kommunikationsaufkommens prinzipiell zu benehmen. Geübte Chatter mag dies in der Tat entlasten: Sie wissen, dass nicht alles, was auf den Bildschirm kommt, auch unbedingt und um jeden Preis verarbeitet und als kohärenter Baustein in eines der aktuell bearbeiteten Themen eingeordnet werden muss; Schrift ist auch im Chat insofern „geduldig", als dass sie, sofern sich das durch sie Mitgeteilte bei erster Draufsicht als nicht unmittelbar relevant für die aktuell verfolgten eigenen kommunikativen Zwecke erweist, im Bedarfsfall auch später bzw. erst dann nachgelesen werden kann, wenn es sich für die effiziente weitere Beteiligung am kommunikativen Austausch als opportun herausstellt, Kenntnis davon zu haben. Das Bildschirmverlaufsprotokoll stellt somit eine Ressource dar, die die kontinuierliche Aktualisierung des mentalen Kommunikationsprotokolls durch Bereitstellung eines Wortlautprotokolls unterstützen kann (vgl. Storrer 2001: 458ff.) – wodurch ein charakteristisches Merkmal der Schrift, die „Externalisierung", für die Dialogsituation des Chat nutzbar gemacht wird:

> Die Schrift liefert uns einen „Außenspeicher" für Inhalte und kognitive Prozesse; sie erlaubt es nicht nur, das, was uns momentan im Kopf steht, nach außen zu tragen – dies tut jede sprachliche Äußerung – sondern es außen aufzubewahren. (Klein 1985: 10)

Die Möglichkeit der Miteinbeziehung eines solchen „Außenspeichers" in die Systemregulation erlaubt es dem System, nur so viele Ressourcen auf die mentale Repräsentation des Kommunikationsverlaufs zu verwenden wie für das Vorhalten derjenigen äußerungsbezogenen Anteile der Kommunikation benötigt werden, die für das System zur Durchführung des jeweils aktuellen IST/SOLL-Abgleichs relevant sind. Grabowski (1995: 28) benennt diese Verfügbarkeit eines „externen und leicht rezipierbaren Diskursspeichers" als allgemeinen Vorteil der Schriftlichkeit; im Chat mit seiner aufgrund der direkten, synchronen und häufig mehrpersonalen Konstellation gegebenen Notwendigkeit zum schnellen Wechsel zwischen Rezipieren und Produzieren mag dies sicherlich in noch verstärktem Maße gelten:

> Zur Gewährleistung globaler Charakteristika seiner Äußerung muß der Sprachproduzent das in ein Sinnprotokoll rekodierte Wortlautprotokoll [...] im Arbeitsspeicher vorhalten. [...] Somit besteht der Konflikt, die begrenzten Ressourcen des Arbeitsspeichers für das Sinnprotokoll, für den Gedächtnisabruf und für die Initiierung und Kontrolle der sonstigen Sprachproduktionsprozesse aufwenden zu müssen; bei schriftlicher Sprachproduktion kann die externe Speicherung des Geschriebenen das Sinnprotokoll ersetzen und den Arbeitsspeicher damit von einer Aufgabe entlasten. (Grabowski 1995: 30)

Des Weiteren kann das Bildschirmverlaufsprotokoll auch als Verweisraum genutzt werden, um mittels lokutiver Textdeixis („oben" im Falle schriftrollenartig organisierter Protokolle, „links", „rechts", „oben", „unten" im Falle von Protokollen mit der Möglichkeit zur freien zweidimensionalen Positionierung von Beiträgen) auf Beiträge aus der Vorkommunikation Bezug zu nehmen (vgl. Storrer 2001: 459).

Auf den Wortlaut des Protokolls zu verweisen, wird in manchen Chat-Kontexten sogar geradezu erwartet – erlaubt der Verweis auf textuell manifeste Beiträge der Vorkommunikation dem Adressaten doch im Bedarfsfalle das Auffinden und Nachlesen desjenigen früheren Beitrags, der in der aktuellen Situation für die Herstellung von Kohärenz bedeutsam, aber im mentalen Sinnprotokoll möglicherweise nicht vorhanden (weil seinerzeit nicht rezipiert) oder aber nicht mehr exakt rekonstruierbar ist (etwa, weil der Beitrag bereits einige Zeit zurückliegt). Lässt sich der Zielbeitrag eines Rückverweises im Protokoll eindeutig identifizieren, so haben auch die

Verweise entlastende Funktion: Der referenzierte Beitrag muss nicht – im Wortlaut oder sinngemäß – aus dem mentalen Protokoll bezogen werden, sondern kann durch Nachlesen im Protokoll erneut bzw. „on demand" rezipiert werden.

Darüber hinaus entbindet eine konsequente Nutzung der Persistenz des schriftlichen Protokolls die Beteiligten von der Notwendigkeit zur Redundanz: Kommunikationsbeiträge, die ein Beteiligter nicht mitbekommen hat, weil er später dazugestoßen ist, zwischenzeitlich mit anderen Dingen beschäftigt war oder nicht mehr folgen konnte, müssen nicht – wie in mündlicher Kommunikation – erneut formuliert werden, sondern können – vermittelt etwa durch einen „siehe oben"-Verweis – referenziert oder – anhand der „Copy & Paste"-Funktion – ganz oder in Teilen noch einmal im Wortlaut zitiert und wiedergegeben werden, brauchen also nicht erneut versprachlicht und per Tastatureingabe realisiert werden. Nicht von ungefähr ist daher – mit Storrer (2001: 460) – anzunehmen, „dass die Nutzung und Kenntnisnahme der Protokolle" in bestimmten Kontexten „von den Chattern nicht als optional, sondern als verbindlich angesehen wird". Ein Beleg dafür findet sich in Beispiel 434-2. Neben der Funktion des Verweisens und Zitierens, länger zurückliegende Vorbeiträge wieder ins Bewusstsein zu rufen oder sogar im Wortlaut erneut präsent zu machen, kann ein Zitieren von Beiträgen und Beitragsteilen auch als ökonomische Form der der thematischen oder referenziellen Wiederaufnahme genutzt werden. Der Ausschnitt in Bsp. 434-3 zeigt, wie zwei Kommunikanten jeweils aus den unmittelbar vorangehenden Vorbeiträgen zitieren, um das Zitierte als Bezugsgegenstand in ihrem Folgebeitrag zu nutzen (man beachte den Linkspfeil, der im Beispiel zur Symbolisierung des Bezugs zwischen eigenem, frei formuliertem Text und dem Zitat aus dem Vorbeitrag verwendet wird).

Nicht zuletzt kann, wenn das verwendete Chat-System ein Kopieren von Text aus dem Bildschirmverlaufsprotokoll in den Zwischenspeicher des Computers erlaubt, die Kopierbarkeit auch gezielt genutzt werden, um z.B. komplizierte URLs – als „Kopiervorlagen" – in Chat-Beiträge zu integrieren und es dem Nutzer so zu ermöglichen, diese zeichengetreu in den Zwischenspeicher zu übernehmen und anschließend in die Adresszeile seines WWW-Browsers einzufügen, um die damit referenzierte WWW-Ressource aufzurufen. Bsp. 434-4 zeigt ein Beispiel aus einem Experten-Chat, Bsp. 434-5 ein Beispiel aus der chatbasierten Bibliotheksauskunft der Universitätsbibliothek Dortmund, in welchem der Auskunftsuchende („Benutzer") um die Zuspielung einer URL bittet und die erhaltene URL anschließend direkt in seinem WWW-Browser aufzurufen versucht.

Beispiel 434-2: Nutzung des Protokolls als Selbstverständlichkeit (Mitschnitt aus dem *unicum SpaceChat* vom 09. 01. 2003):

1	***pret lacht, hab ich was verpasst ????***	
[...]		
10	**lucy**	nicht wirlkch pret.. nur das übliche., scroll eben hoch

Beispiel 434-3: Wortwörtliche, per „Copy & Paste" generierte Zitate von Beiträgen bzw. Beitragsteilen aus der Vorkommunikation:[70]

	1	**Aw**	warum habt ihr ihn weggeschafft?
	2	**Sm**	komplizierte geschichte...
	3	**tm**	längere geschichte
	4	**tm**	lol
	5	**Aw**	aha, okay
	6	**tm**	hat alles seine gründe^^
→	7	**Sm**	tm: hat alles seine gründe^^ <-- genau, wie alles in der welt. Kausalitätsprinzip ^^
→	8	**tm**	Kausalitätsprinzip<--------was???
	9	**Sm**	ursache und wirkung
	10	**tm**	des kann ich nochnet ma aussprechen

Beispiel 434-4: Bereitstellung von URLs (als „Kopiervorlagen") (Dokument Nr. 1101006 aus dem *Dortmunder Chat-Korpus*):

	159	*12:24*	**Student10**	unsere erste frage richtet sich darauf ob der Chateinsatz im Lehr/Lernkontext sinnvoll ist...
	160	*12:24*	**Student10**	und ob es dazu Statistiken oder ähnlichen gibt um dies zu bestätigen *E*
	161	*12:24*	**Moderatorin**	ich gebe weiter an die experten *E*
	162	*12:25*	**Experte2**	Gut, ich geb mal Antwort...
	163	*12:25*	**Experte2**	Also in den Projekten...
	[...]			
	165	*12:25*	**Experte2**	in deren Rahmen wir Chatseminare durchgeführt haben...
	166	*12:25*	**Experte2**	wurde der Chateinsatz, die Akzeptanz des Mediums...
	167	*12:26*	**Experte2**	Mehrwert in Bezug auf Lernerfolg usw. ...
	168	*12:26*	**Experte2**	auch evaluiert...
	169	*12:26*	**Experte2**	es gibt auf den Seiten des Projekts Vu-Ge...
→	170	*12:26*	**Experte2**	unter http://www.virtugrade.uni-tuebingen.de

70 Mitschnitt aus dem Chat des browserbasierten Online-Games *Freewar* vom 28.04.2006; die Anonymisierung der Nicknames erfolgte nach demselben Prinzip wie in Bsp. 420-1 (Erläuterung siehe dort).

	171	*12:26*	**Experte2**	Informationen zu den theoretischen Grundlagen der Evaluation...
	172	*12:27*	**Experte2**	Näheres findet man dann in der dazugehörigen Handreichung...
→	173	*12:27*	**Experte2**	unter unter http://www.virtugrade.uni-tuebingen.de/handreichung/index.html ...

Beispiel 434-5: Bereitstellung von URLs (als „Kopiervorlagen") (Dokument Nr. 1203194 <UB_18-03-2005.xml> aus dem *Dortmunder Chat-Korpus*):

	17	*12:38:27*	**AUSKUNFT**	der rote Punkt bei dieser Ausgabe bedeutet nur Inhaltsverz. oder Abstracts, es werden aber in der Vollbildanzeige dierser Zeitschr. (bitte auf das kleine "i" gehen) Links angegeben, über die man wohl auf die Volltexte kommt.
	18	*12:38:55*	**BENUTZER**	moment...
	19	*12:39:34*	**BENUTZER**	ich glaube, wir sind nicht auf der gleichen seite
→	20	*12:40:00*	**BENUTZER**	können Sie mir bitte den Inhalt Ihrer Adressleiste ins Chatfenster kopieren?
	21	*12:40:29*	**AUSKUNFT**	wäheln sie den Zugang: Do -FH, dann springt die Vollbildanzeige auf den gelben Punkt. Denn ich habe jetzt Zugang zu den Volltexten. Augenblick ich versuche die URL durchzugeben....
→	22	*12:40:55*	**AUSKUNFT**	http://rzblx1.uni-regensburg.de/ezeit/warpto.phtml?bibid=FHBDO&colors=7&lang=de&jour_id=6709&url=http%3A%2F%2Flink.springer.de%2Flink%2Fservice%2Fjournals%2F10189%2Findex.htm
	23	*12:41:11*	**AUSKUNFT**	oder
→	24	*12:41:17*	**AUSKUNFT**	http://rzblx1.uni-regensburg.de/ezeit/warpto.phtml?bibid=FHBDO&colors=7&lang=de&jour_id=6709&url=http%3A%2F%2Fwww.springerlink.com%2Fopenurl.asp%3Fgenre%3Djournal%26issn%3D1292-8941
→	25	*12:41:49*	**BENUTZER**	ne, geht nicht
	26	*12:41:58*	**BENUTZER**	mal ganz von vorn

4.3.5 Rahmenbedingungen des Aufbaus von Partnermodellen und Situationswissen beim Chatten

Das R/P-System kann sich in chatbasierter Kommunikation für den Aufbau und die Justierung von Partnermodellen und Situationswissen auf weitaus weniger Daten und Wahrnehmungskanäle stützen als in mündlicher und insbesondere in Face-to-face-Kommunikation.[71]

4.3.5.1 *Partnermodelle*

Die Generierung und fortlaufende Evaluation von *Partnermodellen* kann sich nur darauf stützen, was die betreffenden Partner (schrift-)sprachlich äußern bzw. wie die Partner ihre Äußerungen gestalten; visuelle und akustische Informationen sind nicht verfügbar, para- und nonverbale Eigenschaften des Ausdrucks somit ebenfalls aus der Kommunikation ausgeschlossen. Beim Aufbau von Partnermodellen ist das R/P-System daher darauf angewiesen, dasjenige zu evaluieren, was der Partner von sich selbst sprachlich (und damit intentional) preisgibt bzw. aus der Art und Weise, wie der Partner seine Kommunikationsbeiträge gestaltet und sich an der Kommunikation beteiligt (z.B. Variationsbreite der Lexik, Witz und Originalität, Schnelligkeit und Schlagfertigkeit), Evidenz für bestimmte Charaktermerkmale abzuleiten.

In seinem Diskussionsbeitrag in Beispiel 435-1 bringt ein Newsgroup-Nutzer auf den Punkt, dass in der Chat-Kommunikation für den Aufbau von Partnermodellen auf andere Anhaltspunkte zurückgegriffen werden muss als in der „RL-Kommunikation" („RL": Chat-Slang für „Real Life", das Leben „außerhalb" netzbasierter Gemeinschaftlichkeit):

---

71 Gegenüber „traditionellen" Formen schriftbasierter Kommunikation sind die Partnermodelle in der Chat-Kommunikation aufgrund ihrer Orientierung auf die Prozessierung dialogischen Austauschs wesentlich unmittelbarer evaluier- und justierbar:

> Die Texte der „Gespräche" im IRC entstehen … aus einer dialogischen Form heraus, die eigentlich der mündlichen Kommunikation entspricht. Deutlich wird dies bereits an dem Wort „Gespräche", das sich im eigentlichen Sinn auf mündliche Kommunikation bezieht, im IRC aber auf schriftliche Äußerungen übertragen werden kann. Im Gegensatz zu anderen Texten ist hier der Adressat direkt ansprechbar, während Bücher oder Zeitschriften niemals den Leser zu einer ganz unmittelbaren Reaktion herausfordern können. Das Lesermodell im IRC ist also direkter und schneller zu modifizieren als das Lesermodell, das Buchautoren im Kopf haben, wenn sie Texte produzieren. (Schütz 1995: 112)

Vgl. hierzu auch die Qualifizierung von Chat-Ereignissen als „getippten Gesprächen" anstelle von „dialogischen Texten" in Storrer (2001).

Beispiel 435-1: Diskussionsbeitrag in der Newsgroup *ch.talk* vom Oktober 1998:

> die Internetkommunikation ist [...] eine neue Kommunikationsform, die auch erst gelernt werden muss und in der man sich genauso wie in der RL-Kommunikation Kompetenzen aneignen kann.
> Beispiel ich selbst: Ich habe eine Zeit lang viel gechattet. Ganz am Anfang konnte ich mir _nie_ vorstellen, dass es moeglich ist, einen Menschen aufgrund seines Chat-Stils einzuschaetzen. Ein paar Monate und ca. 160 Chat-Stunden spaeter war es so, dass ich innerhalb kurzer Zeit beurteilen konnte, was fuer ein Mensch mir da gegenuebersitzt. Also, klar nicht seine Haarfarbe und so - aber sein Temperament, ob er spontan ist oder introvertiert, ob er Spass versteht, ob er Niveau hat (ist im Chat wichtig herauszufinden... *g*) [...]. Ich glaube, das ist ein Lernprozess, wie es einst das Reden-Lernen an sich war.

Eine wichtige Funktion beim Aufbau von Partnermodellen (insbesondere in Bezug auf Partner, mit denen ein Chat-Teilnehmer noch keine gemeinsame kommunikative Vorgeschichte teilt) stellen die in der Forschungsliteratur viel thematisierten *Nicknames* dar. Sassen (2000: 100) beschreibt die Funktion von Nicknames metaphorisch als die eines „indexikalischen Strohhalms“, der die Option bietet, „Merkmale – wenn vielleicht auch nur vermeintliche – potenzieller Gegenüber zu erkunden, solange man mit diesen noch nicht in Kontakt getreten ist“. Die Indexikalität dürfte (insbesondere in „Plauder-Chat“-Angeboten) in aller Regel eine suggerierte sein: Die Nicknames erfüllen emblematische Funktion und geben – ähnlich einer Visitenkarte, die ursprünglich dem Hausherrn vom Bediensteten überbracht wurde, bevor er den Gast selbst zu Gesicht bekam – Hinweise darauf, als was die betreffende Person von ihrem Gegenüber angesehen werden *möchte* oder bieten zumindest einen Anknüpfungspunkt für Assoziationen, anhand derer das Gegenüber dazu veranlasst werden soll, sich bestimmte Annahmen über die Person zu eigen zu machen. Beispiel 435-2 zeigt eine Reihe von Initiativäußerungen verschiedener Chat-Teilnehmer gegenüber einer Chatterin mit dem Nickname *StudentinAufDerPirsch*, die allesamt und unter z.T. unterschiedlichem Aspekt Konnotationen zu der mit dem Nickname ausgedrückten Figurenbeschreibung herstellen.

Beispiel 435-2: Initiativäußerungen verschiedener Chat-Teilnehmer gegenüber einer Chatterin namens *StudentinAufDerPirsch* (Mitschnitt aus dem Chat-Angebot der Frauenzeitschrift *allegra* vom 11.2.2003):

21:38:27 ***Max33** *flüstert zu StudentinAufDerPirsch:*
hallo du, hast du lust verführt zu werden ?
21:38:49 **Sex.on.the.Table...** *flüstert zu StudentinAufDerPirsch:*
....und im wald ist leider kein tisch*lacht*
21:39:19 **wilderTiger** *flüstert zu StudentinAufDerPirsch:*
was suchst du denn? ;-)

21:48:05	**Flyer** *flüstert zu StudentinAufDerPirsch*:	
		Haste dich schon herangepirscht an irgendjemanden??? *g*
22:02:02	**CockPit** *flüstert zu StudentinAufDerPirsch*:	
		hi du, na schonwas gefunden? ;-)
22:07:05	**maniac** *flüstert zu StudentinAufDerPirsch*:	
		...schon deinen blattschuss abgegeben...???...*gg*
22:58:33	**ArroganterKerl** *flüstert zu StudentinAufDerPirsch*:	
		und an was hat sie sich bisher rangespirscht?

Da der Nickname nicht nur den zunächst einzigen „Strohhalm" darstellt, anhand dessen potenzielle Partner erste Annahmen über Eigenschaften der damit bezeichneten virtuellen *persona* treffen können, sondern zugleich als das „Markenzeichen" fungiert, das die Wiederidentifizierung eines aus früheren Chat-Begegnungen bekannten Partners gewährleistet, werden Nicknames in aller Regel sorgsam ausgewählt und als ein wichtiges Identitätsmerkmal konzeptualisiert:

> many people regard their nicknames with the utmost importance, and much thought is put into their creation [...] in fact, most people tend to keep to one nick and one identity for a long period of time, and to become deeply attached to it. (Bechar-Israeli 1995)

Die Funktionen von Nicknames und der daran geknüpften, in persönlichen Nutzerprofilen von „Plauder-Chat"-Angeboten oder auf privaten Homepages ausgearbeiteten „virtuellen dramatis personae" können in der vorliegenden Arbeit nicht en detail referiert werden. Für einen Überblick und eine Auswahl an Literaturverweisen (schwerpunktmäßig sozial- und verhaltenswissenschaftlicher Provenienz) zum Thema ‚Identität in der Internetkommunikation' sei auf Döring (2003: Kap. 6) verwiesen; für Beobachtungen zu den Funktionen von Nicknames und ihrer spielerischen Nutzung ist nach wie vor die Arbeit von Bechar-Israeli (1995) ein guter Ausgangspunkt. Die verschiedenen Funktionen von Nicknames bei der Anbahnung von Chat-Kontakten sowie beim spielerischen Agieren in „Plauder-Chats" sind z.B. in Bahl & Beck (1996), Runkehl, Schlobinski & Siever (1998: 85ff.), Becker (1999), Gallery (2000), Sassen (2000) und Beißwenger (2001) behandelt. Dass Zweifel an der Authentizität eines Chat-Partners bereits an die Schreibweise seines Nicknames geknüpft werden können, demonstriert Beispiel 435-3, in welchem ein Chatter, der seinen Chat-Partnern aus früheren Begegnungen unter dem Nickname *Raebchen* bekannt ist, plötzlich mit der Namensvariante *Räbchen* die Chat-Umgebung betritt. Den Verdacht der Fälschung kann er erst dadurch ausräumen, dass er sich erneut einloggt und damit unter Beweis stellt, dass er über das Passwort für das mit dem – „korrekten" – Nickname *Raebchen* verknüpften Benutzerprofil verfügt:

Beispiel 435-3: Skepsis gegenüber einem Chat-Teilnehmer, der die Schreibweise seines Nicknames (*Raebchen* → *Räbchen*) geringfügig variiert hat (Mitschnitt aus dem *unicum Space-Chat* vom 7.2.1999; vgl. Beißwenger 2002: 288f.):

1	**Räbchen** kommt aus dem Raum **Räbchens_Nest** herein.	
2	**Räbchen**	räääääää
3	**ineli26**	????
4	**Nachtfee**	re Raebchen
5	**A.C.E.**	rehi raebchen
6	**Meerschweinchen**	wieso jetzt mit ä?
7	**Räbchen**	rehuhu
8	**ineli26**	raebchen? wieso sieht dein name so anders aus?
9	**Räbchen**	muss doch das auch mal benutzen
10	**ineli26**	du bist es garnicht!!
11	**Räbchen**	bin ich wohl
12	**ineli26**	bist du nicht
13	**Räbchen**	ich hatte mir nur damals den nick auch gesichert, damit es keine fakes von mir gibt
14	**Meerschweinchen**	*freu*@raebchensicherheitskopie
15	**ineli26**	nagut then ... wb @ raebchen
16	***Räbchen beugt dem misstrauen vor und wechselt auf ae***	
17	**Räbchen**	bis dann
18	**Meerschweinchen**	bis dann räbchen
19	**Räbchen** verlässt den Raum.	
20	**Raebchen** kommt aus dem Raum **unicum** herein.	
21	**Raebchen** ist wieder da.	
22	**Raebchen**	so besser?
23	**ineli26**	hallo raebchen
24	**ineli26**	*freu*
25	**ineli26**	wie gehts dir?
26	**Meerschweinchen**	re rä
27	**ineli26**	wo warst du so lange ?
28	**ineli26**	*g*

Während in „Plauder-Chats“ das Spiel mit virtuellen Figurenkonstrukten eine gern genutzte und reizvolle Hilfe für die Anbahnung von Kontakten sein kann, die es den Chat-Nutzern erlaubt, durch Originalität Aufmerksamkeit auf sich zu ziehen (vgl. Beißwenger 2001), ist in vielen Formen des Chat-Einsatzes in professionellen Kontexten eine Identifizierbarkeit der hinter einem Nickname stehenden Realperson ausdrücklich erwünscht. So werden etwa im E-Learning-Bereich bisweilen Konventionen für die Nickname-Wahl in veranstaltungsbegleitenden Chat-Umgebungen aufgestellt, um den Lehrenden zu ermöglichen, bestimmte Aktivitätsbeiträge einzelnen Studierenden zuzuordnen (und u. U. in die Bewertung erbrachter Leistungen einfließen zu lassen). An Chat-Events mit Politikern oder sonstigen Prominenten können die Nutzer zwar in aller Regel anonym (d.h. unter freier Wahl des Nicknames) teilnehmen, dafür spielt die

Authentizität des prominenten Chat-Partners eine umso größere Rolle. Dass diese allein durch den Nickname nicht sichergestellt ist, demonstriert ein Beispiel aus Diekmannshenke (2001: 239), in welchem während eines Politiker-Chats mit dem hessischen CDU-Politiker Roland Koch ein Teilnehmer die Frage stellt „Woher wissen wir, ob wirklich Roland Koch am anderen Ende der Leitung sitzt?". Aus diesem Grund wird im Zeitalter größerer Bandbreiten bei der Datenübertragung bisweilen begleitend zu einem laufenden Chat-Event den Nutzern die Option geboten, den Prominenten per Webcam bei der Chat-Teilnahme zu beobachten (was überdies die Möglichkeit bietet zu überprüfen, ob dieser seine Chat-Beiträge selbst eingibt oder von einem Redakteur eintippen lässt).

Abb. 4-6: Der SPD-Spitzenpolitiker Franz Müntefering stellt sich einer Fragestunde im Chat-Angebot von *politik-digital.de* (4. Juni 2002). Die Fotos beweisen, dass Müntefering tippen *lässt* (Bildquelle: http://www.nrwspd.de/news/meldung.asp?ID=506).

4.3.5.2 *Situationswissen*

Situationswissen kann zu unterschiedlichen Dimensionen der „Situiertheit" aufgebaut werden. Einerseits gibt es ein Wissen um die (physisch reale) Situiertheit vor dem eigenen Rechner, andererseits können aber auch Wissensrepräsentationen zur Situiertheit des Chat-Partners in *seiner* physisch realen Umgebung aufgebaut und kommunikativ relevant werden. Da beide Kommunikanten in Ermangelung eines interpersonal geteilten physischen Wahrnehmungsraums nicht unmittelbar verifizieren können, was der andere in seiner realen Umgebung jeweils sieht, hört und tut, muss im Falle, dass außerhalb des Chats wahrgenommene Objekte und Sachverhalte im Chat eine Rolle spielen sollen, das Gesehene, Gehörte, Getane sprachlich vermittelt und auf diese Weise geteiltes Wissen über nur von einem Kommunikanten wahrgenommene Sachverhalte hergestellt werden. In Bsp. 435-4 aus einem Kontext chatbasierter Bibliotheksauskunft wird von der Auskunftsperson die Orientierung des Nutzers auf eine WWW-Seite gelenkt, der Nutzer beschreibt anschließend, was er auf der Seite sieht, was von der Auskunftsperson wiederum erläutert wird. Schließlich thematisiert der Nutzer in diesem Zusammenhang auch den realen Ort, an welchem er seine Chat-Teilnahme vollzieht und kommt dann zu dem Schluss, dass er möglicherweise eine andere Seite sieht als diejenige, auf welche die Auskunftsperson sich bezieht. Im weiteren Verlauf starten Benutzer und Auskunftsperson einen neuen Versuch, während dessen der Nutzer jeweils beschreibt, was er sieht und tut, bis es ihm schließlich gelingt, einen gewünschten Artikel zu recherchieren und auszuwählen.

Beispiel 435-4: Herstellung von geteiltem Wissen und gemeinsamer Orientierung über das, was ein Benutzer wahrnimmt und tut (Dokument Nr. 1203194 <UB_18-03-2005.xml> aus dem *Dortmunder Chat-Korpus*):

1		**BENUTZER**	Hallo, kann ich online auf eine Zeitschrift zugreifen, die an der FH Dortmund vorliegt? Es handelt sich konkret um das European Physical Journal E.
2	*12:30:46*	**AUSKUNFT**	augenblick bitte...
3	*12:30:51*	**BENUTZER**	gern
4	*12:31:03*	**AUSKUNFT**	ich habe Benutzer an der Info-Theke.. Danke!
5	*12:31:37*	**BENUTZER**	schreiben Sie einfach los, wenn Sie wieder freie Kapazitäten haben.
6	*12:33:33*	**AUSKUNFT**	so, jetzt kann ich antworten: man kann auf die Zeitschr. online zugreifen, wenn sie z.B. in der elektronischen Zeitschriftenbibliothek vorhanden ist. Den Zugang zu dieser Elekt. Zeitschr. bibl. finden Sie über unsere Literatursuchseite.
7	*12:34:01*	**BENUTZER**	okay, ich glaube, das hab ich gemacht
8	*12:34:08*	**BENUTZER**	ich sehe da aber eine gelbe Ampel
9	*12:34:25*	**AUSKUNFT**	das erläre ich gern:
10	*12:34:57*	**AUSKUNFT**	bzw. eine Erklärung steht schon dabei: das können Sie nur an den Rechnern der Uni online ansehen. Doch Achtung:
11	*12:35:26*	**AUSKUNFT**	einige Ausgaben haben nur INhaltsverzeichnisse da oder Abstrackts, keine Volltexte.
12	*12:35:43*	**BENUTZER**	also, ich sitze an einem Unirechner
13	*12:36:45*	**AUSKUNFT**	ok, welche Ausgabe benötigen Sie: A, B, C...? Denn es werden insgesamt 7 angegeben.
14	*12:36:51*	**BENUTZER**	E
15	*12:36:54*	**BENUTZER**	soft matter
16	*12:37:10*	**BENUTZER**	Vol 10

17	*12:38:27*	**AUSKUNFT**	der rote Punkt bei dieser Ausgabe bedeutet nur Inhaltsverz. oder Abstracts, es werden aber in der Vollbildanzeige dierser Zeitschr. (bitte auf das kleine "i" gehen) Links angegeben, über die man wohl auf die Volltexte kommt.
18	*12:38:55*	**BENUTZER**	moment...
19	*12:39:34*	**BENUTZER**	ich glaube, wir sind nicht auf der gleichen seite
[...]			
27	*12:42:04*	**AUSKUNFT**	Wenn Sie möchten können wir Schritt für Schritt zu den Volltexten gehen.
28	*12:42:14*	**BENUTZER**	sehr gern
29	*12:42:35*	**BENUTZER**	wo fange ich an?
30	*12:42:55*	**AUSKUNFT**	SBitte nochmal in der Elektr. Zeitschr. bibl. die Zeitschrift suchen....
31	*12:43:08*	**BENUTZER**	moment
32	*12:43:47*	**BENUTZER**	rote ampel
33	*12:44:10*	**AUSKUNFT**	Sie müssten 7 Treffer haben, mit teils roter Ampel, stimmt es?
34	*12:44:19*	**BENUTZER**	exakt
35	*12:45:06*	**AUSKUNFT**	gut, jetzt gehen Sie bitte auf die Ausgabe E, aber auf das blaue "i" vor dem Titel....
36	*12:45:06*	**BENUTZER**	und zwar hat das EPJ E eine rote Ampel
37	*12:45:13*	**BENUTZER**	getan
38	*12:46:11*	**AUSKUNFT**	gut, in diese Aufnahme steht in roter Schrift, dass Sie auf die Liste der Teilnehmer kommen können,die Volltexte anbieten,bitte anklicken...
39	*12:46:45*	**BENUTZER**	Meinen Sie das? Liste der teilnehmenden Institutionen, die Volltextzugriff bieten.
40	*12:46:56*	**AUSKUNFT**	ja genau
41	*12:47:11*	**BENUTZER**	okay
42	*12:47:27*	**BENUTZER**	jetzt kann ich Dortmund FH auswählen
43	*12:47:44*	**BENUTZER**	und dann auf "Zur gewählten Einrichtung wechseln" ?
44	*12:47:55*	**AUSKUNFT**	ganz genau
45	*12:48:04*	**BENUTZER**	gelbe Ampel
46	*12:48:12*	**AUSKUNFT**	ja, und über...
47	*12:48:23*	**AUSKUNFT**	die angegebenen Urls kommen Sie zu den Volltexten
48	*12:48:47*	**BENUTZER**	also, ich komme auf die Seite von Springer-Link
49	*12:49:06*	**AUSKUNFT**	ja, sie Seite habe ich auch
50	*12:49:36*	**BENUTZER**	und jetzt auf Volume 10?
51	*12:49:52*	**BENUTZER**	Number 1
52	*12:50:36*	**AUSKUNFT**	ja, ich hoffe es hat geklappt?
53	*12:50:54*	**BENUTZER**	ich kann jetzt den Artikel auswählen

54	*12:51:12*	**BENUTZER**	klicke drauf (S. 17-23)
55	*12:51:32*	**BENUTZER**	und wie kann ich ihn jetzt runterladen?
56	*12:51:37*	**AUSKUNFT**	ja, und anscheinend können Sie es sich per Email zuschicken lassen.

Situationswissen zur Situiertheit der einzelnen Kommunikanten in ihren realen Umgebungen kann nicht nur für die gemeinsame chatbasierte Bearbeitung kommunikativer Aufgaben von Bedeutung sein – auch der metaphorisch konstituierte „Kommunikations*raum*" des Chat kann von den Kommunikanten als virtuelle Kontaktsphäre konzeptualisiert werden, innerhalb derer Situiertheit gedacht oder zumindest spielerisch antizipiert werden kann. Insbesondere in „Plauder-Chat"-Angeboten ist bisweilen (zumeist in halbexklusiven „Räumen" bzw. „Channels") zu beobachten, dass die heuristische Metapher des „Raumes", gepaart mit der teilnehmerseitigen Konzeptualisierung der Chat-Kommunikation in Nähe des mündlichen Gesprächs die Nutzerinnen und Nutzer dazu zu animieren scheint, die eigenschaftslose Topologie der gedachten Nähesphäre auf spielerischem Wege zu kooperativ ausgehandelten Spielwelten bzw. virtuellen Szenerien auszustaffieren. In diesen im Wechselspiel von deklarativen Initiativen und partnerseitigen Ratifizierungen etablierten Szenerien können konsensuell vereinbarte Koordinatensysteme für sprachliches Zeigen ebenso enthalten sein wie für gegeben angenommene Referenzobjekte. Die Inhalte der so gewebten fiktiven Spiel- und Handlungskontexte bilden dann Elemente der Spielsituation; was bereits ins Spiel eingeführt wurde (und ggf. mit welchen Eigenschaftszuschreibungen), muss als Situationswissen vorhanden sein, um auf das bereits vorhandene Spielinventar mit eigenen Beiträgen in geeigneter (und origineller) Weise aufbauen und das Spiel weiterentwickeln zu können. Im Ausschnitt in Beispiel 435-5 vereinbaren die beiden Kommunikantinnen *tinetine* und *billine* eine Szenerie, die sie nach Absteckung einer Kulisse „Tropisch anmutende Bar" zur Vereinbarung über die Existenz einer Cocktailkarte über das Ordern und Verkosten zweier Getränke bis hin zur spielerischen Aushandlung von deren Zutaten führt.

Beispiel 435-5: Cocktails an der „tropisch anmutenden Bar" (Mitschnitt aus dem *unicum-Space-Chat* vom 18. 11. 1998):

1	***billine und tinetine gehen zu der tropisch anmutenden bar, wo schon ein paar andere leute sitzen.***	
2	**tinetine**	ich nehm einen... *überleg*
3	***billine bestellt für beide einen tropischen super cocktail***	
4	**tinetine**	was nimmst du?
5	**tinetine**	ok, überredet.

6	**billine**	ups ,hab für dich einfach mal mitbestellt
7	**billine**	hmm was ist da eigentlich alles drin
8	***tinetine kostet mal***	
9	**tinetine**	auf jeden fall ananas
10	**tinetine**	ja. ananas
11	**tinetine**	und etwas cocos
12	**billine**	iehhhgittt ,bloss keine ananas
13	**tinetine**	der is aber nicht ohne alkohol!
14	**billine**	ich schmecke eigentlich nur kokos und...
15	**billine**	kiwi...
16	**tinetine**	oh, könnte auch kiwi gewesen sein.
17	**tinetine**	irgendwie logischer. bei ananas wäre er ja gelb gewesen und nicht grün.
28	**billine**	das mir das nicht gleich aufgefallen ist

Dass die Aushandlung virtueller Szenerien und Situationen nicht zwangsläufig ohne Reibungen abläuft, demonstriert der Ausschnitt in Beispiel 435-6, in dem die Kommunikantinnen *tinetine* und *billine* das Insistieren ihres Chat-Partners *nobody* auf einem für sie nicht akzeptablen Spielzug „Rücken eincremen" letzten Endes dadurch sanktionieren, dass sie von ihrem Administratorenstatus im betreffenden Chat-„Raum" Gebrauch machen und ihn aus diesem „Raum" ausschließen.

Beispiel 435-6: Sanktionierung inakzeptabler Spielzüge durch Ausschluss aus dem Kommunikationsraum (Mitschnitt aus dem *unicum-SpaceChat* vom 18. 11. 1998; das sozialdeiktische „Du" bezieht hier auf die Chat-Teilnehmerin *tinetine*, auf deren PC der Mitschnitt erzeugt wurde; eine Analyse des Ausschnitts findet sich in Beißwenger 2000: 189-194):

1	***billine legt sich wieder an den strand***	
2	**tinetine**	he, billine, war's dir zu kalt?
3	**nobody**	2 stunden nur schwimmen, keine strecke vorgegeben, es ging nur um die 2 stunden
4	**billine**	ne zu schnell
5	**nobody**	billine soll ich dich eicremen?
6	**tinetine**	*hihi*
7	**tinetine**	*räusperntu*
8	***nobody holt sonnencreme aus der tasche***	
9	***tinetine legt sich neben billine***	
10	**nobody** redet zu Dir: da gigts nix zu lachen tinchen[72]	

72 Bei Beiträgen mit dem automatisch hinzugenerierten Vorsatz „X redet zu Y" bzw. „Du redest zu Y" handelt es sich um Beiträge, die von den Produzenten für den Server als „Flüster-Nachrichten" gekennzeichnet wurden. Beiträge dieses Typs sind exklusiv für nur einen einzigen Adressaten bestimmt und werden auch lediglich diesem Partner zugestellt; für die übrigen im gleichen Chat-Raum präsenten Kommunikanten bleibt der Beitrag unsichtbar.

11 ***nobody hat 2 hände***
12 **nobody** *g*
13 **nobody** *grins*
14 ***billine findet das nobody auch tinetine eincremen soll***
15 **nobody** logen
16 **nobody** schon dabei
17 ***tinetine rutscht mit ihrem handtuch etwas weg.***
18 **billine** ...wenn er sich schon so aufdrängt
19 ***nobody kniet sich zwischen euch***
20 ***billine schreit HILFE***
21 ***tinetine guckt böse. ich bin schon braun und brauch keine creme***
22 **nobody** und ich verpasse euch einen dicken spritzer
23 **nobody** redet zu Dir: egal
24 **billine** nanana
25 Du redest zu **billine**: soll ich ihn rauswerfen?
26 **nobody** sonnencreme natürlich
27 **billine** redet zu Dir: jop
28 ***Du ernennst billine zum Superuser.***[73]
29 **nobody** mensch biline
30 **tinetine** mach du, billine.
31 **billine** redet zu Dir: wie mach ich das
32 **nobody** so ich creme euch jetzt mal ein
33 **nobody** *massier*
34 **nobody** *eincreme*
35 **nobody** von obern nach unten
36 Du redest zu **billine**: du mußt /k nobody einsame_insel_fernab_jeglicher_zivilisation schreiben [74]
37 **tinetine** *lol*
38 **nobody** (ämmm, also wenn ich eure bikinis öffnen würde, könnte ich schon besser eincremen)
39 **nobody** (was dagegen)#
40 **nobody** *creme*

---

73 Im *unicum SpaceChat* war es jedem Chat-Nutzer möglich, jederzeit einen eigenen Chat-Raum zu eröffnen. In diesem selbst eröffneten Chat-Raum erhielt er „Superuser"-Status. Der „Superuser" hat in dem von ihm verwalteten Raum administrative Privilegien – beispielsweise kann er den Raum nur auf Einladung zugänglich machen, andere Chatter aus dem Raum verbannen oder weiteren Teilnehmern ebenfalls „Superuser"-Status einräumen. Bei Beitrag 28, der für alle Chatter im Raum sichtbar ist, handelt es sich um eine vom System generierte Meldung, die anzeigt, dass „Superuserin" *tinetine* durch Verschickung eines bestimmten Kommandos an den Chat-Server ihre Mitchatterin *billine* ebenfalls in den Rang eines „Superusers" erhoben hat.

74 Mit dem Beitragsteil „/k nobody einsame_insel_fernab_jeglicher_zivilisation" gibt *tinetine* der anderen „Superuserin" *billine* ein Beispiel dafür, welcher Code an den Server zu verschicken ist, um *nobody* aus dem gemeinsamen Chat-Raum auszuschließen und ihn in einen – dann automatisch neu generierten – alternativen Chat-Raum mit dem Namen „einsame_insel_fernab_jeglicher_zivilisation" zu verbannen. Das Codesegment </k> steht hierbei für „kick".

41 **tinetine** ja.
42 **billine** lockt **nobody** weg.[75]

4.4 Textproduktion für den Dialog: Chat-Beiträge als Resultate von Textherstellungshandlungen

Chat-Kommunikation ist, so legt es die Technologie fest, gebunden an die mediale Schriftlichkeit: Was einem Adressaten mitgeteilt, womit auf einen Partner sprachlich eingewirkt werden soll, was von den kommunikativen Koakteuren wahrgenommen wird und die Grundlage eigener Einschätzungen über Situation und Partner bildet, ist in der Wahl der Ausdrucksmittel auf die Mittel des Schriftsystems oder zumindest die Mittel einer herkömmlichen Computertastatur beschränkt. In der medialen Schriftlichkeit liegen einerseits Vorteile (Persistenz, Kopier- und Speicherbarkeit, ggf. kognitive Entlastung; vgl. 4.3.4), andererseits ist die schriftliche Realisierung von Kommunikaten mühsamer und geht langsamer von der Hand als die Hervorbringung gesprochener Sprache. Des Weiteren erfordert die Schriftproduktion eine visuelle Kontrolle der motorischen Schriftrealisierungshandlung – und zwar nicht nur der Aktivitäten der die Feder führenden oder die Tastatur bedienenden Hände, sondern auch des im Zuge der Schrifterzeugung auf dem Schreibmedium realisierten Textes. Erfolgt die Schriftproduktion – wie im Falle chatbasierter Kommunikation – unter dialogischen Rahmenbedingungen, so erfordert das lautlose Medium Schrift darüber hinaus auch noch eine relativ kontinuierliche visuelle Kontrolle des Darstellungsmediums, auf welchem neu eintreffende Beiträge der Dialogpartner zur Anzeige gebracht werden.

Für prototypische (monologische) Kontexte schriftlicher Sprachproduktion mag in Abgrenzung zur mündlichen Sprachproduktion in direkter Kommunikation das Folgende gelten:

> Während beim Sprechen die Planung in der Regel unter einem gewissen zeitlichen Kommunikationsdruck erfolgt und unmittelbar an die Sprachproduktionssituation gebunden ist, kann das Planen eines Textes weitaus umfangreichere und zeitlich sehr erstreckte Prozesse umfassen, bevor das erste Wort auch nur geschrieben wird. Am anderen Ende des Prozesses müssen geschriebene Sprach-

75 Bei Beitrag 42, der für alle Chatter im Raum sichtbar ist, handelt es sich um eine vom System generierte Meldung, die anzeigt, dass „Superuserin" *billine* durch Verschickung einer entsprechenden Anweisung an den Chat-Server (siehe Fußnote 74) von ihrer Möglichkeit Gebrauch gemacht hat, ihren Mitchatter *nobody* aus dem gemeinsamen Chat-Raum auszuschließen. Die Metapher ‚Weglocken' stand im *unicum SpaceChat* für den durch einen „Superuser" herbeigeführten Ausschluss aus einem Chat-Raum.

> produktionsresultate als Prozessergebnis nicht verbindlich sein, sondern können mehrfach überarbeitet werden. [...] Eine sprachproduktionsbezogene Besonderheit beim Schreiben liegt [...] in der Möglichkeit, das Sprachproduktionsresultat sozusagen mehrere Male auszuprobieren bzw. in mehreren Schritten anzunähern, bevor es eine endgültige Form erreicht. (Grabowski 2003: 360f.)

Gegenüber solch prototypischen Kontexten schriftlicher Sprachproduktion lässt sich für die Sprachproduktion in der Chat-Kommunikation, obgleich sie sich im schriftlichen Medium vollzieht, aufgrund der spezifischen kommunikativen Rahmenbedingungen ebenfalls das Gegebensein eines (prototypischerweise für mündliche Dialogsituationen charakteristischen) „zeitlichen Kommunikationsdrucks" annehmen. Die Beitragsproduktion im Chat ist *Textproduktion für den Dialog* – für extensive Planungsphasen dürfte aufgrund der Dynamik des Geschehens nur in Ausnahmefällen die Zeit sein. Weiterhin legen Auffälligkeiten wie die in der linguistischen Forschungsliteratur zur Chat-Kommunikation häufig angeführte Tolerierung von Tippfehlern sowie der Verzicht auf Interpunktion und auf konsequente Einhaltung der Großschreibung die Vermutung nahe, dass bei der Produktion von Chat-Beiträgen nur wenig revidiert wird, dass Chat-Beiträge also „in einem Guss" produziert und dann möglichst schnell verschickt werden, um bestmögliche Zeiten zwischen der Entscheidung zur Realisierung eines Handlungsplans und dessen sichtbarer schriftlicher Repräsentation auf den Adressatenbildschirmen zu erzielen. Der in Beispiel 440-1 wiedergegebene Ausschnitt aus einer Experten-Fragestunde im Rahmen eines Uniseminars scheint diese Annahme zu belegen: Während der Experte in seinen Beiträgen 1-3 noch auf korrekte Großschreibung achtet, wirft er ab Beitrag 4 die Einhaltung der Großschreibung weitgehend über Bord (gepunktet unterstrichene Wortformen), und auch die Anzahl der Tippfehler nimmt signifikant zu (einfach unterstrichene Wortformen). Ohne Einblick in den Produktionsprozess von Chat-Beiträgen muss die Frage, ob bei der Chat-Produktion tatsächlich nicht revidiert wird, jedoch dahingestellt bleiben. Formale (orthographische oder einer Flüchtigkeit beim Tippen geschuldete) Auffälligkeiten wie in Beispiel 440-1 sind zunächst lediglich Hinweise darauf, dass in manchen Kontexten die formale Gestaltung von Chat-Beiträgen zugunsten einer weitgehenden Ökonomisierung der Schriftproduktion vernachlässigt wird: Der schriftliche Ausdruck wird von all dem „Ballast" befreit, der unterschlagen werden kann, ohne dass das schriftliche Produkt als solches sinnentstellt wird.

Beispiel 440-1: Tolerierung von Tippfehlern und Aufgabe der Großschreibung als Ausdruck von Produktionsökonomie (Ausschnitt aus einer chatbasierten Experten-Fragestunde im Rahmen eines Seminars „E-Learning / Hybrides Lernen im DaF-Unterricht", Herder-Institut der Universität Leipzig, vom 21.7.2006):[76]

	09:36	**Frage**	Wann sollten Chatiketten für didaktisierte Chats festgelegt werden und wie kann man dies am besten realisieren?
[...]			
1	09:50	**experte**	Chatioketten können ein gutes Mittel sein, um Chats zu strukturieren...
2	09:50	**experte**	Das kann z.B. dadurch geschehen, dass man eine Moderatorenrolle einführt und dierse mit einem oder m3ehrerern ModeratoriNnen besetzt...
3	09:50	**experte**	Das kann dadurch geschehen, dass man Regeln aufstellt, die dazu dienen sollen, so etwas wie den geregelten Sprecherwechsel (das "turn taking"), das wir aus mündlicher Kommunikation kennen, im Chat wieder einzuführen..
4	09:50	**experte**	um dadurch zu gewährleisten, dass imm,er nur einer "spricht", und dass klar isrt, bis weann er "spricht". ....
5	09:51	**experte**	Das ist ja im chat nicht von vornherein offensichtlich - chat ist ja im Ggs. zum Face-to-face-Gespräch niocht nur kanalreduziert, ...
6	09:51	**experte**	sondern überdies auch nicht-simultan (keine verarbeitung von äußerungen zur laufzeit ihrer produktion). ...
7	09:51	**experte**	eine aushandlöung des "dran-seins" zur laufzeit, so wie im mündlichen, ist somit nicht möglich. ...
8	09:51	**experte**	Um sowas wie sprecherwechsel und damit eine strukturierte abfolge von "sprechern" und gespräcghsbeioträgen zu regeln , ...
9	09:52	**experte**	klann man z.b. symbole vereinbarebn, die indizieren, dass isch jemand zu wort melden möchte, ...
10	09:52	**experte**	dass nach einem beitragv noch ein folgebetirag desselben Chatters nachdfolgen soll, ...

Eine Dokumentation dessen, was bei der Produktion von Chat-Beiträgen im Eingabeformularfeld der Chat-Oberfläche geschieht (z.B. mittels einer Screen Capturing-Aufzeichnung, vgl. Kap. 5.1), zeigt, dass die Produktion von Chat-Beiträgen durchaus Revisionen beinhaltet, und zwar nicht nur solche Revisionen, die unmittelbar während der Texteingabe ausgeführt werden, sondern auch nachträgliche Revisionen in Form von Überarbei-

76 Zwischen der Frage und der Antwort des Experten liegen deshalb 14 Minuten, da der Experte zuvor noch die Beantwortung einer anderen Frage abgearbeitet hat. Mit Einverständnis der befragenden Studierenden (hier nicht dargestellt) kommt er dann um 09:50 auf das Thema „Chatiketten" zurück.

tungsphasen, in welchen nach Eingabe eines vollständigen Beitragsentwurfs oder zumindest eines Beitragsfragments der bereits eingegebene Text noch einmal überprüft und revidiert wird. Beispiel 440-2 gibt eine Beschreibung sämtlicher Aktivitäten, die sich zwischen dem Zeitpunkt der Verschickung ihres letzten Chat-Beitrags (13:45:52) und dem nächstfolgenden Zeitpunkt der Verschickung von ins Eingabeformularfeld eingegebenem Text (13:47:19) am Bildschirm einer Teilnehmerin einer chatbasierten Experten-Fragestunde beobachten ließen.[77] Die Beschreibung umfasst insgesamt einen Zeitraum von 87 Sekunden, während derer Teilnehmerin *anew* zunächst mit der Verschriftlichung eines Handlungsplans beschäftigt ist, der die von *bensch* in einem zuvor angezeigten Beitrag erwähnten „Schnäppchen" thematisiert. *anew* gibt zunächst ein Textfragment in ihr Eingabeformular ein und führt dann nachträglich eine formale (Korrektur eines versehentlich kleingeschriebenen Nomens) sowie eine inhaltliche Korrektur aus (Ersetzung der Verbform „kauft" durch „bezahlt"). Auch während der Eingabe des Textfragments hat sie bereits zweimal einen Teil des Eingegebenen unmittelbar wieder gelöscht und neu eingegeben – hier handelte es sich um Revisionen direkt erkannter Tipp- bzw. Flüchtigkeitsfehler. Drei Sekunden nach Ausführung der beiden nachträglichen Korrekturen fährt *anew* mit der Texteingabe fort, um dann nach einer Pause von sechs Sekunden plötzlich den gesamten bislang eingegebenen Text mit der Maus zu markieren, anhand des Kontextmenüs (rechte Maustaste) in den Zwischenspeicher ihres Rechners zu kopieren und das Eingabeformularfeld vollständig zu leeren. Weitere sechs Sekunden später beginnt sie dann mit der Eingabe eines neuen Entwurfs, der ganz offensichtlich keine Reformulierung des vorigen darstellt, sondern einen anderen Handlungsplan versprachlicht. Das Thema „Schnäppchen" taucht im neuen Entwurf gar nicht mehr auf; vielmehr zählt sie nun Kleidermarken auf, was aller Wahrscheinlichkeit nach durch zwei zwischenzeitlich eingetroffene Beiträge von *bsommer* und *bensch* motiviert ist, die den Sachverhalt „gefälschte Ware" thematisieren, den *anew* in ihrem eigenen letzten Beitrag als einen Sachverhalt benannt hatte, zu dem sie gerne einige Auskünfte seitens der Expertin erhalten würde. Ihr neuer Entwurf (welchen sie dann schließlich auch abschickt) scheint eine unmittelbare Replik auf die Frage von *bensch* zu sein, was sie denn genau unter gefälschter Ware verstehe. Während der Eingabe des neuen Entwurfs fin-

77 Es handelt sich um eine Experten-Fragestunde zum Thema „eBay und Online-Auktionen", an welcher neben *anew* noch ein weiterer Teilnehmer sowie eine Expertin beteiligt waren. Eine Beschreibung des Settings, unter welchem diese Fragestunde durchgeführt und die Bildschirmdaten erhoben wurden, findet sich in Kap. 5.1.

det erneut eine Revision eines direkt erkannten Flüchtigkeitsfehlers statt: „aten“ in „Klamotaten“ wird gelöscht und ersetzt durch „ten“, um somit die korrekte Wortform „Klamotten“ herzustellen. Der neue Entwurf wird unmittelbar nach seiner Eingabe verschickt. Der in den Zwischenspeicher kopierte Entwurf kommt im weiteren Verlauf des Chat-Ereignisses nicht mehr zum Einsatz.

Beispiel 440-2: Während einer Produktionsphase beobachtbare Textherstellungsaktivitäten einer Chat-Teilnehmerin; die numerischen Angaben beschreiben Ereigniszeiträume in der Form *[HH:MM:SS] bis [HH:MM:SS]* (Erläuterungen zum Beispiel siehe Text):

Eintreffen neuer Beiträge im Bildschirmverlaufsprotokoll	Textherstellungsaktivitäten der Teilnehmerin *anew*
13:45:37 **bensch:** Ich habe eBay früher (d.h. vor einigen Jahren) immer sehr gerne benutzt und war auch immer der Meinung, dass man dort durchaus "Schnäppchen" machen konnte.	
13:45:52 **anew:** mich interessiert vor allem wie man sich wirksam gegen schwarze Schafe auf der Verkäufer und Käuferseite wehren kann, was eBay gegen Pornografie und gegen gefälschte Ware unternimmt	
	13:46:03–13:46:11 *Texteingabe:* das mit den schnäppchen stimmt, heute verkauft man man **13:46:12–13:46:12** *Löschen:* ~~e verkauft man man~~ **13:46:14–13:46:16** *Texteingabe:* e kauft man manche pr **13:46:17** *Löschen:* ~~pr~~ **13:46:18 –13:46:19** *Texteingabe:* Produkte **13:46:21–13:46:23** *Platzieren des Cursors mit der Maus hinter dem Buchstaben* <s> *in der Wortform* <schnäppchen>

Eintreffen neuer Beiträge im Bildschirmverlaufsprotokoll	Textherstellungsaktivitäten der Teilnehmerin *anew*
	13:46:24 *Löschen von* <s> *und Ersetzen durch (abermals)* <s> **13:46:25** *Löschen von* <s> *und Ersetzen durch* <S> **13:46:29** *Platzieren des Cursors mit der Maus am Ende des bislang eingegebenen Textes* **13:46:31** *Markieren der Wortform* <kauft> *mit der Maus (Doppelklick)*
13:46:32 **bensch:** Aber in letzter Zeit sind sämtliche Kategorien dermaßen von den sog. Powersellern bevölkert, die hunderte gleiche Artikel anbieten, so dass es schwerfällt, das Gesuchte auch wirklich zu finden.	**13:46:32** *Löschen der Wortform* <kauft>
	13:46:33 *Eingabe von* <bezahlt> *anstelle von* <kauft>
13:46:34 **bsommer:** Gefälschte Ware ist ein gutes Stichwort, damit habe ich auch schon meine Erfahrungen gemacht.	
	13:46:35 *Platzieren des Cursors mit der Maus am Ende des bislang eingegebenen Textes* **13:46:36–13:46:40** *Texteingabe:* mehr als im Laden **13:46:46–13:46:47** *Markieren des gesamten eingegebenen Textes mit der Maus* **13:46:48–13:46:50** *Aufruf des Kontextmenüs mit der rechten Maustaste; Auswahl der Menüopti-*

Eintreffen neuer Beiträge im Bildschirmverlaufsprotokoll	Textherstellungsaktivitäten der Teilnehmerin *anew*
	on „Kopieren" **13:46:52** *Löschen:* ~~das mit den Schnäppchen stimmt heute bezahlt man manche Produkte mehr als im Laden~~ → *Eingabeformularfeld komplett geleert*
13:46:53 **bensch:** Was genau verstehen Sie (beide) denn unter gefälschter Ware?	
	13:46:57–13:47:11 *Texteingabe:* z.B. nike oder Adidas Klamotaten **13:47:12** *Löschen:* ~~aten~~ **13:47:13–13:47:18** *Texteingabe:* ten, das hört man immer wieder **13:47:19** *Betätigung der Eingabetaste: Verschicken des Inhalts des Eingabeformularfelds als Beitrag an den Chat-Server*
13:47:19 **anew:** z.B. nike oder Adidas Klamotten, das hört man immer wieder	

Das Beispiel verdeutlicht, dass die Produktion von Chat-Beiträgen nicht nur reine Texteingabe, sondern durchaus auch begleitende und nachgeschaltete Revisionen beinhalten kann. Das Verfassen eines Chat-Beitrags ist, solange keine Verschickung erfolgt, *Arbeit am Entwurf* – und diese Arbeit kann, wenn bei der Evaluation des bereits Eingegebenen (formale, syntaktische, inhaltliche, stilistische, pragmatische) Dissonanzen zu den individuellen Handlungszielen festgestellt werden, auch nicht-lineare Teilphasen beinhalten, die darauf zielen, die Dissonanz zwischen dem Ist-Zustand des Entwurfs und den Effekten, die mit dem anvisierten Produkt erzielt werden sollen sowie mit selbst gesetzten (formalen, syntaktischen, inhaltlichen, stilistischen, pragmatischen) Normen in Einklang zu bringen.

Nicht nur die aktive Auseinandersetzung des kognitiven Rezipienten/Produzenten-Systems mit seiner Umwelt, sondern auch der Prozess der Hervorbringung eigener sprachlicher Produkte (insbesondere dann, wenn sie schriftlich realisiert werden und die Produktion der Veräußerung und Rezeption vorausgeht) kann somit als eine Art Regelkreislauf aufgefasst werden, bei welchem der Prototyp idealerweise so lange evaluiert wird, bis er den eigenen Mindeststandards genügt und eine Entscheidung zugunsten seiner Herausgabe gefällt werden kann. ‚Idealerweise' bedeutet in diesem Zusammenhang so viel wie: ‚wenn nicht Ereignisse in der kommunikativen Umwelt einen vorzeitigen Abbruch der Evaluation bzw. die Herausgabe eines noch als suboptimal empfundenen Entwurfs nahe legen'.

Was für die prototypisch monologischen Kontexte schriftlicher Sprachproduktion gilt, kann – mit den notwendigen Modifikationen – für die aufgrund des Drucks der Dialogsituation zeitlich wesentlich kleinräumigeren Textproduktionsphasen im Chat in ähnlicher Weise angenommen werden:

> Anders als beim physikalisch flüchtigen Sprechen liegen alle ausformulierten Zwischenresultate als externe, konservierte Verhaltensspuren vor, die durch Lesen als externe Information wieder kogniziert und verarbeitet werden können. Dabei ist das Lesen im Kontext der Textüberarbeitung vom ‚normalen' verstehenden Lesen zu unterscheiden, da hier auf ganz verschiedene Ebenen – vom Tippfehler bis zur Globalstruktur – geachtet werden muss. (Grabowski 2003: 360)

Grabowski sieht die Voraussetzung für die Überarbeitung sprachlicher Zwischenprodukte vor allem in den Inskriptionseigenschaften der Schrift – Eigenschaften, die im Eingabeformularfeld einer Chat-Oberfläche zwar nur relativ kurzzeitig Niederschlag finden, aber immerhin lange genug, um den Zwischenspeicher am Bildschirm als Verarbeitungsgrundlage für eine Evaluation von Zwischenergebnissen und davon ausgehend als Basis für Überarbeitungen zu nutzen.

Es erscheint daher gewinnbringend, für die Beschreibung der Textproduktion bei der Chat-Teilnahme die Anbindung an Modelle und Kategorien aus der Schreibforschung zu suchen, dies allerdings unter Berücksichtigung der Tatsache, dass *Schreiben* im Chat eine Prägung durch die unmittelbare Dialogsituation erhält, in welche es eingebunden ist und zu deren Fortentwicklung es beiträgt. Es ist daher anzunehmen, dass Schreibhandlungspläne für die Produktion von Chat-Beiträgen dieselben Teilprozesse vorsehen wie sie sich für die Textproduktion im Rahmen monologischer Settings beschreiben lassen, nämlich (in Anlehnung an Wrobel 1995: 26ff.):

(i) Prozesse der *Makroplanung* (Abruf / Generierung und Strukturierung von Wissensinhalten zum Thema des Beitrags);

(ii) einen *Formulierungsprozess* (Versprachlichung der selektierten Wissenselemente unter Berücksichtigung der spezifischen Anforderungen der pragmatischen Rahmenbedingungen der Textsorte bzw. des anvisierten Kommunikats – in diesem Fall der spezifischen Rahmenbedingungen der Chat-Situation);

(iii) einen *Inskriptionsprozess*, der die materiale Enkodierung in Schrift umfasst;

(iv) einen *Monitoring-Prozess*, der parallel zu den Prozessen (i), (ii) und (iii) kontinuierlich die in (ii) getroffenen Dispositionen bzw. den in (iii) realisierten Textentwurf gegen die Dispositionen der jeweils anderen Teilprozesse überprüft und ggf. Revisionsprozesse initiiert.

Während bei schriftlicher Sprachproduktion unter monologischen Bedingungen die Monitoring-Komponente hauptsächlich gegen die individuellen Pläne und Zielsetzungen sowie allgemeine Normen in Bezug auf sprachliches Handeln in den jeweils anvisierten sozialen Kontexten evaluiert, muss bei der schriftlichen Sprachproduktion im Chat der Monitoring-Prozess auch den während der Textproduktion fortschreitenden Stand des Kommunikationsereignisses im Blick behalten, um den Handlungsplan – wie etwa in Beispiel 440-2 der Fall – im Bedarfsfalle an die seit Aufnahme der Produktionstätigkeit veränderten (z.B. thematischen) Rahmenbedingungen anpassen zu können. Im Beispiel führte ein zwischenzeitlich erfolgter Themenwechsel zu einem Revisionsprozess, der eine vorerst vollständige Aufgabe des ursprünglich gefassten Handlungsplans und eine Neustrukturierung des Schreibhandlungsplans bis hinunter zur Prozessebene der Makroplanung zur Folge hatte. Das Inskriptionsergebnis des verworfenen Handlungsplans wurde von der Kommunikantin aber immerhin durch Fixierung in der Zwischenablage ihres Computers für eine mögliche spätere Verwendung konserviert. Im Falle einer Wiederaufnahme des Themas „Schnäppchen“ hätte sie ihren bereits weitgehend ausgearbeiteten Entwurf zum Thema aus der Zwischenablage zurückholen und weiterbearbeiten können.

Revisionen sind – nach Wrobel (1995: 87) – „oft die einzigen Spuren der Prozesse, in denen Texte entstehen“. Bei der Produktion von Chat-Beiträgen können sie darüber hinaus Aufschluss darüber geben, an welchen Punkten des Produktionsprozesses ein Produzent den aktuellen Stand des Kommunikationsereignisses zur Kenntnis genommen hat. Ebenso wie es sich bei der Produktion von Chat-Beiträgen um eine Textproduktion für den Dialog handelt, wirkt der Dialog auch zurück auf die Gestaltung des Produktionsprozesses, indem er dazu führen kann, dass Handlungspläne im Zuge des Prozesses variiert oder aufgegeben und Formulierungen an die jeweils aktuellen Rahmenbedingungen angepasst werden.

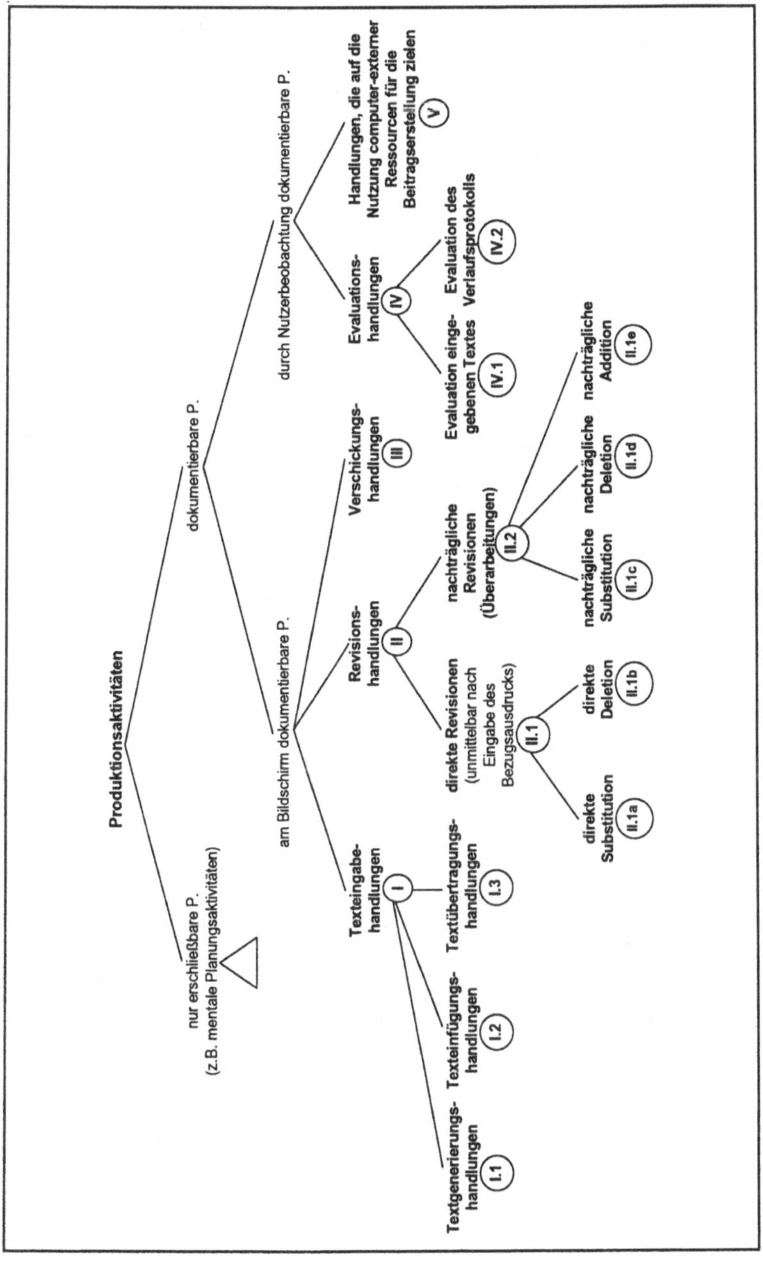

Abb. 4-7: Typologie von Produktionsaktivitäten beim Chatten, die sich auf Basis von Bildschirmdaten zur Manipulation der Benutzeroberfläche und von Videodaten zum Blickverhalten beschreiben lassen.

Beobachten lassen sich an den Bildschirmen von Chat-Teilnehmern Inskriptions(zwischen)ergebnisse sowie textuell manifeste Revisionshandlungen. Um Auffälligkeiten bei der Produktion von Chat-Beiträgen beschreiben und angemessen klassifizieren zu können, soll in dieser Arbeit daher zwischen drei Haupttypen von am Bildschirm beobachtbaren Produktionsaktivitäten unterschieden werden: *Texteingabehandlungen*, *Revisionshandlungen* und *Verschickungshandlungen* (Typ I, II und III in der Typologiedarstellung in Abb. 4-7). Darüber hinaus umfasst der Produktionsprozess Aktivitätstypen, die nicht am Bildschirm, aber z.B. anhand einer Videobeobachtung des Blickverhaltens der Chat-Teilnehmer dokumentierbar sind (Typ IV und V in Abb. 4-7). Planungs- und Formulierungsaktivitäten finden keinen unmittelbaren Ausdruck in Beobachtungsdaten, weder am Bildschirm noch auf einem Videoband, können allerdings anhand charakteristischer Phänomenkomplexe in den Bildschirm- und Videodaten mit relativer Wahrscheinlichkeit erschlossen werden. Aktivitäten letzterer Art, die die Makroplanung, die Strukturierung von Wissenselementen sowie Versprachlichungsdispositionen betreffen, sind in Abb. 4-7 unter dem Knotenetikett ‚Nur erschließbare Produktionsaktivitäten' zusammengefasst und nicht weiter ausdifferenziert.

Die für Analysezwecke dokumentierbaren Typen von Produktionsaktivitäten werden im Folgenden eingeführt und kurz erläutert. Sie bilden auch die Grundlage einer Reihe von Konventionen, die für die Transkription von Bildschirmdaten zur Beitragsproduktion bei der Chat-Teilnahme erarbeitet wurden. Diese Transkriptionskonventionen sind ausführlich in Kap. 5.2 dargestellt.

4.4.1 Am Bildschirm dokumentierbare Produktionsaktivitäten

4.4.1.1 *Texteingabehandlungen*

Texteingabehandlungen sind Handlungen, die auf die Eingabe von Text in das Eingabeformularfeld der Benutzeroberfläche gerichtet sind. Gemeinsam mit direkten Revisionen, die begleitend zur Texteingabe ausgeführt werden, konstituieren Texteingabehandlungen im Rahmen von Textproduktionsprozessen *Texterstellungsphasen*. Die Texterstellung kann also mehr als bloße Texteingabe umfassen; Phasen direkter Revision können als *direkte Revisionsphasen* Teile von Texterstellungsphasen sein – dies im Gegensatz zu solchen Revisionsphasen, die als *Überarbeitungsphasen* der Texterstellung nachfolgen und die Resultate aus Texterstellungsphasen nachträglich modifizieren.

Die Texteingabe kann entweder unmittelbar auf einen Formulierungsprozess bezogen sein und die in diesem Formulierungsprozess erzeugten Formulierungen und Versprachlichungsstrategien originär in Schrift umsetzen oder aber vorgefertigtes Textmaterial aus einer Vorlage übernehmen oder aus dem Zwischenspeicher einfügen. Dementsprechend sind die folgenden Typen von Texteingabehandlungen zu unterscheiden:

- *Textgenerierungshandlungen* (Typ I.1 in Abb. 4-7), mit welchen Text direkt per Tastatureingabe generiert wird (d.h. Anschlag für Anschlag, Wort für Wort, ...).
- *Texteinfügungshandlungen* (Typ I.2 in Abb. 4-7), mit welchen fertige Textbausteine per „Copy & Paste" aus einer digitalen Vorlage (z.B. Textdokument) bzw. aus dem Zwischenspeicher in das Eingabeformularfeld eingefügt werden.
- *Textübertragungshandlungen* (Typ I.3 in Abb. 4-7), mit welchen fertige Textbausteine von einer nicht-digitalen (Notizzettel) oder nicht kopierbaren Vorlage (z.B. digitale Grafik) übertragen (abgetippt) werden.

Im Gegensatz zu Texteinfügungshandlungen (Typ I.2) sind Textübertragungshandlungen (Typ I.3) nur bedingt am Bildschirm dokumentierbar: Im Falle, dass nicht-digitale Vorlagen verwendet werden, kann an der Bildschirmaktivität nicht abgelesen werden, ob es sich tatsächlich um das Abtippen einer Vorlage oder um einen Fall originärer Textgenerierung (Typ I.1) handelt – es sei denn, der Nutzer thematisiert die Tatsache, dass er Text von einer Vorlage überträgt, in einem seiner Beiträge. Ist dies nicht der Fall, lässt sich die Entscheidung für das Vorliegen von Textgenerierung oder Textübertragung nur anhand zusätzlicher Daten treffen (z.B. Interviews oder Daten aus einer Videobeobachtung der Chat-Teilnehmer). Textübertragungshandlungen, bei welchen auf nicht-digitale Vorlagen zurückgegriffen wird, sind eng verknüpft mit Produktionsaktivitäten des Typs V (vgl. Kap. 4.4.2), unter die alle Arten chatbegleitender Arbeit mit computer-externen Materialien fallen.

Kombinationen der drei Typen sind möglich. Beispielsweise kann ein Experte im Rahmen einer Experten-Fragestunde (digital oder auf Papier vorliegende) Stichwortnotizen oder Textbausteine verwenden, die er sich – um sich während des Chat-Ereignisses zu entlasten – vorab auf Basis eines im Vorfeld zugeschickten Katalogs möglicher Fragen zusammengestellt hat. Berührt eine der in der Chat-Situation gestellten Fragen eines der von ihm schriftlich vorbereiteten Themen, kann er Stichworte oder Textbausteine übernehmen und dann sprachlich in den speziellen Kontext der jeweiligen Frage einbauen. Die Produkte, die er als Chat-Beiträge herausgibt, sind in solchen Fällen dann teilweise kompiliert und teilweise generiert.

4.4.1.2 *Revisionshandlungen*

Revisionshandlungen (kurz: *Revisionen*) sind solche Handlungen, die auf die Veränderung bereits eingegebenen Textes zielen:

> Unter Revisionssequenzen werden diejenigen Phasen eines Textproduktionsprozesses verstanden, in denen der Schreibfluß unterbrochen wird, um eine Modifikation an einer bereits produzierten […] Formulierung vorzunehmen. Sie dauern so lange an, bis das Schreiben mit der Niederschrift des Revisionsproduktes wieder aufgenommen wird. (Rau 1994: 68)

Revisionshandlungen konstituieren *Revisionsphasen*; diese können als integrierte Teile von Texterstellungsphasen auftreten (direkte Revision) oder in Form von *Überarbeitungsphasen* der Texterstellung nachfolgen und deren Ergebnis nachträglich bearbeiten.

Revisionsphasen haben stets einen Auslöser und beinhalten eine Teilphase zur Identifizierung des revisionsbedürftigen Textsegments sowie eine Teilphase der Bearbeitung des identifizierten Segments. Im Falle solcher Revisionen, bei welchen die Bearbeitung nicht in einer vollständigen Löschung des aufgefundenen Segments besteht, steht am Ende der Revisionsphase ein revidierter Ausdruck an derjenigen Textposition, die Gegenstand der Bearbeitung war:

> Eine Revisionssequenz wird ausgelöst durch das Entdecken einer Dissonanz zwischen produzierter Äußerung und mental repräsentierten Intentionen und Zielen (Entdeckungsphase). Es folgen die Identifizierung der Dissonanz (Identifizierungsphase), die Voraussetzung für eine adäquate Bearbeitung ist, und abschließend das Verändern und damit in der Regel die gleichzeitige Beseitigung der Dissonanz (Bearbeitungsphase). Aus diesen Phasen eines Revisionsprozesses lassen sich drei Elemente ableiten, die eine Revisionssequenz ausmachen: zum einen der als Dissonanz entdeckte, zu revidierende Ausdruck, der im folgenden als Bezugsausdruck bezeichnet wird, zum anderen das Resultat der Veränderungshandlung, der so genannte revidierte Ausdruck, und schließlich eine dazwischenliegende Phase von unterschiedlicher Länge und Ausgestaltung. (Ebd.: 69)

Für die Beschreibung von Revisionen bei der Produktion von Chat-Beiträgen unterscheide ich *direkte* von *nachträglichen Revisionen* (Typen II.1 und II.2 in Abb. 4-7). Je nachdem, welcher Art die Bearbeitung innerhalb einer Revisionsphase ist (*substitutiv*, *deletiv* oder *additiv*), lassen sich weitere Subtypen angeben:

- *Direkte Revisionen* sind solche Revisionen, bei welchen der Bezugsausdruck unmittelbar nach seiner Eingabe (d.h.: bevor weiterer Text eingegeben oder die Texteingabe abgeschlossen wird) verändert wird.

  Die folgenden beiden Typen direkter Revisionen sind zu unterscheiden:

- *Direkte Substitutionen* als solche Fälle direkter Revision, bei welchen der Bezugsausdruck unmittelbar nach seiner Eingabe gelöscht und durch einen alternativen Ausdruck ersetzt wird;
- *direkte Deletionen* als solche Fälle direkter Revision, bei welchen der Bezugsausdruck unmittelbar nach seiner Eingabe gelöscht und nicht oder nicht unmittelbar durch einen alternativen Ausdruck ersetzt wird.

- *Nachträgliche Revisionen (Überarbeitungen)* sind solche Revisionen, die an Bezugsausdrücken ausgeführt werden, die entweder im Textverlauf bereits weiter zurückliegen (so dass zu Zwecken der Bearbeitung des Bezugsausdrucks im Textverlauf entgegen der Textverlaufsrichtung zurückgegangen werden muss) oder deren Eingabe bereits mehr als 2.0 Sekunden zurückliegt. Nachträgliche Revisionen (Überarbeitungen) konstituieren im Rahmen von Textproduktionsprozessen *Revisions-(Überarbeitungs-)Phasen.*

  Die folgenden drei Typen nachträglicher Revisionen sind zu unterscheiden:

  - *Nachträgliche Substitutionen* als solche Fälle nachträglicher Revision (Überarbeitung), bei welchen der Bezugsausdruck gelöscht und durch einen alternativen Ausdruck ersetzt wird;
  - *nachträgliche Deletionen* als solche Fälle nachträglicher Revision (Überarbeitung), bei welchen der Bezugsausdruck gelöscht und nicht oder nicht unmittelbar durch einen alternativen Ausdruck ersetzt wird;
  - *nachträgliche Additionen* als solche Fälle nachträglicher Revision (Überarbeitung), bei welchen an einer im Textverlauf zurückliegenden Stelle ein Ausdruck hinzugefügt wird.

Die Grenze von 2.0 Sekunden ist natürlich einigermaßen willkürlich gezogen, um nachträgliche von direkten Substitutionen und Deletionen in solchen Fällen zu unterscheiden, in denen der Bezugsausdruck ausgehend von der letzten eingegebenen Textposition revidiert werden kann. Allerdings erschien es bei der Sichtung von Bildschirmdaten zur Chat-Produktion wünschenswert, solche Revisionsphasen, die mit nur minimaler Unterbrechung vor und nach ihrer Ausführung in den Schreibfluss eingebettet sind, zu unterscheiden von Revisionen, die nachträglich ausgeführt werden; dies u. a. auch deshalb, da Revisionen, die entgegen der Textverlaufsrichtung oder nach einer eindeutigen Unterbrechung ausgeführt werden, möglicherweise auf andere Auslöser zurückgeführt werden können als Revisionen, die unmittelbar nach Eingabe eines Bezugsausdrucks diesen auch schon wieder bearbeiten (d.h. löschen oder durch einen alternativen Ausdruck ersetzen). Als wahrscheinlich ist anzunehmen, dass direkt ausgeführte Revisionen kaum oder nur sehr selten mit der Verarbeitung neuen Inputs aus dem Bildschirmverlaufsprotokoll zusammenhängen. Eher kommen hier kurze visuelle Überprüfungen des Inhalts des Texteingabeformularfelds und dessen Abgleich mit dem mental vorgehaltenen Produktionsplan als Auslöser infrage. Im Falle nachträglicher Revisionen ist hingegen beides denkbar: entweder dass sie im Zuge einer ausführlicheren Überprüfung des eingegebenen Textes veranlasst und durchgeführt werden, oder dass sie Ausdruck der Tatsache sind, dass eine Phase der Sichtung des Bildschirmverlaufsprotokolls eingelegt wurde, um vor der Fortführung der Produktion oder vor Verschickung des eingegebenen Textes als Beitrag sicherzustellen, ob das Eingegebene nach wie vor thematisch relevant ist und sich noch nicht als redundant erwiesen hat.

Eine feinkörnigere Klassifikation von Revisionshandlungen – etwa wie bei Rau (1994: 77) und Wrobel (1995: 95) nach *sofortigen*, *satzinternen* und *satzexternen* Revisionen sowie *Überarbeitungen*, die im Anschluss an die Fertigstellung des Textes erfolgen – lässt sich für die Beschreibung von Revisionen bei der Chat-Produktion nicht differenziert genug anwenden, da Chat-Beiträge in aller Regel kompakt sind und in einer Vielzahl von Fällen nicht mehr als einen Satz (bzw. nicht mehr als eine kommunikative Minimaleinheit) umfassen. Weiterhin geht es bei der Chat-Produktion nicht um die Herstellung *eines* textuellen Produkts, welches ganz am Ende des gesamten Herstellungsprozesses steht und dem eine Reihe von Vorversionen vorausgehen, die allesamt Annäherungen an die finale Fassung sind; vielmehr können Revisionen (bis hin zum vollständigen Verwerfen halb oder sogar ganz ausformulierter Entwürfe) durch während der Produktion zur Kenntnis genommene Fremdbeiträge motiviert sein, und auf dem Weg hin zu einem letztlich verschickten Beitrag können bisweilen mehrere (u. U. fragmentarische) Zwischenprodukte liegen, die einen gänzlich anderen Handlungsplan repräsentieren als das, was schließlich als Textbeitrag verschickt wird. Chat-Produktion zielt immer darauf, zu einem möglichst passenden Zeitpunkt einen möglichst geeigneten Beitrag zu leisten und damit die Kommunikation in einer Weise fortzuentwickeln, die in Einklang mit den individuell verfolgten Handlungszielen steht. Dabei geht es nicht um die problemorientierte Bearbeitung einer „Schreibaufgabe“, sondern darum, sich möglichst effizient am kommunikativen Wechselspiel mit einem oder mehreren Partnern zu beteiligen. Handlungspläne und Beitragsthemen lassen sich dabei aufgrund der Dynamik der Dialogsituation häufig nur für den jeweils nächsten eigenen Beitrag anvisieren. Und selbst das Anvisieren bedeutet nicht zwangsläufig, dass der betreffende Plan dann auch tatsächlich in die Tat umgesetzt (sprich: vollständig verschriftlicht und verschickt) wird. Beispiel 440-2 hat gezeigt, dass ein einmal zur Produktion vorgesehener Plan 43 Sekunden nach

Aufnahme der Texterstellung (13:46:46) für die Produzentin „erledigt" sein kann, insofern er zugunsten einer mittlerweile für thematisch näher liegend bewerteten Handlungsalternative aufgegeben wird.

Aus den vorgetragenen Überlegungen heraus wurden bei der Sichtung und Transkription der für die vorliegende Arbeit erhobenen Beobachtungsdaten zur Chat-Teilnahme (vgl. Kap. 5.1 / 5.2) all diejenigen Revisionshandlungen als „nachträglich" klassifiziert, die entweder an einer zurückliegenden Stelle im bereits eingegebenen Text ausgeführt oder aber mit mehr als 2.0 Sekunden Pause an der letzten eingegebenen Textposition ausgeführt wurden, nicht aber nur solche Handlungen, die zwischen dem letzten Textentwurf vor der Verschickung und dem Zeitpunkt der Verschickung beobachtet werden konnten. Diese Lesart von „Nachträglichkeit" ist somit eher eine handlungsplanbezogene denn eine produktbezogene, insofern prinzipiell jede produktive Initiative zur Versprachlichung eines Handlungsplans (selbst wenn sie lediglich fragmentarisch ausgeführt wird und auch unabhängig davon, ob sie letztlich abgeschickt wird oder nicht) als Einheit des Produktionsprozesses angesehen wird, der eine Überarbeitungsphase folgen kann – und zwar selbst dann, wenn das betreffende Fragment in der Folge komplett gelöscht oder weitergeschrieben wird. Ob es sich bei einem eingegebenen Textsegment (insbesondere dann, wenn dieses syntaktisch nicht abgeschlossen ist oder noch keine kommunikative Minimaleinheit repräsentiert) um die Realisierung eines anderen Handlungsplans handelt als bei einem vorangegangenen oder nachfolgenden Textsegment, lässt sich (insbesondere bei kleinsten Fragmenten) anhand der Daten natürlich nicht immer mit Sicherheit beantworten. Für solche Zweifelsfälle wurde festgelegt, dass jeder Punkt einer Produktionsphase, bei welcher das leere Texteingabefeld neu mit Inhalt gefüllt wird, als Beginn der Anfertigung eines neuen Entwurfs zu werten sei.

4.4.1.3 *Verschickungshandlungen*

Verschickungshandlungen (Typ III in Abb. 4-7) sind Handlungen, mit denen der Produzent einen von ihm eingegebenen Text zu Zwecken der Übermittlung an die Adressaten an die Transmitterkomponente des Chat-Systems (den Chat-Server) übergibt. Mit Ausführen einer Verschickungshandlung wird der vorausgegangene Textproduktionsprozess abgeschlossen und eine Publikationsanweisung (und zugleich -freigabe, vgl. Kap. 3.2) für den eingegebenen Text erteilt.

4.4.2 Durch Nutzerbeobachtung dokumentierbare Produktionsaktivitäten

Ebenfalls zu den Produktionsaktivitäten zählen solche Handlungen, die auf die Überwachung der Inputquellen für Fremdbeiträge und für die Kontrolle eigener Textentwürfe sowie auf die Arbeit mit computer-externen Materialien zu Zwecken der Beitragsproduktion zielen. Solche Handlungen sind, da sie nicht unmittelbar auf der Benutzeroberfläche der Chat-Umgebung am Bildschirm manifest werden, der Analyse nur durch Hinzuziehung zusätzlicher Beobachtungs- und Dokumentationsmethoden zugänglich. Für die Rekonstruktion von Produktionsprozessen bilden sie nicht lediglich eine verzichtbare Zusatzinformation; vielmehr kann nur, wenn bekannt ist, ob und an welchen Stellen eines Produktionsprozesses das Bildschirmverlaufsprotokoll gesichtet wurde, erschlossen werden, ob eine am Bildschirm dokumentierte Revision möglicherweise durch die Verarbeitung neuer Fremdbeiträge sowie die dadurch veränderte mentale Repräsentation des aktuellen Stands der Interaktion ausgelöst wurde oder ob diese Möglichkeit (weil der Nutzer nachweislich nicht auf das Verlaufsprotokoll geblickt hat) definitiv ausgeschlossen werden kann. Und auch die Frage, ob eingegebener Text auf einer aktuellen Versprachlichungsleistung des Produzenten basiert oder lediglich eine durch Abtippen ins digitale Medium übertragene Fassung einer extern fixierten Vorlage darstellt, lässt sich erst dadurch klären, dass sich ermitteln lässt, ob der Produzent während seiner Chat-Teilnahme computer-externe Ressourcen verwendet und ob er während der Produktion eines bestimmten Beitrags auf diese zugegriffen hat.

Zu unterscheiden sind die folgenden Typen nicht am Bildschirm dokumentierbarer Produktionsaktivitäten:

- Handlungen, die auf die Nutzung computer-externer Ressourcen für die Beitragserstellung zielen (Typ V in Abb. 4-7);
- *Evaluationshandlungen* (Typ IV in Abb. 4-7), mittels derer textuell am Bildschirm manifeste Information überprüft wird mit dem Zweck, die sprachliche und thematische Angemessenheit sowie die Kohärenz des aktuell in Produktion befindlichen Beitrags sicherzustellen. Im Bedarfsfalle kann, wenn hierbei Dissonanzen (zwischen dem aktuell verfolgten Handlungsplan und dem kognizierten Stand der Interaktion; zwischen der formalen und stilistischen Stimmigkeit eingegebenen Textes und individuellen Ansprüchen an die Gestaltung von Chat-Beiträgen) diagnostiziert werden, das Ergebnis der Evaluationshandlung die Aufnahme von Revisionshandlungen initiieren.

  Zwei Subtypen von Evaluationshandlungen sind zu unterscheiden:

- *Evaluationen eingegebenen Textes* (Typ IV.1 in Abb. 4-7), bei denen ein im Eingabeformularfeld stehender, noch nicht verschickter Textentwurf nachgelesen wird;
- *Evaluationen des Verlaufsprotokolls* (Typ IV.2 in Abb. 4-7), bei denen überprüft wird, ob Veränderungen im Verlaufsprotokoll, die sich seit Aufnahme der Produktion (oder seit dem letzten Blick auf das Protokoll) ergeben haben, dazu Anlass geben, den aktuell verfolgten Handlungsplan komplett zu überdenken, den in Produktion befindlichen Beitrag thematisch zu variieren oder in Hinblick darauf zu überarbeiten, dass er von den Adressaten trotz zwischenzeitlich neu im Protokoll eingetroffener Beiträge kohärent in den Handlungszusammenhang eingeordnet werden kann.

4.5 Sprachhandlungskoordination

4.5.1 Vorbemerkung

In diesem Kapitel soll dafür argumentiert werden, die Anwendbarkeit von Konzepten des *Rederechts* (*‚control of the floor'*) und des *Sprecherwechsels* (*Turn-taking*) auf die Beschreibung der Organisation chatbasierter Interaktion zu überdenken. Während in der Mehrzahl der konversationsanalytisch ausgerichteten Arbeiten zur Chat-Kommunikation die Rede davon ist, dass sich Turn-taking im Chat *anders* verhalte als in der Face-to-face-Kommunikation, sollen hier Argumente vorgetragen werden, die nahelegen, die Schwierigkeit des Rückgriffs auf Turn-taking bei der Handlungskoordination zwischen Chat-Partnern als ein wesentliches strukturelles Merkmal (und Kohärenzproblem) der Chat-Kommunikation anzusehen. Eine Chat-Linguistik, die Chat zu stark als Gesprächshaftes in den Blick nimmt, läuft Gefahr, dem Phänomen letztlich durch Anwendung „gesprächsanalytischer Zugänge *mit Abstrichen*" gerecht werden zu wollen und dabei die Alleinstellungsmerkmale der Chat-Kommunikation (synchron, aber textbasiert) lediglich als „besondere Rahmenbedingungen" einer ansonsten Gesprächsformen gleichenden Kommunikationsform abzutun. Natürlich steht außer Frage, dass ein an mündlichen Diskursen entwickeltes Beschreibungsinventar der Chat-Kommunikation eher angetragen werden kann als Kategorien aus der Textlinguistik; Chat-Kommunikation ist, wie in Kap. 2.1.3 dargelegt wurde, trotz aller Textualität der ausgetauschten Beiträge und der dem Austausch zugrunde gelegten Produktions-/Übermittlungsprozedur, in den Bereich der *Diskursformen* einzuordnen. Während allerdings für derivierte Diskursformen wie die Telefonie oder das Video Conferencing Organisationsprinzipien wie das Turn-taking noch greifen, wird im Chat als *paradiskursiver Form* aufgrund der zeitlichen Divergenz der individuellen Wahrnehmung des Kommunikationsverlaufs durch die Beteiligten die Annahme einer Koordination der Interaktanten zur Laufzeit problematisch. Ob dies zur theoretischen Konsequenz hat, das Turn-taking im Chat als „anders geartet als im Gespräch" (z.B. Garcia & Jacobs 1998; 1999, Markman 2006), „nicht in gleicher Weise nutzbar" (z.B. Werry 1996: 63) oder „nicht effizient ein- und durchsetzbar" (Bittner 2003: 225) zu beschreiben, oder ob die Möglichkeit des Rückgriffs auf Rederechtsaushandlung und Turn-taking grundsätzlich infrage zu stellen ist (wie ich dies in eigenen Arbeiten vertreten habe; vgl. Beißwenger 2003; 2005), soll fürs Erste offen bleiben.

Die im Folgenden vorgetragene Argumentation verfolgt zwei Hauptanliegen. Zum einen soll auf Basis einer Akzentuierung der Unterschiede zwischen Turn-taking-Organisation und der sozialen Semantik sprachlicher Handlungsmuster dafür plädiert werden, Chat-Organisation direkt aus handlungssemantischen Bedingungen abzuleiten, die von den einzelnen Beteiligten so effizient als möglich (aber ohne die Möglichkeit des Rückgriffs auf Turn-taking) zu erfüllen versucht werden. Zum anderen wird Turn-taking – tendenziell entgegen der mechanistischen Auffassung in der Folge der Arbeiten von Schegloff & Sacks, stattdessen in Anlehnung an das Verhandlungskonzept von Franck & Franck (1986) – als eine *Ökonomie* aufgefasst, derer sich Kommunikanten in mündlicher Kommunikation aus rationalen Erwägungen unterwerfen, die aber nur schwerlich ihre Funktion als Ökonomie erfüllen kann, wenn die kommunikativen Aktivitäten der Beteiligten nicht zur Laufzeit ihrer Ausführung von den jeweiligen Partnern wahrgenommen und verarbeitet werden können.

Zum Abschluss des Kapitels wird als Essenz der vorgetragenen Argumente ein Terminologisierungsvorschlag unterbreitet, der es erlauben soll, über Teilnehmeräußerungen in Chat-Umgebungen zu reden, ohne dabei Gefahr zu laufen, konzeptuell und lexikalisch eine Nähe zur Interaktionsstrukturierung in mündlichen Diskursen zu suggerieren, die für den Blick auf den Gegenstand wenn nicht hinderlich, so doch zumindest erläuterungsbedürftig wäre. Die Ausdrücke *Rederecht*, *Turn* und *Turn-taking* werden in diesem Vorschlag daher bewusst vermieden. Nicht in Abrede gestellt werden soll dadurch allerdings, dass sich die Organisation von Chat-Ereignissen durch Schaffung entsprechender institutioneller (auf der Etablierung sozialer Verbindlichkeiten basierender) und/oder technisch konstituierter (spezielle Systemfunktionen nutzender) Rahmenbedingungen nicht wieder den Strukturierungsprinzipien mündlicher Diskurse annähern lässt. Aufgrund der Schriftlichkeit, Nicht-Simultaneität sowie der daraus resultierenden prinzipiellen Divergenz der individuellen zeitlichen Ereigniswahrnehmung der Kommunikanten wird ein Rederechtsmanagement und Turn-taking in der Chat Kommunikation nie in gleicher Weise installierbar sein wie es in mündlichen Diskursen natürlicherweise auftritt. Allerdings lassen sich sehr wohl funktionale Pendants konzipieren, die versprechen, unter den medialen Vorzeichen der Chat-Kommunikation Ähnliches zu leisten wie Rederecht und Turn-taking in der Mündlichkeit.[78]

Im Gegensatz zu Kap. 4.3, in welchem in weiten Teilen (wenn auch nicht strikt) systemtheoretische Begrifflichkeiten verwendet wurden, um eine Charakteristik der Chat-*Teilnahme*-Situation zu geben und zentrale Parameter für die Entwicklung einer Modellvorstellung von Chat-*Teilnahme*-Ereignissen zu beschreiben, werden in den folgenden Abschnitten wieder die Chat-Teilnehmer *als Akteure* in den Blick genommen und Akteursbegrifflichkeiten verwendet, um zu beschreiben, wie Chat-Teilnehmer ihre aufeinander bezogenen Handlungen koordinieren. Die Systemsemantik und die damit implizierte Perspektive auf den Chat-Teilnehmer als informationsverarbeitendes System erscheint durch ihre Fokussierung auf Prozesse des Abgleichs zwischen angestrebten Idealzuständen und internen Repräsentationen von Umweltzuständen gut geeignet, um die spezifischen Anforderungen bei der Chat-Teilnahme im Paradigma eines kontextsensitiven Modells zu beschreiben. Um sich optimal auf seine sich kontinuierlich verändernde(n) Umwelt(en) einzustellen und maximal effizient zu arbeiten, muss das System fluide und routiniert zwischen Rezeptions- und Produktionsmodalität wechseln und die von den beiden Modalitäten bereitgestellten Teilfunktionen bei der Erfüllung seiner Regulationsfunktion möglichst ökonomisch aufeinander abstimmen (vgl. Kap. 4.3.3). Was sich anhand der Systemsemantik allerdings nur umständlich ausdrücken lässt, sind Besonderheiten der Interaktion, also des Austauschs *zwischen* Individuen. Zwar lassen sich prinzipiell zwei oder mehrere Rezipienten/Produzenten-Modelle einander gegenübergestellt vorstellen (in Abb. 4-4 ist dies angedeutet), um deutlich zu machen, dass die Chat-Teilnahme letztlich – obwohl sie *unmittelbar* zunächst eine Auseinandersetzung *eines* R/P-Systems mit dem darstellt, was ihm sein Computer zur Verarbeitung anbietet und an Möglichkeiten für produktive Aktivität bereitstellt – ohne

78 Die nachfolgenden Ausführungen zur Sprachhandlungskoordination in chatbasierter Kommunikation beziehen sich zunächst ausschließlich auf die Kommunikation auf Basis von *Standard-Chat-Umgebungen* (also auf Basis von *Standard-Chat-Systemen* i.S.v. Kap. 3.3.1 und ohne die Verwendung konventionell eingeführter „Chatiketten“). Dass es Chat-Systeme gibt, die spezielle technische Funktionen für die Strukturierung des Kommunikationsaufkommens bereitstellen, und Chat-Szenarien, in denen funktionale Pendants zu den Strukturierungsprinzipien mündlicher Diskurse über Konventionen wieder eingeführt werden, bleibt unbenommen.

die gleichzeitige Orientiertheit *anderer* R/P-Systeme auf einen gemeinsamen Output/Input-Austausch nicht denkbar wäre. Geht man jedoch davon aus, dass dieser Austausch durch mehr Faktoren geprägt wird als durch den Kanal, über welchen der materiale Output eines $Systems_1$ zum Input für ein $System_2$ wird (und umgekehrt) und dass sich Interaktion besser als das „Dazwischen" beschreiben lässt, das zwischen zwei Gliedern einer Dyade besteht und nicht zwischen einem System und einem in ihm repräsentierten Partnermodell, so erscheint für die Zwecke der Beschreibung und Modellierung interaktionaler Phänomene in zwischenmenschlicher Kommunikation die Akteurssemantik als praktikabler. Pragmatisch bedingte Konzepte zwischenmenschlicher Interaktion wie z.B. das Rederecht lassen sich dann schlüssig beschreiben, wenn man dafür *soziale Individuen* annehmen kann, die als *Akteure* auftreten, über ein *Bewusstsein* verfügen und die bei der Realisierung von *Handlungsintentionen*, wozu der Austausch mit anderen (ebenfalls sozialen, handelnden) Individuen erforderlich ist, größtmögliche Effizienz bei zugleich weitestmöglicher Ökonomie des zu investierenden Aufwands anstreben. Dass dies nicht auch mit systemtheoretischen Begrifflichkeiten auszudrücken bzw. reinterpretierbar wäre, soll damit nicht prinzipiell in Abrede gestellt werden – für eine Diskussion dieser Annahme aus Herrmann (1985: 20)[79] vgl. Schmid (1988). Im Kontext der Fragestellungen des vorliegenden Kapitels erscheint die Akteursbegrifflichkeit allerdings eleganter und besser an diejenigen Forschungstraditionen anschließbar, die sich traditionell mit der Sprachhandlungskoordination befassen (Linguistische Pragmatik, Diskurs-/Gesprächs-/Konversationsanalyse). Die heuristische Leistung einer Systemauffassung für die Entwicklung einer Modellvorstellung von der Chat-Teilnahme wird dadurch nicht relativiert.

4.5.2 Sprachhandlungskoordination in mündlichen Diskursen

4.5.2.1 *Sprachliche Handlungsmuster* und *Turn-Organisation*

Unter dem Begriff *Sprachhandlungskoordination* subsumiere ich im Folgenden die handlungssemantischen und interaktionsstrukturellen Grundlagen des Diskursaufbaus. In handlungssemantischer Hinsicht koordinieren Kommunikanten ihr wechselseitig aufeinander bezogenes sprachliches Handeln über die Realisierung je geeigneter *sprachlicher Handlungsmuster*, die kulturell eingespielte Formate zur sozialen Bearbeitung wiederkehrender

79 Vgl. auch Fußnote 59.

kommunikativer Problemkonstellationen bereitstellen. Betrachtet man Diskurse unter strukturellem Aspekt, d.h. unter der Fragestellung, wie die Partner ihr kommunikatives Verhalten anhand aufeinander abgestimmter (ausgehandelter) Rollenwechsel (Sprecher-/Hörerrollen) organisieren, so bildet der *Turn* die „formale Konstruktions- und Aufbaueinheit" (GDS: 468). Die Grenzen eines Turns können mit den Grenzen einer sprachlichen Handlung und damit mit den Grenzen einer Realisierung einer Position in einem Handlungsmuster zusammenfallen, mit einem Turn können aber auch mehrere Handlungen realisiert werden. Die Turnverteilung in mündlichen Diskursen basiert auf einem rationalen Kriterium: einem Wissen der Partner um die Tatsache, dass es nicht opportun ist, wenn die Diskursbeteiligten unabgestimmt das Wort ergreifen und Äußerungen realisieren, sondern dass mündlicher Austausch dann effizient ist, wenn immer nur einer zur Zeit spricht.

Die Konversationsanalyse unterscheidet zwischen der *Turn-taking-Organisation*, mit welcher – institutionell prädeterminiert oder durch lokale Aushandlung – das Rederecht jeweils konsekutiv an die beteiligten Sprecher verteilt (d.h.: von diesen erworben, zugewiesen oder verteidigt) wird, und der *sequenziellen Handlungsabfolge*, die die Verknüpfung von und die Bedingungsbeziehungen zwischen aufeinander folgenden Sprachhandlungen beschreibt. Die funktionalpragmatische Diskursanalyse betrachtet konkrete Handlungssequenzen als Realisierungen *sprachlicher Handlungsmuster*, die als Formate sozialer Problembearbeitung – „gesellschaftlich entwickelte, standardisierte Ablaufformen" (Brünner & Graefen 1994: 12) – „systematisch auf gesellschaftliche Zwecke und institutionelle Bedingungen" beziehbar sind (ebd.: 14).

Als „klassische" Arbeit zum Turn-taking kann der Beitrag von Sacks, Schegloff & Jefferson (1974) in der Zeitschrift „Language" gelten, in welchem das Turn-taking-Management in Gesprächen als Mechanismus für die lokale Organisation diskursiven sprachlichen Austauschs vorgestellt wird. Turn-taking wird dabei als ein allgemeines Strukturierungsfundament sozialen Handelns verstanden, das nicht nur im Fall sprachlicher Kommunikation, sondern in jedweder Art direkten sozialen Austauschs für wirksam erachtet werden kann:

> Turn-taking is used for the ordering of moves in games, for allocating political office, for regulating traffic at intersections, for serving customers at business establishments, and for talking in interviews, meetings, debates, ceremonies, conversations etc. – these last being members of the set which we shall refer to as ‚speech exchange systems'. (Sacks, Schegloff & Jefferson 1974: 696)

Voraussetzung für das Gelingen sozialer Interaktion – sei es nun im Rahmen von Spielen, des Straßenverkehrs oder von Gesprächen – ist demnach „the social organization of current orientation", um das für eine Interaktionsart spezifische „organized interplay of acts of some kind“ zu gewährleisten (ebd.). Obgleich das Konzept des Turns und das der sprachlichen Handlung nicht miteinander identifiziert werden dürfen (mit einem Turn kann – je nach Dauer der Zuweisung und Wahrnehmung des Rederechts durch einen Kommunikanten – mehr, aber auch weniger als eine sprachliche Handlung realisiert werden), besteht die zentrale Funktion des Turn-taking darin, die Realisierung von Handlungen so zu linearisieren, dass jede davon optimal wahrnehmbar ist und somit die Rahmenbedingungen für die kooperative Herstellung einer kohärenten Handlungsabfolge in sozialer Interaktion sichergestellt werden.

Das Zustandekommen kohärenter Handlungsabfolgen lässt sich nach dem Ansatz der Funktionalen Pragmatik (siehe z.B. Ehlich & Rehbein 1986, Brünner & Graefen 1994) erklären durch die Orientierung der Interaktionsbeteiligten an kulturell eingespielten Formaten für die repetitive interaktive Problembearbeitung – in sprachlicher Interaktion durch die Orientierung an sprachlichen Handlungsmustern, die bewährte Handlungsabläufe für einzelne Zwecke und Problemtypen bereitstellen. Sprachliche Handlungsmuster sind nicht als starre Protokolle zu denken, sondern stellen für Situationen ihrer Realisierung Handlungs- und Entscheidungsalternativen bereit, können somit kontextbezogen erweitert und variiert werden. So können *FRAGE–ANTWORT*-Muster, nachdem sie von einem Sprecher eröffnet wurden, in ihrer zweiten Position durch den zweiten Sprecher zu einem *FRAGE–NACHFRAGE–ANTWORT*$_{Nachfrage}$–*ANTWORT*$_{Frage}$-Muster erweitert werden. Ein Muster ist somit ein „*Handlungspotenzial*, das zur Realisierung bestimmter Zwecke zur Verfügung steht“ (Brünner & Graefen 1994: 13).

Da die Realisierung sprachlicher Handlungsmuster der bewussten, aktiven Teilhabe jeweils mindestens zweier Individuen bedarf, im Muster selbst jedoch nicht zwangsläufig festgeschrieben ist, in welcher Reihenfolge und wie lange die einzelnen Akteure jeweils zum Zuge kommen, bedarf es für die ökonomische und effiziente Interaktionsorganisation eines Ordnungsprinzips, das gewährleistet, dass Durcheinandersprechen (und damit eine wechselseitige Neutralisierung von Spielzügen) maximal reduziert wird:

> Wenn in einem Diskurs alle gleichzeitig reden, sind die Chancen gering, daß die jeweiligen kommunikativen Zwecke erreicht werden. […] Angesichts der begrenzten menschlichen Aufnahme- und Orientierungskapazität ist also eine geordnete Abfolge von Sprecherbeiträgen ökonomisch. […] Es muß einfache und nachvollziehbare Prinzipien geben, nach denen das Rederecht vergeben wird, so daß Konfliktmöglichkeiten minimiert werden. (GDS: 468)

Selbst im Falle relativ stark konventionalisierter Sprachhandlungsmuster wie z.B. *FRAGE-ANTWORT* sind nicht alle für die Koordination der

Kommunikantenaktivitäten relevanten Parameter bereits im Muster selbst spezifiziert (beispielsweise ist zwar klar, dass nach einer Frage ein Übergang der Sprecherrolle auf einen anderen Beteiligten zu erfolgen hat – wie lange dieser hingegen das an das Innehaben der Sprecherrolle geknüpfte Rederecht in Anspruch nehmen kann/darf/sollte, ist nicht Bestandteil des Musters, sondern Gegenstand entweder institutioneller Rahmenbedingungen oder lokaler Aushandlung zwischen den Beteiligten). Das Ordnungsprinzip ist formaler Natur und funktioniert prinzipiell kontextfrei, d.h. unabhängig von der handlungsmäßigen Qualität der dadurch sequenzierten kommunikativen Züge:

> The turn-taking organization for conversation makes no provision for the content of any turn, nor does it constrain what is (to be) done in any turn. (Sacks, Schegloff & Jefferson 1974: 710)

Turn-taking regelt die Abfolge, in der die Sprecher „drankommen", und zwar weitgehend unabhängig davon, *was* sie äußern, wenn sie dran *sind*; die von Sacks, Schegloff & Jefferson (1974) beschriebenen Turn-taking-Regeln sind „ein allgemeines Instrument für die Bewältigung des Verteilungsproblems im Gespräch" (Kallmeyer 2005: 1218). Daneben gibt es Bedingungsbeziehungen zwischen sprachlichen Handlungen, die üblicherweise unter dem Konzept der *Sequenzialität* behandelt werden:

> The idea of ‚sequence' refers to the common experience that ‚one thing can lead to another'. [...] For conversations, this means that any utterance in interaction is considered to have been produced for the place in the progression of the talk where it occurs (i.e. the ‚slot' it ‚fills'), especially just after the preceding one, while at the same time it creates a context for its own ‚next utterance'. (ten Have 1999: 113)

Die Bedingungsbeziehungen zwischen sequenziell aufeinander folgenden Handlungen zeigen sich darin, dass die Interpretation einer Handlung (als Handlung eines bestimmten Typs, der im betreffenden konkreten Kontext eine bestimmte Funktion beizumessen ist) vom Handlungstyp der Vorgängerhandlung abhängt und dass eine in einer bestimmten Sequenzposition realisierte Handlung zugleich immer auch einen Bereich relevanter Handlungstypen (und entsprechender Deutungsmöglichkeiten für das, was dann tatsächlich nachfolgt) für die nachfolgende(n) Folgeposition(en) festlegt:

> Jede Äusserung produziert für die ihr nachfolgende Äusserungsposition ein kontextuelles Environment, das für die Interpretation der dann nachfolgenden Äusserung bedeutsam ist und deshalb von den Interagierenden bei der Interpretation und Produktion von Äusserungen beständig herangezogen wird. (Bergmann 2001: 922)
>
> Äußerungen sind kontextproduktiv in dem Sinne, dass sie den relevanten Kontext definieren und zugleich Kontextbedingungen für Folgeäußerungen schaffen.

> Im Sinne der sequenziellen Ordnung der Interaktion ist diese retro- und prospektive Kontextualisierung eine wesentliche Eigenschaft der Verkettung der Äußerungen. (Kallmeyer 2005: 1217)

Besonders gut zeigen sich die Bedingungsbeziehungen (‚konditionellen Relevanzen' i.S.v. Schegloff & Sacks 1973) zwischen aufeinander folgenden Handlungen im Falle der so genannten ‚adjacency pairs' („Nachbarschaftspaare"). In solchen Paaren werden mit zwei benachbarten Turns zwei sprachliche Handlungen realisiert, die sich als erster und zweiter Teil eines Handlungspaares interpretieren lassen. Die Interpretation *als* Handlungspaar ergibt sich dabei entweder aus der Erwartung (dem Kontext), die von der ersten der beiden Handlungen produziert und unter deren Maßgabe die nachfolgende zweite Handlung kontextualisierbar wird, oder durch den Aspekt, unter welchem die zweite Handlung die unmittelbar vorausgegangene hinsichtlich ihres Handlungspotenzials deutbar macht:

> Durch die konditionelle Relevanz wird eine Folgehandlung erst typisiert, so macht z.B. erst eine Frage einen nachfolgenden Redebeitrag interaktiv zur Antwort […]. Die konditionelle Relevanz wirkt dabei in zwei Richtungen: im Normalfall projiziert eine Handlung eines bestimmten Typs eine Folgehandlung eines bestimmten Typs, es kann aber auch Fälle geben, in denen ein Sprecher den zweiten Teil eines Nachbarschaftspaars produziert (z.B. eine Zurückweisung) und damit zu verstehen gibt, daß er den vorangehenden Redebeitrag als ersten Teil jenes Nachbarschaftspaartyps verstanden hat, dessen zweiten Teil er soeben geäußert hat (also etwa eine Beschuldigung). (Gruber 2001: 1229)

Zwar dient Turn-taking der kohärenten Sequenzierung von Sprachhandlungen im Diskurs, dennoch erscheint es sinnvoll, Fragen der Turn-taking-Organisation und Fragen der sequenziellen (handlungslogischen) Beziehungen zwischen sprachlichen Handlungen getrennt zu behandeln. Handlungsmuster können über ihre sequenzielle Anlage (z.B. die von einem Handlungstyp in einer bestimmten Musterposition eröffneten konditionellen Relevanzen) Spezifikationen über die Verteilung der Beteiligungsrollen im zeitlichen Verlauf ihrer Realisierung bereits mitbringen, können die Regelung der Beteiligungsabfolge aber auch der Organisation durch die Kommunikanten anheim stellen:

> Wenn es keine institutionellen Vorgaben gibt und ein aktuelles Handlungsmuster keine sequentiellen Verpflichtungen bringt, muß der Sprecherwechsel von den potentiellen Sprechern selbst organisiert werden. (GDS: 468)

Beispielsweise kann in einem Muster (z.B. *FRAGE–ANTWORT*) zwar angelegt sein, dass – aufgrund des globalen Zwecks des Musters (‚ein Wissensdefizit spezifizieren und mit Hilfe eines anderen schließen') – derjenige Kommunikant, der die erste Musterposition (*FRAGE*) realisiert hat, idealtypisch nicht auch die zweite Musterposition (präferiert: *ANTWORT*, aber auch möglich *NACHFRAGE*, *RÜCKFRAGE*) realisieren kann. Wird bei einer Realisierung des Musters die Frage nicht explizit an einen bestimmten

Partner gerichtet, ist in solchem Fall offen, wer von den übrigen potenziellen Sprechern die Position 2 des Musters realisiert. Und selbst im Fall der Adressierung der Frage an einen vom Fragesteller präferierten nächsten Sprecher kann bei entsprechender Intervention anderer Kommunikationsbeteiligter die Vergabe des Rederechts Gegenstand lokaler Organisation werden, ohne dass die handlungslogischen Spezifikationen des Musters dadurch in irgendeiner Weise tangiert würden.

Turn-taking und Sequenzialität bzw. Organisationsstruktur und Handlungsstruktur beschreiben somit zwei Aspekte sprachlichen Handelns, die notwendigerweise aufeinander bezogen sind (insofern sie dem Globalziel einer – möglichst ökonomischen – interaktiven Bearbeitung von Problemkonstellationen untergeordnet sind), pragmatisch aber unterschiedlich zu konzipieren sind. Der Handlungsstruktur als Ausdruck einer „über Erwartungen erzeugte[n] Verkettung aufeinanderfolgender Äusserungen" (Bergmann 2001: 924) steht eine Organisationsstruktur gegenüber, die die interaktive Gestaltung von Redebeiträgen steuert, an welcher idealtypisch ein Kommunikant als Sprecher und die übrigen Kommunikationsbeteiligten als (nicht passive) Hörer mitwirken. Der Turn-taking-Mechanismus selbst wird in der klassischen Konversationsanalyse zwar als kontextfreier Mechanismus konzipiert, bei seiner Anwendung sind die Akteure jedoch stets auf den aktuellen Kontext ihres Handelns orientiert:

> So verlangt das Funktionieren des Turn-taking von den Teilnehmern eine genaue Kontextanalyse und das Aufzeigen dieser Interpretation im sprecherwechselrelevanten Verhalten. (Kallmeyer 2005: 1217)

4.5.2.2 *Sprachliche Handlungsmuster (Sequenzmuster)*

Im Folgenden soll, so weit dies in der vorliegenden Arbeit für eine Profilierung der Handlungsstruktur gegenüber der Organisationsstruktur von Diskursen benötigt wird, das Konzept des *sprachlichen Handlungsmusters* (kurz: *Sprachhandlungsmusters*) aus der Funktionalen Pragmatik skizziert werden. Sprachliche Handlungsmuster können cum grano salis als Problemlöse-Formate aufgefasst werden, die dem, was die Konversationsanalyse als Handlungssequenzen beschreibt, zugrunde liegen. Diese Auffassung erlaubt es, die handlungslogischen Beziehungen zwischen *Handlungstypen* und die lineare Anordnung der *Äußerungen*, die in konkreten Verständigungssituationen Handlungen entsprechenden Typs tragen, deutlich zu unterscheiden:

> In der Funktionalen Pragmatik ist Sequenz ein Begriff auf der Ebene der sprachlichen Handlungen und nicht auf der der kommunikativen Oberfläche zugeordnet. Eine lineare Abfolge im Sinne von ‚Verkettung' (Konkatenation, Aneinanderreihung) oder ‚Sequenzen sprachlicher Handlungen' ist laut Ehlich/Rehbein

> (1986) erst auf Grund der Analyse der zugrundeliegenden Musterstrukturen zu bestimmen. (Bührig & ten Thije 2005: 1234)

Die GDS charakterisiert – ausgehend von „klassischen" funktionalpragmatischen Arbeiten wie Rehbein (1977) und Ehlich & Rehbein (1979; 1986) – das Konzept des sprachlichen Handlungsmusters als eine Zweck-Mittel-Konfiguration, die in unterschiedlicher Komplexität gesellschaftlich konventionalisiert sein kann:

> Wir verstehen unter einem *sprachlichen Handlungsmuster* eine spezifische Zweck-Mittel-Konfiguration, an der sich Sprecher orientieren können, um eine bestehende Wissens- und Situationskonstellation über kooperative Handlungsschritte in gewünschter Weise zu transformieren. [...] Die Zwecke sind interaktionsgeschichtlich standardisiert, ohne daß dieser Vorgang abgeschlossen oder erschließbar wäre; einige sind universal in Handlungsmuster umgesetzt. Komplexe sprachliche Handlungsmuster werden als *Text-/Diskursarten* realisiert. (GDS: 101)

Sprachliche Handlungsmuster sind in der Konzeption der Funktionalen Pragmatik „*kommunikative und damit soziale Tiefenstrukturen*"; die Annahme von Mustern stützt sich auf die Einsicht, „daß *Sequenz und Verkettung* auf spezifischen *Potenzialen von Abläufen* basieren, aus denen die Aktanten je nach Konstellation die Handlungen *sprachlich realisieren*", wohingegen das Turn-taking eine kommunikative „Oberflächenstruktur" darstellt (Rehbein 1988: 109). Entscheidend bei der Differenzierung zwischen Handlungsmustern und ihrer „Oberflächenrealisierung" in Form sequenziell verknüpfter sprachlicher Handlungen ist einerseits, dass einer Handlung durch die spezifische Musterposition, die sie realisiert, jeweils ein spezifischer Stellenwert zukommt in Bezug auf den Zweck, zu dessen Erreichung das Muster die Mittel bereitstellt. So kann eine Handlung vom Typ *ASSERTION* im Kontext eines bestimmten Sprachhandlungsmusters als Realisierung der Musterposition ‚Antwort', im Kontext eines anderen Sprachhandlungsmusters hingegen als Realisierung einer Musterposition ‚Einwand' gewertet werden. Die Muster strukturieren die Mittel für Zwecke sozialer Interaktion und bedienen sich dabei konventionalisierter Handlungstypen, die für die Realisierung der einzelnen Positionen infrage kommen:

> Die Abläufe, die in dem Muster systematisch enthalten sind, sind determiniert von dem Zweck des Musters. Er führt zu musterspezifischen Zusammenstellungen von Pragmemen, die ihrerseits zweckfunktionale Eigenschaften aufweisen müssen. Die Anzahl von Pragmemen für das Muster ist über den Musterzweck, die Detailzwecke der einzelnen Pragmeme und deren Kompatibilität bestimmt. (Ehlich & Rehbein 1986: 139)

Charakteristisch für die Musterkonzeption der Funktionalen Pragmatik (gegenüber etwa dem konversationsanalytischen Konzept des *Handlungsschemas*; vgl. z.B. Kallmeyer & Schütze 1976; Kallmeyer 1985) ist weiterhin, dass Oberfläche und Tiefenstruktur als nicht identisch aufgefasst werden.

Während die Tiefenstruktur (das Muster) eine „gesellschaftlich ausgearbeitete allgemeine Form" bereithält, zeigt sich an der Oberfläche jeweils eine spezifische Ausgestaltung, „ein besonderer Fall" (Rehbein 1988: 110f.). Das Muster selbst ist in der Oberflächenrealisierung nicht vorzufinden, sondern muss erschlossen werden. Cum grano salis steht hinter der Konzeption des *Handlungsschemas* letztlich jedoch eine ähnliche Motivation wie hinter dem Konzept des *Handlungsmusters*, nämlich, in Diskursen beobachtbare konkrete Interaktionsstrukturen rückzuführen auf gesellschaftlich für bestimmte Zwecke ausgearbeitete und tradierte Handlungssemantiken bzw. sozial etablierte Konventionen für die kooperative Bearbeitung von Problemkonstellationen.

4.5.2.3 *Rederecht*, *Turn* und *Sprecherwechsel* (*Turn-taking*)

Die Realisierung von Handlungsmustern (Handlungsschemata, Sequenzmustern) wird nicht allein durch die handlungslogischen Beziehungen zwischen den einzelnen Musterpositionen gesteuert, sondern bedarf darüber hinaus und weitgehend unabhängig von den durch einzelne Handlungen generierten Kontexten einer *sozialen Organisation*, die den Rahmen dafür absteckt, wer wann und wie zum Zuge kommt, und die die Lizenz zu sprechen kooperationsbasiert auf die beteiligten Kommunikanten verteilt:

> Talk is socially organized, not merely in terms of who speaks to whom in what language, but as a little system of mutually ratified and ritually governed face-to-face action, a social encounter. (Sacks, Schegloff & Jefferson 1974: 697)

Als Form des Vollzugs von Sozialität lebt das prototypische Gespräch von wechselseitiger Aktivität und wechselseitiger Wahrnehmung der sozialen Akte der Partner:

> Für Gespräche ist der Sprecherwechsel konstitutiv. Nicht Sprechen, nicht Hören, sondern das wechselseitige Sprechen und das wechselseitige Zuhören machen ein Gespräch aus: ohne Sprecherwechsel kein Gespräch. (Rath 2001: 1214)

Der *Sprecherwechsel* bezeichnet hierbei diejenigen Punkte der Interaktion, an welchen zwei Beteiligte gleichzeitig zwei in Hinblick auf die Aufrechterhaltung des Gesprächs komplementäre Rollenwechsel vollziehen: der eine, der bis zu dem besagten Punkt gesprochen hat, einen Wechsel von der Sprecher- in die Hörerrolle, der andere, der in der Folge sprechen wird, einen Wechsel von der Hörer- in die Sprecherrolle. Ein „Sprecherwechsel" lässt sich somit nur unzureichend als ein Ereignis beschreiben, an welchem ein Sprecher durch einen nächsten Sprecher *abgelöst* wird. Vielmehr bezeichnet er ein Ereignis, an welchem *ein* Individuum *vom Sprecher zum Hörer* wird, weil/damit *ein anderes* Individuum (aus dem einen oder anderen Grund) *vom Hörer zum Sprecher* wird. Die letztere Beschreibung trägt der Tatsache Rechnung, dass die aktive Beteiligung an der Entwicklung der Interaktion nicht mit dem Verlust der Sprecherrolle endet, sondern mit der Einnahme der Hörerrolle fortgesetzt wird; eine Beschreibung des Sprecherwechsels als bloße Ablösung eines Sprechers durch den nächsten würde dem kooperativen Aspekt des Gesprächsvollzuges nur sehr bedingt gerecht.

Während der Sprecherwechsel als zentrale *Organisationseinheit* für die Regelung der Sprecherabfolge fungiert, stellt das, was zwischen zwei Wechseln von einem Kommunikanten in Sprecherrolle geäußert wird (der *Turn*), die formale *Konstruktionseinheit* von Gesprächen dar. Der Ausdruck ‚Turn' bezeichnet im Englischen das „Dransein", also die Eigenschaft, die einen Interaktionsbeteiligten für einen begrenzten Zeitraum auszeichnet, beziehungsweise den einzelnen während des „Dranseins" ausgeführten Schritt (im Gesprächsverlauf).[80] Im Deutschen existieren verschiedene Vorschläge für eine angemessene und motivierte Lokalisierung der Kategorie des *Turns* (vgl. hierzu Rath 2001: 1213f.); daneben wurde mit der Rezeption der „Conversation Analysis" auch der englische Terminus in die deutsche Wissenschaftssprache entlehnt. Im Folgenden behalte ich den englischen Terminus bei, dies u. a. auch deshalb, weil ich in anderen Teilen dieser Arbeit den Ausdruck *Chat-Beitrag* zur Bezeichnung der formalen Grundeinheiten von Chat-Mitschnitten verwende, der – da seine Produktion und Realisierung nicht den Prinzipien zur Organisation des Sprecherwechsels folgt und seine Einordnung in die am Bildschirm dargestellte Beitragsabfolge nicht Ergebnis einer Aushandlungsleistung der Kommunikanten ist – keinesfalls mit dem Turn im Rahmen mündlicher Diskurse funktional gleichgesetzt werden sollte (vgl. Kap. 4.5.4).

Der Turn ist „als nächstniedrige Einheit unterhalb des Gesprächs das […], was die Gesprächsbeteiligten in zeitlicher Sukzession hierzu beitragen" (Fiehler et al. 2004: 200). Das Konzept des Turns (in der Tradition von Sacks, Schegloff & Jefferson 1974) basiert auf dem

> soziologische[n] Konzept des Rederechts, dessen Nutzung von den Teilnehmer(innen) eines Gesprächs immer wieder von neuem auszuhandeln ist. […] Ein Beitrag [i.S.v. *Turn*; MB] ist das, was eine Person mit Rederecht, d.h. ohne dass

80 Der Turn bildet zwar die „formale Konstruktions- und Aufbaueinheit des Diskurses" (GDS: 468), allerdings vollzieht sich nicht alles Sprechen im Rahmen von Turns. Vielmehr gibt es auch ein Sprechen außerhalb von Turns, nämlich im Rahmen von Höreraktivitäten. Zum methodischen Problem der Abgrenzung von Sprecher- und Höreraktivitäten vgl. z.B. Rath (2001).

> ihr das Recht zu sprechen von einer anderen streitig gemacht wird, äußert. (Fiehler et al. 2004: 197)[81]

Das *Rederecht* (engl. *,control of the floor'*) resultiert aus den pragmatischen Bedingungen, durch welche ein Beteiligter für einen begrenzten Abschnitt der Interaktion die Lizenz erhält, exklusiv zur Weiterentwicklung des kommunikativen Geschehens beizutragen. Diese Lizenz kann entweder lokal eigeninitiativ erworben oder lokal durch andere Beteiligte zugewiesen sein oder sich aus institutionellen Rollenkonstellationen herleiten, die dem betreffenden Beteiligten in einem gegebenen institutionell gerahmten Kontext unter bestimmten Voraussetzungen das Recht zu sprechen zuordnen, so dass er es in diesen Situationen nicht lokal beanspruchen und erwerben muss, sondern vielmehr die Wahrnehmung und Ausübung dieses Rechts von ihm erwartet wird. Der Turn als grundlegende Konstruktionseinheit mündlicher Diskurse ist dann das, was ein Kommunikant mit Rederecht äußert. Die Sprecherwechsel als grundlegende Organisationseinheiten sind das, was sich beim Übergang des Rederechts von einem Sprecher auf den nächsten beobachten lässt. Das Rederecht bildet somit die fundamentale Ressource des Sprechens. Bei der Modellierung der Diskursorganisation ist es daher wichtig, die Kategorien *Rederecht* und *Turn* konsequent zu unterscheiden (GDS: 468). Da die Verfasstheit unseres perzeptuellen und kognitiven Apparats keine effiziente Verarbeitung von mündlichen Äußerungen zulässt, die über einen längeren Zeitraum parallel realisiert werden, ist das Rederecht zudem eine Ressource, die (von Überlappungen an der Peripherie von Sprecherwechseln abgesehen) zu einem Zeitpunkt immer nur exklusiv von einem Kommunikanten genutzt werden kann:[82]

> One way of looking at the rules [that govern turn-taking] is as a sharing device, an ,economy' operating over a scarce resource, namely control of the ,floor'. (Levinson 1983: 297)

Das Rederecht ist ein „knappes Gut", konstituiert aber gerade aufgrund dieser Knappheit Dialogizität, da es vom aktuellen Sprecher kontinuierlich behauptet werden muss. Zwar legitimiert es im Augenblick seines Erwerbs

---

81 Fiehler et al. (2004: 197) legen sich auf den Ausdruck ,(Gesprächs-)Beitrag' als deutsche Übersetzung für ,Turn' fest.

82 Ausnahmen vom Prinzip, dass immer nur „einer zur Zeit" spricht, bilden Formen des ,kollektiven' und speziell des ,chorischen' Sprechens (Schwitalla 1993), bei denen „zwei oder mehr Sprecher ungefähr gleich verteilt, simultan ... dieselben Sprechakte (sprachliche Aktivitäten) hervorbringen" (ebd.: 83); in solchen Fällen wird also der Turn – entgegen den „klassischen" Regeln von Sacks et al. – ohne Konflikt gleichzeitig von mehreren Kommunikanten wahrgenommen und konstruiert (vgl. auch Rath 2001: 1216f.).

dazu, bis auf Weiteres (d.h. bis zum geplanten Abschlusspunkt) zu sprechen,

> Unter dem *Rederecht* verstehen wir das Recht eines Sprechers, eine Äußerung den aktuellen kommunikativen Bedingungen entsprechend bis zum geplanten Abschlusspunkt zu realisieren. (GDS: 469)

doch ist, sofern der aktuelle Sprecher sein Recht nicht aus eigenen Stücken an einen seiner Partner veräußert oder allgemein zur Disposition stellt, prinzipiell an jeder Stelle eines Turns, die als Abschlusspunkt interpretiert oder von der aus ein kommender Abschlusspunkt seitens eines Kommunikationspartners projektiv konstituiert werden kann, mit Initiativen der Partner zur Beanspruchung und Übernahme des Rederechts zu rechnen:

> Any speaker gets, with the turn, exclusive rights to talk to the first possible completion of an initial instance of a unit-type – rights which are renewable for single next instances [...]. (Sacks, Schegloff & Jefferson 1974: 706)

Die potenziellen Übernahmepunkte (*transition-relevance places*; dt. auch *übergaberelevante Punkte*) ergeben sich nach Sacks, Schegloff & Jefferson aus den Regularitäten bei der Turnkonstruktion zur Laufzeit: Überall da, wo eine syntaktische Abgeschlossenheit der sich entwickelnden Äußerung vorhersagbar wird, bietet sich den Partnern die Möglichkeit, eine Wechselinitiative einzuleiten, ohne das Grundprinzip zu verletzen, dass das Rederecht immer bis zum Abschlusspunkt einer begonnenen (Konstruktions-)Einheit zugewiesen ist.

Rederecht setzt eine Ratifizierung durch die übrigen Teilnehmer voraus; genau aus diesem Grund werden Initiativen zur Rederechtsübernahme von den übrigen Beteiligten nicht wahllos, sondern nur an geeigneten Punkten der Turnkonstruktion realisiert. Ist ein solcher Punkt nicht erreicht oder projizierbar, widerspräche eine Beanspruchung des Rederechts seitens eines anderen Kommunikanten der zuvor (von ihm mit-)erteilten Legitimation:

> Ein Beitrag [i.S.v. *Turn*; MB] ist eine Äußerung, die mit Rederecht gemacht wird. Dass jemand einen Beitrag macht, heißt, dass er zu einem bestimmten Zeitpunkt mit Rederecht spricht. D.h. sein Recht zu reden, ist von den anderen Gesprächsteilnehmern ratifiziert bzw. wird nicht durch Handlungen irgendwelcher Art in Frage gestellt. (Fiehler et al. 2004: 200f.)

Der Turn selbst lässt sich entweder als Segment im zeitlichen Verlauf der Interaktion bestimmen, dem ein (aus verbalen und nicht-verbalen Anteilen konstituierter) Diskursbeitrag entspricht,

> Basically, a *turn* is a continuous period when one speaker holds the floor, and the corresponding dialogue contribution is then those verbal and non-verbal actions taken by him during this period, designed to be part of the jointly attended dis-

> course floor, and/or taken up as significant contributions to this floor. (Linell 1998: 159)

oder aber der Legitimationszeitraum für die Wahrnehmung der Sprecherrolle wird als Konsequenz aus dem Rederecht aufgefasst und der Turn als derjenige Diskursbeitrag, der während des betreffenden Zeitraums vom betreffenden Kommunikanten realisiert wird:

> Unter dem *Turn* verstehen wir einen Diskursbeitrag mit propositionalem und illokutivem Gehalt, den ein Sprecher mit Rederecht realisiert, wobei die Grenzen des Beitrags durch einen vorhergehenden Sprecherwechsel bzw. den Gesprächsbeginn und den folgenden Sprecherwechsel bzw. das Gesprächsende gegeben sind. (GDS: 469)

Eine alternative Konzeption, die zwischen „singly developed floors“ und „collaboratively constructed floors“ unterscheidet und die in zweiterem Fall die Möglichkeit des parallelen Auftretens von „floor-holding turns“ und „non-floor-holding-turns“ zulässt, hat Edelsky (1981) vorgelegt. Während „singly developed floors“ der Kontrolle genau eines Kommunikanten unterliegen und als solche beansprucht und verteidigt werden müssen, sind „collaboratively constructed floors“ solche, die sich durch „two or more on the same wavelength“ auszeichnen und bei denen mehrere Kommunikanten durch die parallele Realisierung von Turns im Modus eines „collaborative venture“ ein Diskurssegment gemeinschaftlich ausgestalten. *Turns* sind in der Konzeption von Edelsky daher nicht direkt an ein exklusives Rederecht geknüpft, sondern Fälle von „on-record ‚speaking‘ [...] behind which lies an intention to convey a message that is both referential and functional“ (Edelsky 1981: 207). *Floor* ist bei Edelsky das Geschehen, das während eines Diskurssegments wahrgenommen werden kann (z.B. die Entwicklung eines bestimmten Themas). Ob allerdings die Beobachtung, dass in (insbesondere informellen) Diskursen nicht selten Fälle eines als kollaborativ zu interpretierenden Parallelsprechens auftreten, zwangsläufig zu einer Annahme unterschiedlicher Typen von *floor* führen muss, ist sicherlich diskutabel (vgl. z.B. GDS: 471). Für die im weiteren Verlauf dieses Kapitels verfolgte Fragestellung, inwieweit die Konzepte *Turn* und *Turn-taking* auf eine Beschreibung der Chat-Organisation anwendbar sind, erscheint eine solche Diskussion als vernachlässigbar, da auch die Annahme von „collaboratively constructed floors“ und der Möglichkeit des parallelen Auftretens von „floor-holding-turns“ und „non-floor-holding-turns“ eine simultane Zeitwahrnehmung aller Kommunikationsbeteiligter voraussetzt. Kollaborative Ausgestaltung eines Diskursabschnitts ist nur dann möglich, wenn alle Beteiligten zur Laufzeit mitbekommen, was die anderen Beteiligten tun. Turns, die parallel produziert werden, sind – wenn man Edelskys Ansatz weiterverfolgt – in der Tatsache ihrer parallelen Produktion allen Beteiligten zur Laufzeit der Interaktion transparent; im Chat ist dies nicht der Fall, parallele Produktion (von Beiträgen) tritt dort eher zufällig auf.

Im Folgenden werde ich den Ausdruck *Turn* gemäß der Konzeption der GDS zur Bezeichnung eines Diskursbeitrags zwischen zwei Wechseln verwenden, dessen Realisierung auf einer durch die exklusive Zuweisung des Rederechts eröffneten Möglichkeit zur zeitlich befristeten alleinigen Ausübung der Sprecherrolle basiert. Um des Weiteren Turns von nicht-rederechtbeanspruchenden Verhaltensweisen – z.B. verbal oder nonverbal realisierten Formen turnbezogener Höreraktivitäten während Sprechpausen des aktuellen Sprechers – zu unterscheiden, wird für Turns weiterhin angenommen, dass sie ein propositionales und illokutives Potenzial aufweisen und mit ihnen mindestens eine Position in einem Sprachhandlungsmuster besetzt wird.[83] Des Weiteren möchte ich mit Fiehler et al. (2004) eine *mentale* und eine *interaktionale* Seite von Turns unterscheiden:

> Die mentale Seite kann man explizieren als das, was der Sprecher – wie bewusst und klar vorstrukturiert auch immer – im nächsten Zug zum Gespräch beizutragen beabsichtigt (beabsichtigter Beitrag). Dies braucht einerseits aufgrund von Momenten der Versprachlichung (Produktionsbedingungen), andererseits aufgrund von ‚Umplanungen' im Vollzug des Beitrags und drittens als Folge interak-

83 Genau genommen handelt es sich, wenn eine Hörerrückmeldung oder ein Einwurf während einer Sprechpause des aktuellen Sprechers erfolgt, nicht um einen Sprecherwechsel, da in solchem Fall der betreffende Hörer nicht beansprucht, das Rederecht zu übernehmen (bzw. – mit Kallmeyer 1999 – lediglich temporär eine „sekundäre Sprecherrolle" wahrnimmt, ohne dabei den primären Sprecher ablösen zu wollen), sondern seine Äußerungsaktivität als simultane evaluative Rückmeldung auf den durch den aktuellen Sprecher konstruierten Turn bezogen bzw. als hörerseitige Mitarbeit an dessen Ausarbeitung konzipiert ist. Fiehler et al. (2004: 201) differenzieren diesbezüglich zwischen dem *Sprecherwechsel* (der jede Art des Wechsels von Sprechern bezeichnet) und dem *Beitragswechsel* (der nur diejenigen Sprecherwechsel umfasst, durch die zwei Turns zweier verschiedener Kommunikanten voneinander getrennt werden). Ich fasse in der vorliegenden Arbeit den *Sprecherwechsel* im Sinne des Beitragswechsels, d.h.: Sprecherwechsel liegt nur dann vor, wenn damit das Rederecht in den Besitz eines anderen Kommunikanten übergeht. Hörerrückmeldungen oder Einwürfe zur Laufzeit (selbst dann, wenn sie in Sprechpausen des aktuellen Sprechers erfolgen) betrachte ich als turnbezogene Höreraktivitäten, die ggf. davor und danach auftretenden Wechsel als ein bloßes Abwechseln, das nicht auf einer Neuverhandlung des Rederechts gründet. Ähnliches soll – in Anlehnung an die GDS (469) – für Unterbrechungsversuche gelten, die für den Unterbrecher nicht zur Erlangung des Rederechts führen. Fallen solche Unterbrechungsversuche in eine Sprechpause des aktuellen Sprechers (z.B. zwischen zwei Turnkonstruktionseinheiten) und verteidigt der aktuelle Sprecher durch Wiederaufnahme seiner Sprechtätigkeit anschließend erfolgreich sein Rederecht, so ist es gerade der Fall, dass es dem Unterbrechenden *nicht* gelungen ist, eine Neuverteilung des Rederechts und damit einen Sprecherwechsel zu erzielen. – Zu Problemen der Abgrenzung von Sprecher- und Höreraktivitäten vgl. z.B. Rath (2001), zur Behandlung von verschiedenen Formen der Intervention (insbesondere Einwürfen und Unterbrechungen) bei der Analyse von Gesprächsdaten vgl. Kotthoff (1993).

> tionaler Bedingungen (z.B. Einwirkung der anderen Gesprächsbeteiligten) nicht dem zu entsprechen, was im faktischen Beitrag und entsprechend dann im Transkript aufzufinden ist (realisierter Beitrag, vorfindbar im Transkript zwischen zwei Beitragswechseln). Der realisierte Beitrag ist ein interaktives Produkt, eine interaktive Hervorbringung. Die Interaktionspartner gestalten ihn gemeinsam. (Fiehler et al. 2004: 201)

Die mentale Seite eines Turns kann, wenn man die Akteursbegrifflichkeit in die Systembegrifflichkeit von Regulationsmodellen der Sprachproduktion (vgl. Kap. 4.3) „übersetzt", als der Protoinput aufgefasst werden, der zu Zwecken der Systemregulation zur Versprachlichung vorgesehen wird und mit dessen realisierter Entsprechung eine Stelloperation ausgeführt werden soll. Der konkrete Output, der als Ergebnis der Enkodierung veräußert wird, muss keine enkodierte 1:1-Repräsentation dieses Protoinputs darstellen; vielmehr kann die Verarbeitung von Umwelt-Inputs zur Laufzeit der Enkodierung zu Modifikationen bei der Einstellung der Hilfesysteme und des Enkodiermechanismus führen.

Der Sprecherwechsel (*Turn-taking*) kann durch institutionelle Vorgaben determiniert sein (vgl. GDS: 471ff.). In informellen Kontexten, die weitgehend frei sind von institutionellen Vorgaben (soziale Rollen und den sich daraus ergebenden kommunikativen Rechten, Rollenbeziehungen und einem daraus ggf. resultierenden Dominanzverhalten bestimmter Partner), wird der Austausch hingegen nicht durch institutionelle Rahmung und daran geknüpfte Organisationsschemata strukturiert, sondern die Beteiligten müssen ihren Austausch selbst organisieren:

> Wo solche institutionellen Regularitäten nicht greifen, funktioniert das System des Sprecherwechsels unabhängig davon, wer gerade das Wort hat und wer zuhört, das heißt, niemand kann die Vergabe des Rederechts bestimmen, alle haben gleiche Chancen, zu Wort zu kommen. (GDS: 473)

Das „klassische", von Sacks, Schegloff & Jefferson (1974) beschriebene Sprecherwechselsystem sieht zwei Komponenten und eine kleine Anzahl an Basisregeln vor, auf deren Grundlage die Rederechtsvergabe in informellen Settings *lokal* (d.h.: ohne global, z.B. durch eine Institution, vorgegebene Organisationsstruktur) zwischen den Beteiligten verhandelt wird. Einer Komponente, die die Turnkonstruktion regelt (*turn-constructional component*), steht eine Komponente gegenüber, die einen Turnvergabemechanismus (*turn-allocation component*) bereithält, der an jedem potenziellen Transferpunkt (*transition-relevance place*) zur Anwendung kommt und entweder für den Verbleib des Rederechts beim aktuellen Sprecher oder für einen Transfer des Rederechts auf einen Folgesprecher sorgt. Das System ist darauf angelegt, Gesprächspausen an den Transferpunkten sowie ein Parallelsprechen an deren Peripherie auf ein Minimum zu reduzieren und damit die Gestaltung der Sprecherabfolge so reibungslos und effizient als möglich zu gestalten. Die Regeln der Turnvergabe bestehen, kurz gefasst, darin, dass der aktuelle Sprecher entweder (1a) – durch Fremdwahl – einem bestimmten Partner das Rederecht übergeben, (1b) durch Verzicht auf eine Fremdwahl die Möglichkeit einer Selbstwahl seitens eines beliebigen anderen Kommunikanten (im Falle mehrerer Interessenten: des schnellsten) eröffnen oder aber (1c) auf eine Fremdwahl verzichten und das Rederecht weiterhin in Anspruch nehmen kann (es sei denn, einer der Partner wählt sich erfolgreich selbst und initiiert damit einen Wechsel). Die Abarbeitung der Regeln (1a) bis (1c) an einem übergaberelevanten Punkt ist in einer prozeduralen Anordnung der Art ‚Wenn nicht A, dann B' zu denken: Ist <1a, „Sprecher wählt den nächsten'> nicht der Fall, kann <1b, Möglichkeit zur Selbstwahl aller Kommunikanten außer dem aktuellen Sprecher> angewendet werden; wird auch diese Möglichkeit nicht wahrgenommen, kann (1c) der aktuelle Sprecher sich selbst wählen. Die Regelbeschreibung spiegelt immer die Sicht des jeweils aktuellen Sprechers, das heißt: Ist (1a) oder (1b) der Fall, wechselt der Sprecher und die Regeln werden dann an der ersten übergaberelevanten Stelle, die der neue Sprecher erreicht, erneut angewandt. Ist (1c) der Fall, bleibt der bisherige Sprecher der aktuelle Sprecher; an der nächsten in dem von ihm realisierten Turn vorfindbaren übergaberelevanten Stelle werden die Regeln (1a) bis (1c) folglich erneut durchgespielt (letzteres – die Rekursivität – ist bei Sacks, Schegloff & Jefferson 1974 als Regel (2) beschrieben, die nur im Falle von (1c) in Kraft tritt).

Diese „simplest systematics for the organization of turn-taking" wurde in der Folge in einigen Punkten kritisiert, und zwar insbesondere hinsichtlich der Tatsache, dass das System als ein kontextfreier Mechanismus konzipiert ist, der grundsätzlich an jedem potenziellen Transferpunkt wirksam wird und für eine Umverteilung, Behauptung oder Beibehaltung des Rederechts sorgt. Kontextfaktoren spielen dabei keine Rolle. Vor allem in Hinblick auf die Identifizierung geeigneter Übernahmepunkte bei der Selbstselektion lassen sich jedoch Argumente dafür finden, die Kontextfreiheit des Systems infrage zu stellen. Franck & Franck (1986) legen nahe, dass in solchen Fällen nicht lediglich die Gliederung des in Entstehung befindlichen Turns eine Rolle spielt, sondern darüber hinaus auch beispielsweise Partnerhypothesen und individuelle Handlungsziele:

> Der Sprecherkandidat hat hier zweierlei Strukturanalysen zu kombinieren: Er muß den laufenden Beitrag auf Anschlußstellen absuchen, aber auch sein eigenes Vorhaben unter dem Gesichtspunkt betrachten, wie es sich an der gegebenen oder in Kürze erwarteten Stelle anschließen[84] ließe. Die Eignung der Stelle, um de-

84 Im Original steht hier: „*aus*schließen ließe". Dieser offensichtliche Druckfehler wurde in der Zitation korrigiert.

> ren Bestimmung es geht, ist erstens eine Funktion der Kriterien für die relative Abgeschlossenheit des laufenden Beitrags und zweitens der Kriterien der *kohärenten* Anschließbarkeit des eigenen Vorhabens. Das relative Gewicht beider Gruppen von Kriterien ist variabel und hängt unter anderem davon ab, welchen Wert der Kandidat einerseits auf eine bestimmte Plazierung des eigenen Beitrags legt, welchen Wert er andererseits glaubt, daß der momentane Sprecher darauf legt, am Wort zu bleiben, welchen Wert er ferner der Beachtung der Wünsche dieses Gesprächspartners beimißt und nicht zuletzt, was er glaubt, daß der andere ihm nachsehen werde. Seine Entscheidung wird überdies davon abhängen, wie fest der kommende Beitrag schon geplant ist. Wenn der kommende Beitrag bereits eine inhaltliche klar umrissene Form angenommen hat, so wird es mehr darum gehen, eine Stelle mit speziell dafür ausreichendem Kompletionsgrad abzuwarten. Wenn es hingegen mehr darum geht, auf den laufenden Beitrag überhaupt zu reagieren, wird sich das Gesagte selbst eher am Angebot von Anschlußstellen ausrichten. (Franck & Franck 1986: 58)

Franck & Franck (ebd.: 59-64) mahnen weiterhin an, dass ein starrer Mechanismus, wie er von Sacks, Schegloff & Jefferson (1974) beschrieben wird, den Eindruck erwecke, der Sprecherwechsel werde um seiner selbst willen organisiert. Vielmehr, so ihr Argument, verursache die Beteiligung an einem Gespräch einem Kommunikanten „Opportunitätskosten“: Die Verwendung seiner Zeit und Aufmerksamkeit für das Gespräch ist für ihn Zeit und Aufmerksamkeit, die er nicht auf andere Zwecke verwenden kann. Folglich ist jeder Kommunikant interessiert, seine im Gespräch verfolgten Ziele möglichst ökonomisch zu erreichen. Da allerdings stets nur eine Person sprechen kann, wenn das Gespräch kohärent strukturiert und jeder (auch der eigene) Beitrag von den Adressaten ideal verarbeitbar sein soll, ist es rational opportun, den Sprecherwechsel zu organisieren. Würde eine solche Organisation explizit (d.h.: metakommunikativ) realisiert, würde dies allerdings die Effizienz der Erreichung der eigentlichen Gesprächszwecke und individuellen Zielsetzungen mindern und jedem Beteiligten erneute Kosten abverlangen. Folglich streben die Kommunikanten aus rationalen Gründen eine Organisationsform an, die es erlaubt, den Sprecherwechsel implizit zu regeln (d.h.: kommunikationsbegleitend anstatt metakommunikativ, zur Laufzeit der Interaktion).

Das Grundproblem des Sprecherwechsels beschreiben Franck & Franck in Abgrenzung zur mechanistischen Konzeption wie folgt: Kommunikanten haben im Rahmen ihrer Gesprächsteilnahme und relativ zu den individuell verfolgten Zielen verschiedene Wünsche. Die Realisierung mancher Wünsche lässt sich über die Tätigkeit des Sprechens verfolgen, zur Realisierung anderer Wünsche empfiehlt sich die Tätigkeit des Zuhörens. Wann welcher Kommunikant welcher Tätigkeit zuneigt, verhält sich allerdings überhaupt nicht komplementär zu den Tätigkeiten, die die anderen Kommunikanten zur selben Zeit anstreben:

> Das Organisationsproblem des Sprecherwechsels wäre trivial, wenn sich die Wünsche der Teilnehmer so verhielten, daß immer dann, wenn einer von ihnen das Sprechen vorzöge, alle anderen dem Zuhören den Vorzug gäben, und immer dann, wenn sich die Vorliebe eines Teilnehmers ändert, sich die aller anderen von selbst in komplementärer Weise mitänderten. Geordneter Sprecherwechsel wird dadurch zum nicht trivialen Problem, daß der Vorzug, den die Teilnehmer der einen oder anderen Tätigkeit während des Gesprächs geben, immer wieder und in weitgehender Unabhängigkeit von dem der anderen Teilnehmer alterniert. Überall, wo diese Wünsche divergieren, entstehen zwangsläufig Kosten, weil Wünsche dann zumindest partiell frustriert werden müssen. Die Kosten werden um so höher, je länger ein Teilnehmer die ungemochte Tätigkeit fortsetzt bzw. vom Ergreifen der vorgezogenen absieht. So „zahlt" z.B. der Hörer, der eigentlich schon sprechen will, durch Verzicht, solange er weiter zuhört. Ebenso „zahlt" ein Sprecher, der eigentlich weitersprechen möchte, wenn er seine Rede verkürzt. Wo die Wünsche in solcher Art auseinandertreten, gilt es, diese Kosten zu verteilen. (Ebd.: 61)

Franck & Franck konzipieren den Sprecherwechsel daher ausgehend von der rationalen Einsicht der Beteiligten, dass größtmöglicher Nutzen aus einem Gespräch nur dann gezogen werden kann, wenn alle Beteiligten in gleicher Weise Kosten investieren und Nutzen ziehen. Allein unter dem Kostenaspekt müsste ansonsten die rigorose Durchsetzung der eigenen Interessen für jeden Beteiligten das Optimum an Effizienz darstellen; da dies jedoch den übrigen Beteiligten mehr Kosten als Nutzen bereiten würde, ist in solchen Fällen mit einer „Zahlungsverweigerung" der Partner zu rechnen, wodurch eine solche Strategie sich letztlich wiederum als nicht zielführend darstellt.

Das Streben nach Herstellung eines geregelten Sprecherwechsels beruht daher auf dem Kooperationsprinzip, wobei den Partnern unterstellt wird, dass sie dann gewillt sind, Kosten in Kauf zu nehmen, wenn ihre kommunikativen Koakteure nachweislich auch selbst Investitionen einbringen und bereit sind, die eigenen Aufmerksamkeitsressourcen zur Realisierung der Gesprächswünsche der Partner einzubringen. Der Sprecherwechsel zielt darauf, „geordnete Paare von gleichzeitigen Tätigkeiten verschiedener Personen" zu erzeugen (ebd.: 60), d.h. zu gewährleisten, dass, während ein Beteiligter spricht und zum Erreichen seiner mit dem Sprechen verfolgten Ziele der Aufmerksamkeit seiner Adressaten bedarf, die übrigen Beteiligten Aufmerksamkeit investieren, um dem aktuellen Sprecher die Realisierung seiner Gesprächswünsche zu ermöglichen, und dass die übrigen Beteiligten zu anderen Zeiträumen im Verlauf der Interaktion die gleichen Privilegien (sprechen zu dürfen bei gleichzeitigem Zuhören der übrigen) in Anspruch nehmen können.

Die Organisation des Sprecherwechsels beruht dabei auf *Aushandlung* (anstatt auf einer intersubjektiven, gleichsam „universalen" Norm), und mit jeder Wiederholung des Sprecherwechsels versichern sich die Beteiligten wechselseitig ihrer Kooperativität. Die Aushandlung läuft im Optimalfalle implizit: Die aktuellen Wünsche der Beteiligten (sprechen zu wollen, weitersprechen zu wollen, das Sprechen zu beenden, weiter zuzuhören etc.) werden so weit als möglich implizit kommuniziert, Konkurrenzsituationen (gleichzeitiges Beginnen mehrerer) werden, weil sie die Ökonomie der Verständigung beeinträchtigen, nach Möglichkeit zur Laufzeit ihres Auftretens bereinigt. Zudem werden die eigenen Wünsche mit den angenommenen Wünschen der Partner individuell jeweils bereits prospektiv abgeglichen, um nur diejenigen möglichen Interessenskonflikte zur Verhandlungssache zu machen, die sich im Verlauf in Differenz zu den angenommenen Interessenkonstellationen erweisen. Im Hintergrund steht immer die Möglichkeit einer expliziten (metakommunikativen) Thematisierung des Sprecherwechsels zur Verfügung – diese wird allerdings nur im Notfall herangezogen, da die ausdrückliche Aufnahme des Sprecherwechsels ins Gespräch zusätzliche „Transaktionskosten" verursacht, die lediglich organisatorischen Nutzen haben, die Beteiligten jedoch ihren eigentlichen Gesprächszwecken nicht direkt näher bringen. Die Praktiken impliziter Verhandlung – so Franck & Franck (ebd.: 69) – lassen „darauf schließen, daß die Vorteile impliziter Verhandlung generell durch Risikokosten der Vagheit erkauft werden".

Die Auffassung von der Sprecherwechselorganisation insgesamt als einer *Ökonomie* (beziehungsweise die Verwendung einer entsprechenden Beschreibungsmetaphorik) ist zwar bereits bei Sacks et al. grundlegend, in deren Beschreibung der Sprecherwechselsystematik jedoch nach Auffassung von Franck (1983) und Franck & Franck (1986) nicht konsequent umgesetzt, insofern diese „ein ganz anderes Modell-Format gebraucht, bei dem nicht die Ökonomie, sondern die (damals aktuelle) Linguistik Pate gestanden haben muß" (Franck 1983: 33) – es erscheint „dem linguistischen Vorbild einer generativen *Grammatik* nachgebildet" (Franck & Franck 1986: 55).

Franck & Franck stellen dabei die von Sacks et al. beschriebenen Grundregeln nicht an sich infrage, sondern regen dazu an, die Anwendungsbedingungen dieser Regeln zu überdenken. Während bei Sacks et al. die Regeln grundsätzlich an jedem potenziellen Abschlusspunkt eines in Produktion befindlichen Beitrags in gleicher Weise durchgespielt werden, betonen Franck & Franck die Wichtigkeit von individuellen Gesprächswünschen einerseits und Hypothesen über die Gesprächswünsche der Partner andererseits, wenn es darum geht, Abschlusspunkte anzuvisieren und geeignete Anschlusspunkte für eigenes Sprechen zu identifizieren. Geeignet sind dabei nicht unbedingt solche Punkte der Turnkonstruktion, die ein Höchstmaß an (syntaktischer) Abgeschlossenheit annehmen lassen; vielmehr kann auch – wenn die thematische oder handlungslogische Relevanz des geplanten Anschlussbeitrags dies nahelegt – an weniger geeigneten Abschlusspunkten (z.B. Wortgrenze anstatt Satzgrenze) ein Wechsel initiiert werden.

Ich möchte im Folgenden die Sprecherwechselorganisation (*Turn-taking*) als ein Instrument auffassen, das Individuen in mündlicher dialogischer Kommunikation nutzen, um zur Laufzeit der Interaktion (und idealerweise implizit) ihre jeweils aktuellen Gesprächswünsche so miteinander abzugleichen, dass der exklusive Charakter des Rederechts – von Überlappungen an den Übergabepunkten oder im Falle von Interventionen abgesehen – nicht verletzt wird. Der Abgleich der eigenen Gesprächswünsche mit den Gesprächswünschen der anderen, der auch beinhaltet, bisweilen die eigenen Wünsche zugunsten einer Realisierung der Wünsche anderer hintenan zu stellen, basiert auf dem Prinzip der Kooperativität; die Kooperativität ergibt sich aus der rationalen Einsicht, dass bei in etwa gleichmäßiger Verteilung der Kosten der Nutzen des Gesprächs für alle Beteiligten am größten ist. Sind Gespräche institutionell gerahmt, kann der Verhandlungscharakter des Sprecherwechsels ganz oder in Teilen aufgehoben und durch den strukturierenden Einfluss der Institution und ihrer Vertreter geregelt sein.

Konkrete Sprecherwechsel (als einzelne Vorkommnisse des Übergangs des Rederechts von einem Gesprächsbeteiligten auf einen anderen) sind solche Ereignisse im Rahmen eines Gesprächs, an denen in für alle Beteiligten zeitgleich evidentem Auftreten die Tätigkeitswünsche der Kommunikanten qua Verhandlung so koordiniert werden, dass in der Folge (d.h.: ggf. nach erfolgter Aushandlung) genau *ein* Kommunikant seine Aktivitäten auf die Hervorbringung einer sprachlichen Äußerung richtet, während alle anderen Beteiligten zuhören.

4.5.3 Turn-taking als geeignetes Konzept für die Beschreibung der Chat-Organisation? – Evaluation existierender Positionen in der linguistischen Chat-Forschung

Eine Beschreibung interaktionaler Phänomene in der Chat-Kommunikation muss notwendigerweise unter einer Perspektive erfolgen, die die Synchronizität und Dialogizität der Kommunikationsform in den Blick nimmt und Äußerungssequenzen in Chat-Ereignissen als direktes kommunikatives Wechselspiel zwischen gleichzeitig auf den Kommunikationsvollzug orientierten Beteiligten beschreibt. Es ist daher nahe liegend, dass die Chat-Forschung, soweit sie sich mit der Struktur von Sprachhandlungssequenzen und Fragen des Interaktionsmanagements (also mit der Sprachhandlungskoordination im oben eingeführten Sinne) befasst, ihren Zugang unter Nutzung von Instrumentarien gestaltet, die sich für die Beschreibung „traditioneller" synchroner und dialogischer Kommunikationsformen bewährt haben. Die Kategorien, die für die Beschreibung der Strukturen chatbasierter Interaktion genutzt werden, sind in aller Regel konversationsanalytischer bzw. gesprächs-/diskurslinguistischer Provenienz. Auffällig ist, dass in der überwiegenden Mehrzahl der konversations- bzw. gesprächs-/diskursanalytisch geprägten Arbeiten zur Chat-Kommunikation die aus den „Spenderdisziplinen" bezogenen Analysekategorien – z.B. *Turn*, *Turn-taking*, *Backchannels*, *Reparatur* – als für den Chat nur in modifizierter Form anwendbar herausgestellt werden, dass aber die generelle Eignung der betreffenden Kategorien nur äußerst selten infrage gestellt wird.

Es steht außer Frage, dass konzeptuelle heuristische Annäherungen an den Gegenstand aus Richtung des Gesprächs bzw. des mündlichen Diskurses dem spezifischen Charakter der Chat-Kommunikation weit eher gerecht werden als Annäherungen aus Richtung des Textes bzw. mit Mitteln der Textlinguistik. Allerdings darf der Chat (als Kommunikationsform) dabei aufgrund seiner in den Kap. 2 und 3 dargestellten Merkmale nicht als eine Form des Gesprächs (und schon gar nicht als eine Gesprächsart/-gattung) aufgefasst werden. Dadurch würde entweder der Gesprächsbegriff auf textuell prozessierte synchrone (aber nicht simultane) Distanzkommunikation ausgeweitet (was für die theoretische Fassung des Gesprächs verschiedene Probleme mit sich brächte) oder aber die Textualität chatbasierten Austauschs (inklusive seiner texttypischen Produktions-/Übermittlungsprozedur; vgl. Kap. 3.2) in ihren Auswirkungen auf Struktur und sprachliche Ausgestaltung der Kommunikation ausgeblendet. Am ehesten lässt noch das Diskurskonzept der Funktionalen Pragmatik zu, die Kommunikationsform Chat als Spielart zu subsumieren – allerdings auch hier nur mit Apostrophierungen: man beachte die von Hoffmann (2004) als einem Vertreter der Funktionalen Pragmatik eigens für Chat und Instant Messaging eingeführte Kategorie des *Paradiskurses*, an die auch die vorliegende Arbeit anschließt (vgl. Kap. 2.1.3).

Im Folgenden soll aufgezeigt werden, wie die Anwendbarkeit der Analysekategorien *Rederecht*, *Turn* und *Turn-taking* in der bisherigen Chat-Forschung reflektiert wird. Herangezogen werden hierzu unter anderem der „klassische" Aufsatz von Herring (1999) zur „Interactional Coherence in CMC" sowie die Arbeit von Garcia & Jacobs (1998 bzw. 1999)[85], die

85 Derselbe Aufsatz wurde von den beiden Autorinnen nahezu wortgleich, aber unter unterschiedlichem Titel, zweimal veröffentlicht. Ich zitiere vorzugsweise aus Garcia & Jacobs (1999).

auf Basis einer Analyse von Bildschirmdaten Besonderheiten der Turn-taking-Organisation im Chat beschreibt, daneben die Arbeit von Murray (1989), die im Kontext einer Untersuchung des Austauschs vermittels eines aus heutiger Sicht „primitiven" Messaging-Systems den Turnbegriff als Analysekategorie für ungeeignet herausstellt. Berücksichtigt werden weiterhin die Arbeiten von Lenke & Schmitz (1995), Cherny (1999), Grosch (1999), Bittner (2003), Schönfeldt & Golato (2003), Orthmann (2004), Zitzen & Stein (2005) sowie Markman (2006). Die kritische, z.T. vergleichende Nachzeichnung der in diesen Publikationen vertretenen Positionen soll Anlass dazu bieten, zu überdenken, ob die Kategorien *Rederecht*, *Turn* und *Turn-taking* einer Beschreibung der Strukturen chatbasierter Interaktion wirklich förderlich sind oder ob sie die Herausarbeitung chattypischer (eben *para*diskursiver!) Besonderheiten beim Interaktionsmanagement eher erschweren.

Hierbei soll es ausdrücklich *nicht* darum gehen, konversationsanalytische Ansätze der Beschreibung des Interaktionsmanagements im Chat als pauschal ungeeignet abzuqualifizieren. Konversationsanalytische Studien zum Interaktionsmanagement können einen wichtigen Beitrag dazu leisten, die Chat-Kommunikation in ihren Besonderheiten konzeptuell gegenüber dem mündlichen Diskurs zu verorten und signifikante Unterschiede aufzuzeigen, die sich aus Sicht des Bekannten (des Gesprächs) in Bezug auf die neue Form (den Chat) beobachten lassen. Auch sind im Chat dieselben Handlungsmuster bzw. -schemata interaktionsleitend wie in Gesprächen – die Technologie nimmt nicht Einfluss auf die Zwecke sozialen Handelns und die zu ihrer Realisierung zur Verfügung stehenden Formate als solche, sondern wirkt sich durch die Bereitstellung spezifischer medialer und prozeduraler Beschränkungen auf die *Form* aus, die diese Formate bei ihrer Umsetzung unter Nutzung der betreffenden Technologie erfahren. Fragen eröffnen konditionelle Relevanzen für Antworten, auch im Chat; allerdings besteht unter den Bedingungen der Chat-Technologie die Möglichkeit, dass der einer Frage nachfolgende Teilnehmerbeitrag (selbst wenn er von dem mit der Frage explizit adressierten Partner stammt) entweder propositional oder illokutionär nicht auf die vom Frager eröffnete Musterposition passt, sondern einem gleichzeitig realisierten anderen Handlungsmuster zugehört (*disrupted adjacency*; s. u. Herring 1999). Dem gegenüber setzt die Beschreibung der Organisation des Beitragsaufkommens im Chat anhand von für die Gesprächsorganisation entwickelten Kategorien (*Rederecht*, *Turn*, *Turn-taking*) voraus, dass in beiden Formen das, was verbal ausgetauscht wird, von den Beteiligten in identischer zeitlicher Sukzession wahrgenommen wird und dass sich die Struktur des Kommunikationsereignisses auf Basis einer Aufzeichnung der in der „Kontaktsphäre" zwischen den Kommunikanten manifesten

Verhaltensäußerungen beschreiben lässt. Während für mündliche Gespräche aufgrund der unmittelbaren Übertragung des Schallereignisses an die Perzeptoren aller Anwesenden eine identische zeitliche Sukzession der Wahrnehmung sprachlicher Produktion angenommen werden kann, wird in der Chat-Kommunikation jeder verschickte Beitrag zunächst lediglich in die Bildschirmverlaufsprotokolle zugestellt, damit aber nicht zwangsläufig auch an die Augen der Adressaten. Im Gegensatz zu mündlicher Kommunikation muss der Adressat neue, für ihn bestimmte Äußerungen vom Darstellungsmedium „abholen“: er muss auf den Bildschirm blicken, ansonsten nimmt er die Existenz neuer Beiträge nicht einmal wahr. Das klingt trivial, stellt aber immerhin bereits einen fundamentalen Unterschied zum Gespräch dar, insofern dadurch die Sicherstellung einer interpersonal geteilten Zeitstruktur bei der Wahrnehmung von kommunikativen Ereignissen aufgebrochen wird (*Delinearisierung*, vgl. auch Kap. 4.1). Des Weiteren nimmt ein Kommunikant aufgrund der konsekutiv konzipierten Produktions-/Übermittlungsprozedur seine selbst produzierten Beiträge bereits früher als Teil der Kommunikation wahr als die übrigen Kommunikanten, was zur Folge haben kann, dass Beiträge nicht nur nicht gleichzeitig, sondern bisweilen auch in verschiedener Abfolge kogniziert werden (vgl. Kap. 4.3.4). Des Weiteren lässt sich für Chat-Ereignisse ebenso wie für Gesprächsereignisse zwar ein Zeitraum angeben, während dessen die Kommunikanten auf die Teilnahme am Vollzug der Kommunikation orientiert sind (oder dies zumindest – über nachweislich erfolgtes Einloggen – signalisieren), doch lassen sich im Unterschied zum Gespräch keine Sekundärdaten des Kommunikationsereignisses anfertigen, die in einer einheitlichen Zeitstruktur all das repräsentieren, was für die analytische Modellierung eines Kommunikationsereignisses beschreibungsrelevant ist. Man kann Chat-Mitschnitte anfertigen; diese repräsentieren aber lediglich die statische Variante eines (möglicherweise sogar individualisierten) Verlaufsprotokolls und dokumentieren keinerlei Produktionstätigkeit. Man kann einen Teilnehmer und seinen Bildschirm während des Chattens abfilmen; dabei erhält man wichtige Einblicke in die Aktivitäten dieses Teilnehmers und insbesondere in die Produktion seiner Beiträge – hat damit aber immer noch keine Repräsentation des Kommunikationsereignisses, sondern lediglich eines *Teilnahme*-Ereignisses (i.S.v. Kap. 4.2). Erhebt man zu allen Beteiligten audiovisuelle Teilnahme-Daten, so dokumentiert man eine Reihe von Teilnahme-Ereignissen, die alle auf die Teilhabe am selben Kommunikationsereignis gerichtet sind – dennoch dokumentiert sich damit das Kommunikationsereignis nicht direkt. Das Kommunikationsereignis als das, was sich *zwischen* den Kommunikanten vollzieht, dokumentiert sich *unmittelbar* weder im Verlaufsprotokoll noch in den teilnahmegerichteten Aktivitäten der einzelnen Teilnehmer. Es entsteht als individuelle mentale Repräsentation in den Köpfen der Kommunikanten und ist „objektiv" (sprich: aus Beobachtersicht) letztlich nur fassbar als ein Konstrukt, das sich über einen organisatorischen Start- und Endpunkt definiert und das eine Reihe von ausgetauschten Beiträgen beinhaltet, die in einer bestimmten Abfolge zu bestimmten Zeitpunkten auf den Bildschirm kamen. Die spezifische Abfolge und die spezifischen Zeitpunkte des Eintreffens der Beiträge sind dadurch mitbedingt, dass die einzelnen Beteiligten die am Bildschirm angezeigten Beiträge nicht zwangsläufig zum Zeitpunkt ihres Eintreffens rezipieren und dass die durch einen Beitrag repräsentierte Entscheidung zur Produktion immer um ein nur ansatzweise rekonstruierbares „minus *X*" früher anzusetzen ist als das Eintreffen des betreffenden Beitrags auf dem Bildschirm. Der Zeitpunkt der Darstellung eines Beitrags im Verlaufsprotokoll ist immer der Zeitpunkt der Entscheidung zu seiner Produktion *plus X*. Wie lang der Zeitraum *X* ist, hängt davon ab, wie umfangreich der Beitrag ist, wie geübt der betreffende Teilnehmer im Umgang mit der Tastatur ist, wie umfänglich er seinen Beitrag vor der Verschickung überarbeitet und wie viel Zeit infrastrukturbedingt zwischen der Verschickung des Beitrags und seiner Weiterübermittlung durch den Server vergeht.

Als „klassischer" Beitrag zu den Besonderheiten der Sprachhandlungskoordination in computervermittelter Kommunikation kann Herring (1999) gelten, die zentrale Punkte der bis Ende der 90er-Jahre maßgeblichen Forschung zum Gegenstand zusammenfasst und nach Gründen sucht, weshalb sich internetbasierte Kommunikationsangebote (insbesondere in informellen Anwendungskontexten) trotz ihrer gegenüber mündlichen Diskursen starken Einschränkungen beim Interaktionsmanagement derart hoher Popularität erfreuen.

Herring (1999) benennt zwei zentrale Faktoren, die das Interaktionsmanagement im Chat wesentlich beeinflussen:

(1) lack of simultaneous *feedback*, caused by reduced audio-visual cues and the fact that messages cannot overlap;
(2) disrupted turn *adjacency*, caused by the fact that messages are posted in the order received by the system, without regard for what they are responding to. (Herring 1999)

Beide Faktoren – das Fehlen von Simultaneität sowie die Trennung von Adjazenzpaaren im Bildschirmverlaufsprotokoll – zeigen sich im Bildschirmverlaufsprotokoll und in Chat-Mitschnitten in Form charakteristischer Oberflächenphänomene: einerseits in einer Diskontinuität handlungslogisch zusammengehöriger Sprachhandlungen und in der damit zusammenhängenden Schwierigkeit, eigene Beiträge kohärent an Vorgängeräußerungen anzuschließen,

> Research on spoken conversational interaction shows that simultaneous feedback plays an important role in signaling listenership, timing turn-taking effectively, and maintaining continuous interaction [...]. Conversely, the absence of simultaneous feedback may result in discontinuity and/or overlap within turn sequences, as well as generally making it more difficult for message producers to tailor their messages to respond to recipients' interests and needs. (Ebd.)

andererseits in unvollständigen oder ineinander verschachtelten Handlungssequenzen („incomplete or interleaved exchange sequences"):

> Overlap in CMC is also problematic. On the one hand, temporal overlap in display of turns is not an option in one-way CMC, since one-way systems force messages into a strict linear order. On the other hand, overlap of *exchanges* is rampant in computer-mediated environments. In dyadic communication, users—unable to tell whether their interlocutor is in the process of responding or not—may become impatient and send a second message before a response to the first has been received, resulting in incomplete or interleaved exchange sequences [...]. In group communication, unrelated messages from other participants often intervene between an initiating message and its response, in a likelihood proportional to the number of active participants involved in the communication [...]. (Ebd.)

Herring gelangt auf dem Wege einer Untersuchung von Beispielen nicht nur synchroner, sondern auch asynchroner Formen computervermittelter Kommunikation zu dem Schluss, dass die mediale Schriftlichkeit zu Schwierigkeiten bei der Anwendung der Turn-taking-Mechanismen führe und dass die Fragmentierung von (handlungs-)sequenziell aufeinander bezogenen „Turns" geradezu eine Invariante schriftbasierter computervermittelter Kommunikation darstelle:[86]

> disruption of turn-taking is a real and persistent phenomenon in CMC. (Herring 1999)

Wohlgeformtheitsbedingungen in Bezug auf die sequenzielle Abarbeitung von Handlungsmustern erscheinen mit Blick auf Chat-Mitschnitte häufig als verletzt:

> Violations of sequential coherence are the rule rather than the exception in CMC. (Ebd.)

Hierzu ist natürlich anzumerken, dass diese „Verletzungen" bestenfalls in Ausnahmefällen auf unkooperatives Verhalten der Teilnehmer zurückzu-

---

86 Ich gebe *disruption* hier und im Folgenden mit *Fragmentierung* wieder, da mir dies im Deutschen am treffendsten erscheint, um das „Auseinanderreißen" aufeinander bezogener Beiträge im Bildschirmverlaufsprotokoll als Oberflächenphänomen zu beschreiben. Den Ausdruck *Delinearisierung* möchte ich hingegen, wie in Kap. 4.1 eingeführt, beibehalten zur Bezeichnung dessen, was „unter der Oberfläche" die Oberflächenphänomene determiniert, nämlich die Entkopplung des kommunikativen Agierens der einzelnen Kommunikanten sowie der Koordination zwischen den Kommunikanten von der Laufzeit der Interaktion.

führen sind, sondern dass es sich dabei um reine Oberflächenphänomene handelt, die sich daraus ergeben, dass – siehe oben – der Zeitpunkt der Darstellung eines Beitrags im Verlaufsprotokoll immer der Zeitpunkt der Entscheidung zu seiner Produktion *plus X* ist.

Herring fasst die zentralen Phänomene, die sich in Hinblick auf die Sprachhandlungskoordination an Dokumenten medial schriftlicher computervermittelter Kommunikation feststellen lassen, zusammen und führt sie auf Eigenschaften der zugrunde liegenden Technologie(n) zurück. Die Identifizierung der beobachteten Phänomene sowie ihre Kategorisierung erfolgt durch die Brille der in der Konversationsanalyse ursprünglich für mündliche Diskurse beschriebenen Prinzipien der Turn-Organisation, mit dem logischen Schluss, dass sich CMC durch „system-imposed constraints on turn-taking" auszeichne (Herring 2004: 342). Bei stärkerer Betonung der Unterschiede (anstatt der Gemeinsamkeiten) zwischen Chat und Gespräch könnte auf dem Weg der Herausarbeitung derselben Charakteristika genauso gut die Schlussfolgerung gezogen werden, dass der *Turn*-Begriff in Bezug auf die Chat-Kommunikation, die gegenüber dem mündlichen Diskurs als eine zwar synchrone, aber *delinearisierte* Kommunikationsform aufgefasst werden kann, zur Kategorisierung von im Bildschirmverlaufsprotokoll sukzessive ergänzten bzw. im Chat-Mitschnitt linear absatzweise angeordneten Beiträgen nicht geeignet ist (und möglicherweise – wie noch zu erläutern sein wird – auch nicht benötigt wird). Dies gilt allerdings nicht speziell für Herring (1999), sondern generell für einen Großteil der konversationsanalytisch motivierten Arbeiten zur Chat-Kommunikation. Ob grundsätzlich eine Ausweitung des Turn-Begriffs möglich (und sinnvoll) ist (a) auch auf Kontexte medial schriftlicher Kommunikation und (b) auf kommunikative Settings, in denen die Beteiligten gegenüber dem mündlichen Diskurs keine gleichförmige zeitliche Ereigniswahrnehmung haben, sondern die Ausübung von produktiv und rezeptiv orientierter Kommunikationsteilhabe konsekutiv und nach Maßgabe individueller Entscheidung organisieren, wurde bislang kaum thematisiert.[87]

Interessanterweise berichtet Herring von einem Fall, in welchem IRC-Nutzer, die häufig miteinander kommunizieren, Konventionen zur graphischen Markierung von Turngrenzen („turn-change signals") vereinbart haben:

> One IRC user reported to the author that he and a regular IRC conversational partner had devised the practice of typing a „%" symbol at the end of a message

87 Ausnahmen bilden z.B. Murray (1989) und Walther (1996); siehe unten.

> to indicate that they were not yet ready to give up the floor, and thus that the other should wait before taking the next turn. (Ebd.)

Gerade die Tatsache, *dass* IRC-Nutzer die Notwendigkeit sehen, explizite Konventionen einzuführen, um die Vorteile der aus mündlichen Gesprächen bekannten Organisationsprinzipien auch im Chat nutzen zu können, zeigt doch, dass diese Organisationsprinzipien im Chat zunächst *nicht* zur Verfügung stehen. Da die Chatter ihren schriftlichen Austausch allerdings in starker konzeptueller Nähe zum mündlichen Gespräch verorten, gibt es durchaus ein „Denken in Turns"; aufgrund der Delinearisierung der Wahrnehmung ihres chatbasierten Austauschs (der erst – ich erinnere an Hoffmann 2004 – „in der Rezeption diskursive Qualität" erhält) kann der Turn jedoch nicht als durch Aushandlung zur Laufzeit strukturstiftende Einheit genutzt werden, sondern existiert lediglich als kognitives Konzept in den Köpfen der Kommunikanten. Über Konventionen (wie z.B. die von Herring beschriebene) und entsprechenden Konsens über deren Beachtung kann er aber zumindest tendenziell als Strukturierungseinheit in die paradiskursive Sphäre des Chat zurückgeholt werden. Solche Konventionen bauen auf eine freiwillige Selbstbeschränkung der Kommunikanten in ihrer Möglichkeit, jederzeit eigene neue Beiträge zu verfassen, und legen beispielsweise fest, dass, bevor eigene Beiträge verschickt werden, zunächst das Verlaufsprotokoll dahingehend zu überprüfen ist, ob der Partner, der zuletzt Beiträge verschickt hat, seinem zuletzt angezeigten Beitrag ein Zeichen mit festgelegter Signalfunktion (z.B. „Turnende") zugefügt hat; ist das der Fall, wird damit das qua Konsens als exklusiv vereinbarte „Senderecht" an den nächsten übernahmewilligen (oder zuvor adressierten) Partner übergeben. Letztlich gibt es auch bei Verwendung solcher Konventionen noch „disruptions" und „incomplete or interleaved exchange sequences", die sich durch die trotz allem fehlende Möglichkeit einer Verhaltenswahrnehmung zur Laufzeit ergeben. Ihre Anzahl geht aber nachweislich zurück, wie Erfahrungen mit dem Einsatz solcher Konventionen in chatbasierten oder chatunterstützten Lehr-/Lernkontexten gezeigt haben (vgl. z.B. Lemnitzer & Naumann 2001; Naumann 2005; Beißwenger, Lemnitzer & Storrer 2003).

Garcia & Jacobs (1998; 1999) gebührt das große Verdienst, als erste Chat-Forscher systematisch Bildschirmdaten (Daten zu den Bildschirmaktivitäten der Nutzer, die im Verlaufsprotokoll verborgen bleiben) in die Analyse synchroner computervermittelter Kommunikation miteinbezogen zu haben. Die Autorinnen wählen in ihren beiden Publikationen einen konversationsanalytischen Ansatz, dessen Grundannahme darin besteht, dass das Turn-taking-System der Alltagskommunikation, so wie es von Sacks, Schegloff & Jefferson (1974) beschrieben wurde, die Basis bildet für „the turn-taking-systems of other types of speech exchange systems (e.g. interviews, trials, meetings), which are formed when role differentiation, constraints of the turn-taking options, and institutional constraints or goals or both occur" (Garcia & Jacobs 1999: 340). Der Begriff „types of speech exchange systems" entspricht in diesem Zusammenhang wohl am ehesten dem deutschen Ausdruck „Gesprächsart". Ausgehend von der zitierten Grundannahme, die als unproblematisch gelten kann, wird für die Modellierung der Sprachhandlungskoordination in „quasi-synchronous CMC" (von den Autorinnen abgekürzt mit „QS-CMC") die folgende Ausgangsfrage formuliert:

> Is the turn-taking system of oral conversation the basis of the turn-taking system of various types of computer-mediated conversation? (Ebd.)

Der Brückenschlag von der benannten Grundannahme zu dieser methodisch überaus wichtigen Frage unterschlägt m. E. einen wichtigen Zwischenschritt. Während zunächst die Rede davon war, dass das Turn-taking-System informeller mündlicher Alltagskommunikation auch die Basis für die u. U. spezifisch modifizierte Turn-taking-Organisation anderer, z.B. institutionell geprägter Gesprächsarten bilde, wird im nächsten Schritt gefragt, ob dieses Turn-taking-System dann auch die Grundlage für „types of computer-mediated conversation" darstelle. Was hier ganz offensichtlich fehlt, ist ein Zwischenschritt, in welchem zunächst die Grundbedingungen einer Vergleichbarkeit der Kommunikationsform ‚mündliches Gespräch' mit dem gesamten Bereich „computer-mediated conversation" (der selbst in diverse Kommunikationsformen zerfällt) oder zumindest mit der Kommunikationsform ‚Chat' geklärt werden. So jedoch erscheint als die theoretische Ausgangsposition des Beitrags, dass darüber, „oral conversation" und „computer-mediated conversation" als gleichberechtigte Subspezies von „conversation" auszuweisen, eigentlich kein Klärungsbedarf bestehe.

Die Frage nach der Wirksamkeit des Turn-taking-Systems mündlicher Gespräche im Chat wird von den Autorinnen auch bereits direkt im Einleitungskapitel beantwortet:

> Although the turn-taking system in QS-CMC is different from that in oral conversation, it is not nonexistent or inconsequential for the interaction. Participants' choices about where to take turns affect the placement of messages and hence their sequential context. This sequential context is critical for the interpretation (or misinterpretation) of messages in QS-CMC. (Ebd.: 341)

Allerdings bleiben die Autorinnen eine explizite Erläuterung, weshalb ihrer Auffassung nach das Turn-taking-System durchaus auch in QS-CMC Wirksamkeit besitzt, schuldig. Dies ist vor allem deshalb unbefriedigend, da sie sich mit ihrer These vom auch in QS-CMC wirksamen Turn-taking explizit gegen andere Auffassungen (insbesondere den von ihnen zitierten

Walther 1996) wenden, die ihrer Ansicht nach „failed to understand the importance of the turn-taking system in shaping how an interaction is organized and what can be accomplished within it“ (Garcia & Jacobs 1999: 340f.).

Walther (1996) hingegen knüpft das Vorhandensein einer Turn-taking-Organisation explizit an die Exklusivität und begrenzte Verfügbarkeit der Ressource des Rederechts („floor time“) und damit an die Notwendigkeit des Teilens und Aushandelns. Nach dieser Auffassung spielt Turn-taking im Chat keine Rolle:

> GDSS [Group Decision Support Systems] also offer simultaneous interaction, and so another interpersonally related phenomenon – the negotiation of conversational turns and turn taking – is unnecessary. Group members all may type their comments into a central list at the same time. The amount of floor time a speaker has is not constrained by sharing, and a group can generate far more comments in much less time than it could in FtF meetings. (Walther 1996: 14)

Der Grund, weshalb im Ansatz von Garcia & Jacobs ein „Außerhalb von Turn-taking“ in dialogischer Kommunikation im Grunde undenkbar ist, dürfte darin liegen, dass die Autorinnen keine strikte Unterscheidung treffen zwischen der *Organisationsebene* der Kommunikation einerseits, auf welcher die Abfolge des „Dran-Seins“ geregelt wird, und der *Sprachhandlungsebene*, auf welcher sprachliche Äußerungen als Handlungen interpretiert und aufeinander folgende Handlungen auf einander bezogen und z.B. als Initiativ- und Reaktivparts im Rahmen handlungslogischer Paarsequenzen (z.B. *FRAGE–ANTWORT*) ausgewiesen werden können. Dass die Autorinnen ganz offenbar eine Gleichsetzung zwischen Turns und Sprachhandlungen vornehmen, zeigt sich darin, dass an einer Stelle (im Abschnitt „The Turn-taking System“; ebd.: 345f.) die Rede ist von „types of turns (e.g., questions and answers)“. Dass – auch in der „klassischen“ Turn-taking-Systematik nach Sacks, Schegloff & Jefferson (1974), an welche Garcia & Jacobs explizit anschließen – ein Turn in mündlichen Diskursen durchaus mehr als eine sprachliche Handlung umfassen kann (insofern er als Einheit durch das Vorhandensein zweier Sprecherwechsel und nicht durch die Feststellbarkeit genau *einer* Illokution konstituiert wird), wird nicht berücksichtigt. Identifiziert man Turneinheiten mit Handlungseinheiten, dann wird es selbstverständlich schwer, das Nichtvorhandensein eines Turn-taking-Prinzips in irgendeiner dialogischen Kommunikationsform anzunehmen, da es schließlich kein Außerhalb von partnerbezogenem Handeln in sozialer Interaktion gibt.

Die Folge ist, dass die Autorinnen zu diversen Charakteristika, die die Rahmenbedingungen von Turn-taking in mündlicher Kommunikation auszeichnen, im Zuge ihrer Untersuchung anmerken (müssen), dass es sich unter den Vorzeichen des Chat ganz anders verhält; da sie den Turnbegriff aber nicht aufgeben können (da ansonsten der Handlungsaspekt mit verloren ginge), bleibt letztlich nur die Schlussfolgerung, dass das Turn-taking im Chat mit dem Turn-taking in mündlicher Kommunikation nur noch vergleichsweise wenig zu tun habe und dass die Ausgangsbedingungen für die Organisation der Realisierung von Sprachhandlungseinheiten im Chat in einigen fundamentalen Punkten gänzlich anders geartet seien als im Gespräch:

> The turn taking system in QS-CMC [...] differs in several keyways from that of oral conversation. (Garcia & Jacobs 1999: 360)

Dieselben Feststellungen und Beobachtungen, welche die Autorinnen in ihrem (trotz allem wichtigen und wegweisenden) Beitrag beschreiben, hätten bei entsprechend differenzierterer Konzeption des Turnbegriffs ebenso gut – und m. E. überzeugender! – dafür verwendet werden können nachzuweisen, dass das Turn-taking-System, so wie es für mündliche Diskurse beschrieben wurde, in Chat-Umgebungen gerade *nicht* wirksam ist. Dies nicht zuletzt deshalb, weil bei Garcia & Jacobs – unabhängig von der Problematik des zugrunde gelegten Turnkonzepts – auch einige Vergleiche zwischen den Turn-taking-Voraussetzungen in mündlichen Diskursen und den medialen Rahmenbedingungen für das Interaktionsmanagement im Chat zum Widerspruch einladen. Dies möchte ich an drei Beispielen erläutern:

1) ***Das „one party talks at a time"-Prinzip des mündlichen Diskurses und sein vermeintliches Gegenstück im Chat.***

   Garcia & Jacobs stellen der Exklusivität des Rederechts in mündlichen Diskursen („one party talks at a time" gemäß Sacks, Schegloff & Jefferson 1974) die Tatsache gegenüber, dass im Chat beliebig viele Personen gleichzeitig von der Möglichkeit zur Produktion eines Beitrags Gebrauch machen können:

   > Whereas Sacks et al. (1974) described the turn-taking system for oral conversation as an „economy" for turn exchange („overwhelmingly, one party talks at a time," p.700), the QS-CMC system is designed so that more than one party may compose a message at a time. (Garcia & Jacobs 1999: 347)

   Der Vergleich des Sprechens in der Mündlichkeit mit der Beitragsproduktion im Chat „hinkt" insofern, als gerade die Beitragsproduktion im Chat etwas grundlegend anderes ist als „talking at talk": beim „talking" laufen die Versprachlichung, die Veräußerung und das Wahrgenommenwerden eines Gesprächsbeitrags simultan; die Beitragsproduktion im Chat hingegen ist zunächst lediglich eine privat, d.h. ohne die Möglichkeit einer Wahrnehmung durch die Partner, vollzogene Aktivität. Nicht nur, *was* produziert wird, sondern auch, *dass überhaupt* produziert wird, bleibt für die Partner unsichtbar – und bis zum tatsächlichen Verschicken (Veräußern) kann viel Unvorhergesehenes geschehen. Beispielsweise kann während der Produktion der Kommunikationsverlauf durch die Partner eine Weiterentwicklung dahingehend erfahren, dass sich der währenddessen produktiv in Ausführung befindliche Handlungsplan mit einem Mal als redundant erweist und vom Produzenten verworfen wird. Der betreffende Beitrag kommt den Partnern somit nie zur Wahrnehmung – beinahe so, als hätte es ihn nie gegeben. Und aus Sicht aller beteiligten Kommunikanten außer dem betreffenden Produzenten hat es das auch nicht.

2) Der „most recent poster" (im Chat) als Quasi-Äquivalent zum „current speaker" im Gespräch?

Aus 1) ergibt sich, dass eine Entsprechung zum „current speaker" im Chat nicht existiert. Garcia & Jacobs vergleichen allerdings die Rolle des „most recent poster" (also desjenigen, der den jeweils letzten im Bildschirmverlaufsprotokoll angezeigten Beitrag verfasst hat) mit der Rolle des „current speaker" im Gespräch (als desjenigen, der am letzten übergaberelevanten Punkt das Rederecht erworben oder erfolgreich verteidigt hat und daher aktuell spricht):

> The act of posting gives one the interactional role of „most recent poster", which is the closest equivalent QS-CMC has to the „current speaker" role that exists in oral conversation. (Garcia & Jacobs 1999: 350)

Was es – gerade in Analogie zum „current speaker" – Besonderes mit der Rolle des „most recent poster" auf sich haben soll, wird von den Autorinnen nicht ausgeführt. Vermutlich geht es darum, dass der zuletzt angezeigte Beitrag immer den aktuellen Stand des Kommunikationsverlaufs repräsentiert. An ihn anzuknüpfen bzw. auf ihn Bezug zu nehmen fällt leichter als auf Beiträge, die im Protokoll weiter zurückliegen. Diese Beobachtung wäre richtig und wichtig, zeigt sich doch gerade bei der Analyse von Bildschirmdaten, dass während der Produktion eines Beitrags u. U. ein zwischenzeitlich im Verlaufsprotokoll eintreffendes „most recent posting" zu einer Planänderung und somit dazu führen kann, dass ein aktuell Produzierender das von ihm Geplante zugunsten des zuletzt eingetroffenen Beitrags abwandelt, um auf diese Weise seinen eigenen Folgebeitrag so kohärent als möglich an den aktuellen Stand der Kommunikation anzupassen.[88] Trotzdem lässt sich der „most recent poster" m. E. nicht wirklich mit dem „current speaker" in mündlichen Diskursen vergleichen, da die pragmatischen Rahmenbedingungen, die diese Rollen zuweisen, in den beiden

88 Vgl. hierzu die Einzelfallanalysen in Kap. 6.6.

Kommunikationsformen gänzlich unterschiedlich beschaffen sind: Während die Rolle des „current speaker" einem Kommunikanten in mündlichem Diskurs qua Aushandlung zuwächst, wird man zum „most recent poster" nicht durch Legitimation seitens der anderen, sondern einfach dadurch, dass man *zufällig* schneller zu Ende produziert hat als mögliche andere, gleichzeitig produzierende Kommunikanten. Während die „current speaker"-Rolle Resultat einer Legitimation zur exklusiven Wahrnehmung des Rederechts ist, basiert die „most recent poster"-Rolle auf einer Verschickungsoption, die von jedem jederzeit und von beliebig vielen Kommunikanten gleichzeitig wahrgenommen werden kann.

3) Beitragsproduktion als interaktiver Prozess? Korrekturen vor der Verschickung als „self repair"?

Garcia & Jacobs bezeichnen die Beitragsproduktion als einen „interaktiven Prozess"; Korrekturen, die am Textentwurf für einen Beitrag ausgeführt werden, bevor dieser verschickt wird, kennzeichnen sie als Reparaturen:

> This example shows that the turn-construction process is an interactive process in QS-CMC, but in a different way from that of oral communication. PURPLE altered the content of her message-in-progress in response to Lizard's message that was posted during her message construction process, but the other participants do not have access to her self-repair of her utterance. (Ebd.: 351)[89]

In Anbetracht der Privatheit der Beitragsproduktion (die Partner bekommen nicht einmal mit, *dass* produziert wird), kann die Korrektur eines in Produktion befindlichen Beitrags, sofern sie durch die Rezeption von für den Produzenten neuen Beiträgen im Verlaufsprotokoll initiiert ist, bestenfalls mit großen Einschränkungen als Indiz für „Interaktivität" im Sinne einer aktiven wechselseitigen Einflussnahme mehrerer Mitwirkender gewertet werden. Der Kommunikationsbeitrag, dessen Anzeige im Verlaufsprotokoll die Korrektur verursacht, ist nicht auf die Mitwirkung an der Gestaltung des gleichzeitig in Produktion befindlichen Beitrags gerichtet und zielt auch nicht darauf, dessen Produzenten zur Ausführung einer bestimmten Korrektur zu veranlassen; dass ein anderer Partner gerade produziert und *was* er produziert, ist schließlich für die Partner nicht ersichtlich. Vielmehr sind Korrekturen am eingegebenen Text Hinweise auf eine individuelle Adaption von Handlungs- und/oder Versprachlichungsplänen wäh-

89 Bei *PURPLE* und *Lizard* handelt es sich um die Nicknames zweier Chatter in einem der von Garcia & Jacobs analysierten Beispiele.

rend des Produzierens an seit dem Beginn der Produktion veränderte kommunikative Rahmenbedingungen (z.B. einen neuen, nicht vorherzusehenden Stand der Bearbeitung eines Themas oder der Abarbeitung eines Handlungsmusters). Es ist m. E. auch ungünstig, sie als „Reparaturen" im Sinne der Konversationsanalyse zu bezeichnen; da die betreffenden Textbeiträge, solange sie noch produziert werden und nicht verschickt wurden, noch gar nicht der Wahrnehmung durch die Partner zugänglich sind, lassen sich Korrekturen, die an solchen Entwurfsfassungen ausgeführt werden, nicht auf dieselbe Weise motivieren wie Reparaturen, die in mündlichen Diskursen nachträglich für bereits geäußerte (und von den Partnern wahrgenommene) Beiträge oder Beitragsteile vorgenommen werden. Dass die Beitragsproduktion ein privater Akt ist, der so lange *außerhalb* des für alle Partner ersichtlichen Kommunikationsgeschehens liegt, wie der betreffende Produzent nicht ein Ergebnis seiner Tätigkeit durch Ausführung einer Verschickungshandlung an den Server zur Übermittlung aufgibt, lässt sich nur schwer mit einer Konversationsauffassung fassen, deren Kategorien an einer Beschäftigung mit Formen mündlich-simultaner Kommunikation entwickelt wurden. Eine Übertragung von Kategorien zur Beschreibung interaktiver Phänomene in mündlicher Kommunikation auf privat (d.h.: für alle anderen unsichtbar) vollzogene Aktivitäten bei der Chat-Teilnahme führt entweder dazu, die entsprechende Kategorie (z.B. ‚Reparatur') stillschweigend auszuweiten oder aber das Chat-Spezifische unter die Heuristik einer Kategorie zu zwingen, die für die Analyse einer Kommunikationsform gemacht ist, der eben jenes Chat-Spezifische fremd ist.

Die Unsichtbarkeit der Beitragsproduktion sowie die en bloc-Verschickung eingegebenen Textes führen nicht nur zur Unmöglichkeit einer wissentlichen Mitwirkung am Produktionsprozess durch die Partner, sondern – wie Schönfeldt & Golato (2003) zu Recht hervorheben – auch zu einer Außerkraftsetzung der Möglichkeit, beim Anvisieren eines geeignet erscheinenden Punktes für die Realisierung eines neuen eigenen Beitrags auf Turnkonstruktionseinheiten (*turn constructional units*) zuzugreifen und übergaberelevante Punkte (*turn-transitional relevance places*) anzupeilen, wodurch eine wichtige Voraussetzung für die Turn-Organisation des Diskursaufbaus entfällt:

> Once a message has been sent off to the server, only then does it become known to all other chatters; the message creation part, however, is done in privacy. This has a tremendous impact on the turn-taking system: In ordinary conversation, turn transition becomes relevant when a turn constructional unit (TCU) can be projected to be possibly complete. Interlocutors in ordinary conversation monitor their vocal and nonvocal behavior for these turn-transitional relevance places

> (…), and they have resources to maintain or obtain the floor. The messages which chat participants create on their private computer screens can also contain multiple TCUs. However, these do *not* constitute turn-transitional relevance places due to the fact that coparticipants do not have access to the process of message creation and thus are unable to monitor the „talk" for turn-transition relevance places. In other words, because the turns (or messages) in a chat room appear as completed units (composed of however many words, phrases, or clauses), the concept of TCU plays no role. (Schönfeldt & Golato 2003: 248)

Anders als Schönfeldt & Golato macht Grosch (1999) die Frage nach der Wirksamkeit von turn-transition relevance places (TRP) für die Koordination eigener Tätigkeitswünsche mit den Tätigkeitswünschen der Partner im Internet Relay Chat nicht an der Transparenz/Intransparenz der Beitragsproduktion (und damit am Kriterium der Wahrnehmbarkeit von Grenzen zwischen Turnkonstruktionseinheiten) fest, sondern am Kriterium der rezeptiven Konstituierung von Abgeschlossenheit durch die Partner: Übernommen werden kann ein Turn da, wo sich abzeichnet, dass der Vorgängerturn eines Partners zu Ende ist; da Beiträge im Chat grundsätzlich nur en bloc zur Anzeige gelangen, kommt als TRP nur derjenige Punkt infrage, der der Wahrnehmung durch die Partner auch zugänglich ist, nämlich der mit erfolgter Übermittlung eines Beitrags angezeigte Abschluss der Produktionsaktivitäten, durch welche der betreffende Beitrag erzeugt wurde. Der TRP eines Beitrags kann somit „erst nach dessen Übermittlung und Rezeption durch den Adressaten aktuell werden" (ebd.: 106). Dennoch ist der TRP im Chat für Grosch kein Punkt möglicher Aushandlung, sondern lediglich ein Punkt möglichen individuellen Aktiv-Werdens (ohne dass dieses Aktiv-Werden mit den Partnern abgestimmt werden muss):

> Hierin besteht ein signifikanter Unterschied zwischen schriftlichen IRC-Gesprächen und direkten oder Telefongesprächen. In letzteren würde in einem Fall wie diesem – wenn zwei Sprecher an einem TRP gleichzeitig zu sprechen anfangen – einer der beiden Sprecher seinen Turn vorzeitig abbrechen und dem anderen Sprecher den „Vortritt" zu lassen[90] (…). Im IRC sind solche in mündlichen Gesprächen reparaturbedürftigen „turn-taking errors" aufgrund der medialen Rahmenbedingungen jedoch ausgeschlossen, da es nicht zu Simultansequenzen infolge eines gleichzeitigen Einsetzens zweier oder mehrerer Sprecher oder infolge einer Unterbrechung kommen kann. (Ebd.: 108)

Fasst man das Konzept des Turn-taking, so wie es für mündliche Diskurse entwickelt wurde, als eng an die Möglichkeit einer simultanen Aushand-

90 Die Konstruktion „würde … seinen Turn vorzeitig abbrechen und … den ‚Vortritt' zu lassen" ist bereits im Original fehlerhaft und wurde hier zugunsten der Zitiergenauigkeit korrekturlos übernommen; korrekt wäre entweder „um … den ‚Vortritt' zu lassen" oder „und … den ‚Vortritt' lassen".

lung zur Laufzeit gebunden, so kann ein bloßes Eigeninitiativ-aktiv-Werden allerdings noch nicht als eine auf Koordination zielende Aktivität vom Typ der ‚Selbstwahl' aufgefasst werden, da die Selbstwahl (als Typ des Sprecherwechsels) auf die Durchsetzung einer Rederechtsbeanspruchung zielt, die, um erfolgreich zu sein, der Ratifizierung durch die Partner bedarf. Im Chat bedarf es dieser Ratifizierung nicht – wer eigeninitiativ aktiv wird, kann diese Aktivität bis zu ihrem anvisierten Abschluss bringen, es sei denn, er entscheidet sich aufgrund von Ereignissen, die sich während der Ausübung der Aktivität zutragen und von denen er Kenntnis gewinnt (z.B. Anzeige neuer Partnerbeiträge im Bildschirmverlaufsprotokoll), ebenso eigeninitiativ dazu, seine aufgenommene Aktivität wieder einzustellen.[91] Auch in solchen Fällen liegt dann aber keine direkte Koordination zwischen den Partnern vor, sondern eine individuell entschiedene Anpassung eigener Aktivitäten an den als aktuell wahrgenommenen Stand des Kommunikationsereignisses.

Lenke & Schmitz (1995) weisen darauf hin, dass auch offensichtliche Pausen in der Update-Frequenz des Bildschirmverlaufsprotokolls nicht als Indiz dafür zu werten sind, dass die aktuellen kommunikativen Bedingungen günstig stehen, um eine ‚Selbstwahl' auszuführen, indem sie anmerken, dass

> durch den technischen Ablauf ... der Begriff des übergaberelevanten Platzes praktisch seine Relevanz verliert; denn während scheinbarer Pausen können in Wirklichkeit bereits mehrere Beiträge vorbereitet werden, die dann anschließend vollständig auf dem Bildschirm erscheinen. (Ebd.: 134)

Eine Pause im Chat – d.h. eine gegenüber der durchschnittlichen Dynamik der Weiterentwicklung des Bildschirmverlaufsprotokolls als ungewöhnlich lange empfundene Zeitspanne, während derer kein neuer Partnerbeitrag auf den Bildschirm kommt – *kann* zwar Indiz dafür sein, dass ein Partner seine Aktivitäten eingestellt und in einen Rezeptions- bzw. Wartemodus gewechselt hat; eine Pause kann im Chat aber auch vieles andere bedeuten und eher zufällig zustande kommen, beispielsweise deshalb, weil alle Beteiligten gerade mit der Produktion neuer Beiträge befasst sind, weil sie ihre Chat-Teilnahme vorüber unterbrochen haben, um zu telefonieren oder in einem anderen Bildschirmfenster eine chat-externe Aufgabe zu bearbeiten (z.B. beim Chatten am Arbeitsplatz), oder weil sie sich möglicherweise aufgrund bestimmter Ereignisse in ihrer realen Umwelt von ihrem Computerarbeitsplatz entfernen mussten.

91 Zum Phänomen des Abbruchs von Produktionsaktivitäten und zur Löschung bereits eingegebenen Textes aufgrund der Wahrnehmung neuer Partnerbeiträge vgl. die Fallstudie in Kap. 6.

Auch Cherny (1999) befindet das Konzept des übergaberelevanten Punktes (transition relevance place) für ungeeignet, um die Organisation von Beitragsabfolgen in synchroner internetbasierter Kommunikation – in ihrem Fall der MUD-Kommunikation[92] – zu beschreiben:

> An analyst might choose to say that each utterance ends with a turn completion point or „transition relevance point", but since any other speaker may speak at any time, with her utterance showing up between other speakers' utterances as the network feeds them out, transition relevance points do not seem an appropriate notion for the medium. (Cherny 1999: 159)

Auch insgesamt befindet Cherny das „klassische" Turn-taking-Modell in der Folge von Sacks, Schegloff & Jefferson (1974), das spezifisch auf die Bedingungen mündlicher Diskurse zugeschnitten ist, für eher ungeeignet, um die Sprachhandlungskoordination in MUDs zu beschreiben (ebd.: 174). Für die Unterscheidung unterschiedlicher Formen der Parallelkonversation in MUD-Channels mit mehreren gleichzeitig entwickelten thematischen Diskurssträngen („Threads") propagiert sie eine Orientierung am Konzept der ‚Shared Floors' nach Edelsky (1981) u. a. und illustriert anhand von Beispielen, wie sich einige (nicht alle) der darin vorgeschlagenen Typen von ‚single floors' und ‚collaborative floors' in MUD-Daten wiederfinden lassen (z.B. der ‚speaker-and-supporter floor' oder Formen von ‚multiple conversational floors' wie etwa die parallele Konversation auf zwei ‚main floors' oder auf einem ‚main floor' und einem ‚side floor'; vgl. Cherny 1999: 174-182).

Für die Ebene der Handlungsverkettung (*adjacency pairs*) stellen Schönfeldt & Golato (2003) fest, dass subsequent aufeinander bezogene Positionen in solchen Mustern zwar häufig nicht adjazent, aber immerhin in derselben Abfolge wie in mündlichen Diskursen auftreten:

> A closer analysis of the individual messages and their relation to other messages reveals that individual messages clearly orient to other messages within the chat program. ... If one separates all messages which are part of one individual interaction just as a participant would by skimming through all messages scrolling down the computer screen, selecting only the ones relevant to a particular inter-

92 Die MUD-Kommunikation (das Akronym *MUD* steht für „Multi-User Dungeon" oder auch „Multi-User Dimension") kann als eine Weiterentwicklung von Textadventure-Computerspielen unter Einbeziehung der Möglichkeiten synchroner textbasierter internetbasierter Kommunikation angesehen werden. Im Unterschied zu „klassischen" Computerspielen agieren die Nutzer in MUD-Umgebungen nicht alleine mit einer (oder gegen eine) Software, sondern zu mehreren gemeinsam (oder gegeneinander) über das Internet und tauschen sich dabei über eine integrierte Chat-Funktion aus (vgl. z.B. Runkehl, Schlobinski & Siever 1998: 117-121).

> action, one finds a transcript that reads much like a transcript of an oral conversation consisting of any number of adjacency pairs (...). (Ebd.: 251)

Dies entspricht der oben geäußerten Annahme, dass sich Chat-Kommunikation zwar in organisationaler Hinsicht deutlich von mündlichen Diskursen unterscheidet, auf der Handlungsebene hingegen letztlich dieselben Formate sozialer Interaktion zur Anwendung kommen wie auch sonst im Diskurs.[93] Die Unterschiede, die sich bei der Realisierung dieser Muster ergeben, sind medienspezifisch, betreffen aber nicht die handlungslogischen Beziehungen an sich, die zwischen den einzelnen Positionen von Handlungsmustern gelten. Eine Antwort folgt einer Frage nach und nicht umgekehrt, auch im Chat.

Garcia & Jacobs versuchen die Existenz eines Turn-taking-Systems für den Chat zu retten, indem sie mit Verweis auf die Telefonie darlegen, dass neue Kommunikationstechnologien mit spezifisch eingeschränkten Veräußerungs- und Wahrnehmungsmöglichkeiten zur Ausbildung neuer, „differently abled“ Turn-taking-Organisationsformen anregen; die Nutzer müssten sich eben erst an die mit den neuen Technologien gegebenen veränderten kommunikativen Rahmenbedingungen gewöhnen und geeignete Koordinationsstrategien ausbilden:

> One could consider QS-CMC to have an impaired turn-taking system, particularly in relation to ordinary conversation. [...]; certainly its turn-taking system does not result in the same type of interaction that the turn-taking system of oral conversation enables.

---

93 Für das Turn-taking stellen Schönfeldt & Golato aufgrund der Unmöglichkeit der Kokonstruktion von Turns starke Einschränkungen fest:

> After all, the conversations we examined were written and carried out between computer users. This has an undeniable impact on the turn-taking system. The production processes were observable neither by the analyst nor by the chat participants, which means that the chat participants can neither produce collaborative turn completions nor monitor each other's turns for possible turn-transition relevance spaces. (Schönfeldt & Golato 2003: 252)

Eine ähnliche Position findet sich auch bereits bei Lenke & Schmitz (1995: 130):

> Bei Durchsicht von Protokollen von IRC-Sitzungen fällt sofort auf, daß hier nicht die Rede davon sein kann, daß immer nur ein Sprecher ‚spricht‘, wie das zu den Grundannahmen des Systems von Sacks et al. gehört. Stattdessen laufen mehrere Gespräche parallel, und innerhalb eines Gespräches (z.B. eines Dialoges) können alle Teilnehmer gleichzeitig Beiträge erstellen und durch das Drücken der Return-Taste den anderen Teilnehmern zugänglich machen. Damit ist schon klar, daß das Phänomen der interaktiven Konstruktion eines Turns und der Bestimmung seiner Länge durch Signale der Hörer, wie sie in mündlichen Gesprächen vorkommen ..., hier keine Rolle spielt. Jeder Beitrag wird autonom von einem Beteiligten erstellt [...].

> However, rather than considering QS-CMC to be impaired, with several aspects turn constructional and turn allocational components disabled, we argue that QS-CMC is „differently abled". Consider the analogy of the first use of telephones. When people first began using telephones, they perceived communication over the telephone to be limited and disabled compared to face-to-face interaction [...]. However, with the passage of time and familiarity, people now use the telephone „normally", without thinking about the limitations of telephone interaction. People pick up the phone and engage in an exchange, not even noticing that they can not see the person they are talking to and therefore are missing out a lot of information that is used in face-to-face interaction for coordinating turn exchange [...]. The system-imposed limitations become part of the background commonsense understandings and knowledge required for using the phone. (Garcia & Jacobs 1999: 361f.)

Was Garcia & Jacobs bei ihrem Vergleich mit der Telefonie allerdings stillschweigend ignorieren, ist die Tatsache, dass am Telefon – auch wenn der visuelle Wahrnehmungskanal nicht zur Verfügung steht – nach wie vor eine Verarbeitung zur Laufzeit möglich ist. Somit besteht auch die Möglichkeit einer Aushandlung der Turnübernahme zur Laufzeit, auch wenn bei der Turnaushandlung (Rederechtsbeanspruchung, Rederechtsübernahme, Rederechtsverteidigung) ausschließlich mit verbalen Mitteln gearbeitet werden muss. Das Spezifikum der Chat-Technologie, interpersonal geteilte zeitliche Ereignisstrukturen als Grundlage von Verhaltensabstimmungen zur Laufzeit eben *nicht* ermöglichen zu können, wird beim Vergleich mit der Telefonie unterschlagen. Den Autorinnen hilft dies, das Gegebensein von Turn-taking im Chat aufrechtzuerhalten, Kritiker einer Annahme der Turn-Strukturierung von Chat-Kommunikation wird dies allerdings nicht überzeugen.

Dem Fehlen einer interpersonal verifizierbaren Zeitstruktur und seinen Auswirkungen wird in Ansätzen zur Beschreibung der Chat-Organisation ein z.T. unterschiedlicher Stellenwert eingeräumt. Während Garcia & Jacobs (1998; 1999) diesen Faktor weitgehend ausblenden, messen ihm z.B. Bittner (2003), Beißwenger (2003; 2005) oder Thaler (2005) einen zentralen Stellenwert bei, da sich die Chat-Kommunikation in genau diesem Merkmal eklatant vom mündlichen Diskurs unterscheide. Für die Chat-Organisation stellen sowohl Bittner (2003) als auch Zitzen & Stein (2005) heraus, dass eine räumliche gegenüber einer zeitlichen Strukturierung dominiere. Für Bittner geht damit ein Verlust des Potenzials der Turn-taking-Organisation bei der Diskursorganisation einher:

> Maßgebliches Strukturierungs- und Sequenzierungsmittel ist im Chat nicht mehr – wie im Gespräch – allein die *Zeit*, sondern vielmehr der *Raum*. Da die Kommunikationsteilnehmer ihre Beiträge nicht implizit (d.h. ohne explizite metasprachliche oder technische Regelungen) aufeinander abstimmen können, wie dies im Gespräch der Fall ist, erfolgt hierdurch eine zwangsläufige Überlagerung der Bei-

> träge. Diese komplexe zeitliche Struktur der überlagerten Beiträge wird jedoch *in eine räumliche Struktur überführt.* Diese teilweise „Übertragung" der Sequenzierung von der zeitlichen auf eine räumliche Ebene hat natürlich zur Folge, daß auch die Diskursorganisation nicht mehr primär und ausschließlich auf der Basis von zeitlich definierten Einheiten wie dem *turn* beruht, sondern viel stärker *räumliche*, d.h. *textuelle* Strukturierungsmittel (Kohäsionsmittel) einsetzen muß. [...] Daher ist schließlich auch die gesprächsanalytische Kategorie des *turn-taking* eine Methode, die überwiegend auf einer zeitlichen Sequenzierung der Beiträge beruht, für die Beschreibung und Analyse von Online-Diskursen wie den hier untersuchten, die auf einer textuellen Grundlage organisiert sind, nur sehr eingeschränkt anwendbar. (Bittner 2003: 196)

Bittner ist damit einer der wenigen, die die Wirksamkeit des Turnkonzepts im Chat relativieren, indem sie zugleich die Fundierung des Turn-taking in der Zeit als „Strukturierungs- und Sequenzierungsmittel" betonen (vgl. neben Bittner 2003 z.B. auch Beißwenger 2003; 2005). Der in Bittner zugrunde gelegte Diskursbegriff ist allerdings m. E. etwas unglücklich gewählt und daher z. T. verwirrend.[94] Dennoch sind verschiedene der in Bittner (2003) zu den interaktionalen Besonderheiten der Chat-Kommunikation (und ihren Rahmenbedingungen) getroffenen Feststellungen durchaus treffend.

Markman (2006) setzt bei ihrer Diskussion der Andersartigkeit der Interaktionsorganisation in der Chat-Kommunikation beim Fehlen von Möglichkeiten zur Laufzeitverarbeitung von Partnerbeiträgen und zum simultanen Monitoring an:

> One of the most important characteristics of chat is that the simultaneous monitoring feature characteristic of spoken interaction is no longer present. Chat participants only see each other's posts after they have been completed and sent to the chat server; thus because there is no way to monitor who is currently composing a post, more than one party may talk (i.e. type) at a time. There is a *semblance* of turn-taking presented in chat, because the server lists all posts in sequential order and overlapping posts are not permitted by the server. (Markman 2006: 60)

Markman spricht von einem „Anschein" (*semblance*) von Turn-taking bzw. Sprecherwechsel – „Semblance of speaker change occurs with new posts" (ebd.: 61) – und vermeidet damit zunächst eine Festlegung, ob dem, was

94 Bittner verwendet den Ausdruck ‚Diskurs' weder im Sinne der Funktionalen Pragmatik (so wie dies in der vorliegenden Arbeit der Fall ist) noch im Sinne sozialwissenschaftlicher und sozialphilosophischer Traditionen des Begriffs (z.B. nach Habermas, Foucault, Link). Stattdessen führt er *Diskurs* in Abgrenzung zum *Gespräch* bzw. *Dialog* einerseits und zum *Text* andererseits ein, um damit solche Formen des Kommunizierens zu bezeichnen, die sich zwar durch ein hohes Maß an Interaktivität auszeichnen, bei denen eine „gegenseitige Einflußnahme im Prozeß" aber nicht gegeben ist (Bittner 2003: 194ff.).

das Bildschirmverlaufsprotokoll als Anschein erweckt, nun das Zugrundeliegen von Turn-taking zugesprochen werden kann oder eher nicht.

Die Legitimation der stillschweigenden Gleichsetzung von ‚(to) talk' (bezogen auf mündliche Diskursen) und ‚(to) type' (bezogen auf Chat) ist diskutabel; während mit ‚(to) talk' im Gespräch eine Äußerung produziert und simultan zur Produktion geäußert und damit für die Partner wahrnehmbar gemacht wird, wird im Chat (aufgrund der in der Technologie angelegten Produktions-/Übermittlungs-Prozedur; vgl. Kap. 3.2), solange die Aktivität ‚(to) type' ausgeübt wird, noch gar nichts *veräußert*, sondern – als zunächst rein private, weil für die Partner nicht ersichtliche Aktivität – ein erst in der Folge zu veräußernder Text *entworfen*. ‚(to) talk at a time' im Gespräch bedarf aus diesem Grunde der Legitimation durch die Partner; da Durcheinandersprechen über einen längeren Zeitraum für keinen der Sprechenden effizient ist, gilt für die Mündlichkeit das von Markman angeführte Prinzip „one party may talk at a time" aus der „Simplest Systematics" von Sacks, Schegloff & Jefferson (1974). Die Tatsache, dass im Chat aber durchaus mehrere Kommunikanten gleichzeitig Aktivitäten vom Typ ‚(to) type' ausführen können, rechtfertigt allerdings nicht, daraus abzuleiten, dass das „one party"-Prinzip somit durch ein „more than one party"-Prinzip ersetzt sei. Das Tippen (die Texteingabe) – als privater Akt – bedarf keiner Legitimation durch die Partner; jeder kann das jederzeit tun, ohne durch seine Tippaktivität andere Kommunikanten in geringster Weise bei der Ausübung *ihrer* Aktivitäten zu beeinträchtigen. Gleichzeitiges privates Tippen ist daher nicht vergleichbar einem gleichzeitigen Sprechen im Gespräch. Die Beobachtung, dass im Chat mehrere Kommunikanten über einen längeren Zeitraum gleichzeitig tippen können, findet eine Analogie bestenfalls darin, dass in Gesprächen mehrere Kommunikanten gleichzeitig (mental) neue Gesprächsbeiträge planen können. Mentale Planungsaktivität ist – wie die Beitragsproduktion im Chat – privat, diskret und für die Partner nicht oder nur wenig transparent; sie behindert den aktuell Sprechenden nicht in der Veräußerung seines Gesprächsbeitrags. Die Frage ist m. E. nicht, ob im Chat das „one party"-Prinzip aufgehoben ist oder nicht – die Frage ist, ob Turn-taking insgesamt als Strukturierungsprinzip für eine Kommunikationsform angenommen werden kann, in der keine Laufzeitverarbeitung möglich ist und der Zeitpunkt der Rezeption verfügbarer neuer Partnerbeiträge davon abhängt, wann ein Kommunikant das nächste Mal das Protokoll auf seinem Bildschirm überprüft. Bleibt man innerhalb des Turn-taking-Paradigmas, sind Fragen nach dem *Ob* oder *Ob-Nicht* des „one party"-Prinzips aber natürlich unumgänglich, da dann herausgearbeitet werden muss, inwiefern sich das Turn-taking im Chat – technologiebedingt – vom Turn-taking mündlicher Diskurse unterscheidet. ‚(to) talk' (im Gespräch) und ‚(to) type' (im Chat) als vergleichbare, zentrale Aktivitätstypen anzunehmen, liegt dann nahe. Die Bedenken gegen diesen Vergleich bleiben jedoch trotzdem bestehen.

Aufgrund der Tatsache, dass

> although there is an appearance of being in a synchronous, sequentially organized conversation due to the way posts are organized in the chat window, the actual constraints of the medium do not allow speakers in chat to design their turns with respect to sequential placement (Markman 2006: 102)

und die dadurch gegebene „disrupted temporality of chat" entwickeln Chat-Teilnehmer nach Markman andere Strategien, um die untereinander ausgetauschten Beiträge kohärent zueinander in Beziehung zu setzen. Zentrales Mittel für die Herstellung von Kohärenz zwischen Beiträgen (unabhängig von ihrer Abfolge im Bildschirmverlaufsprotokoll) ist dabei ‚threading':

> the disjointed temporality of chat conversations gives rise to a system of turn organization (threading) that is topical, rather than strictly sequential, in nature. (ebd.: Abstract[95])

Unter ‚threading' versteht Markman eine Orientierung auf die thematischen Bezüge zwischen einzelnen Beiträgen – eine Leistung, die von den Kommunikanten rezeptiv erbracht werden muss, wie die Autorin auf Basis einer Analyse von Chat-Ausschnitten zeigt, in welchen innerhalb derselben Kommunikantengruppe parallel mehrere Themen („threads") bearbeitet werden:

> chat participants must do their own work to mentally rearrange the individual posts to arrive at the correct order. That they do so is evidenced by the lack of any explicit marker of confusion or request for clarification in the chat transcripts. (Ebd.: 64)

Geübten Chattern (zu denen die von Markman untersuchte Gruppe offenbar gehört) gelingt es nach Beobachtung von Markman, die erforderlichen thematischen Zuordnungen zwischen Beiträgen im Bildschirmverlaufsprotokoll herzustellen und den Kommunikationsverlauf somit kohärent zu strukturieren:

> To successfully navigate a chat meeting, participants must to a certain extent let go of a temporal understanding of turn-taking, and instead analyze messages for their topical relationships. (Ebd.: 70)

Ob es allerdings günstig ist, diesbezüglich von einem „topical system of turn-taking" (s. o.) zu sprechen, sei dahingestellt. Die Zuschreibung thematischer Bezüge zwischen Beiträgen und die rezeptive Verknüpfung von

95 Abstract verfügbar in der Rubrik „Dissertation Abstracts" auf der Website der *Linguist List* unter http://linguistlist.org/pubs/diss/browse-diss-action.cfm?DissID=13420 (10.09.2007).

angezeigten Beiträgen zu Threads dient primär der individuellen (in der Rezeption erbrachten) Herstellung von Kohärenz („Die Kohärenz stellt sich im Kopf her"; Hoffmann 2004: 107) und nicht der Herstellung einer sukzessiven Ordnung von abwechselnd realisierten Aktivitäten. Möglicherweise wäre es günstiger, die Orientierung an Threads als (eine) Ersatzstrategie für *fehlendes* Turn-taking zu bezeichnen, anstatt die Orientierung an thematischen Bezügen zu einer medienspezifisch eingeübten Form des Turn-taking umzudeuten. Letztlich bezieht sich das, was Markman als „threads as a means for organizing turns" bezeichnet, eigentlich auf die thematische Vernetzung von Chat-Beiträgen bzw. damit realisierten sprachlichen Handlungen und nicht auf eine Sequenzierung konkurrierender Aktivitätswünsche.

Zitzen & Stein (2005) nähern sich der Sprachhandlungskoordination in Chat-Umgebungen mit Blick auf die Struktur von Bildschirmverlaufsprotokollen, die bei erstem Ansehen den Eindruck erwecken, „that there is a neat sequencing of speakers and turns" (Zitzen & Stein 2005: 992). Um diesem ersten Blick eine differenzierte Behandlung der Unterschiede des „turn-taking in chat and conversation" folgen zu lassen, stellen sie zunächst die Frage nach dem ‚floor' im Chat:

> But what is the "floor"? The floor is the linear sequence of turns initiated by the nicknames on the screen. (Zitzen & Stein 2005: 992)

Das „Parkett", unter dessen physikalischen Bedingungen sich Konversation erst entfalten kann und dessen exklusive „Bespielung" in mündlichen Diskursen Gegenstand einer Aushandlung zur Laufzeit ist, wird somit im Chat (im Gegensatz zum Gespräch) nicht als eine zeitliche Linie aufgefasst, die eine *vorher-nachher*-Relation für die Wahrnehmung des Rederechts konstituiert, sondern als eine eindimensionale Linie auf der zweidimensionalen Anzeigefläche der Nutzerbildschirme, die eine *oben-unten*-Relation konstituiert, anhand derer die Belegung einzelner Positionen in der vom Server generierten strikt konsekutiven Abfolge im Bildschirmverlaufsprotokoll strukturiert wird. Das Prinzip, nach welchem die Möglichkeit, auf diesem Parkett in Erscheinung zu treten, verteilt wird, verfährt nach der Devise „first come, first served"[96]:

> The selectional priorities regulating natural turn-taking are replaced by a simple first-come-first-served principle: whoever hits the ENTER key first, to be more precise: whose digital package reaches the host server first will have the floor. (Ebd.)

96 Die deutsche Entsprechung ist „Wer zuerst kommt, mahlt zuerst"; vgl. den in Wichter (1991) für die Distribution von Chat-Beiträgen geprägten Ausdruck ‚Mühlen-Prinzip'.

Die exklusive Sprecherrolle aus mündlichen Diskursen wird somit ersetzt durch eine technisch generierte Abfolge, bei welcher Schnelligkeit oberstes Gebot ist:

> The digital chat floor is thus a reduction of a social and socially ratified exceptional speaker status to a matter of formal and democratic first-come-first-served basis. (Ebd.)

Sicherlich kann man das Bildschirmverlaufsprotokoll als ‚floor' (um in der Heuristik der Metapher zu bleiben: als „Parkett" des Geschehens) auffassen, insofern es all das wiedergibt, was interpersonal an Kommunikationsdaten ausgetauscht wird. Wo allerdings eine technische Sequenzierungsprozedur lediglich die *Ergebnisse* dessen, was die Teilnehmer produzieren, in eine lineare Reihenfolge bringt, nicht aber zu einer geordneten Bündelung von gleichzeitigen Tätigkeiten verschiedener Kommunikanten (i.S.v. Franck & Franck 1986: 60; s. o., Kap. 4.5.2.3) führt, da ist es diskutabel, ob man solches noch als ein Turn-taking-System auffassen möchte. Schließlich trägt das Mühlen-Prinzip ja gerade dazu bei, dass die Kommunikanten die Ausführung von Produktionsaktivitäten *nicht* miteinander koordinieren müssen, da durch die serverseitige Sequenzierung in jedem Fall gewährleistet wird, dass sich Beiträge in der Anzeige nicht (visuell) überlagern, sondern in einer strikt einander räumlich nachgeordneten Abfolge erscheinen. Auch hier zeigt sich, dass die spezifischen kommunikativen Rahmenbedingungen der Chat-Kommunikation mit auf eine einheitliche Zeitstruktur ausgelegten Kategorien der Konversationsanalyse nur unzureichend erfasst werden können: Während in mündlichen Diskursen die Versprachlichung und die Veräußerung eines Beitrags gleichzeitig ablaufen und zur Laufzeit von den Partnern wahrgenommen werden, gehen die Versprachlichung und die (schriftliche) Materialisierung des Versprachlichten der Verschickung komplett voraus, und wahrgenommen wird erst das, was nach Beendigung der Produktion *und* erfolgter Verschickung *und* erfolgter Übermittlung durch den Server *und* Darstellung durch den Adressatenrechner vom Adressaten bei dessen nächstem Blick auf sein Bildschirmverlaufsprotokoll als neu und verarbeitungsrelevant identifiziert wird. Geht man davon aus, dass Turn-taking in der Mündlichkeit dazu dient, die Tätigkeiten der beteiligten Kommunikanten so zu bündeln, dass nur jeweils einer zur Zeit eine auf die Hervorbringung von Sprachlichem gerichtete Tätigkeit ausübt, während sich die übrigen in ihrem möglicherweise gleichermaßen gegebenen Sprechen-Wollen zurücknehmen, so kann im Chat eine solche Bündelung schon allein deshalb nicht erfolgen, weil die Tätigkeiten, die ein Kommunikant ausübt, entweder gar nicht kontrolliert werden können oder erst retrospektiv erschließbar werden (weil z.B. die Anzeige eines neuen Beitrags auf die zuvor erfolgte Ausführung einer Verschickungshandlung und eine in deren relativem zeitlichen Vorfeld ausgeübte Produktionsaktivität rückschließen lässt). Auf die Konsequenzen der nicht-simultanen Organisation von Versprachlichung (Produktion) und Verschickung/Darstellung („Äußerung“) für die Wirksamkeit von Turn-taking hat bereits Storrer (2001a) unter dem Stichpunkt der „Asynchronität von Rezeption und Produktion“ hingewiesen:

> Die technisch organisierte Sequenzierung ist eine der Ursachen für die Besonderheiten der Gesprächsorganisation im Chat. Ein weiterer wichtiger Einflussfaktor ist die Tatsache, dass im Gegensatz zu Telefon und CB-Funk nicht wahrgenommen werden kann, ob ein Gesprächspartner gerade „zuhört“ oder eine sprachliche Äußerung produziert. Durch die Asynchronität von Rezeption und Produktion im Chat wird ja ein Beitrag erst dann sichtbar, wenn er vom Nutzer an den Server geschickt wird; die Produktionshandlung selbst bleibt unsichtbar. Dies hat schwerwiegende Konsequenzen für das wichtige System des „Turn-Taking“, das in mündlichen Gesprächen den Sprecherwechsel und damit die dialogische Organisation von Gesprächen maßgeblich bestimmt. [...] Jeder kann jederzeit einen Beitrag produzieren und abschicken – die letztendlich wahrnehmbare Sequenzierung wird vom Chat-Server nach dem Mühlen-Prinzip hergestellt. Überlappungen, wie sie im Alltagsgespräch für Übergangspunkte beim Sprecherwechsel typisch sind, können sich dabei nicht ergeben. Auch das Konzept des Unterbrechens macht keinen Sinn, denn es setzt ja voraus, dass eine Person anerkanntermaßen die Sprecherrolle innehat. (Storrer 2001a: 11f.)

Überhaupt ist alles, was in den Bildschirmverlaufsprotokollen auf den Nutzerrechnern erscheint, Dokumentation bereits vollzogener Akte. Der angezeigte Beitrag repräsentiert das, was der Teilnehmer während der Produktion als Äußerung (vollständig) ausgearbeitet hat, er ist eine „vollendete Tatsache“, auf deren Entstehung und Ausgestaltung keine Einflussnahme mehr möglich ist. Allerdings sollte die Phase der Beitragsproduktion m. E. nur deshalb, weil sie für die übrigen Kommunikanten nicht transparent ist, nicht lediglich als reine „Planungsphase“ abgetan werden:

> The situation is [...] to some extent analogous to planning and delivery in conversation. In a chat context, several people may be composing at a time (corresponding to the planning stage in conversation), but delivery (enunciation in speech) is hitting the ENTER key to send the digital package to the host server. (Zitzen & Stein 2005: 993)

Natürlich lassen sich – wie bereits an Beispiel 420-2 (Erläuterungen Kap. 4.2) gezeigt wurde und an weiteren Beispielen in Kap. 6 zu zeigen sein wird – bei Einblicknahme in die Beitragsproduktion, so wie sie sich an den Nutzerbildschirmen dokumentiert, Planrevisionen, Umplanungen und entsprechende Überarbeitungen eingegebener Textentwürfe beobachten. Dennoch ist das, was in den Eingabeformularfeldern geschieht, mehr als bloße Planung, insofern bei der Texteingabe per Tastatur die Entstehung der sprachlichen Äußerung bereits über die Phase der mentalen Planbildung und auch die der Generierung eines Protoinputs (als einer Art basaler Propositions-/Illokutionsstruktur) hinaus ist und, als letzte Prozessinstanz des Sprachproduktionsprozesses, die Versprachlichung erfolgt. Dass aufgrund der spezifischen, konsekutiv organisierten Produktions-/Verschickungsprozedur der Chat-Kommunikation zwischen Eingabe und Verschickung eines Beitrags noch Umplanungen und entsprechende Umarbeitungen möglich sind (und auch vorkommen), ist noch kein hinreichendes Indiz dafür, sämtliche auf Beitragsproduktion gerichteten Aktivitäten, die der Verschickung vorausgehen, als eine Art Planungsphase anzusehen (der erst mit der Zustellung die eigentliche „Äußerung" gegenübersteht), sondern vielmehr Ausdruck der charakteristischen *Text*haftigkeit chatbasierten Austauschs sowie der zugehörigen Produktionsbedingungen: Beitragsproduktion im Chat ist *Textproduktion für den Dialog*, was die Möglichkeit von Revisionen bei der Texterstellung einschließt (vgl. Kap. 4.4).

Eine im Zusammenhang mit der Frage nach der Existenz bzw. den Rahmenbedingungen von Turn-taking im Chat häufig beschriebene Besonderheit sind die so genannten „split turns" (Zitzen & Stein 2005) bzw. das „Aufbrechen längerer Beiträge in Chunks" (Storrer 2001a: 15). Damit sind Sequenzen von Beiträgen ein- und desselben Produzenten gemeint, die in relativ schneller Folge nacheinander zur Anzeige gelangen und die an ihren Nahtstellen (d.h.: zwischen dem Ende eines vorausgehenden und dem Beginn des nachfolgenden Beitrags) eine (syntaktische oder propositionale) Unabgeschlossenheit aufweisen, die darauf schließen lässt, dass die betreffenden Beiträge von ihrem Produzenten „in einem Zug" – d.h.: in einem weitgehend kontinuierlichen Akt der Produktion als Realisierung ein- und desselben Handlungsplans – produziert wurden, wobei allerdings während des Produzierens mehrfach Verschickungshandlungen ausgeführt wurden, wodurch das Ergebnis der Produktionstätigkeit nicht erst am Ende des kompletten Produktionsprozesses als *ein* Textblock herausgegeben, sondern parallel zum Produktionsverlauf als eine Folge kleinerer „Datenpakete" bzw. als eine Sequenz kompakter Einzelbeiträge sukzessive übermittelt wird. Die Beiträge 162, 166 und 168 in Beispiel 453-1 können als eine solche Sequenz interpretiert werden, ebenso die Beiträge 180 und 181. Ob es sich dabei tatsächlich um Beiträge handelt, die von ihrem Produzenten *Nachtfalke61* „in einem Zug" produziert und verschickt wurden, ließe sich nur dann ermitteln, wenn über den reinen Mitschnitt hinaus (der in diesem Fall nicht einmal Timestamps aufweist) Daten zu den Bildschirmaktivitäten des betreffenden Teilnehmers zur Verfügung stünden (was nicht der Fall ist). Beispielsweise ließe sich Beitrag 168 auch als Reaktivbeitrag auf den Beitrag von *schlichi* in 165 („ich bin SPD - Mitglied") interpretieren, mit der Intention, an die zuvor in 162 und 166 formulierte Antwort auf die Ergänzungsfrage von *schlichi* in 161

(„was nennst du Schwachsinn?“) thematisch anzuschließen und nun, im Wissen, dass *schlichi* SPD-Mitglied ist, der eigenen Bewertung der Gesellschaftspolitik der SPD provokant Ausdruck zu verleihen („unausgegorenes zeug is das“). Diese Interpretation, die nach Datenlage ebenso begründbar wäre wie diejenige, die 168 als dritten Teil einer in einem Zug realisierten Sequenz auffasst, würde antizipieren, dass *Nachtfalke* spätestens nach Verschickung seines Beitrags 162 das Bildschirmverlaufsprotokoll überprüft und den Beitrag von *schlichi* in 165 wahrgenommen und verarbeitet haben muss. Mit relativer Sicherheit lassen sich Beitragssequenzen anhand von Mitschnitten nur dann als gesplittete Produkte ein- und desselben Produktionsprozesses bewerten, wenn die Nahtstellen der in die Splitsequenz eingebundenen Beiträge so gestaltet sind, dass den einzelnen Beiträgen isoliert seitens der Partner entweder kein propositionaler oder illokutionärer Gehalt zugewiesen werden kann oder – im Falle von Splitsequenzen, mit denen mehrere Sprachhandlungen in Folge realisiert werden – dass sie sich durch eine syntaktische Offenheit auszeichnen, die entweder auf eine zu erwartende Fortführung vorverweist oder aber das Folgende als eine Fortführung des Vorangegangenen ausweist.

Beispiel 453-1: Splitting (Quelle: Dokument Nr. 2103001 <Sabine_Christiansen_userchat_14-07-2002.xml> aus dem *Dortmunder Chat-Korpus*[97]):

	150	**Schlichi1**	ich komme immer wieder damit: GESELLSCHAFTSPOLITIK - guck dir an, wie Deutschland modernisiert wurde - wie es dem europäischen Niveau angeglichen wurde und teilweise sogar noch weiter... […]
	[…]		
	157	**Nachtfalke61**	Schlichi,das nennst du modern? ich nenne das schwachsinn
	161	**Schlichi1**	Nachtfalke - was nennst du Schwachsinn?
→	162	**Nachtfalke61**	die sogenannte gesellschaftspolitik der SPD
	163	**Uluru**	Mich hat noch nie einer zur Manipultion getrieben
	164	**Robert1**	Schlichi, hoffentlich bist du kein PDS-Waehler.
	165	**Schlichi1**	ich bin SPD - Mitglied

97 Freier (unmoderierter) Userchat im Anschluss an (a) eine vorangegangene TV-Diskussion in der Sendung *Christiansen* zum Thema „Hokus Pokus Arbeitsplatz – Werden Zauderer zu Zauberern?“ und (b) eine darauf folgende moderierte Chat-Diskussion mit den an der TV-Sendung beteiligten Politikern. Gäste der TV-Sendung wie auch des daran anschließenden moderierten Chats waren Horst Seehofer (CSU), Manfred Stolpe (SPD), Florian Gerster (Vorstandsvorsitzender der Bundesanstalt für Arbeit, SPD), Walter Döring (Wirtschaftsminister Baden-Württemberg, FDP), Georg Kofler (Chef des TV-Senders *Premiere*) und Frank Teichmüller (IG-Metall-Chef, Bezirk Küste). – Nummerierungskonvention wie in Bsp. 432-1.

→	166	**Nachtfalke61**	das was sie uns als modern verkaufen wollen
	167	**scarlomuc**	urluru dich wohl nicht
→	168	**Nachtfalke61**	unausgegorenes zeug is das
	169	**Uluru**	Gehste nicht wäjhlen, haben die anderen eine Stimme mehr
	170	**scarlomuc**	aber schau mal in münchner tageszeitungen
	171	**Robert1**	Jetzt versteh ich alles, Herr Parteimitglied.
	172	**wasweissich1**	run
	173	**tAnteHorst**	Döring hatte aber fast immer recht q schlichi
	174	**arno1**	was bedeuten eigentlich die namen under den raäumbezeichnungen?
	175	**Essener**	Und was genau meinst du Nachtfalke ???
	176	**Schlichi1**	tante Horst - aber er hat nix konkretes geşagt... kritisieren kann jeder - besser machen aber fast niemand
	177	**scarlomuc**	ein herr hat sich wählerstimmen erschlichen und sehr viele wahlkarten sind mit der gleichen handschrift ausgefüllt
	178	**tAnteHorst**	jaja ich hab verstanden was du meinst
	179	**Robert1**	Stolpe war heute sehr schwach...
→	180	**Nachtfalke61**	Essener die zuwanderungspolitik
→	181	**Nachtfalke61**	die neue mitte

In Beispiel 453-2 splittet Teilnehmerin *jecom* am Ende ihrer Beiträge 13:44:32 und 13:44:47 hyperkonsequent so, dass ohne die jeweils nachfolgende Fortführung ein propositionaler und auch syntaktischer Abschluss unmöglich herzustellen wäre. Die beiden Nahtstellen liegen jeweils nicht an einer Phrasengrenze, sondern *in* einer Phrase – einmal zwischen Attribut und Phrasenkopf („sehr | vorsichtig"), einmal zwischen präpositionalem Phrasenkopf und nominaler Ergänzung („auf | einen Betrüger").[98] Eine Übersicht über Realisierungsformen der Splitting-Strategie mit Belegen aus englischsprachigen Chat-Umgebungen findet sich in Zitzen & Stein (2005).

Beispiel 453-2: Splitting (Chatbasierte Befragung einer Expertin zum Thema „eBay und Online-Auktionen"; *bsommer* ist die Expertin, *jecom* ist eine Rat suchende Teilnehmerin):

11:43:52	**bsommer**	Haben Sie den Käuferschutz auch schon mal in Anspruch nehmen müssen?
11:44:00	**jecom**	nein bis jetzt gott sei dank noch nicht

98 Zitzen & Stein (2005: 1006) konnten anhand ihrer Daten aus englischsprachigen Chat-Umgebungen ermitteln, dass die Platzierung von Verschickungshandlungen innerhalb von Phrasen sogar das am häufigsten gewählte Mittel zur Fortsetzungsmarkierung im Rahmen von Split-Sequenzen darstellt.

	11:44:15	**bsommer**	Das freut mich für Sie.
	11:44:23	**bsommer**	Ich hoffe, dass das auch in Zukunft so bleibt.
→	11:44:32	**jecom**	mein problem bei ebay ist nur dass ich sowieso sehr
→	11:44:47	**jecom**	vorsichtig bin, da ich angst habe mal auf
→	11:44:55	**jecom**	einen betrüger reinzufallen
	11:44:58	**bsommer**	Falls Sie ihn trotzdem mal nutzen müssen
	11:45:04	**bsommer**	sind hier ein paar Infos von eBay:
	11:45:10	**bsommer**	Der eBay Käuferschutz (auch: Standard-Käuferschutz) ist eine Kulanzleistung, die [...]

Während, wie bereits dargelegt, die Produktions-/Verschickungsprozedur der Chat-Technologie mit ihrer ‚en bloc'-Übermittlung den Kommunikanten keine direkte Möglichkeit bietet, einen Beitrag in der Zeit zu entwickeln, zielt die Splitting-Strategie auf eine – zumindest ansatzweise – Nachbildung der aus mündlichen Diskursen geläufigen Veräußerung von Beiträgen zur Laufzeit ihrer Produktion. Durch kluge Gestaltung der Split-Beiträge (Leitlinie: syntaktisch und propositional offen) oder durch nur kurze zeitliche Abstände zwischen der Verschickung von Folgebeiträgen lässt sich die strikte Digitalität des Verlaufsprotokolls, die keine Entwicklung von Dargestelltem *in* der Zeit, sondern lediglich die Darstellung von neuer Information zu einzelnen Zeit*punkten* kennt, insoweit umgehen, als durch die Erwartbarkeit von Folgebeiträgen Zeiträume eröffnet werden, die – sofern die Adressaten gerade auf ihre Bildschirme blicken und neue Information zu verarbeiten gewillt sind – als Zwischenzeiträume zwischen einem bereits angezeigten und einem durch ihn erwartbar gemachten Folgebeitrag konzeptualisiert werden können.[99] Dadurch lässt sich den Partnern suggerieren, dass es opportun sei, ihre Rezeptionshaltung nicht zu verlassen, sondern erst einmal das Ende der – noch offenen – syntakti-

---

99 Die Kennzeichnung eines Chat-Beitrags seitens seines Produzenten als offen bzw. fortzusetzend, möchte ich mit Storrer (2001a: 15) als *Fortsetzungsmarkierung* bezeichnen. Fortsetzungsmarkierungen können nicht nur syntaktisch, sondern auch graphisch realisiert sein, beispielsweise in Form von drei Pünktchen („suspension dots"; Zitzen & Stein 2005: 1009). Die Verwendung von drei Pünktchen kann in vielen „Plauder-Chat"-Communities als lax konventionalisiert gelten, sprich: die Verwendung als Fortsetzungsmarkierung kommt vor und erscheint den Nutzern auch nicht ungewöhnlich; aufgrund der Polyfunktionalität der drei Pünktchen in der Chat-Kommunikation werden sie allerdings nicht zwangsläufig als Fortsetzungsmarkierung interpretiert, v. a. dann nicht, wenn nicht eine zusätzliche syntaktische Offenheit des betreffenden Beitrags die Antizipierbarkeit einer Fortführung anzeigt. In professionellen Einsatzkontexten der Chat-Technologie können allerdings die drei Pünktchen – etwa über entsprechende „Chatiketten" und/oder ein Training der Teilnehmer – explizit (und exklusiv) als Symbol konventionalisiert und auf eine Verwendung als Fortsetzungsmarkierung festgelegt werden (vgl. hierzu z.B. Storrer 2001a, Lemnitzer & Naumann 2001 und Naumann 2005).

schen Struktur oder zumindest der zeitlich engmaschig „abgefeuerten“ Beitragssequenz abzuwarten. Splitting-Strategien zielen also genau darauf, das, was die Chat-Technologie standardmäßig *nicht* ermöglicht, in die Chat-Situation zurückzuholen: nämlich eine strukturierte Bündelung der Tätigkeiten verschiedener Beteiligter, und zwar dahingehend, dass idealerweise alle Beteiligten außer dem aktuellen Produzenten auf die Ausführung von Produktions- und Verschickungsaktivitäten verzichten. Dies geschieht natürlich unter anderen Vorzeichen als in mündlichen Diskursen: Ein Partner, der während des „Abfeuerns“ der Split-Beiträge nicht auf den Bildschirm blickt (sondern z.B. selbst gerade produziert), wird nicht mitbekommen, dass hier gerade jemand versucht, zur Laufzeit so etwas wie ein exklusives Beitragsrecht durchzusetzen. Auch können nach wie vor andere Beteiligte – z.B. vorsätzlich, weil ihnen allzu langes Splitting eines Partners als zu dominanter Kommunikationsstil erscheint oder weil sie parallel dazu ein anderes Thema bearbeiten möchten – gleichzeitig eigene Beiträge produzieren und abschicken; das Mühlen-Prinzip gewährleistet nach wie vor, dass alle Beiträge in gleicher Weise wahrnehmbar dargestellt werden.

Zugleich eröffnet Splitting die Chance, den ersten Teil einer längeren Äußerung im Verlaufsprotokoll möglichst nahe an deren Bezugsbeitrag platzieren zu können (Garcia & Jacobs 1999: 357). In manchen Chat- oder Messaging-Systemen (vorwiegend älterer „Bauart“ wie z.B. demjenigen, das der Untersuchung in Murray 1989 zugrunde liegt) ist die maximale Länge der Texte, die übermittelt werden können, begrenzt, wodurch Splitting in Umgebungen, die solche Systeme nutzen, technisch bedingt ist und zwangsläufig dann angewendet werden muss, wenn die maximale Anzahl an Zeichen nicht ausreicht, um einen Handlungsplan zu versprachlichen.

Splitting-Strategien zeigen, dass ein Interesse daran, über einen bestimmten Zeitraum vor den (kontinuierlich rezeptiv orientierten) Partnern etwas entwickeln zu können, auch für Chat-Teilnehmer angenommen werden kann: Ein umfangreicherer kommunikativer Zug soll so zur Geltung gebracht werden, dass er nicht (nach vollständig ausgeführter Produktion und anschließender Verschickung) erst „meilenweit“ von seinem Bezugsbeitrag entfernt im Verlaufsprotokoll erscheint, um dann möglicherweise bereits nicht mehr aktuell bzw. redundant geworden zu sein. Dies gelingt am besten dadurch, dass bereits möglichst frühzeitig nach dem Bezugsbeitrag ein erstes „Häppchen“ herausgegeben wird, das so gestaltet ist, dass es einerseits den Bezug des gesamten Zuges zum Bezugsbeitrag deutlich macht und andererseits idealerweise zweifelsfrei signalisiert, dass es sich dabei lediglich um den ersten Teil einer Sequenz von mindestens zwei Beiträgen handelt, von denen insgesamt angenommen werden kann, dass sie den mit dem ersten „Häppchen“ begonnenen Zug realisieren. Ein nicht zu unterschätzender Aspekt des Gelingens der dem Splitting unterliegenden Strategie (nämlich: für einen gewissen Zeitraum möglichst viele der Partner dazu zu bewegen, zugunsten eines Rezipierens der begonnenen Sequenz auf die Verschickung eigener Beiträge zu verzichten) dürfte sicherlich darin liegen, ob es dem Produzenten gelingt, mit dem sequenzeröffnenden ersten Beitrag eine Erwartungshaltung aufzubauen, die dann über die (durch ihre offene Gestaltung ebenfalls idealerweise wieder vorverweisenden) Folgebeiträge bis zum Abschluss der Sequenz aufrechterhalten werden kann, so dass eine Anzahl an Partnern der Erwartung der Folgebeiträge den Vorzug vor der Ausführung eigener Produktions- oder Verschickungsaktivitäten gibt.

Das *Turn*-Konzept, das mit der Splitting-Strategie zur Geltung gebracht werden soll, existiert in der Chat-Kommunikation standardmäßig lediglich in den Köpfen der einzelnen Kommunikanten, kann aufgrund des Fehlens einer interpersonal geteilten zeitlichen Ereignisstruktur aber nicht als zur Laufzeit der Interaktion wirksame Strukturierungseinheit genutzt werden. Die Splitting-Strategie zielt nun gerade darauf, die Partner dazu zu bewegen, ähnlich wie im mündlichen Diskurs ihre individuellen Teilnahmeaktivitäten darauf auszurichten, was ein anderer, aktuell mit der Veräußerung sprachlicher Einheiten befasster Kommunikant gerade tut. Das heißt: Idealerweise sollen alle übrigen, ähnlich wie im mündlichen Diskurs, eine Rezeptionshaltung einnehmen, während (bzw. *weil*) ein anderer Kommunikant, der (durch hochfrequentes Verschicken neuer Beiträge) aktuell in schneller Folge Protokoll-Updates verursacht, gerade offensichtlich mit *Produzieren* befasst ist. Splitting ist somit kein Beweis für die Wirksamkeit des Turnkonzepts im Chat, sondern vielmehr ein Hinweis darauf, dass Nutzer versuchen, ein ihnen aus mündlichen Diskursen geläufiges Strukturierungskonzept durch in enger Sukzession ausgeführte Sendeakte bei gleichzeitiger (propositionaler oder syntaktischer) Offenheit der verschickten Datenpakete so nachzubilden, dass die mit Rezeption befassten Partner einerseits keine Möglichkeit haben, das jeweils letzte, was in ihren Protokollen angezeigt wird, als Abschluss eines kommunikativen Zuges zu interpretieren, und andererseits durch die hohe Frequenz der Übermittlung von Fortsetzungsbeiträgen signalisiert wird, dass, wer derzeit einen eigenen Beitrag verschickt, (a) Gefahr läuft, den Produzenten der Sequenz im Verlaufsprotokoll zu „unterbrechen" und (b) Gefahr läuft, dass sein eigener Beitrag in der Sequenz „untergeht", so dass es für andere Partner mit zusätzlichem Aufwand (Nutzung von Adressierungen oder metakommunikativen Mitteln zur Explikation des Bezuges) verbunden wäre, an diesen anzuknüpfen. Selbstverständlich ist ein „Unterbrechen" im Sinne des mündlichen Unterbrechens im Chat nicht möglich[100]; ebenso wenig wird ein Beitrag unverständlich, wenn er im Protokoll in eine Sequenz von Beiträgen eines anderen Kommunikanten eingeschoben wird. Dennoch dominiert derjenige Kommunikant, der eine Split-Sequenz realisiert, für eine gewisse Zeit die Dynamik der Weiterentwicklung des Protokolls; sein Beitragsverhalten dürfte daher – sofern nicht parallel dazu ein anderer Kommunikant ebenfalls eine längere Split-Sequenz realisiert – den aktuell rezipierenden Partnern deutlich stärker auffallen als die Beiträge und das Beitragsverhalten anderer, parallel Beiträge verschickender Produzenten. Zudem dürfte ein rege wachsendes Verlaufsprotokoll für diejenigen Kommunikanten, die aktuell ohnehin eine Rezeptionshaltung eingenommen haben, die Hemmschwelle heraufsetzen, die Produktion neuer eigener Beiträge in Angriff zu nehmen, solange die Update-Frequenz des Protokolls im Vergleich zu den vorangegangenen Abschnitten des Chat-Ereignisses signifikant hoch bleibt. Unter dem Anspruch, dass die Beteiligung an einem Chat-Ereignis für einen Teilnehmer dann so effizient als möglich zu sein verspricht, wenn es ihm gelingt, die Teilaufgaben *Rezeption* (Verarbeitung neuen Inputs, und zwar möglichst zeitnah zu dessen Bereitstellung) und *Produktion/Veräußerung* (aktive Einwirkung auf den Verlauf der Kommunikation im Sinne der individuell verfolgten Zielsetzungen) möglichst optimal unter einen Hut zu bringen. Da Rezipieren und Produzieren in einer schriftlich realisierten Kommunikationsform nur konsekutiv möglich sind, dürfte es dem einzelnen Teilnehmer umso riskanter erscheinen, durch Aufnahme von Produktionstätigkeit seinen Aufmerksamkeitsfokus von der Rezeption wegzuverlagern, je mehr Dynamik aktuell im Verlaufsprotokoll im Vergleich zur durchschnittlichen Dynamik des laufenden Chat-Ereignisses festgestellt werden kann. Dadurch, dass er beginnt, eine Splitting-Strategie anzuwenden, zieht der betreffende Produ-

100 Zur Unmöglichkeit des Unterbrechens in Chat-Umgebungen (selbst bei konventionenbasierter Etablierung funktionaler Pendants zur Turn-Strukturierung mündlicher Diskurse) vgl. die Beispielanalyse in Storrer (2001: 455f.). Das Konzept des Unterbrechens setzt, wie viele andere Konzepte des Interaktionsmanagements in mündlichen Diskursen, eine interpersonal geteilte zeitliche Ereigniswahrnehmung voraus. Da eine solche, wie bereits ausgeführt, in Chat-Umgebungen nicht gegeben ist und sich auch über Behelfskonstruktionen (z.B. „Chatiketten" zur Optimierung chatbasierter Interaktion in professionellen Kontexten) nur annähernd nachbilden lässt, ist der Erfolg von Unterbrechungsversuchen in Chat-Ereignissen letztlich Zufall – Voraussetzung dafür ist, dass der zu Unterbrechende in ungefähr zeitgleich dazu das Bildschirmverlaufsprotokoll überprüft, und dass er, wenn er den Unterbrechungsversuch als solchen wahrnimmt, auch dazu bereit ist, sich in seinem Produktionsfluss unterbrechen *zu lassen*. Aufgrund der Kanalreduktion ist es bei der Chat-Teilnahme wesentlich einfacher (und sozial unverbindlicher) als in mündlichen Diskursen, so zu tun, als habe man einen Unterbrechungsversuch nicht bemerkt.

zent die Dynamik des Protokoll-Updates in aller Regel an, d.h.: die zeitlichen Intervalle zwischen dem Eintreffen neuer Beiträge im Protokoll werden signifikant kürzer.

Die Idee vom Turn in der Chat-Kommunikation nicht als formaler Grundeinheit des Diskursaufbaus und als strukturierender Grundeinheit der Diskursorganisation, sondern als lediglich eines Konzepts *im Kopf* der Kommunikanten, die in den vorangehenden Abschnitten am Beispiel des Splittings skizziert wurde, ist bereits bei Murray (1989) angelegt:

> I will retain the term *turn*, but use it to refer to a psychological unit. Thus, turn refers to all that a sender intended to send as a whole unit, but was unable to because he or she was interrupted by received messages. (Murray 1989: 324f.)

Murray verlagert die Tatsache, dass jemand etwas „in einem Zug“ äußert, komplett in die Aktionssphäre des einzelnen Teilnehmers; der Turn ist keine aushandlungsbasierte, exklusiv realisierte Größe auf der Ebene der Kommunikationsprozessierung und -dokumentation, so wie sie sich im Verlaufsprotokoll zeigt, sondern kennzeichnet lediglich bestimmte Segmente im individuellen Tätigkeitsmanagement der Teilnehmer. Folglich lässt er sich, weil er eine „psychological unit“ darstellt, auf Basis reiner Mitschnittsdaten auch nicht feststellen. Allerdings geben offenkundige Realisierungen von Splitting-Strategien in Mitschnitten einen Hinweis darauf, dass an bestimmten Punkten bestimmte Teilnehmer mit relativer Sicherheit versucht haben, ein Turn-Konzept unter Chat-Bedingungen nachzubilden. Der Turn kann als „psychological unit“ sogar mehr umfassen als der betreffende Teilnehmer tatsächlich verschickt hat, oder sogar mehr als er überhaupt versprachlicht, d.h. in sein Eingabeformularfeld eingegeben hat – gerade beim Splitting können zwischenzeitlich eintreffende Beiträge anderer Teilnehmer die Versprachlichung der restlichen Teile des aktuell in Realisierung befindlichen Handlungsplans u. U. obsolet machen. Weiterhin können auch im Falle der Beitragsproduktion ohne Anwendung einer Splitting-Strategie während der Produktion neue Fremdbeiträge im Verlaufsprotokoll dazu führen, dass bereits eingegebener Text verworfen (= gelöscht) anstatt abgeschickt wird. Die ursprünglich intendierten Handlungen haben somit zwar nie die Bildschirme der Adressaten erblickt – als *Plan* (und damit als „psychological unit“), der im Eingabeformularfeld sogar bereits eine weitgehende Umsetzung in Text erfahren hatte, haben sie für den betreffenden Produzenten, zumindest für einen gewissen Zeitraum, allerdings durchaus eine psychologische Realität besessen.

Das Messaging-System, auf welches sich Murray in ihrer Studie stützt, ist eines, bei welchem das Eintreffen neuer Nachrichten der Partner das Verschicken eigener neuer Nachrichten zunächst blockiert. Aus diesem Grunde unterscheidet Murray neben dem *turn* als rein psychologischer

Größe und der *message* als demjenigen Text, der mit einer Verschickungshandlung übermittelt wird, noch die *utterance* als all dasjenige, was ein- und derselbe Produzent in Form von *messages* übermittelt, ohne vom Erhalt einer an ihn gerichteten *message* oder durch andere, messaging-externe Aktivitäten unterbrochen zu werden. Im einfachsten Fall umfasst eine *utterance* genau eine *message*, ebenso kann eine *utterance* aber auch eine Sequenz mehrerer *messages* darstellen. In Chat-Umgebungen blockiert das Eintreffen neuer Fremdbeiträge im Verlaufsprotokoll zwar nicht die Möglichkeit zur Produktion und Verschickung neuer eigener Beiträge, dennoch lassen sich in den Verlaufsprotokollen bisweilen Sequenzen von Beiträgen derselben Produzenten feststellen, die nicht durch die Darstellung von Beiträgen anderer Produzenten unterbrochen werden. Bei solchen Sequenzen muss es sich nicht zwangsläufig um Splitting-Sequenzen handeln; vielmehr können die zugehörigen Beiträge auch syntaktisch und propositional geschlossen und in größeren zeitlichen Abständen verschickt worden sein – die Tatsache, dass sie im Verlaufsprotokoll nahtlos nacheinander dargestellt werden, besagt nicht, dass sich hier ein Teilnehmer bemüht hat, in einer raschen Folge von Beiträgen all das zu äußern, was er „in einem Zug" äußern wollte; sie besagt lediglich, dass während eines gewissen Zeitraums der betreffende Teilnehmer der einzige Teilnehmer war, der eine Verschickungshandlung ausgeführt hat, während die übrigen Teilnehmer – zumindest gemäß Verlaufsprotokoll – nicht als Verschicker in Erscheinung getreten sind (trotzdem können sie während des betreffenden Zeitraums natürlich produziert haben; daraus, dass sie nicht als Verschickende dokumentiert sind, folgt nicht unweigerlich, dass sie sich während des betreffenden Zeitraums im Rezeptionsmodus befanden).

Murray (1989) befindet das Turn-taking-Modell als Beschreibungsgrundlage für die Analyse synchroner computervermittelter Kommunikation insgesamt für nicht geeignet und – interessanterweise! – auch für nicht erforderlich. Vielmehr ist sie der Ansicht, dass sich synchrone computervermittelte Kommunikation in Ermangelung von Rahmenbedingungen, die eine Turn-taking-Organisation erlauben, auch ohne Turn-taking-Kategorien direkt über die auf der Handlungsebene generierten Handlungsverpflichtungen und auf deren Erfüllung gerichtetes kooperatives Verhalten der Nutzer beschreiben lässt:

> We can see that any linear model for the organization of conversation (such as the Sacks, Schegloff and Jefferson model of turn-taking) does not adequately account for the structure of this mode of interaction [...]. Because both parties can talk at the same time, there is no need for turn allocation techniques as they describe them. There is no necessary sequencing of adjacency pairs, nor the concept of an adjacency pair as a unit of organization. (Murray 1989: 331)

> How then are computer conversations organized? Like face-to-face conversations, they are built up collaboratively. Each party contributes towards the resolution of the task. Thus, each message can be considered as a link in the chain. I have chosen the term 'link' to convey the non-linearity of a conversation. (Ebd.: 332)

Zwar untersucht Murray ein aus heutiger Sicht „primitives" Messaging-System, das lediglich einen Austausch zwischen zwei Kommunikanten (1:1) erlaubt und bei dem die ausgetauschten Beiträge nicht in einem Bildschirmverlaufsprotokoll vorgehalten werden, sondern nach dem Rezipieren einfach (und unwiederbringlich) „weggeklickt" werden[101]; dennoch lässt sich Murrays Position zum „turn-taking in computer conversation" auch auf verlaufsprotokollgestützte Kommunikationsereignisse in Chat-Umgebungen übertragen. Die Grundbedingungen der Produktion und Übermittlung von Beiträgen, der Kanalreduktion und der damit einhergehenden Unmöglichkeit eines Monitorings der Partneraktivitäten zur Laufzeit der Interaktion sind in dem von Murray untersuchten System dieselben wie in Chat-Systemen.

Charakteristisch für Murrays Position ist, dass sie eine Trennbarkeit der Handlungsebene der Kommunikation von der Ebene der Strukturierung der Kommunikantenbeiträge annimmt. Unter den Rahmenbedingungen synchron mündlich realisierter Kommunikation erhält die Realisierung von aufeinander bezogenen Handlungseinheiten eine lineare Struktur in der Zeit; unter den Rahmenbedingungen synchron schriftlich realisierter, computervermittelter Kommunikation ist der Rückgriff auf eine zeitlich lineare Aushandlung von Beitragsabfolgen nicht möglich, allerdings auch nicht erforderlich. Auch das Konzept des *adjacency pair*, das den Idealfall der Unterstützung handlungslogischer Sequenzpaare durch die Linearisierung entsprechender Sprecherbeiträge in der Mündlichkeit darstellt, ist in synchroner computervermittelter Kommunikation insofern obsolet, als mit der Realisierung einer Handlung, die auf der Handlungsebene eine Folgehandlung prädeterminiert, nicht zwangsläufig auf der Ebene der Koordination der Teilnehmeraktivitäten eine Zuweisung des Turns (also des Rederechts im Sinne einer Handlungsverpflichtung) an den Adressa-

---

101 Murray (1989: 322) beschreibt die Funktionsweise des Messaging-Systems wie folgt:

> Messages are one line of text and are usually sent to a recipient who is logged on. The message is not transmitted until the sender hits the 'enter' key. If the sender wants to send more than one line of text, s/he has to re-type the message command and the 'user ID' of the recipient for each line of text. If the recipient is logged on, the message appears on the screen, interrupting the terminal session when s/he next hits the enter key. Each message is received separately. The message is not stored in a file; it is lost when the screen advances.

ten verbunden sein muss. Der Produzent des ersten Beitrags kann genauso gut weiterproduzieren (was im mündlichen Diskurs nach Äußerung z.B. einer Frage eher unüblich wäre). Der Adressat des Beitrags (der Frage) muss nicht zwangsläufig in seinem nächsten kommunikativen Zug die damit prädeterminierte Reaktivhandlung realisieren – z.B. deshalb, weil er aktuell noch mit der Bearbeitung eines anderen, noch nicht beendeten, Handlungsmusters befasst ist. Die gegenüber dem mündlichen Diskurs delinearisierte Struktur synchroner und medial schriftlicher computervermittelter Kommunikation lässt dies zu. Da geübte Nutzer computervermittelter Kommunikation um die aus der zeitlichen Delinearisierung resultierenden Typen von Oberflächenphänomenen wissen, müssen vermeintliche Verletzungen der aus mündlichen Diskursen bekannten Adjazenz-Verpflichtungen auch nicht zwangsläufig als Verletzungen des Kooperationsprinzips aufgefasst werden.[102] Die Struktur synchroner computervermittelter Kommunikation in Kategorien des „klassischen" Turn-taking-Systems zu fassen, wird dem Gegenstand daher nicht gerecht:

> Thus, I would argue that turn-taking analysis does not reveal what is happening in computer conversation. (Murray 1989: 335)

> A more powerful account is provided by viewing the organization of computer conversation as 'commitment to action'. Globally, conversations are initiated with a speech act and are closed when all interactants agree that a resolution has been achieved. Locally, participants send utterances in the belief that they will contribute to the resolution of the task. To achieve this, they do not need to negotiate for turns but rather collaborate to get things done. (Ebd.: 319)

Orthmann (2004) schließt, ausgehend von einer Diskussion verschiedener Vorgängerarbeiten zur Interaktionsorganisation in der Chat-Kommunikation (insbesondere Garcia & Jacobs 1999), explizit an die Position Murrays an,

> daß das Modell des Sprecherwechsels als spezieller – von der KA herausgearbeiteter – Bestandteil von Konversation nicht auf die Organisation der Chat-Kommunikation anwendbar ist (Orthmann 2004: 154).

Beschreibungskategorien wie ‚Gespräch' (für chatbasierte Kommunikationsereignisse), ‚Turn' und ‚Rederecht' behält Orthmann allerdings bei; im

102 Vgl. hierzu auch den Hinweis in Storrer (2001), dass die in Chat-Mitschnitten häufig zu beobachtende Verschränkung verschiedener thematischer Stränge „nicht darüber hinwegtäuschen" dürfe, „dass die Gesprächsstränge intern wieder gängigen Sprechhandlungssequenzen und -mustern (z.B. Frage-Antwort; Bitten-Gewähren-Bedanken etc.) folgen. Die Kompetenz, diese Muster zu erkennen und ihnen im eigenen kommunikativen Handeln folgen zu können, ist sogar eine wesentliche Voraussetzung, um die Kommunikationsstränge entwirren und kommunikativ adäquate, d.h. thematisch relevante und mustergerechte Chatbeiträge produzieren zu können" (ebd.: 453).

Gegensatz zu mündlichen Diskursen ist für sie das Rederecht im Chat eine nicht-exklusive Ressource, die jederzeit von jedem Kommunikanten genutzt werden kann (vgl. ebd.: 43). Die Gesprächsorganisation hingegen – beeinflusst vor allem durch die technisch bedingte Sequenzierung („Mühlen-Prinzip") – erachtet sie für außer Kraft gesetzt:

> Es wird ersichtlich, daß die von Sacks et al. (1978) für die face-to-face-Situation beschriebenen Regeln des Turn-Taking für die Beteiligten an einer Chat-Kommunikation schwierig zu adaptieren sind. (Ebd.: 47)

Die Chat-Nutzer entwickeln nach Beobachtung von Orthmann alternative Techniken des Turn-taking, die darauf zielen, nicht, wie bei Sacks et al., als erster zu starten, sondern nach einem Bezugsbeitrag als erster vor den anderen Kommunikanten einen eigenen neuen Beitrag in die Anzeige zu bringen. Turn-taking ist somit für Orthmann, ähnlich wie für Garcia & Jacobs (1998; 1999), zwar grundsätzlich (auch hinsichtlich der dadurch bereitgestellten Kategorien) als Modell für die Beschreibung chatbasierter Kommunikation zu halten, folgt im Chat aber ganz anderen Prinzipien als in mündlichen Diskursen:

> In einem Bereich der Turnzuweisung (bei der Selbstwahl) existieren bereits Hinweise darauf, daß sich die Chatter an neu herausgebildeten Techniken orientieren: Wählt ein Chatter sich selbst als den nächsten Poster und beginnt von sich aus mit der Produktion einer Nachricht, die als nächstes im Kommunikationsverlauf übermittelt sein soll, so ist nicht wichtig, daß er als erstes mit dem Schreiben begonnen hat (im Gegensatz zu dem von Sacks beschriebenen Prinzip des „first starter gets the turn"). Vielmehr tritt an die Stelle des „first typer" (vgl. Garcia & Jacobs 1999) die Relevanz des „first posters", m.a.W. es ist wichtig, die erste nächste Nachricht im Anschluß an die vorhergehende übermittelt zu haben. An Techniken stehen den Chattern dabei u.a. zur Verfügung, schneller zu schreiben oder kürzere Nachrichten zu verfassen. (Orthmann 2004: 48)

Ob man dieser Auffassung folgen mag, hängt – wie bereits im Referat der Position von Garcia & Jacobs (1998; 1999) angemerkt – wesentlich davon ab, einen wie eng oder weit gefassten Turn- und Turn-taking-Begriff man zugrunde legt und wie weit man die zugehörigen Beschreibungskategorien sinnvollerweise strapazieren möchte (dies auch stets mit Blick auf denjenigen Bereich linguistischer Forschung, der sich nicht mit Chat, sondern mit mündlichen Diskursen beschäftigt, und der in seiner Arbeit mit einem chatspezifisch erweiterten Turnbegriff u. U. methodische Probleme bekäme). Zentral ist auch die Frage, ob die Annahme eines Grundprinzips für Turn-taking im Chat, das darin besteht, immer individuell der schnellste Poster sein zu müssen, noch mit der Idee des Aushandlungscharakters von Turns vereinbar ist. Angesichts kommunikativer Rahmenbedingungen, unter welchen eine interpersonal geteilte Wahrnehmung einer zeitlichen Ereignisstruktur nicht gewährleistet ist und die keine Wahrnehmung von Verhaltensäußerungen zur Laufzeit ihrer Hervorbringung erlauben, muss es legitim sein, Organisationsprinzipien, die für Kommunikationsformen mit einer simultan zur Veräußerung von Kommunikationsbeiträgen verlaufenden produktiven wie rezeptiven Teilhabe der beteiligten Kommunikanten beschrieben wurden, hinsichtlich ihres Gegebenseins in Kommunikationsformen, in denen das nicht der Fall ist, zu hinterfragen. Das muss nicht bedeuten, dass alles, was Gesprächsforschung bzw. Konversationsanalyse über die Funktionsweise mündlicher Diskurse herausgearbeitet haben, grundsätzlich für die Analyse chatbasierter Kommunikationsprozesse ungeeignet wäre. Auf Basis der charakteristischen technologiebedingten Unterschiede zwischen den kommunikativen Rahmenbedingungen in der Chat-Kommunikation und in mündlichen Diskursen lässt sich allerdings anstelle der Beibehaltung eines (wie auch immer modifizierten) Turn-taking-Modells mindestens ebenso plausibel auch die Position vertreten, dass eine Turnorganisation in der Chat-Kommunikation nicht *anders* geartet sei als in mündlichen Diskursen, sondern dass eine solche überhaupt nicht zur Verfügung stehe und Koordination im Chat daher nicht als ein intersubjektives, sondern als ein individuelles Projekt aufzufassen sei. Wie eine solche Position formuliert werden kann und welche Beschreibungskategorien davon ausgehend – und alternativ zu turnzentrierten Kategorien – entwickelt werden können, ist Gegenstand der folgenden Kapitel 4.5.4 bis 4.6.2.

Orthmann (2004) stellt als Ergebnis ihrer mitschnittsbasierten Analyse zum Chatverhalten von Kindern und Jugendlichen fest:

> Abschließend kann … weder das Fazit gezogen werden, daß die Konversationsanalyse sich unter keinen Umständen für die Auswertung von Chat-Logfiles eignet, noch kann resümiert werden, daß die Konversationsanalyse die ideale Methode dazu sei. Die Konversationsanalyse eignet sich im Zusammenhang mit der Chat-Forschung gut zur heuristischen Annäherung an das Datenmaterial, aber nur bedingt dazu, die gesprächsorganisatorischen sozialen Prinzipien und Verfahren zu bestimmen, mittels derer die Chatter ihre Interaktion strukturieren. Eine Methode zur Analyse formaler, gesprächsorganisatorischer Strukturen, die die Spezifika computervermittelter, synchroner Kommunikation besser berücksichtigt, gilt es, in weiteren Forschungsarbeiten zu entwickeln. (Orthmann 2004: 158)

Die folgenden Kapitel mögen zu dem damit formulierten Postulat einen Beitrag leisten. Zugleich ist es ein Anliegen der in der vorliegenden Arbeit vertretenen Position, zu zeigen, dass eine teilhabezentrierte Sicht auf chatbasierte Kommunikation einige wesentliche Unterschiede zu mündlichen Diskursen erhellen kann, die bei einem rein mitschnittsbasierten Blick auf die Dinge teilweise oder ganz verborgen bleiben. Mit Sicherheit sind das Gespräch beziehungsweise (besser, weil primär funktional anstatt medial bestimmt) der mündliche Diskurs geeignete Konzepte, um zu einer ersten Heuristik des Gegenstandes zu gelangen. Allerdings darf angemerkt werden, dass diese Heuristik nur bis zu einem bestimmten Grade trägt und spätestens da die Sicht auf den Gegenstand behindern kann, wo sich eklatante Differenzen zum elementaren Diskurs auftun, die aus der Indienstnahme der „Überlieferungsqualitäten der Textualität" (Hoffmann 2004: 105) für die Prozessierung diskursiven Austauschs herrühren (insbesondere das Fehlen einer interpersonal identisch kognizierten ‚Laufzeit' sowie die mediale Schriftlichkeit der Bildschirmverlaufsprotokolle).

4.5.4 Eigene Position

Die Chat-Kommunikation (zumindest in Standard-Chat-Umgebungen) weist eine Reihe von Charakteristika auf, die es als plausibel erscheinen lassen, eine Turn-Strukturierung als Prinzip für die Koordination von Teilnehmeraktivitäten auszuschließen:

- Die medialen Rahmenbedingungen schließen eine Verarbeitung von Verhaltensäußerungen zur Laufzeit ihrer Hervorbringung aus.
- Somit ist auch keine rezipientenseitige Einflussnahme (über Backchannels, die sich unmittelbar auf einen in Hervorbringung befindlichen Beitrag beziehen) auf die Entwicklung von Kommunikationsbeiträgen möglich.
- Es gibt, ebenfalls medial bedingt, keine interpersonal geteilte zeitliche Ereignisstruktur (Stichwort *Delinearisierung*).
- Somit gibt es weder Turnkonstruktionseinheiten (*turn constructional units*), die, während ein Kommunikant produziert oder sendet, als mögliche übergaberelevante Punkte (*transition-relevant places*) anvisiert werden könnten, noch die Möglichkeit zur Aushandlung einer „next speakership" zur Laufzeit der Interaktion.
- Der Zeitpunkt unmittelbar nach Anzeige des zuletzt im Verlaufsprotokoll eingetroffenen Teilnehmerbeitrags kann nicht als übergaberelevanter Punkt angesehen werden, da das Konzept der *Übergabe* (*transition*) im Sinne der „klassischen" Konversationsanalyse nur dann Sinn ergibt, wenn just an besagtem Punkt ein Durchspielen der Turntaking-Regeln erfolgen kann, das dazu führt, dass in der Folge – ggf. nach einer kurzen Phase der Aushandlung mit ggf. parallelen Starts mehrerer – genau *ein* Kommunikant das Wort behält und – legitimiert durch die Partner – das erworbene oder behauptete Rederecht als exklusives Privileg wahrnimmt und eine Äußerung produziert. In Chat-Umgebungen ist es durchaus der Normalfall, dass – während ein neuer Beitrag in den Verlaufsprotokollen eintrifft – eine Anzahl von Kommunikanten sich bereits mitten in der Produktion eigener neuer Beiträge befindet und dass – verursacht durch die Verarbeitung des neuen, in den Verlaufsprotokollen angezeigten Beitrags – eine Anzahl

anderer Kommunikanten in ungefähr gleichzeitig mit der Produktion neuer eigener Beiträge beginnt. Hierbei ist nicht gewährleistet, dass die Produzierenden mitbekommen, *dass* andere gleichzeitig produzieren, und somit auch nicht zwangsläufig zu erwarten, dass sie ihre Produktion abbrechen, *weil* andere Kommunikanten ebenfalls produzieren und sie zugunsten von deren Tätigkeitswünschen mit ihren eigenen Tätigkeitswünschen zurückstecken.

- Ein „Durcheinanderschreiben" (analog zum Durcheinandersprechen in mündlichen Diskursen) ist selbst bei paralleler Produktions- oder Verschickungstätigkeit unmöglich (technische Sequenzierungsleistung des Servers).
- Dadurch wird die Wahrnehmbarkeit eigener Beiträge in jedem Fall gewährleistet – die Vernunftgründe, die (i.S.v. Franck & Franck 1986) in mündlichen Diskursen eine Herbeiführung geordneter Bündel von Teilnehmeraktivitäten (zur Vermeidung längerfristigen Parallelsprechens) als opportun erscheinen lassen, entfallen.
- Zugleich wird durch die Sequenzierungsleistung des Servers in den Verlaufsprotokollen auf den Teilnehmerbildschirmen eine Beitragsabfolge generiert, die nicht Kohärenzkriterien folgt, sondern die Beiträge in der Reihenfolge ihrer Entgegennahme durch den Server für die Anzeige linearisiert; die Abfolge im Verlaufsprotokoll entspricht somit weder den intendierten Beitragsabfolgen der einzelnen Beteiligten (zumindest nicht der intendierten Beitragsabfolge *aller* Beteiligter), noch repräsentiert sie eine von allen Beteiligten geteilte, auf Aushandlung basierte Abfolge; sie ist rein zufällig und für keinen der Beteiligten vorherseh- oder planbar.
- Die Tatsache, dass jeder jederzeit mit der Produktion eines neuen eigenen Beitrags beginnen kann, ist kein Indiz dafür, dass im Chat ein Turn-taking-System existiert, das ausschließlich auf Selbstwahl („current speaker self-selects" nach Sacks, Schegloff & Jefferson 1974) beruht. Selbstwahl in mündlichen Diskursen setzt voraus, dass durch die zu einem bestimmten Zeitpunkt unter Mitwirkung der übrigen Kommunikanten geschaffenen Rahmenbedingungen für einen bestimmten Sprecher die Möglichkeit besteht, das Rederecht (als ein exklusives Privileg) für sich zu beanspruchen und das Wort zu ergreifen. In Chat-Umgebungen spielen die übrigen Kommunikanten für die Frage, ob jemand (erfolgreich) die Produktion eines neuen Beitrags aufnehmen kann oder nicht, überhaupt keine Rolle.
- ...

Diese Liste ließe sich sicherlich problemlos noch um einige weitere Punkte ergänzen; eine exhaustive Aufzählung sämtlicher Argumente, die *gegen* eine Turn-taking-Strukturierung der Chat-Kommunikation vorgetragen werden könnten, ist an dieser Stelle allerdings nicht intendiert, zumal diverse Punkte in den vorangegangenen Kapiteln 4.5.1 und 4.5.3 bereits dargelegt wurden.

Geht man davon aus, dass die Handlungsebene von Kommunikation nicht zwangsläufig mit der Ebene der Organisation von Teilnehmeraktivitäten zusammenfällt, sondern dass die Art und Weise, wie die Teilnehmer ihre Aktivitäten (Produktions- und Rezeptionsaktivitäten) wahrnehmen und ggf. aufeinander abstimmen, von der Geartetheit der Veräußerungs- und Wahrnehmungsbedingungen der jeweiligen Kommunikationsform abhängt, so ist für die Chat-Kommunikation festzustellen, dass die für die Wirksamkeit des Turn-taking in mündlichen Diskursen fundamentalen Rahmenbedingungen in der Chat-Kommunikation außer Kraft gesetzt sind.

Die Anhänger der Auffassung, dass die Organisation chatbasierter Kommunikation ebenso wie diejenige mündlicher Diskurse auf Basis von Turn-taking-Prinzipien funktioniere und sich anhand entsprechender Analysekategorien aus der Konversationsanalyse beschreiben lasse, haben m. E. bislang nicht überzeugend dargelegt, wodurch sich die Annahme einer Turn-taking-Fundierung der Chat-Organisation und einer Notwendigkeit der Beschreibung von Chat-Strukturen auf Basis von Turn-taking-Kategorien rechtfertigen lässt. Auch wenn die meisten Vertreter dieser Auffassung Turn-taking im Chat als partiell, zuweilen sogar radikal anders ausgeprägt als im mündlichen Diskurs herausstellen, bleiben entsprechende Studien, solange sie trotz allem von einer Turn-taking-Organisation chatbasierter Kommunikation ausgehen, den Nachweis schuldig, inwiefern die Übertragung eines genuin für mündliche Diskurse erarbeiteten Modells inklusive seines Analyseinstrumentariums legitim ist. Bis auf weiteres überwiegen daher die Argumente dafür, dass Turn-taking – als Strukturierungsprinzip – in Chat-Umgebungen nicht zur Verfügung steht und dass „turn-taking analysis does not reveal what is happening in computer conversation" (Murray 1989: 335), ein Turn-taking-analytischer Zugriff die Sicht auf den Gegenstand also tendenziell eher verstellt denn erhellt.

Die Sprachhandlungskoordination in Chat-Umgebungen muss stattdessen in Anbetracht einer fehlenden zeitlichen Synchronisation der von den einzelnen Teilnehmern kognizierten Kommunikationsverläufe als ein hochgradig individualisiertes Unterfangen angenommen werden: Eine Koordination eigener Aktivitäten bzw. Aktivitätsvorhaben mit den kommunikativen Partnern zur Laufzeit ist ausgeschlossen und kann daher nur auf metakommunikativem Wege vereinbart werden. Stattdessen orientiert sich jeder einzelne Teilnehmer mit seinen individuellen Kommunikationszielen auf das Verlaufsprotokoll als Anhaltspunkt für den Fortgang des Kommunikationsereignisses und bemüht sich, seine individuellen Aktivitäten (Rezipieren und Produzieren) so miteinander zu koordinieren, dass ihm gemäß seiner individuellen Ziele eine bestmögliche Beteiligung an der Entwicklung des kommunikativen Geschehens möglich ist. Dies darf nicht dahingehend aufgefasst werden, dass Partnerorientierung sowie kohärentes wechselseitiges Aneinanderanschließen in der Chat-Kommunikation keine Rolle spielen. Vielmehr ist die Orientierung auf die Handlungseinheiten der Partner in Ermangelung eines Laufzeit-Aushandlungssystems zur Linearisierung von Aktivitätsvorhaben ein wichtiger Aspekt bei der Planung der jeweils nächsten eigenen Handlungsvorhaben. Das zeigt sich gerade darin, dass – wie in Kap. 6 zu zeigen sein wird – Umstrukturierungen von Handlungsplänen zur Laufzeit ihrer Umsetzung vorkommen, und zwar insbesondere dann, wenn ein Teilnehmer bemerkt, dass zwischenzeitlich neue Partnerbeiträge im Verlaufsprotokoll eingetroffen sind, die – aus thematischen oder handlungslogischen Gründen – einen anderen Folgebeitrag als den aktuell in Produktion befindlichen erwartbar machen und/oder Erfolg versprechend erscheinen lassen. Dies gebietet das Prinzip der Kooperativität: Ein Folgebeitrag auf einen Partnerbeitrag, der vom Partner als relevant und informativ gewertet werden kann, wird dazu führen, dass sich der Partner mit seinen Folgebeiträgen auf eigene Beiträge in ähnlicher Weise kooperativ verhält und um Relevanz bemüht. Zur Kooperativität gehört weiterhin eine Gestaltung eigener Chat-Beiträge dergestalt, dass die Beiträge selbst dann, wenn sie an einer anderen als der intendierten Position im Verlaufsprotokoll erscheinen, von ihren Adressaten als kohärent an Einheiten der Vorkommunikation anschließbar kognitiert werden können.

4.5.4.1 Der Turn als „psychological unit"

Aufgrund der Nähe der Chat-Kommunikation zum mündlichen Diskurs – Dialogizität, zeitliche Kopräsenz der Beteiligten, Verständigung im zeitlichen Nahbereich – möchte ich allerdings nicht ausschließen, dass Konzepte der Diskursorganisation, obgleich unter den Rahmenbedingungen der Chat-Technologie nicht direkt anwendbar, die individuelle Konzeptualisierung des Kommunikationsgeschehens beeinflussen. Verschiedene Indizien sprechen dafür, dass ein aus der Mündlichkeit bekanntes Turn-Konzept zwar nicht auf der Ebene der Kommunikationsorganisation, aber sehr wohl auf der Ebene der individuellen Koordination von Produktions- und Rezeptionsaktivitäten bei der Chat-Teilnahme wirksam wird. Dies legt u.a. die Strategie des Splittings nahe, die dahingehend erklärt werden kann, dass der betreffende Produzent durch Senden einer Sequenz einander fortführender Beiträge und Herbeiführung einer im Vergleich zur Vorkommunikation erhöhten Update-Rate des Verlaufsprotokolls versucht, in

Form der temporären Beanspruchung eines exklusiven Senderechts lokal ein funktionales Pendant zum Rederecht zu etablieren und die Partner dazu zu veranlassen, vorübergehend auf das Senden eigener Beiträge zu verzichten.[103] Gesplittet wird im Wissen um die Notwendigkeit, beim Chatten eigene produktive Aktivität mit rezeptiv orientierter Aktivität so unter einen Hut zu bringen, dass man einerseits neue Beiträge im Verlaufsprotokoll möglichst zeitnah zur Kenntnis nimmt und verarbeitet und andererseits eigene Initiativen möglichst zeitnah zu für geeignet befundenen Anschlusspunkten und Reaktivbeiträge möglichst zeitnah zu den entsprechenden Bezugsbeiträgen realisiert. Steigt die Update-Rate des Verlaufsprotokolls vorübergehend in signifikantem Maße an, beansprucht das Verfolgen des Verlaufsprotokolls mehr Aufmerksamkeitsressourcen als zuvor. Vorausgesetzt, die Partner befinden sich, während ein Produzent mit der Anwendung einer Splitting-Strategie beginnt, in einer Rezeptionshaltung und hegen aktuell kein Produktionsvorhaben, dem sie individuell höhere Priorität einräumen als dem Verfolgen des aktuell ansteigenden Beitragsaufkommens am Bildschirm, so mag die Intention des Splitting-Produzenten, die Partner zumindest vorübergehend zur Selektion komplementärer (nämlich primär rezeptiv ausgerichteter) Aktivitäten zu veranlassen, durchaus chancenreich sein. Diese Annahme gilt natürlich zunächst nur für solche Chat-Ereignisse, in denen alle Teilnehmer auf *einen* gemeinsamen Kommunikationsvollzug orientiert sind; werden in einem Chat-„Raum" oder -„Kanal" mehrere Themen parallel abgearbeitet und sind an der Abarbeitung der einzelnen Themen zumindest partiell unterschiedliche Kommunikantengruppen beteiligt, so ist anzunehmen, dass die Realisierung einer Splitting-Strategie nur diejenigen kommunikativen Koakteure anspricht, die aktuell an der Bearbeitung desselben Kommunikationsstrangs bzw. Themas beteiligt sind; Kommunikanten, die im selben „Raum" bzw. „Kanal" zur selben Zeit mit der Bearbeitung eines anderen Themas befasst sind, werden das erhöhte Beitragsaufkommen in den für sie aktuell weniger relevanten Teilen des Bildschirmverlaufsprotokolls eher als erhöhten Störfaktor wahrnehmen.[104]

---

103 Das Fallbeispiel 20 in Kap. 6.6 zeigt eine Sequenz, die diese Auffassung über die Funktion von Splitting stützt.

104 *EXKURS:* Nicht jede schnelle Beitragsabfolge muss Indiz für die Anwendung einer Splitting-Strategie sein. Vielmehr kann eine schnelle Realisierung mehrerer Beiträge in Folge auch dazu dienen, spielerisch die Aufrechterhaltung einer bestimmten Befindlichkeit über einen gewissen Zeitraum nachzubilden. In Beispiel 454-1 lässt Chatterin *Lantonie* als Reaktion auf die Behauptung von *Shadok* in 307, sie könne nicht kochen, in vermutlich schneller Abfolge eine Reihe von Beiträgen vom Stapel, die allesamt der Darstellung ihrer (offenkundig gespielten) Verärgerung dienen. Keiner ihrer Beiträge 310, 311, 315, 318, 319 und 322 lässt darauf schließen, dass mit einem Folgebeitrag zu rechnen ist; auf der Darstel-

Mit Murray (1989) möchte ich daher davon ausgehen, dass das Konzept des Turns sich im Chat zwar *bemerkbar macht*, dass es aber lediglich als „psychological unit" und somit als Konzept im Kopf der Beteiligten vorhanden ist, für die Strukturierung des Kommunikationsaufkommens aber nicht genutzt werden kann. Auch Splitting-Strategien dürfen nicht als eine Form der Wiedereinführung des Turnkonzepts beziehungsweise der

---

lungsebene jedoch sind neben dem Widerspruch in 310 und seiner Verstärkung in 315 die übrigen vier Beiträge deklarative Simulationen nonverbalen Verhaltens, die die Widerspruchshaltung ausinszenieren (**schimpf**, **shadok böse anguck**) beziehungsweise Nachbildungen eines echauffierten Zu-sich-selbst-Sprechens (**frechheit**, **allerhand**), die ebenfalls dazu dienen zu suggerieren, dass *Lantonie* die Äußerung von *Shadok* in 307 als Anfeindung aufgefasst hat. Die schnelle Abfolge zielt hier eher auf einen dramaturgischen Effekt (nämlich, die Gemütsverfassung ‚Verärgerung' sukzessive weiterzuentwickeln) denn darauf, einen elaborierten Gedankengang „häppchenweise" zu realisieren, um damit zeitnah zum Bezugsbeitrag die Ausführung einer Reaktion anzukündigen und diese dann – idealerweise von den Partnern durch vorübergehenden Verzicht auf eigene Verschickungsvorhaben stillschweigend legitimiert – sukzessive zu ihrer Fertigstellung in einer Serie von Einzelbeiträgen zu vervollständigen.

Beispiel 454-1 (Quelle: Dokument Nr. 2211006 <unicum_21-02-2003_(1).xml> aus dem *Dortmunder Chat-Korpus*):

	295	**Lantonie**:	Ich verdiene mein eigenes Geld.
	[…]		
	301	**Shadok**:	Genau, Lanto ist selbstständig
	302	**stoeps**:	lanto ist ne gute partie
	303	**Lantonie**:	Es gibt Entenbraten zur Hochzeit.
	304	**Thor...**:	umso besser lanto *gg* ich hab nämlich keins
	305	***stoeps heiratet lanto***	
	306	***Emon heiratet seinen intellekt...***	
	307	**Shadok**:	Dafür kann se nich kochen ;p
	308	**zora**:	emon kocht?
	309	**system**:	meisterP geht in einen anderen Raum: My_Room
→	310	**Lantonie**:	Ich kann kochen!!
→	311	**Lantonie**:	*frechheit*
	312	**Emon**:	oh nein, er verweigert mir die gefolgschaft
	313	***Shadok heiratet quaki...***	
	314	**zora**:	in den niederlanden will sich doch jetzt ne studentin selber heiraten
→	315	**Lantonie**:	Ich kann sogar sehr gut kochen!
	316	**stoeps**:	lanto?
	317	**TomcatMJ**:	vor wut?*G*
→	318	**Lantonie**:	*allerhand*
→	319	**Lantonie**:	*schimpf*
	320	**system**:	mieze kommt aus dem Raum Katzenkörbchen herein.
	321	**mieze**:	rehi
→	322	**Lantonie**:	*shadok böse anguck*

Durchsetzung des Rederechts als eines exklusiven Äußerungsprivilegs aufgefasst werden, sondern stellen Versuche dar, ein *funktionales Pendant* zum Rederecht und zur legitimierten exklusiven Beitragsproduktion punktuell einzuwerben. Die Rahmenbedingungen (a) dafür, dass die (bzw. einige der) Kommunikanten ihrem splittenden Partner ggf. für eine gewisse Zeit zugestehen zu senden, während sie vorerst auf das Senden eigener Beiträge verzichten, sowie (b) dafür, wie stark und wie lange eine punktuell auf solche Weise erzielte Strukturierung paralleler Teilnehmeraktivitäten sozial verbindlich ist, sind jedoch andere als im mündlichen Diskurs. Splitting-Strategien kennzeichnen Versuche, die Prozessierung von Chat-Ereignissen lokal den Koordinationsformaten mündlicher Kommunikation anzunähern. Eine Linearisierung von zeitlicher Ereignisstruktur und Partnerwahrnehmung wird damit – schon allein aufgrund der charakteristischen Produktions-/Verschickungsprozedzur und der medialen Schriftlichkeit des Austauschs – bestenfalls anvisiert, nicht aber umgesetzt.

4.5.4.2 Einheiten der Sprachhandlungskoordination im Chat

Im Folgenden möchte ich sechs Analysekategorien einführen, die es mir erlauben sollen, Einheiten der Sprachhandlungskoordination im Chat – sowohl auf der Handlungsebene als auch auf der Ebene der an den Bildschirmen sichtbaren Hervorbringungen der Teilnehmer – in einer Weise zu bezeichnen, die ohne eine Anlehnung an Kategorien des Turn-taking auskommt und es somit erlaubt, bei der Beschreibung chatbasierter Interaktion den Gegenstand auch begrifflich gegenüber mündlichen Diskursen zu profilieren. Der *Turn* wird hierbei als eine rein „psychologische Größe" betrachtet, der, da sie sich als solche nur schwer nachweisen lässt, nicht der Status einer Analysekategorie zukommt. Vielmehr erscheint es auf Grundlage der oben angeführten Überlegungen als plausibel, das Konzept des Turns als ein zentrales Strukturierungskonzept mündlicher Diskurse für den Chat als paradiskursive Form dahingehend zu erhalten, dass es als kognitives Konzept mit dem Potenzial einer heuristischen Metapher und bisweilen (z.B. im Falle von Splitting) möglicherweise auch dem Status eines strategischen Vorbilds in die Köpfe der Kommunikanten verlagert wird. Als Analysekategorien betrachte ich solche Kategorien, die sich entweder beobachten oder zumindest erschließen lassen. Beobachtbar sind dabei die Einheiten des Bildschirmverlaufsprotokolls – Chat-*Beiträge* und *Beitragssequenzen* als Resultate von Verschickungshandlungen und Verarbeitungsgrundlage für die Adressaten – sowie die *Produktionseinheiten* als Ergebnisse konkreter Segmente von Chat-Teilnahme-Aktivitäten. Nur erschließbar sind *Kontributionsprojekte*, die Realisierungsspezifikationen für Handlungspläne darstellen und all das umfassen, was ein Kommunikant

„in einem Zug" zur Prozessierung des Kommunikationsgeschehens beitragen möchte (auch wenn er letzten Endes dieses Projekt nur unvollständig versprachlicht oder zugunsten eines anderen Projekts verwirft) und die der Hervorbringung von Produktionseinheiten zugrunde liegen. Ebenfalls nur erschließbar sind mit den *Sprachhandlungen* und den *kommunikativen Zügen* Einheiten der Handlungsebene.

Die Kategorien im Einzelnen:

4.5.4.3 Einheiten der Handlungsebene: *Sprachhandlungen* und *kommunikative Züge*

Grundeinheit sprachlichen Handelns ist im Chat wie im mündlichen Diskurs die einzelne *Sprachhandlung* (*speech act*), für die sich ein propositionaler Gehalt und ein Handlungswert (Illokution) feststellen lassen und die somit eine kommunikative Minimaleinheit im Sinne der GDS (91) darstellt. In konkreter sozialer Interaktion treten Sprachhandlungen immer in bestimmten Kontexten auf und realisieren Positionen im Rahmen einzelner Handlungsmuster. Wenn ich über sprachliche Handlungen in ihrer Eigenschaft als kommunikative Minimaleinheiten spreche, so verwende ich zur Bezeichnung – wie auch schon bisher – den Terminus *Sprachhandlung*; wenn ich auf sie speziell unter dem Aspekt ihres Eingebundenseins in Kontexte partnerbezogenen Handelns Bezug nehme, verwende ich auch den Ausdruck *kommunikativer Zug*. Während das Konzept der *Handlung* zunächst kein notwendiges Eingebundensein in Handlungsformate umfasst, sondern seine Einheiten über handlungskonstitutive Eigenschaften (Intentionalität, propositionales und illokutives Potenzial) charakterisiert, ist die Metapher des *Zuges* geeignet, um das Eingebundensein einer Handlung in eine Struktur aus mindestens zwei wechselseitig aufeinander bezogenen Einheiten zu bezeichnen. Die isolierte Betrachtung von Handlungen ist letztlich ein Konstrukt; soziale Wirklichkeit zwischenmenschlicher Interaktion wird erst durch die Beschreibung einzelner Handlungen als Positionen in Mustern darstellbar. Dennoch ist es sinnvoll, das *Handlungspotenzial* sprachlicher Äußerungen (*Sprachhandlung*) von deren *Funktionspotenzial* (als *Züge*) im Rahmen verschiedener Muster zu unterscheiden.

4.5.4.4 Einheiten des Verlaufsprotokolls: *Chat-Beiträge* und *Beitragssequenzen*

Während es sich bei Sprachhandlungen bzw. kommunikativen Zügen um Einheiten handelt, die auf der Handlungsebene zwischenmenschlicher Interaktion anzusiedeln sind, sind diejenigen Einheiten, die sich in den Bildschirmverlaufsprotokollen fassen lassen, nicht über ihr sprachliches Handlungspotenzial bestimmt, sondern resultieren aus individuellen Verschickungsentscheidungen, die den kommunikativen Rahmenbedingungen geschuldet sind und durch eine vom System vorgegebene Darstellungskonvention als Einheiten kenntlich gemacht werden. Murray (1989) führt zur Bezeichnung dieser Einheiten den Ausdruck *message* ein (in Abgrenzung vom *move*, den sie zur Bezeichnung von „speech acts" reserviert):

> I will use *message* only in its technical sense, that is, it is one line of text which is transmitted electronically. (Murray 1989: 323)

Analog zu Murray definiere ich den *Chat-Beitrag* (*message*) als eine rein formale Einheit, die durch das Ausführen einer Verschickungshandlung als Einheit konstituiert und im Verlaufsprotokoll als Einheit zwischen zwei erzwungenen Absatzwechseln kenntlich gemacht wird. In seiner für die Bildschirmdarstellung aufbereiteten Form ist der Chat-Beitrag seinem Produzenten zugeordnet; diese Zuordnung wird in der Anzeige in aller Regel durch eine vom Chat-Server generierte Voranstellung des vom Produzenten gewählten Teilnehmernamens kenntlich gemacht (Ausnahme: Beiträge mit Zuschreibungscharakter in manchen „Plauder-Chat"-Umgebungen; vgl. z.B. Beißwenger 2000: 91f.). Die Grenzen eines *Beitrags* und eines *kommunikativen Zugs* bzw. einer *message* und eines *moves* können zusammenfallen, die Beziehung zwischen den beiden Typen von Einheiten ist jedoch arbiträr und nicht systematisch. Beispielsweise können im Falle der Anwendung von Splitting-Strategien mehrere Beitragseinheiten eine Zugeinheit konstituieren; umgekehrt kann eine Beitragseinheit aber auch mehrere Instanzen von Zügen umfassen. So lässt sich den drei nacheinander angezeigten Beiträgen von *jecom* in Bsp. 453-2 isoliert betrachtet (im Gegensatz zur gesamten Sequenz) jeweils kein Handlungspotenzial zuordnen, während der Beitrag 29 von *wingman* in Beispiel 454-2 nicht nur zwei Sprachhandlungen umfasst, sondern diese beiden Handlungen zugleich Musterpositionen in zwei unterschiedlichen Handlungsmustern realisieren: der Beitragsteil „Hagen,NRW" eine Antwort im Rahmen des in 24 von *nadja2* eröffneten Frage-Antwort-Musters, der Beitragsteil „was machen wir mit der nacht ?" repräsentiert die Frageposition in einem von *wingman* neu initiierten Frage-Antwort-Muster. Vermutlich hat *wingman* die Frage von *nadja2* in 24 erst nach Eingabe (aber vor der Verschickung) seiner Frage „was machen wir mit der nacht ?" rezipiert und daraufhin die Antwort auf die offene Frage einfach an seine eigene Frage angeschlossen, wodurch sich die ungewöhnliche Struktur der Eröffnung eines neuen Frage-Antwort-Musters mit anschließendem Abschluss eines zuvor initiierten Frage-Antwort-Musters ergibt.

Beispiel 454-2: Ein Chat-Beitrag – zwei Sprachhandlungen (Mitschnitt aus dem *unicum Space-Chat* vom 24. 02. 1999):[105]

	1	**nadja2**	wie bist du drauf heute ?
	6	**wingman**	sehr gut und selbst ?
	7	**nadja2**	hab super Laune , jedoch noch nichts vor
	11	**wingman**	noch ein(er) gut drauf *freu*
	15	**nadja2**	;-)
	17	**wingman**	scusi e
	18	**nadja2**	?
	21	**wingman**	italienisch :O)
	23	**nadja2**	nun gut !
	24	**nadja2**	von wo kommst du ?
→	29	**wingman**	was machen wir mit der nacht ? Hagen,NRW
	33	**wingman**	und selbst?
	39	**nadja2**	etwas kompliziert, Mainz, wechseln wir den Raum ?
	42	**wingman**	ok

Den Begriff der *Beitragssequenz* möchte ich für Folgen von Chat-Beiträgen im Verlaufsprotokoll bzw. in Chat-Mitschnitten verwenden. Darunter können sowohl Abfolgen von Beiträgen fallen, die von demselben Produzenten realisiert wurden, als auch Abfolgen von Beiträgen unterschiedlicher Produzenten. Eine Kategorie *utterance* („Äußerung"), die in Murray (1989) für Beitragsabfolgen vorgesehen ist, die *ein* Produzent realisieren kann, ohne dass dazwischen Beiträge anderer Produzenten angezeigt werden, erscheint mir im Grunde vernachlässigbar und auch begrifflich missverständlich. Da die Bereitstellung von Beiträgen im Chat nicht – wie die Äußerung von Beiträgen in mündlichen Diskursen – der Verantwortung durch den jeweiligen Produzenten unterliegt (sondern von der Verarbeitungsleistung und Auslastung des Servers abhängt) und die Beiträge hinsichtlich ihrer sequenziellen Einordnung in den am Bildschirm manifesten Kommunikationsverlauf (= das Bildschirmverlaufsprotokoll) von ihren Produzenten letztlich nicht mit Sicherheit an einer bestimmten Position lanciert werden können, impliziert der Ausdruck ‚Äußerung' zu viele spezifische Merkmale mündlicher Diskurse. Eine Umterminologisierung wäre zwar möglich, doch erscheint die Einführung einer Kategorie speziell für nahtlose Beitragsabfolgen desselben Produzenten im Verlaufsprotokoll als prinzipiell unnötig. Solche Beitragsabfolgen sind zu einem gewissen Grad zufällig und repräsentieren auch nicht zwangsläufig Beiträge, die von ihrem Produzenten „in einem Zug" produziert und verschickt wurden (s. o.). Aus diesem Grunde genügt m. E. für ihre Bezeichnung eine „wei-

105 Nummerierungskonvention wie in Bsp. 432-1.

che" Kategorie, unter die auch solche Beitragsabfolgen fallen, die von unterschiedlichen Produzenten realisiert wurden. Im jeweiligen Analysekontext muss dann ohnehin spezifiziert werden, um welche Art von Sequenzen es sich handelt. Beispielsweise können in Bsp. 454-2 die Beiträge 23 und 24 als „Beitragssequenz von *nadja2*" und die Beiträge 29 und 33 als „Beitragssequenz von *wingman*" beschrieben werden, es könnte aber in einem anderen Kontext genauso sinnvoll sein, die Beiträge 1, 6 und 7 als „Beitragssequenz von *nadja2* und *wingman*" zu beschreiben (beispielsweise, um sie als Beschreibungseinheit von den dazwischen angezeigten, im Beispiel nicht wiedergegebenen, Beiträgen zu unterscheiden, die zu anderen, gleichzeitig im selben Chat-„Raum" realisierten Kommunikationsereignissen gehören).

Wichtig in Bezug auf die Kategorie der *Beitragssequenz* ist allerdings, dass „Sequenz" hier nicht im Sinne einer Handlungssequenz zu verstehen ist. Im Grunde schließt bereits die oben gegebene Konzeptualisierung von *Beitrag* eine solche Lesart aus; trotzdem soll an dieser Stelle noch einmal der Klarheit halber darauf hingewiesen werden. *Sequenzen* beim Reden über Segmente von Bildschirmverlaufsprotokollen bzw. Mitschnitten sind Abfolgen von Einheiten, die so, wie sie dokumentiert sind, in letzter Instanz von einer automatischen Prozedur angeordnet wurden. Zwar können Kommunikanten im Einzelfall metakommunikativ aushandeln, wer wann beiträgt – allerdings hängt selbst dann noch die Regelung der Beitragsabfolge vom Server und seiner Leistung ab. Auch können – z.B. verursacht durch technische oder infrastrukturelle Störungen oder durch das Hinzutreten weiterer Kommunikanten – unerwartet sog. „Servermeldungen" (systemgenerierte Beiträge) ins Verlaufsprotokoll eingespielt werden, deren Platzierung sich metakommunikativer Aushandlung entzieht.

Natürlich können Handlungssequenzen mit Beitragssequenzen zusammenfallen. Da allerdings kein systematischer Zusammenhang zwischen der Realisierung von Handlungseinheiten bzw. Handlungsmusterpositionen und dem Zuschnitt und der Abfolge von Chat-Beiträgen angenommen werden kann, ist selbst in solchen Fällen eine Unterscheidung in der Redeweise beizubehalten. Letztlich können Beitragsabfolgen im Verlaufsprotokoll, deren einzelne Beiträge handlungssequenziell aufeinander passen, sogar (einfach deshalb, weil sie zufälligerweise nacheinander angezeigt werden) Handlungssequenzen suggerieren, die in Wirklichkeit so von den Kommunikanten gar nicht intendiert waren. Bei rein mitschnittsbasiertem Vorgehen (insbesondere dann, wenn die Mitschnitte keine Timestamps als zusätzliche Anhaltspunkte für die Entwicklung der Verlaufsprotokolle enthalten) muss man sich in Einzelfällen damit begnügen, nicht mit letzter Sicherheit entscheiden zu können, ob es sich bei einer vermeintlich regulären Beitragsabfolge tatsächlich um die Repräsentation einer entsprechenden Handlungssequenz handelt. An Bsp. 420-2 in Kap. 4.2 konnte unter Hinzuziehung zusätzlicher Daten zu den Teilnahmeaktivitäten der Kommunikantin *briha* beispielsweise gezeigt werden, dass eine vermeintliche *GRUSS–GEGENGRUSS*-Sequenz in Wirklichkeit eine zufällige Abfolge zweier voneinander unabhängig realisierter Grußinitiativen darstellte. Viele solcher in Garcia & Jacobs (1999) als „phantom adjacency“[106] bezeichneter Fälle lassen sich durch Analysen des Kontexts klären – etwa dadurch, dass nach einer vermeintlichen Antwort in der Folge ein weiterer Beitrag existiert, der propositional viel besser auf die gestellte Frage passt (wie z.B. in Beispiel 454-3), oder dadurch, dass ein vermeintlich reguläres Beitragspaar in der Folge von den Kommunikanten durch metakommunikative Thematisierung als unbeabsichtigt herausgestellt wird.

Beispiel 454-3: Ausschnitt aus einer 1:1-Chat-Beratung:[107]

	1	15:52:42	**Berater**	wie sieht denn die krise in der familie bei dir aus?
	2	15:53:08	**Ratsuchender**	meine ma redet nicht mit meinemdad und andersrum
	3	15:53:22	**Ratsuchender**	mein bruder redet nicht mit ihnen und andrsrum
	4	15:53:37	**Ratsuchender**	ich rede wenig mit ihnen und sie gar nicht
	5	15:53:50	**Ratsuchender**	meine eltern wollen sich scheiden
→	6	15:54:01	**Berater**	darf ich fragen, wie alt du bist?
→	7	15:54:03	**Ratsuchender**	meine mutter is hysterisch
→	8	15:54:06	**Ratsuchender**	12

---

106 Garcia & Jacobs (1999: 354) beschreiben das Phänomen der „phantom adjacency“ wie folgt:

> We use the term *phantom adjacency pairs* to refer to pairs of utterances that look like adjacency pairs in the posting box but are actually not adjacency pairs. At times these misplaced messages are obvious to participants and analysts, but coincidental correspondences between adjacent messages sometimes give the impression that they were intended to be placed there.

In Anbetracht der vorgetragenen Skepsis gegenüber einer Übernahme konversationsanalytischer Kategorien zur Beschreibung der Chat-Organisation werde ich den Begriff der „phantom adjacency“ (oder zu Deutsch „Phantomadjazenz“) in dieser Arbeit nicht übernehmen; das damit bezeichnete Konzept umschreibe ich unter Vermeidung der Kategorie des Adjazenzpaares als *vermeintliche Korrespondenz von (medialer) Beitragssequenz und unterliegender Handlungssequenz*. Dies ist zwar kein kompaktes Etikett wie „phantom adjacency pair“, trennt dafür aber die Handlungsebene strikt von der (arbiträren) Anordnung von Chat-Beiträgen im Bildschirmverlaufsprotokoll.

107 Das Beispiel entstammt einem Mitschnitt aus dem Berliner Modellprojekt „Psychosoziale Hilfe online“ (vgl. van Eckert 2005); die Teilnehmernamen der beteiligten Kommunikanten wurden anonymisiert.

4.5.4.5 Einheiten auf der Ebene der individuellen Chat-Teilnahme-Aktivitäten: *Produktionseinheiten* und *Kontributionsprojekte*

Auf der Ebene der individuellen Chat-Teilnahme-Aktivitäten korrespondiert dem, was nach erfolgter Verschickung in Form von *Beiträgen* im Verlaufsprotokoll zur Darstellung gelangen kann, die Kategorie der *Produktionseinheit.* Im Gegensatz zum Chat-Beitrag, der nach Verschickung, Aufbereitung durch den Server und Übermittlung an die Adressatenrechner als mediale Repräsentation des Produktions-Outputs des betreffenden Urhebers im Verlaufsprotokoll zur Darstellung gelangt und der als *statisch* und *nicht mehr revidierbar* zu gelten hat, ist das fundamentale Charakteristikum der Produktionseinheit ihr Entwurfscharakter. Produktionseinheiten sind „work in progress": Sie umfassen all das, was ein Teilnehmer zu Zwecken der Realisierung eines Handlungsplans in seinem Texteingabeformularfeld eingibt bzw. an Textüberarbeitungen ausführt. Solange keine Verschickungshandlung ausgeführt wurde, hat der in Produktion befindliche Text „Werkstückcharakter", er kann überarbeitet oder auch wieder verworfen werden. Auch ist die Produktionseinheit, solange noch keine Verschickungshandlung ausgeführt wurde, noch nicht darauf festgelegt, ob sie nach ihrer Fertigstellung *en bloc* – d.h. zur Darstellung als *ein* Chat-Beitrag – an den Server übermittelt wird, oder ob während ihrer Erarbeitung durch mehrfache Ausführung von Verschickungshandlungen jeweils Teilstücke zur Darstellung in Form von Einzelbeiträgen übermittelt werden, die insgesamt (Splitting-Strategie) *eine* zusammenhängend produzierte „Äußerung" konstituieren. Wird keine Splitting-Strategie angewandt, so kann die Erarbeitung der Produktionseinheit auch diskontinuierlich erfolgen, sprich: von Rezeptionsphasen unterbrochen sein. Solange keine Verschickung oder ein offensichtliches Verwerfen des der in Produktion befindlichen Einheit unterliegenden „Äußerungsprojekts" erfolgt, kann das Projekt als nach wie vor „in Arbeit" betrachtet werden.

Der Normalfall einer Produktionseinheit ist derjenige, dass nach Ausführen einer Verschickungshandlung oder nach vollständiger Leerung des Texteingabeformularfelds (durch Löschen) neu mit der Realisierung eines Textentwurfs begonnen wird. Die Produktionseinheit reicht dann – mit möglichen zwischengeschalteten Revisions- oder auch Rezeptionsphasen – bis zu demjenigen Zeitpunkt, an welchem sie entweder verschickt oder das Eingabefeld vollständig geleert wird. Eine Produktionseinheit kann im Falle von Korrekturen und Überarbeitungen im Zuge ihrer Erarbeitung mehrere unterschiedliche Entwurfsstadien aufweisen. Das finale Entwurfsstadium ist erreicht, wenn keine weitere Ergänzung, Überarbeitung oder Korrektur mehr erfolgt. Dieses finale Entwurfsstadium entspricht dann entweder material dem Inhalt des zunächst von dem betreffenden

Teilnehmer im Bildschirmverlaufsprotokoll angezeigten Beitrags (im Falle der Ausführung einer Verschickungshandlung) oder bleibt – im Falle einer Löschung – ein unveröffentlichter und damit *privater* (weil für die Partner nicht sichtbarer) Entwurf.

Eine besondere Ausprägung weisen Produktionseinheiten im Falle der Anwendung von *Splitting-Strategien* auf.[108] In solchen Fällen fällt vor Beginn der Produktion eine Entscheidung, die betreffende Produktionseinheit im Modus einer sukzessiven fragmentarischen Veröffentlichung ins laufende Kommunikationsgeschehen einzuspielen. Die Erarbeitung der Produktionseinheit im Texteingabeformular der Chat-Benutzeroberfläche erfolgt in solchem Fall kontinuierlich, zwischengeschaltete Rezeptionsphasen dürften eher die Ausnahme sein (da Unterbrechungen der Produktion den Erfolg der Strategie gefährden würden); Überarbeitungen und Korrekturen sind aber möglich.

Auf der Ebene der Organisation der individuellen Beteiligung an der Prozessierung des Kommunikationsgeschehens liegt der Produktionseinheit ein *Kontributionsprojekt* zugrunde. Dieses Kontributionsprojekt umfasst all das, was der betreffende Teilnehmer zur Verwirklichung eines Handlungsplans bei Aufnahme der Produktionsaktivität zu versprachlichen intendiert. Das Kontributionsprojekt umfasst den Handlungsplan, der aktuell zur Versprachlichung und Eingabe in das Texteingabeformularfeld vorgesehen ist, plus Spezifikationen bezüglich des Modus, der für die Realisierung gewählt wird. Zum Realisierungsmodus rechne ich einerseits Vorentscheidungen darüber, ob das Projekt in Form *eines* oder in einer Sequenz aus *mehreren* Beiträgen an den Server übermittelt werden soll. Diese Entscheidung muss deshalb bereits vor Beginn der Produktion fallen, da im Falle der Anwendung einer Splitting-Strategie während der Produktion darauf geachtet werden muss, Punkte in der Struktur der Produktionseinheit anzuvisieren, die sich als Nahtstellen zwischen aufeinander folgenden Beiträgen eignen. Zum Realisierungsmodus rechne ich darüber hinaus Vorentscheidungen z.B. darüber, ob bei der Erarbeitung des betreffenden Textentwurfs im Texteingabeformularfeld in Anbetracht der aktuellen Dynamik des Verlaufsprotokolls oder unter Einfluss sonstiger kontextueller Faktoren die Vermeidung von Tippfehlern oder die Beachtung orthographischer Normen (z.B. die Großschreibung von Substantiven) penibel eingehalten, lax gehandhabt oder konsequent ignoriert werden sollen.

Eine Produktionseinheit muss ein Kontributionsprojekt nicht vollständig umsetzen – vielmehr kann eine (z.B. kontextbedingte) Änderung des Handlungsplans zur Aufgabe der Versprachlichung eines aktuellen

108 Zu Splitting-Strategien vgl. ausführlich S. 245-253 u. S. 261-264.

Kontributionsprojekts führen. Die Produktionseinheit repräsentiert dann nur einen Teil des Kontributionsprojekts. Beispiel 454-4 zeigt einen solchen Fall. Ebenso kann eine Produktionseinheit ein Kontributionsprojekt zwar vollständig (als Textentwurf) umsetzen, das Kontributionsprojekt bleibt aber als Ganzes unverwirklicht, weil nach Abschluss der vollständigen textuellen Repräsentation des Projekts (z.B. kontextbedingt) eine Entscheidung zugunsten eines Verwerfens des Vorhabens fällt und der finale, vollständige Entwurf nicht abgeschickt, sondern vollständig gelöscht wird. Dieser Fall liegt in Beispiel 454-5 vor. Im Falle von Kontributionsprojekten mit Splitting-Strategie ist denkbar, dass die Produktionseinheit das Projekt nur zum Teil umsetzt und das Projekt zum Teil verwirklicht wird – es wurden dann eine Reihe von Splitbeiträgen (mindestens einer) verschickt, die auf mehrere Beiträge konzipierte Beitragssequenz wurde jedoch (ebenfalls z.B. kontextbedingt) nicht vollendet. Beispiel 454-6 zeigt eine Sequenz zweier aus Anwendung einer Splitting-Strategie hervorgegangener Beiträge im Mitschnitt, deren Realisierung – vermutlich verursacht durch das Bemerken der mittlerweile neu im Verlaufsprotokoll eingetroffenen Beiträge der Beraterin – abgebrochen wurde. Dem zweiten Teil der Splitting-Sequenz folgt zwar ein weiterer Beitrag derselben Produzentin nach, dieser Beitrag ist jedoch eindeutig nicht mehr Teil der Realisierung desselben Projekts.

In die Begrifflichkeit des informationsverarbeitenden Rezipienten/Produzenten-Systems übersetzt (vgl. Kap. 4.3), handelt es sich bei den *Kontributionsprojekten* um den *Protoinput*, der von der Zentralen Exekutive bereitgestellt wird, zuzüglich verschiedener Spezifikationen bezüglich der *Einstellung der Hilfssysteme* (letzteres entspricht denjenigen Festlegungen, die ich als *Realisierungsmodus* bezeichnet habe). *Produktionseinheiten* in ihrem jeweils letzten Entwurfsstadium stellen die Ergebnisse der entsprechenden *Enkodierungsprozesse* dar; mit Ausführung von Verschickungshandlungen werden diese Enkodierungsprodukte dann zu *System-Outputs* (*Chat-Beiträgen*). In Beispiel 454-4 liegt, systembegrifflich ausgedrückt, eine Divergenz vor zwischen dem Ergebnis der Enkodierung und dem Protoinput: Der erzeugte Text deckt das, was ursprünglich zur Enkodierung vorgesehen war, nicht vollständig ab. In Beispiel 454-5 konvergiert zwar das Enkodierungsergebnis mit dem Protoinput, allerdings wird damit keine Stelloperation ausgeführt; vielmehr wird – vermutlich verursacht durch ein zwischen dem Ende des Enkodierungsprozesses und dem anvisierten Operationszeitpunkt ausgeführtes erneutes „Messen“ des IST-Standes der relevanten Umweltfaktoren und eines entsprechenden Updates der Fokusinformation – auf die Ausführung einer Stelloperation auf Grundlage des hier enkodierten Protoinputs verzichtet und kein entsprechender System-Output nach außen gegeben. In Beispiel 454-6 wird eine Stelloperation diskontinuierlich, d.h. in einer Sequenz von Output-Fragmenten, ausgeführt. Der Enkodierungsprozess erzeugt zunächst nur eine Teilrepräsentation des Protoinputs, diese wird herausgegeben und anschließend mit der Erzeugung des linear zweiten nachfolgenden Teils der Repräsentation fortgefahren. Dieser Wechsel aus Enkodierungsprozess und Veräußerung erfolgt im Idealfall so lange, bis die Enkodierung als Ganze abgeschlossen ist und durch Veräußerung der einzelnen Fragmente die Stelloperation als Ganze ausgeführt werden konnte. Im Beispiel bricht der Output jedoch mit dem zweiten veräußerten Fragment ab, die Ausführung der entsprechenden Stelloperation wurde während ihrer Versprachlichung aufgegeben.

Beispiel 454-4: Offensichtliche Divergenz von Produktionseinheit und zugrunde liegendem Kontributionsprojekt: Informelle Beschreibung einer Sequenz aus einem Chat-Teilnahme-Ereignis auf Basis von Daten zur Manipulation der Benutzeroberfläche am Bildschirm und zum Blickrichtungsverhalten (Ausschnitt aus einer chatbasierten Experten-Fragestunde zum Thema „eBay und Online-Auktionen"):

Eintreffen neuer Beiträge im Bildschirmverlaufsprotokoll	Teilnahmeaktivitäten (Bildschirmaktivitäten und Blickrichtungsverhalten) des Teilnehmers *mage*
	13:17:58–13:18:02 *Texteingabe:* ich hatte mal einen Fall, wo ich
13:18:01 **bsommer:** @mage: Das kommt darauf an, wie viele Bewertungen der eBayer insgesamt schon hat.	
	13:18:03–13:18:04 *Blick aufs Bildschirmverlaufsprotokoll und Pupillenbewegung in Textverlaufsrichtung*
	13:18:04 *Löschen:* ~~ich hatte mal einen Fall, wo ich~~ → *Eingabeformularfeld komplett geleert*

Beispiel 454-5: Offensichtliche Konvergenz von Produktionseinheit und zugrunde liegendem Kontributionsprojekt, die Produktionseinheit wird jedoch nicht als Chat-Beitrag realisiert, sondern nach der Eingabe wieder aus dem Eingabeformularfeld gelöscht: Informelle Beschreibung einer Sequenz aus einem Chat-Teilnahme-Ereignis auf Basis von Daten zur Manipulation der Benutzeroberfläche am Bildschirm (Ausschnitt aus einer chatbasierten Experten-Fragestunde zum Thema „eBay und Online-Auktionen“):

Eintreffen neuer Beiträge im Bildschirmverlaufsprotokoll	Teilnahmeaktivitäten (Bildschirmaktivitäten und Blickrichtungsverhalten) des Teilnehmers *mage*
13:52:28 **mage:** Schlussfrage: Kann es sein, dass man durch ebay auch mal Produkte erwirbt, die man sonst gar nicht wirklich braucht?	[…]
[…]	
13:52:47 **chre:** @mage: sicher, Du nicht?	
13:52:53 **bsommer:** @mage: Aber klar. ;-) **mage:** ;-)	
	13:52:56–13:53:08 *Texteingabe:* Aber ich tus eigentlich nicht nur um des Bietens willen.
13:52:06 **bsommer:** Billige Preise verleiten zum Bieten, auch wenn man das Zeug nicht braucht. ;-)	
	13:53:08–13:53:12 *Blick aufs Bildschirmverlaufsprotokoll, dazwischen zwei kurze Blicke auf das Texteingabeformularfeld*
	13:53:14 *Löschen:* ~~Aber ich tus eigentlich nicht nur um des Bietens willen.~~ → *Eingabeformularfeld komplett geleert*

Beispiel 454-6: Kontributionsprojekt im Splitting-Modus (Beiträge 3 und 7): Die Splitting-Sequenz bricht unvermittelt ab, das zugrunde liegende Kontributionsprojekt ist somit (zumindest im Bildschirmverlaufsprotokoll) nicht vollständig verwirklicht; ob das Kontributionsprojekt zumindest im Texteingabeformularfeld – als Produktionseinheit – vollständig umgesetzt (d.h. enkodiert) wurde (also ein weiteres, die Splitting-Sequenz beschließendes Textstück möglicherweise vollständig eingegeben und dann aber wieder gelöscht wurde), muss offen bleiben, da das betreffende Chat-Ereignis nur in Form eines Mitschnitts dokumentiert ist (Bildschirmdaten liegen hier – im Gegensatz zu den Sequenzen in den Beispielen 454-4 und 454-5 – nicht vor; die Sequenz entstammt einer 1:1-Beratung im psychosozialen Bereich, die Ratsuchende ist eine Studentin mit Prüfungsangst):[109]

	(1) 16:58:01	**Beraterin:**	Doch ich denke, das ist trotzdem kein Grund, deine eigenen Dinge zu vernachlässigen!
	(2) 16:58:11	**Ratsuchende:**	ich bekomme zwar auch schöne Geschenke, aber ich finde sie übertreiben, meine Eltern das mit den Kindern meiner Schwester. Es gibt viele Familien, die mehrere Kinder haben und die leben VIEL viel schlechter
→	(3) 16:58:43	**Ratsuchende:**	nein natürlich nicht, aber das beschäftigt mich halt ständig, da ich auch 2-3 mal bei meinen Eltern bin, wei lich da jobbe
	(4) 16:59:15	**Beraterin:**	Das klingt ziemlich kompliziert. Da ist dann schwer, sich abzugrenzen.
	(5) 16:59:39	**Beraterin:**	ich empfehle dir sehr, dir für beide Probleme Unterstützung zu holen!
	(6) 16:59:56	**Beraterin:**	Wir müssen hier nämlich gleich aufhören!
→	(7) 17:00:05	**Ratsuchende:**	und meine ältere Schwester ruft mich auch nur noch an, damit ich den Babysitter spiele oder mit ihr und den Kindern was unternehme, aber nicht mehr so von Schwester zu Schwester, das finde ich auch schade . Da verstehen mich und meine jüngere Schwest
	(8) 17:00:33	**Ratsuchende:**	meinen sie dass ich echt nur eifersüchtig bin?

109 Vgl. zu diesem Beispiel auch Kap. 4.3.3. Eine ausführlichere Analyse der Sequenz findet sich in Beißwenger (2005: 75f.).

4.6 Zwischenfazit: Chatten als individuelle Situationsbewältigung

Als Quintessenz aus den in Kapitel 4 angestellten Überlegungen lassen sich zwei Thesen zur Organisation chatbasierter Interaktion formulieren:

(1) Aufgrund der Individualisierung der Wahrnehmung der zeitlichen Struktur chatbasierter Kommunikationsereignisse stellt sich den Kommunikanten-in-actu als zentrale Herausforderung die *individuelle Situationsbewältigung*. Diese muss jeweils sukzessive auf Basis punktuell eingeholter, individueller „Updates" über den Stand der Interaktion und in Abgleich mit den dadurch in Bezug auf die individuellen Handlungsziele veränderten kontextuellen Rahmenbedingungen erbracht werden.

(2) *Koordination* im Sinne eines interaktionsbegleitenden Abgleichs von partnergerichteten Beeinflussungszielen und individuellen Tätigkeitswünschen erfolgt im Chat (mit Ausnahme metakommunikativer Aushandlung) nicht gemeinschaftlich zur Laufzeit, sondern ist als ein *individuelles Projekt* aufzufassen: Jeder Beteiligte richtet sein individuelles Agieren jeweils nach dem von ihm für aktuell erachteten Stand des Kommunikationsverlaufs aus und versucht dadurch, dass er relativ zu diesem individuell kognizierten aktuellen Stand kooperativ *re*-agiert, jeweils lokal mit seinem zunächst realisierten Kontributionsprojekt erfolgreich zu sein.

Die beiden Thesen sollen in den folgenden Abschnitten zusammenfassend zu den vorangegangenen Kapiteln 4.1-4.5 kurz erläutert werden. In Kap. 6 werden sie im Rahmen einer Fallstudie empirisch unterfüttert.

4.6.1 Individualisierung der zeitlichen Ereignisstruktur und Kommunikationsteilhabe

In diesem Kapitel wurde dafür argumentiert, *Chatten* (d.h. die produktive und rezeptive Teilhabe an chatbasierten Kommunikationsprozessen) zuvorderst als eine Form der individuellen Situationsbewältigung zu betrachten, deren Zweck zwar in einer gemeinsamen Bearbeitung kommunikativer Aufgaben besteht, die aber, was die Mitwirkung der einzelnen Beteiligten an der Ausformung der entsprechenden Kommunikationsereignisse anbetrifft, auf einer hochgradig individuell hergestellten Kommunikationswahrnehmung und einer entsprechenden Planung der weiteren individuell zu realisierenden Schritte basiert. Es wurde vorgeschlagen, Chat-Ereignisse nicht per se zu modellieren, sondern vielmehr das Chat-Ereignis (also das, was die einzelnen Kommunikanten in ihrer Kommunikationsteilhabe durch Orientierung auf die Bearbeitung der gemeinsamen Aufgabe und auf die Herstellung von Verständnis und Verstehen verbindet) als eine Reihe individueller *Teilnahme*-Ereignisse aufzufassen, die lediglich vermittelt über ein Bildschirmverlaufsprotokoll miteinander verknüpft sind, wobei der rezeptive Abruf der im Verlaufsprotokoll schriftlich vorgehaltenen Beiträge individuell erfolgt und an keine interpersonal geteilte zeitliche Struktur gebunden ist.

Herausgestellt wurde in diesem Zusammenhang, dass die Chat-Kommunikation zwar eine signifikante Nähe zu mündlichen Diskursen aufweist – die Beteiligten sind synchron kommunikativ verfügbar, sie ist dialogisch und zielt auf aktuale Verständigung im zeitlichen Nahbereich –, dass sie in anderer Hinsicht jedoch auch in charakteristischer Differenz zum mündlichen Diskurs steht. Zu nennen sind hier insbesondere:

(i) die spezifisch *textuelle* Prozedur für die Produktion und Übermittlung von Kommunikaten, die zu einer punktuellen anstatt in linearer Sukzession erfolgenden Materialisierung von sprachlichen Äußerungen im Verlaufsprotokoll als dem „Kontaktmedium" sowie zu einer Entkoppelung der Versprachlichung von Handlungsplänen von ihrer materialen Verfügbarmachung für die Partner und anvisierten Adressaten führt;

(ii) die *mediale Schriftlichkeit* des Bildschirmverlaufsprotokolls: Die Kenntnisnahme und Verarbeitung neuer Information erfolgt über den Bildschirm als ein *Augenmedium*, das die von ihm transportierten Inhalte für visuellen Abruf bereithält anstatt sie – wie in mündlicher Kommunikation – direkt den Perzeptionsorganen der Partner zuzuspielen; die Konsequenz ist eine Entkoppelung der Verfügbarkeitszeitpunkte von Kommunikationsbeiträgen von den Zeitpunkten des rezeptiven Zugriffs auf sie und ihrer Verarbeitung.

Die Übermittlung von Kommunikaten (im Sinne der Zustellung vom „Sender" zum „Empfänger") erfolgt in der Chat-Kommunikation aufgrund des zweitgenannten Charakteristikums im „Pull"-Verfahren; eine Verarbeitung von Verhaltensäußerungen der Partner zur Laufzeit ihrer unmittelbaren Hervorbringung ist aufgrund des Zusammenspiels der beiden benannten Charakteristika ausgeschlossen. Da neue Beiträge somit erst dann von den Kommunikanten wahrgenommen werden, wenn diese ihre Aufmerksamkeit das nächste Mal auf ihre Bildschirmverlaufsprotokolle richten, und da der Zeitpunkt des Beginns der Realisierung von Handlungsplänen (t_1), der Zeitpunkt der Verfügbarkeit des betreffenden Kommunikats im Bildschirmprotokoll (t_2) und der Zeitpunkt seiner Rezeption (t_3) einander nachgeordnet sind und alle drei Zeitpunkte (in ihrer

Gesamtheit) weder vom Produzenten noch von den Adressaten eindeutig zeitlich verortet oder zumindest anvisiert werden können, wurde als ein zentrales interaktionsdeterminierendes Charakteristikum der Chat-Kommunikation herausgestellt, dass *die Beteiligten zwar synchron auf die Teilhabe an der Kommunikation orientiert sind, allerdings keine interpersonal identisch wahrgenommene zeitliche Ereignisstruktur teilen.* Ein ‚Jetzt' im Sinne einer vollständig synchronisierten Orientierung auf die zeitliche Abfolge der auf Kommunikationsteilhabe gerichteten Aktivitäten aller Beteiligten existiert nicht. Auch lässt sich keine „objektive" zeitliche Ereignisstruktur für Chat-Ereignisse angeben, die – als eine Art „kleinster gemeinsamen Nenner" – diejenigen Ereigniszeitpunkte umfasst, die für die einzelnen Beteiligten identisch sind (eine Gleichzeitigkeit der Wahrnehmung bestimmter Ereignisse beruht, wenn sie vorkommt, auf Koinzidenzen, kann aber nicht als systematisch gegeben angenommen werden); vielmehr gibt es lediglich das Bildschirmverlaufsprotokoll, dessen Einheiten bei Idealfunktionieren der Infrastruktur zu einigermaßen gleichen Zeitpunkten auf die Schirme kommen. Dieses Protokoll bildet jedoch lediglich die *Verarbeitungsgrundlage*; die Zeitpunkte des Eintreffens neuer Beiträge in ihm besagen noch nichts darüber, wann die Beiträge von den einzelnen Kommunikanten zur Kenntnis genommen werden. Der zeitlich-strukturelle Bezugsrahmen eines Chat-Ereignisses lässt sich daher bestenfalls angeben als eine Abfolge von Verfügbarkeitszeitpunkten von Beiträgen in den Bildschirmverlaufsprotokollen. Mehr als die Bildschirmverlaufsprotokolle, in denen die Beiträge jeweils immer in ungefähr gleichzeitig verfügbar (d.h.: zur Rezeption abrufbar) sind, teilen die Kommunikanten nicht unmittelbar.

Aufgrund der oben benannten Charakteristika hängt das Bildschirmprotokoll zeitlich stets dem hinterher, was die Beteiligten in Wirklichkeit zu einem bestimmten Zeitpunkt tun. Wenn ein Produkt eines Teilnehmers neu im Protokoll angezeigt wird, ist dieses Produkt für den Adressaten (vorausgesetzt, er blickt gerade aufs Protokoll) aktuell eine neue, potenziell zu verarbeitende Information; zugleich bedeutet die Verfügbarkeit dieses Produkts, dass sein Produzent aktuell schon *nicht mehr* mit dessen Produktion befasst ist (die ihm unterstellte „Produzentenrolle" – es sei denn, er produziert unmittelbar anschließend erneut einen Beitrag – also möglicherweise schon gar nicht mehr einnimmt). Die Zuschreibung diskursiver Qualität zu Kommunikationsbeiträgen erfolgt somit immer im Nachhinein und – technologiebedingt – über ein Beitragsarchiv, das die Ergebnisse der zuvor von den einzelnen Kommunikanten (als Produzenten) ausgeführten Produktionshandlungen vorhält.

In Anbetracht der hochgradig individualisierten zeitlichen Ereignisstruktur sowie der Tatsache, dass der andere zwar synchron präsent, aber nie simultan (und überdies nur über das, was er in schriftlicher Enkodierung von sich gibt) in seinen Verhaltensäußerungen erfahrbar ist, erscheint es für ein Verständnis der Besonderheiten der Kommunikations*teilhabe*situation beim Chatten als nahe liegend, einzelne Chat-*Teilnehmer* (als *integrierte Rezipienten/Produzenten*) zu modellieren. Als gut geeignet, um eine Vorstellung von den besonderen Herausforderungen bei der Chat-Teilnahme zu gewinnen und die Aktivitäten einzelner Teilnehmer zu beschreiben, erscheinen hier Modelle, die Individuen als informationsverarbeitende Systeme auffassen, die in beständigem Abgleich mit ihrer Umwelt die diagnostizierte „Situation" dahingehend zu regulieren versuchen, dass deren diagnostizierter Zustand weitgehend mit im System repräsentierten Sollzuständen zur Deckung kommt. In Anlehnung an das Mannheimer Regelkreismodell der Sprachproduktion wurde hierzu in Kap. 4.3 ein *integriertes Rezipienten/Produzenten-Modell der Chat-Teilnahme* skizziert. Ein solches individuenzentriertes Modell kann zwar die Faktoren, die auf die Gestaltung wechselseitigen Austauschs und auf die Herstellung von Verständnis und Verstehen wirken, nicht in gleichem Maße beschreiben wie dyadische Modelle interpersonaler Kommunikation – dazu fehlt im Modell der gleichgestellte zweite Akteur. Ein Partner ist zwar in Form eines im System implementierten Partnermodells vorhanden, wird aber nicht als unabhängig agierende Größe modelliert. Weitere Input verarbeitende und Output generierende Einheiten (Akteure) lassen sich – ebenfalls wiederum als sich mit ihrer Umwelt (zu der dann wiederum die anderen R/P-Systeme zählen) auseinandersetzende Systeme – zwar hinzudenken, doch auch diese werden letztlich wiederum individuenzentriert betrachtet; das, was sich *zwischen* den einzelnen Akteuren abspielt und erst unter Mitwirkung der Partner (und damit als „Gemeinschaftsprojekt") kommunikativ ausgearbeitet wird (in Face-to-face-Kommunikation z.B.: evaluatives Feedback zur Laufzeit der Sprecheräußerung, der *Turn* als interaktives Produkt), bleibt zunächst unterbelichtet. Dies liegt in der Natur des Modells und wurde an systemtheoretischen Modellierungen der Sprachproduktion bisweilen auch kritisiert.

Für die Modellierung von Chat-*Teilnahme*-Ereignissen hingegen (die wohlgemerkt, und wie hervorgehoben wurde, nicht mit Chat-Ereignissen gleichzusetzen sind) erscheinen solche Ansätze jedoch in besonderer Weise geeignet. Das Chat-*Teilnahme*-Ereignis ist ja in Anbetracht der fundamentalen Unterschiede der Chat-Kommunikation gegenüber mündlichen Diskursen gerade durch eine charakteristische Individualisierung der Planung und Ausführung von auf Kommunikationsteilhabe gerichteten Aktivitäten gekennzeichnet; weiterhin wirken die kommunikativen Koakteure mit ihren partnerbezogenen Aktivitäten nicht unmittelbar auf den anvisierten Adressaten und dessen Aktivitäten, sondern nur mittelbar (über ihre sprachlichen Produkte im Bildschirmverlaufsprotokoll) und auch erst zu demjenigen Zeitpunkt, zu welchem der betreffende Adressat das nächste Mal in den Rezeptionsmodus wechselt und sich über eine Verarbeitung neuer Bildschirminhalte ein Update seines mentalen Kommunikationsprotokolls erarbeitet. Denkt man die in den beiden o. a. Charakteristika angelegten Besonderheiten konsequent zu Ende, so erweist sich die Chat-Teilnahme in der Tat als eine hochgradig individuell organisierte Form der Auseinandersetzung des Individuums mit dem, was ihm seine kommunikative Umwelt an Input bereitstellt. Wann das Individuum auf diesen Input zugreift, wie es mit ihm umgeht und wie es sich in seinen eigenen aktuell verfolgten Plänen von diesem Input beeinflussen lässt, unterliegt nur geringfügig der Einflussmöglichkeit der Partner und ist für diese auch kaum antizipierbar.

Zusammenfassend lässt sich These (1) wie folgt ausformulieren:

(1) **Chatten bedeutet für die einzelnen Kommunikanten *individuelle Situationsbewältigung*.** Die Partner sowie die globale kommunikative Zwecksetzung spielen dabei zwar eine Rolle, und Kooperativität bildet die Grundlage für die Planung der individuellen Kommunikationsteilhabe; aufgrund der zeitlichen Individualisierung der kognizierten Ereignisstruktur, der nicht kontinuierlichen, sondern lediglich punktuellen Rezeption neuer Kommunikationsbeiträge sowie der sich zeitlich nicht linear entwickelnden, sondern punktuellen Materialisierung von Kommunikationsbeiträgen auf den Bildschirmen stellt sich der Kommunikationsverlauf dem einzelnen Kommunikanten nicht als ein sich kontinuierlich entwickelnder Prozess dar, sondern (relativ zu Abfolge und Länge der individuellen Rezeptionsphasen) als eine Abfolge von „Updates" zum jeweils aktuellen Stand des Kommunikationsverlaufs. Die Situation (d.h. der Komplex aus individuell anvisierten Handlungszielen, mentalem Kommunikationsprotokoll, Partner- und Selbstmodellen sowie Wissen zu sonstigen potenziell Einfluss nehmenden Umgebungsfaktoren) stellt sich somit als jeweils punktuell durch neuerliche Rezeption diagnostizierte Konstellation dar, die in spezifischer Ähnlichkeit oder Unähnlichkeit zur zuletzt (d.h. im Rahmen einer vorangegangenen Rezeptionsphase) kognizierten Situationsrepräsentation steht. Die „Zwischenzeit" zwischen zwei „Situations-Updates" und das, was sich in ihr ereignet, wird nicht inklusive der zeitlichen Abfolge der betreffenden Ereignisse erfahren, sondern im Zuge des nächsten „Situations-Updates" als fixierte graphische Abfolgestruktur auf dem Informationsträger wahrgenommen und als solche verarbeitet. Die individuelle Handlungsplanung wird dann auf diesen Zustand und seine mediale Faktizität hin ausgerichtet; Einflussnahme auf einmal ins Protokoll Gelangtes ist nicht mehr möglich, da mit der Veröffentlichung von Chat-Beiträgen diese vom Prozessscha-

rakter ihrer Produktion in einen irreversiblen Produktzustand auf einem temporären Speichermedium übergehen. Einflussnahme auf den Prozess der Beitragsentwicklung ist aufgrund der technologischen Rahmenbedingungen ebenfalls nicht möglich. Der einzelne Kommunikant hat somit immer nur die Möglichkeit, auf bereits faktisch Gewordenes zu *re*-agieren, nicht aber die Option, mit seinen Partnern *direkt* (i.S.v. simultan auf einander bezogen und einander zur Kenntnis gelangend) im Zuge der Hervorbringung von Verhaltensäußerungen zu *inter*-agieren. Der Diskurs entsteht in der Rezeption (Hoffmann 2004) und somit erst in der mentalen Repräsentation des Kommunikationsverlaufs (im Sinne des ‚Kommunikationsprotokolls' im Modell von Herrmann & Grabowski 1994), das heißt, immer erst zeitlich der Hervorbringung der betreffenden Äußerungen nachgeordnet. Auf Partizipation gerichtetes Agieren ist im Chat also stets *Re*-Agieren: Jedwede Ausrichtung auf den kognizierten IST-Stand des Austauschs bzw. auf einen bestimmten als „neu" erkannten Partnerbeitrag ist für denjenigen Partner, der zuletzt die Weiterprozessierung des Kommunikationsverlaufs vorangetrieben bzw. den betreffenden, für „neu" befundenen Beitrag verfasst hat, unter Umständen bereits ein Teil der Vorkommunikation (da er möglicherweise seinerseits bereits wieder mit Aktivitäten befasst ist, die in anderer Weise auf eine Fortführung des Austauschs gerichtet sind). Pointiert formuliert: Der – motiviert durch den aktuell kognizierten „neuen" Stand der Kommunikation – produktiv tätig werdende einzelne Kommunikant kann sich immer erst *nachträglich* mit dem Stand der Interaktion auseinandersetzen. Ein direkter wechselseitiger Abgleich ist nicht möglich, ein tendenzielles „Aneinander-vorbei-Kommunizieren" zweier oder mehrerer Kommunikanten liegt daher, selbst wenn sie dasselbe Thema bearbeiten, aufgrund der versetzten Wahrnehmung des zeitlichen Verlaufs der Interaktion durch die Beteiligten stets im Bereich des Möglichen – eine Ursache dafür, dass Chatten gerade in Kontexten der Wissenskommunikation von den Beteiligten häufig als mühsam empfunden wird; zugleich eine zentrale Herausforderung für die Designer solcher Chat-Systeme und Chat-Szenarien, die eine Herstellung von Verständnis und Verstehen – *trotz* der gegenüber mündlichen Diskursen prinzipiell aufgebrochenen Synchronisation der zeitlichen Ereigniswahrnehmung – möglichst effizient unterstützen sollen.

4.6.2 Koordination als individuelles Projekt

Aus These (1) sowie den beschriebenen fundamentalen Charakteristika chatbasierter Interaktion ergibt sich die Notwendigkeit zu überprüfen, welches Beschreibungsinstrumentarium am ehesten für eine heuristische und analytische Fassung von Kommunikationsprozessen geeignet ist, bei denen der diskursive Charakter von Kommunikaten immer erst in der Rezeption hergestellt wird und bei denen keine interpersonal geteilte Wahrnehmung einer zeitlichen Ereignisstruktur angenommen werden kann.

In 4.5 wurde dargelegt, weshalb es für das Verständnis der interaktionalen Besonderheiten chatbasierter Kommunikation und für eine angemessene Berücksichtigung der Alleinstellungsmerkmale der Chat-Kommunikation gegenüber mündlichen Diskursen als eher hinderlich denn zuträglich erscheint, mit Kategorien wie dem *control of the floor* (Rederecht), *Turn* (Gesprächsschritt), *Turn-taking* (Sprecherwechsel) und *adjacency pair* (Adjazenzpaar, Gesprächsschrittpaar) zu arbeiten, die an mündlichen Diskursen mit einer einheitlich von den Kommunikanten kognizierten zeitlichen Ereignisstruktur entwickelt wurden. Sie auf chatbasierte Kommunikationsprozesse anwenden zu wollen, macht einerseits Reinterpretationen und Modifikationen der Kategorien notwendig, die deren Konzeption letztlich so stark aufweichen, dass in der Konsequenz dann die spezifischen strukturellen Besonderheiten mündlicher Diskurse damit nicht mehr präzise erfasst werden könnten (z.B. die Exklusivität des Rederechts und der sich daraus ergebenden Fundierung von Einheiten mit *Turn*-Status auf eine Legitimation durch die Partner). Überdies rückt die Übertragung der betreffenden Kategorien die Kommunikationsform Chat stillschweigend in eine Nähe zu mündlichen Diskursformen, in welcher die fundamentalen Unterschiede zwischen Chat und mündlichem Diskurs lediglich als Variationen, aber kaum mehr als Alleinstellungsmerkmale erscheinen. Zwar ist, wie verschiedentlich herausgearbeitet wurde, durchaus eine deutliche Nähe der Chat-Kommunikation zum mündlichen Diskurs zu verzeichnen; diese Nähe geht aber nicht so weit, dass die Chat-Kommunikation einfach als eine Spielart des Diskurses ausgewiesen werden kann, auf die alle prototypischen Eigenschaften diskursiver Formen und auch alle entsprechenden diskurslinguistischen Analysekategorien cum grano salis anwendbar sind. Hoffmanns (2004) Konzept der *paradiskursiven Formen* würdigt Gemeinsamkeit und Abgrenzungskriterien textbasierter synchroner Kommunikationsformen in gleicher Weise und macht die Chat-Kommunikation nicht nur namentlich, sondern auch konzeptuell gegenüber prototypischen und derivierten Diskursformen profilierbar.

In 4.5 wurde nicht nur die Ansicht vertreten, dass Beschreibungskategorien, die in ihrer prototypischen Verwendung eine zeitlich und handlungssequenziell lineare Struktur von Interaktionsereignissen voraussetzen, nur ungünstig auf die Analyse von Chat-Ereignissen anwendbar sind; es wurde auch dargelegt, dass diese Kategorien eigentlich nicht notwendig sind, um chatbasierten Austausch zu beschreiben. Voraussetzung, um auf sie verzichten zu können, ist die Zustimmung zur Annahme, dass sich eine „objektiv" gegebene Ereignisstruktur für Chat-Ereignisse aufgrund der Individualisierung der zeitlichen Wahrnehmung des Kommunikationsverlaufs ohnehin nicht angeben lässt, sondern dass das Agieren und Re-Agieren auf wahrgenommene Ereignisse zwar kooperativ und partnerorientiert vonstatten geht, allerdings (mit Ausnahme von Fällen metakommunikativer Aushandlung) ohne einen interpersonal verhandelten Abgleich der eigenen Tätigkeitswünsche mit den Tätigkeitswünschen der Koakteure erfolgt. Anstatt sich zur Laufzeit zu koordinieren (was im Chat nicht möglich ist), werden individuelle Aktivitäten gegebenenfalls immer wieder neu an den wahrgenommenen aktuellen Stand des Bildschirmverlaufsprotokolls angepasst, was sich u.a. in Umarbeitungen von Textentwürfen vor ihrer Verschickung (bis hin zu Fällen vollständigen Verwerfens und Neuproduzierens) niederschlägt. Koordination findet nicht direkt und unmittelbar zwischen den Beteiligten statt, sondern als Ergebnis jeweils punktuell hergestellter Orientierung des Einzelnen auf das ihm angezeigte Bildschirmverlaufsprotokoll.

Zusammenfassend lässt sich These (2) wie folgt ausformulieren:

(2) ***Koordination* erfolgt beim Chatten nicht gemeinschaftlich zur Laufzeit, sondern ist als ein *individuelles Projekt* aufzufassen.** *Koordination* im Sinne eines interaktionsbegleitenden Abgleichs von partnerorientierten Beeinflussungszielen und individuellen Tätigkeitswünschen gründet beim Chatten zwar ebenso wie in mündlichen Diskursen in handlungssemantischer Hinsicht auf konditionelle Relevanzen, die von bestimmten kommunikativen Zügen eröffnet werden, kann aber – sofern nicht metakommunikativ realisiert – nicht zur Laufzeit der Interaktion ausgehandelt werden und generiert daher auch keine zeitlich-lineare Abfolge der Ausübung von Produktionsaktivitäten durch unterschiedliche Kommunikanten. Chat-Ereignisse sind nicht aus *Turns* aufgebaut und werden auch nicht durch den *Turn-taking*-Mechanismus mündlicher Diskurse reguliert. Durchaus aber spielen für die Gestaltung des Austauschs dieselben sprachlichen Handlungsmuster eine Rolle wie in mündlichen Diskursen. Sprachhandlungsmuster sind kulturell eingespielte Formate für die sozial orientierte Problembearbeitung und damit weitgehend unabhängig von den Verfügbarkeitsbedingungen der Kommunikanten (synchron oder

asynchron?), den Grundbedingungen wechselseitiger Wahrnehmung in der jeweils gewählten Kommunikationsform (simultan/Verarbeitung zur Laufzeit der Hervorbringung oder nicht-simultan?) und den Rahmenbedingungen für die erfolgreiche Ausführung individueller Tätigkeitswünsche (Parallele Ausführung gleichgearteter Tätigkeitstypen nicht opportun, weil Gefahr der Ineffizienz für beide Parteien, z.B. beim Durcheinandersprechen? Oder Notwendigkeit einer exklusiven Wahrnehmung bestimmter Tätigkeitstypen vernachlässigbar, weil die verarbeitbare Wahrnehmung der damit hervorgebrachten Äußerungen durch eine technische Prozedur auch dann gewährleistet ist, wenn andere Parteien zur gleichen Zeit gleichgeartete Tätigkeitstypen ausüben?). Die Realisierung einzelner Positionen von Handlungsmustern erfolgt allerdings nicht auf Basis einer Orientierung an Turntaking-Prinzipien, sondern nach aktuellem, individuell kogniziertem Stand des Kommunikationsverlaufs.

Die analytische Auflösung des Chat-Ereignisses in eine Reihe von Chat-*Teilnahme*-Ereignissen mit z.T. unterschiedlicher Zeitstruktur zeigt letztlich chatbasierte Kommunikationsereignisse nicht als Mehrparteiendiskurse mit unmittelbarer wechselseitiger Verständigung, sondern als Ereignisse synchroner Kopräsenz, in welchen mehrere Parteien unter Orientierung auf eine gemeinsame Sache (ein Globalthema oder die Mitwirkung an der Realisierung eines bestimmten Formats sozialer Interaktion) jeweils individuelle Kommunikations*teilhabe*prozesse durchlaufen, in deren Rahmen sie, orientiert jeweils am individuell kognizierten Stand des Bildschirmprotokolls, Kontributionsprojekte (i.S.v. Kap. 4.5.4.5) realisieren, die auf die Gewinnung einer individuellen Resonanz durch die Adressaten zielen. Gibt es in der Folge einen Partnerbeitrag, der individuell als eine solche Resonanz aufgefasst werden kann oder bietet ein anderer Partnerbeitrag Anlass dazu, selbst re-aktiv tätig zu werden, so bieten die betreffenden Beiträge Orientierung für das weitere individuelle Agieren und die Inangriffnahme neuer Projekte. Solange die Kopräsenz der Partner weiter besteht, kann auf diese Weise ein Chat-Teilnehmer auf Grundlage einer Reihe von

- eigenen Initiativen – erhaltenen Resonanzen,
- wahrgenommenen Partnerbeiträgen – eigenen Reaktivprojekten,
- wahrgenommenen Partnerbeiträgen – wahrgenommenen, darauf bezogenen Beiträgen anderer Partner

weitgehend individuell eine Folge an Kommunikationssegmenten spinnen, die insgesamt als ein fortlaufender Diskursprozess erfahren werden, in der Zeitlichkeit ihrer rezeptiven Konstituierung und auch hinsichtlich der Zeitpunkte der darin angelegten individuellen Veranlassungen zum eigenen Handeln aber von den entsprechend kognizierten Diskursverläufen der Partner verschieden und mit Ausnahme der gemeinsamen Verankerung in den Einheiten des Bildschirmprotokolls auch weitgehend unabhängig sind.

Empirische Evidenz für die Plausibilität dieser beiden Thesen zu liefern, ist Gegenstand von Kap. 6. Um Aussagen über die individuelle Gestaltung der Chat-Teilnahme durch einzelne Kommunikanten treffen zu können, bedarf es jedoch zunächst einer kreativen Methode der Datenerhebung, die es erlaubt, Teilnehmeraktivitäten jenseits der Bildschirmverlaufsprotokolle zu dokumentieren und für Analysezwecke aufzubereiten. Kap. 5 beschreibt ein entsprechendes Datenerhebungsdesign sowie ein Transkriptionsformat, mit dem die Daten, die den Untersuchungen in Kap. 6 zugrunde liegen, beschrieben wurden.

5 Multimodale Dokumentation von Chat-Teilnahme-Ereignissen: Datenerhebung und Transkriptionsformat

5.0 Überblick

Dieses Kapitel beschreibt ein Design für die Erhebung und Aufbereitung von Daten zu Chat-Teilnahme-Ereignissen im Handlungsbereich ‚Wissenstransfer'. Auf Basis des im Folgenden beschriebenen Konzepts wurden in den Monaten Dezember 2004 und Januar 2005 in Multimedia-Laboren der Universität Dortmund 18 Chat-Ereignisse mit insgesamt 32 Probanden durchgeführt und – jenseits einer bloßen Archivierung des schriftlich auf dem Server bezeugten Kommunikationsverlaufs – die zugehörigen Chat-*Teilnahme*-Ereignisse mittels Techniken der Videobeobachtung und des Screen Capturing in ihrer multimodalen Ereignishaftigkeit dokumentiert.

In Kap. 5.1 wird zunächst erläutert, was es bedeutet, Chat-Teilnahme-Ereignisse als *multimodale* Ereigniskomplexe aufzufassen, und welche Vorüberlegungen für das Arrangement von Chat-Ereignissen unter Laborbedingungen eine Rolle spielen. Nach einem Überblick über existierende Studien, in deren Rahmen ähnliche Daten erhoben wurden, wird ausführlich dargelegt, welches Diskursszenario für die 18 Chat-Ereignisse gewählt wurde, welche Rahmenbedingungen für ihre Durchführung geschaffen wurden, auf welche Weise die Akquisition und Auswahl der Probanden erfolgte, wie die einzelnen Chat-Termine seitens der Durchführenden vorbereitet wurden und wie das Setting für die teilnehmenden Probanden gestaltet war.

Da sich in der Gesprächsforschung etablierte Transkriptionsformate nicht ohne weiteres auf Daten übertragen lassen, die unter anderem nichtlinear in der Zeit verlaufende Überarbeitungen bereits materialisierter Textteile repräsentieren, wurde für die Aufbereitung und Darstellung der erhobenen Daten zu Analysezwecken ein Tabellenformat entwickelt, welches der Qualität der verschiedenen darin beschriebenen Datentypen (Dynamik des Bildschirmverlaufsprotokolls, Besonderheiten der am Bildschirm sichtbaren Textproduktionsprozesse, Blickrichtungsverhalten der Teilnehmer, ggf. begleitende nonverbale und verbale Äußerungen) angemessen sein sollte und die verschiedenen Datentypen entlang einer Zeitachse synoptisch zueinander in Beziehung setzt. Dieses Format wird in Kap. 5.2 ausführlich beschrieben und anhand von Beispielen erläutert.

17 der nach dem in Kap. 5.1 beschriebenen Design dokumentierten Chat-Teilnahme-Ereignisse wurden anhand der in Kap. 5.2 erläuterten Transkriptionskonventionen aufbereitet. Wie das damit aufgebaute Korpus zur Kommunikationsteilhabe beim Chatten für Einsichten in die Besonderheiten der Sprachhandlungskoordination („Koordination als individuelles Projekt"; vgl. 4.6.2) genutzt werden kann, wird in Kap. 6 im Rahmen einer Fallstudie veranschaulicht. Generell können Datensammlungen dieses Typs jedoch für die Bearbeitung einer ganzen Reihe von Forschungsfragen eine gewinnbringende Ergänzung darstellen – nämlich für all diejenigen Fragen, die sich allein auf Basis von Mitschnittsdaten nicht hinreichend klären lassen. Kap. 5.3 gibt daher eine exemplarische Übersicht über Fragestellungen, für welche dies in Betracht kommen könnte. Die Erhebung und Aufbereitung von Daten zur multimodalen Ereignishaftigkeit der Kommunikationsteilhabe beim Chatten ist zwar sehr aufwändig und kann sicherlich nicht immer und systematisch in Analysen zu interaktionalen Besonderheiten chatbasierter Kommunikation miteinbezogen werden; allerdings wäre es in Bezug auf die in 5.3 gelisteten Fragen sicherlich gewinnbringend, dies zumindest einmal exemplarisch tun zu können, um dadurch bestimmte, rein auf Basis von Mitschnitten nicht befriedigend zu klärende Phänomene mit Aussagen über das, was sich dabei jeweils teilnehmerseitig vor den Bildschirmen abgespielt hat, zu unterfüttern. Für einige der gelisteten Fragestellungen mag das im Rahmen der vorliegenden Arbeit zusammengestellte Transkriptkorpus erste Anhaltspunkte liefern; eine Auswahl an Transkripten steht im Netz zur Verfügung (vgl. Kap. 1).

5.1 Datenerhebung: Beobachtung der Kommunikationsteilhabe beim Chatten

Ziel der Erhebung war es, eine Reihe von Chat-Ereignissen im Handlungsbereich ‚Wissenstransfer' zu arrangieren und die dabei ablaufenden Kommunikationsprozesse durch Anfertigung nicht nur von Mitschnitten, sondern zudem von Video- und Screen Capturing-Aufzeichnungen *multimodal* zu dokumentieren. Im Folgenden (5.1.1) soll zunächst erläutert werden, was in Bezug auf chatbasierte Kommunikation (die ja ausschließlich auf Basis schriftlicher Beiträge realisiert wird) als ‚multimodal' zu verstehen ist und inwiefern multimodale Daten für die Modellierung von Chat-Teilnahme-Ereignissen (i.S.v. Kap. 4.2) und für das Verständnis der spezifischen Besonderheiten bei der Sprachhandlungskoordination in der Chat-Kommunikation (vgl. Kap. 4.6) eine wichtige Rolle spielen können. Da Daten zur Chat-Teilnahme nicht ohne Nutzerbeobachtungen zu gewinnen sind und eine Beobachtung von Chat-Nutzern vor ihren Bildschirmen nur unter Laborbedingungen – und damit in Form einer offenen Beobachtung (i.S.v. Bortz & Döring 2006: 267f.) – möglich ist, muss man sich bei der Erarbeitung eines geeigneten Settings des Problems der Authentizität der zu beobachtenden Ereignisse und Verhaltensäußerungen zumindest bewusst sein. Dass Authentizität im Rahmen offener Beobachtungssituationen unter Laborbedingungen (nicht nur, wenn es um Chat-Kommunikation geht) ohnehin nicht erreicht werden kann, ist klar. Umso mehr muss die Beobachtung kontrolliert erfolgen. Kap. 5.1.2 zeichnet kurz das Problem der Authentizität bei der Erhebung (Beobachtung) von Verhaltens- und Sprachdaten nach (so wie es z.B. in der Konversationsanalyse diskutiert wurde) und stellt entsprechende Überlegungen für die Erhebung von Daten zur Kommunikationsteilhabe beim Chatten an. Kap. 5.1.3 bietet einen Überblick über Arbeiten, in denen mit ähnlichen Daten gearbeitet wurde, die Kap. 5.1.4 bis 5.1.6 geben eine ausführliche Beschreibung der Festlegungen, die für die Gewinnung der Probanden, die Durchführung der Chat-Ereignisse und die Erhebung der Daten getroffen wurden.

5.1.1 Zur multimodalen Struktur von Chat-Teilnahme-Ereignissen

Auf den ersten Blick bietet die internetbasierte Kommunikation für empirisch arbeitende Sprach- und Sozialwissenschaftler paradiesische Verhältnisse: Wo Kommunikation unter Zuhilfenahme von Computermedien stattfindet, die technikgeschichtlich primär als *Speicher*medien konzipiert wurden und erst seit Entwicklung einer leistungsfähigen und plattformübergreifenden Netzwerktechnologie auch als *Kommunikations*medien genutzt werden, lässt sich unter Rückgriff auf die Speicherfunktion des Computers prinzipiell jede digital enkodierte Nachricht mit geringem Aufwand archivieren. Auf diese Art lassen sich (z.B. auf dem Wege einer automatischen oder einer teilnehmend-verdeckten Beobachtung) ohne besondere Hilfsmittel umfangreiche Sammlungen von Chat-Daten für Analysezwecke erheben. Für viele Analysevorhaben (z.B. solche zur sprachlichen Gestaltung von Chat-Beiträgen in Online-Seminaren oder zur Verwendung von Inflektiven in Chat-Angeboten für Fremdsprachenlerner) mögen solche Daten ausreichend sein; die Datengewinnung ist dann gegenüber der Erhebung von Sprach- und Verhaltensdaten nicht-internetbasierter Interaktion tatsächlich erleichtert:

> Die Beobachtung computervermittelter Kommunikations- und Interaktionsprozesse ist dadurch erleichtert, dass medienbedingt eine vollständige Aufzeichnung des interpersonalen Geschehens möglich ist, ohne dass die Beobachteten den Registrierungsprozess bemerken und ohne dass dafür zusätzliche Technik erforderlich wäre [...]. So können wir beispielsweise das öffentliche Verhalten in Mailinglisten, Newsgroups, Chatforen oder Multi User Domains (MUDs) stunden-, tage und wochenlang lückenlos mitprotokollieren. (Bortz & Döring 2006: 268)

Für die Auswahl und Erhebung analyserelevanter Daten scheinen sich der Chat-Forschung bestimmte Probleme daher gar nicht erst zu stellen, die bei der Erhebung von Gesprächsdaten zu Zwecken wissenschaftlicher Analyse eine Rolle spielen:

> Gesprächsdaten sind [...] abzugrenzen gegen schriftliche Kommunikationen: Zwar können auch sie dialogisch und unmittelbar realisiert werden, nämlich in den modernen Formen der elektronischen Kommunikation wie dem „Chat", *sie werfen aber unter dem Gesichtspunkt der Datenerhebung bestimmte Probleme nicht auf – etwa das Problem der aufzuzeichnenden Datentypen oder das „Beobachter-Paradoxon"*. (Schu 2001: 1014; Hervorhebung MB)

Dass das „Beobachter-Paradoxon" bei bestimmten Analyseverfahren (nämlich bei der rein mitschnittsbasierten Chat-Analyse) nicht zwangsläufig eine Rolle spielen muss, wird in Kap. 5.1.2 erläutert. Dass sich ein „Problem der aufzuzeichnenden Datentypen" nicht stellt, trifft jedoch nur dann zu, wenn man davon ausgeht, dass Mitschnitte von Chat-Ereignissen bereits all diejenigen Daten umfassen, die für die Analyse sämtlicher Aspekte chatbasierter Kommunikationsprozesse von Interesse sind. Für Forschungsfragen, die an die sprachliche Gestaltung von Chat-Beiträgen geknüpft sind, dürften die in Mitschnitten verfügbaren Datentypen sicherlich ausreichen und eine gute empirische Grundlage bilden: Welche syntaktischen Strukturen und welche morphologischen, lexikalischen und der Ökonomie geschuldeten Besonderheiten sich in Chat-Beiträgen feststellen lassen, kann gut auf Basis archivierter Bildschirmverlaufsprotokolle oder Server-Logfiles untersucht werden. Informationen zur sprachlichen Gestalt der ausgetauschten Beiträge sowie zur Reihenfolge, in welcher sie vom Server übermittelt wurden und auf den Teilnehmerbildschirmen zu sehen waren, mögen für solche Zwecke ausreichen. Sobald Untersuchungsfragen allerdings auch sequenziell-interaktionale Aspekte des Austauschs miteinbeziehen, zeigen sich die Grenzen mitschnittsbasierter Analyse: Ob ein Kommunikant einen vor seinem eigenen Beitrag angezeigten Partnerbeitrag bereits rezipiert hat und ob folglich sein eigener zuletzt angezeigter Beitrag in Kenntnis dieses Partnerbeitrags produziert wurde, entzieht sich, sofern es nicht seitens der Kommunikanten in der Anschlusskommunikation metakommunikativ thematisiert wird, der Analyse. Inwieweit ein Chat-Beitrag tatsächlich so spontan und unter Verzicht auf ein Korrekturlesen vor seiner Verschickung produziert wurde wie es seine sprachliche Form im Mitschnitt nahelegt, kann ebenfalls nur vermutet werden (möglicherweise wurden ja durchaus Korrekturen ausgeführt, dabei aber bestimmte Phänomene – z.B. Tippfehler – aus Ökonomiegründen von der Revision ausgeschlossen). Chat-Beiträge, so wie sie sich in Mitschnitten darbieten, sind *Produkte*, also *Ergebnisse sprachlicher Produktion.* Der Prozesscharakter ihrer Entstehung, die Start- und Endpunkte der Versprachlichung sind in Mitschnitten nicht dokumentiert, weil die Clientprogramme von Chat-Systemen (d.h. die Web-Browser, die IRC-Clients oder andere dedizierte Chat-Clients) lediglich das an den Server übermitteln, was von den Nutzern als *zu übermittelndes Produkt* per expliziter Verschickungsanweisung an den Server übergeben wird.

Für Face-to-face-Diskurse, bei welchen Produktion, Veräußerung, Rezeption und hörerseitige Evaluation von Gesprächsbeiträgen sämtlich zur Laufzeit der Interaktion erfolgen und sich am selben Ort ereignen, kann das, was simultan zur Entwicklung der rein sprachlichen Äußerungseinheit in der Zeit geschieht (nämlich z.B. nonverbale Aktivitäten von Sprecher *und* Hörer) für die Zwecke anschließender Analyse konserviert werden, indem man – als Beobachtender – nicht nur den reinen Wortlaut der Äußerungen mitnotiert, sondern indem man das Ereignis in einer Videoaufzeichnung festhält. Da es in der Chat-Kommunikation als Form der Distanzkommunikation keinen gemeinsamen Ort gibt, an welchem das Kommunikationsereignis stattfindet, sondern die Kommunikationsbeteiligten von je unterschiedlichen Orten aus an der Kommunikation teilhaben, ist der Beobachtung im Feld zunächst nur das zugänglich, was zwischen den Kommunikanten ausgetauscht wird und in einem Chat-„Raum" oder -„Channel", sofern man zur Einsichtnahme in selbigen befugt ist, mitgelesen und archiviert werden kann. Die dabei angefertigten Mitschnitte bilden aber, was die auf Kommunikationsteilhabe gerichteten Aktivitäten der Teilnehmer anbelangt, eine relativ unbefriedigende Datenbasis. Wünschenswert sind für Analysen zu interaktionalen Phänomenen synchroner computervermittelter Kommunikation *multimodale* Korpora, die neben den ausgetauschten sprachlichen Beiträgen auch Daten zum Prozess der Beitragsproduktion sowie zu nonverbalen Aktivitäten der Beteiligten umfassen, sofern diese in irgendeiner Weise als auf die Partizipation am kommunikativen Austausch gerichtet aufgefasst und insofern für analyserelevant erachtet werden können.

Der Terminus *Multimodalität* bezieht sich im Hinblick auf die Analyse und Beschreibung von Kommunikationsereignissen *face-to-face* auf die Berücksichtigung unterschiedlicher semiotischer Modi und Zeichenkanäle:

> ‚Multimodale Kommunikation' bezeichnet eine Konzeption, die Kommunikation als einen ganzheitlichen und letztlich von der Körperlichkeit der Beteiligten nicht zu trennenden Prozess begreift. Ganzheitlich ist der Prozess insofern, als er im-

> mer aus dem gleichzeitigen Zusammenspiel mehrerer Modalitäten besteht, die jeweils spezifische Möglichkeiten zur Verfügung stellen, sich in kommunikationsrelevanter Weise auszudrücken, Handlungsziele zu erreichen und soziale Bedeutung zu konstituieren. (Schmitt 2005: 1f.)

Multimodale Beschreibungen von Face-to-face-Ereignissen beziehen daher nicht-verbale Parameter wie Gesichtsausdruck (Mimik), Gestik, Körperhaltung, Besonderheiten des Erscheinungsbildes (Kleidung, Frisur, Schmuck), Nähe und Distanz der Gesprächspartner (Proxemik) mit ein. Den sprachlichen Anteilen der Interaktion wird dabei nicht zwangsläufig eine für die Herstellung von Verständnis und Verstehen dominante Rolle zugesprochen, die als „non-verbal" bezeichneten Aspekte des Austauschs werden nicht lediglich als „context" oder „Beiwerk" betrachtet, das sich nur in Bezug zum Sprachlichen deuten ließe, sondern als potenziell gleichrangige Modi ernst genommen:

> Dass man einen Gegenstandsbereich einer Wissenschaft gleichsam dadurch zu bestimmen versucht, dass man sagt, was er nicht ist – nämlich nonverbal –, entbehrt nicht einer gewissen Skurrilität. (Sager & Bührig 2005: 8f.)

> For an extensive period of time, language has been viewed as the central – if not the only meaning-making – mode of communication. Therefore, *context* was everything that was outside of the verbal. … Much of this focus was due to the tape recorder, which focusses the analyst on the audible mode of spoken language. Similarly, the video camera as a data-collection device has had great influence on how we view our worlds […]. Video data diffuse the focus on language and illustrate that there is much more going on in any interaction than just language and *context.* (Norris 2004: 149)

> Multimodalität ist primär und konstitutiv für einen Großteil der Praktiken mündlicher Verständigung. Die nichtverbalen Elemente der Verständigung sind keineswegs nur peripheres Anhängsel, das nur so weit berücksichtigt werden muss, wie es zum Verständnis der Phänomene notwendig ist. (Fiehler et al. 2004: 68)

Dass Kommunikationsereignisse, die face-to-face oder zumindest (fern-)mündlich realisiert werden, stets unter Berücksichtigung verschiedener semiotischer Veräußerungs-/Wahrnehmungsmodalitäten betrachtet werden können (und sollten), ist sicher keine „neue" Erkenntnis, die erst mit der Etikettierung von Kommunikation als ‚multimodal' aufgekommen ist. Spezifisch neu an der ‚multimodalen' Perspektive auf zwischenmenschliche Kommunikation ist

> der Versuch, die einzelnen [Beschreibungs-]Ansätze, die sich jeweils primär mit einer Ausdrucksebene beschäftigen, systematisch aufeinander zu beziehen und die daraus resultierenden theoretischen, methodischen und methodologischen Fragen explizit zu reflektieren. (Schmitt 2004: 1)

Mit Blick auf das, was in Chat-Umgebungen zu Zwecken der Verständigung ausgetauscht, d.h.: veräußert, übertragen und wahrgenommen werden kann, muss für die Chat-Kommunikation in jedem Fall eine Dominanz des sprachlichen Modus angenommen werden. Es ist ja gerade ein Charakteristikum chatbasierter Kommunikation, dass sich die Beteiligten (obwohl synchron an verschiedenen Enden eines Übertragungsmediums präsent) nicht nur *nicht hören*, sondern darüber hinaus auch *nicht sehen*. Mit Ausnahme des (schrift-)sprachlichen Modus treten also keine anderen semiotischen Modi als kommunikative Modi in Erscheinung. *Multimodal* sind daher lediglich die *Teilnahme*-Ereignisse, die sich für jeden einzelnen Kommunikationsbeteiligten vor dem Bildschirm ergeben, sich aber einer Dokumentation in den Bildschirmverlaufsprotokollen und in Mitschnitten entziehen. Chat-Ereignisse (als die Gesamtheit dessen, was zwischen den Beteiligten als Ergebnis von Verhaltensäußerungen wahrnehmbar wird und die Grundlage für die Konstitution sozialer Bedeutung bildet) sind *monomodal*. ‚Multimodal' bezieht sich auf die Struktur dessen, was sich – als individuelles Teilnahme-Ereignis und nicht als Kommunikationsereignis – für den je einzelnen Kommunikanten vor seinem Bildschirm beobachten lässt und bezeichnet die Qualität all derjenigen Verhaltensäußerungen und Aktivitäten, die als unmittelbar auf die Kommunikationsteilhabe bezogen aufgefasst werden können. Hierzu zählen neben den unmittelbar körperlich hervorgebrachten Ereignissen wie Mimik, Blickverhalten, Positur oder Verbalität auch mittelbar durch Körperäußerungen erzielte Effekte auf der am Bildschirm angezeigten Benutzeroberfläche des Chat-Clients – etwa Mausbewegungen (verursacht durch die manuelle Manipulation des Eingabegeräts Maus) oder das Erscheinen und Verschwinden von Schriftzeichen im Texteingabeformularfeld (verursacht durch die manuelle Manipulation des Eingabegeräts Tastatur).

Genau diese Teilnahme-Ereignisse in ihrer multimodalen Struktur sind es, die für verschiedene Forschungsfragen in Bezug auf chatbasierte Kommunikation von Interesse sein oder zumindest für die Interpretation bestimmter Phänomene wichtige Zusatzinformation liefern können. Multimodal ist dabei nicht die Art des Kommunizierens – letztlich ist ja die Kommunikationsteilhabe auf die Beteiligung an einem monomodal, d.h. über die Verschickung schriftlicher Produkte, vollzogenen Austausch gerichtet. Multimodal ist vielmehr das, was sich dem Beobachter darbietet, der sich dafür interessiert, wie Chat-Beteiligte ihre Kommunikationsteilhabe gestalten. Hier interessiert dann nicht nur das, was in Form sprachlicher Beiträge für die Beteiligung am Austausch produziert wird, sondern zum Beispiel auch, welche motorischen Aktivitäten sich bei der Texteingabe feststellen lassen (Tastaturbedienung), in Richtung welcher Bereiche des Computerarbeitsplatzes zu bestimmten Zeitpunkten geblickt wird, welche Formen des mimischen Ausdrucks auftreten und wie diese unterschiedlichen Modi während der Chat-Teilnahme zueinander in Beziehung stehen (z.B. ob parallel zur Texteingabe für längere Zeit in Richtung des

Bildschirmprotokolls geblickt wird oder ob während eines längeren Blicks auf das Bildschirmprotokoll mit gleichzeitiger Pupillenbewegung in Textverlaufsrichtung plötzliche Wechsel im mimischen Ausdruck festgestellt werden können). Auch Proxemik (bezogen auf den Abstand zum Bildschirm) und die Körperhaltung können eine Rolle spielen (z.B. Zurücklehnen im Stuhl als Indiz dafür, dass der Teilnehmer aktuell keinen neuen eigenen Beitrag plant), ebenso die Positionierung der Hände am Arbeitsplatz bzw. am Körper (wenn z.B. der Teilnehmer nach Verschickung eines Beitrags das Kinn auf die gefalteten Hände stützt, kann dies als Indiz dafür gewertet werden, dass er vermutlich erst einmal eine Reaktion auf seinen Beitrag abwarten als unmittelbar erneut einen eigenen Beitrag produzieren möchte).

Im Einzelnen können für die genaue Beschreibung von Chat-Teilnahme-Ereignissen, also für die Analyse der auf Kommunikationsteilhabe gerichteten Aktivitäten und Verhaltensäußerungen die folgenden Modalitäten und ihre Ausprägungsformen von Interesse sein:

Modalität	Aspekt	Ausprägung(en)	Geeignete Dokumentationsmethode(n)
Verbalität	schriftlich	**Prozesshaftigkeit der Hervorbringung:** Textproduktion kontinuierlich oder diskontinuierlich (Auftreten von Produktionspausen und/oder Überarbeitungen)?	Screen Capturing
		Produkt: Beschaffenheit verschickter und im Verlaufsprotokoll angezeigter Textbeiträge (als Ergebnisse prozesshafter Hervorbringung)	Mitschnitt
	mündlich	Chat-Teilnahme-begleitende mündliche Äußerungen	Tonaufnahme oder Videobeobachtung
Blickverhalten	Richtung	a) Blick auf Monitor aa) Blick auf Eingabeformularfeld ab) Blick auf Verlaufsprotokoll b) Blick auf Tastatur c) Blick nach abseits des Computerarbeitsplatzes	Videobeobachtung (frontal) oder Eye Tracking

Modalität	Aspekt	Ausprägung(en)	Geeignete Dokumentationsmethode(n)
Blickverhalten	Bewegung	Pupillenbewegung in Textverlaufsrichtung bei Blick auf das Verlaufsprotokoll	Videobeobachtung (frontal) oder Eye Tracking
Mimik		Veränderungen des mimischen Ausdrucks, die bei gleichzeitiger Orientierung der Blickrichtung auf das Verlaufsprotokoll als Reaktion auf Partnerbeiträge gedeutet werden können	Videobeobachtung (frontal)
Körperhaltung/ -position		Nähe/Distanz bzw. Zuwendung/Abwendung zum/vom Computerarbeitsplatz	Videobeobachtung (frontal und/oder Draufsicht)
Positionierung der Hände		a) linke/rechte Hand/beide Hände am Computerarbeitsplatz aa) linke/rechte Hand/beide Hände an Tastatur ab) rechte Hand an Maus b) linke/rechte Hand/beide Hände nicht am Computerarbeitsplatz ba) linke/rechte Hand/beide Hände am Körper bb) linke/rechte Hand/beide Hände am Gesicht bc) …	Videobeobachtung (frontal und/oder Draufsicht)
Mittelbare Effekte von Körperäußerungen	Effekte der Manipulation des Eingabegeräts Tastatur	**Erscheinen und Verschwinden von Schriftzeichen im Texteingabeformularfeld:** Semiotische Manifestation (unterschiedlicher Typen) von Textproduktionsaktivitäten	Screen Capturing
		Dynamik der Tastaturbedienung: Kontinuierliche oder diskontinuierliche Textproduktion? Tippfertigkeit (Zwei-Finger- oder Zehn-Finger-System) und Tippgeschwindigkeit?	Screen Capturing und/oder Videobeobachtung (Draufsicht)

Modalität	Aspekt	Ausprägung(en)	Geeignete Dokumentationsmethode(n)
Mittelbare Effekte von Körperäußerungen	Effekte der Manipulation des Eingabegeräts Maus	**Bewegung des Mauszeigers und Manipulation der Benutzeroberfläche mit dem Mauszeiger:** a) Mausbewegung ohne ersichtlichen Effekt b) Scrollen im Verlaufsprotokoll c) Markieren von eingegebenem Text d) Aktivierung klickbarer Schaltflächen	Screen Capturing

Abb. 5-1: Modalitäten von Verhaltensäußerungen sowie deren Aspekte und Ausprägungen, die in dieser Arbeit für die Modellierung von Chat-Teilnahme-Ereignissen für relevant erachtet wurden.

Um die entsprechenden Daten zu erfassen, sind die Mittel der Wahl einerseits die Beobachtung von Chat-Teilnehmern mit audiovisuellen Aufnahmegeräten (Video-/Audiobeobachtung) und andererseits die Aufzeichnung von Bildschirminhalten und -aktivitäten mittels Screen Capturing („screen movies") oder die Protokollierung von Schnittstellenmanipulationsverläufen in einer Textdatei („typing histories"). Ergänzend können „klassische" empirische Erhebungsmethoden wie vorbereitende oder nachträgliche Fragebogenerhebungen und Interviews hinzutreten (z.B. um Eindrücke der Teilnehmer dazu zu dokumentieren, wie sie persönlich die Teilnahme an einem Chat-Ereignis empfunden haben).

Um Kommunikationsteilhabeprozesse (Chat-Teilnahme-Ereignisse) in befriedigender Weise beschreiben zu können, müssen die Aufzeichnungen zu den kommunikationsteilhabebezogenen Verhaltensäußerungen der Chat-Teilnehmer ergänzt werden um Daten zur Entwicklung des Bildschirmverlaufsprotokolls, welches die Grundlage für die Wahrnehmung eines je aktuellen Stands des Kommunikationsverlaufs bildet, auf den die je individuellen Teilnahmeaktivitäten ausgerichtet und Pläne für das Folgehandeln bezogen werden. Zur Dokumentation des Bildschirmverlaufsprotokolls und seiner Entwicklung kann entweder ebenfalls ein „screen movie" oder alternativ ein clientseitig erzeugter Mitschnitt mit sekundengenauen Timestamps das Mittel der Wahl sein.

Die Arbeit mit multimodalen Daten zu auf kommunikative Teilhabe orientierten individuellen Verhaltensäußerungen ist hierbei nicht als ein methodischer Gegenentwurf zur Mitschnittsanalyse zu verstehen – schon allein aufgrund des Aufwands, der mit der Erhebung und Aufbereitung multimodaler Beobachtungsdaten verbunden ist, sind multimodal fundierte Chat-Analysen nicht in gleichem Umfang und auf Korpora vergleichbarer Größe zu leisten wie Analysen auf Basis von Mitschnitten. Vielmehr versteht sich die Analyse von Chat-Teilnahme-Ereignissen, so wie sie hier konzipiert wird, als eine *Ergänzung* zur Mitschnittsanalyse. Dies zeigt sich allein schon daran, dass Chat-Teilnahme-Ereignisse nur dann sinnvoll untersucht werden können, wenn die vor dem Bildschirm und auf der Nutzeroberfläche direkt (Blickrichtung, Mimik, Körperpositur) oder indirekt (Texteingabe und -bearbeitung) beobachteten Verhaltensäußerungen auf die am Bildschirm angezeigten Produkte sprachlicher Hervorbringung rückbezogen werden können, so dass Aussagen beispielsweise darüber möglich werden, wie plausibel es ist, dass ein zu einem Zeitpunkt t_i im Bildschirmverlaufsprotokoll neu angezeigter Partnerbeitrag B_i zu einem nachgeordneten Zeitpunkt t_j von dem betreffenden Chat-Teilnehmer bereits verarbeitet worden sein kann, und ob sein Folgeverhalten (z.B. die Aufnahme von Textproduktionsaktivitäten oder die Löschung bereits eingegebenen, aber noch nicht verschickten Textes) als Reaktion auf die Verarbeitung von B_i zu bewerten ist.

Multimodale Analysen können die Arbeit mit Mitschnitten ergänzen – dies idealerweise dahingehend, dass gerade das, was sich einer rein mitschnittszentrierten Betrachtung entzieht, durch die Hinzunahme einer auf den Mitschnitt beziehbaren Kommunikations*teilhabe*modellierung beobachtbar wird. Die Analyse computervermittelten sprachlichen Austauschs – ‚Computer-Mediated Discourse Analysis' im Entwurf von Herring (2004) – geht zwar von mitgeschnittenen Sprachdaten als zentraler empirischer Basis aus, muss sich aber nicht zwangsläufig auf diese beschränken:

> Computer-Mediated Discourse Analysis (CMDA) … applies methods from language-focused disciplines … It may be supplemented by surveys, interviews, ethnographic observation, or other methods; it may involve qualitative and quantitative analysis; but what defines CMDA at its core is the analysis of logs of verbal interaction (characters, words, utterances, messages, exchanges, threads, archives etc.). (Herring 2004: 339)

5.1.2 Chatbasierte Kommunikationsprozesse beobachten – im Feld und unter Laborbedingungen

Das Problem der ‚Natürlichkeit' von Gesprächsdaten, die zu Zwecken der Analyse erhoben werden, wurde in der linguistischen Diskursanalyse bereits früh thematisiert und relativiert. ‚Natürlich' sind Gesprächsereignisse, die sich so abspielen, wie sie – als *echte* Ereignisse sozialer Interaktion – in der Alltagswelt vorkommen:

> Von natürlichen Gesprächen … kann man sprechen, wenn für das Gespräch echte Sprechanlässe in der Alltagswelt vorliegen, die von den Teilnehmern wahrge-

> nommen und bewältigt werden müssen. [...] Gespräche, die aus echten Sprechanlässen entstehen, werden nicht um ihrer selbst willen geführt, sondern zum Zwecke der Verfolgung von Handlungszielen in der Alltagswelt. (Schank 1979: 74)

Um natürliche Kommunikation empirisch zu erforschen, bedarf es notwendigerweise der Beobachtung. Jede Beobachtungssituation stellt jedoch eine Einschränkung der Natürlichkeit dessen dar, was beobachtet wird. Dieses „Beobachter-Paradoxon" bei der wissenschaftlichen Erforschung ‚natürlicher' menschlicher Verhaltensweisen hat William Labov wie folgt beschrieben:

> das Ziel der sprachwissenschaftlichen Erforschung der Gemeinschaft muss sein, herauszufinden, wie Menschen sprechen, wenn sie nicht systematisch beobachtet werden; wir können die notwendigen Daten jedoch nur durch systematische Beobachtung erhalten. (Labov 1972: 135)

> Um die Daten zu erhalten, die am wichtigsten für die linguistische Theorie sind, müssen wir beobachten, wie die Leute sprechen, wenn sie nicht beobachtet werden. (Labov 1980: 17)

Lässt man forschungsethische Normen außer Acht, so bestünde für die Erhebung von Gesprächsdaten natürlich die Option einer nicht-authorisierten, nicht-teilnehmenden und verdeckten Beobachtung in derjenigen Umgebung, in welcher Gespräche des untersuchten Typs üblicherweise und ohne, dass sie vom Forschenden arrangiert werden müssen, stattfinden. Durch Anbringen versteckter Audiorecorder oder Videokameras in Gaststätten, Büros, Werkstätten, Kinderzimmern oder Kaufhäusern ließen sich auf diese Weise mit etwas Glück annähernd natürliche Gesprächsdaten gewinnen. Nach heutigen ethischen Standards sind solche Formen des Beobachtens jedoch definitiv auszuschließen:

> Die heimliche Aufzeichnung aber scheidet aus ethischen und juristischen Gründen aus und würde auch nicht institutionell gefördert [...].
>
> In der Frühzeit kalifornischer konversationsanalytischer Studien in den 60er und 70er Jahren, als weder die Sensibilität noch die Gesetzeslage zum Datenschutz den heutigen Stand erreicht hatte, waren heimliche Aufnahmen [...] zwar fast Standard. Auch bei soziolinguistisch orientierten Arbeitsweisen war es in dieser Zeit nicht verpönt, zumindest in öffentlichen Räumen (Kneipen etc.) heimliche Aufzeichnungen vorzunehmen. Nachdem heute derartige Verfahrensweisen unter keinen Umständen mehr tolerierbar sind, müssen andere Formen der Minimierung des Beobachtungseffektes entwickelt und angewendet werden, um zu verhindern, dass das zu beobachtende (Sprach-)Verhalten durch die Beobachtung über Gebühr verzerrt werden könnte. (Quasthoff 2003: 83)

Geht es um die Erhebung von Sprachdaten zu Kommunikationsprozessen in Formen internetbasierter Kommunikation, so ist die Option der heimlichen Beobachtung gegenüber mündlichen Gesprächen erheblich vereinfacht: Diverse internetbasierte Kommunikationsangebote (insbesondere im Bereich der Freizeitkommunikation) sind frei zugänglich, die dort ausgetauschten Daten sind medial schriftlich manifest und können als solche mit den standardmäßig auf einem Computer zur Verfügung stehenden Funktionen kopiert und abgespeichert werden. Den Methoden des diskreten Mitschneidens schriftlicher Kommunikationsverläufe in Mailinglisten, Newsgroups/Foren und Chats oder der retrospektiven Verwertung von Dritten archivierter Kommunikationsverläufe zu Analysezwecken, die in der Frühphase der Forschung zu internetbasierter Kommunikation (vergleichbar der in Quasthoff 2003 – s.o. – beschriebenen Frühphase konversationsanalytischer Studien) relativ häufig gewählt wurden, lassen sich aufgrund der zunehmenden Sensibilisierung für Fragen der Privatheit/Öffentlichkeit des Agierens im Internet zum gegenwärtigen Zeitpunkt grundsätzliche forschungsethische Überlegungen gegenüberstellen (vgl. Bortz & Döring 2006: 269; Döring 2003: 236-242). Insbesondere kann das, was sich dem Forschenden nach seinem Dafürhalten als ‚öffentlich' (weil allgemein und unter freier Wahl eines Teilnehmernamens) darstellt, in der Auffassung der Nutzer des betreffenden Kommunikationsangebots ganz und gar nicht als ‚öffentlich', sondern als eher ‚privat' (und damit nicht automatisch für eine Nutzung zu Analysezwecken legitimierbar) wahrgenommen werden. Hier stellt sich u. a. die Frage, ob unter forschungsethischem Aspekt die bloße uneingeschränkte Verfügbarkeit von Äußerungen in internetbasierten Kommunikationsangeboten als Voraussetzung für die Nutzung entsprechender Daten zu Analysezwecken ausreicht, oder ob eher die Einschätzung der Nutzer über die Öffentlichkeit/Privatheit ihres kommunikativen Tuns (sowie den von ihnen ggf. geäußerten Bedenken in Bezug auf eine Speicherung und Verwertung zu Analysezwecken) den Ausschlag für eine Nutzung von Kommunikationsdaten zu Analysezwecken geben sollte.

Prinzipiell bieten sich für die verdeckte Erhebung textueller Chat-Daten verschiedene Möglichkeiten; auf an diese Möglichkeit zu knüpfende ethische Fragen wird im Einzelnen noch zurückzukommen sein. Chat-Daten lassen sich verdeckt erheben durch

(a) passive Partizipation in den frei zugänglichen Bereichen („Räumen", „Kanälen") öffentlicher Chat-Angebote und die Abspeicherung sämtlicher im Verlaufsprotokoll eintreffender Beiträge (= Anfertigung clientspezifischer Mitschnitte);
(b) verdeckte Archivierung sämtlicher Chat-Daten, die über den Server eines Chat-Angebots laufen (= serverseitige Anfertigung von Mitschnitten; hierzu ist keine Teilnahme erforderlich);
(c) nachträgliche Akquisition clientseitig angefertigter Mitschnitte, die von einzelnen Chat-Nutzern *ohne* die Intention einer Speicherung zu Zwe-

cken späterer Analyse (sondern z.B. zu Erinnerungszwecken) auf dem eigenen Rechner archiviert wurden.

Methode (a) hat den Vorteil der „teilnehmenden Beobachtung" (i.S.v. z.B. Spranz-Fogasy & Deppermann 2001), sprich: der Forscher gewinnt neben dem reinen Mitschnitt während der Aufzeichnung einen Eindruck von Eigenschaften des Geschehens, die sich im Mitschnittsdokument nicht zwangsläufig dokumentieren. Werden beispielsweise im Verlaufsprotokoll eines Chat-Angebots zu den einzelnen Chat-Beiträgen keine Timestamps angezeigt, können Daten zur Dynamik des Chat-Geschehens nur durch eine Chat-Teilnahme des Forschenden gewonnen werden, z.B. durch das Anfertigen von „Feldnotizen" zur Dynamik des Kommunikationsaufkommens während des Zeitraums der Teilnahme. Ohne solche „Feldnotizen" wären beispielsweise Sequenzen wie in Bsp. 521-1, die in „Plauder-Chat"-Angeboten recht häufig zu beobachten sind und im Falle des Ausbleibens eines Kommunikationsbeitrags eines Chat-Partners der Versicherung von dessen ungebrochenem Kommunikationsinteresse dienen, nur schwer zu interpretieren (vgl. Beißwenger 2000: 45f.). Dass die Frage „noch da ?" nicht darauf zielt zu erfahren, ob Teilnehmer *B* nach wie vor eingeloggt ist, sondern damit zu tun hat, dass nach Beitrag 5 eine gewisse Zeitspanne verstrichen ist (und Beitrag 6 nicht etwa unmittelbar auf Beitrag 5 gefolgt ist), lässt sich nur über teilnehmende Beobachtung oder nachträgliche Befragung der an der Kommunikation beteiligten Chat-Nutzer ermitteln.

Beispiel 521-1:

1	**A:**	sacht dir nix oder ?
2	**B:**	ja doch, schon - aber nicht viel
3	**B:**	taugenichts? oder gedichte
4	**A:**	Die Sehnsucht
5	**B:**	blaue blume
6	**A:**	<u>he B</u>
7	**A:**	<u>noch da ?</u>
8	**B:**	<u>ja</u>
9	**B:**	mir fällt nur nix dazu ein

Als Vorteil von Strategien der teilnehmenden Beobachtung lässt sich somit für das Chatten Gleiches festhalten wie es in Bezug auf Kontexte der Gesprächsanalyse formuliert wurde:

> Diese Strategie setzt auf die profunde Kenntnis unterschiedlichster Aspekte des Feldes und ihrer Vernetzungen, um einzelne Phänomene reichhaltig in Bezug auf ihre mannigfaltigen bedingenden, funktionalen, sozialen, historischen, biographischen oder politischen Kontexte interpretieren zu können. (Spranz-Fogasy & Deppermann 2001: 1008)

Gerade in Hinblick auf die Chat-Kommunikation, deren technische und soziale Rahmenbedingungen in Logfiles nur rudimentär dokumentiert sind, erscheint es als sehr hilfreich, wenn der Forschende bei der Analyse von Mitschnitten zumindest über eigene Erfahrungswerte mit den kommunikativen, situativen und sozialen Besonderheiten des Mediums verfügt, um bestimmte Strukturen als „typisch" für den Einfluss bestimmter Rahmenbedingungen identifizieren und bewerten zu können.

Der große Nachteil von Methode (a) besteht darin, dass in „Plauder-Chat"-Angeboten die frei zugänglichen „Räume" oder „Channels" oftmals

- eine starke Teilnehmerfluktuation und – je nach Tageszeit – auch eine bisweilen hohe Teilnehmerzahl aufweisen;
- aufgrund ihres „Durchgangszimmer"-Charakters (Metaphern wie „Eingangshalle", „Lobby", „Treffpunkt" finden sich nicht selten als Bezeichnungen für solche „Räume") lediglich kurzen kommunikativen Episoden Raum bieten;
- aufgrund der Tatsache, dass sie nach erfolgreicher Login-Prozedur als erste „betreten" werden, hauptsächlich als Sphären zur Anbahnung oder Aufrechterhaltung sozialer Kontakte dienen;
- aufgrund ihrer vornehmlichen Nutzung als Sphären zur Kontaktanbahnung eine große Zahl an Beiträgen beinhalten, die lediglich der Signalisierung oder erneuten Bestätigung potenzieller kommunikativer Verfügbarkeit dienen;
- aufgrund ihrer uneingeschränkten Zugänglichkeit bisweilen eine hohe Anzahl an Tabuverletzungen beinhalten, die nicht repräsentativ für die Gesamtheit der in einem „Plauder-Chat"-Angebot stattfindenden Kommunikationsereignisse (inklusive der Kommunikation in Séparées) ist;
- bei hoher Teilnehmerzahl eine große Anzahl kurzer, parallel laufender Konversationen beinhalten, die sich retrospektiv – also bei der Analyse von Mitschnitten – bisweilen nur schwer rekonstruieren lassen, da sich aufgrund des Prinzips „alles ist lesbar für alle" ein Teilnehmer *eines* Konversationsstrangs jederzeit auch in einen parallel von anderen Teilnehmern gewebten *anderen* Konversationsstrang einschalten kann, wodurch die Zuordnung von Beiträgen zu bestimmten Konversationen mit bestimmten Teilnehmergruppen nicht selten schwierig wird.

Themenbezogene Konversationen, die von zwei oder mehreren Nutzern über einen längeren Zeitraum geführt werden, finden sich in den frei zugänglichen „Räumen" bzw. „Kanälen" öffentlicher Chat-Angebote eher selten. Ein weiterer Nachteil der Methode (a) besteht darin, dass der Forschende, selbst wenn er lediglich passiv partizipiert, potenziell von anderen Nutzern wahrgenommen werden kann (z.B. über eine Liste der aktuell eingeloggten Nutzer). Versuche der kommunikativen Kontaktaufnahme sind daher möglich und kommen vor. Selbst konsequentes Nicht-Reagieren wäre in solchem Fall strategisch, die Stellung des Beobachters im Feld stellt also einen Einflussfaktor auf die Entwicklung des kommunikativen Austauschs dar. Nicht zuletzt besteht in frei zugänglichen Chat-„Räumen" bestimmter Angebote (z.B. in solchen, in denen keine Séparées eröffnet werden können und sich eine „Stamm"-Klientel regelmäßig austauscht) immer auch das Risiko, als passiver Teilnehmer irgendwann dazu aufgefordert zu werden, sich in die Kommunikation einzubringen oder einen Grund für die eigene Inaktivität zu benennen, da so genannte „Lurker" (Beobachter, die selbst nicht aktiv werden) in den meisten Communities unerwünscht sind.

Unter forschungsethischem Aspekt ist abzuwägen, wie mit Daten, die in öffentlich für jedermann zugänglichen Chat-„Räumen" oder -„Channels" erhoben wurden, umzugehen ist. Unter welchen Voraussetzungen (bzw. ob überhaupt) sie für wissenschaftliche Zwecke zu nutzen sind, ist auch in der Forschung strittig (vgl. Döring 2003: 238). Bisweilen wird eine vollständige Anonymisierung von Nicknames vorgeschlagen:

> Changing not only real names, but also aliases or pseudonyms (where used) proves the respect of the researchers for the *social reality* of cyberspace. (Paccagnella 1997)

Eine umfassende Anonymisierung hat sich nach den Beobachtungen von Döring (2003: 241) noch nicht durchgesetzt, dies u. a. auch deshalb, weil mit der Anonymisierung von Teilnehmernamen oder der Namen und URLs von Kommunikationsangeboten für bestimmte Untersuchungsfragen ein nicht unbeträchtlicher Informationsverlust einhergeht. Das ethische Dilemma besteht darin, dass die Nutzer von Kommunikationsangeboten im Netz häufig nicht wirklich anonym sind, insofern es viele Kommunikationsangebote gestatten, in sog. „Teilnehmerprofilen" auch persönliche Daten – E-Mail-Adresse, Telefonnummer, Fotos etc. – abzulegen; die Nennung des Kommunikationsangebots, aus welchem zitierte Daten stammen, sowie die Beibehaltung der von den im Zitat dokumentierten Teilnehmern gewählten Teilnehmernamen („Nicknames") in wissenschaftlichen Publikationen kann es somit ermöglichen, die hinter diesen Teilnehmernamen stehenden Alltagspersonen zu identifizieren (vgl. ebd.).[110]

Methode (b), die verdeckte Kopie des gesamten über den Server vermittelten Kommunikationsaufkommens, erfordert keine eigene Präsenz

---

110 Zu ethischen Fragen in Bezug auf den Umgang mit Daten internetbasierter Kommunikation vgl. auch Cherny (1999: 307-313), Bruckman et al. (2000) und Crystal (2001: 191-194).

des Beobachtenden im jeweiligen Chat-Angebot und schließt somit das Risiko einer durch die verdeckte Beobachtung gegebenen Beeinflussung der Kommunikation aus. In Bezug auf öffentliche Chat-Angebote im Netz ist diese Methode allerdings schwierig realisierbar, da Chat-Anbieter in aller Regel Bedenken haben, Chat-Daten verdeckt serverseitig mitzuschneiden und Dritten zur Verfügung zu stellen. Forschungsethisch stellen sich hier dieselben Fragen wie in Bezug auf Methode (a).

Der Vorteil von Methode (c), die z.B. zur Erhebung eines Großteils des in Beißwenger (2000) zugrunde gelegten Korpus gewählt wurde, besteht darin, dass der Forschende nicht selbst in den Chat-Umgebungen präsent ist, in denen aufgezeichnet wird, und dass die Aufzeichnungen zumeist aus *nicht* frei zugänglichen „Räumen" bzw. „Channels" stammen. Logfiles, die nach der Methode (c) akquiriert werden, dokumentieren zumeist längere (häufig thematisch fokussierte) Kommunikationsereignisse sowie eine größere Bandbreite an kommunikativen Konstellationen als solche Daten, die nach der Methode (a) erhoben wurden. Die in Beißwenger (2000) und (2001) beschriebenen „interaktiven Lesespiele" (Chat-Episoden mit dem Charakter getippter Stegreifspiele) entstammen z.B. sämtlich der Kommunikation in „privaten" Séparées; in frei zugänglichen Chat-„Räumen" lassen sich diese Formen der Interaktion in aller Regel nur ansatzweise und zumeist auch nicht in derselben Ausführlichkeit wie in Séparées beobachten.

Der Nachteil der Methode (c) besteht darin, dass der Forschende gerade *nicht* als passiv Erlebender an der Ereignishaftigkeit der im Logfile dokumentierten Kommunikationsvollzüge teilhatte. Daten zur Dynamik der Interaktion (also ein Eindruck von der Kommunikationsdichte in bestimmten Phasen der dokumentierten Interaktionsvollzüge) oder zu extremen Pausen zwischen zwei aufeinander bezogenen Sprachhandlungseinheiten sind bei Timestamp-freien Mitschnitten somit nicht konserviert und bestenfalls dann rekonstruierbar, wenn man die aufzeichnenden Chatter befragen kann und diese sich noch an das Geschehen im Kontext seines Vollzugs erinnern. Zugleich wäre ein passives Zugegensein in „privaten" Bereichen von Chat-Angeboten mit überschaubarer Teilnehmerzahl auch durchaus ungewöhnlich und sicherlich auffällig; verdeckte Beobachtung ist in solchen „Räumen" oder „Channels" daher so gut wie unmöglich. Prinzipiell können Daten, die nach der Methode (c) erhoben wurden, als weitgehend ‚natürlich' gelten, insofern das in ihnen dokumentierte Kommunikationsaufkommen nicht in Anwesenheit eines wissenschaftlich interessierten Beobachters stattfand und die Speicherung der Daten nicht zu Zwecken einer anschließenden wissenschaftlichen Analyse erfolgte. Unter ethischem Aspekt besteht für solche Mitschnitte, so sie von dem/der Aufzeichnenden nachträglich für wissenschaftliche Zwecke zur

Verfügung gestellt werden, zumindest das Einverständnis eines/einer der beteiligten Kommunikanten. Hinsichtlich der übrigen im Mitschnitt dokumentierten Kommunikanten stellt sich aber auch hier die Frage, wie mit deren Äußerungen umzugehen ist, da in „privaten" Bereichen von Chat-Angeboten nicht selten auch durchaus persönliche Dinge thematisiert und verhandelt werden.

Hat man nicht die Möglichkeit, Chat-Ereignisse im üblichen sozialen Kontext ihres Vollzugs (also in einem bestimmten Chat-Angebot und mit solchen Beteiligten, die das Angebot um seiner selbst und ihrer daran geknüpften individuellen Zwecke willen nutzen) zu beobachten, so ist man darauf angewiesen, Chat-Ereignisse zu *arrangieren.* ‚Arrangieren' bedeutet, dass der Anlass für das Ereignis sich nicht von selbst einstellt, sondern eines externen Impulses bedarf – zum Beispiel, weil man das Ereignis zu einem ganz bestimmten Termin beobachten möchte und/oder weil die Beteiligten aus beobachtungspraktischen Gründen von dem Ort, von welchem aus sie üblicherweise an Chat-Ereignissen teilnehmen würden (z.B. dem heimischen oder beruflichen Computerarbeitsplatz) an einen speziell für Beobachtungszwecke ausgestatteten Ort gebeten werden müssen.

Wenn es darum geht, Chat-Ereignisse im in Kap. 5.1.1 beschriebenen Sinne *multimodal*, d.h. unter Einbeziehung möglichst vieler für die Beschreibung der individuellen Kommunikationsteilhabe relevanter Verhaltensweisen, zu dokumentieren, so lässt sich dies nur unter Laborbedingungen bewerkstelligen. Nicht nur der Anlass für die entsprechenden Ereignisse, sondern auch der Ort der Teilnahme ist dann vom Beobachtenden und nicht von den Beteiligten gewählt. Entsprechend müssen die kommunikativen und situativen Rahmenbedingungen für die Beteiligten *gestaltet* werden, und zwar dahingehend, dass relativ zu dem, was im Fokus der Beobachtung stehen soll, Kommunikationssituationen möglich werden, die zumindest in einigen untersuchungsrelevanten Aspekten dem angenähert sind, was für ihre Pendants im „freien Feld" charakteristisch ist. Wo heimliche Beobachtung nicht möglich und auch nicht tolerierbar ist, müssen (dies gilt für die Beobachtung der Kommunikationsteilhabe im Chat in gleicher Weise wie für die Beobachtung von Gesprächen)

> andere Formen der Minimierung des Beobachtungseffektes entwickelt und angewendet werden, um zu verhindern, dass das zu beobachtende (Sprach-)Verhalten durch die Beobachtung über Gebühr verzerrt werden könnte (Quasthoff 2003: 83).

Hufschmidt & Mattheier (1976) sprechen diesbezüglich von der Schaffung *simuliert natürlicher* Kommunikationssituationen (im Gegensatz zu *natürlichen* Kommunikationssituationen, die unter Laborbedingungen nur in

Ausnahmefällen evoziert werden können, und *bewusst künstlichen* Kommunikationssituationen, die keine alltagsweltlichen Pendants haben):

> Für die meisten Sprachdatenerhebungen ist eine möglichst *natürliche Aufnahmesituation* das Ideal, das jedoch aus methodisch-technischen Gründen oft nicht erreicht werden kann. [...] Die meisten sprachsoziologischen Datenaufnahmen finden in mehr oder weniger künstlichen Situationen statt, wobei man zwischen *bewußt künstlichen* und *simuliert natürlichen* unterscheiden muß. Künstliche Situationen sind solche, deren Konstitutionselemente ausschließlich für die jeweilige Sprachaufnahme geschaffen werden und die im Alltagsleben der Gewährspersonen sonst nicht auftreten. Zu diesen gehören Tonstudio-Aufnahmen, instrumentelle Sprachtests sowie andere Methoden, die auch in psychologischen und soziologischen Laborexperimenten verwendet werden. Unter simuliert natürlichen Situationen verstehen wir dagegen Situationen, die in ihren Grundstrukturen einer natürlichen Kommunikationssituation entsprechen bzw. wichtige Teile einer solchen Situation verwenden. Die für eine Sprachdatenerhebung unumgänglichen Eingriffe in den natürlichen Kommunikationsablauf werden auf ein Minimum reduziert und kontrolliert. (Hufschmidt & Mattheier 1976: 122f.)

Die Anforderungen, die sich für die Schaffung einer *simuliert natürlichen Chat-Kommunikationssituation* formulieren lassen, sind z.T. dieselben, die auch für die Simulation von Gesprächsereignissen zu Beobachtungszwecken gelten. Letztlich sind die nachfolgend formulierten Anforderungen als Idealvorstellungen zu sehen; dass im Rahmen von Simulationen beobachtete Kommunikationsereignisse in punkto Natürlichkeit, Entwicklung, Teilnehmermotivation und Rahmenbedingungen nie „echten" Kommunikationsereignissen, so wie sie im „freien" (unbeobachteten) Feld vorkommen, entsprechen können, ist in der Etikettierung solcher Ereignisse als ‚simuliert natürlich' bereits impliziert.

(i) Die zu simulierenden Ereignisse sollten Kommunikationsereignissen, die in alltäglichen sozialen Kontexten vorkommen oder denkbar sind, in wesentlichen Punkten vergleichbar sein:

> Unter dem Gesichtspunkt der Natürlichkeit sind Interaktionen aufzuzeichnen, die auch außerhalb einer Erhebungssituation vorkommen, und sie sind so aufzuzeichnen, wie sie außerhalb einer Erhebungssituation vorkommen. (Schu 2001: 1015)

(ii) Die Kommunikationsbeteiligten sollten eine Motivation für Thema und Anlass der Kommunikationsereignisse mitbringen:

> Wenn [...] die Partner das Gespräch ohne echte thematische Motivation führen, werden die Äußerungen von den unter normalen Bedingungen produzierten abweichen. (Henne & Rehbock 2001: 43f.)

(iii) Eingriffe in den Kommunikationsablauf sind so weit als möglich zu reduzieren (Hufschmidt & Mattheier 1976; s.o.): Je weniger das zu beobachtende Kommunikationsereignis durch Einflüsse von außen (also seitens der Beobachtenden und Forschenden) beeinflusst wird, desto besser. Fakt ist, dass sich unter Laborbedingungen solche Eingriffe aber nicht vermeiden lassen. Im Einzelfall ist abzuwägen, wie viel Einflussnahme *nötig* ist, um kommunikative Rahmenbedingungen zu schaffen, die dem Eintreten von Ereignissen des gewünschten Typs möglichst zuträglich sind; zugleich ist darauf zu achten, dass das, was beobachtet werden soll, nicht gerade und ausschließlich *durch* die Einflussnahme erst generiert wird, und zu überlegen, auf welches Minimum sich die Einflussnahme reduzieren lässt ohne Gefahr zu laufen, dass Kommunikationsereignisse eines nicht gewünschten Typs entstehen (z.B. ‚Small Talk' anstelle von ‚Diskussion einer gemeinsam zu bearbeitenden Aufgabe').

(iv) Eingriffe in den Kommunikationsablauf, wenn sie sich nicht vermeiden lassen, sollten kontrolliert erfolgen (Hufschmidt & Mattheier 1976; s.o.): Eingriffe in das Kommunikationsereignis sollten idealerweise nach einem vorher vereinbarten Procedere erfolgen, das für unterschiedliche Arten von Eingriffen jeweils bestimmte Verfahrensweisen festlegt und daraufhin orientiert ist, bestimmte Phänomene, die bei der Beobachtung von besonderem Interesse sind, in ihrem Auftreten und in ihrer Ausprägung nicht durch den Eingriff zu verfälschen, zu verhindern oder in einer Weise zu forcieren, die vergleichbaren alltäglichen Kommunikationssituationen nicht entspricht.

Hinzu kommen verschiedene Anforderungen, die sich mit Blick auf die Gestaltung der Chat-Nutzung im Rahmen der simulierten Kommunikationssituation ergeben:

(v) Der Einsatz einer Chat-Umgebung zur Abwicklung des Kommunikationsereignisses sollte plausibel erscheinen. Die Chatbeteiligten sollten sich nicht alle in ein- und demselben realen Raum befinden, während sie miteinander chatten beziehungsweise nicht wissen, dass die anderen Chatbeteiligten nur eine Tür nebenan sitzen (sofern dies der Fall ist).

(vi) Die verwendete Chat-Umgebung sollte so konfiguriert sein, dass sie für das, was im Fokus der Untersuchung steht, geeignet ist. Soll beispielsweise „typisches Chat-Verhalten", wie es in Standard-Chat-Umgebungen anzutreffen ist, beobachtet werden, so erscheint es ratsam, in der Chat-Umgebung nur solche Funktionsmerkmale bereitzustellen, die auch in Standard-Umgebungen vorhanden sind (also z.B. keine Moderationsfunktionen und kein Shared Whiteboard). Sollen Partizipationsstrategien in Chat-Umgebungen mit technisch unterstützter anbieterseitiger Beitragsselektion untersucht werden (wie dies etwa bei einem Großteil von Promi- oder Politchats auf dem Web der

Fall ist), so empfiehlt sich eine Chat-Umgebung, die genau diese Merkmale aufweist.

Das in (i) für die *pragmatischen Rahmenbedingungen* zu beobachtender Kommunikationsereignisse formulierte Kriterium der Vergleichbarkeit mit alltäglichen Kommunikationssituationen lässt sich mit Blick auf das Profil der zu verwendenden Chat-Umgebung auf die *technischen Rahmenbedingungen* ausweiten: Die Chat-Umgebung sollte in Aussehen, Funktionsumfang und Benutzungsweise Chat-Umgebungen, die in alltäglichen sozialen Kontexten vorkommen oder denkbar sind, vergleichbar oder zumindest nachempfunden sein.

Im Folgenden gebe ich zunächst einen kurzen Überblick über Studien, in denen bereits mit multimodalen Chat-Daten gearbeitet wurde oder derzeit gearbeitet wird. Anschließend stelle ich in Kap. 5.1.4 das Design vor, welches ich den von mir durchgeführten Datenerhebungen zugrunde gelegt habe und das im Gegensatz zu Vorgängerstudien auch Videodaten zum Blickverhalten der Probanden miteinbezieht.

5.1.3 Verwandte Ansätze

Seit Ende der 90er-Jahre konnte in einer kleinen Anzahl von Studien gezeigt werden, dass für Fragestellungen zu verschiedenen Aspekten chatbasierter Kommunikationsprozesse die Verfügbarkeit eines „Mehr" an Daten durchaus gewinnbringend sein kann. Die entsprechenden Ansätze seien im Folgenden kurz referiert und hinsichtlich des in ihnen gewählten Datenerhebungsdesigns (sofern dieses in den zugehörigen Publikationen explizit gemacht ist) bewertet.

Die erste Studie, die die Relevanz einer Einsichtnahme in chatbasierte Kommunikationsprozesse *jenseits* von Mitschnittsdaten betont und an Beispielen expliziert, wurde von Garcia & Jacobs (1998; 1999) vorgelegt. Der Artikel kann aufgrund seiner Miteinbeziehung von Daten zu den Bildschirmaktivitäten der Kommunikanten als einer der bislang wichtigsten Beiträge zur empirisch gestützten Erforschung interaktionaler Besonderheiten in chatbasierter Kommunikation gelten.

Garcia & Jacobs' Studie zielte auf eine Herausarbeitung von Besonderheiten der Turnkonstruktion im Chat. Um Daten zur Produktion von „turns" beziehungsweise zu den unterschiedlichen Aktivitäten der Chatter an ihren PC-Arbeitsplätzen erheben zu können, wählten die Autorinnen den Weg einer Videoaufzeichnung des Bildschirmgeschehens auf den Nutzerrechnern:

> Each student's computer monitor was videotaped directly from the computer in order to record what each student wrote during the discussion. (Garcia & Jacobs 1998: 302f.)

Hinweise auf eine Videoaufzeichnung auch der Nutzer *vor* ihren Bildschirmen finden sich nicht. Als Szenario für die unter Laborbedingungen veranstalteten Chat-Ereignisse wurde die Kleingruppendiskussion gewählt, Teilnehmer an den Diskussionen waren die Teilnehmer eines computerunterstützt abgehaltenen College-Seminars („a computer assisted English composition class"). Die per Chat durchgeführten Diskussionsrunden bildeten hierbei offenbar integrierte Teile der Veranstaltung:

> Participants … routinely spend part of the class period in small group discussions on the computer (Garcia & Jacobs 1999: 343).

Jones (2001) arbeitet im Rahmen seiner „participatory study" zu den sozialen und linguistischen Besonderheiten der ICQ-Nutzung von Schülern und Studierenden ebenfalls mit „screen movies", also mit Bewegtbild-Aufzeichnungen vom Bildschirmgeschehen und aller darin dokumentierten Schnittstellenmanipulationen. Die Schüler und Studierenden, die als Probanden fungieren, sind bei Jones zugleich „researchers", insofern sie ihren eigenen Umgang mit und ihr Verhalten in den aufgezeichneten ICQ-Konversationen in regelmäßigen Abständen auch wieder reflektieren, und zwar auf Basis eines zuvor besuchten Seminars zum Thema „Interactional Sociolinguistics". Der Vorteil der von Jones gewählten Methode, bei welcher die Forschenden Daten analysieren, die sie zuvor mit sich selbst als Probanden erhoben haben, liegt darin, dass die Nutzung des untersuchten Kommunikationsdienstes nicht in einer Laborumgebung stattfinden muss, sondern dass alltägliche Nutzungssituationen der Analyse zugänglich werden. Dadurch, dass die Akteure im Zuge der Datenerhebung und -analyse mehrere Rollen einnehmen – nämlich die der Probanden und die der retrospektiv Analysierenden – ist aber davon auszugehen, dass das beobachtete Nutzungsverhalten vorgeprägt ist durch das Wissen um seine spätere Bewertung unter wissenschaftlichem Interesse. Dennoch geht Jones einen innovativen Weg, indem er die Teilnehmer seines Seminars zur Beobachtung ihres eigenen alltäglichen Kommunikationsverhaltens animiert und hierzu mit der entsprechenden Technik ausstattet. Neben den von den Probanden angefertigten „screen movies" wurden im Rahmen der Studie ergänzend „videos of people using ICQ and talking about it in public places" miteinbezogen (Jones 2001: 6).

Klemm & Graner (2000) fokussieren in ihrer Studie zur chatbegleitenden Kommunikation konsequent auf das, was *vor* dem Bildschirm geschieht und greifen dabei auf Methoden aus Untersuchungen zur kommunikativen Fernsehaneignung zurück. Untersucht wird die chatbegleitende Kommunikation von Nutzern, die sich an einem PC-Arbeitsplatz über einen Chat, an dem sie teilnehmen, unterhalten; im Zentrum des Interesses stehen dabei Fragen nach der Konzeptualisierung und Bewertung sozialer und interaktionaler Phänomene im Chat durch die Nutzer. Die Datenbasis bildet eine Tonbandaufzeichnung zweier Studierender, die gemeinsam an einem Webchat teilnehmen. Bei den Studierenden handelt es sich um studentische Hilfskräfte des Forschungsprojekts, in dessen Rahmen die Studie durchgeführt wurde; die Chat-Nutzung erfolgt im Modus der teilnehmenden Beobachtung, die Teilnehmer wissen also sowohl um den Sachverhalt der Aufzeichnung als auch um das wissenschaftliche Erkenntnisinteresse, durch welches die Aufzeichnung motiviert ist. Ein wichtiges Verdienst der Studie (die lediglich den Status des Exemplarischen beansprucht) ist es, überzeugend aufgezeigt zu haben, dass bei chatbasierten Kommunikationsprozessen nicht nur das, was sich *auf* den Bildschirmen abspielt, für die Analyse von Interesse ist, sondern dass auch Daten zum Nutzerverhalten *vor* dem Bildschirm für diverse Forschungsfragen eine wichtige Ressource darstellen und mitschnittsbasierte Analysen sinnvoll ergänzen können (auch wenn es wohl eher der Ausnahmefall sein dürfte, dass zwei Personen vor einem PC sitzen und gemeinsam unter einem Nickname ein Chat-Angebot nutzen):

> Der hier gewählte methodische Zugriff erlaubt, exemplarisch zu untersuchen, wie kommunikationstheoretisch herausgearbeitete Chat-Charakteristika wie Entkörperlichung, Anonymität, textuelle Komplexität, spezifische Jargons, Tempo und Flüchtigkeit von einzelnen Nutzer(gruppe)n empfunden und bewältigt werden. *Die Analyse der begleitenden Kommunikation liefert Informationen, die allein auf der Grundlage des Chat-Texts nicht zu erhalten wären*, etwa zur Entstehung und Motivation der Beiträge sowie zur Rezeption fremder Turns, und stellt somit eine Ergänzung zu anderen Methoden der qualitativen Erforschung der Computernutzung dar. (Klemm & Graner 2000: 176f.)

Orthmann (2002) betont in einem Tagungsbeitrag, wie wünschenswert es sei, für konversationsanalytische Studien zur Chat-Kommunikation neben Logfiles auch „Daten zur Gesprächssituation" zur Verfügung zu haben, „u. a. durch Interviews und das Filmen der Chatter während des Chat-Prozesses". Sie berichtet von einem experimentellen Design, in dessen Rahmen eine „chatter-zentrierte Datenerhebung" vorgenommen wurde, indem

> über eine Netzwerksoftware … die Bildschirmansicht der Teilnehmer auf einen entfernten Rechner gespiegelt wurde und auf diesem Rechner automatisch alle 12 Sekunden Screenshots der Ansicht gemacht wurden. […] Der Vorteil bei dieser Methode war, dass die Teilnehmer nicht durch die Erstellung der Bildschirmfotos in ihrer Internetnutzung gestört wurden, was bei der Speicherung auf demselben Rechner der Fall war. Allerdings birgt diese Erhebungsmethode einen massiven, zeitlichen Nachbereitungsaufwand in sich, da jedes Bildschirmfoto in mehreren Schritten in einem Grafikprogramm freigestellt und anschließend in einem Textverarbeitungsprogramm zu einem zusammenhängenden Logfile zusammenge-

> setzt werden muss. Pro Sitzung entstanden rund 450 Bildschirmfotos. Somit handelt es sich leider um eine wenig effiziente Methode, die im Hinblick auf die Erhebung von Chat-Logfiles nur bedingt empfohlen werden kann. (Orthmann 2002: o. S.).

Orthmann kommt schließlich zu dem Schluss

> dass bislang keine geeignete nicht-reaktive Methode zur chatter-zentrierten Datenerhebung in Webchats existiert (ebd.).

Screen Capturing-Methoden standen um 2002 noch kaum zur Verfügung; worauf Orthmann mit ihrem Vorhaben einer Erhebung „chatter-zentrierter" zusätzlich zu „chat-zentrierten Daten" (Mitschnitten) aber zielt, ist gerade eine Miteinbeziehung von Daten zu Chat-*Teilnahme*-Ereignissen (ähnlich dem von mir in Kap. 4.2 vorgestellten Konzept) in die mitschnittsbasierte Analyse chatbasierter Kommunikationsprozesse. Eine Erhebung von Videodaten zum Chat-Verhalten vor dem Bildschirm war dabei ebenfalls angedacht. Aufgrund des hohen Aufwands und der damals nur unzureichend zur Verfügung stehenden technischen Möglichkeiten wurden die in Orthmanns Projekt testweise erhobenen Bildschirmscreenshots und Videodaten zum Teilnehmerverhalten an und vor den Rechnern aber nicht weiter genutzt und wurde für die Bearbeitung der anvisierten Studie („Prozessanalyse der Kommunikation von Kindern und Jugendlichen im Internet") statt der „chatter-zentrierten" eine „chat-zentrierte" Methode gewählt (vgl. auch Orthmann 2004: 75ff.). In ihrer Dissertation (Orthmann 2004), die aus dem Projekt hervorging, betont Orthmann abschließend zu ihrer Analyse eines aus Mitschnitten bestehenden Korpus, dass eine systematische Miteinbeziehung von Daten zu den Bildschirmaktivitäten der Teilnehmer weiterhin als ein Desiderat der linguistischen Chat-Forschung gelten könne:

> Erhebungsmethoden ..., wie sie von Garcia und Jacobs (1999) berichtet wurden, sind bislang von anderen Forschern noch nicht eingesetzt worden und ließen sich nur in laborexperimentellen Studien realisieren. (Orthmann 2004: 155)

Die experimentellen Studien von Vronay, Smith & Drucker (1999) stehen im Kontext einer vergleichenden Evaluation verschiedener Prototypen innovativer Chat-Systeme („alternative chat interfaces") gegenüber Standard-Chat-Systemen. Um vergleichbare Daten zu erhalten, wurden mit den jeweils gleichen Probandengruppen Instanzen zweier verschiedener Typen von „Konferenz"-Szenarien arrangiert, die jeweils auf Basis unterschiedlicher Chat-Systeme durchgeführt wurden:

> In this study, a group of four to six people are asked to participate in a pair of online conferences. In the first conference, the groups would have to agree upon 5 videos to rent for a weekend retreat. In the second, they would decide which 5 albums to bring along on a long road trip. (Vronay, Smith & Drucker 1999: 21)

Das Verfahren bietet den Vorteil, dass dieselben Nutzer zweimal unter veränderten technischen Rahmenbedingungen dasselbe Diskursszenario realisieren, allerdings mit jeweils unterschiedlichem (vorgegebenen) globalen Handlungsziel bzw. Globalthema. Folglich können die Nutzer anschließend zu ihren Erfahrungen mit beiden Chat-Systemen befragt und die Befragungsdaten als Ressource in die Auswertung einbezogen werden (im Datenerhebungsdesign der Studie schließt sich an eine jeweils 30-minütige Chat-Konferenz jeweils eine Nachbefragung der Probanden per Fragebogen an). Für Zwecke des Vergleichs von Chat-Werkzeugen ist dieses Szenario sicherlich beispielhaft; die Tatsache, dass der kommunikative Austausch letztlich auf einem extrinsisch initiierten Rollenspiel basiert, dürfte für die verfolgte Fragestellung eher nachrangig sein (zumal sich für ein Beobachtungsdesign, in welchem dieselbe Gruppe bei jeweils *zwei* Diskussionen beobachtet und verglichen werden soll, vermutlich auch nur schwerlich ein anderes Konzept erdenken ließe).

Als für die vergleichende Analyse der verschiedenen Chat-Systeme zentraler Datentyp wurden – wie auch bei Garcia & Jacobs (1998; 1999) und Jones (2001) – in Vronay, Smith & Drucker (1999) die Schnittstellenmanipulationen der Nutzer fokussiert. Im Gegensatz zu Ansätzen von Garcia & Jacobs und Jones wurde dieser Datentyp jedoch nicht anhand einer Videoaufzeichnung in Form eines „screen movies" erhoben, sondern mittels einer Software, die es erlaubte, eine Logdatei zu generieren, in welcher jede Art der Schnittstellenmanipulation (Tastatureingabe, Mausbewegung, Mausklicks) protokolliert und mit einem Zeitcode versehen wurde:

> Rather than videotape the participants, we used client-side logging of the conversation. Each keystroke, mouse action, and incoming event was timestamped and logged to a text file. Most of our analysis centered on these files. (Vronay, Smith & Drucker 1999: 22)

Letztlich dokumentiert „client-side logging" denselben Datentypus wie ein „screen movie", allerdings mit dem Vorteil, dass jede einzelne Schnittstellenmanipulation in den dabei erzeugten Logdateien bereits in verschrifteter Form und als diskrete, für die anschließende Analyse herausgreifbare Einheit enthalten ist. Vorteil der „screen movies" hingegen ist deren Anschaulichkeit: Sie dokumentieren das Bildschirmgeschehen so, wie es in der Chat-Situation für den einzelnen Kommunikanten zu sehen war, während Logdateien dieses Geschehen und seine Dynamik in eine Sequenz von Einzelereignissen zerlegen und in Form textueller Beschreibungen abspeichern. Nachteil der „screen movies" ist, dass das, was in ihnen zu sehen ist, für Analysezwecke ggf. noch in ein geeignetes Transkriptionsformat überführt werden muss. Das bedeutet *nicht*, dass automatisch erzeugte Logdateien der Schnittstellenmanipulationen auf dem Clientrechner bereits den Status intellektuell und für Analysezwecke hergestellter Transkripte hätten – auch bei diesen ist sicherlich einiges an Nacharbeit erforderlich, um sie gewinnbringend als Ressource für eine Analyse von Kommunikationsteilhabeprozessen bei der Chat-Teilnahme nutzen zu können.

Ogura & Nishimoto (2004) arbeiten mit ähnlichen Daten, insofern sie serverseitig erzeugte Mitschnitte des Kommunikationsaufkommens („conversational histories") mit so genannten „typing histories" kombiniert analysieren:

> We got two types of data for ten conversations. The first data was a conversational history including time of receiving message by host server, name of participants, and utterances. The second was a typing history from each computer including the keys that the participants typed, time of typing, and type of working program. (Ogura & Nishimoto 2004: 3)

Auch in dieser Studie dient die Fixierung sämtlicher am Bildschirm sichtbarer Aktivitäten der Gewinnung von Einblicken in die Prozesshaftigkeit und Zeitlichkeit der Beitragsproduktion.

Markman (2006) schließlich knüpft an Garcia & Jacobs (1998; 1999) an und untersucht Daten aus einem ähnlichen Setting, nämlich Teilnehmer eines universitären „team communication course", die regelmäßig in einer Chat-Umgebung mit Shared-Whiteboard-Funktion ein gemeinsames Projekt bearbeiten. Konkret umfasst das Korpus von Markman vier virtuelle Teamsitzungen von je einer Stunde Dauer, an der jeweils bis zu fünf Studierende sowie die Beobachterin selbst teilnehmen. Auch Markman arbeitet mit „screen movies", die mittels einer Screen Capturing-Software erhoben wurden. Ihr Transkriptionsformat ist leider nur minimal dokumentiert, ist vom Grundprinzip (Tabellenstruktur zur synoptischen Darstellung der Entwicklung des Bildschirmverlaufsprotokolls und der Textproduktion) allerdings ähnlich dem Transkriptionsformat, welches ich in Kap. 5.2 für die von mir erhobenen Daten vorstelle (vgl. Abb. 5-3). Eine Videobeobachtung der Teilnehmer (Blickrichtungsverhalten) war im Setting nicht enthalten.

Das in Garcia & Jacobs (1998; 1999) verwendete Transkriptionsformat folgt hingegen einem anderen Prinzip: Es orientiert sich an den jeweils verschickten und angezeigten Chat-Beiträgen als zentralen Konstituenten und stellt die Texteingabe- und Textbearbeitungsaktivitäten der einzelnen Chatter jeweils als Aktivitäten dar, die sich zwischen den Zeitpunkten der Anzeige zweier neuer Beiträge im Verlaufsprotokoll ereignen. Abb. 5-2 zeigt die Nachbildung eines Transkriptausschnitts aus Garcia & Jacobs (1999); das Transkriptionsformat wird von den Autorinnen am Beispiel dieses Ausschnitts wie folgt erläutert:

Tape 2, Page 3:

Posting Box:

1 Lizard: WHASSUP!
2 Frank Sinatra: HELLO.
3 Lizard: HELLO, BLUE EYES...$^{P=0:30}$

Lizard's Message Entry Box:

Frank Sinatra's Message Entry Box:

$^{B=0:31}$ WHAT D YOU THINK THE 'MASK' $^{W=0:39\text{-}0:46}$CUTE$^{P=0:52}$

Purple's Message Entry Box:

Tape 2, Page 4:

Posting Box:

1 Lizard: WHASSUP!
2 Frank Sinatra: HELLO.
3 Lizard: HELLO, BLUE EYES...$^{P=0:30}$
4 Frank Sinatra: CUTE$^{P=0:52}$

Lizard's Message Entry Box:

$^{B=0:56}$HE

Frank Sinatra's Message Entry Box:

Purple's Message Entry Box:

$^{B=0:53}$HELLO$^{P=0:57}$

Abb. 5-2: Transkriptausschnitt nach Garcia & Jacobs (1999: 344).

The box at the top of each page represents the posting box that each student sees at the top of their screen. Below this are three smaller boxes that represent each participant's message entry boxes. Each participant sees only their own message box; the transcript collates this information onto one page of transcript to show how each participant's actions related to the others' actions, and thus determine to which posted message each message being composed refers. The posting box on page 3 of the transcript shows that three lines have already been posted at this point in the conversation. The most recent posting, Lizard's "HELLO, BLUE EYES...," was posted at 30 sec into the conversation, as indicated by the superscript italics "*P=0:30.*" The superscript "*B=0:31*" in Frank Sinatra's message entry box shows that he began typing his next message 31 sec into the conversation. Instead of finishing or posting that message, Frank Sinatra waited for 7 sec after

> typing "WHAT'D YOU THINK THE 'MASK'" (as indicated by the italicized superscript "*W=0:39-0:46*") and then erased his in-progress message (indicated by the italicized superscript "*E*" and the subscripted text of his message). He then typed "CUTE" without pausing further and posted that message 52 sec into the conversation ("*P=0:52*"). The other participants will see only Frank Sinatra's edited message "CUTE" when it appears as line 4 in the posting box and do not know that he had begun to compose a different message before posting "CUTE". Page 4 of the transcript then shows the participant's actions between the time Frank Sinatra posted line 4 and Purple posts the next message. (Ebd.: 343ff.)

Auch das in Knopp (2006) beschriebene Untersuchungsvorhaben zu den didaktischen Potenzialen chatbasierter Kommunikation lässt eine Miteinbeziehung von „screen movies" und Webcam-Aufnahmen der Probanden in die Analyse von Chat-Mitschnitten erwarten.

Die Durchführung und Dokumentation von Nutzerbeobachtungen sowie die Aufbereitung entsprechender Daten für die Zwecke wissenschaftlicher Analyse sind mit einem nicht zu unterschätzenden Aufwand verbunden (vgl. nachfolgend Kap. 5.1.4–5.1.6); jedoch zeigen die verschiedenen, bislang existierenden Ansätze zur (zumindest exemplarischen) Integration entsprechender Daten in die Analyse chatbasierter Kommunikationsprozesse, die sich ansonsten nur auf Mitschnittsdaten gestützt hat, dass für verschiedene Forschungsfragen ein Blick in die Welt jenseits der Bildschirmverlaufsprotokolle und ihrer durch Speicherung erzeugten textuellen Repräsentationen (Mitschnitte) als wichtige, z.T. notwendige Ergänzung erkannt wird. Zugleich kann hierin eine Tendenz erkannt werden, den Status und „Quellenwert" von Mitschnitten für bestimmte Fragestellungen (insbesondere solche zu interaktionalen Phänomenen des Austauschs) stark zu relativieren und Mitschnitte, obgleich ebenfalls textuelle Repräsentationen dialogischen Austauschs, in dem, was sie zeigen, deutlich abzugrenzen gegenüber Transkripten mündlicher Diskurse, die Ergebnisse intellektueller Verschriftlichungsprozesse zu wissenschaftlichen Zwecken darstellen, während Mitschnitte Produkte automatischer Sequenzierung und Speicherung darstellen.

Das im Folgenden vorgestellte Beobachtungs- und Erhebungsdesign ist in manchen Punkten den Designs der erwähnten Vorgängeruntersuchungen vergleichbar, bezieht allerdings zusätzlich systematisch das Blickrichtungsverhalten der Chat-Beteiligten mit ein. Besonderer Wert wurde weiterhin auf eine ausführliche Dokumentation des Formats für die Aufbereitung (Transkription) der erhobenen Daten gelegt, so dass dieses auch für Folgeuntersuchungen mit ähnlichen Daten wiederverwendet werden kann.

Chat Time	Chat Window	THADINE	Chat Time	EVAN	I-FANG	Chat Time
5:16:37		[illegible]	5:16:37	((mouses to chat win))		5:16:37
5:16:38		hink	5:16:38		can	5:16:38
5:16:39		we should	5:16:39		some	5:16:39
5:16:40		concent	5:16:40		one pos	5:16:40
5:16:41		rate	5:16:41		t wha	5:16:41
5:16:42		on t	5:16:42		t re	5:16:42
5:16:43		omorrow	5:16:43	((new IE window	beca	5:16:43
5:16:44		's meeting	5:16:44	opens))	sen	5:16:44
5:16:45			5:16:45		t..	5:16:45
5:16:46		and	5:16:46		.coz i	5:16:46
5:16:47			5:16:47		can	5:16:47
5:16:48		the pres	5:16:48		t ((pause))	5:16:48
5:16:49		entation	5:16:49			5:16:49
5:16:50		outline	5:16:50		access	5:16:50
5:16:51		like	5:16:51		my	5:16:51
5:16:52		Rebeca	5:16:52		email	5:16:52
5:16:53		said↵	5:16:53	((new IE	((pause))	5:16:53
5:16:54	THADINE: but for this meeting I think we should concentrate on tomorrow's meeting and the presentation outline like Rebeca said		5:16:54	page		5:16:54
5:16:55		so	5:16:55	loads))		5:16:55
5:16:56		who	5:16:56			5:16:56
5:16:57		is more in	5:16:57	((clicks bookmarks))		5:16:57
5:16:58		terested in	5:16:58	((mouses down in menu))		5:16:58
5:16:59		what	5:16:59	((mouses up in menu))		5:16:59
5:17:00		[illegible]	5:17:00	((pause))		5:17:00
5:17:01		[illegible]	5:17:01		..	5:17:01
5:17:02		[illegible]	5:17:02		↵	5:17:02
5:17:03	I-FANG: can someone post what rebeca sent...coz i cant access my email ..	[illegible]	5:17:03		((pause))	5:17:03
5:17:04		[illegible]	5:17:04			5:17:04
5:17:05			5:17:05			5:17:05
5:17:06			5:17:06			5:17:06
5:17:07		it	5:17:07			5:17:07
5:17:08		's kinda	5:17:08			5:17:08
5:17:09		long	5:17:09	((mouses up))		5:17:09

Abb. 5-3: Transkriptausschnitt aus Markman (2006: 158).

5.1.4 Diskursszenario, Akquisition und Auswahl der Probanden

Die Überlegung, auf welche Weise geeignete Probanden für die Erhebung von Chat-Daten speziell zum Interaktionsverhalten und zu Partizipationsstrategien in Chat-Ereignissen zu gewinnen wären, war zu Beginn der Planungen zur anvisierten Datenerhebungsreihe eng verknüpft mit der Frage, welches Szenario sich am ehesten für eine Durchführung unter Laborbedingungen eigne. Ein „Plauder-Chat"-Szenario schied von vornherein aus, da es als relativ unnatürlich erschien, ein „Plauder-Chat"-Angebot an einem nicht selbst gewählten Ort aufzusuchen. Die Idee, anstelle einer freien „Plauder-Chat"-Situation ein Rollenspielszenario zu wählen, wurde ebenfalls früh verworfen, da gerade im Hinblick auf das Anliegen, Einsichten zur Sprachhandlungskoordination beim Chatten zu gewinnen, ein Diskursszenario als wünschenswert erschien, für welches die Teilnehmenden zumindest ansatzweise eine gewisse intrinsische Motivation mitbringen und daher auch im eigenen Interesse um eine weitestmöglich effiziente Organisation des Austauschs bestrebt sind.

Letztlich fiel die Entscheidung zugunsten eines Szenarios, das im Handlungsbereich ‚Wissenskommunikation' angesiedelt sein sollte. Gesucht wurde nach einem Setting, das es erlauben sollte, trotz Laborsituation und einer in Aussicht gestellten Aufwandsentschädigung (zehn Euro) oder Bescheinigung von Versuchspersonenstunden solche Studierende als Probanden zu gewinnen, die ein zumindest minimales Interesse daran mitbrächten, durch ihre Mitwirkung Informationen zu einem Thema zu erhalten, welches sie persönlich interessiert. Hier stellte sich die Herausforderung, ein Thema zu finden, das sich für Mitglieder der Zielgruppe (Studierende zwischen 19 und ca. 35 Jahren) als so attraktiv darstellt, dass sich anhand einer entsprechenden Ausschreibung genügend Interessierte finden lassen.

Letzten Endes fiel die Entscheidung (nicht zuletzt aufgrund des Kontakts zu einer Expertin für das Thema „Online-Auktionen") für ein Setting, in welchem den Probanden für begrenzte Zeit eine Expertin via Chat zu Fragen rund um das Online-Auktionshaus *eBay* zur Verfügung stehen sollte. Das Setting sollte mit unterschiedlichen Teilnehmerkonstellationen durchgeführt werden, die einerseits quantitativ bestimmt wurden (von 1:1-Chats, bei denen die Expertin genau einem Probanden zur Verfügung stand, bis hin zu 1:4-Chats, bei denen vier Probanden gleichzeitig mit der Expertin kommunizieren sollten) und andererseits qualitativ (z.B. 1:2-Chat mit zwei Probanden, die *gleiche* Chat-Vorerfahrungen mitbringen versus 1:2-Chat mit zwei Probanden, die *unterschiedliche* Chat-Vorerfahrungen mitbringen).

Die Auswahl der Probanden sollte auf Basis einer vorab durchgeführten Fragebogenerhebung erfolgen, bei der zum einen ermittelt werden sollte, welche Vorerfahrungen die Bewerber mit Formen internetbasierter Kommunikation und insbesondere mit Chat-Angeboten und Instant-Messaging-Diensten hatten. Des Weiteren sollte der Vorab-Fragebogen dazu dienen, die spezifischen Interessen der Bewerber zum Thema „*eBay*-Auktionen" zu erfragen, um die einzelnen Chat-Ereignisse, sollten sie nur schleppend vonstatten gehen, im Bedarfsfall auf Themen lenken zu können, die für die jeweiligen Probanden nach deren eigenen Angaben von besonderem Interesse seien.

5.1.4.1 Die Ausschreibung

Bei der Formulierung des Ausschreibungstextes für die Akquisition der Probanden (vgl. Abb. 5-4) wurde darauf Wert gelegt, die Tatsache, dass die Kommunikation „online" bzw. „am Computer" durchgeführt werden würde, zwar zu erwähnen, aber nicht in den Fokus des Textes zu stellen. Entsprechend wurde im Ausschreibungstext auch nicht weiter expliziert, dass es sich bei einer Durchführung „online" bzw. „am Computer" um ein chatbasiertes Kommunikationsangebot handeln würde – denkbar war bezüglich dieser Formulierung auch eine Lesart, dass die Expertin gemeinsam mit den Probanden vor einem Rechner säße (um z.B. während des Gesprächs die *eBay*-Website aufrufen und in Augenschein nehmen zu können). Dass einige Probanden offenbar tatsächlich von einer solchen alternativen Lesart ausgegangen waren, zeigte sich, als bei der Begrüßung der betreffenden Probanden zum vereinbarten Chat-Termin die Probanden Erstaunen darüber äußerten, als ihnen mitgeteilt wurde, die angekündigte Beratung fände „online, das heißt *via Internet*" statt.

Angekündigt wurde im Ausschreibungstext eine „kostenlose *eBay*-Beratung" für solche Interessierte, die bereits über Vorerfahrungen mit *eBay*-Auktionen verfügen. Als Grund für das kostenlose Angebot wurde die Durchführung einer Studie zu Möglichkeiten und Grenzen der Online-Beratung benannt. Auch hier fiel die Entscheidung dafür, nicht gänzlich zu verschleiern, dass bei der Untersuchung irgendetwas im Fokus stünde, das mit Online-Kommunikation zu tun habe. Ansonsten wäre gegenüber den Probanden kaum zu motivieren gewesen, weshalb die in Aussicht gestellten Beratungsgespräche unter Nutzung eines Chat-Werkzeugs stattfinden sollten. Andererseits erschien der vermeintliche Untersuchungsgegenstand „Durchführbarkeit von Beratung zu Sachthemen via Internet" weit genug entfernt von der Tatsache, dass in Wirklichkeit die Kommunikationsteilhabe beim Chatten im Fokus stehen sollte.

Kostenlose *eBay*-Beratung gefällig? -
Teilnahme an einer Untersuchung zur Online-Beratung machts möglich!

- Haben Sie schon einmal bei *eBay* etwas ersteigert oder selbst Artikel angeboten?
- Gibt es Fragen, die Sie schon immer einmal in punkto *eBay* beantwortet haben wollten? (Zum Beispiel, wie man am geschicktesten vorgeht, um bei einer Auktion den Zuschlag zu erhalten ohne dabei den Preis unnötig in die Höhe zu treiben)
- Haben Sie vielleicht schon einmal negative Erfahrungen mit Verkäufern oder Käufern bei *eBay* gemacht und sich gefragt, wie man "schwarze Schafe" bei *eBay*-Auktionen am besten erkennt und was man gegen sie tun kann?
- Oder haben Sie vor einer Teilnahme an eBay-Auktionen bislang zurückgeschreckt, weil Sie sich nicht sicher sind, ob Ihre Daten auch wirklich vertraulich behandelt werden oder weil Sie wiederholt von Betrugsfällen gehört oder gelesen haben?

Wenn Sie eine oder mehrere dieser Fragen mit JA beantworten können, dann sind Sie möglicherweise an einer *kostenlosen Beratung zum Thema „eBay und Online-Auktionen"* interessiert, in welcher Sie kompetente Antworten auf Ihre Fragen erhalten und sich Tipps zur erfolgreichen eBay-Nutzung geben lassen können.

Wir bieten Ihnen eine solche Beratung an. Als kleines Dankeschön für die Teilnahme erhalten Sie darüber hinaus eine Aufwandsentschädigung in Höhe von 10 Euro.

Was steckt hinter diesem Angebot? - Im Rahmen einer *Untersuchung zum Thema Online-Beratung* wollen wir testen, inwieweit sich Beratung zu Sachthemen via Internet durchführen lässt. Daher suchen wir Studierende, die Interesse an einer *eBay*-Beratung haben, die von einer aus Presse und Fernsehen bekannten Expertin zum Thema angeboten wird. Voraussetzung ist, dass Sie die *eBay*-Website kennen und idealerweise auch schon aktiv an *eBay*-Auktionen teilgenommen haben.

Die Teilnahme an der Studie dauert ca. 60 Minuten und wird nach vorheriger Terminvereinbarung online (d.h.: am Computer) durchgeführt. Fortgeschrittene Internetkenntnisse sind dafür *nicht* erforderlich.

Wenn Sie Interesse haben, sich an unserer Untersuchung zu beteiligen und sich mit unserer Expertin zum Thema *eBay* auszutauschen, dann wäre ich erfreut über eine Rückmeldung per E-Mail an folgende Adresse: mail@michael-beisswenger.de.

Die Beratungsgespräche werden Anfang / Mitte Januar stattfinden und werden in einem Raum im Gebäude Emil-Figge-Str. 50 der Universität durchgeführt. Bei der Vereinbarung eines Termins richten wir uns natürlich danach, wann es Ihnen am besten passt.

Abb. 5-4: Der Ausschreibungstext für die Akquisition der Probanden.

Bei der Vorkommunikation, die im Vorfeld mit Teilnahmeinteressierten via E-Mail geführt wurde, wurde Wert darauf gelegt, den Eindruck zu vermitteln, bei einem kostenlosen Angebot zu einem Thema wie *eBay* sei die Nachfrage verständlicherweise enorm und es sei daher noch nicht abzusehen, ob jedem Interessierten tatsächlich auch ein Platz im Rahmen eines der in Aussicht gestellten (begrenzten) Beratungstermine angeboten werden könne; man tue jedoch sein Bestes, möglichst vielen Interessierten die Teilnahme zu ermöglichen. Diese Strategie hatte zum Ziel, die Interessierten dazu zu animieren, einen vorab auszufüllenden Fragebogen möglichst gewissenhaft und ausführlich zu bearbeiten, um dadurch die eigenen Chancen auf einen Beratungsplatz zu erhöhen.

5.1.4.2 Vorab-Befragung per Fragebogen und Zusammenstellung der Probanden für die einzelnen Chats

Jeder Interessent, der sich auf die Ausschreibung hin zurückmeldete, erhielt einen zweiseitigen Fragebogen mit der Bitte, diesen bis zu einer gesetzten Frist ausgefüllt zurückzuschicken. Die Vorab-Befragung wurde wie folgt motiviert:

> *Zur Vorbereitung der eBay-Beratungsgespräche ist es für uns hilfreich, wenn Sie uns einige Fragen beantworten. Dies ermöglicht es uns, Ihre Vorerfahrungen einschätzen und Ihnen dann ein auf Ihre Interessen zugeschnittenes Beratungsangebot anbieten zu können.*

Abgefragt wurden Vorerfahrungen mit *eBay* und anderen Formen des E-Commerce (sieben Fragen), das Vorhandensein eines privaten Internet-Zugangs, Vorerfahrungen mit verschiedenen Formen internetbasierter Kommunikation (vier Fragen) und zuletzt in Form zweier offener Fragen weitere Vorerfahrungen und individuelle Interessen im Zusammenhang mit *eBay* und der Möglichkeit eines diesbezüglichen Beratungsgesprächs (siehe Abb. 5-5). Die Fragen zu den Vorerfahrungen mit *eBay* und E-Commerce und zur Verfügbarkeit eines privaten Internetanschlusses, die insgesamt immerhin acht von 14 Fragen ausmachten, dienten hierbei in erster Linie dazu, den vermeintlichen Fokus der Untersuchung auf „Möglichkeiten und Grenzen der Online-Beratung“ glaubhaft zu machen. Von tatsächlichem Interesse für die Planung der Chat-Termine waren (mit Ausnahme der beiden offenen Fragen, s. u.) eigentlich nur die vier Fragen zu den Vorerfahrungen mit verschiedenen Formen internetbasierter Kommunikation, die bewusst in der zweiten Hälfte des Fragebogens (aber nicht ganz am Ende) untergebracht waren, um sie nicht zu sehr zu exponieren. Aus den Antworten auf diese vier Fragen wurde eine Grobeinteilung der Interessenten in ‚Experten‘ und ‚Novizen‘ in Bezug auf synchrone internetbasierte Kommunikation vorgenommen. Personen, die angaben, aktuell oder früher häufige Nutzer von Chat-Angeboten oder Instant-Messaging-Diensten (gewesen) zu sein oder zwar nur durchschnittliche Chat-/Instant-Messaging-Nutzer, dafür aber häufige Foren-Nutzer zu sein, wurden als ‚Experten‘ eingestuft, Personen mit nur wenigen oder gar keinen Erfahrungen in der Nutzung von Chat und Instant Messaging wurden den ‚Novizen‘ zugerechnet.

Die beiden offenen Fragen zu Ende des Fragebogens dienten einerseits dazu, die Bearbeitung des Fragebogens nicht mit den Fragen zu den Vorerfahrungen in punkto Online-Kommunikation enden zu lassen und diesen damit unnötige Aufmerksamkeit zu bescheren, und andererseits dazu, einige Anhaltspunkte zu sammeln für etwaige negative Erfahrungen der Probanden mit *eBay* und somit bereits vorab zu ermitteln, welche Themen rund um *eBay*-Auktionen für die Probanden von besonderem Interesse seien. Auf Basis dieser Angaben überlegte sich die als „*eBay*-Expertin“ auftretende Mitarbeiterin für jeden Probanden im Vorfeld einige Möglichkeiten, im Falle eines Stockens des Chat-Ereignisses zu einem neuen, den betreffenden Probanden vermutlich interessierenden Thema wechseln zu können.

Wie lange nutzen Sie bereits das Angebot von *eBay*?
(Zutreffendes bitte ankreuzen)

☐ seit über einem Jahr	☐ seit mehr als 6 Monaten
☐ seit mehr als 3 Monaten	☐ seit weniger als 3 Monaten

Wie häufig besuchen Sie das Angebot von *eBay*?
(Zutreffendes bitte ankreuzen)

☐ mehrmals täglich	☐ täglich	☐ mindestens 2x pro Woche
☐ ca. 1x pro Woche	☐ mindestens 2x pro Monat	☐ weniger als 2x pro Monat

Wie viele Artikel haben Sie bei *eBay* bereits ersteigert?
(Zutreffendes bitte ankreuzen)

☐ mehr als 30	☐ zwischen 20 und 30	☐ zwischen 10 und 20
☐ zwischen 5 und 10	☐ zwischen 2 und 5	☐ einen

Wie würden Sie insgesamt Ihre Zufriedenheit mit der Abwicklung Ihrer bisherigen *eBay*-Käufe (Kontakt zu den Anbietern, Zahlungsabwicklung, Qualität der ersteigerten Artikel) **auf einer Skala von +3 bis –3 verorten?** (bitte ankreuzen)

„sehr zufrieden“ „überhaupt nicht zufrieden“

+3 +2 +1 0 –1 –2 –3

Haben Sie bereits selbst bei *eBay* Artikel zum Verkauf angeboten?
(Zutreffendes bitte ankreuzen)

☐ nein	☐ ja, und zwar mehr als 20
☐ ja, und zwar zwischen 10 und 20	☐ ja, und zwar zwischen 5 und 10
☐ ja, und zwar zwischen 2 und 5	☐ ja, und zwar einen

Kaufen Sie auch bei *amazon.de* ein (Bücher, CDs, DVDs etc.)?
(Zutreffendes bitte ankreuzen)

☐ Nein	☐ Ja, häufig
☐ Ja, aber eher sporadisch	☐ Ja, aber nur ganz selten

Haben Sie schon einmal Bankgeschäfte (z.B. Überweisungen) über das Internet abgewickelt? (Zutreffendes bitte ankreuzen)

□ Nein □ Ja, häufig □ Ja, aber nur selten

Besitzen Sie zuhause einen Internetzugang? (Zutreffendes bitte ankreuzen)

□ Nein □ Ja, seit mehr als 3 Jahren
□ Ja, seit 1 bis 3 Jahren □ Ja, aber erst seit weniger als einem Jahr

Wie häufig nutzen Sie *E-Mail*? (Zutreffendes bitte ankreuzen)

□ mehrmals täglich □ ca. 1x täglich □ mindestens 3x pro Woche
□ ca. 1x pro Woche □ weniger als 1x pro Woche

Beteiligen Sie sich an *Online-Diskussionsforen*? (Zutreffendes bitte ankreuzen)

□ Nein □ Ja, mehrmals täglich □ Ja, ca. einmal täglich
□ Ja, aber nur sporadisch □ Früher häufiger, heute aber nicht mehr

Nutzen Sie *Instant Messaging* (also: *ICQ*, *AOL Instant Messenger* oder ähnliche Dienste)? (Zutreffendes bitte ankreuzen)

□ Nein □ Ja, mehrmals täglich □ Ja, ca. einmal täglich
□ Ja, aber nur sporadisch □ Früher häufiger, heute aber nicht mehr

Beteiligen Sie sich an *Online-Chats*? (Zutreffendes bitte ankreuzen)

□ Nein □ Ja, mehrmals täglich □ Ja, ca. einmal täglich
□ Ja, aber nur sporadisch □ Früher häufiger, heute aber nicht mehr

Haben Sie bei *eBay*-Auktionen schon einmal negative Erfahrungen gemacht?

□ Nein □ Ja, und zwar folgende:

____

____ (...)

An welchen Fragen in Bezug auf *eBay* haben Sie mit Blick auf das in Aussicht gestellte Beratungsgespräch besonderes Interesse? Welche Themen in Bezug auf *eBay* brennen Ihnen besonders „unter den Nägeln"?

____

____ (...)

Zustimmung zur Auswertung Ihrer Daten für wissenschaftliche Zwecke:

Während des *eBay*-Beratungsgesprächs werden Sie auf Video aufgezeichnet. Die Auswertung dieser Aufzeichnung erfolgt **ausschließlich zu Forschungszwecken und absolut vertraulich**. Voraussetzung für die Teilnahme an einem unserer Beratungsgespräche ist, dass Sie der Videoaufzeichnung und deren Auswertung zu Forschungszwecken zustimmen. Über die Ergebnisse unserer Untersuchung informieren wir Sie nach Abschluss der Untersuchung bei Interesse gerne durch Zusendung eines Ergebnisberichts.

□ Ich stimme der Videoaufzeichnung und deren Auswertung zu Forschungszwecken zu.

☐ Ich stimme der Videoaufzeichnung und deren Auswertung zu Forschungszwecken *nicht* zu.

☐ Ich bin an der Zusendung eines kurzen Ergebnisberichts nach Abschluss der Untersuchung interessiert.

☐ Ich bin an der Zusendung eines kurzen Ergebnisberichts nach Abschluss der Untersuchung nicht interessiert.

Abb. 5-5: Der Fragebogen für die Vorbefragung der Probanden.

5.1.5 Festlegungen für die Durchführung

Die Durchführung der verabredeten Chat-Ereignisse folgte einem fest vorgegebenen (und zuvor im Rahmen von Testläufen eingeübten) Ablaufplan. Für die Expertin gab es eine Reihe an Verhaltensvorgaben, um ihr eigenes Partizipationsverhalten während der Chat-Ereignisse hinsichtlich verschiedener Faktoren konstant zu halten. Die Computerarbeitsplätze für die Probanden wurden vor jedem Chat bereits soweit präpariert, dass ab dem Eintritt der Probanden in die Labore bis auf ggf. die Feinjustierung einer Stativkamera keine vorbereitenden Handlungen technischer Art (Starten von Aufzeichnungsprogrammen, Aufruf des Chat-Clients, Login-Prozedur für den Chat etc.) mehr erforderlich waren. Auch wurde darauf geachtet, die Computerarbeitsplätze – bis auf die für die Dokumentation des Blickverhaltens unvermeidbare Stativkamera – so untechnisch als möglich aussehen zu lassen.

Zur Überprüfung der Festlegungen auf Praxistauglichkeit wurden mehrere Vortests durchgeführt.

5.1.5.1 Ablaufplan

Die Aufzeichnungen wurden in den *InWiDA*-Laboren der Universität Dortmund durchgeführt. Dabei handelt es sich um zwei Laborräume, in denen mittels fest installierter Deckenkameras die Möglichkeit zur Videobeobachtung besteht und die um einen Regieraum ergänzt werden, in welchem die Signale aus beiden Laboren verfolgt und überwacht werden können. Die beiden Labore sowie der Regieraum sind mit je einem PC mit Internetanschluss ausgestattet. Der Regieraum ist gegen die beiden Labore abgeschirmt und von außen nicht als solcher ausgeschildert. In den Laboren selbst gibt es keine sichtbaren Hinweise darauf, dass sich nebenan ein Regie- und Kontrollraum befindet. Während der Aufzeichnungen saß die Expertin (ausgestattet mit dem Nickname *bsommer*) an einem Festplatz-Rechner im Regieraum. Zusätzlich waren im Regieraum zwei Notebooks mit einer WLAN-Onlineverbindung aufgestellt, um dem Versuchsleiter während der Aufzeichnungen ein Mitverfolgen des auf dem Server generierten Mitschnitts des Kommunikationsverlaufs zu ermöglichen und vor Beginn des eigentlichen Beratungschats an zwei Rechnern parallel Vorbefragungen mit den Probanden (s.u.) durchführen zu können.

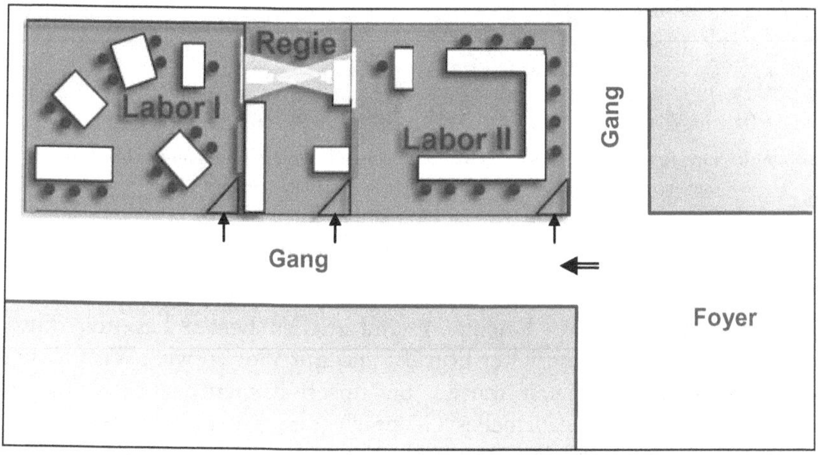

Abb. 5-6: Die *InWiDA*-Labore der Universität Dortmund.

Zwischen den 18 Chat-Terminen, die an insgesamt fünf Tagen durchgeführt wurden und inklusive Präparation der Labore jeweils zwischen 60 und 90 Minuten Zeit in Anspruch nahmen, war genügend zeitlicher Spielraum veranschlagt, damit die Beteiligten (Versuchsleiter, Expertin und zwei Mitarbeiter) sich auf vorab vereinbarte Ausgangspositionen begeben konnten. Der Versuchsleiter hielt sich jeweils 5–10 Minuten vor dem nächsten vereinbarten Termin im Foyer des Gebäudetrakts oder auf dem Gang vor den Laboren auf (siehe Lageplan, Abb. 5-6), während die Expertin *bsommer* in dieser Zeit bereits im verschlossenen Regieraum am Rechner saß und die beiden Mitarbeiter sich in den Laboren aufhielten.

Abb. 5-7: Der Regieraum der *InWiDa*-Labore während der Aufzeichnungen. Im linken Bild die Expertin (vorne) sowie zwei studentische Mitarbeiter.

Begrüßung der Probanden und Vorbereitung der Computerarbeitsplätze

Die Probanden betraten den Versuchsbereich über das Foyer des Gebäudes. Im Gang, der zum Regieraum und zu den beiden Laboren führt, wurden sie vom Versuchsleiter begrüßt und mit Worten wie „Wir müssen noch ein kleines bisschen warten, bis unsere Expertin zur Verfügung steht“ in ein kurzes, informelles Gespräch zum Thema *eBay* verwickelt, um die Probanden auf das Thema einzustimmen. Hierbei wurden, wenn es sich anbot, vom Versuchsleiter z.T. Punkte, die die Probanden auf ihren Vorab-Fragebögen angegeben hatten, angesprochen („Ach ja, Sie hatten uns ja wissen lassen, dass Sie bei *eBay* schon mal Probleme mit einem Käufer hatten, der nicht zahlen wollte“), um diese zu ermuntern, schon vor Beginn der Aufzeichnung, gewissermaßen zum „Warmwerden“, ein wenig über ihre *eBay*-Erfahrungen zu plaudern. In diesem Zusammenhang wurde vom Versuchsleiter auch noch einmal angemerkt, dass die Beratung via Internet stattfinden würde. Auch wurden einige Anmerkungen zur Person der Expertin angebracht, insbesondere, dass es sich bei ihr nicht um eine Angestellte des Unternehmens *eBay* handele, sondern um eine unabhängige Person, die sich jedoch sehr gut mit Fragen rund um Online-Auktionen auskenne und über eine Website zu gefälschten Markenartikeln schon viele Personen, die bei Online-Auktionen betrogen worden seien, hilfreich habe beraten können. Man könne, so der Versuchsleiter, mit Frau Sommer, da sie ja keine Angestellte des Unternehmens sei, also „ruhig auch kritische Fragen zu *eBay* besprechen“, so dies gewünscht werde.

Vor und während dieses Vorgesprächs bereiteten die Mitarbeiter in einem (im Falle von 1:1-Settings) oder beiden (im Falle von 1:n-Settings) der Labore die Computerarbeitsplätze vor, damit nach Betreten der Räume durch die Probanden keine vorbereitenden Handlungen technischer Art mehr notwendig sein würden:

- Der Chat-Client wurde gestartet und die Login-Prozedur durchgeführt;
- eine vorab auf den Arbeitsplatzrechnern installierte Bildschirmuhr wurde gestartet und auf dem rechten oberen Rand des Chat-Fensters positioniert;
- die Screen Capturing-Software *CAMTASIA STUDIO* wurde gestartet; die Programmleiste am unteren Rand der *WINDOWS*-Benutzeroberfläche wurde ausgeblendet, um das im Hintergrund laufende Aufzeichnungsprogramm zu verbergen;
- die Stativkamera, deren Zweck es war, das Blickverhalten der Probanden frontal abzufilmen, wurde mit einem neuen Videoband versehen und die Aufnahme gestartet.

Nach Vorbereitung des Arbeitsplatzes traten die Mitarbeiter auf den Gang. Dies war Zeichen für den Versuchsleiter, die informelle Vorkommunikation abzubrechen („Ah, wie ich sehe, ist jetzt alles vorbereitet") und die Probanden in die Obhut der Mitarbeiter zu geben („Frau S./Herr L. werden Ihnen jetzt alles Weitere erklären").

Einweisung der Probanden in die Computerarbeitsplätze

Die Probanden wurden anschließend von je einem Mitarbeiter an den für sie vorbereiteten Computerarbeitsplatz geführt und gebeten, Platz zu nehmen. Zunächst wurde ihnen der Umgang mit dem (bereits aktiven) Chat-Fenster erklärt. Das Feld für die Texteingabe wurde erläutert und bei Bedarf kurz demonstriert, wie sich ein Beitrag eingeben und verschicken lässt. Im Falle von 1:n-Settings wurde weiterhin angemerkt, dass auch noch weitere Personen an dem Chat mit der Expertin teilnehmen würden; auf mögliche Rückfragen, warum das so sei, wurde den Probanden mitgeteilt, man habe derart viele Anfragen auf die Ausschreibung bekommen, dass man sich entschlossen habe, z.T. mehrere Personen auf einen Termin zu legen, um möglichst vielen Interessierten die Möglichkeit einer Online-Beratung bieten zu können.

Zuletzt wurde der Proband informiert, dass im Falle technischer Probleme permanent ein Mitarbeiter auf dem Gang anzutreffen sei, den man ansprechen könne.

Chat mit der Expertin

Der Chat mit der Expertin dauerte jeweils zwischen 31 und 44 Minuten. Es wurden 18 Chats mit insgesamt 32 Probanden veranstaltet.

Die einzelnen Chats wurden mit unterschiedlichen Probandenkonstellationen durchgeführt. Die Zusammenstellung der Probanden für die einzelnen Chats erfolgte nach zwei Leitlinien:

(a) der Leitlinie, neben 1:1-Chats (die Expertin mit jeweils einem Probanden) auch Chats mit mehreren Probanden (1:2, 1:3 und 1:4) durchzuführen;

(b) der Leitlinie, bei der Verteilung der Probanden auf die Chat-Termine darauf zu achten, dass zu den einzelnen Terminen nicht nur Probanden mit in ungefähr gleicher, sondern z.T. auch mit als unterschiedlich vermuteter Chat-Vorerfahrung aufeinander träfen. Die Einteilung in ‚Experten' und ‚Novizen' wurde hierbei auf Basis einer groben Einschätzung der individuellen Chat-Vorerfahrungen auf Basis der Angaben der Probanden in den vorab per E-Mail verteilten Fragebögen vorgenommen (vgl. hierzu Kap. 5.1.3.2).

lfd. Nr.[111]	Teilnehmerzahl[112]	Teilnehmerkonstellation nach vermuteter „Chat-Kompetenz" der Probanden[113]	Dauer in Minuten
		9 Chats in der Konstellation 1:1	***335***
01	1:1	Novize $_{\text{sveki}}$ ♀	44
02	1:1	Novize $_{\text{brile}}$ ♀	34
05	1:1	Novize $_{\text{mipe}}$ ♀	31
08	1:1	Novize $_{\text{larbe}}$ ♂	33
14	1:1	Novize $_{\text{aver}}$ ♀	38
03	1:1	Experte $_{\text{agap}}$ ♀	32
09	1:1	Experte $_{\text{mihei}}$ ♂	40
11	1:1	Experte $_{\text{jecom}}$ ♀	41
15	1:1	Experte $_{\text{chrito}}$ ♂	42
		5 Chats in der Konstellation 1:2	***194***
06	1:2	Novize $_{\text{fala}}$ ♀ – Novize $_{\text{inab}}$ ♀	42
12	1:2	Novize $_{\text{aha}}$ ♀ – Novize $_{\text{jag}}$ ♂	38
04	1:2	Experte $_{\text{katel}}$ ♂ – Novize $_{\text{clash}}$ ♀	39

111 Die laufende Nummer bezieht sich auf die Reihenfolge, in welcher die 18 Chats durchgeführt wurden.

112 Die Ziffer „1" vor dem Doppelpunkt bezeichnet die Expertin, die Ziffer nach dem Doppelpunkt bezeichnet die Anzahl der Probanden.

113 Bei den angegebenen Namen handelt es sich um die Teilnehmernamen, die den jeweiligen Probanden für die Teilnahme am Chat zugewiesen wurden.

lfd. Nr.[111]	Teilnehmerzahl[112]	Teilnehmerkonstellation nach vermuteter „Chat-Kompetenz" der Probanden[113]	Dauer in Minuten
07	1:2	Experte $_{briha}$ ♀ – Novize $_{nabro}$ ♀	38
13	1:2	Experte $_{bensch}$ ♂ – Experte $_{anew}$ ♀	37
		3 Chats in der Konstellation 1:3	***125***
10	1:3	Experte $_{mosch}$ ♀ – Novize $_{anwa}$ ♀ – Novize $_{stise}$ ♂	43
17	1:3	Experte $_{ahar}$ ♀ – Experte $_{debo}$ ♂ – Experte $_{nihe}$ ♀	40
18	1:3	Experte $_{chre}$ ♂ – Experte $_{mage}$ ♂ – Experte $_{saschu}$ ♀	42
		1 Chat in der Konstellation 1:4	***32***
16	1:4	Experte $_{niko}$ ♀ – Novize $_{ansa}$ ♀ – Novize $_{holte}$ ♂ – Novize $_{steli}$ ♂	32

Abb. 5-8: Übersicht über die im Rahmen der Erhebungsreihe durchgeführten und aufgezeichneten Chat-Ereignisse.

Insgesamt weisen die 18 durchgeführten und in insgesamt 686 Minuten Logfile, 1.513 Minuten „screen movie" und 1.723 Minuten Videofilm dokumentierten Chat-Ereignisse das in Abb. 5-8 zusammengestellte Profil auf.

5.1.5.2 Das Setting für die Probanden

Die Probanden sollten ihre Teilnahme an der Studie so untechnisch als möglich erfahren. Im Vordergrund sollte das Thema *eBay* stehen, der Umgang mit dem Chat sollte eingangs nicht länger als notwendig erläutert werden. Um das technische Briefing – gerade für Probanden mit wenig oder gar keiner Chat-Vorerfahrung – so kompakt als möglich halten zu können und für erfahrene Chatter möglichst bekannte Rahmenbedingungen zu bieten, wurde angestrebt, ein möglichst einfaches Chat-System zu verwenden, das es erlaubt, den Nutzern nicht mehr als die dem IRC und den meisten Webchat-Umgebungen gemeinsamen rudimentären Grundfunktionen und -konfigurationen anzubieten, nämlich:

- ein Formularfeld für die Texteingabe;
- die Möglichkeit, eingegebenen Text mittels Betätigen der Eingabetaste oder Mausklick auf einen „Sende"-Button an den Server abzuschicken;
- ein schriftrollenartig (d.h.: von oben nach unten in der Anzeige) fortgeschriebenes Verlaufsprotokoll;

- die Möglichkeit, aus dem Sichtbereich des Anzeigefensters verdrängte Teile des Verlaufsprotokolls durch Manipulation eines Scrollbalkens mit der Maus wieder in den Sichtbereich zurückzuholen;
- keine farbliche Differenzierung von Beiträgen unterschiedlicher Teilnehmer.

Die Entscheidung fiel für das von Tomas Barta und Michael Benes programmierte Chat-System *TULKA*[114]. Zwar handelt es sich bei *TULKA* um ein spezialisiertes Chat-System, das die Definition von Nutzergruppen mit unterschiedlichen kommunikativen Befugnissen erlaubt, die Chat-Funktion um eine für alle Nutzer sicht- und manipulierbare „Shared Whiteboard"-Komponente ergänzt und bei Bedarf die Möglichkeit eines restriktiven Chat-Settings mit technisch verwalteter „Rednerliste" bietet. Da *TULKA* die Chat-Funktionalitäten und das „Shared Whiteboard" jedoch in unterschiedlichen Bildschirmfenstern verwaltet und Spezialfunktionen wie die „Rednerlisten"-Option sowie administrative Funktionen wie die Zuordnung von Nutzern zu bestimmten Nutzergruppen nicht zwangsläufig genutzt werden müssen, lässt sich – zumindest für Laborsituationen – der Einsatz des Systems auf rudimentäre Chat-Funktionen wie die oben beschriebenen beschränken, indem lediglich das Chat-Fenster aufgerufen, das Fenster mit dem „Shared Whiteboard" ausgeblendet und auf die Verwendung jedweder Zusatzfunktionen verzichtet wird.

Um Parallelkommunikation auf mehreren „Kanälen" zu verhindern, wurden die Probanden unter den ihnen zugeteilten Chat-Nicknames bereits vor ihrem Eintritt in den Laborraum in den Chat eingeloggt. Das Dropdownmenü für den Wechsel der Anzeigefarbe für eigene Beiträge wurde durch die eingeblendete Bildschirmuhr verdeckt, die Anzeige von Timestamps im Verlaufsprotokoll wurde unterdrückt.

Alle Verknüpfungen auf dem Desktop des PCs wurden entfernt. Auch die Statuszeile des Betriebssystems am unteren Rand des Monitors wurde ausgeblendet (um keinerlei Anlass für mögliche Irritationen oder Anreize zum Herumspielen mit offensichtlich im Hintergrund laufenden Programmen wie z.B. der Screen Capturing-Software zu bieten). Sichtbar für die Probanden waren auf dem Bildschirm somit lediglich das Chat-Fenster und die darauf positionierte Bildschirmuhr (siehe Abb. 5-9).

---

114 Download und Dokumentation der aktuellen Version von *TULKA* (v. 0.6.8) unter http://www.karlin.mff.cuni.cz/~benes/tulka/ (14.09.2007). Eine Beschreibung des Systems findet sich z.B. in Beißwenger, Lemnitzer & Storrer (2003).

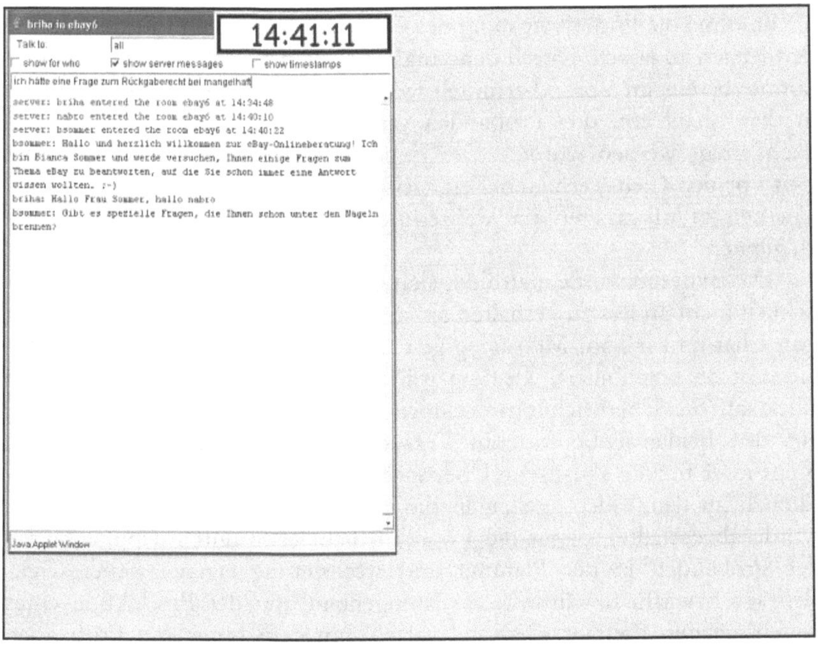

Abb. 5-9: Desktopansicht eines Probanden-Rechners.

5.1.5.3 Strategische Vorgaben für die Expertin

Die in Kap. 5.1.2 in Anlehnung an Hufschmidt & Mattheier (1976) formulierten Anforderungen (iii) und (iv), nach denen die für die Sprachdatenerhebung „unumgänglichen Eingriffe in den natürlichen Kommunikationsablauf … auf ein Minimum reduziert und kontrolliert" (ebd.: 123) werden sollten, betreffen bei dem gewählten Szenario für die Erhebung von Chat-Daten im Rahmen arrangierter Kommunikationsereignisse des Typs ‚Expertenbefragung' insbesondere diejenige Person, die in Expertenrolle als Teil des Arrangements fungiert, aber in dieser Rolle zugleich entscheidend an der Prozessierung des Kommunikationsgeschehens mitwirkt. Gemäß ihrer Expertinnenrolle lässt sich ihr Einfluss auf Thema und Verlauf des Austauschs zwar nicht auf ein Minimum reduzieren, allerdings kann angestrebt werden, ihr Agieren in einigen Aspekten durch die Formulierung bestimmter Verhaltensvorgaben zu kontrollieren.

Bei der Expertin handelte es sich um eine Person, die hochgradig routiniert ist im Umgang mit Chat- und Instant Messaging-Angeboten. Auch Situationen, in denen begleitend zur Chat-Teilnahme Informationen in anderen Browserfenstern zu recherchieren sind, meistert sie souverän und geübt, ohne die Fortentwicklung des Chatgeschehens dabei allzu lange aus den Augen zu lassen. Durch den vorab verteilten Fragebogen (vgl. 5.1.4.2) konnte bereits im Vorfeld ermittelt werden, welche Themen rund um *eBay* in den Chats von den Probanden voraussichtlich mit hoher Frequenz nachgefragt werden würden. Die Expertin hatte daher bereits geraume Zeit vor den Chat-Terminen Zeit, sich noch einmal umfassend zu diesen Themen zu informieren, um während der Chat-Teilnahme nicht in Stress zu geraten.

Die Expertin wurde instruiert, sich bei der Chat-Teilnahme nach Möglichkeit nicht anders zu verhalten als sie dies bei ihrer alltäglichen Nutzung von Chat und Instant Messaging gewohnt war. Zudem wurde sie im Regieraum so positioniert, dass sie während ihrer Chat-Teilnahme keinen Blick auf die Überwachungsmonitore hatte, auf denen die Videosignale aus den beiden Laboren vom Versuchsleiter kontrolliert wurden. Ein Kopfhörer für die akustische Überwachung, mit dem es möglich war, zusätzlich zu den Videosignalen in die beiden Labore „hineinzuhorchen", wurde abgeschaltet, damit die Expertin nicht etwa durch Tippgeräusche der Probanden in der Planung und Realisierung eigener neuer Chat-Beiträge beeinflusst würde (z.B. dahingehend, mit der Produktion eines neuen eigenen Beitrags noch zu warten, um dem tippenden Probanden Zeit zu geben, seinen offenbar gerade in Arbeit befindlichen Beitrag fertig zu stellen). Die an der Durchführung der Aufzeichnungen beteiligten Mitarbeiter waren angewiesen, während der Aufzeichnung der einzelnen Chat-Ereignisse im Regieraum nicht zu sprechen (vor allem nicht das auf den Kontrollbildschirmen für sie einsehbare Verhalten der Probanden an den Computerarbeitsplätzen zu kommentieren), um die Expertin nicht abzulenken, zu irritieren oder durch Hinweise zu den auf den Monitoren angezeigten Aktivitäten ihrer Chat-Partner in ihrer Partizipation am Chat-Geschehen zu beeinflussen.

Die Expertin sollte zwar nach Möglichkeit so (spontan) chatten, wie sie es aus ihrem Alltag gewohnt war; allerdings wurden ihr in fünf Punkten „Verhaltensregeln" auferlegt, um ihr Partizipationsverhalten hinsichtlich bestimmter Aspekte zu standardisieren. Dabei wurde Wert darauf gelegt, die entsprechend formulierten Regeln so überschaubar zu halten, dass sie für die Expertin im Zuge weniger vorbereitender Testläufe erlernbar waren und von ihr ohne Einbußen bei der Souveränität ihrer Chat-Teilnahme angewendet werden konnten.

Folgende Regeln wurden formuliert und vorab mit der Expertin eingeübt:

(1) *Standardisierte Eröffnung*:

Der Eröffnungsbeitrag der Expertin sollte bei jedem der Chat-Ereignisse gleichlautend sein und daher aus einer – in korrekter schriftsprachlicher Orthographie verfassten – Vorlage per Copy & Paste in den Chat übertragen werden. Das Verschicken des Eröffnungsbeitrags sollte nicht unmittelbar nach dem Eintritt der Expertin in den Chat-„Raum" erfolgen, sondern erst nach ca. 15 Sekunden (also einem Zeitraum, der es plausibel erscheinen lässt, dass der Beitrag auch tatsächlich eingetippt wurde). Der vorgegebene Wortlaut des Eröffnungsbeitrags war:

Hallo und herzlich willkommen zur eBay-Onlineberatung! Ich bin Bianca Sommer und werde versuchen, Ihnen einige Fragen zum Thema eBay zu beantworten, auf die Sie schon immer eine Antwort wissen wollten. ;-)

(2) *Tippfehler und Standardorthographie*:

Die Expertin sollte nach Möglichkeit mit Tippfehlern und orthographischen Normen (insbesondere Groß-/Kleinschreibung, Interpunktion) so umgehen wie sie dies auch in ihrer alltäglichen Chat-Nutzung gewohnt war. Sie war darüber aufgeklärt worden, dass es bei der Untersuchung keineswegs um eine Beurteilung der sprachlichen Korrektheit von Chat-Beiträgen gehe.

(3) *Beitrags-Splitting*:

Bezüglich des in natürlichen Chat-Situationen bisweilen zu beobachtenden „Beitrags-Splittings" – d.h. der Portionierung eines Kontributionsprojekts auf eine Sequenz von Produktionseinheiten (vgl. Kap. 4.5.4.5) – wurde festgelegt, dass die Expertin in der ersten Hälfte jedes Chat-Ereignisses konsequent auf den Einsatz von Splitting-Techniken verzichten solle. Nach etwa der Hälfte der für jedes Chat-Ereignis vorgesehenen Zeit – in aller Regel nach einer geplant lancierten Provokation (vgl. Kap. 5.1.5.4) – sollte die Expertin dann (auf Zuruf des Versuchsleiters) damit beginnen, bei der Versprachlichung von Kontributionsprojekten bei Überschreiten einer gewissen Textlänge im Eingabeformularfeld konsequent zu splitten.

Als Kriterium für die Entscheidung, wann zu splitten sei, wurde festgelegt, es solle dann gesplittet werden, wenn nach Dafürhalten der Expertin ein in Versprachlichung befindliches Projekt deutlich länger zu werden verspreche als dass die Produktionseinheit als Ganze noch im Sichtbereich des Texteingabeformularfelds angezeigt werden könne. Gesplittet werden sollte hierbei nicht willkürlich, sondern jeweils am Ende eines Satzteils oder Satzgliedteils (d.h. nach Möglichkeit nicht innerhalb von Phrasen). Auf die Verwendung einer Fortsetzungsmarkierung (z.B. drei Pünktchen) am Ende derjenigen Beiträge innerhalb von Split-Sequenzen, mit denen die Split-Sequenz nicht abgeschlossen wird, sollte verzichtet werden; ebenso sollte am Ende solcher Beiträge auf Kommata verzichtet werden. Für den Fall, dass die

Expertin im Eifer des Gefechts das Splitten vergäße, wurde festgelegt, dass ein tendenziell natürliches Partizipationsverhalten Priorität gegenüber einem „Splitting um jeden Preis" besitzen solle: Bemerkt die Expertin im Einzelnfall erst, nachdem sie längeren Text eingegeben hat, dass eigentlich zu splitten gewesen wäre, dann wird der eingegebene Text nicht wieder gelöscht (um z.B. nachträglich nach der zuvor beschriebenen Vorgabe zu splitten und dann erst abzuschicken), sondern es wird entweder an der nächstmöglichen sinnvollen Stelle gesplittet oder aber in diesem Fall gänzlich auf Splitting verzichtet. Löschungen und Korrekturen während der Texteingabe zu Zwecken einer nachträglichen Realisierung der Splitting-Regel sollten in keinem Fall vorkommen, um dadurch die dynamische Weiterentwicklung des Chat-Geschehens nicht zu beeinträchtigen.

(4) *Kommentierung oder Thematisierung von Überkreuzungen, Dopplungen etc.*:

Die Expertin sollte auf eine Thematisierung bzw. Kommentierung von beim Chatten auftretenden Überkreuzungen von Chat-Beiträgen oder von Fällen einer zeitnahen Verschickung von Beiträgen gleichen Inhalts durch verschiedene Kommunikanten verzichten. Wenn allerdings die Probanden selbst solche Phänomene thematisierten, sollte es der Expertin freigestellt sein, gegebenenfalls darauf einzugehen.

(5) *Verwendung von Adressierungen in Beiträgen*:

In den 1:2-, 1:3- und 1:4-Chats sollte die Expertin so lange auf die Verwendung von Adressierungen verzichten, bis nicht mindestens einer der Probanden selbst eine Adressierung („@briha: …" oder „briha: …") verwendet hat. Sobald mindestens einer der Probanden erstmalig eine Adressierungstechnik angewandt hat, sollte es der Expertin freigestellt sein, bei Bedarf ebenfalls Adressierungen einzusetzen. Solange seitens der Probanden keine Adressierungstechniken angewandt wurden, sollte die Expertin im Bedarfsfall Bezüge zu zurückliegenden Beiträgen über Formen der thematischen Wiederaufnahme kenntlich machen (z.B.: „Zu den geänderten AGBs: …" oder „Zum Käuferschutz: …").

5.1.5.4 Vordefinierte Provokationen

In jedem der Chat-Ereignisse wurden ein bis zwei vorab geplante „Provokationen" lanciert, mit denen getestet werden sollte, wie die Probanden (a) auf plötzliche Unübersichtlichkeit des Anzeigebereichs („Flooding") und (b) auf eine vermeintliche technische Störung der Kommunikation reagieren.

(a) *Flooding*

Die Anzeigebereiche von Chat-Systemen für die Darstellung des Verlaufsprotokolls sind immer begrenzt. Nur derjenige Teil des Protokolls, der sich im aktuellen Anzeigebereich befindet, lässt sich komfortabel überblicken und nach relevanter neuer Information absuchen. Je mehr Teilnehmer sich in einem Chat-„Raum" („Kanal", „Séparée") befinden und aktiv zur Prozessierung des Chat-Geschehens beitragen, umso kürzer ist die Zeitspanne, die ein veröffentlichter Beitrag im Fokusbereich des Bildschirmverlaufsprotokolls sichtbar bleibt, bis er durch die Anzeige neu ins Protokoll eingefügter Beiträge in den Archivbereich verdrängt wird. Bei der Mehrzahl aller Chat-Systeme mit schriftrollenartig („scroll-like") organisiertem Verlaufsprotokoll besteht zwar die Möglichkeit, nicht mehr sichtbare Beiträge für einen gewissen Zeitraum (in der Regel unter Nutzung der Scroll-Funktion) wieder in den Fokusbereich zurückzuholen, doch dies ist erstens aufwändig und zweitens kann während des Zurückscrollens die aktuelle Weiterentwicklung des Kommunikationsverlaufs nicht mitverfolgt werden. Je umfangreicher also ein neu angezeigter Beitrag (d.h.: je mehr Raum seine Darstellung im Anzeigebereich einnimmt), umso mehr andere Beiträge werden durch ihn aus der Anzeige verdrängt. Beziehungsweise: Je mehr Textmenge pro Minute durch neu angezeigte Beiträge in die Anzeige gelangt, desto mehr Textmenge an Vorbeiträgen wird im selben Zeitraum in das nicht unmittelbar sichtbare „Archiv" außerhalb des Anzeigebereichs verschoben und desto mehr neuer Text muss von den Beteiligten in derselben Zeit gesichtet werden.

In „Plauder-Chat"-Angeboten wird es zumeist als unhöflich, bisweilen sogar als provokant empfunden (als „Flooding"[115]), wenn ein Nutzer einen Einzelbeitrag mit einem umfangreichen Textblock bestückt und damit einen beträchtlichen Teil der zuletzt angezeigten Beiträge aus dem Anzeigebereich verdrängt (vgl. Beißwenger 2001: 125f.).

Für die *eBay*-Chats wurden zu zwei Themen, die – nach den Vorab-Fragebögen zu urteilen – für die meisten Probanden von Interesse schienen, umfangreiche Textblöcke vorbereitet, die, wenn es sich thematisch anbot, von der Expertin mittels weniger Mausklicks aus einer auf ihrem Desktop bereitstehenden Textvorlage in das Chat-Eingabefeld übernommen werden konnten. So war beispielsweise zum sehr

115 Die Metapher „Flooding" aus dem Jargon der Hackerszene bezieht sich in ihrer negativ konnotierten Lesart ursprünglich auf die (gezielte) Überschwemmung eines Netzdienstes oder Servers mit Daten (um diesen vorübergehend zu blockieren).

häufig nachgefragten Thema „Käuferschutz" ein Auszug aus den Allgemeinen Geschäftsbedingungen von *eBay* so präpariert worden, dass er bei Bedarf in Form zweier umfangreicher Chat-Beiträge von der Beraterin in das Chat-Geschehen eingespielt werden konnte, die dann insgesamt 193,5 % des Anzeigebereichs in Anspruch nahmen. Innerhalb von 5-6 Sekunden (also des Zeitraums, den die Expertin benötigte, um beide Beiträge in das Eingabefeld einzufügen und abzuschicken) wurde somit fast das Doppelte des Anzeigebereichs aktualisiert. Die *eBay*-Angaben zum Käuferschutz waren daher nur unter Rückgriff auf die Scroll-Funktion des Chatfensters vollständig (d.h.: von Anfang bis Ende) rezipierbar. Abb. 5-10 zeigt in einer Serie aus sechs Standbildern die Reaktion einer Probandin auf das Eintreffen des ersten der beiden Beiträge (14:55:45) auf ihrem Bildschirm.

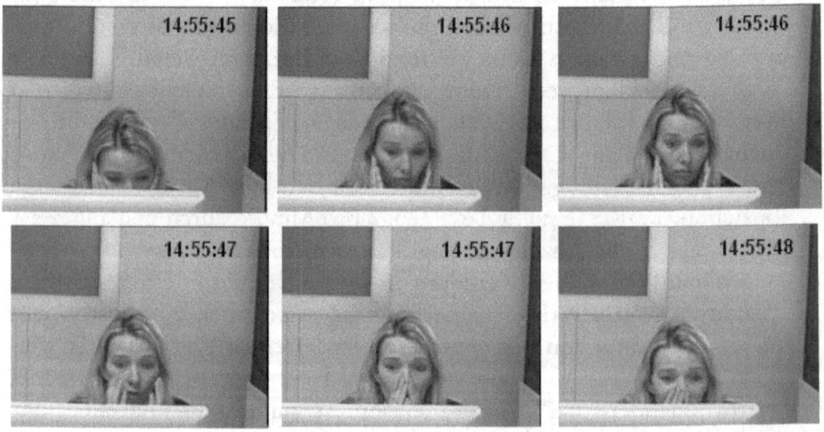

Abb. 5-10: Reaktion einer Probandin auf das Eintreffen eines „Flooding"-Beitrags (14:55:45).

(b) *Technische Störung*

Zusätzlich zur „Flooding"-Aktion wurde in der Mehrzahl der Chats eine Provokation lanciert, bei welcher die Expertin gänzlich unvermittelt den Chat-„Raum" verließ, was im Verlaufsprotokoll durch eine systemgenerierte Meldung „bsommer left the room ebay*x*" angezeigt wurde. Die Provokation wurde von der Expertin jeweils auf Zuruf des Versuchsleiters durchgeführt; in einigen Fällen wurde dabei der letzte Beitrag der Expertin vor Verlassen des „Raumes" durch Kopieren und erneutes Einfügen innerhalb weniger Sekunden mehrfach abgeschickt, um so die Möglichkeit einer technisch bedingten Störung für die Probanden wahrscheinlicher erscheinen zu lassen.

Die somit simulierte technische Störung wurde in erster Linie für diejenigen Chat-Ereignisse erdacht, bei welcher es die Expertin mit mehr als einem Probanden zu tun hatte, und zielte darauf, für einen gewissen Zeitraum nur noch die Probanden untereinander beim Chatten beobachten zu können. In der Mehrzahl der durchgeführten Chat-Ereignisse mit mindestens zwei Probanden setzten die Probanden die Kommunikation während der Abwesenheit der Expertin tatsächlich fort, wenn auch nicht immer zum Thema *eBay*. Auf diesem Wege ergaben sich in einigen der Chat-Ereignisse kurze Passagen, die von den Probanden gänzlich ohne Beteiligung der Expertin (die ja Teil des Versuchsdesigns war) prozessiert wurden. In den übrigen Fällen (und auch im Rahmen der 1:1-Chats) wählten die Probanden zumeist die ihnen bei der Einweisung in den Arbeitsplatz mitgeteilte Möglichkeit, einen auf dem Korridor parat stehenden Mitarbeiter um technische Hilfe zu ersuchen; in diesen Fällen kehrte die Expertin während der Abwesenheit des Probanden vom Arbeitsplatz wieder in den Chat-„Raum" zurück, um sich, nachdem der Proband zusammen mit dem Mitarbeiter an den Arbeitsplatz zurückgekehrt war, explizit dafür zu entschuldigen, aufgrund technischer Probleme vorübergehend aus der Chat-Umgebung ausgeloggt worden zu sein.

5.1.6 Die Aufzeichnung

Auf den Rechnern sämtlicher Probanden war die Screen Capturing-Software *CAMTASIA STUDIO* installiert. Kurz vor Betreten des Laborraums durch die Probanden wurde mittels dieses Programms die Aufzeichnung eines „screen movies" gestartet. Weiterhin wurden pro Chat-Termin von bis zu zwei Probanden Videoaufzeichnungen mittels jeweils einer vor dem Computerarbeitsplatz positionierten Videokamera (*MINIDV DIGITAL CAMCORDER JVC DV 4000*) angefertigt; diese Kameras waren so justiert, dass am unteren Bildrand der obere Rand des Bildschirms und in der Mitte des Bildes das Gesicht des Probanden frontal zu sehen waren. Für die Feinjustierung der Kameras war im Rahmen der Vortests mit Testpersonen unterschiedlicher Größe ermittelt worden, in welcher Neigung die Kamera jeweils auf den Arbeitsplatz zu richten war, um insbesondere die Augenpartie sowie die Pupillenbewegungen möglichst optimal einzufangen. Abb. 5-11 zeigt eine Testperson an einem der Computerarbeitsplätze mit dahinter aufgestellter Videokamera.

Abb. 5-11: Computerarbeitsplatz mit dahinter aufgestellter Stativkamera und Testperson.

Am Morgen jedes Aufzeichnungstages wurden die Bildschirmuhren auf den einzelnen Probandenrechnern und auch auf dem Rechner für die Expertin miteinander synchronisiert. Im Bild der Stativkameras wurde zu Beginn jeder Aufzeichnung eine entsprechend gestellte Uhr gezeigt, um die entsprechende Zeitangabe bei der späteren Transkription als Referenzzeitpunkt für die Alignierung der im Video dokumentierten Ereignisse mit den Ereignissen des zugehörigen „screen movies" verwenden zu können.

Die Expertin wurde nicht mittels Stativkamera beobachtet, auf ihrem Rechner wurde allerdings für jedes Chat-Ereignis – ebenso wie bei den Probanden – eine Aufzeichnung mit der Screen Capturing-Software angefertigt.

5.2 Transkriptionsformat: Synoptische Darstellung von Bildschirmverlaufsprotokoll, Desktop-Aktivitäten und Blickrichtungsverhalten

Die im Zuge der Nutzerbeobachtungen erhobenen Videodaten („screen movies" einerseits und Stativkameraaufzeichnungen andererseits) wurden für insgesamt 17 Probanden transkribiert. Der Transkriptionsprozess war zweistufig angelegt. In einem ersten Durchgang wurden die Screencam-Aufzeichnungen der beobachteten Probanden ausgewertet. Hierbei wurden insbesondere diejenigen Aktivitäten, die sich im Texteingabeformularfeld der Benutzeroberfläche feststellen ließen, in eine schriftliche Repräsentation überführt. Weiterhin wurden für alle Teilnehmerbeiträge, die während der Chat-Ereignisse sukzessive in den Bildschirmverlaufsprotokollen der Probanden zur Darstellung kamen, sekundengenaue Anzeigezeiten ermittelt (der vom Server automatisch erzeugte Mitschnitt verzeichnete lediglich minutengenaue Angaben), um den Verlauf der Entwicklung des Bildschirmverlaufsprotokolls während der Chat-Ereignisse mit den individuellen Aktivitäten des Produzierens (d.h.: Eingebens, Revidierens, Verschickens) von Textbeiträgen zeitlich alignieren zu können.

In einem zweiten Durchgang wurden dann für sechs der 17 Chat-Teilnahme-Ereignisse systematisch die Stativkamera-Aufzeichnungen ausgewertet. Hier interessierte das Blickverhalten der beobachteten Probanden. Die Einrichtung der Benutzeroberfläche der Arbeitsplatzrechner sowie die Kameraeinstellung erlaubten es, die Blickrichtung der Probanden weitgehend problemlos dem Texteingabefeld, dem Anzeigebereich für das Bildschirmverlaufsprotokoll, der Tastatur oder der Computermaus zuzuordnen.

Das im Folgenden vorgestellte Transkriptionsformat zielt auf eine graphische Repräsentation von Chat-Teilnahme-Ereignissen, d.h. auf eine Beschreibung derjenigen Verhaltensäußerungen, die sich für einen *einzelnen* Chat-Teilnehmer während eines Chat-Ereignisses direkt (z.B. Blickverhalten, Mimik) oder indirekt (z.B. Erscheinen und Verschwinden von Schriftzeichen im Texteingabeformularfeld der abgefilmten Benutzeroberfläche am Bildschirm) feststellen lassen. In diesem Format erstellte Transkripte repräsentieren somit keine Chat-Ereignisse (i.S.v. Kommunikationsereignissen), sondern Ereignisse je individueller Kommunikations*teilhabe*. Einzelne solcher Transkripte können allerdings zu synoptischen Darstellungen verbunden werden, die dann die Aktivitäten mehrerer oder aller an einem Chat-Ereignis beteiligter Kommunikanten entlang einer Zeitachse einander gegenüberstellen. Auf diese Weise lässt sich aus einzelnen Transkripten von Chat-Teilnahme-Ereignissen ein synoptisches Transkript aller für ein Chat-Ereignis relevanter (je individueller) Kommunikationsteilhabeaktivitäten generieren.[116]

Das Format in seiner Grundidee sowie die für seine Ausgestaltung wesentlichen Beschreibungskategorien und Darstellungskonventionen werden in derjenigen Abfolge vorgestellt, die auch dem Transkriptionsprozess zugrunde gelegt wurde. Zunächst wurden als Vorarbeit anhand verschiedener kleinerer Test-Transkriptionen das Rahmenformat und die Darstellungskonventionen entwickelt. Hierbei wurden kontinuierlich Transkriptions-Richtlinien verfasst und weiterentwickelt, anhand derer jeweils eine zweite Person (Studierende mit sprachwissenschaftlichen

116 Beispiele für zwei andere Formate zur Transkription von Bildschirmdaten beim Chatten (Garcia & Jacobs 1998; 1999 und Markman 2006) finden sich in Kap. 5.1.3 (Abb. 5-2 und 5-3). Die beiden Formate berücksichtigen ausschließlich Daten aus „screen movies“, die Transkription zusätzlich von Daten aus videogestützten Chat-Teilnehmer-Beobachtungen vor dem Bildschirm ist nicht vorgesehen.

Grundkenntnissen, aber keinen Spezialkenntnissen im Bereich Transkription bzw. Internetbasierte Kommunikation) überprüfen sollte, ob die in den Richtlinien niedergelegten Instruktionen eine ausreichende Basis darstellen, um selbstständig Screencam-Mitschnitte zu transkribieren. Nachdem auf diese Weise gesichert werden konnte, dass die Transkriptionskonventionen (a) alle transkriptionsrelevanten Phänomene der zu transkribierenden Daten abdecken und (b) für so weit interoperabel erachtet werden können, dass ein Transkribieren auch ohne spezialisierte Kenntnis des Forschungszusammenhangs möglich ist, wurden in einem ersten Schritt die Screencam-Daten transkribiert. Anschließend wurde für die Einbeziehung der Stativkamera-Aufzeichnungen eine Grundrichtlinie verfasst und auf ihre Praktikabilität hin überprüft. Die ausgereifte Fassung dieser zweiten Richtlinie bildete dann die Basis für die Anreicherung der in Phase I gewonnenen Transkripte um Beschreibungen des Blickverhaltens der Probanden an ihren Computerarbeitsplätzen.

5.2.1 Tabellenstruktur

Das Transkriptionsformat basiert auf einer Tabellenstruktur. Es gibt Zeilen und es gibt Spalten. Unterschiedliche *Tabellenzeilen* stehen für einzelne Minimalzeiträume von jeweils 1.000 Millisekunden Dauer. Unterschiedliche *Tabellenspalten* stehen für verschiedene zu beschreibende Phänomenbereiche. Beschrieben werden in den verschiedenen Tabellenspalten:

a) die Entwicklung des Bildschirmverlaufsprotokolls im Anzeigebereich der Benutzeroberfläche („Protokollverlauf");
b) die Eingabe und Bearbeitung von Text im Texteingabeformularfeld der Benutzeroberfläche („Produktionsaktivitäten (Bildschirm)");
c) die Blickrichtung der Teilnehmer („Blick").

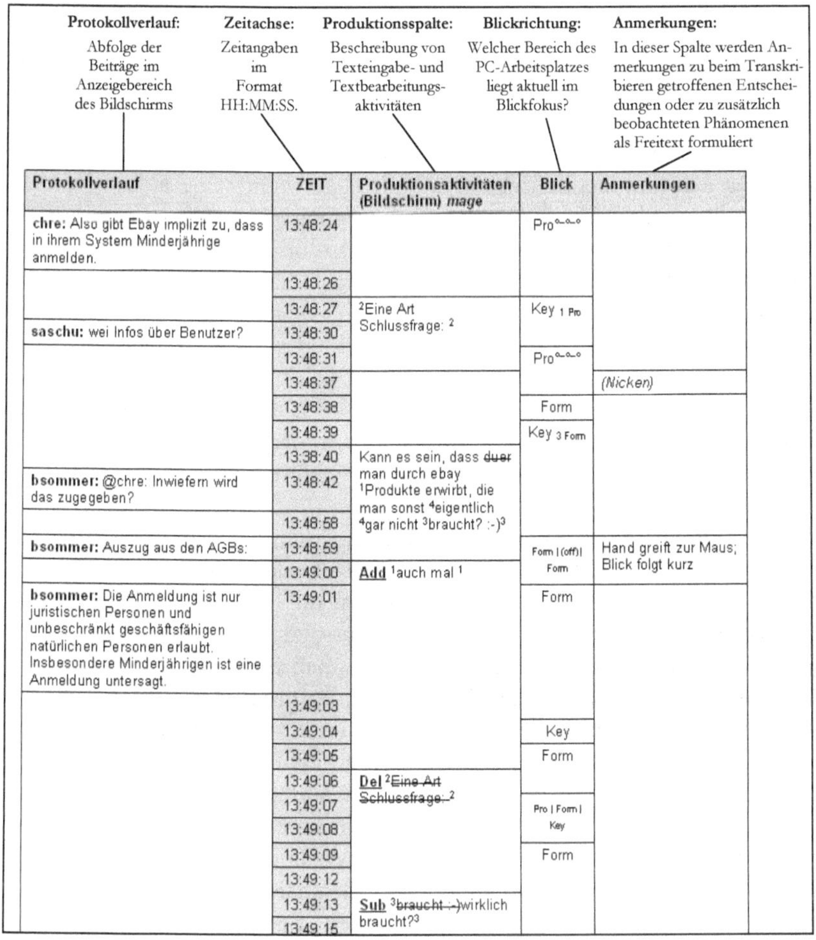

Abb. 5-12: Tabellarischer Aufbau eines Transkripts.

Die textuellen Inhalte der Spalte „Protokollverlauf" wurden den Mitschnitten der einzelnen Chat-Ereignisse entnommen, die für die Rekonstruktion des Verlaufs der Protokollentwicklung so wichtigen Daten zu den Eintreffenszeitpunkten der einzelnen Beiträge im Anzeigebereich der Bildschirmoberfläche wurden im Zuge einer ersten Sichtung der Screencam-Daten ermittelt und in der ZEIT-Spalte notiert. Zugleich fungieren diese Zeitangaben als Angaben zu Minimalzeiträumen für die in den Spalten „Produktionsaktivitäten (Bildschirm)" und „Blick" beschriebenen Phänomene.

Die Beschreibungen in der Spalte „Produktionsaktivitäten (Bildschirm)" wurden auf Basis eines vorab festgelegten Inventars an Beschreibungskategorien und enger Notationskonventionen (Kap. 5.2.5) bei einer detaillierten Sichtung der Screencam-Daten angefertigt. Die Beschreibungen in der Spalte „Blick" folgen ebenfalls einem festen Set an Kategorien und Konventionen (Kap. 5.2.6) und stellen Verschriftungen von Beobachtungen zum Blickrichtungsverhalten der Probanden dar, die bei einer detaillierten Sichtung der Stativkamera-Videos gemacht wurden.

Daneben stand mit der Spalte „Anmerkungen" ein Transkriptbereich zur Verfügung, in welchem bei der Transkription Zusatzinformationen zu einzelnen in den übrigen Spalten vermerkten Phänomenen in nicht-standardisierter Form formuliert oder sonstige Beobachtungen – z.B. zur Mimik – als Freitext oder anhand intuitiv gewählter, nicht vorgegebener Kategorien festgehalten werden konnten (Kap. 5.2.7).

Eine *Tabellenzelle* repräsentiert im Transkript diejenigen Ereignisse, die sich in Hinblick auf einen bestimmten Phänomenbereich innerhalb eines bestimmten Minimalzeitraums von 1.000 Millisekunden feststellen und beschreiben lassen.

Die sich aus der Kreuzung von Zeilen- und Spaltenordnung ergebende Grundstruktur (Anzahl der Zeilen x Anzahl der Spalten = Anzahl der Zellen) wird verschiedentlich aufgebrochen, um Tabellenzellen innerhalb einer Spalte (also in der vertikalen Darstellungsdimension) einen Raum zu gewähren, der mehrere Zeilen (und damit mehrere 1.000-Millisekunden-Zeiträume in der horizontalen Dimension) umgreift. Dies ermöglicht es, neben punktuellen Ereignissen und Ereignissen von nicht mehr als einer Sekunde Dauer auch Ereignisse mit einer zeitlichen Ausdehnung von mehr als einer Sekunde zu beschreiben. Die Verbindung von Tabellenzellen in aufeinanderfolgenden Zeilen zu größeren Beschreibungsflächen strukturiert die Transkripte zugleich dahingehend, dass nicht Sekundenzeiträume die visuellen Grundeinheiten darstellen, sondern solche Beschreibungseinheiten, die in den einzelnen Beschreibungsdimensionen („Produktionsaktivitäten (Bildschirm)" und „Blick") die grundlegenden Analyseeinheiten bilden (z.B. Zeiträume, in denen kontinuierlich Text eingegeben oder bearbeitet wird vs. Zeiträume, in denen *keine* Texteingabe/-bearbeitung feststellbar ist; Zeiträume, in denen eine Hauptblickrichtung A vs. Zeiträume, in denen eine Hauptblickrichtung B festgestellt werden kann).

5.2.2 Zeitangaben als Repräsentanten von Minimalzeiträumen

Als Zeitachse fungiert eine Spalte „ZEIT", deren Zellen jeweils den Zeitraum zwischen einem Sekundenwechsel der in den Screencam-Filmen eingeblendeten Bildschirmuhr bis zum nächsten darstellen. Die Zeitangaben in den Spalten, die im Format HH:MM:SS notiert sind, bezeichnen also genau genommen die Startzeitpunkte des durch die Zelle repräsentierten Minimalzeitraums (nämlich genau genommen HH:MM:SS:*000*). Der Endzeitpunkt des durch eine Zelle repräsentierten Zeitraums liegt immer eine Millisekunde vor dem nächsten Sekundensprung der Bildschirmuhr. Die zweite Tabellenzeile im Beispiel in Abb. 5-13 ist somit – ausgehend von der beigeordneten Zeitangabe <13:25:40> so zu lesen, dass in demjenigen Zeitraum, während dem die Bildschirmuhr die Zeit 13 Stunden 25 Minuten 40 Sekunden anzeigt, zwei Ereignisse beobachtet werden konnten, die zwei verschiedenen Phänomenbereichen zugehören: einerseits, dass der Kommunikant (*mage*), dessen am Bildschirm feststellbare Aktivitäten im Film dokumentiert sind, eine Verschickungshandlung ausgeführt und damit in das Eingabefeld der Chat-Oberfläche eingegebenen Text zur Verarbeitung an den Server aufgegeben hat; andererseits, dass eben dieser verschickte Beitrag als neu eingetroffener (d.h.: vom Server zurückübermittelter) Beitrag im Bildschirmprotokoll ergänzt wurde.[117]

Protokollverlauf	**ZEIT**	**Produktionsaktivitäten (Bildschirm)** ***mage***
bsommer: Außerdem ist die Zahl der potentiellen Käufer bei eBay riesig.	13:25:36	
mage: ok, also muss ich generell in diesem Punkt nicht mit Misstrauen ansetzen	13:25:40	**VERSCHICKEN**

Abb. 5-13: Transkriptausschnitt.

Die Tatsache, dass die unter „ZEIT" notierten Zeitangaben keine Zeit*punkte*, sondern minimale Zeit*räume* (nämlich von einem Sekundensprung in der Anzeige der Bildschirmuhr zum nächsten) darstellen, ist deshalb wichtig, da die beiden in Zeile 2 des Ausschnitts in Abb. 5-13 beschriebenen Ereignisse nicht unabhängig voneinander sind, sondern in einer Folgebeziehung zueinander stehen. Folgebeziehungen können lediglich zwischen zeitlich einander nachgeordneten Ereignissen bestehen, nicht aber zwischen gleichzeitig auftretenden. Zwischen der Verschickung und der Darstellung eines Beitrags gibt es somit immer eine gewisse (wenn auch zumeist nur äußerst geringfügige) zeitliche Verzögerung. Aus transkriptionspraktischen Gründen wurde die Zuordnung von punktuellen Ereignis-

117 Alle im Folgenden wiedergegebenen Zeitangaben bezeichnen, wenn sie aus drei zweistelligen Werten bestehen, einen Wert der Form <Stunde:Minute:Sekunde> (HH:MM:SS) beziehungsweise, wenn sie aus vier Werten bestehen, einen Wert der Form <Stunde:Minute:Sekunde:Millisekunde> (HH:MM:SS:MS).

sen zu Zeitpunkten bzw. von Ereignissen mit zeitlicher Ausdehnung zu Start- und Endzeitpunkten auf eine Präzision von 0,99 Sekunden festgelegt. Das bedeutet: Beim Transkribieren wurden alle Ereignisse, die auf einen Wechsel der Sekundenanzeige der Bildschirmuhr folgten, ohne dass zwischenzeitlich die Sekundenanzeige erneut wechselte, in derselben Tabellenzeile notiert. Die zugeordnete Referenzzeitangabe im Format <HH:MM:SS> repräsentiert dabei denjenigen minimalen Ereigniszeitraum, während dem die Bildschirmuhr exakt diese Uhrzeit anzeigte, im Beispiel in Abb. 5-13 also (auf Millisekunden genau ausgedrückt) den Zeitraum zwischen 13:25:40:000 und 13:25:40:999.

Protokollverlauf	ZEIT	Produktionsaktivitäten (Bildschirm) *mage*
bsommer: Außerdem ist die Zahl der potentiellen Käufer bei eBay riesig.	13:25:36	
mage: ok, also muss ich generell in diesem P nicht mit Misstrauen ansetzen		**VERSCHICKEN**

LIES: Der Beitrag <ok, also muss ich generell in diesem Punkt nicht mit Misstrauen ansetzen> von Kommunikant *mage* wurde zu einem Zeitpunkt im Sekundenzeitraum 13:25:40:000 – 13:25:40:999 im Bildschirmverlaufsprotokoll auf dem Teilnehmerrechner von *mage* angezeigt. Die Anzeige des Beitrags resultiert aus einer Verschickungshandlung des mit der automatisch (vom Server) hinzugefügten Namensangabe (*mage:*) benannten Kommunikanten.

LIES: Kommunikant *mage* hat zu einem Zeitpunkt im Sekundenzeitraum 13:25:40:000 – 13:25:40:999 eine Verschickungshandlung ausgeführt und damit eine zuvor eingegebene (im Tabellenausschnitt nicht dargestellte) Zeichenfolge als an die Partner zu übermittelnden Textbeitrag an den Chat-Server aufgegeben.

Abb. 5-14: Transkriptausschnitt mit Legende.

Die Zuordnung eines neuen Beitrags im Bildschirmverlaufsprotokoll in der Spalte „Protokollverlauf" und der Beschreibung einer Verschickungshandlung in der Spalte „Produktionsaktivitäten (Bildschirm)" zu ein- und derselben Zeitangabe beschreibt daher keine strikte Gleichzeitigkeit, sondern das Auftreten beider Ereignisse innerhalb desselben Minimalzeitraums. Die horizontale Nebenordnung der Anzeige eines Beitrags und seiner vorausgegangenen Verschickung aus Abb. 5-13 ist daher zu lesen wie in Abb. 5-14 veranschaulicht.

5.2.3 Sprünge in der zeitlichen Abfolge

Das Visualisierungsformat beansprucht nicht, jeden Sekundenzeitraum eines Chat-Teilnahmeereignisses darzustellen. Explizit dargestellt werden nur solche Sekundenzeiträume, in denen hinsichtlich der zu transkribierenden Phänomenbereiche ein punktuelles Ereignis feststellbar ist oder in die der Start- oder Endzeitpunkt eines Ereignisses mit zeitlicher Ausdehnung fällt. Implizit dargestellt, wenn auch nicht explizit auf der Zeitachse vermerkt, werden solche Sekundenzeiträume, in denen zwar kein punktuelles Ereignis oder der Start- oder Endzeitpunkt eines Ereignisses mit zeitlicher Ausdehnung angesiedelt ist, während derer aber ein Ereignis mit zeitlicher Ausdehnung stattfindet.

<table>
<tr><th>Protokollverlauf</th><th>ZEIT</th><th>Produktionsaktivitäten (Bildschirm) mage</th><th>Blick</th><th>Anmerkungen</th></tr>
<tr><td>mage: unter anderem das vertrauen in ebay: Preistreiberei und die Authentizität von fotos und Angaben</td><td>13:14:13</td><td>VERSCHICKEN</td><td rowspan="2">Form</td><td rowspan="6"></td></tr>
<tr><td rowspan="5"></td><td>13:14:16</td><td></td></tr>
<tr><td>13:14:17</td><td rowspan="3">und die gefährliche</td><td rowspan="2">Key</td></tr>
<tr><td>13:14:20</td></tr>
<tr><td>13:14:21</td><td rowspan="2">Form</td></tr>
<tr><td>13:14:23</td><td><s>und die gefährliche</s></td></tr>
</table>

Abb. 5-15: Transkriptausschnitt.

In Abb. 5-15 sind beispielsweise die Sekundenzeiträume <13:14:14> und <13:14:15> nicht explizit dargestellt, weil für sie in den ausgewerteten Daten (Chat-Mitschnitt, Screencam-Mitschnitt und Videoaufzeichnung) sowohl hinsichtlich des Phänomenbereichs „Protokollverlauf" als auch hinsichtlich der Phänomenbereiche „Produktionsaktivitäten (Bildschirm)" und „Blick" keinerlei Beobachtung gemacht werden konnte (sprich: weder wurde ein neuer Beitrag im Bildschirmverlaufsprotokoll angezeigt noch waren im Texteingabeformularfeld Indizien für produktive Aktivitäten des Kommunikanten *mage* feststellbar noch zeigte die Auswertung der Videoaufzeichnung zu den betreffenden Zeitpunkten eine notierenswerte Veränderung der Blickrichtung). Hingegen sind die Sekundenzeiträume <13:14:18>, <13:14:19> und <13:14:22> zwar in der Zeitspalte nicht explizit vermerkt; sie spielen aber insofern eine Rolle, als zwischen <13:14:17> und <13:14:21> eine vertikal durchlaufende Zelle in der Spalte „Produktionsaktivitäten (Bildschirm)" anzeigt, dass während dieses Zeitraums eine kontinuierliche Produktionsaktivität festzustellen ist. Ähnliches gilt für den Sekundenzeitraum <13:14:22>, der zwar ebenfalls nicht explizit markiert ist, für den jedoch aufgrund der vertikal durchlaufenden Tabellenzelle in der Spalte „Blick" erschlossen werden kann, dass *mage* um diese Zeit seinen Blick auf das Texteingabeformular der Benutzeroberfläche auf dem Bildschirm gerichtet hielt.

5.2.4 Phänomenbereich: *Protokollverlauf*

In der ersten Spalte („Protokollverlauf“) wird das Eintreffen neuer Chat-Beiträge im Bildschirmverlaufsprotokoll eines Chat-Teilnehmers dadurch verzeichnet, dass die betreffenden Beiträge im Wortlaut wiedergegeben werden.

Da das Verlaufsprotokoll beim Chatten jeweils punktuell aktualisiert wird, handelt es sich beim Erscheinen neuer Beiträge im Protokoll um Ereignisse ohne zeitliche Ausdehnung. Da die Zeitangaben in der Zeitspalte jedoch Sekunden*zeiträume* und keine Zeit*punkte* repräsentieren (s. o.), beschreibt das Visualisierungsformat das Eintreffen neuer Beiträge im Protokoll mit einem Präzisionsgrad zwischen 0 und 999 Millisekunden. Sprich: Der Beitrag „unter anderem das vertrauen in ebay: Preistreiberei und die Authentizität von fotos und Angaben“ von *mage* aus Abb. 5-15, der der Zeitangabe <13:14:13> nebengeordnet ist, kann entweder genau um <13:14:13:000> oder um <13:14:13:999> oder zu irgendeinem Zeitpunkt zwischen Start- und Endzeitpunkt des durch die Angabe <13:14:13> repräsentierten Sekundenzeitraums in der Anzeige erschienen sein.

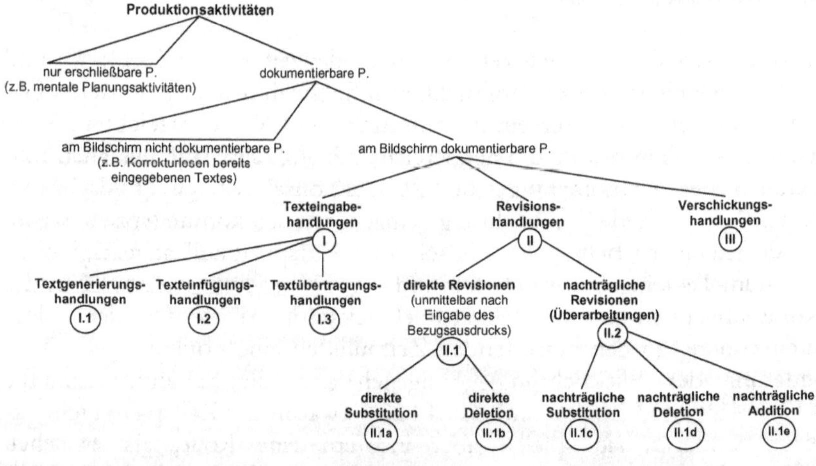

Abb. 5-16: (Nicht vollständig ausgeführte) Typologie von Produktionsaktivitäten beim Chatten, die sich auf Basis von Bildschirmdaten zur Manipulation der Benutzeroberfläche beschreiben lassen (vgl. auch Abb. 4-7).

5.2.5 Phänomenbereich: *Am Bildschirm dokumentierbare Produktionsaktivitäten*

In der Spalte „Produktionsaktivitäten (Bildschirm)“ werden diejenigen Typen von Produktionsaktivitäten notiert, die sich am Bildschirm feststellen lassen, also Aufnahme und Ende von Aktivitäten der Texterstellung sowie das Verschicken und Revidieren von Beiträgen. Unterschieden werden die folgenden Typen von Produktionsaktivitäten (vgl. Kap. 4.4):

I. Texteingabehandlungen

Texteingabehandlungen sind Handlungen, die auf die Eingabe von Text in ein Eingabeformularfeld der Benutzeroberfläche gerichtet sind. Gemeinsam mit direkten Revisionen, die begleitend zur Texteingabe ausgeführt werden, konstituieren Texteingabehandlungen im Rahmen von Textproduktionsprozessen *Texterstellungsphasen.* Solange eine Texterstellungsphase keine Pausen[118] enthält, die länger als 2.0 Sekunden sind, wird sie als eine zusammenhängende Phase betrachtet; die entsprechenden Pausen werden dann nicht im Transkript markiert.

Darstellung im Transkript:

- Texteingabehandlungen werden im Transkript in Tabellenzellen notiert, die Texterstellungsphasen repräsentieren. Sämtlicher eingegebener Text wird als Inhalt einer Tabellenzelle wiedergegeben, deren Beginn auf gleicher Höhe ist mit dem Beginn derjenigen Zelle der ZEIT-Spalte, die den Sekundenzeitraum repräsentiert, in welchen der Beginn der Texterstellungsphase fällt. Das Ende der Zelle ist auf gleicher Höhe mit dem Ende derjenigen ZEIT-Zelle, die den Sekundenzeitraum repräsentiert, in welchen das Ende der Texterstellungsphase fällt.
- Eine gesonderte Darstellungskonvention gilt für Fälle eines zwei- oder mehrfachen unmittelbaren Wechsels zwischen Texteingabe und unmittelbar anschließenden Revisionen vom Typ Deletion (Näheres hierzu unter II.1b).

Es werden die folgenden drei Typen von Texteingabehandlungen unterschieden:

118 Unter einer „Pause“ verstehe ich zunächst nichts weiter als einen Zeitraum, in welchem in den zu transkribierenden Daten keine Anzeichen für Aktivität festzustellen sind. Die Pause wird somit weder als durch Aktivität noch als durch Inaktivität charakterisierte Zeitspanne aufgefasst, sondern lediglich als eine Zeitspanne, in welcher nach Datenlage (des „screen movies“) nichts beobachtet werden kann.

I.1 *Textgenerierungshandlungen* sind solche Texteingabehandlungen, bei welchen Text direkt per Tastatureingabe generiert wird (d.h. Anschlag für Anschlag, Wort für Wort, ...).

I.2 *Texteinfügungshandlungen* sind solche Texteingabehandlungen, bei welchen fertige Textbausteine per Copy & Paste aus einer digitalen Vorlage (z.B. Textdokument) bzw. aus dem Zwischenspeicher in das Eingabeformularfeld eingefügt werden.

I.3 *Textübertragungshandlungen* sind solche Texteingabehandlungen, bei welchen fertige Textbausteine von einer nicht-digitalen (Notizzettel) oder nicht kopierbaren Vorlage (z.B. digitale Grafik) übertragen (abgetippt) werden.

16:17:34	Seit
16:17:35	Seit diesem
16:17:36	Seit diesem Zeitp
16:17:37	Seit diesem Zeitpuin
16:17:38	Seit diesem Zeitpu
16:17:39	Seit diesem Zeitpunk
16:17:40	Seit diesem Zeitpunkt habe
16:17:41	Seit diesem Zeitpunkt habe ich
16:17:42	Seit diesem Zeitpunkt habe ich nicht
16:17:43	Seit diesem Zeitpunkt habe ich nichts megh
16:17:44	Seit diesem Zeitpunkt habe ich nichts m
16:17:45	Seit diesem Zeitpunkt habe ich nichts mehr vo

Abb. 5-17: Beispiel: Dokumentation einer Texterstellungsphase (Ausschnitt) im Formularfeld der Chat-Oberfläche (Bildschirmschnappschüsse aus der Screencam-Aufzeichnung im Abstand von jeweils einer Sekunde).

II. Revisionshandlungen

Revisionshandlungen (kurz: *Revisionen*) sind solche Handlungen, die auf die Veränderung bereits eingegebenen Textes zielen. Revisionshandlungen können entweder direkt in die Texterstellung integriert sein oder nachträglich ausgeführt werden.

II.1 *Direkte Revisionen* sind solche Revisionen, bei welchen der Bezugsausdruck unmittelbar nach seiner Eingabe (d.h.: bevor weiterer Text eingegeben oder die Texteingabe abgeschlossen wird) verändert wird.

Bei der Transkription berücksichtigt wurden hierbei lediglich solche Formen direkter Revision, bei denen entweder dem Bezugsausdruck oder dem revidierten Ausdruck mindestens Wortgröße zugesprochen werden kann. Zugrunde gelegt wurde hierbei ein lexikalisch-morphologisches Wortkonzept: Erfasst wurden solche direkten Revisionen, bei denen

(a) eine Wortform als Ganze gelöscht wird;
(b) eine Wortform durch eine andere ersetzt wird;
(d) eine Graphemsequenz A unterhalb der Wortebene durch eine Graphemsequenz B ersetzt wird, die von A so unterschiedlich ist, dass mit A nicht dieselbe Zielwortform hätte realisiert werden können (Beispiel: Ersetzung der Sequenz „gekau" in „ich habe noch nie was gekau" unmittelbar nach Eingabe des letzten Buchstabens durch die Sequenz „ersteigert");

Die folgenden Typen direkter Revisionen werden unterschieden:

II.1a *Direkte Substitutionen* sind solche Fälle direkter Revision, bei welchen der Bezugsausdruck unmittelbar nach seiner Eingabe gelöscht und durch einen alternativen Ausdruck ersetzt wird.

Beispiel:

t_1:	*Texteingabe:*	ist das System zur Zeit, wo doch immer neue exploits augefunden g
t_2:	*Unterbrechung der Texteingabe zugunsten einer unmittelbaren Löschung des zuletzt eingegebenen Textsegments:*	~~augefunden g~~
t_3:	*Unmittelbare Wiederaufnahme der Texteingabe:*	gefunden werden.

Abb. 5-18: Veranschaulichung: Ablauf einer direkten Substitution.

Darstellung im Transkript:

– mit eingegebenem Text in einer Zelle
– markiert durch Durchstreichung

ZEIT	Produktionsaktivitäten (Bildschirm) *chre*
13:14:17	ist das System zur Zeit, wo doch immer neue exploits ~~augefunden g~~ gefunden werden.
13:14:37	**VERSCHICKEN**

Abb. 5-19: Transkriptausschnitt: Darstellungskonvention für Fälle direkter Substitution.

II.1b *Direkte Deletionen* sind solche Fälle direkter Revision, bei welchen der Bezugsausdruck unmittelbar nach seiner Eingabe gelöscht und nicht oder nicht unmittelbar durch einen alternativen Ausdruck ersetzt wird.

Beispiel:

t1:	*Texteingabe (fortgesetzt nach einer in den Produktionsprozess eingeschobenen Überarbeitungsphase):*	, wenn ich mich richtig erinnere, oder?.
t2:	*Unmittelbare Löschung des zuletzt eingegebenen Textsegments:*	~~, oder?.~~
t3:	*(Keine weitere Texteingabe)*	**VERSCHICKEN** des vollständigen Beitrags: Aber das Recht auf Rückgabe ist doch sowieso bei allen Auktionen gegeben, oder? Da gab es doch dieses Urteil, wenn ich mich richtig erinnere

Abb. 5-20: Veranschaulichung: Ablauf einer direkten Deletion.

Darstellung im Transkript:
– mit eingegebenem Text in einer Zelle
– markiert durch Durchstreichung

ZEIT	Produktionsaktivitäten (Bildschirm) *chre*
13:25:16	, wenn ich mich richtig erinnere~~, oder?.~~ **VERSCHICKEN**
13:25:26	

Abb. 5-21: Transkriptausschnitt: Darstellungskonvention für Fälle direkter Deletion.

Wird im Zuge einer direkten Deletion der bereits eingegebene Text *vollständig* gelöscht, wurde die Deletion grundsätzlich in einer neuen Tabellenzelle dargestellt, um den Deletionsvorgang mit separater Zeitangabe im Transkript dokumentieren zu können und somit genau denjenigen Sekundenzeitraum anzuzeigen, an welchem der Wechsel von der Eingabe zur vollständigen Deletion erfolgte. Dies kann dann von Interesse sein, wenn in der Tabellenspalte „Blick“ im zeitlichen Vorfeld der Einleitung des Deletionsvorgangs ein Wechsel der Blickrichtung (z.B. von der Tastatur auf das Verlaufsprotokoll) verzeichnet ist.

Beispiel:

ZEIT	Produktionsaktivitäten (Bildschirm) *mage*
13:45:47 13:46:00	es gibt ~~sichr eihend~~sicher reihenweise jugendliche, die dann auch ü
13:46:01	~~es gibt sicher reihenweise jugendliche, die dann auch ü~~

Abb. 5-22: Transkriptausschnitt: Darstellungskonvention für Fälle direkter Deletion, bei welchen der bereits eingegebene Text vollständig gelöscht wird.

Im Beispiel wird die direkte Substitution „~~sichr eihend~~sicher reihenweise…“ direkt in die Wiedergabe des sukzessive eingegebenen Textes notiert, während die direkte (weil zeitlich unmittelbar im Anschluss an die Eingabe erfolgende) Deletion des kompletten Textes ausnahmsweise in einer neuen Zelle mit eigener Zeitangabe dargestellt wird.

Darstellungskonvention: Im Falle direkter Deletionen mit Komplettlöschung wird (um sie von der nachträglichen Deletion mit Komplettlöschung zu unterscheiden) keine der für nachträgliche Revisionen vergebenen Revisionstypensiglen (s. II.2) vorangestellt.

Wird unmittelbar (sprich: mit nicht mehr als 2.0 Sekunden Verzögerung) im Anschluss an die vollständige Deletion eingegebenen Textes erneut Text eingegeben, so wird die erneute Texteingabe ebenfalls in einer neuen Zelle dargestellt. Komplettlöschungen erscheinen somit – unabhängig davon, ob direkt oder nachträglich und auch unabhängig davon, ob im Anschluss direkt wieder Text eingegeben wird oder nicht – in einer separaten Zelle mit in der Zeitspalte ablesbaren Start- und Endzeiträumen.

Eine gesonderte Darstellungskonvention gilt weiterhin für solche Fälle, in denen unmittelbar nacheinander (d.h. mit nicht mehr als jeweils 2.0 Sekunden zwischen der Ausführung den einzelnen Aktivitätstypen) eine zweimalige Abfolge von Texteingabe und anschließender direkter Deletion erfolgt. Würde in solchen Fällen der Zelleninhalt (eingegebener Text plus Deletionshandlungen) nach den Standard-Konventionen notiert, so wäre anschließend nicht zu unterscheiden, ob der gesamte Text am Stück eingegeben und anschließend innerhalb *eines* Deletionsvorgangs gelöscht wurde oder ob es sich ggf. um eine Abfolge zweier (oder auch mehrerer) Texteingaben mit jeweils unmittelbar anschließender Deletion handelt. In solchen Fällen wird zwischen dem ersten Deletionsvorgang und der nachfolgenden erneuten Texteingabe ein Zellenwechsel erzwungen, obwohl entweder keine oder nur eine minimale Pause (≤ 2.0 sec.) zwischen den beiden Aktivitäten zu beobachten ist:

ZEIT	Produktionsaktivitäten (Bildschirm) *chre*
13:39:23	Ja~~,~~. Manche wissen's halt nicht besser~~ und andere~~
13:39:35	
13:39:36	~~- und reden sich dann~~ und sind dankbar für den Tipp, andere schalten auf Stur ("Das hat aber in der Auktion gestanden") **VERSCHICKEN**
13:39:58	

Abb. 5-23: Transkriptausschnitt: Darstellungskonvention für Fälle einer zweimaligen Abfolge von Texteingabe und direkter Deletion.

Im Beispiel wird zwischen <13:39:35> und <13:39:36> ein Zellenwechsel erzwungen, um deutlich zu machen, dass die Sequenzen „und andere“ und „- und reden sich dann“ nicht am Stück eingegeben und anschließend gelöscht wurden, sondern dass zuerst „und andere“ eingegeben und wieder gelöscht wurde, bevor „- und reden sich dann“ eingegeben und wieder gelöscht wurde. Würde dieser Fall nach den standardmäßig geltenden Notationskonventionen transkribiert, wäre die sequenzielle Abfolge von zweifacher Texteingabe mit jeweils unmittelbar anschließender Deletion im Transkript nicht darstellbar:

> * Ja~~,~~. Manche wissen's halt nicht besser~~ und andere - und reden sich dann~~ [...]

Dieselbe Konvention gilt auch für solche Fälle, in denen der Bezugsbereich einer direkten Deletion den Bezugsbereich einer anderen, zuvor bereits ausgeführten direkten Deletion einschließt. In solchen Fällen wäre nur die zuletzt ausgeführte Deletion darstellbar. Durch die Erzwingung eines Zellenwechsels und der Verwendung von Referenzziffern (s. u., II.2) können beide Deletionen separat dargestellt werden:

ZEIT	Produktionsaktivitäten (Bildschirm) *chre*
13:29:03	Naja, in solchen Fällen würde ich ja ~~stat~~ einfach mein[1]e ~~R~~
13:29:16	
13:29:19	Kohle nebst[1]
13:29:21	
13:29:22	**Del** [1]~~e Kohle nebst~~[1]
13:29:24	

Abb. 5-24: Transkriptausschnitt: Darstellungskonvention für Fälle, bei denen der Bezugsbereich einer direkten Deletion den Bezugsbereich einer anderen direkten Deletion einschließt.

Die Eingabe und unmittelbar anschließende Deletion von „R" bleibt darstellbar, obwohl die nach weiterer Texteingabe um <13:29:22> eingeleitete Deletion die Position der zuvor erfolgten Löschung entgegen der Textrichtung überschreitet. Durch Ausgliederung des Deletionsvorgangs „~~e Kohle nebst~~" in eine neue Zelle und die Verwendung von (standardmäßig für die Kennzeichnung der Referenzstrecken nachträglicher Revisionen vorgesehenen) Referenzziffern (vgl. II.2) können beide Deletionsaktivitäten im Transkript als separate Ereignisse dargestellt werden.

II.2 *Nachträgliche Revisionen* (*Überarbeitungen*) sind solche Revisionen, die an Bezugsausdrücken ausgeführt werden, die im Textverlauf bereits weiter zurückliegen *oder* deren Eingabe bereits mehr als 2.0 Sekunden zurückliegt. Nachträgliche Revisionen (Überarbeitungen) konstituieren im Rahmen von Textproduktionsprozessen *Revisions-(Überarbeitungs-)Phasen.*

Konventionen für die Darstellung im Transkript:

– Durch das Einfügen hochgestellter Ziffern werden in der Wiedergabe eingegebenen Textes Referenzstrecken (für nachträgliche Substitutionen und Deletionen) bzw. Referenzpunkte (für nachträgliche Additionen) gesetzt. Die Referenzziffern werden jeweils ab der letzten Verschickungshandlung oder ab der letzten vollständigen Deletion eingegebenen Textes mit *1* beginnend neu durchgezählt. Die Zählung erfolgt nicht anhand der Reihenfolge des Auftretens der Revisionen im bereits eingegebenen Text, sondern entlang der zeitlichen Abfolge der Revisionen.

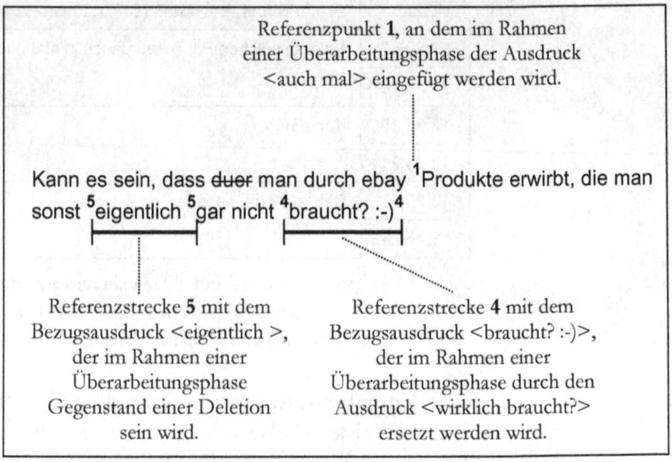

Abb. 5-25: Veranschaulichung zu Funktion und Verwendung von Referenzziffern zur Kennzeichnung der Bezugsbereiche und -punkte in Fällen nachträglicher Revisionen (Überarbeitungen).

– Die Revisionsphasen werden grundsätzlich als eigene Phasen des Produktionsprozesses behandelt, auch dann, wenn ihnen Texterstellung vorausgeht *und* nachfolgt. Sie werden folglich grundsätzlich in einer eigenen Zelle dargestellt.
– Die Beschreibung einer nachträglichen Revision beginnt mit einer Sigle für den Revisionstyp (*Sub*, *Del* oder *Add*) und gibt dann unter Wiederholung der im eingegebenen Text gesetzten Referenzziffern den ersetzten, gelöschten oder hinzugefügten Ausdruck wieder.
– Cursorbewegungen, die zu Beginn einer Revisionsphase ausgeführt werden und die dazu dienen, eine bestimmte Position im bereits eingegebenen Text anzuvisieren, um an diesem eine Substitution, Deletion oder Addition vorzunehmen, werden nicht notiert. Da Cursorbewegungen dieser Art darauf zielen, Revisionen an einer bestimmten Textposition zu ermöglichen, werden sie als die Revision vorbereitende bzw. unterstützende Aktivitäten aufgefasst; die darauf verwendete Zeit wird daher der nach erfolgreicher Ansteuerung der gewünschten Textposition folgenden Revisionsphase zugerechnet. In Fällen, in welchen die Cursorbetätigung bei der Transkription besonders erwähnenswert er-

schien, wird dies in der nebengeordneten Zelle der Spalte „Anmerkungen" vermerkt.

II.2a *Nachträgliche Substitutionen* sind solche Fälle nachträglicher Revision (Überarbeitung), bei welchen der Bezugsausdruck gelöscht und durch einen alternativen Ausdruck ersetzt wird.

Konventionen für die Darstellung im Transkript:

Der substituierte Ausdruck wird im eingegebenen Text mit der zweimaligen Wiedergabe derselben Referenzziffer markiert. In der Tabellenzelle, die die Substitutionshandlung beschreibt, wird der substituierte Ausdruck (das *Substituendum*) durchgestrichen wiederholt, der dafür eingesetzte Ausdruck (das *Substituens*) wird nachgestellt. Die Sequenz aus Substituendum und Substituens wird mit denselben Ziffern umschlossen, die in die Wiedergabe des eingegebenen Textes als Referenzziffern eingeschoben wurden; dies zeigt an, dass die Beschreibung der Substitutionshandlung als Ganze an die Stelle der Referenzstrecke im eingegebenen Text gesetzt werden könnte. Der Beschreibung der Substitutionshandlung wird (unterstrichen und fett) die Revisionstypensigle *Sub* vorangestellt:

ZEIT	**Produktionsaktivitäten (Bildschirm) *mage***
13:48:27	[2]Eine Art Schlussfrage: [2]
13:48:31	
13:48:40	Kann es sein, dass ~~duer~~ man durch ebay [1]Produkte erw[3]rbt, die man sonst [5]eigentlich [5]gar nicht [4]braucht? :-)[4]
13:48:59	
13:49:13	**Sub** [4]~~braucht :-)~~wirklich braucht?[4]
13:49:35	

Abb. 5-26: Transkriptausschnitt: Darstellungskonvention für Fälle nachträglicher Substitution.

II.2b *Nachträgliche Deletionen* sind solche Fälle nachträglicher Revision (Überarbeitung), bei welchen der Bezugsausdruck gelöscht und nicht oder nicht unmittelbar durch einen alternativen Ausdruck ersetzt wird.

Konventionen für die Darstellung im Transkript:

Der gelöschte Ausdruck wird im eingegebenen Text mit der zweimaligen Wiedergabe derselben Referenzziffer markiert. In der Tabellenzelle, die die Ausführung der Deletionshandlung beschreibt, wird der gelöschte Ausdruck (das *Delendum*) durchgestrichen wiederholt und mit denselben Ziffern umschlossen, die in die Wiedergabe des eingegebenen Textes als Referenzziffern eingeschoben wurden. Der Beschreibung der Deletionshandlung wird (unterstrichen und fett) die Revisionstypensigle *Del* vorangestellt:

ZEIT	Produktionsaktivitäten (Bildschirm) *mage*
13:48:27	[2]Eine Art Schlussfrage: [2]
13:48:31	
13:48:40	Kann es sein, dass ~~duer~~ man durch ebay [1]Produkte erw[3]rbt, die man sonst [5]eigentlich [5]gar nicht [4]braucht? :-)[4]
13:48:59	
13:49:06	**Del** [2]~~Eine Art Schlussfrage:~~ [2]
13:49:12	
13:52:20	**Del** [5]~~eigentlich~~ [5]
13:52:24	

Abb. 5-27: Transkriptausschnitt: Darstellungskonvention für Fälle nachträglicher Deletion.

Wird im Zuge einer nachträglichen Deletion der bereits eingegebene Text *vollständig* gelöscht, entfällt in der Darstellung des Löschvorgangs (der wie alle nachträglichen Überarbeitungen in einer neuen Zelle beschrieben wird) die einleitende Angabe der Sigle *Del* für den Revisionstyp. Komplettlöschungen, die mehr als 2.0 Sekunden nach Abschluss der vorangegangenen Texterstellungshandlungen erfolgen, sind somit visuell nicht unterschieden von Löschvorgängen, die unmittelbar (d.h.: nicht länger als 2.0 Sekunden) nach der Texterstellung erfolgen (s. o., II.1b). Da im Falle von Deletionen, die nach Abschluss der Texterstellung vorgenommen werden, die Einteilung in ‚direkt' und ‚nachträglich' (zumindest ohne Hinzuziehung der Stativkamera-Daten) schwierig ist, wird in Fällen vollständiger Deletion auf sie verzichtet.

II.2c *Nachträgliche Additionen* sind solche Fälle nachträglicher Revision (Überarbeitung), bei welchen an einer im Textverlauf zurückliegenden Stelle ein Ausdruck hinzugefügt wird.

Konventionen für die Darstellung im Transkript:

Die Stelle, an welcher bei der Überarbeitung nachträglich Textteile hinzugefügt werden, wird im eingegebenen Text mit der einmaligen Angabe einer Referenzziffer markiert. In der Tabellenzelle, die die Ausführung der Additionshandlung beschreibt, wird durch die zweimalige Wiederholung der Referenzziffer eine Strecke markiert, die an dem referenzierten Punkt eingesetzt wurde. Zwischen den Ziffern wird der hinzugefügte Ausdruck (das *Addendum*) wiedergegeben. Der Beschreibung der Additionshandlung wird (unterstrichen und fett) die Revisionstypensigle *Add* vorangestellt:

ZEIT	Produktionsaktivitäten (Bildschirm) *mage*
13:48:27	[2]Eine Art Schlussfrage: [2]
13:48:31	
13:48:40	Kann es sein, dass ~~duer~~ man durch ebay [1]Produkte erw[3]rbt, die man sonst [5]eigentlich [5]gar nicht [4]braucht? :-)[4]
13:48:59	
13:49:00	**<u>Add</u>** [1]auch mal [1]
13:49:05	

Abb. 5-28: Transkriptausschnitt: Darstellungskonvention für Fälle nachträglicher Addition.

Abb. 5-29 zeigt einen Transkriptausschnitt, der eine Texterstellungs-/überarbeitungssequenz beschreibt, die einen Fall direkter Deletion sowie Beispiele für alle drei Typen nachträglicher Revision umfasst.

ZEIT	Produktionsaktivitäten (Bildschirm) *mage*
13:48:27	[2]Eine Art Schlussfrage: [2]
13:48:31	
13:48:40	Kann es sein, dass ~~duer~~ man durch ebay [1]Produkte erw[3]rbt, die man sonst [5]eigentlich [5]gar nicht [4]braucht? :-)[4]
13:48:59	
13:49:00	**<u>Add</u>** [1]auch mal [1]
13:49:05	
13:49:06	**<u>Del</u>** [2]~~Eine Art Schlussfrage:~~ [2]
13:49:12	
13:49:17	**<u>Add</u>** [3]i[3]
13:49:19	

ZEIT	Produktionsaktivitäten (Bildschirm) *mage*
13:49:28	**Sub** [4]~~braucht :-)~~wirklich braucht?[4]
13:49:35	
13:52:20	**Del** [5]~~eigentlich~~[5]
13:52:24	
13:52:25	**Add** [2]Schlussfrage: [2] **VERSCHICKEN**
13:52:28	

Abb. 5-29: Transkriptausschnitt: Darstellung verschiedener Fälle direkter und nachträglicher Revision (Überarbeitung).

III. Verschickungshandlungen

Verschickungshandlungen sind Handlungen, mit denen der Produzent den von ihm eingegebenen Text zur Übermittlung an die Adressaten an die Transmitterkomponente des Chat-Systems (den Chat-Server) aufgibt. Mit Ausführen der Verschickungshandlung wird der Textproduktionsprozess abgeschlossen und eine Publikationsanweisung (und zugleich -freigabe, vgl. Kap. 3.2) für den eingegebenen Text erteilt.

Konventionen für die Darstellung im Transkript:

- Verschickungshandlungen werden mit der Beschreibung „VERSCHICKEN“ (in Versalien und Fettsatz) im Transkript vermerkt.
- Folgt die Verschickung unmittelbar (d.h.: mit nicht mehr als 2.0 Sekunden Pause) auf den Abschluss der letzten Texterstellungs- oder Revisionsphase, so wird die Beschreibung, abgesetzt lediglich durch einen erzwungenen Zeilenumbruch, in derselben Tabellenzelle notiert, in welcher die letzte Texterstellungs- bzw. Revisionsphase dargestellt ist. Die letzte der betreffenden Zelle nebengeordnete Zeitangabe bezeichnet in diesem Fall den Sekundenzeitraum, für welchen die Verschickungshandlung beobachtet werden konnte.
- Liegen zwischen dem Abschluss der letzten Texterstellungs- oder Revisionsphase und dem Ausführen der Verschickungshandlung mehr als 2.0 Sekunden, so wird die Verschickungshandlung in einer separaten Zelle mit eigener Zeitangabe notiert.

  Beispiele:

ZEIT	Produktionsaktivitäten (Bildschirm) *saschu*
13:15:34	ja im nachhinein war das zwar ein Muissverständnis aber was kann man denn machen wenn es wirklich mal dazu kommen würde? **VERSCHICKEN**
13:16:16	

ZEIT	Produktionsaktivitäten (Bildschirm) *chre*
13:23:10 13:23:49	~~???~~ Im Grunde sind ja private und gewerbsmäßige schon an den unterschiedlichen Rücknname~~bedingungen zu k-~~ und Gewärliestungsbedingungen zu erkennen.
13:23:57	**VERSCHICKEN**

Abb. 5-30: Transkriptausschnitt: Unterschiedliche Darstellungskonventionen für Verschickungshandlungen.

5.2.6 Phänomenbereich: *Blickrichtung*

In der Spalte „Blick“ ist die Blickrichtung der Probanden vermerkt, so wie sie sich anhand einer Auswertung der Stativkamera-Videos für die Sekundenzeiträume der Chat-Teilnahme ermitteln ließ. Von Interesse war hier, auf welchem Bereich des Computerarbeitsplatzes jeweils der Blick der Probanden lag und wann es zu Veränderungen der Blickrichtung kam.

Als transkriptionsrelevant definiert wurden solche Formen der Gerichtetheit des Blicks, die auf bestimmte, unmittelbar für die Chat-Teilnahme relevante Bereiche des Computerarbeitsplatzes bezogen werden konnten. Als unmittelbar für die Chat-Teilnahme relevant wurden diejenigen Bereiche des Arbeitsplatzes angesehen, deren Inblicknahme für die Realisierung bestimmter Teilaufgaben bei der Chat-Teilnahme – (i) Perzeption und Verarbeitung von sprachlichem Input, (ii) Produktion von Textbeiträgen zur Hervorbringung sprachlichen Outputs – erforderlich sind. Hierzu gehören der Anzeigebereich für das Verlaufsprotokoll, das Formularfeld für die Texteingabe, das Keyboard sowie die Computermaus. Nur diese Bereiche des Arbeitsplatzes wurden bei der Transkription als Blickrichtungsziele unterschieden, alle anderen möglichen Blickrichtungen wurden pauschal als „(off)“ klassifiziert, konnten bei Bedarf aber gegebenenfalls in der jeweils beigeordneten Zelle der Spalte „Anmerkungen“ auskommentiert werden.

Als Basiskategorien für die Generierung von Blickrichtungsangaben für das Transkript wurden festgelegt:

(i) die Kategorie *Form* für das Texteingabe*form*ularfeld der Chat-Benutzeroberfläche als Blickrichtungsziel;
(ii) die Kategorie *Pro* für das Verlaufs*pro*tokoll im Anzeigebereich der Chat-Benutzeroberfläche als Blickrichtungsziel;
(iii) die Kategorie *Key* für das *Key*board als Blickrichtungsziel;
(iv) die Kategorie *Maus* für die Computermaus als Blickrichtungsziel;
(v) die (Sammel-)Kategorie *(off)* für alle anderen Blickrichtungsziele.

Daneben wurde der Platzhalter *[__]* eingeführt, um solche Phasen zu markieren, für die sich nicht genau feststellen ließ, auf welchen der fünf Zielbereiche der Blick des Probanden gerichtet war.

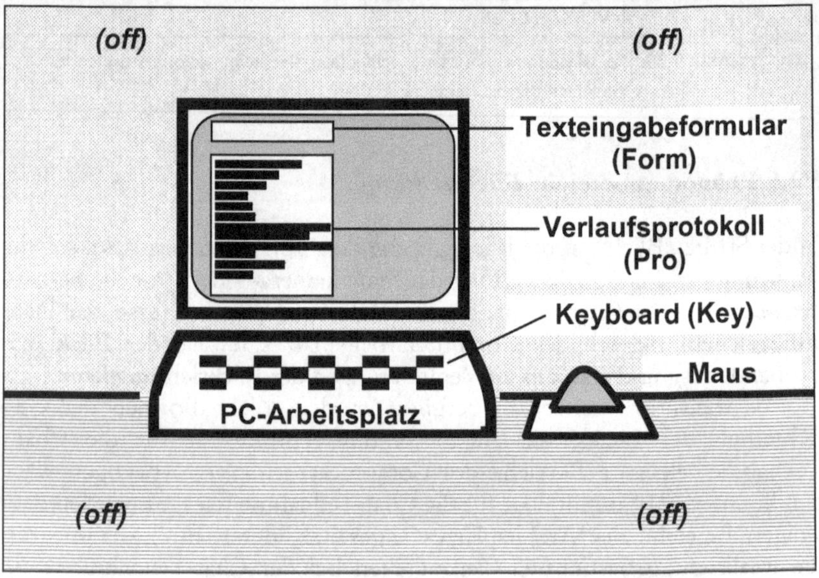

Abb. 5-31: Unmittelbar für die Chat-Teilnahme relevante Blickrichtungsziele und ihre Bezeichnungen im Transkript.

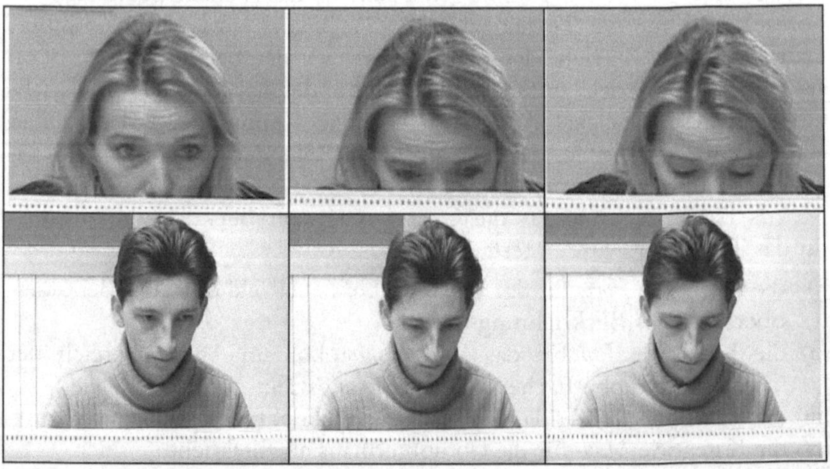

Abb. 5-32: Beispiele (Standbilder) für Blicke in Richtung der Arbeitsplatzbereiche *Texteingabeformularfeld* (*Form*, links), *Bildschirmverlaufsprotokoll* (*Pro*, Mitte) und *Tastatur* (*Key*, rechts) zweier Pobanden.

Während zum Phänomenbereich *Produktion* (vgl. Kap. 5.2.5) nur dann Beschreibungen ins Transkript eingefügt werden mussten, wenn in den Screencam-Mitschnitten Manipulationen der Chat-Benutzeroberfläche zu beobachten waren, lieferten die Stativkamera-Videos einen kontinuierlichen Strom an Daten zur Blickrichtung der aufgenommenen Probanden. Die Transkriptspalte „Blick“ muss für den gesamten zeitlichen Verlauf des transkribierten Chat-Teilnahme-Ereignisses folglich eine lückenlose Dokumentation der Blickrichtung aufweisen. Der Übersichtlichkeit halber erschien es wünschenswert, nicht für jeden Sekundenzeitraum die aktuelle Blickrichtung ins Transkript einzutragen, sondern das Blickverhalten der Probanden zu Phasen zusammenzufassen und Zeiträume mit gleich bleibendem Blickrichtungsziel in der Tabellenspalte als Block wiederzugeben. Als Entscheidungshilfe, um das Blickrichtungsverhalten während mehrerer aufeinanderfolgender Sekundenzeiträume in einer gemeinsamen Tabellenzelle darzustellen, wurden die folgenden Leitlinien formuliert:

(a) Der Proband behält zwischen dem Sekundenzeitraum t_i und dem Sekundenzeitraum t_j den Blick auf dasselbe Ziel gerichtet. Vor t_i und nach t_j ist das Blickrichtungsziel ein anderes.

(b) Zwischen dem Sekundenzeitraum t_i und dem Sekundenzeitraum t_j stellt der Arbeitsplatzbereich B_n das Primärziel des Blicks des Probanden dar. Er blickt zwar zwischendurch auch auf ein oder mehrere von B_n verschiedene andere Bereiche, kehrt jedoch jeweils – ggf. mit Ausnahme des Phasenabschlusses – wieder zu B_n als Blickziel zurück. Am Ende der Phase kann evtl. noch einmal ein kurzer Wechsel zu einem bereits im vorangegangenen Verlauf der Phase gewählten sekundären Blickrichtungsziel erfolgen. Dieses letzte „Abschweifen“ des Blicks fungiert dann als eine Art Überleitung zur nächsten Phase, die sich dadurch abgrenzt, dass sie von einem anderen Blickrichtungsziel dominiert wird.

Kriterium (b) trägt der Tatsache Rechnung, dass bestimmte Aktivitätstypen, die ein Proband an seinem Computerarbeitsplatz ausführt, die visuelle Kontrolle mehrerer Arbeitsplatzbereiche erfordern. Wer die Tastatur nicht gerade „blind“ beherrscht, bedarf bei der Eingabe von Text einerseits einer visuellen Überwachung der Tippaktivität der Finger und andererseits einer Kontrolle des bereits eingegebenen Textes am Bildschirm. Häufig wird daher in Phasen der Texteingabe nicht ausschließlich auf die Tastatur *oder* auf den am Bildschirm wachsenden Entwurfstext geblickt, sondern zwischen beiden Bereichen als Blickrichtungsziel gewechselt. Je nach Geübtheit im Umgang mit der Texteingabe am Computer kann dabei sowohl die Tastatur (Keyboard) als auch das Formularfeld für die Texteingabe am Bildschirm das primäre Blickrichtungsziel darstellen.

(c) Dominiert zwischen einem Sekundenzeitraum t_1 und einem Sekundenzeitraum t_3 dasselbe Blickrichtungsziel B_n *und* lässt sich innerhalb dieses Zeitraums ein Zeitpunkt t_2 angeben, zwischen dem und t_1 B_n das ausschließliche und zwischen dem und t_3 B_n lediglich das dominierende Blickrichtungsziel darstellt (oder umgekehrt) *und* fällt t_2 mit dem Beginn oder Ende einer Zelle in der Tabellenspalte „Produktion" zusammen, so kann vor bzw. nach t_2 ein weiterer Zellenwechsel in der Spalte „Blick" eingezogen werden.

Kriterium (c) trägt der Tatsache Rechnung, dass Änderungen im Blickverhalten auch dann notierenswert sein können, wenn zwar die eingeschlagene Blickrichtung beibehalten wird, diese allerdings ab einem bestimmten Zeitpunkt von einem gelegentlichem kurzen Abschweifen zu anderen Blickzielen durchbrochen wird. Beispielsweise kann der Blick eines Probanden bereits einige Zeit auf der Tastatur geruht haben, bevor er – zeitgleich mit der Aufnahme von Texteingabeaktivitäten – sporadisch jeweils für eine halbe bis ganze Sekunde von der Tastatur zum Texteingabeformularfeld schweift, um während der Texteingabe sporadisch den bereits eingegebenen Text zu kontrollieren.

(d) Fällt die Festlegung eines primären Blickrichtungsziels schwer, sind im Zweifelsfalle die Phasen kleinräumiger zu setzen, notfalls im Takt der Sekundenzeiträume.

(e) Fällt die Festlegung eines primären Blickrichtungsziels schwer *und* erfolgen Wechsel der Blickrichtung so engräumig, dass die Zeiten, während derer der Blick auf dasselbe Ziel gerichtet ist, deutlich unterhalb 999 Millisekunden liegen, so wird der Gesamtzeitraum, in dem die schnellen Wechsel beobachtet werden, als eine Phase (in einer Zelle) notiert, für die mehrere Blickrichtungsziele angegeben werden, ohne dass eines davon als primäres Ziel ausgewiesen wird.

Konventionen für die Darstellung des Blickrichtungsverhaltens im Transkript:

– Die einzelnen Blickrichtungskategorien werden mit den folgenden Siglen angegeben:
  Form = Texteingabeformularfeld
  Pro = Bildschirmverlaufsprotokoll
  Key = Keyboard
  Maus = Computermaus
  (off) = (andere)
– Liegt der Blick auf dem Verlaufsprotokoll und sind an den Videodaten eindeutige Pupillenbewegungen in Leserichtung (von links nach rechts mit Rücksprung am Zeilenende) ablesbar, so wird dies durch Hinzu-

fügung der Markierung <°-°-°> zur Sigle <Pro> im Transkript vermerkt.

Ist eine Blickrichtungsphase im Transkript mit <Pro°-°-°> beschrieben, so bedeutet das lediglich, dass innerhalb dieser Phase Pupillenbewegungen in Leserichtung festzustellen waren, und nicht zwangsläufig, dass diese Bewegungen während der gesamten Phase beobachtet werden konnten.

– Zu Blickrichtungsphasen mit wechselndem Blickziel wird die Angabe des primären Ziels durch tiefgestellte Angaben zu den sekundären Blickzielen ergänzt. Die sekundären Blickziele werden in der Reihenfolge ihres Auftretens aufgeführt und, sofern mehrfach nacheinander dasselbe Sekundärziel angesteuert wird, durch die Verwendung arabischer Zahlen in der Häufigkeit ihres Auftretens näher bestimmt.

Beispiele:

ZEIT	Blick
13:13:56	Key $_{3\ Form}$
13:14:03	

Lies:

Zwischen <13:13:56> und <13:14:03> ist der Blick des Probanden primär auf das Keyboard (*Key*) gerichtet und schweift dabei insgesamt dreimal für kurze Zeit zum Eingabeformularfeld.

ZEIT	Blick
13:20:48	Key $_{3\ Form}$ $_{1\ Pro\ 2\ Form}$
13:21:15	

Lies:

Zwischen <13:20:48> und <13:21:15> ist der Blick des Probanden primär auf das Keyboard (*Key*) gerichtet und schweift dabei zunächst dreimal für kurze Zeit zum Eingabeformularfeld, einmal zum Verlaufsprotokoll und zuletzt erneut zweimal zum Formularfeld.

Abb. 5-33: Transkriptausschnitt mit Legende: Darstellungskonvention für Phasen mit wechselndem Blickziel.

– Soll auf die Angabe einer primären Blickrichtung verzichtet werden (Fall (e), s. o.), so werden die beobachteten Blickziele in der Reihenfolge ihres Auftretens in tiefgestellter Schrift notiert und durch vertikale Haarstriche abgetrennt.

Beispiel:

ZEIT	Produktion *mage*	Blick
13:36:11	~~naja, in der Wut spricht man dinge, die schnell in Übertreibung umschwenken.~~	Key
13:36:12	Wo waren Sie	
13:36:14		

13:36:15		Pro | Form | Key | Form	⇐
13:36:16	hin? **VERSCHICKEN**	Key	

Abb. 5-34: Transkriptausschnitt: Darstellungskonvention für Phasen ohne eindeutig festlegbare primäre Blickrichtung.

5.2.7 Transkriptspalte *Anmerkungen*

Die Transkriptspalte „Anmerkungen" ermöglicht die Beschreibung sonstiger, insbesondere bei der Auswertung der Videodaten beobachteter Phänomene. Alles, was für das Verständnis der Kommunikationsteilhabe für u. U. analyserelevant erachtet wird, kann in dieser Spalte in intuitiver Beschreibung wiedergegeben werden. Auch Kommentare zum Blickverhalten (z.B. dass im Einzelfall die während eines Blicks auf das Bildschirmverlaufsprotokoll beobachtbaren Pupillenbewegungen nahe legen, dass der Chat-Teilnehmer vorübergehend zurückliegende Teile des Protokolls nachgelesen hat) sowie tentative Bewertungen beobachtbarer mimischer Auffälligkeiten können hier vermerkt werden. Bewertungen werden dabei mit einem in Klammern nachgestellten Fragezeichen markiert, um deutlich zu machen, dass es sich dabei um individuelle Einschätzungen des jeweils Transkribierenden handelt (z.B. Beschreibung eines Hochziehens der Augenbrauen und anschließende Bewertung als Anzeichen für „Irritation", da das Ereignis direkt begleitend zur Kenntnisnahme eines neuen Partnerbeitrags erfolgt).

Auf eine Standardisierung der Beschreibungen in der Anmerkungsspalte wurde verzichtet, um den Transkriptionsprozess zu entlasten. Das hier entworfene Transkriptionsformat zielt primär auf eine Synopse von am Bildschirm dokumentierbaren Produktionsaktivitäten, Protokollentwicklung und Blickrichtungsverhalten. Mimik, Gestik, Körperpositur wurden als in den Daten zusätzlich dokumentierte Datentypen betrachtet, die bei der Transkription nach Ermessen des jeweils Transkribierenden dann miterfasst werden sollten, wenn sie als bedeutsam empfunden wurden. Für einzelne Kontextanalysen zeigte sich, dass solche Informationen durchaus eine hilfreiche Zusatzressource darstellen können (einige der in Kap. 6.6 vorgestellten Einzelfallbeschreibungen illustrieren dies). Für Untersuchungsfragen, in welchen detaillierte Beschreibungen zur Mimik, Gestik oder Körperpositur benötigt werden, ließe sich das Format natürlich noch verfeinern – beispielsweise durch Aufteilung der Anmerkungsspalte in Einzelspalten zur Beschreibung jeweils klar abgegrenzter einzelner Datentypen und unter Rückgriff auf existierende Klassifikationen für Phänomentypen zu den entsprechenden Phänomenbereichen (z.B. Klassifikations- und Beschreibungsschemata für Mimik, Gestik und/oder Körperpositur oder etablierte Formate für die Notation mündlicher Verbalisierungen).

5.3 Chat-Analysen auf Basis multimodaler Daten: Möglichkeiten und Perspektiven

Die Datentypen, die anhand experimenteller Settings wie dem in Kap. 5.1 beschriebenen erhoben und anhand eines Formats wie dem in 5.2 skizzierten in Transkripten beschrieben werden können, können für verschiedene Untersuchungsfragen eine wertvolle Ergänzung zu Mitschnittsdaten darstellen. Des Weiteren können auf ihrer Grundlage auch Forschungsfragen zu Phänomenen entwickelt werden, die sich in Mitschnitten überhaupt nicht dokumentieren lassen. Nicht zuletzt können sie die begleitende Evaluation bei der (Weiter-)Entwicklung von Chat-Systemen und von Chat-Szenarien (z.B. zur Durchführung chatbasierter Diskussionsrunden, Beratungsdiskurse, Experteninterviews, Projektbesprechungen) unterstützen und wichtige Aufschlüsse darüber liefern, wie die Nutzer von bestimmten technischen Funktionen Gebrauch machen und wie sie auf bestimmte Abläufe, Ereignisse oder Moderationsmaßnahmen im Rahmen eines Szenarios reagieren.

Beispiele für Forschungsfragen, deren Bearbeitung von der Verfügbarkeit multimodaler Daten zu Chat-Teilnahme-Ereignissen profitieren kann, sind:

- Untersuchungen zum individuellen Abgleich aktuell verfolgter Handlungspläne/Kontributionsprojekte mit dem aktuell wahrgenommenen Stand des Bildschirmverlaufsprotokolls: Wie oft und warum kommt es aufgrund eines gegenüber dem Beginn der Produktionstätigkeit als verändert wahrgenommenen Stands des Kommunikationsverlaufs zu Revisionen bereits eingegebenen Textes? Welche Arten von Revisionen kommen vor? Wie oft und warum wird eingegebener Text in Anbetracht des veränderten Stands des Kommunikationsverlaufs wieder komplett gelöscht? (Eine Fallstudie, die letztere Frage behandelt, ist in Kap. 6 beschrieben)
- Untersuchungen zur Produktion von Chat-Beiträgen: Wie häufig wird eingegebener Text nachträglich überarbeitet? Auf welcher sprachlichen Ebene wird überarbeitet (formal, orthographisch, grammatisch, stilistisch, die Funktion und die antizipierte Einordnung des Beitrags in den Diskursverlauf betreffend)? Verändert sich die Art der beobachtbaren Überarbeitungen mit der Dynamik des Chat-Geschehens

(neigen Chat-Teilnehmer z.B. dazu, Tippfehler in selbst eingegebenem Text bei Ansteigen der Update-Frequenz des Bildschirmverlaufsprotokolls früher zu tolerieren als grammatische Flüchtigkeitsfehler)? Steht die Art der beobachtbaren Überarbeitungen in Korrelation zur individuellen Tippfertigkeit und zur individuellen Vorerfahrung mit der Kommunikationsform Chat?

- Untersuchungen zu individuellen Partizipationsstrategien und zu „Chat-Kompetenzen“: Welche Formen der individuellen Koordination der auf Kommunikationsteilhabe gerichteten Aktivitäten führen zu einem hohen Maß an thematisch und/oder handlungssemantisch an den letzten zuvor angezeigten Partnerbeitrag anschließbaren Beiträgen bei einem gleichzeitig geringen Maß an Verwerfungen (= Komplettlöschung eingegebenen Textes)? Verwerfen Chat-Teilnehmer mit hoher durchschnittlicher Tippgeschwindigkeit, die während der Produktion von Beiträgen häufig das Bildschirmverlaufsprotokoll überprüfen, eingegebenen Text häufiger, dafür aber insgesamt geringere Textmengen als solche Teilnehmer, die weniger tippfertig sind und die während der Texteingabe überhaupt nicht auf den Bildschirm blicken? Wie oft und in welchen Kontexten setzen Chat-Teilnehmer ‚Splitting‘-Techniken ein?[119] Wie häufig glückt im Einzelfall die der Anwendung von Splitting-Techniken unterliegende Intention einer lokalen und temporären Durchsetzung eines funktionalen Pendants zum Rederecht in mündlichen Diskursen? (Wie) Wirkt sich Splitting eines Teilnehmers auf die Aktivitäten der übrigen Teilnehmer aus? Passen sie ihre eigenen nächsten Aktivitäten bei Identifizierung einer unabgeschlossenen Splitting-Sequenz im Bildschirmverlaufsprotokoll an die vom betreffenden Partner gewählte und mit Einsatz der Splitting-Technik sichtbar gemachte kontinuierliche Produktionsaktivität an und wählen – analog zur Mündlichkeit – für sich einen komplementären Aktivitätstyp? Welche Erkenntnisse lassen sich aus der Beobachtung individueller Partizipationsstrategien für die Formulierung derjenigen Kompetenzen ziehen, die „erfolgreiche Chatter“ auszeichnen? Welche Kompetenzen benötigen Chat-Moderatoren, Chat-Tutoren und Chat-Berater, um den von ihnen eingenommenen Kommunikantenrollen in konkreten Chat-Szenarien bestmöglich gerecht zu werden? Wie lassen sich diese Kompetenzen vermitteln (z.B. im Rahmen von Qualifizierungsmaßnahmen für professionelle Chat-Nutzer und für E-Tutoren im Bildungsbereich, im Rahmen vorbereitender Chat-Trainings für in Lehr-/Lernplattformen betreute Studierendengruppen, im Rahmen

119 Zu Splitting-Strategien vgl. ausführlich S. 245-253 u. S. 261-264.

der Begleitevaluation zu Online-Beratungs- und -supportangeboten im Sozialbereich, in der Wissenskommunikation und im Bereich der öffentlichen Verwaltung)?

- Untersuchungen zum Zusammenhang zwischen „echter" Körpersprachlichkeit und der Verwendung graphostilistischer Nachbildungen von Mimik, Gestik, Körperlichkeit im Chat: Wie häufig kommt es vor, dass ein Chat-Teilnehmer vor dem Bildschirm tatsächlich lacht, lächelt oder einen erfreuten Gesichtsausdruck zeigt, bevor er zur Respondierung eines Partnerbeitrags ein Emoticon oder einen Asterisk-Ausdruck eingibt – z.B. „:-)", „;-)", *smile*, *s*, *lach*, *lächel*, *freu*, *megadollfreuundrumhüpf* –, das/der Lachen, Lächeln oder Freude beschreibt? Wie häufig kommt es vor, dass nonverbale Reaktionen auf wahrgenommene Partnerbeiträge vor dem Bildschirm über die Verwendung entsprechender Emoticons oder Asterisk-Ausdrücke tatsächlich als Chat-Beitrag an die Partner zurückgemeldet werden? Gibt es Fälle, in welchen der Gebrauch bestimmter Emoticons oder Asterisk-Ausdrücke und das vor dem Bildschirm gezeigte nonverbale Verhalten inkongruent zueinander sind?
- Untersuchungen zum Auftreten von ‚phantom adjacency': Wie häufig treten die von Garcia & Jacobs (1999: 354) als ‚phantom adjacency pairs' bezeichneten Paare von im Verlaufsprotokoll aufeinander folgenden und nur zufälligerweise aufeinander beziehbaren Beiträge (vgl. Kap. 4.5.4) auf? Wie viele dieser Fälle lassen sich anhand der Mitschnittsdaten und unter Miteinbeziehung von Timestamps zu ihren Eintreffenszeitpunkten *nicht* als lediglich zufällig adjazent rekonstruieren und stellen somit sowohl für die Chatter als auch für die retrospektive mitschnittsbasierte Analyse eine Quelle für (möglicherweise unbemerkt bleibende) Missdeutungen dar?
- Begleitevaluation zur (Weiter-)Entwicklung von Chat-Systemen: Wie wirkt sich die Verfügbarkeit einer zusätzlichen technischen Hilfestellung – z.B. einer Referenzierungsfunktion wie in FACTCHAT (Harnoncourt et al. 2005), CONCERTCHAT (Mühlpfordt & Wessner 2005) oder THREADED CHAT (Holmer & Wessner 2005) – auf die individuelle Organisation der Chat-Teilnahme und auf die Beitragsproduktion aus? Unterstützen Chat-Systeme, bei denen die Trennung zwischen den Bildschirmbereichen für die Texteingabe und für die Darstellung von Partnerbeiträgen aufgehoben ist – wie z.B. im FACTCHAT – die Perzeption neuer Partnerbeiträge zeitnah zu ihrer Darstellung? Wie wirken sich technische Unterstützung bei der Referenzierung und die Möglichkeit zur freien räumlichen Positionierung von Beiträgen auf das Vorkommen von ‚phantom adjacency pairs' und auf die Häufig-

keit der Komplettlöschung eingegebenen Textes aus? Wie reagieren Chat-Nutzer, die bislang nur mit Standard-Chat-Systemen vertraut sind, auf Chat-Systeme, die sehr unterschiedlich zu Standard-Chat-Systemen gestaltet sind und Funktionen umfassen, die aus Standard-Chat-Systemen nicht bekannt sind? Wie werden zuvor nicht bekannte technische Funktionen (z.B. die Referenzierungsfunktion) – vergleichsweise mit und ohne vorheriges Training – von Chat-Nutzern angeeignet?

- Begleitevaluation zur (Weiter-)Entwicklung von Chat-Szenarien[120]: Wie kommen die Chat-Teilnehmer mit einzelnen Chat-Szenarien (= technischen Funktionen des verwendeten Chat-Systems plus Konventionen zu deren Nutzung und ggf. konventionell vereinbarten Abläufen für die Abarbeitung bestimmter Handlungsmuster und Diskursphasen) zurecht? Wie werden Konversationsregeln („Chatiketten")[121] angeeignet? Führt die Einführung so genannter ‚Turnfortsetzungsmarkierungen' und ‚Turnendemarkierungen' dazu, dass Beiträge vorproduziert werden, um sie im geeigneten Moment abzuschicken, oder wird im Falle eines solchen konventionell etablierten Pendants zur Rederechtssteuerung tatsächlich erst dann produziert, wenn man das ‚Senderecht' erbt oder zugewiesen bekommt? Wie gut gelingt es denjenigen Kommunikanten, die die Rolle eines ‚Seminarleiters', ‚Moderators', ‚Tutors' oder ‚Experten' einnehmen, die an ihre Rolle geknüpften Aufgaben bei der Strukturierung des Kommunikationsaufkommens zu bewältigen? Wie können sie bei der effizienten Wahrnehmung ihrer Aufgaben durch technische Funktionen unterstützt und entlastet werden?

120 Zum Konzept der Chat-Szenarien als Spezifikationen für Chat-Umgebungen zur Nachbildung bestimmter Diskursarten vgl. Kap. 3.4 sowie ausführlich Beißwenger & Storrer (2005).

121 Vgl. z.B. Lemnitzer & Naumann (2001: 475), Storrer (2001: 453-456), Storrer (2001a: 14-17), Beißwenger (2003: 224-228), sowie insbesondere Naumann (2005).

6 Fallstudie: Löschen eingegebenen Textes als Ausdruck einer punktuellen Evaluation von Handlungsplänen

6.1 Einleitung

6.1.1 Motivation

Was bei der Sichtung von „screen movies" zu den am Bildschirm dokumentierten Teilnehmeraktivitäten relativ schnell ins Auge springt, ist die Tatsache, dass nicht selten Text, der ins Eingabeformularfeld der Chat-Benutzeroberfläche eingegeben wurde, wieder vollständig gelöscht wird. In den 17 für diese Arbeit transkribierten Chat-Teilnahme-Ereignissen (vgl. Kap. 5.2 und 6.2) stellen Komplettlöschungen mit einem Anteil von 32,8 % an der Gesamtzahl aller vorkommenden Revisionen den mit Abstand am häufigsten auftretenden Typus der nachträglichen Überarbeitung dar.[122] Die von solchen Löschungen betroffenen Textentwürfe sind manchmal von geringem Umfang und umfassen weniger als eine Wortform, können mithin aber auch umfangreicher sein und lassen erkennen (oder mit einiger Wahrscheinlichkeit erahnen), welche Art von Handlungszug mit ihnen realisiert werden sollte. Bisweilen werden sogar Textentwürfe wieder gelöscht, die als insoweit „fertig gestaltet" anmuten, dass sie in dieser Form an den Server hätten verschickt und als Chat-Beiträge im Bildschirmverlaufsprotokoll zur Fortentwicklung des Kommunikationsverlaufs hätten beitragen können. In solchen Fällen hätte es lediglich noch der Ausführung einer Verschickungshandlung (Betätigung der Eingabetaste oder Mausklick) bedurft, um sie zu veräußern; anstatt ihn zu

122 Zum Vergleich: Direkte Revisionen (direkte Substitutionen und Deletionen) stellen mit 351 Fällen einen Anteil von 55,3 % an der Gesamtzahl aller im Korpus vorkommenden Revisionen (N=635). Von den nachträglichen Revisionen ist der Typus der Komplettlöschung mit 208 Fällen vertreten (32,8 % aller Revisionen), wohingegen nachträgliche Additionen, Substitutionen und Deletionen mit 76 Fällen insgesamt lediglich 12 % aller vorkommenden Revisionen ausmachen.

verschicken, wurde der Textentwurf allerdings gelöscht (was mindestens so viel – meist sogar etwas mehr – Zeit beansprucht wie die Verschickung eines fertigen Entwurfs). Es muss also Gründe dafür geben, weswegen beim Chatten Text, der im Eingabeformularfeld steht, wieder vollständig gelöscht wird.

Die Möglichkeit zur vollständigen Löschung bereits materialisierter sprachlicher Ausdrücke ist ein Charakteristikum der Schriftlichkeit: Sprachliches wieder tilgen zu können, ohne Spuren zu hinterlassen, funktioniert nur in solchen Formen des Kommunizierens, bei welchen die Übermittlung des Versprachlichten nicht zur Laufzeit von dessen Materialisierung erfolgt und in welchen des Weiteren die sprachliche Form so weit fixiert bleibt, dass sie nachträglich zu ihrer Hervorbringung bearbeitet werden kann beziehungsweise – im Falle, dass das mit ihr Versprachlichte nachträglich für (doch) nicht geeignet befunden wird – ihrer Materialität explizit wieder beraubt werden muss, um eine dauerhaftere Fixierung oder eine Kenntnisnahme durch mögliche Rezipienten zu verhindern. Was mündlich gesagt wurde, lässt sich nicht ungeschehen machen – was schriftlich realisiert wird, kann (vorausgesetzt, es wurde von noch niemandem gelesen) rückstandslos wieder gelöscht werden. In diesem speziellen Sinne kann man tatsächlich sagen:

> Spoken language is permanent, whereas written is temporary. [...] Spoken language is permanent because once something is said, its impact cannot be erased, but something written can be crossed out, and it is as though it never was written. (Frank Smith, zit. n. Tannen 1984: 29)

Die vollständige Veränderbarkeit des Schriftlichen, solange es noch von niemandem rezipiert wurde, ergibt sich aus der längeren Planungszeit (vgl. Klein 1985: 15), die in prototypischen Formen schriftlicher Kommunikation (die asynchron vollzogen werden) für die Verfertigung sprachlicher Äußerungen bis zu ihrer Herausgabe zur Verfügung steht. In der Chat-Situation, in welcher Text für die Prozessierung synchronen dialogischen Austauschs produziert wird, steht hingegen nur geringe Planungszeit zur Verfügung; aufgrund der prinzipiellen zeitlichen Entkopplung des Prozesses der sprachlichen Enkodierung von Handlungsplänen von dem Zeitpunkt der Übermittlung des dabei erzeugten sprachlichen Produkts ist ein Abbruch der Versprachlichung und ein Verwerfen des dadurch realisierten Handlungsplans aber durchaus möglich. Zu fragen ist nach den Gründen, die zu Abbruch und Verwerfen führen. Bei der Textproduktion für die Prozessierung asynchronen dialogischen Austauschs (z.B. Brief, E-Mail) ändert sich der aktuelle Stand des Austauschs zwischen Beginn der Produktion eines neuen Beitrags und dessen Fertigstellung nur in Ausnahmefällen. Eine vollständige Löschung von bereits Verschriftetem ist daher in aller Regel entweder intrinsisch oder durch andere Umstände im Umfeld des Produzenten bedingt; dass der Prozess der Produktion eines Briefes durch zwischenzeitlich beim Produzenten eintreffende neue Schreiben des Adressaten beeinflusst wird, mag sicherlich vorkommen, ist aber aufgrund der Asynchronizität nicht der Regelfall.

In einer Kommunikationsform wie dem Chat, die im Gegensatz zum Briefverkehr synchron angelegt ist, allerdings die für asynchrone schriftbasierte Kommunikation typische Entkopplung von Produktion und Veräußerung des Mitzuteilenden beibehält, wird die Chance eines Eintreffens neuer Partnerbeiträge während der Produktion eines eigenen Beitrags umso höher – zumindest dann, wenn, wie in Standard-Chat-Umgebungen, keine klaren Absprachen oder technischen Prozeduren für die Unterbindung einer Gleichzeitigkeit des Produzierens oder Verschickens von Beiträgen existieren.

Nun mag man geneigt sein, für bestimmte Formen mündlichen Austauschs, in denen die Rederechtsvergabe institutionell vorstrukturiert ist und/oder in denen Kommunikantenrollen wirksam sind, die legitimiert sind, den übrigen Kommunikanten das Rederecht zuzuweisen, eine ähnliche Art der „Vorfertigung" von zu veräußernden Kommunikationsbeiträgen anzunehmen. Wer schon einmal aktiv an einer moderierten Diskussionsrunde teilgenommen hat, wird die Erfahrung teilen, dass man sich in solchen, sofern das Rederecht auf Basis einer Rednerliste bzw. in der Reihenfolge erfolgter Wortmeldungen erteilt wird, bisweilen nach erfolgter Wortmeldung Äußerungspläne zurechtlegt, um diese dann, wenn man „dran" ist, nicht gänzlich ab ovo generieren zu müssen: Man wählt einen dem Vorhaben angemessen erscheinenden Handlungstyp und legt sich eine propositionale Struktur sowie bestimmte Versprachlichungsbausteine zurecht, um dann, wenn man das Rederecht zugewiesen bekommt, den geplanten Beitrag ökonomisch, verständlich und klar formuliert vorbringen zu können. Es kann dann aber vorkommen, dass ein anderer Diskursbeteiligter, bevor man selbst an die Reihe kommt, einen identischen oder ähnlichen Beitrag vorbringt, wodurch sich das, was man sich selbst für das per Wortmeldung beanspruchte nächste „Dransein" zurechtgelegt hat, erübrigt. Ebenso kann es sein, dass sich die Diskussion dann, wenn man an die Reihe kommt, in eine thematische Richtung weiterentwickelt hat, zu welcher der ursprünglich zur Veräußerung ausersehene Handlungsplan eigentlich nicht mehr passt. Das entsprechende Projekt wird dann möglicherweise verworfen (die Wortmeldung wird zurückgezogen) oder aber, falls der geplante Beitrag lediglich redundant geworden ist, unter Hinweis auf die Tatsache, dass Kommunikationspartner X bereits Ähnliches geäußert hat, noch einmal paraphrasiert, um den zugewiesenen Turn in Ermangelung eines alternativen Beitrags trotzdem ausfüllen zu können („Im Grunde wollte ich dasselbe fragen wie Vorredner X, nämlich

...“). Lässt sich absehen, dass ein geplanter Beitrag irrelevant wird, bevor man nach Stand der Rednerliste den Turn zugewiesen bekommt, kann man umplanen, um dann, wenn man „dran“ ist, einen alternativen, relevanten Beitrag zu leisten.

Der charakteristische *Unterschied* zwischen dem Verwerfen von eingegebenem Text im Chat und dem Verwerfen von mental zurechtgelegten Äußerungsvorhaben in mündlichen Diskursen ist der, dass im Falle des Chat das, was veräußert werden soll, tatsächlich bereits (zumindest teilweise) versprachlicht vorliegt, hingegen im Diskurs der geplante Beitrag als lediglich mentale Größe existiert, die erst noch materialisiert werden muss. Zudem kann im Diskurs das, was zwischen dem Fassen des Handlungsplans und dessen anvisierter Versprachlichung/Veräußerung kommunikativ geschieht, mitverfolgt werden. Bis zum Zeitpunkt, zu welchem man den Turn zugewiesen bekommt und die tatsächliche Versprachlichung/Veräußerung in Angriff nimmt, lässt sich der Plan noch modifizieren (z.B. „Im Grunde wollte ich dasselbe fragen wie Vorredner X, *nur mit der kleinen Ergänzung* ...“). Während der Versprachlichung/Veräußerung ist das Risiko, dass der Beitrag dann noch redundant oder irrelevant wird, äußerst gering, da gerade in Settings mit durch einen Diskussionsleiter vergebenem Rederecht die parallele Realisierung zweier (noch dazu weitgehend übereinstimmender) Diskursbeiträge als eher selten zu gelten hat.

Im Chat hingegen muss aufgrund der spezifisch texthaften Produktions-/Übermittlungsprozedur ein Handlungsplan (als Kontributionsprojekt) oder – im Falle der Anwendung einer Splitting-Technik – eine Produktionseinheit, mit welcher ein Teil eines Handlungsplans realisiert werden kann, erst vollständig versprachlicht und in der gewählten Versprachlichung als Text fixiert sein.[123] Erst *dann* kann das, was man beitragen möchte, zur Übermittlung aufgegeben und als Beitrag veräußert werden. Während der Dauer der Produktion besteht jedoch die Möglichkeit, dass Beiträge anderer Kommunikanten im Bildschirmverlaufsprotokoll eintreffen. Bemerkt man diese erst nach Verschickung des eigenen, aktuell produzierten Textentwurfs, so kann es sein, dass der im Verlaufsprotokoll angezeigte neue eigene Beitrag mit seiner Verfügbarkeit auf den Teilnehmerbildschirmen bereits redundant oder irrelevant geworden ist. Bemerkt man die neuen Beiträge im Verlaufsprotokoll bereits *vor* der Verschickung des eingegebenen Textes und stellt man fest, dass der mit dem eingegebenen Text zur Ausführung vorgesehene Handlungsplan nicht mehr passt, so bieten sich prinzipiell zwei Handlungsoptionen:

---

123 Zu den Konzepten *Kontributionsprojekt* und *Produktionseinheit* vgl. Kap. 4.5.4.5.

a) Die Option, so zu tun, als habe man die Partnerbeiträge nicht gelesen, und die im Texteingabeformularfeld realisierte Produktionseinheit trotzdem abzuschicken. Im Fall, dass der Beitrag eigentlich bereits redundant geworden ist, dürfte diese Option eher wenig zielführend sein; wenn gewählt, dann mag sie möglicherweise darauf abzielen, unter Beweis zu stellen, dass man denjenigen Plan, den einer der Partner bereits geäußert hat, zeitgleich und unabhängig von diesem ebenfalls gefasst und umgesetzt hat.
b) Die Option, den eingegebenen Text komplett zu löschen, um stattdessen entweder einen alternativen oder nach aktuellem Stand bevorzugten Handlungsplan zu realisieren oder das Vorhaben, einen Beitrag zu leisten, fürs Erste aufzugeben (um erst einmal mitzulesen und abzuwarten, wie die Kommunikation seitens der Partner weiterentwickelt wird).

6.1.2 Fragestellung und Vorgehen

Die im Folgenden dargestellte Fallstudie untersucht Häufigkeit und Ursachen für das Auftreten von Fällen, in denen der in das Eingabeformularfeld der Benutzeroberfläche eingegebene Text komplett wieder gelöscht wird (Option b). Von Interesse ist hierbei, wie oft sich eine Adaption von Handlungsplänen an die punktuell neu über die Kenntnisnahme neuer Bildschirminhalte wahrgenommenen Stände des Kommunikationsverlaufs tatsächlich feststellen lässt und welche Hinweise sich im Einzelfall im Kontext der Löschungen darauf finden lassen, warum ein in Versprachlichung befindlicher Handlungsplan verworfen wurde.

Ausgewertet werden dabei diejenigen 17 Chat-Teilnahme-Ereignisse, die nach den in Kap. 5.2 beschriebenen Konventionen transkribiert wurden. Betrachtet werden darin jeweils solche Sequenzen, bei denen das Eingabeformularfeld zunächst vollständig leer ist (z.B. weil der zuletzt eingegebene Text durch Ausführung einer Verschickungshandlung an den Server übergeben und das Formularfeld dabei automatisch geleert wurde) und sich dann so lange mit Text füllt, bis die Eingabe beendet oder unterbrochen und anschließend der eingegebene Text vollständig wieder gelöscht wird. Den Endpunkt der betrachteten Sequenzen bildet jeweils die erneute Aufnahme von Texteingabeaktivitäten.

Abb. 6-1 veranschaulicht die beiden möglichen Verlaufsstrukturen von Produktionssequenzen und identifiziert für denjenigen Strukturtyp, bei welchem die Eingabe/Bearbeitung von Text mit einer Komplettlöschung abgeschlossen wird (im Folgenden: *Produktion/Verwerfen-Sequenzen*) fünf Zeitpunkte, die für seine Ausgrenzung aus dem Chat-Teilnahme-

Ereignis konstitutiv sind (t_1 und t_4) oder für seine Beschreibung und Analyse eine Rolle spielen können (t_2, t_3 und t_5).

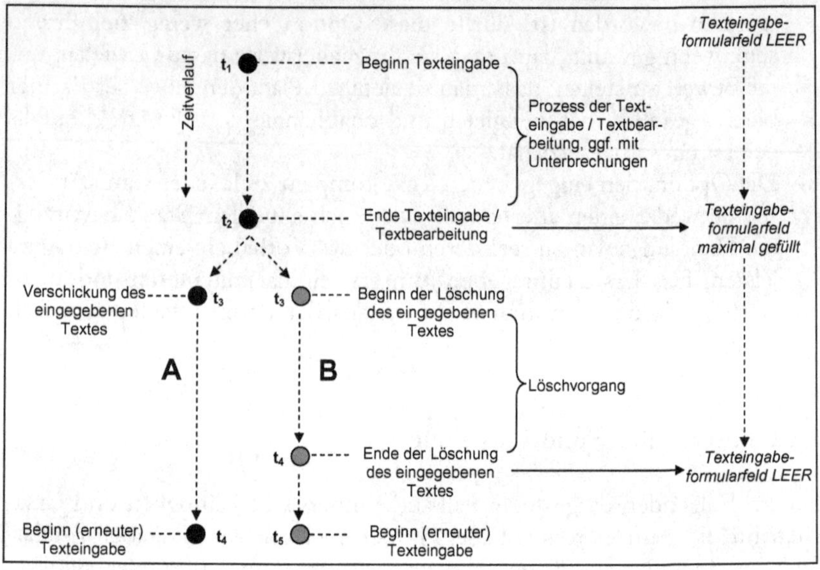

Abb. 6-1: Verlaufsstrukturen von Produktionssequenzen im Rahmen von Chat-Teilnahme-Ereignissen: In Strukturtyp A wird die Produktion mit der Ausführung einer Verschickungshandlung abgeschlossen, durch welche der im Eingabeformularfeld stehende Text an den Server übermittelt wird; in Strukturtyp B schließt die Sequenz mit einer vollständigen Löschung eingegebenen Textes (‚Produktion/Verwerfen-Sequenzen').

In einem ersten Schritt (Kap. 6.3/6.4) wurden sämtliche 208 Fälle von Komplettlöschungen in den untersuchten Transkripten erfasst und kategorisiert. Auf Grundlage der dabei gewonnenen Werte lassen sich Aussagen darüber treffen, wie häufig Komplettlöschungen auftreten und Prognosen darüber anstellen, in wie viel Prozent der Fälle die Komplettlöschung auf eine durch die Kenntnisnahme neuer Partnerbeiträge verursachte Evaluation des mit dem aktuell Produzierten verfolgten Kontributionsprojekts zurückgeführt werden könnte.

In einem zweiten Schritt (Kap. 6.5) wurde für diejenigen 80 Fälle von Komplettlöschungen, für die in den untersuchten Transkripten neben Beschreibungen zu den am Bildschirm dokumentierten Produktionsaktivitäten auch Beschreibungen zum Blickrichtungsverhalten der Chat-Teilnehmer vorliegen, ermittelt, wie viele davon tatsächlich als durch eine Kenntnisnahme zwischenzeitlich neu eingetroffener Partnerbeiträge verursacht einzustufen sind.

In einem dritten Schritt (Kap. 6.6) wurden dann für 29 dieser Einzelfälle qualitative Detailanalysen durchgeführt. Im Rahmen dieser Analysen wurde unter Einbeziehung der Vor- und Nachkommunikation der jeweiligen Fälle von Komplettlöschungen nach Anhaltspunkten dafür gesucht, welche Arten von Kontextfaktoren dazu führen können, dass ein Kontributionsprojekt aufgegeben bzw. ein Handlungsplan als aktuell nicht mehr relevant verworfen oder einem anderen, aktuell für wichtiger befundenen Handlungsplan prioritär untergeordnet wird.

6.2 Korpus

Das Korpus, welches der Fallstudie zugrunde liegt, setzt sich zusammen aus 17 Dokumenten, die jeweils ein Transkript eines Chat-Teilnahme-Ereignisses beinhalten. Alle 17 Chat-Teilnahme-Ereignisse sind vollständig hinsichtlich der Phänomenbereiche ‚Protokollverlauf' und ‚Am Bildschirm dokumentierbare Produktionsaktivitäten' transkribiert, sechs davon (im Folgenden als „Kernkorpus" bezeichnet) zudem hinsichtlich des Phänomenbereichs ‚Blickrichtung'.[124]

Die 17 Chat-Teilnahme-Ereignisse sind auf neun verschiedene der in Abb. 5-8 (Kap. 5.1.5.1) aufgeführten Chat-Ereignisse bezogen, nämlich auf jeweils drei Chat-Ereignisse der Konstellation 1:1 (Expertin mit einem Probanden), drei Chat-Ereignisse der Konstellation 1:2 (Expertin mit 2 Probanden) und drei Chat-Ereignisse der Konstellation 1:3 (Expertin mit 3 Probanden).

Insgesamt dokumentieren die 17 Korpusdokumente 684 Minuten Chat-Teilnahme. Das Kernkorpus bildet einen Ausschnitt daraus und dokumentiert für sechs Probanden insgesamt 274 Minuten Chat-Teilnahme. Abb. 6-2 bietet eine Übersicht über die einzelnen Korpusdokumente.

6.3 Erste Bestandsaufnahme: Vorkommnisse von Komplettlöschungen im Korpus

In einem ersten Schritt ging es darum, sämtliche Vorkommnisse von Komplettlöschungen im Korpus zu erfassen und zu dokumentieren. Ziel war es herauszufinden, wie häufig Komplettlöschungen im untersuchten

124 Zu den bei der Transkription berücksichtigten Phänomenbereichen und ihrer Notation vgl. ausführlich Kap. 5.2.

Korpus auftreten und diese Häufigkeit sowohl als absoluten Wert als auch im Verhältnis zur Anzahl der von den einzelnen Probanden im Bildschirmverlaufsprotokoll dokumentierten Beiträge angeben zu können.

		Probanden (alphabetisch)	Konstellation	Dauer des Chat-Teilnahme-Ereignisses (min.)
1	♀	ahar	1:3	40
2	♀	anew	1:2	37
3	♂	**bensch**	**1:2**	**37**
4	♀	briha	1:2	38
5	♂	chre	1:3	42
6	♂	debo	1:3	40
7	♀	**fala**	**1:2**	**42**
8	♀	**inab**	**1:2**	**42**
9	♀	**jecom**	**1:1**	**41**
10	♂	**larbe**	**1:1**	**33**
11	♂	**mage**	**1:3**	**42**
12	♀	mosch	1:3	43
13	♀	nabro	1:2	38
14	♀	nihe	1:3	40
15	♀	saschu	1:3	42
16	♂	stise	1:3	43
17	♀	sveki	1:1	44
GESAMT:				684 min. (**274 min.**)

Abb. 6-2: Zusammensetzung des zugrunde gelegten Transkript-Korpus. Die Namen der Probanden in Spalte 1 stehen für einzelne Chat-Teilnahme-Ereignisse. Jedes Chat-Teilnahme-Ereignis ist in einem separaten Transkript beschrieben und bildet ein Korpusdokument. Für die Chat-Teilnahme-Ereignisse derjenigen Probanden, deren Namen mager gesetzt sind, sind in den einzelnen Transkripten die Daten zu den Phänomenbereichen ‚Protokollverlauf' und ‚Am Bildschirm dokumentierbare Produktionsaktivitäten' vollständig transkribiert. Für die Chat-Teilnahme-Ereignisse derjenigen sechs Probanden, deren Namen fett gesetzt sind, liegt darüber hinaus der Phänomenbereich ‚Blickrichtung' komplett transkribiert vor. Die Korpusdokumente mit den Transkripten dieser sechs Chat-Teilnahme-Ereignisse bilden das *Kernkorpus.*

Gezählt wurden bei der Durchsicht des Korpus nicht ‚Beiträge', sondern ‚Produktionssequenzen'. Entsprechend der in Kap. 4.5.4 getroffenen terminologischen Unterscheidung möchte ich den Ausdruck ‚Chat-Beitrag' lediglich für solche Texteinheiten verwenden, die – als Ergebnis einer Verschickungshandlung – an den Chat-Server übermittelt, von diesem den Adressatenrechnern zugespielt und auf diesen im Bildschirmverlaufsprotokoll angezeigt wurden. Was in den Texteingabeformularfeldern der einzelnen Teilnehmerrechner im Zuge der Versprachlichung von Handlungsplänen bzw. Kontributionsprojekten entsteht, bezeichne ich als *Produktionseinheit.* Die Kategorie der *Produktionseinheit* bezeichnet all das, was als Ergebnis von Versprachlichungsprozessen im Texteingabeformularfeld als Textstück erscheint, und zwar unabhängig davon, ob es in der Folge durch Ausführen einer Verschickungshandlung den Status eines in den Verlaufsprotokollen angezeigten Chat-Beitrags erhält oder ob es wieder gelöscht wird (vgl. Kap. 4.5.4.5). Die Kategorie *Produktionseinheit* ist keine linguistische Kategorie – die Kategorie umfasst vielmehr all das, was seit dem Zeitpunkt der letzten vollständigen Leerung des Texteingabeformularfelds (verursacht durch Verschickung oder Löschung) bis zum Zeitpunkt der nächsten vollständigen Leerung des Texteingabeformularfelds (wiederum verursacht durch Verschickung oder Löschung) als Zeichenfolge eingegeben wird. Wichtig ist, dass die Produktionseinheit keinen Produkt-, sondern Prozesscharakter aufweist, insofern sie in unterschiedlichen Stadien ihrer Entstehung (bedingt z.B. durch Überarbeitungen entgegen der Texteingabeverlaufsrichtung) nicht nur unterschiedlichen Umfang, sondern auch unterschiedliche Qualität besitzen kann. Sie ist deshalb keine linguistische Kategorie, weil es keiner syntaktischen, semantischen oder pragmatischen Kriterien bedarf, um eine Einheit als Instanz der Kategorie auszuweisen; es genügt die Feststellung des jeweils letzten und nächsten Zeitpunkts, zu welchem das Texteingabeformularfeld geleert ist. Was dazwischen an Text eingegeben wurde, fällt (als Gesamtes) unter die Kategorie.

Produktionseinheiten entstehen im Rahmen von *Produktionssequenzen.* Eine Produktionssequenz reicht jeweils vom Zeitpunkt der Eingabe des ersten Schriftzeichens im bis dahin leeren Texteingabeformularfeld (t_1 in Abb. 6-1) bis zu demjenigen zunächst liegenden Zeitpunkt, zu welchem das Texteingabeformularfeld wieder vollständig geleert ist. Eine Produktionssequenz wird entweder mit der Ausführung einer (punktuellen) Verschickungshandlung abgeschlossen oder mit der Durchführung eines Löschvorgangs.

Bei der ersten Durchsicht des Korpus wurden alle Vorkommnisse von Löschvorgängen erfasst, die zu einer vollständigen Leerung des Texteingabeformularfelds führen und die zu unterscheiden sind von solchen Löschvorgängen, die – im Rahmen von Überarbeitungen – lediglich zur Löschung eines Teils des eingegebenen Textes führen. Jeder Fall einer Komplettlöschung wurde mit einer Angabe zum Zeitpunkt der Einleitung des Löschvorgangs sowie einer Kurzcharakteristik der Produktionssequenz, deren Abschluss er bildet, in einer Tabelle erfasst.

Die Kurzcharakteristik beinhaltete eine Angabe zur Dauer der Texteingabe/-bearbeitung (Zeitspanne zwischen t_1 und t_2 in Abb. 6-1), eine Angabe zum Umfang des gelöschten Textes (Anzahl der Tastaturanschläge), eine Angabe zur Zeitspanne zwischen dem Ende der Texteingabe/Textbearbeitung und dem Beginn des Löschvorgangs (Differenz aus t_3 und t_2 in Abb. 6-1, Strukturtyp B) und eine Angabe zur Zeitspanne zwischen dem Ende des Löschvorgangs, nach welchem das Texteingabeformularfeld komplett geleert ist, und dem Beginn erneuter Texteingabe (Differenz aus t_5 und t_4 in Abb. 6-1, Strukturtyp B).

Nicht als Komplettlöschung gewertet wurden solche Fälle, auf welche die drei folgenden Kriterien (zusammen) zutreffen: (a) die Texteingabe/Textbearbeitung dauert insgesamt nicht länger als 2.0 Sekunden; (b) während der Texteingabe/-bearbeitung erscheinen keine neuen Partnerbeiträge im Bildschirmverlaufsprotokoll; (c) spätestens 2.0 Sekunden nach Ende des Löschvorgangs erfolgt erneute Texteingabe. Solche Fälle wurden nicht als Kandidaten für das Verwerfen von Handlungsplänen gewertet, sondern als Fälle unmittelbarer Ersetzung (*direkte Substitution*, vgl. Kap. 4.4.1.2 und 5.2) direkt am Beginn einer neuen Produktionseinheit.[125] Da innerhalb von nicht mehr als 2.0 Sekunden in aller Regel nur wenige Zeichen eingegeben werden können und sich der eingegebenen Zeichenfolge (also der aus dem „screen movie" ablesbaren Produktionseinheit) kaum entnehmen lässt, ob mit ihr ein anderer Handlungsplan versprachlicht werden sollte als mit derjenigen Produktionseinheit, mit deren Herstellung nach erfolgter Löschung begonnen wird, lässt sich in solchen Fällen häufig nur spekulativ entscheiden, ob eine Komplettlöschung (im Sinne eines Verwerfens nicht nur des eingegebenen Textes, sondern auch des damit teilversprachlichten Handlungsplans) oder eine direkte Substitution vorliegt. Aus diesem Grunde wurden solche Fälle bei der Erfassung der Vorkommnisse von Komplettlöschungen im Korpus nicht berücksichtigt. Aus ähnlichem Grund ebenfalls nicht als Komplettlöschung gewertet

125 Die *direkte Substitution* wurde in Kap. 4.4.1.2 als eine Form der Revision eingeführt, bei welcher der Bezugsausdruck unmittelbar nach seiner Eingabe gelöscht und durch einen alternativen Ausdruck ersetzt wird. Im hier vorliegenden Fall wird für den Anschluss der Eingabe des ersetzenden Ausdrucks (*Substituens*) eine zeitliche Verzögerung von bis zu 2.0 Sekunden nach der Löschung des ersetzten Ausdrucks (*Substituendum*) in Kauf genommen.

wurden solche Fälle, bei denen nur minimaler Text (maximal eineinhalb Wortformen) eingegeben und unmittelbar nach Eingabe (d.h. ohne Pause) wieder gelöscht wurde. Die Fallstudie beschränkt sich somit auf *prototypische* Fälle von Komplettlöschungen.

Probanden (alphabetisch)	**1) Produktionssequenzen** (= Zahl der **Produktionseinheiten**)	**1a) … mit Verschickung abgeschlossen** (= Zahl der **Chat-Beiträge**)	**1b) … mit Löschung abgeschlossen** (= Zahl der **gelöschten Produktionseinheiten**)	**2)** Anteil von 1a) an 1) in Prozent (= **Anteil verschickter Produktionseinheiten**)	**3)** Anteil von 1b) an 1) in Prozent (= **Anteil gelöschter Produktionseinheiten**)	**4) Gelöschter Text**[126] (in Keystrokes)	**5) Ø-Länge gelöschter Produktionseinheiten** (in Keystrokes)
♀ ahar	51	50	1	98,04 %	1,96 %	3	3
♀ anew	69	63	6	91,30 %	8,70 %	149	24,83
♂ bensch	91	77	14	84,62 %	15,38 %	248	17,71
♀ briha	68	47	21	69,12 %	30,88 %	461	21,95
♂ chre	61	42	19	68,85 %	31,15 %	477	25,11
♂ debo	73	56	17	76,71 %	23,29 %	250	14,71
♀ fala	54	50	4	92,59 %	7,41 %	144	36
♀ inab	68	54	14	79,41 %	20,59 %	143	10,21

126 Der Parameter „Gelöschter Text" bezieht sich auf diejenige Anzahl von Tastaturanschlägen (Keystrokes), die im Rahmen der in den einzelnen Chat-Teilnahme-Ereignissen beobachteten Komplettlöschungen getilgt wird. Der *insgesamt* im Rahmen eines Chat-Teilnahme-Ereignisses gelöschte Text kann um einiges höher sein, da ja nicht nur im Falle von Komplettlöschungen, sondern auch im Falle direkter Deletionen und nachträglicher Deletionen, von denen nicht der komplette eingegebene Text betroffen ist, bereits eingegebener Text wieder entfernt wird.

Probanden (alphabetisch)	**1) Produktionssequenzen** (= Zahl der **Produktionseinheiten**)	**1a) … mit Verschickung abgeschlossen** (= Zahl der **Chat-Beiträge**)	**1b) … mit Löschung abgeschlossen** (= Zahl der **gelöschten Produktionseinheiten**)	**2)** Anteil von 1a) an 1) in Prozent (= **Anteil verschickter Produktionseinheiten**)	**3)** Anteil von 1b) an 1) in Prozent (= **Anteil gelöschter Produktionseinheiten**)	**4) Gelöschter Text**[126] (in Keystrokes)	**5) Ø-Länge gelöschter Produktionseinheiten** (in Keystrokes)
♀ jecom	53	38	15	71,70 %	28,30 %	400	26,67
♂ larbe	112	102	10	91,07 %	8,93 %	155	15,5
♂ mage	49	26	23	53,06 %	46,94 %	803	34,91
♀ mosch	50	33	17	66,00 %	34,00 %	289	17
♀ nabro	31	18	13	58,06 %	41,84 %	268	20,62
♀ nihe	62	58	4	93,55 %	6,45 %	90	22,5
♀ saschu	30	28	2	93,33 %	6,67 %	13	6,5
♂ stise	77	69	8	89,61 %	10,39 %	171	21,38
♀ sveki	98	78	20	79,59 %	20,41 %	377	18,85
GESAMT	**1.097**	**889**	**208**			**4.441**	
Ø	**64,53**	**52,29**	**12,24**	**81,04 %**	**18,96 %**	**261,24**	**21,34**

Abb. 6-3: Übersicht über die Produktionssequenzen im untersuchten Korpus, die mit Komplettlöschung des eingegebenen Textes abgeschlossen wurden (inklusive ihres Verhältnisses zur Gesamtzahl der im Korpus dokumentierten Produktionssequenzen sowie Angaben zum Umfang des gelöschten Textes).

Abb. 6-3 gibt eine Übersicht über die im Korpus vorgefundenen Produktionssequenzen, die mit Verschickung abgeschlossen wurden, geordnet nach den einzelnen Chat-Teilnahme-Ereignissen (letztere etikettiert mit den Namen der jeweils als Chat-Teilnehmer beobachteten Probanden). Die Anzahl der Fälle ist in Beziehung gesetzt zur Gesamtzahl der Produktionssequenzen, die für die einzelnen Chat-Teilnahme-Ereignisse festgestellt werden konnten. Zusätzlich angegeben sind jeweils der Umfang der pro Chat-Teilnahme-Ereignis von Komplettlöschung betroffenen Textmenge sowie die Durchschnittslänge gelöschter Produktionseinheiten, die sich als Quotient aus dem Gesamtumfang gelöschten Textes und der Anzahl der mit Löschung abgeschlossenen Produktionssequenzen ergibt.

Insgesamt finden sich im gesamten Korpus 208 Vorkommnisse von Komplettlöschungen. Diesen stehen 889 Produktionssequenzen gegenüber, bei denen die Produktionseinheit an den Server verschickt und in der Folge als Chat-Beitrag angezeigt wurde. Knapp jede fünfte Produktionssequenz endet somit mit einer Löschung des in ihrem Rahmen (teil-) versprachlichten Handlungsplans (das Verhältnis von verschickten zu komplett gelöschten Produktionseinheiten beträgt 1:4,27). Das bedeutet zugleich, dass nicht mehr als 81 % der Vorhaben, einen Beitrag zu tätigen, auch tatsächlich zu einem erfolgreichen Abschluss (nämlich zur Verschickung) gebracht werden.

In Abb. 6-3 fällt auf, dass der Anteil gelöschter Produktionseinheiten zwischen den einzelnen Chat-Teilnahme-Ereignisses sehr unterschiedlich ausgeprägt ist. Während beispielsweise die Probanden *mage* und *nabro* jeweils über 40 % der von ihnen erzeugten Produktionseinheiten wieder löschen, treten in anderen Teilnahme-Ereignissen fast keine oder nur wenige Komplettlöschungen auf. Womit es zusammenhängen könnte, dass manche Chat-Teilnehmer signifikant häufiger Komplettlöschungen vornehmen als andere, steht in dieser Fallstudie nicht im Fokus und lässt sich sicherlich auch nicht ohne Weiteres ermitteln. Hierfür dürften ganz unterschiedliche Faktoren eine Rolle spielen. Für das vorliegende Korpus lässt sich jedoch sagen, dass die individuelle Neigung der Chat-Teilnehmer zum eher hoch- oder niedrigfrequenten Einsatz von Komplettlöschungen offenbar nicht damit zusammenhängt, ob ein Chat-Teilnehmer ein routinierter oder ein wenig geübter Tipper ist beziehungsweise ob er während der Chat-Teilnahme vergleichsweise schnell oder langsam tippt. Die Tabelle in Abb. 6-4 wiederholt die Spalten 1) bis 3) aus der Tabelle in Abb. 6-3 und stellt für jeden Probanden einen als ‚Produktionsrate' ausgewiesenen Wert daneben. Die Produktionsrate gibt eine (erschlossene) Zeitspanne in Sekunden an, die ein Proband benötigt, um mit der Computertastatur 100 Tastaturanschläge auszuführen (also 100 Zeichen einzugeben). Ermittelt wurde dieser Wert dadurch, dass für jeden Probanden aus verschiedenen Abschnitten seines Chat-Teilnahme-Ereignisses fünf beliebige Produktionssequenzen mit kontinuierlicher (d.h. nicht durch Pausen unterbrochener) Texteingabe-/bearbeitungsaktivität herausgegriffen und die darin im

„screen movie“ bzw. Transkript dokumentierten Tastaturanschläge (Keystrokes) ausgezählt wurden. Hierbei wurden Tastaturanschläge, die für evtl. enthaltene Überarbeitungen (Löschen, Ersetzen, Hinzufügen) anfielen, ebenfalls mitgezählt. Aus der Anzahl der Tastaturanschläge sowie der Dauer der fünf Produktionssequenzen wurde ein Durchschnittswert für die Eingabe von 100 Tastaturanschlägen ermittelt. Dieser Wert ist zwar hypothetisch, da in unterschiedlichen Abschnitten von Chat-Teilnahme-Ereignissen (abhängig z.B. von der jeweils aktuellen Dynamik des Beitragsaufkommens im Bildschirmverlaufsprotokoll) die durchschnittliche Tippgeschwindigkeit ein- und desselben Chat-Teilnehmers u. U. variieren kann; er bietet aber die Möglichkeit, die Tippfertigkeiten verschiedener Chat-Teilnehmer – zumindest näherungsweise – miteinander zu vergleichen.

In Abb. 6-4 fällt auf, dass sich unter den Probanden mit einer signifikant hohen Produktionsrate von 29 oder mehr Sekunden pro 100 Tastaturanschlägen (also mit vergleichsweise niedriger Tippgeschwindigkeit) sowohl Probanden befinden, bei welchen der Anteil der Komplettlöschungen an den dokumentierten Produktionssequenzen als vergleichsweise hoch gelten kann (z.B. *nabro* mit einem Anteil von 41,84 % und *mosch* mit einem Anteil von 34 % gelöschten Produktionseinheiten), als auch Probanden mit einem vergleichsweise niedrigen Anteil der Komplettlöschungen (z.B. *saschu* mit einem Anteil von 6,67 % oder *fala* mit einem Anteil von 7,41 %). Umgekehrt finden sich bei den Probanden mit einer signifikant niedrigen Produktionsrate von 21 oder weniger Sekunden pro 100 Tastaturanschlägen (also mit vergleichsweise hoher Tippgeschwindigkeit) sowohl Probanden, die einen relativ hohen Anteil ihrer Produktionseinheiten wieder löschen (z.B. *chre* mit einem Anteil von 31,15 % oder *mage* mit einem Anteil von 46,94 %), als auch Probanden mit sehr geringer Neigung zu Komplettlöschungen (z.B. *nihe* mit einem Anteil von lediglich 6,45 %). Unter dem Vorbehalt, dass das Chat-Teilnahme-Ereignis der einzelnen Probanden jeweils nur einen Ausschnitt von 33 bis 44 Minuten aus dem „Chat-Leben“ der betreffenden Individuen repräsentiert (noch dazu einen, der unter Laborbedingungen arrangiert und beobachtet wurde), lässt sich zumindest festhalten, dass die hier untersuchten Daten nicht den Schluss nahe legen, dass eine unmittelbare Korrelation zwischen individueller Tippfertigkeit und der Neigung zur vermehrten Löschung von Produktionseinheiten besteht.

Probanden (alphabetisch)	**1) Produktionssequenzen** (= Zahl der **Produktionseinheiten**)	**1a) … mit Verschickung abgeschlossen** (= Zahl der **Chat-Beiträge**)	**1b) … mit Löschung abgeschlossen** (= Zahl der **gelöschten Produktionseinheiten**)	**2)** Anteil von 1a) an 1) in Prozent (= **Anteil verschickter Produktionseinheiten**)	**3)** Anteil von 1b) an 1) in Prozent (= **Anteil gelöschter Produktionseinheiten**)	**4) Produktionsrate**
♀ ahar	51	50	1	98,04 %	1,96 %	24,5
♀ anew	69	63	6	91,30 %	8,70 %	21,7
♂ bensch	91	77	14	84,62 %	15,38 %	15,9
♀ briha	68	47	21	69,12 %	30,88 %	26,1
♂ chre	61	42	19	68,85 %	31,15 %	19,2
♂ debo	73	56	17	76,71 %	23,29 %	25,2
♀ fala	54	50	4	92,59 %	7,41 %	29,7
♀ inab	68	54	14	79,41 %	20,59 %	34,0
♀ jecom	53	38	15	71,70 %	28,30 %	31,6
♂ larbe	112	102	10	91,07 %	8,93 %	20,2
♂ mage	49	26	23	53,06 %	46,94 %	20,5
♀ mosch	50	33	17	66,00 %	34,00 %	32,8
♀ nabro	31	18	13	58,06 %	41,84 %	35,7
♀ nihe	62	58	4	93,55 %	6,45 %	19,7
♀ saschu	30	28	2	93,33 %	6,67 %	30,1
♂ stise	77	69	8	89,61 %	10,39 %	17,9
♀ sveki	98	78	20	79,59 %	20,41 %	22,4
GESAMT	**1.097**	**889**	**208**			
Ø	**64,53**	**52,29**	**12,24**	**81,04 %**	**18,96 %**	**25,1**

Abb. 6-4: Produktionssequenzen im untersuchten Korpus in Zusammenschau mit den für die einzelnen Probanden ermittelten Produktionsraten.

6.4 Miteinbeziehung des Phänomenbereichs ‚Protokollverlauf': Ermittlung von Kandidaten für extrinsisch motivierte Komplettlöschungen

In einem zweiten Schritt wurde für jeden der 208 im Korpus vorgefundenen Fälle von Komplettlöschungen ermittelt, ob im Zeitraum zwischen dem Beginn der Texteingabe (t_1 in Abb. 6-1) und dem Beginn des Löschvorgangs (t_3 in Abb. 6-1, Strukturtyp B) jeweils neue Partnerbeiträge ins Bildschirmverlaufsprotokoll eingespielt wurden oder nicht. Entsprechend wurden die einzelnen Fälle einer von zwei Kategorien zugewiesen:

- Fälle vom *Typ 1*, bei welchen zwischen dem Beginn der Texteingabe und dem Beginn des Löschvorgangs keine neuen Partnerbeiträge im Verlaufsprotokoll angezeigt werden;
- Fälle vom *Typ 2*, bei welchen zwischen dem Beginn der Texteingabe und dem Beginn des Löschvorgangs mindestens ein neuer Partnerbeitrag im Verlaufsprotokoll angezeigt wird.

Fälle vom Typ 2 sind Kandidaten für solche Vorkommnisse von Komplettlöschungen, bei welchen die Entscheidung zum Abbruch der Texteingabe/-bearbeitung und zur Löschung des eingegebenen Textes beziehungsweise (falls die Texteingabe/-bearbeitung und damit die Versprachlichung des verfolgten Kontributionsprojekts aus Sicht des Teilnehmers bereits abgeschlossen war) die Entscheidung zur Löschung eines vollständig versprachlichten Kontributionsprojekts auf die Konfrontation mit einem seit Beginn der Produktionsaktivitäten als verändert wahrgenommenen Stand des Kommunikationsverlaufs zurückgeführt werden kann. Fälle des Typs 2 sind somit Kandidaten für Fälle, in denen die Komplettlöschung *extrinsisch* (durch den als verändert wahrgenommenen Stand des Bildschirmverlaufsprotokolls) motiviert ist. Für Fälle vom Typ 1 hingegen wird eine *intrinsische* Motivation angenommen.

Die Tabelle in Abb. 6-5 zeigt, wie sich die insgesamt 208 Fälle von Komplettlöschungen auf die beiden Falltypen verteilen: 59 Fällen vom Typ 1 stehen 149 Fälle des Typs 2 gegenüber. Dies entspricht einem Verhältnis von ca. 1:2,5.

Probanden (alphabetisch)	**Produktionssequenzen** (= Zahl der **Produktionseinheiten**)	**... mit Löschung abgeschlossen** (= Zahl der **gelöschten Produktionseinheiten**)	**LÖSCHUNG Typ 1:** Keine neuen Beiträge zw. t_1 (Beginn Texteingabe) und t_3 (Beginn Verwerfen)	**LÖSCHUNG Typ 2:** Neue Beiträge zw. t_1 (Beginn Texteingabe) und t_3 (Beginn Verwerfen)
♀ ahar	51	1	---	1
♀ anew	69	6	---	6
♂ bensch	91	14	3	11
♀ briha	68	21	7	14
♂ chre	61	19	6	13
♂ debo	73	17	5	12
♀ fala	54	4	1	3
♀ inab	68	14	5	9
♀ jecom	53	15	2	13
♂ larbe	112	10	6	4
♂ mage	49	23	7	16
♀ mosch	50	17	6	11
♀ nabro	31	13	4	9
♀ nihe	62	4	---	4
♀ saschu	30	2	1	1
♂ stise	77	8	---	8
♀ sveki	98	20	6	14
GESAMT	**1.097**	**208**	**59**	**149**
anteilig		**100 %**	**28,37 %**	**71,63 %**

Abb. 6-5: Mit Löschung abgeschlossene Produktionssequenzen („Fälle von Komplettlöschungen"), kategorisiert nach dem Auftreten von neuen Partnerbeiträgen im Verlaufsprotokoll zwischen dem Beginn der Texteingabe (t_1) und dem Beginn des Löschvorgangs (t_3).

Ob tatsächlich alle Fälle vom Typ 2 als extrinsisch motiviert (sprich: durch die mentale Verarbeitung oder zumindest Kenntnisnahme neuer Partnerbeiträge bedingt) angesehen werden können, ist allein aufgrund der Feststellung, *dass* zwischen dem Beginn der Produktion und dem Beginn des Löschvorgangs neue Partnerbeiträge angezeigt wurden, nicht endgültig entscheidbar. Hinzukommen muss eine Auswertung auch des Blickrichtungsverhaltens. Ist für die Zeitspanne zwischen dem Eintreffen der Partnerbeiträge und dem Beginn des Löschvorgangs nicht ein zumindest kurzer Blick in Richtung des Verlaufsprotokolls nachweisbar, muss angenommen werden, dass die neu angezeigten Partnerbeiträge vom betreffenden Teilnehmer während des Produzierens überhaupt nicht bemerkt wurden; die Komplettlöschung muss in solchen Fällen dann trotzdem als intrinsisch motiviert angesehen werden.

6.5 Miteinbeziehung des Phänomenbereichs ‚Blickrichtung': Überprüfung der im Kernkorpus dokumentierten Fälle auf Indizien für extrinsische Motivation

Um zu überprüfen, ob zwischen dem Beginn der Produktion und dem Beginn des Löschvorgangs im Verlaufsprotokoll neu angezeigte Partnerbeiträge auch tatsächlich zur Kenntnis genommen wurden, wurde in einem dritten Schritt für diejenigen im Korpus dokumentierten Chat-Teilnahme-Ereignisse, für die neben den „screen movies" und dem Protokollverlauf auch das Blickrichtungsverhalten in den Transkripten erfasst wurde (Kernkorpus), überprüft, ob bei den in ihnen aufgefundenen Typ 2-Fällen von Produktionssequenzen mit Komplettlöschung ein entsprechender Blick auf das Bildschirmverlaufsprotokoll erfolgt ist.

Abb. 6-6 gibt eine Übersicht über die 80 im Kernkorpus dokumentierten Fälle von Komplettlöschungen inklusive ihrer Verteilung auf die Typen 1 und 2.

Die zuvor als Typ 2 ausgewiesenen Fälle von Komplettlöschungen wurden durch Miteinbeziehung der Transkription zum Blickrichtungsverhalten in drei Subtypen unterteilt:

Typ 2a: Fälle, bei welchen zwischen dem Eintreffen des ersten der zwischenzeitlich neu angezeigten Partnerbeiträge und dem Beginn des Löschvorgangs ein Blick aufs Bildschirmverlaufsprotokoll erfolgt;

Typ 2b: Fälle, bei welchen zwischen dem Eintreffen des ersten der zwischenzeitlich neu angezeigten Partnerbeiträge und dem Beginn des Löschvorgangs *kein* Blick aufs Bildschirmverlaufsprotokoll erfolgt;

Typ 2c: Fälle, für die nicht eindeutig entscheidbar ist, ob zwischen dem Eintreffen des ersten der zwischenzeitlich neu angezeigten Partnerbeiträge und dem Beginn des Löschvorgangs ein Blick aufs

Bildschirmverlaufsprotokoll erfolgt oder nicht (in diese „Restkategorie" fallen v. a. solche Fälle, bei welchen der Blick auf das Bildschirmverlaufsprotokoll fast zeitgleich, d.h. nur minimal vor dem Beginn des Löschvorgangs erfolgt).

Probanden (alphabetisch)	**1) Produktionssequenzen** (= Zahl der **Produktionseinheiten**)	**1a) … mit Verschickung** abgeschlossen (= Zahl der **Chat-Beiträge**)	**1b) … mit Löschung** abgeschlossen (= Zahl der **gelöschten Produktionseinheiten**)	**LÖSCHUNG Typ 1:** Keine neuen Beiträge zw. t_1 (Beginn Texteingabe) und t_3 (Beginn Verwerfen)	**LÖSCHUNG Typ 2:** Neue Beiträge zw. t_1 (Beginn Texteingabe) und t_3 (Beginn Verwerfen)
♂ bensch	91	77	14	3	11
♀ fala	54	50	4	1	3
♀ inab	68	54	14	5	9
♀ jecom	53	38	15	2	13
♂ larbe	112	102	10	6	4
♂ mage	49	26	23	7	16
GESAMT	**427**	**347**	**80**	**24**	**56**
anteilig			**100 %**	**30 %**	**70 %**

Abb. 6-6: Übersicht über die mit Löschung abgeschlossenen Produktionssequenzen („Fälle von Komplettlöschungen") im Kernkorpus inklusive ihrer Zuordnung zu den Falltypen 1 und 2 (vgl. Kap. 6.4).

Zusätzlich zu einer Überprüfung des Blickrichtungsverhaltens während der 56 Produktionssequenzen mit Komplettlöschung (Blick auf Protokoll zwischen Erscheinen der Partnerbeiträge und Beginn Löschvorgang?) wurden auch diejenigen 24 Produktionssequenzen noch einmal hinsichtlich des in ihrem Umfeld feststellbaren Blickrichtungsverhaltens untersucht, die zuvor als Typ 1-Fälle kategorisiert worden waren. Von Interesse war hier,

i) ob (obwohl zwischen dem Beginn der Texteingabe und dem Beginn des Löschvorgangs *keine* neuen Partnerbeiträge im Verlaufsprotokoll zur Anzeige gebracht werden) trotzdem unmittelbar vor Abbruch der

Texteingabe-/bearbeitungsaktivitäten ein Blick aufs Verlaufsprotokoll erfolgt;

ii) wenn „ja“: ob zwischen diesem Blick aufs Verlaufsprotokoll und dem letzten, im Vorfeld der Produktionssequenz erfolgten Blick aufs Verlaufsprotokoll neue Partnerbeiträge zur Anzeige gebracht wurden, die dem Chat-Teilnehmer somit bei Aufnahme der Produktionsaktivitäten noch nicht bekannt gewesen sein können.

Trafen i) und ii) zu, so wurde der zugehörige Fall von Komplettlöschung ebenfalls als extrinsisch motiviert aufgefasst – dann allerdings nicht bedingt durch während der Produktionssequenz neu angezeigte Partnerbeiträge, sondern durch Partnerbeiträge, die bereits vor Aufnahme der Produktionsaktivitäten im Verlaufsprotokoll angezeigt waren, aber erst während der Produktionssequenz vom Teilnehmer bemerkt wurden. Auch für Fälle vom Typ 1 wurden daher verschiedene Subtypen festgelegt:

Typ 1a: Fälle, bei welchen zwischen dem Beginn der Texteingabe und dem Beginn des Löschvorgangs *kein* Blick aufs Bildschirmverlaufsprotokoll erfolgt;

Typ 1b: Fälle, bei welchen zwischen dem Beginn der Texteingabe und dem Beginn des Löschvorgangs ein Blick aufs Bildschirmverlaufsprotokoll feststellbar ist, das Verlaufsprotokoll sich aber seit dem letzten Blick darauf nicht verändert hat;

Typ 1c: Fälle, bei welchen zwischen dem Beginn der Texteingabe und dem Beginn des Löschvorgangs ein Blick aufs Bildschirmverlaufsprotokoll feststellbar ist und im Verlaufsprotokoll seit dem letzten Blick darauf mindestens ein neuer Partnerbeitrag angezeigt wurde.

Insgesamt fielen von den ursprünglich 24 als Fälle vom Typ 1 ausgewiesenen Vorkommnissen von Komplettlöschungen 15 unter die Kategorie *1a*, acht unter die Kategorie *1b* und einer unter die Kategorie *1c*. Letzterer ist in dem Transkriptausschnitt in Abb. 6-7 dargestellt. Abb. 6-8 bietet eine Übersicht über die Einteilung der 80 Fälle des Kernkorpus in die Falltypen *1a* bis *1c* und *2a* bis *2c*. Abb. 6-9 gruppiert die verschiedenen Falltypen zu zwei Gruppen mit einerseits vermutlich *intrinsisch* und andererseits vermutlich *extrinsisch* motivierter Entscheidung zur Löschung der betreffenden Produktionseinheiten. Insgesamt erweisen sich als Ergebnis der Miteinbeziehung der Blickrichtungs-Transkription 44 der 80 Fälle im Kernkorpus (nämlich die Vertreter der Falltypen *2a* und *1c*) als extrinsisch motiviert und 29 Fälle (die Vertreter der Falltypen *1a*, *1b* und *2b*) als intrinsisch motiviert, was (wenn man die nicht entscheidbaren Fälle unberücksichtigt lässt) einem Verhältnis von etwa 3:2 entspricht. Sieben Fälle müssen nach Datenlage zunächst unentschieden bleiben.

Protokollverlauf	**ZEIT**	**Produktionsaktivitäten (Bildschirm) *larbe***	**Blick**
	16:30:55	Wer woanders verkauft, verliert auch Geld. **VERSCHICKEN**	Key
	16:30:58		
	16:30:59		Form
	16:31:00		
	16:31:01		Key
bsommer: Kaufen Sie denn oft bei Online-Shops ein?	16:31:03		
	16:31:04		
larbe: Wer woanders verkauft, verliert auch Geld.	16:31:05		Form
	16:31:06	Da es weniger	Pro
	16:31:08		
	16:31:09	~~Da es weniger~~	Form | Key | Form
	16:31:10	Ja. Ziemlicht. **VERSCHICKEN**	
larbe: Ja. Ziemlicht.	16:31:13		

Abb. 6-7: Transkriptausschnitt: Produktionssequenz mit anschließender Komplettlöschung vom Typ *1c* aus dem Chat-Teilnahme-Ereignis des Probanden *larbe*. Der um 16:31:03 angezeigte Beitrag von *bsommer* kann von *larbe* nicht vor seinem Protokollblick um 16:31:06 bemerkt worden sein. Dass während des Protokollblicks begleitend zur Texteingabe zwischen 16:31:06 und 16:31:08 der Beitrag von *bsommer* offenbar bemerkt und verarbeitet wurde, wird gestützt durch die nach erfolgter Löschung neu eingegebene und in 16:31:13 als Beitrag verschickte Produktionseinheit „Ja. Ziemlicht", die als Antwort zum Fragebeitrag von *bsommer* aufgefasst werden kann.

Probanden (alphabetisch)	♂ bensch	♀ fala	♀ inab	♀ jecom	♂ larbe	♂ mage	**GESAMT**	**anteilig**
Mit Löschung abgeschlossene Produktionssequenzen (= Zahl der **gelöschten Produktionseinheiten**)	14	4	14	15	10	23	**80**	**100 %**
LÖSCHUNG Typ 1: Keine neuen Beiträge zw. t_1 (Beginn Texteingabe) und t_3 (Beginn Verwerfen)	3	1	5	2	6	7	**24**	

Probanden (alphabetisch)	♂ bensch	♀ fala	♀ inab	♀ jecom	♂ larbe	♂ mage	**GESAMT**	**anteilig**
Typ 1a – Kein Blick aufs Protokoll zwischen Beginn Produktion und Beginn Löschvorgang	3	---	4	---	4	4	**15**	**18,75 %**
Typ 1b – Blick aufs Protokoll zwischen Beginn Produktion und Beginn Löschvorgang, aber keine neuen Partnerbeiträge im Protokoll	---	1	1	2	1	3	**8**	**10 %**
Typ 1c – Blick aufs Protokoll zwischen Beginn Produktion und Beginn Löschvorgang: Neue Partnerbeiträge seit letztem Blick aufs Protokoll	---	---	---	---	1	---	**1**	**1,25 %**
LÖSCHUNG Typ 2: Neue Beiträge zw. t_1 (Beginn Texteingabe) und t_3 (Beginn Verwerfen)	11	3	9	13	4	16	**56**	
Typ 2a – Blick aufs Protokoll zwischen Eintreffen des ersten Partnerbeitrags und Beginn Löschvorgang	7	1	9	13	2	11	**43**	**53,75 %**
Typ 2b – Kein Blick aufs Protokoll zwischen Eintreffen des ersten Partnerbeitrags und Beginn Löschvorgang	3	2	---	---	---	1	**6**	**7,5 %**
Typ 2c – Nicht eindeutig entscheidbar, ob Blick aufs Protokoll vor Beginn Löschvorgang	1	---	---	---	2	4	**7**	**8,75 %**

Abb. 6-8: Feinkategorisierung der 80 mit Löschung abgeschlossenen Produktionssequenzen im Kernkorpus unter Einbeziehung der Blickrichtungs-Transkription.

Probanden (alphabetisch)	♂ bensch	♀ fala	♀ inab	♀ jecom	♂ larbe	♂ mage	**GESAMT**	**anteilig**
Mit Löschung abgeschlossene Produktionssequenzen (= Zahl der **gelöschten Produktionseinheiten**)	14	4	14	15	10	23	**80**	**100 %**
Fälle mit *intrinsischer* Motivation (Entscheidung zur Komplettlöschung nicht durch Kenntnisnahme einer Veränderung im Bildschirmverlaufsprotokoll bedingt): **Falltypen *1a*, *1b*, *2b***	6	3	5	2	5	8	**29**	**36,25 %**
Fälle mit *extrinsischer* Motivation (Entscheidung zur Komplettlöschung nicht durch Kenntnisnahme einer Veränderung im Bildschirmverlaufsprotokoll bedingt): **Falltypen *1c*, *2a***	7	1	9	13	3	11	**44**	**55 %**
Nach Datenlage nicht eindeutig entscheidbare Fälle (Restkategorie): **Falltyp *2c***	1	---	---	---	2	4	**7**	**8,75 %**

Abb. 6-9: Gruppierung der Falltypen *1a* bis *1c* und *2a* bis *2c* (vgl. Abb. 6-8) nach Art der auf Basis der Blickrichtungs-Transkription unterstellten Motivation (*intrinsisch* oder *extrinsisch*).

Die Mehrzahl der Fälle im Kernkorpus erweist sich als extrinsisch motiviert. Gegenüber den Ergebnissen der Auswertung *ohne* Miteinbeziehung der Blickrichtungs-Transkription erweisen sich bei Berücksichtigung der visuellen Orientierung der Chat-Teilnehmer auf ihren Computerarbeitsplatz manche Fälle des Typs 2, obwohl während der Produktion neue Partnerbeiträge im Bildschirmverlaufsprotokoll angezeigt werden, als intrinsisch motiviert, da die Teilnehmer zwischen dem Beginn der Texteingabe und dem Beginn des Löschvorgangs nachweislich nicht aufs Protokoll geblickt haben. Lässt man die unentscheidbaren Fälle (Falltyp *2c*) außer Acht, können etwa 12 % der Typ 2-Fälle (nämlich sechs von 49 klar entscheidbaren Fällen im Kernkorpus; vgl. Abb. 6-8) als intrinsisch motiviert gelten. Nur etwa 88 % der durch Auswertung der „screen movies“ ermittelten Kandidaten für extrinsische Motivation lassen sich also als Fälle mit offenbar extrinsisch motiviertem Lösch-Anlass halten. Umgekehrt hat der Fund des in Abb. 6-7 wiedergegebenen Einzelfalls gezeigt, dass es auch vorkommen kann, dass während der Texteingabe/-bearbeitung auch noch Partnerbeiträge bemerkt werden können, die bereits vor Aufnahme der Produktionsaktivität im Verlaufsprotokoll vorlagen. Insbesondere im Falle der Anwendung von Splitting-Strategien, bei denen mehrere Produktionseinheiten in schneller Folge realisiert werden und als Sequenz ein Kontributionsprojekt repräsentieren (vgl. Kap. 4.5.4.5), ist anzunehmen, dass zwischen dem Verschicken eines vorangehenden und dem Beginn der Produktion eines nachfolgenden Teils der Sequenz nicht immer aufs Protokoll geblickt wird. In solchen Fällen ist denkbar, dass Partnerbeiträge u. U. erst um einiges später bemerkt werden und dann zu einem Abbruch der Sequenz führen können. Der in Bsp. 454-6 wiedergegebene Mitschnittsausschnitt ließ solches vermuten; eine entsprechende Untersuchung zum Splitting auf Basis multimodaler Chat-Teilnahme-Daten könnte hier möglicherweise erhellende Einsichten liefern.

Eine gewisse Anzahl an Fällen (im Kernkorpus 8,75 %) bleibt hinsichtlich der Blickrichtung unentscheidbar. Hier können unter Umständen qualitative Analysen Klarheit schaffen oder zumindest Indizien dafür liefern, ob ein *2c*-Fall als eher intrinsisch oder extrinsisch motiviert aufgefasst werden kann (vgl. z.B. Fallbeispiel 12 in Kap. 6.6).

6.6 Miteinbeziehung von Kontext: Suche nach den pragmatischen Bedingungen für Lösch-Entscheidungen anhand von 29 Einzelfallbeschreibungen

Die Berücksichtigung von Daten zu den Phänomenbereichen ‚Protokollverlauf' und ‚Blickrichtung' gibt einigermaßen plausibel Aufschluss darüber, in welchen Fällen offensichtlicher Komplettlöschung der Anlass für die Entscheidung, eingegebenen Text komplett zu verwerfen, mit der Verarbeitung oder zumindest Kenntnisnahme neuer Partnerbeiträge im Bildschirmverlaufsprotokoll gegeben ist. Im Kernkorpus ist dies für 55 % aller bzw. 60 % der nach Datenlage entscheidbaren Vorkommnisse der Fall. In diesen Fällen führt die wahrgenommene Veränderung des Bildschirmverlaufsprotokolls ganz offensichtlich zu einer Evaluation des aktuell in Versprachlichung befindlichen Handlungsplans und schließlich zu einem Abbruch der Versprachlichung und zu einer Löschung des bereits Versprachlichten.

Hinweise dazu, *warum* die Veränderung des Protokolls in den einzelnen Fällen bei den Chat-Teilnehmern eine offensichtliche Evaluation aktuell verfolgter Handlungspläne in Gang setzt, kann allerdings nur eine Miteinbeziehung des kommunikativen Kontexts liefern.

Im Folgenden werden für zwei Chat-Teilnahme-Ereignisse aus dem Kernkorpus all diejenigen Einzelfälle einer qualitativen Analyse unterzogen, für die in Kap. 6.5 eine extrinsische Motivation der Entscheidung zur Löschung ermittelt wurde (*2a* oder *1c*) oder die nach Datenlage in die Kategorie der nicht entscheidbaren Fälle (*2c*) eingeordnet wurden. Mitberücksichtigt wird darüber hinaus ein Fall des Typs *2b*, bei welchem eine relativ umfangreiche Textmenge wieder gelöscht wird – dies um zu demonstrieren, dass mithin auch elaboriertere Produktionseinheiten der Löschung anheimfallen.

		♂ **mage**	♀ **jecom**
1)	**Produktionssequenzen** (= Zahl der **Produktionseinheiten**)	49	53
1a)	**… mit Verschickung abgeschlossen** (= Zahl der **Chat-Beiträge**)	26	38
1b)	**… mit Löschung abgeschlossen** (= Zahl der **gelöschten Produktionseinheiten**)	23	15
	LÖSCHUNG Typ 1	7	2
	Typ 1a	*4*	---
	Typ 1b	*3*	*2*
	Typ 1c	---	---
	LÖSCHUNG Typ 2	16	13
	Typ 2a	*11*	*13*
	Typ 2b	*1*	---
	Typ 2c	*4*	---
2)	Anteil von 1a) an 1) in Prozent (= **Anteil verschickter Produktionseinheiten**)	53,06 %	71,70 %
3)	Anteil von 1b) an 1) in Prozent (= **Anteil gelöschter Produktionseinheiten**)	46,94 %	28,30 %
4)	**Gelöschter Text** (in Keystrokes)	803	400
5)	**Ø-Länge gelöschter Produktionseinheiten** (in Keystrokes)	34,91	26,67
6)	**Produktionsrate**	20,5	31,6

Abb. 6-10: Übersicht über die mit Löschung abgeschlossenen Produktionssequenzen (Fälle von Komplettlöschungen) in den Chat-Teilnahme-Ereignissen der Probanden *mage* und *jecom*.

Ausgewählt wurden diejenigen beiden Chat-Teilnahme-Ereignisse im Kernkorpus, die insgesamt die meisten Komplettlöschungen der Typen *2a* und *2c* umfassen (*mage* mit 15 und *jecom* mit 13 Fällen).

Im Folgenden werden für die beiden Chat-Teilnahme-Ereignisse die 29 als Typ 2 ausgewiesenen Fälle einzeln unter Miteinbeziehung des kommunikativen Kontexts analysiert. Dabei wird auf Basis der Kontextanalyse auch die Einstufung der einzelnen Fälle als ‚extrinsisch' oder ‚intrinsisch motiviert' noch einmal überprüft.

Die Einzelfallbeschreibungen sind in der Chronologie ihres Auftretens angeordnet und mit dem Namen des Probanden sowie dem Zeitpunkt des Beginns des Löschvorgangs (t_3 in Abb. 6-1, Strukturtyp B) überschrieben. Die Überschrift enthält weiterhin eine Angabe zu der in Kap. 6.5 getroffenen Typenzuordnung (*2a*, *2b* oder *2c*) sowie eine Angabe zur davon ausgehend angenommenen Art der Motivation für die Lösch-Entscheidung (‚extrinsisch' oder ‚intrinsisch'). Wurde die Typenzuordnung (im Falle der in Kap. 6.5 zunächst als ‚unentscheidbar' klassifizierten *2c*-Fälle) und/oder der zugewiesene Motivationstyp auf Basis der Kontextanalyse revidiert, so ist dies dadurch kenntlich gemacht, dass die entsprechenden Zuordnungen, so wie sie in Kap. 6.5 auf Basis von Protokollverlauf und Blickrichtungsverhalten getroffen wurden, mit Durchstreichung wiedergegeben sind und anschließend – ohne Durchstreichung – die auf Basis der Kontextanalyse ermittelten alternativen Zuordnungen angegeben werden. Im Zweifelsfall sind die im Rahmen der Kontextanalyse (in deren Rahmen Protokollverlauf und Blickrichtungsverhalten ebenfalls miteinbezogen wurden) getroffenen Zuordnungen gültig, da sie auf Basis der Berücksichtigung eines Maximums an unterschiedlichen Datentypen ermittelt wurden. In Fällen, in denen auch nach der Kontextanalyse verschiedene Möglichkeiten der Bewertung denkbar blieben, wurde der Fall demjenigen Typ zugeordnet, der intuitiv als der wahrscheinlichere erschien.

Die Einzelfallbeschreibungen sind durchnummeriert und einheitlich aufgebaut. Auf die Überschrift folgt zunächst eine Kurzcharakteristik des Falls. Diese spezifiziert Werte für die folgenden Parameter:

- ‚Umfang Text' bezeichnet den Umfang der gelöschten Produktionseinheit in Tastaturanschlägen (Keystrokes) inklusive Leerzeichen. Maßgeblich für die Zählung ist hier die Fassung der Produktionseinheit nach der letzten erfolgten Bearbeitung (und zwar auch dann, wenn die letzte erfolgte Bearbeitung die Löschung eines Teils des Eingegebenen zur Folge hatte; als Komplettlöschung gilt nur derjenige Vorgang, bei welchem ohne Unterbrechung durch andere Aktivitäten der komplette im Eingabefeld stehende bzw. verbliebene Entwurf getilgt wird, so dass das Eingabefeld anschließend wieder leer ist).

- ‚Dauer Produktion' bezeichnet die Zeitspanne zwischen Beginn und Ende der Produktionsaktivitäten (t_1 und t_2 in Abb. 6-1) in Sekunden (*s*). Angegeben wird hierbei die absolute Dauer des Zeitraums zwischen dem Zeitpunkt des ersten und des letzten Tastaturanschlags inklusive möglicher Unterbrechungen oder zwischengeschobener Revisionsphasen. Beginnt ein Teilnehmer beispielsweise mit der Eingabe seines Beitrags um 14:22:17 und fällt die letzte am Bildschirm dokumentierte Texteingabe/-bearbeitungsaktivität auf den Zeitpunkt 14:22:59, so wird in jedem Fall die reine Differenz zwischen den beiden Zeitpunkten (in diesem Fall also 42 Sekunden) angegeben – unabhängig davon, ob die Produktion zwischendurch für einen Zeitraum von sechs Sekunden zu Zwecken der Rezeption neuer Beiträge im Bildschirmverlaufsprotokoll unterbrochen wurde oder zwischendurch für zehn Sekunden eine Ersetzung zweier bereits eingegebener Wörter durch Synonyme erfolgt. ‚Dauer Produktion' bezeichnet somit nicht die Anzahl der Sekunden, die für die reine Texteingabe benötigt wurde; aus dem entsprechenden Wert und dem Wert ‚Umfang Text' lassen sich somit keine direkten Rückschlüsse auf die Tippgeschwindigkeit des Teilnehmers ziehen.
- ‚Abstand Produktion–Löschen' bezeichnet die Zeitspanne zwischen dem Zeitpunkt der letzten Textbearbeitung und dem Beginn des Löschvorgangs (t_2 und t_3 in Abb. 6-1, Strukturtyp B) in Sekunden (*s*).
- ‚Abstand zu erneuter Produktion' gibt an, in welchem zeitlichen Abstand – in Sekunden (*s*) – nach Ende des Löschvorgangs (t_4 in Abb. 6-1, Strukturtyp B) sich für den betreffenden Teilnehmer der erneute Beginn einer Produktionssequenz feststellen lässt. Abstände von mehr als 20 Sekunden sind mit „> 20" verzeichnet.

Im Anschluss an die Kurzcharakteristik folgt eine Analyse der betreffenden Sequenz, in welcher (mögliche) Gründe für das Verwerfen benannt und unter Miteinbeziehung des kommunikativen Kontexts erläutert werden. Im Anschluss an die Analyse folgt ein Exzerpt aus dem Transkript, das die beschriebene Sequenz wiedergibt. Der Belegausschnitt ist jeweils so gewählt, dass sich daraus der im Rahmen der Analyse herangezogene Kontext rekonstruieren lässt. Die Transkriptspalte ‚Anmerkungen' ist nur dann mit wiedergegeben, wenn darin im Transkript für das Verständnis des betreffenden Ausschnitts maßgebliche Beschreibungen (z.B. zu Mimik und Körperpositur) verzeichnet sind. Für eine Darstellung der exzerpierten Sequenzen in ihrem größeren Kontext sei auf die im Netz verfügbaren vollständigen Transkripte der beiden Teilnahme-Ereignisse verwiesen (vgl. Kap. 1).

Fallbeispiel 1: mage 13:16:36 – 2a, extrinsisch

Umfang Text: 16 Anschläge
Dauer Produktion: 3 s
Abstand Produktion–Löschen: 2 s
Abstand zu erneuter Produktion: 19 s

Analyse:

bsommer hat eine implizit an alle drei Probanden (*chre*, *mage* und *saschu*) adressierte Frage gestellt und damit als Expertin eine erste Thematisierung vorgenommen (13:15:28: „Haben Sie es schon mal erlebt, dass ein Käufer nicht zahlen wollte?“), *saschu* hat als erste ein Statement dazu abgegeben (13:16:16, das von *mage* offensichtlich gelesen wurde) und dabei zugleich eine Frage an *bsommer* zurückgegeben. *mage* macht sich anschließend an die Produktion einer eigenen Antwort, bemerkt aber nach 16 Tastaturanschlägen durch Blick auf das Bildschirmverlaufsprotokoll, dass *bsommer* in der Zwischenzeit bereits auf die Frage von *saschu* eingegangen ist (13:16:33 und 13:16:45) und gibt sein Projekt auf.

Protokollverlauf	ZEIT	Produktionsaktivitäten (Bildschirm) *mage*	Blick
	13:15:25		Pro$^{\circ-\circ-\circ}$
bsommer: Haben Sie es schon mal erlebt, dass ein Käufer nicht zahlen wollte?	13:15:28		
chre: @mage: Lücken in der Sicherheit, die Menschen finden und zum Schaden anderer ausnutzen können.	13:15:43		
	13:15:49		
	13:15:50		Key
	13:15:51		Pro$^{\circ-\circ-\circ}$
saschu: ja, im nachhinein war das zwar ein Muissverständnis aber was kann man denn machen wenn es wirklich mal dazu kommen würde?	13:16:16		
	13:16:19		
	13:16:29		
	13:16:30		Key$_{1\ Form}$
	t_1 13:16:31	ich hatte mal 30	
bsommer: Sie können in so einem Fall den nicht bezahlten Artikel an eBay melden.	13:16:33		

Protokollverlauf	ZEIT	Produktionsaktivitäten (Bildschirm) *mage*	Blick
	t_2 13:16:34		Pro$^{\circ-\circ-\circ}$
	t_3 13:16:36	~~ich hatte mal 30~~	
	13:16:37		Form
	t_4 13:16:38		Pro$^{\circ-\circ-\circ}$
bsommer: Der Käufer erhält dann eine Zahlungserinnerung per Mail.	13:16:45		1 Form

Fallbeispiel 2: mage 13:17:06 – 2a, extrinsisch

Umfang Text: 22 Anschläge
Dauer Produktion: 3 s
Abstand Produktion–Löschen: 6 s
Abstand zu erneuter Produktion: 2 s

Analyse:

Die Sequenz schließt direkt an Fallbeispiel 1 an; Zeitpunkt t_1 stellt zugleich Zeitpunkt t_5 der vorigen Sequenz dar.[127] *mage* beginnt mit der Enkodierung eines neuen, offensichtlich von dem zuvor verworfenen unterschiedlichen Projekts (13:16:57), vermutlich in Reaktion auf den zuletzt rezipierten Beitrag von *bsommer* (13:16:45). Nach 22 Anschlägen erfolgt ein Blick aufs Protokoll und die Kenntnisnahme eines neu eingetroffenen Beitrags von *bsommer* (13:16:59), mit dem diese ihren eigenen vorangegangenen Beitrag thematisch fortführt. Möglicherweise hat sich das in Versprachlichung befindliche Projekt von *mage* mit diesem neuen Beitrag von *bsommer* erledigt. *mages* Blick bleibt auf dem Protokoll, in welchem vier Sekunden nach dem neuen Beitrag von *bsommer* ein Beitrag von *saschu* (13:17:03) mit einer an *bsommer* gerichteten Anschlussfrage erscheint. Möglicherweise hat sich *mages* Projekt mit diesem Beitrag erledigt (wenn nicht mit dem vorigen), oder aber *mage* befindet sein Projekt für thematisch nicht mehr relevant. Nach offensichtlicher Rezeption des *saschu*-Beitrags verwirft er seinen Plan, um nach nur zwei Sekunden ein neues Projekt in Angriff zu nehmen, das in Form einer Frage thematisch an die Frage von *saschu* anschließt (*saschu* 13:17:03: „ja und was ist wenn der Käufer … eine schlechte Bewertung gibt?" – *mage* 13:17:34: „kann man sich an diesen berwertungen überhaupt orientieren?…").

127 Die Siglen t_1 bis t_5 beziehen sich hier und im Folgenden stets auf die entsprechenden Zeitpunktvariablen aus der Veranschaulichung in Abb. 6-1, Strukturtyp B.

Protokollverlauf	ZEIT	Produktionsaktivitäten (Bildschirm) *mage*	Blick
bsommer: Der Käufer erhält dann eine Zahlungserinnerung per Mail.	13:16:45		Pro$^{\circ-\circ-\circ}$ $_{1\ Form}$
	13:16:53		
	13:16:54		Key
	13:16:55		
	13:16:56		Pro
	t_1 13:16:57	aber was ist, wenn der	Key
bsommer: Falls auch das nichts bringt, können Sie eine Gutschrift der Verkaufsprovision beantragen.	13:16:59		
	t_2 13:17:00		Pro$^{\circ-\circ-\circ}$
saschu: ja und was ist wenn der Käufer mit dann aus Gehässigkeit eine schlechte Bewertung gibt?	13:17:03		
	13:17:05		
	t_3/t_4 13:17:06	~~aber was ist, wenn der~~	Form
	13:17:07		Pro
	t_5 13:17:08	kann man sich an diesen berwertungen überhaupt o-rientieren? ~~Sind~~Ist eine be-wertung von 9	Key $_{3\ Form}$
bsommer: Das sollten Sie vermei-den, indem Sie immer freundlich in Ihren Mails bleiben.	13:17:22		
	13:17:23		
	13:17:24		Pro
	13:17:25		Key $_{2\ Form}$
	13:17:26	5 % schon ein grund, abzu-raten?	
mage: kann man sich an diesen berwertungen überhaupt orientie-ren? Ist eine bewertung von 95 % schon ein grund, abzuraten?	13:17:34	**VERSCHICKEN**	

Fallbeispiel 3: mage 13:17:42 – ~~2c, unentschieden~~ 2a, extrinsisch

Umfang Text:	6 Anschläge
Dauer Produktion:	2 s
Abstand Produktion–Löschen:	1 s
Abstand zu erneuter Produktion:	16 s

Analyse:
Die Sequenz schließt direkt an Fallbeispiel 2 an. Fünf Sekunden nach Verschickung eines Beitrags mit zwei Fragen (13:17:34) setzt *mage* erneut zur Produktion an (13:17:39). Möglicherweise handelt es sich bei dem verfolgten Projekt um eine nähere Erläuterung seiner vorangegangenen Frage („weil 5" könnte sich auf die verbleibenden 5 % der in der Frage benannten „bewertung von 95%" beziehen). Dass nur sechs Sekunden nach seiner zuvor verschickten Frage ein neuer Beitrag von *bsommer* (13:17:40) eintrifft, mag *mage* unerwartet schnell erscheinen, was ihn möglicherweise dazu animiert, vor einer Fortführung seiner Produktionstätigkeit erst einmal zu überprüfen, ob dieser Beitrag seine Fragen bereits beantwortet oder nicht und ob sein aktuell in Versprachlichung befindliches Projekt somit an einen veränderten Kontext angepasst werden müsste. *bsommers* Beitrag in 13:17:40 ist ganz offenbar eine Fortführung ihres Beitrags aus 13:17:22. Wie *mage* diesen Beitrag bewertet, bleibt unklar; es steht jedoch zu vermuten, dass er erkennt, dass aktuell noch das von *saschu* und *bsommer* zuvor behandelte Thema „Probleme mit Käufern, die nicht zahlen wollen" bearbeitet wird. Falls es sich bei seinem Entwurf „weil 5" tatsächlich um eine nähere Erläuterung zu der zweiten seiner in 13:17:34 vorgebrachten Fragen handelt, wäre eine Erklärungsmöglichkeit für die Aufgabe des dahinter stehenden Projekts diejenige, dass er in Anbetracht des für die Expertin offenbar nach wie vor prioritären Themas „Probleme mit Käufern..." zunächst einmal keine weiteren Ressourcen auf die nähere Ausführung seiner beiden Fragen verwenden möchte, solange nicht sichergestellt ist, dass die Expertin diese Fragen auch tatsächlich aufgreift. Für diese Deutung spricht auch, dass *mage* mit seinem nächsten Projekt (siehe Fallbeispiel 4) selbst auf das Thema „Probleme mit Käufern..." einsteigt. Auch dieses Projekt wird zwar verworfen; dass es sich dabei aber mit ziemlicher Sicherheit um das Projekt einer Schilderung eines eigenen Erlebnisses mit einem problematischen Käufer handelt, zeigt sich an späterer Stelle, an welcher *mage* einen Bericht über den Verkauf von 30 YPS-Heften gibt (siehe Fallbeispiel 8). Eine Skizze dieses Erfahrungsberichts fand sich zudem auf einem Blatt mit Notizen, welches *mage* zum Chat-Termin mitbrachte und während der Chat-Teilnahme vorliegen hatte (siehe Abb. 6-14). Es ist also anzunehmen, dass *mage* mit seinem in 13:18:05

begonnenen Entwurf – und auch bereits mit dem ab 13:16:36 gelöschten Entwurf (siehe Fallbeispiel 1) – zweimal dazu ansetzte, diesen seinen Bericht vorzubringen.

Die Annahme eines Zusammenhangs zwischen dem Blick auf das Bildschirmverlaufsprotokoll und der Entscheidung zur Löschung des Entwurfs ist in diesem Fall nur mit Fragezeichen möglich, da der Blick auf das Protokoll und der Beginn der Löschaktivität nahezu zeitgleich erfolgen. Die Unterstellung einer extrinsischen Motivation scheint aber plausibel. Aus diesem Grund wird der Fall aus der Kategorie *2c* in die Kategorie *2a* „umsortiert".

Protokollverlauf	**ZEIT**	**Produktionsaktivitäten (Bildschirm)** ***mage***	**Blick**
mage: kann man sich an diesen berwertungen überhaupt orientieren? Ist eine bewertung von 95 % schon ein grund, abzuraten?	13:17:34	**VERSCHICKEN**	Key $_{2\ Form}$
	13:17:35		Pro^{o-o-o} $_{1\ Form}$
	13:17:38		
	t_1 13:17:39	weil 5	Key
bsommer: Natürlich kann man immer Pech haben und an einen Käufer geraten, der nicht zur Diskussion bereit ist.	13:1740		
	t_2 13:17:41		Form
	t_3/t_4 13:17:42	~~weil 5~~	Pro^{o-o-o}
saschu: naja, so richtig feundlich ist die Aufforderung zahlen ja auch nicht	13:17:52		
	13:17:54		
	13:17:55		Key
	13:17:56		
	13:17:57		Form
	t_5 13:17:58	Ich hatte mal einen Fall, wo ich	Key $_{1\ Form}$

Fallbeispiel 4: mage 13:18:05 – 2a, extrinsisch

Umfang Text:	33 Anschläge
Dauer Produktion:	4 s
Abstand Produktion–Löschen:	3 s
Abstand zu erneuter Produktion:	5 s

Analyse:

Die Sequenz schließt direkt an Fallbeispiel 3 an; Zeitpunkt t_1 stellt zugleich Zeitpunkt t_5 der vorigen Sequenz dar. *mage* blickt zunächst zwölf Sekunden aufs Protokoll (13:17:42–13:17:54). Anschließend startet er die Produktion eines Entwurfs, in welchem er mit dem Bericht über ein eigenes eBay-Erlebnis beginnt. Unter Berücksichtigung der später von *mage* ausgeführten „YPS-Hefte-Causa" (siehe Fallbeispiel 8) ist davon auszugehen, dass er hier zum zweiten Mal im Verlauf seiner Chat-Teilnahme das Projekt verfolgt, diese Causa zu beschreiben. Das Projekt wäre somit ein thematischer Anschluss an den Beitrag von *bsommer* um 13:17:40 „Natürlich kann man immer Pech haben und an einen Käufer geraten, der nicht zur Diskussion bereit ist.". *mage* bricht die Texteingabe ab und löscht das Eingegebene wieder, als er per erneutem Blick aufs Protokoll um 13:18:03/04 (mit Blickbewegungen in Textverlaufsrichtung) feststellt, dass mittlerweile ein neuer Beitrag von *bsommer* (13:18:01) eingetroffen ist, der seine beiden 27 Sekunden zuvor (13:17:34) verschickten, von *bsommer* in ihrem letzten Beitrag (13:17:40) aber noch nicht bearbeiteten Fragen respondiert. Nach dem Löschen ruht *mages* Blick für fünf Sekunden auf der Tastatur – möglicherweise Indiz für einen mentalen Umplanungsprozess: Die „YPS-Hefte-Causa" wird in der Priorität hintenan gestellt zugunsten eines Umstiegs auf den selbst eingebrachten (13:17:34) und nun von der Expertin aufgegriffenen Themenvorschlag „Aussagewert von Bewertungen". Nach fünf Sekunden (13:18:10) beginnt *mage* die Produktion eines alternativen Entwurfs, der direkt thematisch an *bsommers* Antwortbeitrag anschließt und in 13:18:31 fertig gestellt und verschickt wird.

Protokollverlauf	ZEIT	Produktionsaktivitäten (Bildschirm) *mage*	Blick
mage: kann man sich an diesen berwertungen überhaupt orientieren? Ist eine bewertung von 95 % schon ein grund, abzuraten?	13:17:34	[...]	
	[...]		
	13:17:39	weil 5	Key

Protokollverlauf	ZEIT	Produktionsaktivitäten (Bildschirm) *mage*	Blick
bsommer: Natürlich kann man immer Pech haben und an einen Käufer geraten, der nicht zur Diskussion bereit ist.	13:17:40		
	13:17:41		Form
	13:17:42	~~weil 5~~	Pro$^{\circ-\circ-\circ}$
saschu: naja, so richtig feundlich ist die Aufforderung zahlen ja auch nicht	13:17:52		
	13:17:54		
	13:17:55		Key
	13:17:56		
	13:17:57		Form
	t_1 13:17:58	Ich hatte mal einen Fall, wo ich	Key $_{1\ \text{Form}}$
bsommer: @mage: Das kommt darauf an, wie viele Bewertungen der eBayer insgesamt schon hat.	13:18:01		
	t_2 13:18:02		
	13:18:03		Pro$^{\circ-\circ-\circ}$
	13:18:04		
	t_3/t_4 13:18:05	~~Ich hatte mal einen Fall, wo ich~~	Key $_{1\ \text{Form}}$
	13:18:09		
	t_5 13:18:10	sie mei	Form
	13:18:11		
	13:18:12	~~sie mei~~	
	13:18:13	Das heißt, je mehr gute Bewetungen da sind, umso weniger Gewicht haben	Key
	13:18:22		
	13:18:23		
	13:18:24		Pro
	13:18:25		Form
	13:18:26		
	13:18:27	schlechte ausreißer? **VERSCHICKEN**	Key
	13:18:30		
mage: Das heißt, je mehr gute Bewetungen da sind, umso weniger Gewicht haben schlechte ausreißer?	13:18:31		Form

Fallbeispiel 5: mage 13:19:39 – 2b, intrinsisch

Umfang Text:	184 Anschläge
Dauer Produktion:	30 s
Abstand Produktion–Löschen:	1 s
Abstand zu erneuter Produktion:	> 20 s

Analyse:

Die Sequenz schließt an Fallbeispiel 4 an. Nachdem *bsommer* in 13:17:40 auf *mage*s Fragen aus 13:17:34 reagiert und *mage* hierzu in der Folge eine Anschlussfrage gestellt hat, wird in 13:18:34 ein weiterer Beitrag von *bsommer* angezeigt, der zwar nicht als Antwort auf die Anschlussfrage (nur drei Sekunden Abstand zwischen der Anzeige der beiden Beiträge), aber durchaus als Antwort auf die zweite von *mage* in 13:17:34 vorgebrachte Frage interpretiert werden kann. *mage*, mit Blick auf dem Bildschirmverlaufsprotokoll, bleibt ganze 34 Sekunden in einer offensichtlich auf Rezeption gerichteten Haltung – möglicherweise erwartet er noch eine Reaktion auf seine in 13:18:31 angezeigte Anschlussfrage. Da diese offenbar ausbleibt, entschließt sich *mage*, es nun (zum dritten Mal nach 13:16:31/vgl. Fallbeispiel 1 und 13:17:58/vgl. Fallbeispiel 4) erneut mit der Schilderung der „YPS-Hefte-Causa" zu versuchen. 13 Sekunden nach Beginn der Produktionstätigkeit (13:19:21) trifft ein weiterer Beitrag von *bsommer* ein, der die zuvor erwartete Reaktion auf *mage*s Anschlussfrage aus 13:18:31 darstellt; dieser Beitrag wird von *mage* jedoch ganz offensichtlich nicht bemerkt. Dass er die Realisierung seines Kontributionsprojekts nach 184 eingegebenen Zeichen abbricht und den kompletten Entwurf löscht, muss daher intrinsisch motiviert zu sein. Anschließend erfolgt keine unmittelbar erneute Produktion, sondern ein längeres Verfolgen des Protokolls (29 Sekunden).

Protokollverlauf	ZEIT	Produktionsaktivitäten (Bildschirm) *mage*	Blick
mage: kann man sich an diesen berwertungen überhaupt orientieren? Ist eine bewertung von 95 % schon ein grund, abzuraten?	13:17:34	[...]	
	[...]		
bsommer: Natürlich kann man immer Pech haben und an einen Käufer geraten, der nicht zur Diskussion bereit ist.	13:17:40	[...]	
	[...]		

Protokollverlauf	ZEIT	Produktionsaktivitäten (Bildschirm) *mage*	Blick
mage: Das heißt, je mehr gute Bewetungen da sind, umso weniger Gewicht haben schlechte ausreißer?	13:18:31		Form
chre: Aber das Problem mit "Rachebewertungen" ist ja auch, dass manche Menschen trotz freundlicher Kommunikation und wenn sie selbstg Mist gebaut haben eine negative Bewertung mit einer solchen kontern.	13:18:32		Pro°–°–°
bsommer: @mage: Hat ein Verkäufer sehr viele Bewertungen und nur 95% positive, ist das schon ein Grund, misstrauisch zu werden.	13:18:34		
	13:18:36		
	13:18:37		Pro
	13:18:42		
saschu: genau	13:18:51		
	13:18:52		Pro°–°–°
	13:19:06		
	13:19:07		Key 5 Form
	t_1 13:19:08	ich hatte mal einen Fall, wo ich alte YPS-Hefte verkauft habe. 30 Stück mit diesen Gimmicks, also Extras. Ein paar davon waren nicht mehr in einwandfreiem Zustand, darüber hat sich der	
bsommer: @mage: Richtig. Wenn Sie z. B. 1000 positive haben und 5 negative, ist das was anderes, als wenn bei 50 Bewertungen 5 negativ sind.	13:19:21		
	13:19:32		
	13:19:33		Form
	13:19:35		
	13:19:36		Key
	t_2 13:19:38		
	t_3 13:19:39	~~ich hatte mal einen Fall, wo ich alte YPS-Hefte verkauft habe. 30 Stück mit diesen Gimmicks, also Extras. Ein paar davon waren nicht mehr in einwandfreiem Zustand, darüber hat sich der~~	Form 1 Key
	t_4 13:19:41		
	13:19:42		Pro°–°–°
chre: Zum Glück kann man ja zur Bewertung immer noch den Grund dazu nennen...	13:19:45		

Protokollverlauf	ZEIT	Produktionsaktivitäten (Bildschirm) *mage*	Blick
bsommer: Andererseits wäre ich misstrauisch, wenn ein Verkäufer in den letzten 30 Tagen mehr als 5 negative Bewertungen bekommen hat.	13:19:47		
	13:19:53		
	13:20:00		
	13:20:01		Key 2 Pro
	t_5 13:20:10	wenn jemand	
	13:20:11		
	13:20:12		Form

Fallbeispiel 6: mage 13:20:14 – 2a, extrinsisch

Umfang Text: 11 Anschläge
Dauer Produktion: 2 s
Abstand Produktion–Löschen: 2 s
Abstand zu erneuter Produktion: > 20 s

Analyse:

Die Sequenz schließt direkt an Fallbeispiel 5 an; Zeitpunkt t_1 stellt zugleich Zeitpunkt t_5 der vorigen Sequenz dar. Auslöser für den Abbruch und die Löschung des eingegebenen Entwurfs scheint ein zwischenzeitlich eingetroffener Beitrag von *bsommer* zu sein, der an einen der anderen Chat-Teilnehmer adressiert ist. Im Anschluss an die Löschung erfolgt keine unmittelbar erneute Produktion, sondern ein längeres Verfolgen des Protokolls (14 Sekunden) sowie ein Blick auf das mitgebrachte Blatt mit Notizen.

Protokollverlauf	ZEIT	Produktionsaktivitäten (Bildschirm) *mage*	Blick	Anmerkungen
bsommer: Andererseits wäre ich misstrauisch, wenn ein Verkäufer in den letzten 30 Tagen mehr als 5 negative Bewertungen bekommen hat.	13:19:47		Pro°–°–°	
	13:19:53			*nickt*
	13:20:00			
	13:20:01		Key 2 Pro	
	t_1 13:20:10	wenn jemand		

Protokollverlauf	ZEIT	Produktionsaktivitäten (Bildschirm) *mage*	Blick	Anmerkungen
	13:20:11			
	t_2 13:20:12		Form	
bsommer: @chre: Gegen solche "Rachebewerter" kann man leider nicht viel tun ...	13:20:13		Pro$^{\circ-\circ-\circ}$ 2 Key 1 Form	
saschu: naja, aber erstmal sieht man die schlechte Bewertung	t_3 13:20:14	~~wenn jemand~~		
	t_4 13:20:15			
	13:20:29			
	13:20:30		(off)	*blickt auf Blatt*
	13:20:31			
	13:20:32		Pro$^{\circ-\circ-\circ}$ 1 Form	
	13:30:35			
	13:30:36		Key 1 Form	
	t_5 13:20:37	wie ist		

Fallbeispiel 7: mage 13:20:39 – ~~2e, unentschieden~~ 2a, extrinsisch

Umfang Text:	7 Anschläge
Dauer Produktion:	1 s
Abstand Produktion–Löschen:	1 s
Abstand zu erneuter Produktion:	8 s

Analyse:

Die Sequenz schließt direkt an Fallbeispiel 6 an; Zeitpunkt t_1 stellt zugleich Zeitpunkt t_5 der vorigen Sequenz dar. *mage*s Blick aufs Protokoll erfolgt minimal (~0.5 s) vor Beginn der Löschung des eingegebenen Textes (dies lässt sich anhand der Tonspur der Videoaufzeichnung belegen, auf welcher die Tastaturanschläge zu hören sind).

Der Abbruch der Produktion und das Verwerfen der eingegebenen Produktionseinheit erfolgen vermutlich aufgrund bloßer Kenntnisnahme (nicht Rezeption) zweier neu eintreffender Beiträge von *bsommer* (13:20:38) und *saschu* (13:20:39); die Rezeption der Beiträge erfolgt erst im Anschluss an die Löschung. *mage* zeigt eine Sekunde nach Blick aufs Protokoll einen überraschten Gesichtsausdruck – da er nicht länger als ein bis zwei Sekunden mit Texteingabe beschäftigt war, vor Beginn der Produktionstätigkeit 23 Sekunden lang keine neuen Beiträge mehr ins Protokoll kamen und *mages* letzter Blick aufs Protokoll vor 13:20:39 erst vier Sekunden zurückliegt, sind die beiden nun angezeigten neuen Beiträge mit ihren insgesamt 191 Zeichen (inklusive Leerzeichen und vorangestellten Produzentennamen), die in *mages* Protokollanzeigebereich 4 Zeilen einnehmen und damit immerhin 12,5% des Anzeigebereichs (32 Zeilen) mit potenziell zu verarbeitender neuer Information füllen, relativ viel an Neuem gegenüber dem zuvor feststellbaren relativ langen „Ruhen" der Protokollentwicklung.

Vermutlich führt in diesem Fall allein das Bemerken der Existenz einer vergleichsweise umfangreichen zu verarbeitenden Menge an neuem Text bei *mage* zu dem Schluss, dass das aktuell verfolgte Projekt nicht mehr relevant sei. Die Löschung erfolgt jedenfalls mit ziemlicher Sicherheit ohne zuvor erfolgte Rezeption der neuen Beiträge. Eine Umsortierung des Falls aus der Kategorie *2c* in die Kategorie *2a* erscheint dennoch vertretbar.

Protokollverlauf		**ZEIT**	**Produktionsaktivitäten (Bildschirm) *mage***	**Blick**	**Anmerkungen**
		13:20:32		Pro^{o-o-o} 1 Form	
		13:20:35			
		13:20:36		Key 1 Form	
	t_1	13:20:37	wie ist		
bsommer: Man kann höchstens mit der negativen Bewertung bis kurz vor Ende der 90 Tage-Frist warten und dann hoffen, dass keine Retourkutsche mehr kommt.	t_2	13:20:38			
saschu: Das ist eine Organisationslücke	t_3	13:20:39	~~wie ist~~	Pro^{o-o-o} 1 Form	
	t_4	13:20:40			*überraschter Gesichtsausdruck*
		13:20:47			
	t_5	13:20:48	kann oder sollte man sich auch daran orientieren, ob der anbieter kommerziell oder privat ist? Ich finde, diese Vrmischung ist auch eine Gefahr bei ebay. **VERSCHICKEN**	Key 3 Form 1 Pro 2 Form	
chre: Keine schlechte I-dee...		13:21:07			
		13:21:15			
bsommer: Aber freundliche Kommunikation ist immer noch die beste Methode, um so etwas vorzubeugen.		13:21:16		Pro	

Protokollverlauf	ZEIT	Produktionsaktivitäten (Bildschirm) *mage*	Blick	Anmerkungen
	13:21:17			
	13:21:18		Form	
	13:21:35		4 Key 1 Pro 1 Key	
mage: kann oder sollte man sich auch daran orientieren, ob der anbieter kommerziell oder privat ist? Ich finde, diese Vrmischung ist auch eine Gefahr bei ebay.	13:21:36		Pro°–°–° 1 Form	

Fallbeispiel 8: mage 13:32:49 – 2a, extrinsisch

Umfang Text:	89 Anschläge
Dauer Produktion:	20 s
Abstand Produktion–Löschen:	3 s
Abstand zu erneuter Produktion:	9 s

Analyse:

mage stellt seinen beiden Partnern (die Expertin *bsommer* ist gerade „offline") um 13:32:19 die Frage „Wie oft steigert ihr beiden be ebay?" und beginnt sieben Sekunden nach der Verschickung seiner Frage (in denen noch keine Antworten der Partner eingetroffen sind) mit der Versprachlichung eines Projekts, mit welchem er über seine eigene letzte eBay-Auktion berichtet. Er beginnt (nun bereits zum vierten Mal, vgl. 13:16:31/Fallbeispiel 1, 13:17:58/Fallbeispiel 4 und 13:19:08/Fallbeispiel 5) mit einer Schilderung der „YPS-Hefte-Causa" (13:32:26), unterbricht die Texteingabe jedoch um 13:32:46 nach einem Blick auf das Bildschirmverlaufsprotokoll, in dem inzwischen ein Antwortbeitrag von *chre* auf *mage*s zuvor gestellte Frage eingetroffen ist. Als während *mage*s Protokollblick um 13:32:48 auch noch ein entsprechender Antwortbeitrag von *saschu* eintrifft, löscht er den eingegebenen Text, um anschließend offensichtlich erst einmal zu rezipieren (13:32:51–13:32:57 Blick aufs Protokoll mit Blickbewegung in Textverlaufsrichtung). Im Anschluss (ab 13:32:59) enkodiert er das zuvor abgebrochene Projekt (die Beschreibung der „YPS-Hefte-Causa") erneut, diesmal vollständig, und realisiert die entsprechende Produktionseinheit schließlich um 13:33:40 qua Verschickung als Beitrag. Auf den fünften Versuch hin (!) gelingt es ihm somit endlich, seinen lang geplanten Bericht zum Besten zu geben.

Protokollverlauf	ZEIT	Produktionsaktivitäten (Bildschirm) *mage*	Blick
	13:32:05	Wie oft	Key
	13:32:06		
saschu: stimmt	13:32:07		Pro 1 Form
	13:32:08		
	13:32:09	steigert ihr beiden be ebay **VERSCHICKEN**	Key 1 Form 1 Pro 2 Form
	13:32:18		
mage: Wie oft steigert ihr beiden be ebay?	13:32:19		Pro
	13:32:24		
	13:32:25		Key 3 Form 1 Pro 3 Form
	t_1 13:32:26	Also meine letzte auktion ist schon 1 1/2 Jahre her, das war eine Sammlung von YPS-Heftem	
chre: wie's kommt. Viel Zeug, as ich suche, ist da nicht viel billiger zu haben, dass ich zwar viel steigere aber wenig kaufe...	13:32:44		
	13:32:45		
	t_2 13:32:46		Pro 1 Form
saschu: unterschiedlich, je nachdem was ich gerade so finde und ob es sich lohnt	13:32:48		
	t_3 13:32:49	~~Also meine letzte auktion ist schon 1 1/2 Jahre her, das war eine Sammlung von YPS-Heftem~~	Key | Pro | Form
	t_4 13:32:50		
	13:32:51		Pro°–°–° 1 Form
	13:32:57		
	13:32:58		Key 1 Form 1 Pro 9 Form
	t_5 13:32:59	also ich habe seit 1 1/2 Jahren nicht mehr mitgemacht, das letzte was ich versteigert habe, waren 30 YPS-Hefte mit Gimmicks. Die gingen an einen Sammler, der sich beschwert hat, diese Extras wäre tlw. mit Macken besetzt **VERSCHICKEN**	
chre: und selbst?	13:33:00		
	13:33:37		
	13:33:38		Form
	13:33:39		
mage: also ich habe seit 1 1/2 Jahren nicht mehr mitgemacht, das letzte was ich versteigert habe, waren 30 YPS-Hefte mit Gimmicks. Die gingen an einen Sammler, der sich beschwert hat, diese Extras wäre tlw. mit Macken besetzt	13:33:40		Pro 1 Form

Fallbeispiel 9: mage 13:35:31 – 2a, extrinsisch

Umfang Text:	27 Anschläge
Dauer Produktion:	4 s
Abstand Produktion–Löschen:	1 s
Abstand zu erneuter Produktion:	8 s

Analyse:

Aufgrund eines Blicks auf das Bildschirmverlaufsprotokoll, in dem ein neuer Beitrag von *saschu* angezeigt wird, bricht *mage* um 13:35:30 die Eingabe seines seit 13:35:26 in Realisierung befindlichen Projekts ab und löscht den eingegebenen Entwurf, um anstatt einer Fortführung in der Darstellung seines Erlebnisses direkt an den Einwurf von *saschu* („oh oh gefährlich!") anzuknüpfen und zu dem in seinem Vorbeitrag (13:35:17) dargestellten Sachverhalt „er ‚dorhte' mir, mich bei ebay zu verklagen", auf den sich *saschu*s Beitrag bezieht, Stellung zu nehmen (erneute Produktion ab 13:35:42).

Anstatt sein aktuell begonnenes Projekt einer Fortsetzung des Berichts über die „YPS-Hefte-Causa" weiter voranzutreiben, entscheidet sich *mage* hier also dafür, das Thema „Drohung mit offizieller Beschwerde" weiterzuführen, da *saschu* mit ihrem Kommentar Aufmerksamkeit für dieses Thema signalisiert hat. Die Aufgabe des aktuell in Ausführung befindlichen Projekts geschieht somit zugunsten einer Orientierung an den offensichtlichen Interessen der Partnerin, die mit ihrer Replik auf die „Drohung mit offizieller Beschwerde" fokussiert. *mage* fasst ihren Einwurf offenbar dahingehend auf, dass *saschu* sich über den verärgerten Kunden lustig machen möchte, und nimmt dies als Anlass, die Fortsetzung seines Berichts („ich glaube ich habe dafüer...") aufzuschieben und statt dessen mit „naja, in der Wut spricht man dinge, die schnell in Übertreibung umschwenken" um Verständnis für dessen Reaktion zu werben.

Protokollverlauf	**ZEIT**	**Produktionsaktivitäten (Bildschirm) *mage***	**Blick**
chre: Gibt's das YPS überhaupt noch? war ja früher der Renner...	13:34:48		[...]
	13:34:50		
	13:34:51	nee, ist schon weg. Jedenfalls habe ich ihm die Versandkosten erlassen. Er "dorhte" mir, mich bei ebay zu "verklagen" **VERSCHICKEN**	Key 1 Form 2 Pro 3 Form
chre: huahaha	13:34:55		
	13:35:12		
	13:35:13		Form 1 Key
mage: nee, ist schon weg. Jedenfalls habe ich ihm die Versandkos-	13:35:17		

Protokollverlauf	ZEIT	Produktionsaktivitäten (Bildschirm) *mage*	Blick
ten erlassen. Er "dorhte" mir, mich bei ebay zu "verklagen"			
	13:35:18		Pro$^{\circ-\circ-\circ}$
	13:35:22		
	13:35:23		Form
	13:35:24		(off)
	13:35:25		Pro
	t_1 13:35:26	ich glaube ich habe dafü-er...	Key
saschu: oh oh gefährlich!	13:35:29		
	t_2 13:35:30		Pro
	t_3 13:35:31	~~ich glaube ich habe dafü-er...~~	Form
	13:35:33		
	t_4 13:35:34		Pro$^{\circ-\circ-\circ}$ 1 Form
	13:35:39		
	13:35:40		Key 4 Form
	t_5 13:35:42	naja, in der Wut spricht man dinge, die ~~an Übertre~~schnell in Übertreibung umschwen-ken.	
chre: Da hilft dann der Gang zum eigenen Anwalt. Ist schon erstaun-lich, was Kanzleipapier so alles er-reichen kann...	13:35:51		
	13:36:01		

Fallbeispiel 10: mage 13:36:11 – 2a, extrinsisch

Umfang Text:	76 Anschläge
Dauer Produktion:	19 s
Abstand Produktion–Löschen:	10 s
Abstand zu erneuter Produktion:	1 s

Analyse:

Die Sequenz schließt direkt an Fallbeispiel 9 an; Zeitpunkt t_1 stellt zugleich Zeitpunkt t_5 der vorigen Sequenz dar. Die von *mage* bis 13:36:01 realisierte Produktionseinheit kann als ein vollständig enkodiertes Projekt gelten („Werben um Verständnis für die Reaktion des Kunden"). Vor der geplanten Verschickung überprüft *mage* das Bildschirmverlaufsprotokoll und findet dort einen zwischenzeitlich neu eingetroffenen Beitrag von *chre* vor, in welchem dieser seinerseits an das Thema „Drohung mit offizieller Beschwerde" anschließt, indem er assoziativ den „Gang zum eigenen Anwalt" thematisiert. Würde *mage* seinen eben fertig gestellten Entwurf dennoch abschicken, bestünde aufgrund seiner Platzierung im Protokoll das Risiko, dass dieser von den Partnern nicht als Respons auf *saschu*s Beitrag „oh oh gefährlich!" aus 13:35:29 bezogen und damit als Fortführung des Themas „Drohung mit offizieller Beschwerde" aufgefasst, sondern auf das von *chre* neu eingebrachte Thema „Gang zum eigenen Anwalt" bezogen wird. Zwar läge die rezeptive Anbindung von *mage*s Beitrag an *saschu*s Beitrag und das damit weitergeführte Thema näher, doch wäre ein Bezug auf *chre*s Beitrag prinzipiell nicht undenkbar und würde den Partnern durch die Anordnung der Beiträge im Verlaufsprotokoll sogar zusätzlich nahegelegt. Möglicherweise wägt *mage* in den folgenden Sekunden ab, ob er seinen Entwurf noch verschicken soll oder nicht; letztlich scheint erst die 13:36:08 angezeigte Systemmeldung über die Rückkehr der Expertin in den Chat-„Raum" die Entscheidung herbeizuführen. Mit der Rückkehr der Expertin scheint für *mage* die weitere Behandlung seiner „YPS-Hefte-Causa", die ja insgesamt in Abwesenheit der Expertin stattfand, obsolet. Zumindest legt die Tatsache, dass er seinen Entwurf nach Wiedereintritt der Expertin in den Chat-„Raum" löscht, eine solche Deutung nahe. Statt das Thema „Drohung mit offizieller Beschwerde" weiterzuführen, thematisiert *mage* mit einer unmittelbar nach der Löschung eingegebenen und verschickten Frage den Grund für die Abwesenheit der Expertin.

Protokollverlauf	ZEIT	Produktionsaktivitäten (Bildschirm) *mage*	Blick
	13:35:40		Key 4 Form
	t_1 13:35:42	naja, in der Wut spricht man dinge, die ~~an Übertre~~schnell in Übertreibung umschwenken.	
chre: Da hilft dann der Gang zum eigenen Anwalt. Ist schon erstaunlich, was Kanzleipapier so alles erreichen kann...	13:35:51		
	t_2 13:36:01		
	13:36:02		Pro°–°–°
	13:36:03		
	13:36:04		Form
	13:36:06		
	13:36:07		Key 1 Pro 2 Form
bsommer entered the room ebay14 at 13:36:07	13:36:08		
	t_3/t_4 13:36:11	~~naja, in der Wut spricht man dinge, die schnell in Übertreibung umschwenken.~~	
chre: welcome back	t_5 13:36:12	Wo waren Sie	

<table>
<tr><th>Protokollverlauf</th><th>ZEIT</th><th>Produktionsaktivitäten (Bildschirm) mage</th><th>Blick</th></tr>
<tr><td>bsommer: test</td><td>13:36:13</td><td rowspan="2"></td><td rowspan="2"></td></tr>
<tr><td rowspan="3"></td><td>13:36:14</td></tr>
<tr><td>13:36:15</td><td></td><td>Pro | Form | Key | Form</td></tr>
<tr><td>13:36:16</td><td rowspan="2">hin?
VERSCHICKEN</td><td>Key</td></tr>
<tr><td>mage: Wo waren Sie hin?</td><td>13:36:17</td><td>Pro</td></tr>
</table>

Fallbeispiel 11: mage 13:37:14 – 2a, extrinsisch

Umfang Text:	18 Anschläge
Dauer Produktion:	5 s
Abstand Produktion–Löschen:	1 s
Abstand zu erneuter Produktion:	> 20 s

Analyse:

Nachdem *mage* in 13:36:55 in Frageform ein weiteres Thema zur Disposition gestellt und mit einer Folgefrage bereits spezifiziert hat, ratifiziert die Expertin *bsommer* mit ihrer Replik „Gerne." in 13:37:00 das vorgeschlagene Thema. Nachdem weitere Beiträge der Expertin unmittelbar ausbleiben, sieht *mage* möglicherweise die Obligation, dieses Thema konkreter auszuführen, bei sich und beginnt in 13:37:08 mit der Eingabe neuen Textes, bemerkt aber in 13:37:13, dass die Expertin zwischenzeitlich mit Ausführungen zum Thema begonnen hat. Der von *bsommer* angezeigte Beitrag „Wenn Sie den Verdacht haben" ist syntaktisch offen und lässt auf die Wahl einer Splitting-Strategie schließen. Dies mag bei *mage* zu der Entscheidung führen, sein begonnenes Projekt aufzugeben und stattdessen erst einmal in den Rezeptionsmodus zu wechseln, um abzuwarten, ob die Ausführungen der Expertin das von ihm aufgebrachte Thema in Richtung seiner Interessenlage behandeln.

<table>
<tr><th>Protokollverlauf</th><th>ZEIT</th><th>Produktionsaktivitäten (Bildschirm) mage</th><th>Blick</th><th>Anmerkungen</th></tr>
<tr><td>mage: Können wir noch über Preistreiberei sprechen? Kann man s oetwas durchschauen?</td><td>13:36:55</td><td>VERSCHICKEN</td><td rowspan="2">Pro</td><td rowspan="2"></td></tr>
<tr><td>bsommer: Gerne.</td><td>13:37:00</td><td></td></tr>
</table>

Protokollverlauf	ZEIT	Produktionsaktivitäten (Bildschirm) *mage*	Blick	Anmerkungen
	13:37:01			*lacht*[128]
	13:37:04			
	13:37:05		(off)	*blickt auf Blatt*
	13:37:06			
	13:37:07		Key 3 Form	
	t_1 13:37:08	Diese Motto „bitze		
bsommer: Wenn Sie den Verdacht haben	13:37:12			
	t_2 13:37:13		Pro	
	t_3/t_4 13:37:14	~~Diese Motto „bitze~~	Key | Form	
	13:37:15		Pro	
	13:37:17			
	13:37:18		(off)	*blickt auf Blatt*
bsommer: dass ein Verkäufer seine Auktionen pusht	13:37:19		Pro°-°-°	

Fallbeispiel 12: mage 13:38:32 – ~~2e, unentschieden~~ 2a, extrinsisch

Umfang Text: 10 Anschläge
Dauer Produktion: < 1 s
Abstand Produktion–Löschen: 1 s
Abstand zu erneuter Produktion: 12 s

Analyse:

Die Sequenz schließt an Fallbeispiel 11 an. Die Expertin *bsommer* gibt im Splitting-Modus Informationen zu einem vorab von *mage* zur Disposition gestellten Thema. *mage*, der offenbar erkannt hat, dass *bsommer* sich ausführlicher zum Thema äußern wird, befindet sich im Rezeptionsmodus. Der Beitrag von *bsommer* in 13:37:49 kann als Abschluss der Splitting-Sequenz interpretiert werden, da er mit einem Punkt endet. *mage* beginnt sechs Sekunden darauf mit der Produktion eines Kommentars, den er in 13:38:04 abschickt. Zwischenzeitlich führt *bsommer* ihre Ausführungen zum Thema fort, *mage* nimmt nach der Verschickung seines Kommentars

128 *mages* Lachen bezieht sich hier vermutlich auf einen erst jetzt rezipierten Vorbeitrag von *chre*, der in diesem Exzerpt nicht wiedergegeben ist.

wieder eine Rezeptionshaltung ein. Nachdem *bsommer* um 13:38:22 mit „Ganz genau - das sind die ‚guten Freunde'" explizit auf seinen Kommentar aus 13:38:04 „weil das dann die friends sind ..." reagiert hat, kann *mage* davon ausgehen, dass *bsommer* nun mit ihren gesplitteten Ausführungen zum Thema „Preistreiberei" zum Ende gekommen ist; er beginnt daher um 13:38:31 mit der Produktion eines eigenen neuen Beitrags. Allerdings schiebt *bsommer* fast zeitgleich noch einen Folgebeitrag zu ihrem vorangehenden Beitrag nach – offenbar hat sie auch hier wieder gesplittet, diesmal aber den ersten Beitrag nicht syntaktisch offen gestaltet, sondern die Zusammengehörigkeit der beiden Beiträge erst durch syntaktische Offenheit des Folgebeitrags angezeigt. *mage* konnte die erneute Anwendung der Splitting-Strategie in diesem Fall nicht antizipieren. Es steht zu vermuten, dass er seinen begonnenen Entwurf „Woher kann" in 13:38:32 aufgrund der bloßen Kenntnisnahme der Existenz eines weiteren Beitrags von *bsommer* löscht, auch wenn der Protokollblick und die Einleitung des Löschvorgangs nahezu zeitgleich erfolgen. Da *mage* zuvor aber offenbar einer Rezeption der Beiträge der Expertin zum Thema Vorrang gegenüber dem Verfassen eigener neuer Beiträge eingeräumt hat, kann durchaus angenommen werden, dass er hier sein eigenes just begonnenes Projekt aufgibt, um möglicherweise noch mehr Information zu dem von ihm selbst aufgebrachten und aktuell von der Expertin behandelten Thema zu erhalten.

Protokollverlauf	ZEIT	Produktionsaktivitäten (Bildschirm) *mage*	Blick	Anmerkungen
bsommer: Wenn Sie den Verdacht haben	13:37:12	[...]	[...]	[...]
bsommer: dass ein Verkäufer seine Auktionen pusht	13:37:19			
bsommer: überprüfen Sie, ob seine Bewertungen	13:37:26			
bsommer: von vielen neu angemeldeten Mitgliedern stammen	13:37:37		Pro°-°-° 1 Form	
	13:37:48			*grinst*
bsommer: oder ob immer dieselben dort ihre Bewertungen hinterlassen haben.	13:37:49			
	13:37:51			
	13:37:54			
	13:37:55	weil das dann die friends sind... **VERSCHICKEN**	Key 1 Pro 3 Form 1 Pro	
bsommer: Stöbern Sie auch in deren Bewertungen	13:37:56			

Protokollverlauf		ZEIT	Produktionsaktivitäten (Bildschirm) *mage*	Blick	Anmerkungen
bsommer: ob die anderen Verdächtigen dort auftauchen.		13:38:02			
mage: weil das dann die friends sind...		13:38:04			
		13:38:05		Pro 1 (off)	
bsommer: Falls Sie fündig werden, können Sie dies an eBay melden.		13:38:12			
		13:38:15			
		13:38:16		(off)	*blickt auf Blatt*
		13:38:21			
bsommer: Ganz genau - das sind die "guten Freunde"		13:38:22		Pro 1 Key	
		13:38:30			
	t_1/t_2	13:38:31	Woher kann	Key	
bsommer: die zufällig immer bei ihrem Bekannten mitbieten.	t_3/t_4	13:38:32	~~Woher kann~~	Pro°⁻°⁻° 1 Form	
		13:38:34			
		13:38:35		Pro | Key | Pro	
		13:38:36			
		13:38:37		Key 2 Pro	
		13:38:43			
	t_5	13:38:44	Mir scheint, dass ebay durch di doch relativ tolerante vorgehensweise	Key 2 Form 1 Pro 1 Form	
chre: Da wird ja im Moment auch viel über die Versandkosten gemacht (5 € Versandkosten und dann als Warensendung ist keine Seltenheit, leider).		13:38:54			
		13:38:56			

Fallbeispiel 13: mage 13:39:02 – 2a, extrinsisch

Umfang Text:	69 Anschläge
Dauer Produktion:	12 s
Abstand Produktion–Löschen:	6 s
Abstand zu erneuter Produktion:	> 20 s

Analyse:

Die Sequenz schließt direkt an Fallbeispiel 12 an; Zeitpunkt t_1 stellt zugleich Zeitpunkt t_5 der vorigen Sequenz dar. *mage* beginnt um 13:38:44 mit der Erarbeitung einer neuen Produktionseinheit, bricht die Texteingabe jedoch nach 12 Sekunden ab, da er im Protokoll einen neuen Beitrag von *chre* bemerkt, in welchem dieser einen ganz neuen Aspekt des Themas „Preistreiberei" anspricht, der in den bisherigen Ausführungen der Expertin noch nicht angesprochen wurde. Offenbar befindet *mage* sein aktuell verfolgtes Projekt angesichts dieses neuen Aspekts für nicht mehr relevant. Er löscht seinen Entwurf und bleibt anschließend 22 Sekunden lang im Rezeptionsmodus, um die Behandlung des von *chre* eingebrachten Aspekts zu verfolgen.

Protokollverlauf	**ZEIT**	**Produktionsaktivitäten (Bildschirm) *mage***	**Blick**
	t_1 13:38:44	Mir scheint, dass ebay durch di doch relativ toleran-te vorgehensweise	Key 2 Form 1 Pro 1 Form
chre: Da wird ja im Moment auch viel über die Versandkosten gemacht (5 € Versandkosten und dann als Warensendung ist keine Seltenheit, leider).	13:38:54		
	t_2 13:38:56		
	13:38:57		Pro$^{\circ-\circ-\circ}$
	13:39:01		
	t_3/t_4 13:39:02	~~Mir scheint, dass ebay durch di doch relativ toleran-te vorgehensweise~~	(off)
	13:39:03		Pro$^{\circ-\circ-\circ}$ 1 Form 1 Key
bsommer: @chre: Ja, das ist mir auch schon passiert.	13:39:06		
saschu: bei hermes ist es übribens viel billiger als bei der post	13:39:15		
bsommer: In so einem Fall sollten Sie den Verkäufer kontaktieren	13:39:19		

Fallbeispiel 14: mage 13:46:01 – 2a, extrinsisch

Umfang Text:	55 Anschläge
Dauer Produktion:	13 s
Abstand Produktion–Löschen:	1 s
Abstand zu erneuter Produktion:	> 20 s

Analyse:

Nachdem die Expertin in 13:44:13 dazu aufgefordert hat, weitere Fragen zum Thema „Sicherheit" zu stellen, führt *mage* in seinem um 13:44:57 verschickten Beitrag das Thema „Sicherstellung der Volljährigkeit von Anbietern" ein. Da *bsommer* aktuell noch mit der Bearbeitung einer Frage von *chre* (13:44:31) befasst ist, wechselt *mage* nach Verschickung seines Beitrags zunächst in den Rezeptionsmodus, um eine Bearbeitung seiner Frage durch die Expertin abzuwarten – für die Einnahme der Rezeptionshaltung spricht nicht nur ein längerer Blick aufs Protokoll, sondern auch die Tatsache, dass *mage* die Hände ans Kinn legt; offenbar zieht er eine erneute Produktionstätigkeit für den Augenblick also nicht in Betracht (ansonsten lägen die Hände vermutlich „einsatzbereit" an der Tastatur). Um 13:45:26 geht *bsommer* auf *mage*s Beitrag ein – indiziert durch explizite Adressierung – und bestätigt seine Vermutung einer fehlenden Volljährigkeitsüberprüfung, indem sie seine Konstruktion „das kontrolliert … keiner" wiederholt und variiert. Um 13:45:42 folgt ein weiterer Beitrag der Expertin, ebenfalls eingeleitet mit „das". Analog zum vorigen Beitrag wird dieses „das" von *mage* vermutlich als Anadeixis interpretiert, mit welcher *bsommer* erneut eine Reorientierung auf das von ihm aufgebrachte Thema „Volljährigkeit von Anbietern" vornimmt. *mage* befindet *bsommer*s Ausführungen zum Thema damit offenbar für abgeschlossen: Erstens ist der Beitrag 13:45:42 als syntaktisch geschlossen interpretierbar, zweitens lässt sich auch handlungssemantisch *mage*s Beitrag als durch die beiden Beiträge *bsommer*s (13:45:26 und 13:45:42) abgearbeitet auffassen – um 13:45:26 bestätigt *bsommer* *mage* zunächst in seiner Vermutung, die Volljährigkeit werde von *eBay* nicht überprüft, um 13:45:42 bearbeitet sie ausgehend davon *mage*s zusammen mit seiner Vermutung als Beitrag vorgebrachte Frage aus 13:44:57 „woher weiß ich, dass der anbieter eines Produktes volljährig ist?", indem sie diese Frage als für eBay-Käufer nicht beantwortbar herausstellt. Diese Interpretation („Fragen wurden beantwortet") motiviert *mage* nun offenbar dazu, das Thema durch einen neuen eigenen Beitrag fortzuführen: „es gibt sicher reihenweise jugendliche, die dann auch …". Während er die entsprechende Produktionseinheit erarbeitet, erscheint im Verlaufsprotokoll – für ihn sicherlich unerwartet – ein weiterer Beitrag von *bsommer* (13:45:50), der syntaktisch an ihren vorigen Beitrag (13:45:42) anschließt und diesen nachträglich als ersten Teil einer Splitting-Sequenz qualifiziert. Zwar bleibt das, was mit den beiden Beiträgen (13:45:42 und 13:45:50) zum Thema geäußert wird („Das können Sie wohl leider auch nicht rausfinden ob ein Anbieter volljährig ist oder nicht."), unverändert gegenüber dem, was ohne Kenntnis des zweiten Teils der Sequenz zuvor für den Beitrag aus 13:45:42 („Das können Sie wohl leider auch nicht rausfinden") angenommen werden konnte, allerdings muss das in 13:45:42 initial stehende „das" unter Hinzunahme des zweiten Teils der Sequenz eine funktionale Umdeutung erfahren (vorher: Anadeixis, jetzt: Katadeixis). Was auf jeden Fall anzunehmen ist, ist, dass *mage bsommers* Beitrag aus 13:45:50 in 13:45:51 zumindest zur Kenntnis genommen hat. Dennoch fährt er anschließend für weitere acht Sekunden mit der Produktion fort. Die Kenntnisnahme des Partnerbeitrags führt nicht unmittelbar zum Abbruch der Texteingabe/-bearbeitung, wohl aber mit Verzögerung. Ob der Anlass für die Entscheidung zur Löschung mit der Verarbeitung des neuen Beitrags zu tun hat oder lediglich mit dem Wissen, *dass* es einen neuen Beitrag der Expertin gibt und daher der eigene in Versprachlichung befindliche Plan vermutlich nicht mehr relevant ist, lässt sich nicht klären. Wäre der Beitrag vollständig verarbeitet worden, hätte sich *mage* eigentlich zeigen müssen, dass sich durch diesen weiteren Beitrag der Expertin eigentlich nichts am aktuellen Stand des Kommunikationsverlaufs geändert hat. Eine teilweise Verarbeitung (z.B. Identifizierung einer syntaktisch initial offenen Struktur, die an die Struktur des vorigen Beitrags irgendwie angebunden werden muss) zusammen mit einer Irritation über die Funktion des „das", die angesichts des neuen Beitrags reinterpretiert werden muss, könnte ein Grund sein.

mage macht in der Folge zunächst keine Anstalten, unmittelbar mit einem alternativen Projekt aktiv zu werden, sondern wechselt fürs erste in eine rezeptionsorientierte Haltung.

Protokollverlauf	ZEIT	Produktionsaktivitäten (Bildschirm) *mage*	Blick	Anmerkungen
bsommer: Haben Sie noch Fragen zur Sicherheit	13:44:13	[...]		
[...]				
bsommer: oder anderen Themen?	13:44:17	[...]		
[...]				
chre: Hat Ebay jetzt eigentlich das JavaScript-Problem endlich mal behoben oder nur weiter JavaScript verboten?	13:44:31	[...]		

Protokollverlauf	ZEIT	Produktionsaktivitäten (Bildschirm) *mage*	Blick	Anmerkungen
[…]				
bsommer: Soweit ich weiß hat sich da nichts neues getan.	13:44:48	[…]		
[…]				
mage: ja, ebay ist sehr tolerant, was die bedingungen der anmekdung angeht. woher weiß ich, dass der anbeiter eines Produktes volljährig ist? das kontrolliert doch keiner nach.	13:44:57	**VERSCHICKEN**	[…]	
	13:44:58		Pro$^{\circ-\circ-\circ}$	
bsommer: Ich finde das klasse, wie eBay sich immer rausredet ...	13:45:06			
	13:45:16			*linke Hand ans Kinn gelegt*
	13:45:23			
	13:45:24			*beide Hände an Kinn / Gesicht*
bsommer: @mage: Stimmt, das kontrolliert wirklich keiner.	13:45:26			
	13:45:28			
	13:45:29		[__]	
	13:45:30			
	13:45:31		Pro	
	13:45:32			*lacht; nickt (zustimmend?)*
	13:45:34			
bsommer: Das können Sie wohl leider auch nicht rausfinden	13:45:42			
	13:45:45			
	13:45:46		Key	
	t_1 13:45:47	es gibt ~~sichr eihend~~sicher reihenweise jugendliche, die dann auch ü		
	13:45:48			
	13:45:49		Form	
bsommer: ob ein Anbieter volljährig ist oder nicht.	13:45:50			
	13:45:51		Pro	

Protokollverlauf	ZEIT	Produktionsaktivitäten (Bildschirm) *mage*	Blick	Anmerkungen
	13:45:52		Key 3 Form	
	t_2 13:46:00			
	t_3/t_4 13:46:01	~~es gibt sicher reihenweise jugendliche, die dann auch ü~~	Key | Form | Pro	
	13:46:02		Pro	
	13:46:11			
	13:46:12		(off)	*blickt auf Blatt*
bsommer: @chre: Die Stellungnahme von eBay zu dem JavaScript Problem:	13:46:14			
	13:46:15		Pro	
	13:46:18			
	13:46:19		(off)	*blickt auf Blatt*

Fallbeispiel 15: mage 13:53:14 – 2a, extrinsisch

Umfang Text:	56 Anschläge
Dauer Produktion:	12 s
Abstand Produktion–Löschen:	6 s
Abstand zu erneuter Produktion:	> 20 s

Analyse:

mage verwirft die in 13:52:56 begonnene Produktionseinheit, obwohl diese vor dem Löschen bereits als so weit vollständig anzusehen ist, dass sie in der eingegebenen Form hätte verschickt werden können. Anlass für die Evaluation des zugrunde liegenden Projekts scheint die Verarbeitung des zwischenzeitlich eingetroffenen neuen Beitrags von *bsommer* (13:53:06) zu sein (vier Sekunden Blick aufs Protokoll zwischen 13:53:08 und 13:53:12). Dieser Beitrag macht das Projekt von *mage* zwar weder thematisch noch handlungssemantisch obsolet, der Löschung muss aber nach Datenlage zumindest eine Kenntnisnahme dieses Beitrags vorausgegangen sein. Überdies kann dieser erneute Beitrag der Expertin als Fortführung ihres vorigen, explizit an *mage* adressierten Beitrags („@mage: Aber klar. ;-)“) gelten. Hat *mage* den Beitrag um 13:53:06 verarbeitet (was in Anbetracht von vier Sekunden Hauptblickrichtung auf dem Protokoll als wahrscheinlich erscheint), so ist anzunehmen, dass er diesen Beitrag zum Bezugsbereich der Adressierung aus 13:52:53 rechnet, da mit dem Beitrag um 13:53:06

eine Erläuterung zu der in 13:52:53 realisierten Antwort auf die von ihm gestellte Entscheidungsfrage nachgeschoben wird.

Die Tatsache, dass *mage* anschließend nicht mit der erneuten Realisierung des Projekts oder der Realisierung eines alternativen Projekts ansetzt, mag damit zu tun haben, dass die Expertin zuvor bereits das nahende Ende des Chat-Termins angekündigt hat (*bsommer* um 13:52:29: „und wir müssen langsam zum Schluss kommen.“).

Protokollverlauf	ZEIT	Produktionsaktivitäten (Bildschirm) *mage*	Blick	Anmerkungen
bsommer: Leider neigt sich unsere Zeit schon dem Ende zu.	13:52:22	[…]		
[…]				
mage: Schlussfrage: Kann es sein, dass man durch ebay auch mal Produkte erwirbt, die man sonst gar nicht wirklich braucht?	13:52:28	[…]		
bsommer: und wir müssen langsam zum Schluss kommen.	13:52:29			
[…]				
chre: @mage: sicher, Du nicht?	13:52:47		[…]	
	13:52:51			
	13:52:52	;-) **VERSCHICKEN**	Key	*grinst*
bsommer: @mage: Aber klar. ;-) **mage:** ;-)	13:52:53		Pro	
	13:52:54			
	13:52:55			
	t_1 13:52:56	Aber ich tus eigentlich nicht nur um des Bietens willen.	Key 4 Form	
bsommer: Billige Preise verleiten zum Bieten, auch wenn man das Zeug nicht braucht. ;-)	13:53:06			
	13:53:07			
	t_2 13:53:08		Pro 2 Form	
	13:53:12			
	13:53:13		Key | Form	
	t_3/t_4 13:53:14	~~Aber ich tus eigentlich nicht nur um des Bietens willen.~~		

Protokollverlauf	ZEIT	Produktionsaktivitäten (Bildschirm) *mage*	Blick	Anmerkungen
	13:53:15		Pro$^{\circ-\circ-\circ}$	
	13:53:18			*grinst*
	13:53:19			
bsommer: @chre: Wenn ein Spiel aber in ganz Deutschland verboten ist	13:53:21			
bsommer: darf es auch nicht bei eBay angeboten werden	13:53:26			
	13:53:43			

Fallbeispiel 16: mage 13:54:32 – ~~2e, unentschieden~~ 2b, intrinsisch

Umfang Text:	19 Anschläge
Dauer Produktion:	3 s
Abstand Produktion–Löschen:	1 s
Abstand zu erneuter Produktion:	2 s

Analyse:

mage bricht seinen begonnenen Entwurf ab und löscht ihn unmittelbar wieder. Ob dies motiviert ist durch einen zuvor erfolgten minimalen Blick auf das Bildschirmverlaufsprotokoll und den darin angezeigten neuen Beitrag von *bsommer*, ist schwer entscheidbar. Vermutlich ist diese Löschung intrinsisch motiviert.

Protokollverlauf	ZEIT	Produktionsaktivitäten (Bildschirm) *mage*	Blick
saschu: wollten wir nicht zum Schluß kommen?	13:54:24		[...]
	13:54:26		
	13:54:27		Key
	t_1 13:54:28	Also ich wäre druch	
	13:54:29		
bsommer: Ja, das wollten wir. :-)	13:54:30		Pro | Form | Key | Form | Pro
	t_2 13:54:31		
chre: OK.	t_3/t_4 13:54:32	~~Also ich wäre druch~~	
	13:54:33		Key
	t_5 13:54:34	Sind wir durch?	

Protokollverlauf	ZEIT	Produktionsaktivitäten (Bildschirm) *mage*	Blick
	13:54:35	VERSCHICKEN	Form
mage: Sind wir durch?	13:54:36		Pro $_{1 \text{ Form}}$

Fallbeispiel 17: jecom 11:11:16 – 2a, extrinsisch

Umfang Text: 10 Anschläge
Dauer Produktion: 3 s
Abstand Produktion–Löschen: 3 s
Abstand zu erneuter Produktion: 5 s

Analyse:

Auf die Aufforderung von *bsommer*, interessierende Themen zu benennen (11:07:56), nennt *jecom* in ihrem ersten Beitrag (11:08:02) zwei Themen. Das erste davon „Umgang mit persönlichen Daten" wird von *bsommer* aufgegriffen und in der Folge gemeinsam bearbeitet. Möglicherweise beabsichtigt *jecom* nach Rezeption des Beitrags von *bsommer* um 11:10:56, nun auf das andere von ihr eingangs benannte Thema „Erkennen betrügerischer Angebote" überzuleiten (zumindest hypothetisch ließe sich das Fragment „Die andere" zu „Die andere Frage" ergänzen). Mit einem Blick aufs Protokoll um 11:11:13 unterbricht *jecom* die Arbeit am Entwurf, offenbar um den zwischenzeitlich neu eingetroffenen Fragebeitrag von *bsommer* zu lesen. *jecom* löscht daraufhin ihren Entwurf und beginnt vier Sekunden später mit der Realisierung einer Antwort auf die Frage. Die Aufgabe des ursprünglichen Projekts ist hier in jedem Falle handlungssemantisch, daneben vermutlich zusätzlich auch thematisch begründet: Die Frage eröffnet eine starke konditionelle Relevanz in Bezug auf den erwarteten Folgebeitrag, der zuvor gefasste Handlungsplan zielt jedoch ganz offensichtlich *nicht* auf die Realisierung einer durch die Partnerin eröffneten Position in einem Handlungsmuster. Dieses Projekt wird aufgegeben, um der mit der Frage eröffneten Kooperativitätsanforderung nachzukommen, einen Folgebeitrag zu leisten, der die Antwortposition des betreffenden Musters zu realisieren imstande ist. Zugleich bleibt *bsommer* mit ihrem Beitrag um 11:11:12 beim Thema „Spoof-Emails", während *jecom*s Fragment „Die andere" möglicherweise darauf zielte, ein Projekt zu realisieren, mit welchem ein anderes Thema eingeführt oder wieder aufgegriffen werden sollte.

Protokollverlauf	ZEIT	Produktionsaktivitäten (Bildschirm) *jecom*	Blick	Anmerkungen
bsommer: Welche Themen interessieren Sie besonders?	11:07:56	[…]		
[…]				
jecom: Hallo! Besonders interessieren würde mich inwieweit ich ebay mit dem Umgang meiner persönlichen Daten trauen kann und wie ich betrügerische Angebote am besten erkenne	11:09:02	[…]		
[…]				
bsommer: eBay behauptet natürlich, alle Ihre persönlichen Daten seien dort prima aufgehoben.	11:09:34	[…]		
[…]				
bsommer: Jedoch liest man ja immer wieder, dass sich Hacker dort einloggen können, um Daten anderer Mitglieder auszulesen und zu verändern.	11:09:59	[…]		
[…]				
jecom: Ja das ist mir bekannt trotzdem frage ich mich, was ich am besten tun kann, wenn ich schon Mitglied bei eBay bin, um mich zu schützen	11:10:50	**VERSCHICKEN**	Pro	
	11:10:51			*stützt das Kinn in die Hand*
	11:10:52		Pro$^{\circ-\circ-\circ}$	
bsommer: Sie selbst als Nutzer können leider nicht viel tun, außer eine Firewall an Ihrem PC zu haben (damit sich solche Hacker nicht bei Ihnen auf dem Rechner einwählen können) und nicht auf Spoof-Emails zu reagieren.	11:10:56			
	11:11:01			*kneift die Augen leicht zusammen*
	11:11:07			*zieht Augenbrauen*

Protokollverlauf	ZEIT	Produktionsaktivitäten (Bildschirm) *jecom*	Blick	Anmerkungen
				zusammen; wirkt leicht irritiert (?)
	11:11:08			
	11:11:09		Form | Key | Form | Key | Form	
	t_1 11:11:10	Die andere		
bsommer: Haben Sie solche Fake-Emails schon mal bekommen?	11:11:12			
	t_2 11:11:13		Pro	
	11:11:14			*beugt sich mit dem Kopf näher zum Bildschirm*
	11:11:15			
	t_3 11:11:16	~~Die andere~~	Form	
	t_4 11:11:17		Pro	
	11:11:18			
	11:11:19		[...]	
	t_5 11:11:21	Ja, schon einige, die angeblich von ebay gesandt wurden **VERSCHICKEN**		
	[...]			
jecom: Ja, schon einige, die angeblich von ebay gesandt wurden	11:11:44			

Fallbeispiel 18: jecom 11:19:16 – 2a, extrinsisch

Umfang Text:	17 Anschläge
Dauer Produktion:	5 s
Abstand Produktion–Löschen:	2 s
Abstand zu erneuter Produktion:	5 s

Analyse:

jecom hat um 11:16:52 ein eigenes *eBay*-Erlebnis erwähnt („Bei einer Käuferin von mir kam mir das nämlich komisch vor...") und wird daraufhin (11:17:14) von *bsommer* dazu aufgefordert, Näheres über dieses Erlebnis zu berichten. *jecom* konkretisiert daraufhin in einem Folgebeitrag (11:18:46), aus welchem Grund ihr die besagte Käuferin verdächtig vorkam. Nach Verschickung ihres Beitrags bleibt sie für ca. zehn Sekunden in offensichtlich rezeptionsbereiter Haltung (kontinuierlicher Blick aufs Protokoll), dann verlagert sich die Hauptblickrichtung aufs Keyboard, mit einigen eingeschobenen kurzen Blickrichtungswechseln in Richtung des Protokolls und des Texteingabeformularfelds – möglicherweise Ausdruck der Planung eines neuen Projekts bzw. der Vorbereitung der Realisierung einer entsprechenden Produktionseinheit. Um 11:19:09 und damit 23 Sekunden nach Verschickung ihres letzten Beitrags bzw. 13 Sekunden nach Aufgabe der Rezeptionshaltung beginnt *jecom* mit neuerlicher Texteingabe. Um 11:19:13 fällt ihr Blick wieder aufs Protokoll, um 11:19:14 wird die Texteingabe unterbrochen. Um 11:19:16 beginnt *jecom* mit der Löschung des Eingegeben, offenbar verursacht durch die Verarbeitung oder zumindest Kenntnisnahme des um 11:19:11 im Protokoll eingetroffenen Fragebeitrags von *bsommer*.

Möglicherweise beinhaltete das von *jecom* ab 11:19:09 teilrealisierte Projekt das Vorhaben, eine Ergänzungsfrage folgen zu lassen, mit welcher ein Ratschlag für künftige Fälle wie den in 11:18:46 beschriebenen eingeholt werden sollte. Möglicherweise war sich *jecom* in Anbetracht der längeren „Pause" nach Verschickung ihres Beitrags in 11:18:46 nicht sicher, ob die Expertin auf eine weitere Fortsetzung ihrer Schilderung wartet; möglicherweise wollte sie durch den Anschluss einer Frage zum Thema des Geschilderten diesbezüglich Klarheit schaffen und zugleich den Ball wieder an die Expertin zurückspielen, um diese zur Formulierung eines Ratschlags zu veranlassen. Durch den in 11:19:13 bemerkten Fragebeitrag der Expertin hat sich dieses Vorhaben dann erledigt, da damit deutlich wird, dass die Expertin offenbar noch weitere Informationen zum Sachverhalt abfragen möchte. Angenommen, *jecom* hat im Zeitraum 11:19:13–11:19:14, während dem sie nachweislich aufs Bildschirmprotokoll blickt, den Beitrag der Expertin nicht nur zur Kenntnis genommen, sondern auch verarbeitet, dann hätte sie im Anschluss prinzipiell zwei Möglichkeiten gehabt: entweder so zu tun, als habe sie den Beitrag nicht bemerkt, um zunächst die Realisierung ihres bislang erst zum Teil versprachlichten Projekts fortzuführen, oder aber die Frage der Expertin als starke Verpflichtung zur Realisierung einer dadurch vorstrukturierten Folgehandlung anzusehen und – Kooperationsprinzip! – dieser Verpflichtung unmittelbar nachzukommen. Offenbar entscheidet sich *jecom* für zweitere Option – ihr nach erfolgter Löschung des Eingegebenen um 11:19:24 begonnenes neues Projekt rekurriert eindeutig auf die in der Frage der Expertin thematisierten E-Mails. Ob die erste Option (‚so tun, als ob die zwischenzeitlich eingetroffene Frage nicht bemerkt wurde') für *jecom* tatsächlich zur Verfügung stand, muss offen bleiben. Denkbar wäre auch, dass es für sie ganz selbstverständlich ist, einen im Rahmen einer synchronen Kommunikationssituation neu wahrgenommenen Partnerbeitrag, der sie zu einer kooperativen Folgehandlung verpflichtet, ähnlich wie in mündlichen Diskursen unmittelbar zu respondieren und dafür ggf. andere aktuell verfolgte Pläne zunächst einmal hintenan zu stellen.

Protokollverlauf		ZEIT	Produktionsaktivitäten (Bildschirm) *jecom*	Blick
jecom: Bei einer Käuferin von mir kam mir das nämlich komisch vor, da diese Frau nicht einmal wußte was Anti Norton ist		11:16:52	**VERSCHICKEN**	[...]
		[...]		
bsommer: Wirklich? Erzählen Sie doch mal genaueres. :-)		11:17:14	[...]	
		[...]		
jecom: Die Käuferin sah mir eher so aus, dass sämtliche Freunde und Bekannte ihre MItgliedschaft bei eBay nutzen und die TRansaktionen für sie Erledigen, eas man auch schon an Hand der E-mails lesen konnte		11:18:46	**VERSCHICKEN**	Form
		11:18:47		Pro
		11:18:54		
		11:18:56		
		11:18:57		Form | Pro
		11:18:59		
		11:19:00		Key
		11:19:02		
		11:19:03		Pro | Form
		11:19:04		Key
		11:19:06		
		11:19:07		Form | Pro
		11:19:08		Key 1 Form
	t_1	11:19:09	Wie kann ich denn	
bsommer: Was war an den Emails so komisch?		11:19:11		
		11:19:12		
		11:19:13		Pro
	t_2	11:19:14		
		11:19:15		Form
	t_3	11:19:16	~~Wie kann ich denn~~	
		11:19:18		

Protokollverlauf	ZEIT	Produktionsaktivitäten (Bildschirm) *jecom*	Blick
	t_4 11:19:19		Pro
	11:19:20		
	11:19:21		Key
	t_5 11:19:24	Die E-mails hatten jedes-mals [...]	
[...]			
jecom: Die E-mails hatten jedes-mals eine andere Art und Weise, um an Informationen zu kommen. Allein an der Rechtschreibung hat man das schon gesehen	11:20:27	**VERSCHICKEN**	

Fallbeispiel 19: jecom 11:26:09 – 2a, extrinsisch

Umfang Text: 40 Anschläge
Dauer Produktion: 12 s
Abstand Produktion–Löschen: 3 s
Abstand zu erneuter Produktion: >20 s

Analyse:

jecom hat einen Fall geschildert, in welchem sich die Käuferin eines von ihr angebotenen Artikels nachträglich zur persönlichen Übergabe der Ware mit deren Zustand nicht zufrieden zeigte. *bsommers* Entscheidungsfrage in 11:24:27 „Sie haben dafür eine negative kassiert?" thematisiert den Sachverhalt, ob die Käuferin aus diesem Grund bei *eBay* eine schlechte Verkäuferbewertung für *jecom* abgegeben habe. In der Folge signalisiert *jecom* vom berichteten Fall ausgehend ein Beratungsanliegen dazu, wie man sich in solchen Fällen am besten verhalte. *bsommer* regt in der Sequenz 11:25:02 und 11:25:07 *jecom* dazu an, ihr Anliegen auf eine bestimmte Art der Kaufabwicklung („persönliche Übergabe oder Überweisung") zu beziehen; der von *jecom* um 11:25:24 verschickte Beitrag knüpft offenbar lediglich an den ersten Teil von *bsommers* Sequenz an (der Beitrag um 11:25:07 wurde vor Aufnahme der Produktionstätigkeit aufgrund fehlenden Protokollblicks aller Wahrscheinlichkeit nach von ihr nicht mehr bemerkt) – dies wird von *jecom* nachträglich aber offensichtlich nicht als Problem aufgefasst; zumindest wird die Tatsache, dass ihr Beitrag nicht in Kenntnis auch des zweiten Teils der Sequenz produziert wurde, von ihr nicht thematisiert. Stattdessen wartet sie nach der Verschickung offenbar auf eine Reaktion seitens der Expertin. Diese trifft nach 15 Sekunden ein, ebenfalls wieder in Form eines im Splitting-Modus realisierten Projekts. Mit dem Beitrag um

11:25:46 kognizierte *jecom* die Sequenz offenbar als soweit vollständig, dass mit einem Folgebeitrag daran angeschlossen werden kann. sechs Sekunden nach Eintreffen des letzten Beitrags von *bsommer* lässt ihr Blickverhalten annehmen, dass eine Entscheidung zur Produktion gefallen ist (Verlagerung der Hauptblickrichtung vom Bildschirmverlaufsprotokoll auf das Keyboard), weitere zwei Sekunden später beginnt sie mit der Texteingabe. Um 11:26:06 blickt *jecom* wieder aufs Protokoll und findet dort zwei zwischenzeitlich eingetroffene neue Beiträge der Expertin (11:25:56 und 11:26:04) vor, deren zweiter zudem am Ende syntaktisch offen gestaltet ist und den Anschluss weiterer Beiträge erwarten lässt. Thematisch lässt sich der zuletzt angezeigte Beitrag („Falls er darauf jedoch nicht reagiert") zudem so deuten, dass seine syntaktisch angekündigte Fortsetzung Informationen zu genau demjenigen Thema erwarten lässt, auf welches sich das offenbar auf die Realisierung einer Ergänzungsfrage gerichtete aktuelle Projekt von *jecom* bezieht. Um 11:26:09 beginnt *jecom* daher mit der Löschung des von ihr eingegebenen Textes „Aber auch wenn das Reden nichts gebracht".

Protokollverlauf	**ZEIT**	**Produktionsaktivitäten (Bildschirm) *jecom***	**Blick**
jecom: Die Käuferin kam auch pünktlich zum vereinbarten Ort, um die Ware abzuholen, jedoch schaute sie sich die Ware nicht einmal genau an und meinte von ihrer Seite aus wäre alles in Ordnung.Wie man an meiner Bewertung später sehen konnte, paßte es ihr nicht, dass die Ware nicht noch mal frisch gereinigt wurde	11:23:36	[...]	
	[...]		
bsommer: Sie haben dafür eine negative kassiert?	11:24:27	[...]	
	[...]		
jecom: Genau das. Wie hätte ich mich denn am besten verhalten, wenn die Frau sich geweigert hätte zu bezahlen?	11:24:45	[...]	[...]
bsommer: Meinen Sie jetzt bei der persönlichen Übergabe	11:25:02		
	11:25:06		Key 2 Form
bsommer: oder bei einer Überweisung?	11:25:07		
	11:25:08	Das auch	
	11:25:10		

Protokollverlauf	ZEIT	Produktionsaktivitäten (Bildschirm) *jecom*	Blick
	11:25:13	~~a~~, aber auch so ganz generell **VERSCHICKEN**	
	11:25:14		Form
	11:25:15		
	11:25:16		Key
	11:25:23		
jecom: Das auch, aber auch so ganz generell	11:25:24		Pro
bsommer: Normalerweise soll man immer versuchen	11:25:39		
bsommer: mit dem Käufer zu reden	11:25:43		
bsommer: um alles zu klären	11:25:46		
	11:25:51		
	11:25:52		Key 1 Pro 2 Form
	t1 11:25:54	Aber auch wenn das Reden nichts gebracht	
bsommer: Sprich mehrere Mails schreiben und zur Bezahlung auffordern	11:25:56		
bsommer: Falls er darauf jedoch nicht reagiert	11:26:04		
	11:26:05		
	t2 11:26:06		Pro 1 Form
	t3 11:26:09	~~Aber auch wenn das Reden nichts gebracht~~	
	11:26:10		Form
	11:26:12		
	t4 11:26:13		Pro
bsommer: können Sie bei eBay einen nicht bezahlten Artikel melden	11:26:17		
bsommer: Der Käufer erhält daraufhin eine Email	11:26:24		
bsommer: in der er aufgefordert wird, die Zahlung vorzunehmen.	11:26:32		
[...]	11:26:36		
	11:26:37		[...]
	t5 11:26:38	Soweit hatte ich das schon mal gemacht aber auch daraufhin	
	11:26:57		

Fallbeispiel 20: jecom 11:26:59 – 2a, extrinsisch

Umfang Text:	58 Anschläge
Dauer Produktion:	19 s
Abstand Produktion–Löschen:	2 s
Abstand zu erneuter Produktion:	18 s

Analyse:

Die Sequenz schließt direkt an Fallbeispiel 19 an; Zeitpunkt t_1 stellt zugleich Zeitpunkt t_5 der vorigen Sequenz dar. Nachdem bereits die Löschung in Fallbeispiel 19 durch die Fehldeutung des Abschlusses einer Splitting-Sequenz der Expertin zustande kam, hat auch in diesem Fall die Löschung damit zu tun, dass für *jecom* erst nachträglich ersichtlich wird, dass die Expertin – obwohl ihr zuletzt angezeigter Beitrag syntaktisch abgeschlossen und mit einem Punkt endete – mit dem, was sie „in einem Zug" vorbringt, noch nicht zu Ende ist. Auch in diesem Fall verzichtet *jecom* auf die weitere Realisierung ihres Projekts, da sich durch die zwischenzeitlich neu eingetroffenen und während der Texteingabe bemerkten Beiträge der Expertin (11:26:43/11:26:52: „Falls er auch darauf nicht reagiert / können Sie vom Kaufvertrag zurücktreten") erneut ankündigt, dass das, was *jecom* aktuell erfragen möchte, gerade ohnehin von der Expertin versprachlicht wird. Sie löscht daher ab 11:26:59 ihre Produktionseinheit „Soweit hatte ich das schon mal gemacht aber auch daraufhin" wieder und begibt sich erst einmal in Rezeptionshaltung. Dies beweist ihr 13 Sekunden währender Blick auf das Verlaufsprotokoll ab 12:27:03.

Offenbar hat *jecom* spätestens mit dieser erneuten Komplettlöschung erkannt, dass, wenn der Partner über einen gewissen Zeitraum kontinuierlich eine Splitting-Strategie anwendet und damit versucht, temporär ein funktionales Pendant zum Rederecht der Mündlichkeit durchzusetzen (vgl. Kap. 4.5.4.1), die zielführendste Technik, um ein eigenes Projekt in Angriff zu nehmen, darin besteht, ebenfalls die Splitting-Technik anzuwenden. Dadurch verkürzt sich die Produktionszeit für den einzelnen Beitrag und erhöht sich die Chance, mit dem die Splittingsequenz initiierenden Beitrag zeitnah zum zuletzt wahrgenommenen Stand des Kommunikationsverlaufs ins Verlaufsprotokoll zu kommen. Spätestens um 11:27:17 scheint *jecom* sich dazu zu entschließen, erneut mit der Versprachlichung eines Projekts zu starten – ihr für diesen Zeitpunkt bezeugtes Kopfschütteln kann man dahingehend deuten, dass die von *bsommer* gegebene Information ihr in 11:24:45 vorgetragenes Anliegen nach wie vor nicht (restlos) befriedigt. Um 11:27:21 beginnt sie mit erneuter Texteingabe („Wenn ich mit"), um 11:27:28 setzt sie die Versprachlichung nach vier Sekunden Unterbrechung, aber ohne zwischenzeitlich das Verlaufsprotokoll überprüft zu haben, fort („einem Kaufvertrag die Ware"). Um 11:27:36 fällt ihr Blick aufs Verlaufsprotokoll und findet einen zwischenzeitlich um 11:27:23 eingetroffenen neuen Beitrag der Expertin vor. Vermutlich evaluiert sie in den folgenden zwei Sekunden, in welchen sie auf den im Texteingabeformularfeld stehenden, bereits eingegebenen Text fokussiert, ob ihr in Versprachlichung befindliches Projekt nach wie vor zum veränderten Stand des Kommunikationsverlaufs passt. Die Evaluation führt zu einem positiven Befund – der Beitrag von *bsommer* kann als ein abschließender Verweis auf eine Ressource für weiterführende Informationen zum Thema ‚Rücktritt vom Kaufvertrag' gedeutet werden. Um 11:27:39 verschickt *jecom* ihr Produkt „Wenn ich mit einem Kaufvertrag die Ware" an den Server; die syntaktische Konstruktion ist offen, kündigt einen Folgebeitrag an und initiiert eine Splitting-Sequenz. Unmittelbar nach Ausführung der Verschickungshandlung setzt *jecom* die Texteingabe fort; dabei sind keine nennenswerten Unterbrechungen oder erneuten Überprüfungen des Verlaufsprotokolls zu verzeichnen. Um 11:27:59 wird als zweiter Teil der Splitting-Sequenz das Produkt „übergeben habe und danach Schadensmeldungen bei mir ankommen" verschickt. Auch dieser Beitrag ist mit einer syntaktischen Fortsetzungsmarkierung ausgestattet. Auch nach Ausführung dieser zweiten Verschickungshandlung produziert *jecom* unmittelbar weiter, auch wieder kontinuierlich und ohne Unterbrechungen oder Blickwechseln in Richtung des Verlaufsprotokolls. Erst mit Ausführen der nächsten Verschickungshandlung um 11:28:09 wird wieder aufs Protokoll geblickt. Der dritte verschickte Beitrag („wie kann ich dann richtig reagieren?") beschließt die Splitting-Sequenz, ohne dass in den 30 Sekunden zwischen der Anzeige des ersten und des letzten Teils der Sequenz ein neuer Beitrag von *bsommer* in der Anzeige verzeichnet wurde.

Insgesamt finden sich im Chat-Teilnahme-Ereignis der Probandin *jecom* fünf Fälle der Anwendung einer solchen Splitting-Technik. Die hier beschriebene Sequenz zeigt den ersten dieser fünf Fälle. Insgesamt verfügte die Probandin *jecom* über bestenfalls durchschnittliche Chat-Vorerfahrung (laut eigener Angabe lediglich sporadische Nutzung von Chat-Angeboten), auch weist ihre Produktionsrate sie als eine vergleichsweise langsame Tipperin aus (31,6 Sekunden bei einem Durchschnitt von 25,1 im untersuchten Korpus; vgl. Abb. 6-4). Es darf spekuliert werden, dass *jecom* zuvor möglicherweise noch nie gesplittet und sich in diesem Chat mit *bsommer* die Splitting-Technik durch Nachahmung angeeignet hat. Der hier bezeugte Fall wäre dann ihr allererstes erfolgreiches Splitting-Projekt.

Protokollverlauf	ZEIT	Produktionsaktivitäten (Bildschirm) *jecom*	Blick	Anmerkungen
jecom: Genau das. Wie hätte ich mich denn am besten verhalten, wenn die Frau sich geweigert hätte zu bezahlen?	11:24:45	[...]		
[...]				
bsommer: Normalerweise soll man immer versuchen	11:25:39		[...]	
bsommer: mit dem Käufer zu reden	11:25:43			
bsommer: um alles zu klären	11:25:46			
	11:25:51			
	11:25:52		Key 1 Pro 2 Form	
	11:25:54	Aber auch wenn das Reden nichts gebracht		
bsommer: Sprich mehrere Mails schreiben und zur Bezahlung auffordern	11:25:56			
bsommer: Falls er darauf jedoch nicht reagiert	11:26:04			
	11:26:05			
	11:26:06		Pro 1 Form	
	11:26:09	~~Aber auch wenn das Reden nichts gebracht~~		
	11:26:10		Form	
	11:26:12			
	11:26:13		Pro	*stützt das Kinn in die Hand*
bsommer: können Sie bei eBay einen nicht bezahlten Artikel melden	11:26:17			
bsommer: Der Käufer erhält daraufhin eine E-mail	11:26:24			
bsommer: in der er aufgefordert wird, die Zahlung vorzunehmen.	11:26:32			
	11:26:36			
	11:26:37		Key 1 Pro 1 Form 1 Pro	
	t_1 11:26:38	Soweit hatte ich das schon mal gemacht aber auch daraufhin		
bsommer: Falls er auch darauf nicht reagiert	11:26:43			

Protokollverlauf	ZEIT	Produktionsaktivitäten (Bildschirm) *jecom*	Blick	Anmerkungen
bsommer: können Sie vom Kaufvertrag zurücktreten	11:26:52			
	11:26:53		Pro	
	11:26:54			
	11:26:55		Key	
	11:26:56			
	t₂ 11:26:57		Form 1 Pro	
	t₃ 11:26:59	~~Soweit hatte ich das schon mal gemacht aber auch daraufhin~~		*stützt das Kinn in die Hand*
bsommer: und die eBay-Gebühren zurückerstattet bekommen.	11:27:02			
	t₄ 11:27:03		Pro 1 Form	
	11:27:10			*zieht Augenbrauen leicht hoch*
	11:27:16			
	11:27:17		Form	*schüttelt leicht den Kopf*
	11:27:18		Pro	
	11:27:19		Key 1 Pro	
	t₅ 11:27:21	Wenn ich mit		
	11:27:22			
bsommer: Den Link dazu kann man bei eBay finden	11:27:23		Pro | Form | Key | Form | Key | Form	
	11:27:24			
	11:27:28	einem Kaufvertrag die Ware		
	11:27:29		Key 1 Form	
	11:27:35			
	11:27:36		Pro	
	11:26:37		Form	
	11:26:38			
jecom: Wenn ich mit einem Kaufvertrag die Ware	11:27:39	**VERSCHICKEN**	Key 2 Form 1 Pro	

Protokollverlauf	ZEIT	Produktionsaktivitäten (Bildschirm) *jecom*	Blick	Anmerkungen
	11:27:40	übergeben habe und danach Schadensmeldungen bei mir ankommen **VERSCHICKEN**		
jecom: übergeben habe und danach Schadensmeldungen bei mir ankommen	11:27:59			
	11:28:00	wie kann ich dann richtig reagieren? **VERSCHICKEN**		
	11:28:08			
jecom: wie kann ich dann richtig reagieren?	11:28:09		Pro	

Fallbeispiel 21: jecom 11:29:18 – 2a, extrinsisch

Umfang Text:	41 Anschläge
Dauer Produktion:	23 s
Abstand Produktion–Löschen:	6 s
Abstand zu erneuter Produktion:	4 s

Analyse:

Mit ihren Beiträgen um 11:28:33 und 11:28:40 beginnt *bsommer* eine Antwort (im Splitting-Modus) auf die mit *jecoms* Sequenz 11:27:39–11:28:09 formulierte Ergänzungsfrage. Die Antwort der Expertin, so wie sie von *jecom* zum Zeitpunkt 11:28:40 konstituiert werden kann, thematisiert allerdings erneut den Versand von Artikeln und nicht den Fall einer persönlich erfolgten Übergabe (der *jecom*, wie die Vorgeschichte zeigt, offenbar speziell interessiert, da sie eine entsprechende negative Erfahrung gemacht hat; vgl. Fallbeispiel 19, Beitrag 11:23:36). Dieses Missverständnis ist in der hier dokumentierten Passage möglicherweise auf die Formulierung der Frage zurückzuführen (das Verb ‚übergeben' wurde von *bsommer* möglicherweise als nicht spezifisch auf persönliche Übergabe, sondern als allgemeiner Bezeichner für den Übergang einer veräußerten Ware an einen Kunden – also auch per Versandhandel – bezogen gedeutet). Da die Beiträge von *bsommer* um 11:28:33 und 11:28:40 aufgrund der syntaktischen Geschlossenheit des zweiten Beitrags sowie des Punktes am Ende als vollständig ausgeführter Antwortzug aufgefasst werden können, entschließt sich *jecom*, noch einmal zu spezifizieren, dass sie – bezogen auf den zuvor von ihr geschilderten Fall – speziell an Tipps zu Schadensmeldungen nach persönlicher Übergabe der Ware durch den Verkäufer interessiert sei. Um 11:28:49 beginnt sie mit der Eingabe des Textstücks „Die Geräte", um 11:28:52 bemerkt sie im Protokoll einen neuen Beitrag von *bsommer*; dieser neue Beitrag ändert aber nichts an der Tatsache, dass die Expertin noch nicht zu Fällen einer persönlichen Übergabe der Ware Stellung genommen hat. *jecom* führt daher ab 11:28:57 ihre Texteingabe fort mit „wurden persönlich abgeholt und". Um 11:29:12 blickt sie erneut aufs Protokoll und findet dort drei weitere Beiträge der Expertin vor, mit welchen diese nun nicht nur Bezug nimmt auf Fälle persönlicher Übergabe, sondern auch erkennen lässt, dass ihr der von *jecom* in der Vorkommunikation geschilderte Fall nach wie vor präsent ist. Das, was *jecom* mit ihrem in Versprachlichung befindlichen Projekt zu thematisieren beabsichtigte, erweist sich somit als mittlerweile von der Expertin thematisiert. Der entsprechende Handlungsplan hat sich somit erledigt, ab 11:29:18 löscht *jecom* daher das Eingegebene wieder.

Protokollverlauf	**ZEIT**	**Produktionsaktivitäten (Bildschirm)** ***jecom***	**Blick**	**Anmerkungen**
jecom: Wenn ich mit einem Kaufvertrag die Ware	11:27:39	[...]		
jecom: übergeben habe und danach Schadensmeldungen bei mir ankommen	11:27:59			
jecom: wie kann ich dann richtig reagieren?	11:28:09			
	11:28:10		Pro$^{\circ-\circ-\circ}$ 1 Form	*stützt das Kinn in die Hand; blickt zwischendurch kurz auf zurückliegende Teile des Protokolls*
bsommer: Im Falle des Versands sollte man überlegen	11:28:33			
bsommer: ob der Schaden evtl. beim Transport passiert ist.	11:28:40			
	11:28:46			
	11:28:47		Key	
	t_1 11:28:49	Die Geräte		
	11:28:51			
bsommer: In so einem Fall ist der Paketdienst dann verantwortlich.	11:28:52		Pro	
	11:28:54			
	11:28:55		Form	
	11:28:56			
	11:28:57	wurden persönlich abgeholt und	Key 1 Form	
bsommer: Wenn Sie die Ware jedoch persönlich übergeben	11:29:03			

<table>
<tr><th>Protokollverlauf</th><th>ZEIT</th><th>Produktionsaktivitäten (Bildschirm) jecom</th><th>Blick</th><th>Anmerkungen</th></tr>
<tr><td>bsommer: wie in Ihrem Fall</td><td>11:29:06</td><td></td><td></td><td></td></tr>
<tr><td></td><td>11:29:08</td><td></td><td></td><td></td></tr>
<tr><td></td><td>11:29:09</td><td></td><td>Form | Pro | Key</td><td></td></tr>
<tr><td></td><td>11:29:11</td><td></td><td></td><td></td></tr>
<tr><td>bsommer: hat der Käufer ja das Recht</td><td>t_2 11:29:12</td><td></td><td>Pro
2 Form</td><td></td></tr>
<tr><td></td><td>11:29:13</td><td></td><td></td><td>stützt das Kinn in die Hand</td></tr>
<tr><td></td><td>t_3 11:29:18</td><td>~~Die Geräte wurden persönlich abgeholt und~~</td><td></td><td></td></tr>
<tr><td>bsommer: sie auf evtl. Mängel zu überprüfen.</td><td>11:29:19</td><td></td><td></td><td></td></tr>
<tr><td></td><td>T_4 11:29:20</td><td></td><td></td><td></td></tr>
<tr><td></td><td>11:29:22</td><td></td><td></td><td></td></tr>
<tr><td></td><td>11:29:23</td><td></td><td>Key | Pro | Key | Pro | Key</td><td></td></tr>
<tr><td></td><td>t_5 11:29:24</td><td>das wurde auch getan VERSCHICKEN</td><td></td><td></td></tr>
<tr><td></td><td>11:29:30</td><td></td><td></td><td></td></tr>
<tr><td>jecom: das wurde auch getan</td><td>11:29:31</td><td></td><td>Pro</td><td></td></tr>
</table>

Fallbeispiel 22: jecom 11:29:44 – 2a, extrinsisch

Umfang Text: 20 Anschläge
Dauer Produktion: 4 s
Abstand Produktion–Löschen: 4 s
Abstand zu erneuter Produktion: 11 s

Analyse:

Die Sequenz schließt an den zu Fallbeispiel 21 wiedergegebenen Ausschnitt an. *jecom* hat mit ihrem Beitrag um 11:29:31 die von *bsommer* formulierte Handlungsoption für Käufer bei persönlicher Übergabe („hat … das Recht sie auf evtl. Mängel zu überprüfen") als auf den von ihr geschilderten Fall (vgl. Fallbeispiel 19, Beitrag 11:23:36) zutreffend qualifiziert („das wurde auch getan"). Anschließend blickt sie für zwei Sekunden aufs Protokoll und stützt dabei das Kinn in die Hand – möglicherweise ein Hinweis darauf, dass *jecom* nach Verschickung ihres um 11:29:31 angezeigten Beitrags nicht vorhatte, unmittelbar erneut zu produzieren, sondern zunächst die weiteren Erläuterungen der Expertin abzuwarten. Da jedoch nicht unmittelbar ein weiterer Beitrag der Expertin im Protokoll erscheint, beginnt *jecom* um 11:29:36 mit erneuter Produktion; die dabei entstehende

Produktionseinheit gestaltet sie initial syntaktisch offen, was den Anschein erwecken mag, als seien der Beitrag um 11:29:31 sowie die Produktionseinheit zum Stand 11:29:40 insgesamt als ein Projekt im Splitting-Modus intendiert gewesen. Aufgrund der Hinweise auf eine zwischenzeitlich (wenn auch nur kurz) eingenommene, eher rezeptiv ausgerichtete Haltung (Protokollblick plus Abzug einer Hand von der Tastatur) kann die um 11:29:36 begonnene Produktionseinheit jedoch auch als neues Projekt angesehen werden, mit welchem *jecom* ihrerseits weitere Erläuterungen zu dem von ihr beschriebenen Fall nachschieben möchte. Die syntaktische Offenheit mit ‚und'-Anschluss wäre dann eher Mittel zur Indizierung thematischer Kontinuität als Mittel zur Kennzeichnung der Anwendung einer Splitting-Technik. Spätestens um 11:29:41 stellt *jecom* durch erneuten Blick auf das Bildschirmverlaufsprotokoll fest, dass *bsommer* mit einem neuen Beitrag direkt Bezug nimmt auf die von ihr in 11:29:31 formulierte Bestätigung einer erfolgten Prüfung der Ware durch den Käufer bei Übergabe. Da sich *bsommer* somit thematisch kohärent auf den letzten von *jecom* angezeigten Beitrag bezieht, verzichtet *jecom* auf die geplante weitere Erläuterung zu dem, was sich bei der Übergabe der Ware zugetragen hat und löscht ab 11:29:44 den eingegebenen Text wieder.

Protokollverlauf	**ZEIT**	**Produktionsaktivitäten (Bildschirm) *jecom***	**Blick**	**Anmerkungen**
bsommer: Wenn Sie die Ware jedoch persönlich übergeben	11:29:03	[…]	[…]	[…]
bsommer: wie in Ihrem Fall	11:29:06			
bsommer: hat der Käufer ja das Recht	11:29:12			
bsommer: sie auf evtl. Mängel zu überprüfen.	11:29:19			
jecom: das wurde auch getan	11:29:31			
	11:29:32		Pro	*stützt das Kinn in die Hand*
	11:29:34			
	11:29:35		Key	
	t_1 11:29:36	und bei der Übergabe		
	11:29:39			
bsommer: In so einem Fall darf der Käufer sich eigentlich nicht beschweren hinterher.	**t_2** 11:29.40		Form | Pro	
	11:29:41		Pro	

Protokollverlauf	ZEIT	Produktionsaktivitäten (Bildschirm) *jecom*	Blick	Anmerkungen
	11:29:42			*stützt das Kinn in die Hand*
	11:29:43		Form	
	t_3 11:29:44	~~und bei der Übergabe~~		
	11:29:45			
	t_4 11:29:46		Pro	
	11:29:51			
	11:29:52		Form	
	11:29:53			
	11:29:54			
	11:29:55		Pro	*räuspert sich*
	11:29:56		Key | Form | Key | Form | Pro | Key	
	t_5 11:29:57	kann ich denn		
	11:29:59			
bsommer: Aus Kulanz kann man natürlich dennoch die Ware zurücknehmen	11:30:00		Pro	

Fallbeispiel 23: jecom 11:30:17 – 2a, extrinsisch

Umfang Text: 22 Anschläge
Dauer Produktion: 13 s
Abstand Produktion–Löschen: 7 s
Abstand zu erneuter Produktion: 4 s

Analyse:

Die Sequenz schließt direkt an Fallbeispiel 22 an; Zeitpunkt t_1 stellt zugleich Zeitpunkt t_5 der vorigen Sequenz dar. Nachdem ein erneuter Protokollblick neun Sekunden nach erfolgter Löschung der in Fallbeispiel 22 beschriebenen Produktionseinheit ergeben hat, dass nach wie vor keine weiteren Beiträge der Expertin ins Protokoll gekommen sind, startet *jecom* um 11:29:57 mit der Versprachlichung eines neuen Projekts („kann ich denn"), unterbricht die Texteingabe um 11:30:00, da bei erneutem Protokollblick das Eintreffen eines neuen Beitrags von *bsommer* bemerkt wird. Dieser Beitrag stellt – thematisch und/oder handlungslogisch – offenbar noch kein Problem für die Fortsetzung des aktuell verfolgten Projekts dar, denn sieben Sekunden später setzt *jecom* die Texteingabe fort („schon an"). Ein Protokollblick um 11:30:10 führt zur erneuten Unterbrechung der

Texteingabe; der dabei bemerkte weitere Beitrag von *bsommer* veranlasst *jecom* zu einem erneuten siebensekündigen Blick aufs Protokoll, diesmal wird sogar eine Hand von der Tastatur abgezogen, was möglicherweise ein Hinweis darauf sein kann, dass bereits um 11:30:11 das aktuell verfolgte Projekt aufgegeben wurde. Da die Produktionseinheit zum Stand 11:30:10 („kann ich denn schon an") zu wenig spezifisch ist, um das unterliegende Projekt zu rekonstruieren, lässt sich nicht sagen, welche Gründe hier zum Abbruch des Projekts geführt haben könnten. Dass die Löschung allerdings mit großer Wahrscheinlichkeit extrinsisch motiviert ist, lässt sich an den ausführlichen Protokollblicken während der Texteingabe (einmal sogar mit eindeutig feststellbaren Pupillenbewegungen in Textverlaufsrichtung) festmachen.

Protokollverlauf	**ZEIT**	**Produktionsaktivitäten (Bildschirm)** ***jecom***	**Blick**	**Anmerkungen**
	11:29:55		Pro	*räuspert sich*
	11:29:56		Key | Form | Key | Form | Pro | Key	
	t_1 11:29:57	kann ich denn		
	11:29:59			
bsommer: Aus Kulanz kann man natürlich dennoch die Ware zurücknehmen	11:30:00		Pro	
	11:30:06			
	11:30:07	schon an	Key	
	11:30:08			
	11:30:09		Form	
bsommer: wenn sich der Mangel schon vorher an der Ware befunden hat.	t_2 11:30:10		Pro	
	11:30:11		Pro$^{\circ-\circ-\circ}$	*stützt das Kinn in die Hand*
	11:30:16			
	t_3 11:30:17	~~kann ich denn schon an~~	Form	
	11:30:18			
	t_4 11:30:19		Pro	
	11:30:21			
	11:30:22		Form | Key | Form | Pro | Form	
	t_5 11:30:23	erkenne		
	11:30:24			

Fallbeispiel 24: jecom 11:31:01 – 2a, extrinsisch

Umfang Text:	49 Anschläge
Dauer Produktion:	20 s
Abstand Produktion–Löschen:	11 s
Abstand zu erneuter Produktion:	>20 s

Analyse:

Der nachfolgende Ausschnitt zeigt zwei Fälle von Komplettlöschungen (11:30:27 und 11:31:01). Behandelt wird hier lediglich der zweite Fall, da es sich bei ersterem um einen Fall des Typs 1b handelt, für den die Möglichkeit extrinsischer Motivation ausgeschlossen wurde (vgl. Kap. 6.5).

Das zwischen 11:30:30 und 11:30:50 teilversprachlichte Projekt („gibt es möglichkeiten schon in den beschreibungen") wird abgebrochen, da ab 11:30:52 irritierendes Beitragsverhalten der Expertin festgestellt wird: In schneller Folge kommt sechsmal der gleiche Beitrag ins Verlaufsprotokoll, anschließend verlässt die Expertin den Chat-„Raum". Es handelt sich hierbei um eine vordefinierte Provokation vom Typ ‚Technische Störung', die in den Chat-Ereignissen gezielt lanciert wurde (Erläuterung siehe Kap. 5.1.5.4). Die dadurch verursachte Irritation führt bei *jecom* zum Verzicht auf weitere Texteingabe/-bearbeitung und schließlich zur Löschung des bereits eingegebenen Textes.

<table>
<tr><th>Protokollverlauf</th><th></th><th>ZEIT</th><th>Produktionsaktivitäten (Bildschirm) jecom</th><th>Blick</th></tr>
<tr><td rowspan="13"></td><td></td><td>11:30:22</td><td></td><td rowspan="5">Form | Key | Form | Pro | Form</td></tr>
<tr><td></td><td>11:30:23</td><td rowspan="2">erkenne</td></tr>
<tr><td></td><td>11:30:24</td></tr>
<tr><td></td><td>11:30:27</td><td rowspan="3">~~erkenne~~</td></tr>
<tr><td></td><td>11:30:28</td></tr>
<tr><td></td><td>11:30:29</td><td rowspan="3">Key $_{1\ \mathrm{Form}}$</td></tr>
<tr><td>t_1</td><td>11:30:30</td><td rowspan="7">gibt es möglichkeiten schon in den beschre^{1}4^{1}ibungen</td></tr>
<tr><td></td><td>11:30:39</td></tr>
<tr><td></td><td>11:30:40</td><td>Pro | Form</td></tr>
<tr><td></td><td>11:30:41</td><td rowspan="2">Key</td></tr>
<tr><td></td><td>11:30:45</td></tr>
<tr><td></td><td>11:30:46</td><td rowspan="3">Form $_{3\ \mathrm{Key}}$</td></tr>
<tr><td></td><td>10:30:48</td><td rowspan="2"><u>Del</u> ^{1}4^{1}</td></tr>
<tr><td></td><td>t_2</td><td>11:30:50</td></tr>
<tr><td>bsommer: War die Beschwerde</td><td></td><td>11:30:51</td><td></td><td></td></tr>
</table>

Protokollverlauf	ZEIT	Produktionsaktivitäten (Bildschirm) *jecom*	Blick
der Käuferin in Ihrem Fall berechtigt?			
bsommer: War die Beschwerde der Käuferin in Ihrem Fall berechtigt? **bsommer:** War die Beschwerde der Käuferin in Ihrem Fall berechtigt?	11:30:52		Pro
bsommer: War die Beschwerde der Käuferin in Ihrem Fall berechtigt? **bsommer:** War die Beschwerde der Käuferin in Ihrem Fall berechtigt?	11:30:53		
bsommer: War die Beschwerde der Käuferin in Ihrem Fall berechtigt?	11:30:54		
server: bsommer left the room ebay6	11:30:58		
	11:30:59		
	11:31:00		Form
	t_3 11:31:01	~~gibt es möglichkeiten schon in den beschreibungen~~	
server: bsommer entered the room ebay6 at 11:31:01	11:31:02		
	11:31:03		
server: bsommer left the room ebay6	t_4 11:31:04		Pro 1 Form
	11:31:10		

Fallbeispiel 25: jecom 11:37:37 – 2a, extrinsisch

Umfang Text:	4 Anschläge
Dauer Produktion:	2 s
Abstand Produktion–Löschen:	3 s
Abstand zu erneuter Produktion:	1 s

Analyse:

Der nachfolgende Ausschnitt zeigt zwei Fälle von Komplettlöschungen (11:37:24 und 11:37:37). Behandelt wird hier lediglich der zweite Fall, da es sich bei ersterem um einen Fall des Typs 1b handelt, für den die Möglichkeit extrinsischer Motivation ausgeschlossen wurde (vgl. Kap. 6.5).

Nachdem das irritierende Beitragsverhalten der Expertin sowie ihr Verlassen des Chat-„Raums" (vgl. Fallbeispiel 24) auf eine technisch verursachte Störung zurückgeführt werden konnte und die Expertin wieder zurückgekehrt ist, nimmt *jecom* ihr zuvor (11:31:01) abgebrochenes Projekt erneut in Angriff und fragt danach, ob sich bereits in den Beschreibungen zu angebotenen Waren Hinweise darauf finden lassen, dass der Anbieter ein Betrüger ist. Die Frage, von *jecom* in Form einer zweiteiligen Splitting-Sequenz (11:36:22 und 11:36:49) vorgetragen, ist als Entscheidungsfrage formuliert, zielt aber vermutlich auf eine Ergänzung von Kriterien, wie man anhand der Beschreibungen betrügerische Anbieter entlarven kann, durch die Expertin. In ihrer Antwort entspricht die Expertin aber dem Entscheidungsfragecharakter, die Antwort entspricht somit vermutlich nicht dem, was *jecom* sich davon erwartet hatte. Da ein weiterer Beitrag der Expertin – zum Beispiel mit einer näheren Ausführung zu der mit dem Adverbial ‚normalerweise' getroffenen Einschränkung – fürs erste ausbleibt, startet *jecom* ein neues Projekt, möglicherweise um eine nähere Nachfrage nach typischen verdächtigen Merkmalen in Artikelbeschreibungstexten zu formulieren. Der Beginn mit „gibt" (ab 13:37:18) lässt für den anvisierten Beitrag eine Frageform vermuten. Nach der offensichtlich intrinsisch motivierten Löschung um 13:37:24 startet *jecom* um 13:37:32 erneut, bricht die Texteingabe aufgrund eines zwei Sekunden später qua Protokollblick bemerkten neuen Beitrags von *bsommer* ab und löscht das Eingegebene wieder, um stattdessen unmittelbar in der Folge ein alternatives Projekt („unter anderem würde mich noch interessieren") zu versprachlichen. Da die Produktionseinheit zum Stand 11:37:34 („eine") zu wenig spezifisch ist, um das unterliegende Projekt zu rekonstruieren, lässt sich nicht sagen, welche Gründe hier zum Abbruch des Projekts geführt haben könnten. Dass die Löschung allerdings mit großer Wahrscheinlichkeit extrinsisch motiviert ist, legt aber der Protokollblick nahe, mit welchem die Texteingabe beendet und in dessen Folge das Eingegebene anschließend wieder gelöscht wird. Nicht als Grund für einen Abbruch des Projekts kommt in Betracht, dass der im Verlaufsprotokoll eingetroffene Beitrag *bsommer*s als syntaktisch offen interpretiert werden kann und eine Fortführung erwarten lässt; ansonsten wäre unwahrscheinlich, dass *jecom* unmittelbar nach erfolgter Löschung mit der Realisierung eines neuen Projekts beginnt (den zwischenzeitlich um 11:37:38 eingetroffenen zweiten Teil von *bsommer*s Splitting-Sequenz hat sie nach Datenlage noch nicht entdeckt).

Protokollverlauf	ZEIT	Produktionsaktivitäten (Bildschirm) *jecom*	Blick
server: bsommer entered the room ebay6 at 11:34:32	11:34:32	[…]	
[…]			

Protokollverlauf	**ZEIT**	**Produktionsaktivitäten (Bildschirm)** ***jecom***	**Blick**
bsommer: Sorry, mich hat's hier mehrfach rausgeschmissen ... :-(	11:35:30	[...]	[...]
bsommer: Blöde Technik!	11:36:01		
jecom: Macht ja nichts.	11:36:05		
bsommer: Wo waren wir?	11:36:07		
jecom: kann man an den Beschreibungen der Ware	11:36:22		
jecom: schon erkennen, ob man sich damit selbst ans Bein pinklet?	11:36:49		
	11:36:50		
	11:36:58		
	11:36:59		Pro$^{\circ-\circ-\circ}$
bsommer: Hm, normalerweise nicht.	11:37:12		
	11:37:14		
	11:37:15		Form
	11:37:16		Key
	11:37:18	gi	
	11:37:19		Pro
	11:37:20		
	11:37:21		Key
	11:37:22	bt	Form 1 Key
	11:37:23		
	11:37:24	~~gibt~~	Pro
	11:37:25		Key
	11:37:27		
	11:37:28		Form | Pro
	11:37:29		Key
	t_1 11:37:32	eine	
	11:37:33		Form
bsommer: Betrüger machen ihre Beschreibungen ja extra so auf	t_2 11:37:34		Pro
	11:37:35		
	11:37:36		Form
	t_3 11:37:37	~~eine~~	
bsommer: damit man eben nichts	t_4 11:37:38		Key 1 Form

Protokollverlauf	ZEIT	Produktionsaktivitäten (Bildschirm) *jecom*	Blick
merkt.			1 Pro 1 Form
	t_5 11.37:39	unter anderem würde mich noch interessieren	
	11:37:53		

Fallbeispiel 26: jecom 11:42:17 – 2a, extrinsisch

Umfang Text: 6 Anschläge
Dauer Produktion: 2 s
Abstand Produktion–Löschen: 4 s
Abstand zu erneuter Produktion: 1 s

Analyse:

Der Beitrag von *bsommer* um 11:42:04 kann als vollständig ausgeführte Antwort auf die von *jecom* um 11:41:30 gestellte Frage gedeutet werden. *jecom* beginnt sieben Sekunden nach Anzeige des Beitrags von *bsommer* ein neues eigenes Projekt, bricht dieses aber um 11:42:13 ab, als sie einen weiteren Beitrag von *bsommer* in der Anzeige bemerkt, der den vorigen fortführt. *jecom* löscht daraufhin den bislang eingegebenen Text („welche") und beginnt unmittelbar mit erneuter Texteingabe („hätten sie denn dann einen tipp so von verkäufer zu verkäufer").

Protokollverlauf	ZEIT	Produktionsaktivitäten (Bildschirm) *jecom*	Blick
jecom: jetzt würde mich aber mal interessieren weshalb sie sich auf ebay spezialisiert haben	11:41:30		Form
	11:41:31		Pro
	11:41:49		
	11:41:50		Form
	11:41:51		
	11:41:52		Pro
	11:42:00		
bsommer: Ich kaufe und verkaufe schon seit 5 Jahren sehr gerne dort	11:42:04		
	11:42:07		
	11:42:08		(off)?
	11:42:09		

Protokollverlauf	ZEIT	Produktionsaktivitäten (Bildschirm) *jecom*	Blick
	11:42:10		Key
	t_1 11:42:11	welche	
	t_2 11:42:12		
bsommer: und habe in der Zeit schon so manchen Betrüger erlebt	11:42:13		Pro 1 Form
	11:42:15		
	11:42:16		Key
	t_3 11:42:17	~~welche~~	Form
	t_4 11:42:18		Key
	t_5 11:42:19	hätten sie denn dann	
	[...]		

Fallbeispiel 27: jecom 11:43:07 – 2a, extrinsisch

Umfang Text:	61 Anschläge
Dauer Produktion:	32 s
Abstand Produktion–Löschen:	16 s
Abstand zu erneuter Produktion:	10 s

Analyse:

Die Sequenz schließt direkt an Fallbeispiel 26 an; Zeitpunkt t_1 stellt zugleich Zeitpunkt t_5 der vorigen Sequenz dar. *jecom* versprachlicht zwischen 11:42:19 und 11:42:51 ein Projekt, mit welchem sie der Expertin Verkaufstipps entlocken möchte. Die Versprachlichung verläuft diskontinuierlich, mit einmal acht und einmal zwei Sekunden Unterbrechung. Während der ersten, längeren Unterbrechung werden zwei neue Beiträge der Expertin bemerkt und offenbar auch verarbeitet (Blick aufs Protokoll mit Pupillenbewegungen in Textverlaufsrichtung, zugleich Veränderung der Mimik, die als Reaktion auf das Gelesene gedeutet werden kann). Die beiden Beiträge von *bsommer* stellen zwei Teile einer Splitting-Sequenz dar, die mit dem zweiten Beitrag um 11:42:31 ganz offensichtlich noch nicht abgeschlossen ist, da noch kein Hauptsatz realisiert wurde, sondern die beiden Beiträge lediglich eine Deutung als Realisierung eines Adverbialsatzes in Vorfeldposition zulassen. Offenbar geht es *jecom* aktuell jedoch unbedingt darum, von der Expertin noch Verkaufstipps zu erfragen; möglicherweise ist ihr bewusst, dass nicht mehr allzu viel Zeit für weitere Fragen bleiben wird (ca. 35 Minuten des Chat-Ereignisses sind bereits vorüber, die Probanden wussten, dass für den Austausch mit der Expertin zwischen 30 und 45 Minuten Zeit zur Verfügung stehen würden). Jedenfalls lässt sie sich diesmal durch die beiden zwischenzeitlich eingetroffenen Beiträge der Expertin und den syntaktisch indizierten Vorverweis auf zu erwartende weitere Teile der dadurch konstituierten Splitting-Sequenz nicht beirren, zunächst mit der Versprachlichung ihres Projekts fortzufahren. Um 11:42:41 überprüft sie noch einmal kurz das Protokoll, findet darin aber keine neuen Beiträge vor. Um 11:42:52 erfolgt erneut ein Blick aufs Protokoll, in dem dann ein weiterer Beitrag der Expertin eingetroffen ist, welcher an den Beitrag aus 11:42:31 anschließt und die Sequenz zu einer als syntaktisch geschlossen interpretierbaren Struktur erweitert. Während *jecom* im Protokoll liest, trifft ein weiterer Beitrag der Expertin ein. Offenbar bildet spätestens dieser Beitrag für *jecom* den Anlass, ihren bislang eingegebenen Text dahingehend zu überprüfen, ob das diesem zugrunde liegende Projekt aktuell noch passt und nach wie vor anschließbar ist (zwei Sekunden Blick auf den bereits eingegebenen Text im Eingabeformularfeld, dann wieder Blick auf das Verlaufsprotokoll). Während in den Beiträgen von *bsommer* um 11:42:04 und 11:42:13, nach deren Verarbeitung *jecom* mit der Produktion beginnt, noch von „Kaufen und Verkaufen“ die Rede war, beschreibt *bsommer* in ihren Folgebeiträgen ein Erlebnis, welches ihr als Käuferin widerfahren ist. *jecoms* Fragevorhaben hingegen zielt auf Tipps zum Verkauf. Möglicherweise erscheint ihr ihr Projekt daher – neben der Tatsache, dass seit dem Beginn seiner Versprachlichung insgesamt vier weitere Beiträge der Expertin im Protokoll angezeigt wurden – auch thematisch als nicht mehr optimal anschließbar. Sie löscht daher ab 11:43:07 den eingegebenen Text und begibt sich anschließend offenbar erst einmal in eine rezeptiv ausgerichtete Haltung (fünf Sekunden Blick aufs Protokoll mit Pupillenbewegungen in Textverlaufsrichtung); *jecoms* nächstes, ab 11:43:20 versprachlichtes Projekt stellt dann eine direkte Replik auf den Beitrag von *bsommer* um 11:43:11 dar. Auch dieses Projekt wird aber wieder verworfen, wie Fallbeispiel 28 zeigt.

Protokollverlauf	**ZEIT**	**Produktionsaktivitäten (Bildschirm) *jecom***	**Blick**	**Anmerkungen**
jecom: jetzt würde mich aber mal interessieren weshalb sie sich auf ebay spezialisiert haben	11:41:30	[...]		
bsommer: Ich kaufe und verkaufe schon seit 5 Jahren sehr gerne dort	11:42:04			
bsommer: und habe in der Zeit schon so manchen Be-	11:42:13			

<table>
<tr><th>Protokollverlauf</th><th>ZEIT</th><th>Produktionsaktivitäten (Bildschirm) jecom</th><th>Blick</th><th>Anmerkungen</th></tr>
<tr><td>trüger erlebt</td><td></td><td colspan="3"></td></tr>
<tr><td colspan="5">[...]</td></tr>
<tr><td></td><td>t_1 11:42:19</td><td>hätten sie denn dann</td><td>Key</td><td></td></tr>
<tr><td></td><td>11:42:23</td><td></td><td></td><td></td></tr>
<tr><td>bsommer: Seit ich letztes Jahr dann eine gefälschte Markenjeans erhalten habe</td><td>11:42:24</td><td></td><td>Form | Key | Form | Pro | Key | Pro</td><td></td></tr>
<tr><td></td><td>11:42:27</td><td></td><td></td><td></td></tr>
<tr><td></td><td>11:42:28</td><td></td><td>Pro$^{\circ-\circ-\circ}$</td><td></td></tr>
<tr><td>bsommer: und der Verkäufer das Geld nicht mehr rausrücken wollte</td><td>11:42:31</td><td></td><td></td><td></td></tr>
<tr><td></td><td>11:42:32</td><td></td><td></td><td>zieht Augenbrauen hoch; erstaunt (?)</td></tr>
<tr><td></td><td>11:42:34</td><td></td><td></td><td></td></tr>
<tr><td></td><td>11:42:35</td><td></td><td>Form | Key | Form</td><td></td></tr>
<tr><td></td><td>11:42:36</td><td>einen tipp so von</td><td></td><td></td></tr>
<tr><td></td><td>11:42:37</td><td></td><td>Key</td><td></td></tr>
<tr><td></td><td>11:42:40</td><td></td><td></td><td></td></tr>
<tr><td></td><td>11:42:41</td><td></td><td>Pro</td><td></td></tr>
<tr><td></td><td>11:42:42</td><td></td><td>Key</td><td></td></tr>
<tr><td></td><td>11:42:43</td><td>verkäufer zu verkäufer</td><td></td><td></td></tr>
<tr><td>bsommer: machte ich mich schlau, was man gegen solche Leute unternehmen kann.</td><td>11:42:42</td><td></td><td></td><td></td></tr>
<tr><td></td><td>11:42:50</td><td></td><td></td><td></td></tr>
<tr><td></td><td>t_2 11:42:51</td><td></td><td>Form</td><td></td></tr>
<tr><td></td><td>11:42:52</td><td></td><td>Pro$^{\circ-\circ-\circ}$</td><td></td></tr>
<tr><td>bsommer: Seitdem berate ich viele Leute, die in ähnlichen Situationen sind.</td><td>11:42:57</td><td></td><td></td><td></td></tr>
<tr><td></td><td>11:42:58</td><td></td><td></td><td></td></tr>
<tr><td></td><td>11:42:59</td><td></td><td>Form</td><td></td></tr>
<tr><td></td><td>11:43:01</td><td></td><td></td><td></td></tr>
<tr><td></td><td>11:43:02</td><td></td><td>Pro$^{\circ-\circ-\circ}$</td><td></td></tr>
</table>

Protokollverlauf	ZEIT	Produktionsaktivitäten (Bildschirm) *jecom*	Blick	Anmerkungen
	11:43:03			
	11:43:04		Form	
	t_3 11:43:07	~~hätten sie denn dann einen tipp so von verkäufer zu verkäufer~~		
	t_4 11:43:10			
bsommer: Durch den eBay Käuferschutz habe ich übrigens mein Geld doch noch wiederbekommen.	11:43:11		Pro^{o-o-o} 1 Form	
	11:43:15			
	11:43:16		Form	
	11:43:17			
	11:43:18		Key	
	t_5 11:43:20	so weit sollte es mit ihrer hilfe nicht kommen :-)		
	[...]			

Fallbeispiel 28: jecom 11:43:40 – 2a, extrinsisch

Umfang Text: 41 Anschläge
Dauer Produktion: 15 s
Abstand Produktion–Löschen: 5 s
Abstand zu erneuter Produktion: 4 s

Analyse:

Die Sequenz schließt direkt an Fallbeispiel 27 an; Zeitpunkt t_1 stellt zugleich Zeitpunkt t_5 der vorigen Sequenz dar. Das ab 11:43:20 versprachlichte Projekt ist eine direkte Replik auf den Beitrag von *bsommer* um 11:43:11; *jecom* möchte damit offenbar zum Ausdruck bringen, dass sie aufgrund der von *bsommer* erhaltenen Informationen hofft, nie in eine Situation zu kommen, in welcher sie den *eBay*-Käuferschutz in Anspruch nehmen muss. Zwischenzeitlich trifft aber ein weiterer Beitrag von *bsommer* ein, mit welchem sie den Bericht über ihr *eBay*-Erlebnis fortsetzt (11:43:28: „Hat zwar 4 Monate gedauert, aber immerhin.“). *jecom* bemerkt diesen Beitrag um 11:43:38 und stellt vermutlich fest, dass ihr Projekt in der aktuell versprachlicht vorliegenden Form an diesen Folgebeitrag nicht mehr problemlos anschließbar ist. Eine Umarbeitung wäre erforderlich, um den anaphorischen Bezug („so...weit“) auf einen im Beitrag *bsommers* aus 11:43:11 nicht explizit versprachlichten, sondern nur implizit erschließbaren Sachverhalt („Käuferschutz wurde in Anspruch genommen“)

so zu spezifizieren, dass dieser Bezug für *bsommer* trotz ihres zwischenzeitlich im Protokoll zwischengeschobenen Folgebeitrags aus 11:43:28 noch problemlos rekonstruierbar bleibt. *jecom* entscheidet sich für die Komplettlöschung. Während des Löschvorgangs trifft im Protokoll ein weiterer Beitrag von *bsommer* ein, der eine an *jecom* gerichtete Frage realisiert (11:43:42: „Haben Sie den Käuferschutz auch schon mal in Anspruch nehmen müssen?"), auf welche *jecom* dann mit ihrem nächsten Projekt unmittelbar antwortet (11:44:00: „nein bis jetzt gott sei dank noch nicht").

Protokollverlauf		**ZEIT**	**Produktionsaktivitäten (Bildschirm) *jecom***	**Blick**	**Anmerkungen**
bsommer: Durch den eBay Käuferschutz habe ich übrigens mein Geld doch noch wiederbekommen.		11:43:11		Pro$^{\circ-\circ-\circ}$ 1 Form	
		11:43:15			
		11:43:16		Form	
		11:43:17			
		11:43:18		Key	
	t_1	11:43:20	so weit sollte es mit ihrer hilfe nicht kommen :-)		
		11:43:22			
		11:43:23		Pro | Form	
		11:43:24		Key 1 Form	
bsommer: Hat zwar 4 Monate gedauert, aber immerhin.		11:43:28			
		11:43:34			
	t_2	11:43:35		Form	
		11:43:36			*stützt das Kinn in die Hand*
		11:43:37			
		11:43:38		Pro	
		11:43:39			
	t_3	11:43:40	~~so weit sollte es mit ihrer hilfe nicht kommen :-)~~	Form	
bsommer: Haben Sie den Käuferschutz auch schon mal in Anspruch nehmen müssen?		11:43:42			
	t_4	11:43:43		Pro$^{\circ-\circ-\circ}$	
		11:43:45			
		11:43:46		Key	

Protokollverlauf	ZEIT	Produktionsaktivitäten (Bildschirm) *jecom*	Blick	Anmerkungen
	t_5 11:43:47	nein bis jetzt gott sei dank noch nicht **VERSCHICKEN**		
	11:43:48		Form	
	11:43:49		Key 1 Form	
	11:43:59			
jecom: nein bis jetzt gott sei dank noch nicht	11:44:00		Pro	

Fallbeispiel 29: jecom 11:47:19 – 2a, extrinsisch

Umfang Text:	20 Anschläge
Dauer Produktion:	4 s
Abstand Produktion–Löschen:	3 s
Abstand zu erneuter Produktion:	20 s

Analyse:

*jecom*s bricht ihr ab 11:46:57 versprachlichtes Projekt ab, da *bsommer* um 11:47:16 ihren um 11:46:41 angezeigten Beitrag fortsetzt. Das Projekt (dessen bereits eingegebene sprachliche Repräsentation prospektiv ergänzbar ist zu „ok, da werde ich auf *jeden Fall mal vorbeischauen*") wird durch diesen neuen Beitrag der Expertin zwar nicht unbedingt redundant, allerdings scheint die Realisierung des Projekts für *jecom* auch keine allzu dringliche Angelegenheit darzustellen. Dies zeigt sich beispielsweise daran, dass sie erst ganze 16 Sekunden nach Wahrnehmung des Bezugsbeitrags von *bsommer* mit seiner Versprachlichung beginnt und zuvor zunächst sechs Sekunden mehrfach zwischen Eingabeformularfeld, Bildschirmverlaufsprotokoll und Keyboard hin- und her- und dann drei Sekunden aufs Keyboard geblickt hat, was als Hinweis auf die Suche nach einem geeigneten Anschlussprojekt gedeutet werden kann. Möglicherweise hat sie in Ermangelung eines geeigneten Anschlussprojekts zunächst darauf gewartet, ob von der Expertin weitere Beiträge kommen, nach einer gewissen Zeit aber unterstellt, dass die Expertin (die ansonsten in z.T. recht schneller Folge Beiträge verschickte) ihrerseits auf einen Handlungszug ihrer Partnerin wartet. Möglicherweise ist das um 11:46:57 begonnene Projekt daher eher eine Art „Verlegenheitsprojekt", um einer vermuteten Handlungserwartung der Partnerin nachzukommen. Als die Partnerin während der Versprachlichung dieses Projekts dann um 11:47:16 mit einem eigenen Folgebeitrag erneut von sich lesen lässt, bietet dies für *jecom* Anlass, das begonnene Projekt wieder abzubrechen und den bereits eingegebenen Text wieder zu löschen.

<table>
<tr><th>Protokollverlauf</th><th>ZEIT</th><th>Produktionsaktivitäten (Bildschirm) jecom</th><th>Blick</th></tr>
<tr><td>jecom: haben sie auch eine homepage</td><td>11:45:53</td><td>[...]</td><td></td></tr>
<tr><td></td><td>[...]</td><td></td><td></td></tr>
<tr><td>jecom: wo man das in ruhe genau nachlesen kann</td><td>11:46:07</td><td>[...]</td><td></td></tr>
<tr><td></td><td>[...]</td><td></td><td></td></tr>
<tr><td>bsommer: Die Infos zumn Käuferschutz finden Sie aber bei eBay</td><td>11:46:41</td><td></td><td>Pro$^{\circ-\circ-\circ}$</td></tr>
<tr><td></td><td>11:46:47</td><td></td><td></td></tr>
<tr><td></td><td>11:46:48</td><td></td><td>Form | Key | Form | Pro | Form</td></tr>
<tr><td></td><td>11:46:53</td><td></td><td></td></tr>
<tr><td></td><td>11:46:54</td><td></td><td>Key</td></tr>
<tr><td></td><td>11:46:56</td><td></td><td></td></tr>
<tr><td></td><td>t_1 11:46:57</td><td>ok</td><td>Form</td></tr>
<tr><td></td><td>11:46:58</td><td></td><td>Pro</td></tr>
<tr><td></td><td>11:46:59</td><td></td><td></td></tr>
<tr><td></td><td>11:47:00</td><td></td><td>Key | Form | Pro | Key | Pro | Form | Pro</td></tr>
<tr><td></td><td>11:47:08</td><td>,</td><td></td></tr>
<tr><td></td><td>11:47:09</td><td></td><td></td></tr>
<tr><td></td><td>11:47:10</td><td></td><td>Key</td></tr>
<tr><td></td><td>11:47:12</td><td>da werde ich auf</td><td></td></tr>
<tr><td></td><td>11:47:15</td><td></td><td></td></tr>
<tr><td>bsommer: unter "Übersicht", dann "eBay Käuferschutz"</td><td>t_2 11:47:16</td><td></td><td>Pro</td></tr>
<tr><td></td><td>11:47:18</td><td></td><td></td></tr>
<tr><td></td><td>t_3 11:47:19</td><td><s>ok, da werde ich auf</s></td><td>Form</td></tr>
<tr><td></td><td>t_4 11:47:20</td><td></td><td></td></tr>
<tr><td></td><td>11:47:21</td><td></td><td>Pro $_{\text{1 Key}}$</td></tr>
<tr><td></td><td>11:47:28</td><td></td><td></td></tr>
<tr><td></td><td>11:47:29</td><td></td><td>Key</td></tr>
<tr><td>bsommer: Huch, uns läuft die Zeit davon ...</td><td>11:47.32</td><td></td><td></td></tr>
<tr><td></td><td>11:47:33</td><td></td><td>Pro</td></tr>
<tr><td></td><td>11:47:35</td><td></td><td></td></tr>
<tr><td></td><td>11:47:36</td><td></td><td>Form</td></tr>
</table>

Protokollverlauf	ZEIT	Produktionsaktivitäten (Bildschirm) *jecom*	Blick
	11:47:37		Key
	t_5 11:47:39	vielen dan	
bsommer: Wenn Sie keine weiteren Fragen haben	11:47:40		
	11:47:41		Pro | Key | Pro | Form | Key | Pro
	11:47:42		
	11:47:43		
	11:47:44		
bsommer: müssen wir langsam zum Ende kommen	11:47:45		
	11:47:46	k für ihre antworten **VERSCHICKEN**	
	11:47:47		Key
bsommer: ansonsten stellen Sie diese noch, bitte.	11:47:52		
jecom: vielen dank für ihre antworten	11:47:53		

6.7 Was zeigt die Fallstudie?

Die Fallstudie zeigt zweierlei: In methodologischer Hinsicht zeigt sie, dass umso differenziertere Aussagen über die Ursachen eines Phänomentyps (Komplettlöschung) möglich sind, je mehr unterschiedliche Datentypen in die Kategorisierung der untersuchten Fälle miteinbezogen werden können. In Hinblick auf die in Kap. 4 formulierten Hypothesen über den Charakter der Kommunikationsteilhabe beim Chatten stützt die Fallstudie die Annahme, dass beim Chatten Handlungspläne immer wieder punktuell an den jeweils kognizierten neuen Stand des Kommunikationsverlaufs angepasst werden. Vorkommnisse von Komplettlöschung, die sich anhand von „screen movies" feststellen lassen, können unter bestimmten Bedingungen als Ausweis einer erfolgten Evaluation desjenigen Handlungsplans aufgefasst werden, der zuvor (teil-)versprachlicht wurde und dessen textuelle (Teil-)Repräsentation im Texteingabeformularfeld durch die Löschung verworfen wurde. Allerdings zeigt sich, dass nicht alle Vorkommnisse solcher Löschungen mit einer Überprüfung des Bildschirmverlaufsprotokolls begleitend zur Eingabe/Bearbeitung einer Produktionseinheit und dabei wahrgenommener neuer, potenziell zu verarbeitender Information zu tun haben. Komplettlöschung kann prinzipiell auch ohne zwischenzeitlich eingetroffene neue Partnerbeiträge und deren Kenntnisnahme auftreten, kann also auch *intrinsisch* motiviert sein, beispielsweise durch eine mentale Reorganisation von Handlungsplänen begleitend zur Versprachlichung oder durch eine Evaluation des bereits eingegebenen Textes gegen individuelle qualitative Standards und eine daraufhin erfolgte Entscheidung zur Reformulierung des damit (teil-)versprachlichten Handlungsplans.

Probanden (alphabetisch)	**LÖSCHUNG Typ 2a:** Neue Beiträge zw. t_1 (Beginn Texteingabe) und t_3 (Beginn Verwerfen) und Blick aufs Protokoll zwischen Eintreffen des ersten Partnerbeitrags und Beginn Löschvorgang	**Abstand zwischen Ende Löschvorgang und erneuter Texteingabe** (in Sekunden)			
		≤ 2 s	**3-5 s**	**5-10 s**	**> 10 s**
♂ bensch	7	4	3	---	---
♀ fala	1	---	---	---	1
♀ inab	9	4	---	2	3
♀ jecom	13	2	5	1	5
♂ larbe	2	1	1	---	---
♂ mage	11	2	---	3	6
GESAMT	**43**	**13**	**9**	**6**	**15**
anteilig	**100 %**	**30,23 %**	**20,93 %**	**13,95 %**	**34,88 %**
		51,16 %		**48,84 %**	

Abb. 6-11: Abstand zwischen Ende des Löschvorgangs und erneuter Texteingabe für alle Fälle des Typs *2a* im Kernkorpus.

Intrinsisch motivierte Komplettlöschungen sind solche, die auch in „traditionellen" Textproduktionsprozessen (also außerhalb dialogischer Settings) auftreten und insofern nicht zwangsläufig „chat-spezifisch" sind. Als „chat-spezifisch" können hingegen gerade diejenigen Vorkommnisse von Komplettlöschungen gelten, für die nach Datenlage die Zuschreibung einer *extrinsischen* Motivation als plausibel erscheint. In systemtheoretischer Redeweise – vgl. Kap. 4.3.2/4.3.3 – liegt in solchen Fällen eine erneute Verarbeitung von Umwelt-Input und eine daraufhin erfolgende Aktualisierung der Situationsrepräsentation im Fokusspeicher vor, die dazu führt, dass der bereits angeworfene Enkodiermechanismus gestoppt und der bis dato von ihm generierte Output (der ja – ebenfalls chat-typisch – im Gegensatz zu mündlichen Sprachproduktionsprozessen zwar bereits material vorliegt, aber noch nicht für die Partner verfügbar gemacht worden ist) verworfen wird. Nicht selten wird anschließend nahtlos oder mit nur kurzer Verzögerung mit der Realisierung eines erneuten, alternativen Kontributionsprojekts begonnen. Für 51,16 % der für das Kernkorpus ermittelten Vorkommnisse des Falltyps 2a (N=43) konnte ermittelt werden, dass spätestens fünf Sekunden nach Abschluss des Löschvorgangs mit erneuter Texteingabe begonnen wird. In 13,95 % der Fälle wird immerhin in einem Zeitraum von fünf bis maximal zehn Sekunden nach Ende des Löschvorgangs erneut produziert, in 34,88 % der Fälle liegen zehn oder mehr Sekunden zwischen dem Ende des Löschvorgangs und einer erneuten Texteingabe (vgl. Abb. 6-11).

Ebenfalls mit nachträglichen Modifikationen eingegebenen Textes beschäftigt sich die in Ogura & Nishimoto (2004: 5f.) beschriebene Studie. Ogura & Nishimoto untersuchten auf der Basis so genannter „typing histories" (automatisch generierter Protokolle der von den Chat-Teilnehmern am Bildschirm getätigten Texteingaben), wie häufig es vorkommt, dass, wenn ein Chat-Teilnehmer gerade mit der Texteingabe/Textbearbeitung befasst ist, der bereits eingegebene Text modifiziert wird, wenn zwischenzeitlich ein Partnerbeitrag im Verlaufsprotokoll eintrifft, an welchen der aktuell in Produktion befindliche Text (als nächster anzuzeigender Beitrag) nicht mehr kohärent anschließbar wäre. Ihr Korpus umfasst Daten zu 10 etwa 25-minütigen Chat-Ereignissen mit jeweils zwei Chat-Partnern. In 44,8 % der von Ogura & Nishimoto betrachteten 174 Fälle, in welchen an einen zwischenzeitlich eintreffenden Partnerbeitrag der aktuell in Produktion befindliche Beitrag („half-made utterance") nicht mehr kohärent anschließbar gewesen wäre, wurde die in Arbeit befindliche Produktionseinheit modifiziert, in 55,2 % der Fälle wurde die Texteingabe ohne Modifikation fortgesetzt. Nach welchen Kriterien beurteilt wurde, ob ein in Produktion befindlicher Beitrag durch das Eintreffen eines Partnerbeitrags als „semantically coherent" oder „semantically incoherent" eingestuft wurde, wird im Paper nicht erläutert; weiterhin impliziert die Studie, dass im Falle eines Eintreffens eines neuen Partnerbeitrags während der Produktionstätigkeit und einer in der zeitlichen Folge des Eintreffens feststellbaren Modifikation des bereits eingegebenen Textes die Modifikation notwendigerweise auf eine Kenntnisnahme des neuen Beitrags zurückzuführen sei.

Der Gegenstand der hier in Kap. 6 vorgestellten Fallstudie ist zwar ein anderer: Untersucht wurde nicht die Relation von Modifikationen in Bezug auf die Gesamtheit derjenigen Produktionssequenzen, während derer neue Partnerbeiträge im Verlaufsprotokoll die kohärente Anschließbarkeit einer in Produktion befindlichen Einheit gefährden, sondern der Anteil der durch Kenntnisnahme von Partnerbeiträgen verursachten Komplettlöschungen an der Gesamtheit der im untersuchten Korpus bezeugten Komplettlöschungen. Die Komplettlöschung stellt dabei nur *eine* von mehreren möglichen Formen der Modifikation dar (vgl. die in Kap. 4.4 und 5.2 unterschiedenen Typen nachträglicher Revisionen). Dennoch sind die Ergebnisse von Ogura & Nishimoto von Interesse, insofern sie (trotz der impliziten Annahme, das bloße Eintreffen eines neuen Beitrags bedeute zwangsläufig auch dessen Kenntnisnahme durch den Partner) die Frage nach der Bedeutsamkeit kohärenter Handlungsplanung in Bezug auf den aktuell wahrgenommenen Stand des Kommunikationsverlaufs bei der Chat-Teilnahme stellen lassen.

Ogura & Nishimoto kommen auf Basis ihrer Untersuchung zu dem Schluss, dass

> users of chat systems … tend to continue making their present utterance even if the other's utterance, which isn't semantically related to their utterance, is shown on their display (Ogura & Nishimoto 2004: 1)

Sie sehen darin ein besonderes Potenzial der Chat-Kommunikation, das es erlaubt, bei Bedarf temporär außerhalb von direkten Kohärenzverpflichtungen zu agieren und mehrere Threads parallel abzuarbeiten:

> These facts suggest that chat system users tend to make utterances in their own way without being limited by others. […] chat users may create multiple threads on purpose, in order to develop many topics simultaneously. (Ebd.)

Die hier in Kap. 6.6 beschriebenen Einzelfälle legen hingegen nahe, dass zumindest Komplettlöschungen häufig gerade dadurch bedingt sind, *dass* der betreffende Chat-Teilnehmer thematisch und/oder handlungslogisch kohärent sein möchte. Möglicherweise mag dies mit den unterschiedlichen Szenarien zusammenhängen, in welchen in der hier beschriebenen Fallstudie und in der Untersuchung von Ogura & Nishimoto gechattet wurde. Das Szenario, unter welchem Ogura & Nishimoto ihre Chat-Ereignisse – ebenfalls unter Laborbedingungen – durchführten, war das eines „Plauder-Chats", in welchem es für die jeweils zwei Probanden darum gehen sollte, herauszufinden, wer der andere in „real life" ist; im Fall der hier beschriebenen Fallstudie stammten die Daten hingegen aus einem Szenario mit vorab vereinbarter thematischer Fokussierung und der Option, als Proband von einer Expertin Informationen zu Wissensfragen einholen zu können. In „Plauder-Chats" können parallele Threads (auch zwischen nur zwei Partnern) bisweilen reizvoll und originell sein; bei einer Experten-Befragung dürfte einer kohärenten Anschließbarkeit an den aktuellen Stand der Kommunikation seitens der Probanden durchgängig höhere Priorität beigemessen werden, zumindest dann, wenn es darum geht, effizient beizutragen und die zur Verfügung stehende Zeit bestmöglich für die Einholung von Informationen zum vereinbarten Thema zu nutzen.

Für weitere Untersuchungen zur Adaption von Handlungsplänen an den sich während ihrer Versprachlichung verändernden Stand des Kommunikationsverlaufs dürfte daher sicherlich interessant sein, Daten zu unterschiedlichen Chat-Szenarien miteinander zu vergleichen. Wie bereits auf Basis von Mitschnittsdaten gezeigt werden konnte, unterscheidet sich die sprachliche Gestaltung von Beiträgen und das Auftreten bestimmter Stilmerkmale in Chat-Ereignissen unterschiedlichen Typs z.T. erheblich (vgl. z.B. Storrer 2007 für einen Vergleich von Chat-Daten aus den Zweckbereichen Freizeit, Bildung, Medien und Beratung); ähnliche Befunde dürften sich mit hoher Wahrscheinlichkeit auch für die Besonderheiten bei der kommunikativen Teilhabe an Chat-Ereignissen auf Basis unterschiedlicher Szenarien feststellen lassen.

6.7.1 Klassifikation von Komplettlöschungen nach Art der zugrunde liegenden Motivation (*intrinsisch* vs. *extrinsisch*): Vom „screen movie" über die Miteinbeziehung der Blickrichtung zur Analyse des kommunikativen Kontexts

Zur datengestützten Gewinnung von Einsichten in die Besonderheiten der Kommunikationsteilhabe beim Chatten sind insbesondere diejenigen Fälle von Komplettlöschungen interessant, denen sich eine extrinsische Motivation zuschreiben lässt. Um zu ermitteln, welche der insgesamt dokumentierten Vorkommnisse von Komplettlöschungen als plausible Kandidaten für extrinsische Motivation infrage kommen, ist es von Vorteil, mehrere Typen von Daten berücksichtigen zu können. Für die vorliegende Fallstudie standen „screen movies", Videoaufzeichnungen der Probanden vor dem Computer und Mitschnitte zur Verfügung. Auf eine Auswertung von Mitschnitten konnte in der Studie weitgehend verzichtet werden, da der Wortlaut der verschickten Beiträge auch in den „screen movies" bezeugt war und hinsichtlich der verschickten Beiträge des Weiteren die exakten Zeitpunkte ihres Eintreffens in den Bildschirmverlaufsprotokollen der einzelnen Teilnehmer von besonderem Interesse waren – ein Datentyp, der in den „screen movies" präziser (nämlich sekundengenau) bezeugt war als in den Mitschnitten, die lediglich minutengenaue Timestamps beinhalteten.

An den „screen movies" und den Videoaufzeichnungen interessierten für die Zwecke der Fallstudie drei verschiedene Typen von Daten, die in den Transkripten als drei verschiedene Phänomenbereiche beschrieben waren: die am Bildschirm dokumentierten Produktionsaktivitäten (Texteingabe und -bearbeitung), die Entwicklung des Protokollverlaufs und die Blickrichtung der Probanden.

Zunächst wurden anhand einer Auswertung der Beschreibungen zu den Produktionsaktivitäten in den Transkripten sämtliche Vorkommnisse von Komplettlöschungen im Korpus ermittelt (vgl. Kap. 6.3). In einem zweiten Schritt (vgl. Kap. 6.4) wurden diese Vorkommnisse (N=208) dann unter Einbeziehung der Beschreibungen zur Entwicklung des Protokollverlaufs in zwei Kategorien eingeteilt: solche, bei denen während der Texteingabe/-bearbeitung neue Partnerbeiträge im Protokoll angezeigt wurden, und solche, bei denen dies nicht der Fall war. Letztere wurden als *Typ 1*, erstere als *Typ 2* bezeichnet. Als Kandidaten für extrinsische Motivation wurden dabei zunächst die Fälle des Typs 2 anerkannt.

In einem zweiten Schritt wurden für sämtliche Vorkommnisse von Komplettlöschungen (sowohl Typ 1 als auch Typ 2) im Kernkorpus (N=80) die Beschreibungen zum Blickrichtungsverhalten der Probanden während der zugehörigen Produktionssequenzen ausgewertet. Hierbei stellte sich heraus, dass für lediglich ca. 88 % der im Kernkorpus im vorigen Schritt als Kandidaten für extrinsische Motivation klassifizierten Fälle festgestellt werden konnte, dass die zwischen dem Beginn der Texteingabe und dem Beginn des Löschvorgangs im Verlaufsprotokoll eingetroffenen Partnerbeiträge auch tatsächlich von den Probanden gesehen worden waren. Des Weiteren stellte sich ein ursprünglich als Typ 1 klassifiziertes Vorkommnis von Komplettlöschung als ebenfalls extrinsisch motiviert heraus. Das Kriterium für Kandidatenschaft auf extrinsische Motivation wurde daher verfeinert: Es galten nun nicht mehr all diejenigen Fälle als Kandidaten für extrinsische Motivation, bei welchen zwischen dem Beginn der Texteingabe und dem Beginn des Löschvorgangs neue Partnerbeiträge im Verlaufsprotokoll zur Anzeige gebracht wurden, sondern solche, bei denen während dieser Zeitspanne auf das Verlaufsprotokoll geblickt worden war und dort seit dem letzten erfolgten Protokollblick neue Partnerbeiträge zu sehen waren (unabhängig davon, ob diese erst seit Beginn der aktuellen Texteingabe oder auch schon vorher dort angezeigt wurden). Anstatt des Protokollverlaufs wurde somit die Blickrichtung zum grundlegenden Kriterium; bestimmte Fälle (benannt als *Typ 2b*), in denen seit Beginn der Texteingabe zwar neue Partnerbeiträge ins Verlaufsprotokoll gekommen waren, aber kein Blick aufs Protokoll erfolgt war, verloren dabei ihren Kandidatenstatus.

In einem dritten Schritt wurde schließlich für die Vorkommnisse von Komplettlöschungen mit entsprechend neu definiertem Kandidatenstatus in zwei Chat-Teilnahme-Ereignissen (N=28) der kommunikative Kontext (d.h. im Bildschirmprotokoll angezeigte Partnerbeiträge im Vor- und Nachfeld der entsprechenden Produktionssequenzen) analysiert, um einerseits diejenigen Fälle zu überprüfen, die nach Auswertung der Beschreibungen zum Blickrichtungsverhalten (z.B. aufgrund nur minimal vor dem Beginn der Löschung erfolgender Blicke aufs Protokoll) als ‚unentscheidbar' klassifiziert worden waren. Andererseits sollten die Kontextanalysen dazu dienen, mögliche Ursachen dafür zu ermitteln, weshalb die Wahrnehmung neuer Partnerbeiträge zum Abbruch von Texteingabe/-bearbeitungsaktivitäten und zur Löschung eingegebenen Textes führen.

Für die vier zuvor als ‚unentscheidbar' verbliebenen Fälle ließen sich anhand der Kontextanalysen Gründe finden, drei davon als extrinsisch und einen als intrinsisch motiviert auszuweisen. Für die Vorkommnisse von Komplettlöschungen in den beiden Chat-Teilnahme-Ereignissen ergab sich somit nach den Kontextanalysen eine leicht veränderte Verteilung auf die Falltypen *2a*, *2b* und *2c* (Abb. 6-12).

	♂ mage		**♀ jecom**	
	vor KA	*nach KA*	*vor KA*	*nach KA*
LÖSCHUNG Typ 2	16	16	13	13
Typ 2a	***11***	***14***	*13*	*13*
Typ 2b	***1***	***2***	*0*	*0*
Typ 2c	***4***	***0***	*0*	*0*

Abb. 6-12: Übersicht über die ermittelte Anzahl der mit Komplettlöschung abgeschlossenen Produktionssequenzen des Falltyps 2 in den Chat-Teilnahme-Ereignissen der Probanden *mage* und *jecom* – Ergebnisse vor Miteinbeziehung der Kontextanalyse („vor KA") und danach („nach KA").

Abb. 6-13 zeigt, wie sich die Verteilung der in den beiden in Schritt 3 untersuchten Chat-Teilnahme-Ereignissen bezeugten Vorkommnisse von Komplettlöschungen auf die Gruppen ‚intrinsisch' und ‚extrinsisch motivierte Fälle' über die Auswertungsschritte 1, 2 und 3 hin verändert hat.

	♂ mage			♀ jecom			GESAMT		
Mit Löschung abgeschlossene Produktionssequenzen	**23** *100 %*			**15** *100 %*			**38** *100 %*		
	Schritt 1	*Schritt 2*	*Schritt 3*	*Schritt 1*	*Schritt 2*	*Schritt 3*	*Schritt 1*	*Schritt 2*	*Schritt 3*
Fälle mit *intrinsischer* Motivation	7 *30,43 %*	8 *34,78 %*	9 *39,13 %*	2 *13,33 %*	2 *13,33 %*	2 *13,33 %*	9 *23,68 %*	10 *26,32 %*	11 28,95 %
Fälle mit *extrinsischer* Motivation	16 *69,57 %*	11 *47,83 %*	14 *60,87 %*	13 *86,67 %*	13 *86,67 %*	13 *86,67 %*	29 *76,32 %*	24 *63,16 %*	27 *71,05 %*
Nach Datenlage nicht eindeutig entscheidbare Fälle	0 *0 %*	4 *17,39 %*	0 *0 %*	0 *0 %*	0 *0 %*	0 *0 %*	0 *0 %*	4 *10,53 %*	0 *0 %*

Abb. 6-13: Kategorisierung der mit Komplettlöschung abgeschlossenen Produktionssequenzen in den Chat-Teilnahme-Ereignissen der Probanden *mage* und *jecom* nach Art der zugrunde liegenden Motivation (‚intrinsisch' vs. ‚extrinsisch').

6.7.2 Komplettlöschungen als Ausweis einer punktuellen Adaption von Handlungsplänen an den kognizierten Stand des Kommunikationsverlaufs: Mögliche Ursachen

Die qualitative Analyse der Einzelfälle in Kap. 6.6 lässt Rückschlüsse darauf zu, welche Kontextfaktoren dazu führen, dass während der Versprachlichung eines Kontributionsprojekts neu wahrgenommene Partnerbeiträge zu einem Abbruch der Versprachlichung und einer Löschung des bereits im Eingabeformularfeld stehenden Textes führen können.

Nach dem in Kap. 4 vorgestellten systemtheoretischen Modell der Kommunikationsteilhabe im Chat gehe ich davon aus, dass mit jedem neuen Blick auf das Bildschirmverlaufsprotokoll entweder (im Fall, dass sich im Verlaufsprotokoll seit dem letzten Blick darauf nichts verändert hat) eine *Bestätigung* oder (im Fall, dass mindestens ein neuer Beitrag angezeigt wird) ein *Update* der mentalen Situationsrepräsentation (Selbst- und Partnermodell, Situationswissen) und damit zusammenhängend des Stands des Kommunikationsverlaufs (mentales Kommunikationsprotokoll) erfolgt. Erfolgt während der Versprachlichung eines Kontributionsprojekts (also während der Generierung einer materialen Output-Einheit) ein Update, so muss der Chat-Teilnehmer evaluieren,

(a) wie sich die Situation und der Kommunikationsverlauf zwischen dem beim letzten Update kognizierten Stand S_i und dem im Zuge des aktuellen Updates kognizierten Stand S_j verändert hat;

(b) ob der auf Basis von S_i gefasste und aktuell im Status der Versprachlichung befindliche oder bereits als veräußerbare materiale (schriftliche) Output-Einheit vorliegende Handlungsplan nach S_j sowie unter dem Gebot der Kooperativität als nach wie vor zielführend erscheint *und* nach wie vor denjenigen Handlungsplan (von prinzipiell mehreren möglichen Handlungsplänen) darstellt, dem zur Annäherung des kognizierten IST-Zustands der Umwelt an selbst gesetzte Standards (SOLL-Werte, „kommunikative Zielsetzungen") die höchste Priorität eingeräumt wird;

(c) wenn der Handlungsplan als nicht mehr zielführend oder nicht mehr prioritär höchstrangig qualifiziert wird:
   - ob alternativ ein anderer Handlungsplan verfolgt (eine andere Stelloperation ausgeführt) werden soll (→ Wenn JA: Verwerfen des bereits materialisierten Textes und erneuter Start des Produktionsprozesses) *oder*
   - ob alternativ kein anderer Handlungsplan verfolgt (keine andere Stelloperation ausgeführt) werden, sondern stattdessen weiterer Umwelt-Input abgewartet bzw. verarbeitet werden soll, um zu einem nächstmöglichen günstigen Zeitpunkt entweder mit einem dann zielführend erscheinenden neuen Handlungsplan zu starten oder den aktuell für nicht mehr zielführend befundenen Handlungsplan neu auf die Agenda zu setzen (→ Wenn JA: Verwerfen des bereits materialisierten Textes und Wechsel in den Modus der Input-Aufnahme/Rezeption).

In den empirisch zugänglichen Daten liegen Handlungspläne (als mentale Größen) nicht vor. Dass ein Handlungsplan verworfen bzw. gegen einen anderen ausgetauscht wird, lässt sich aber erschließen, wenn sich – wie in den Einzelfallbeschreibungen in Kap. 6.6 versucht – auf Basis der sprachlichen Einheiten, die im Zuge der Texteingabe und -bearbeitung in den Texteingabeformularfeldern entstehen, ihrer Vorgänger- und Nachfolgereinheiten sowie der während ihrer Entstehung von den Produzenten offensichtlich wahrgenommenen Partnerbeiträge Indizien dafür finden lassen, dass das, was mit einer (anschließend gelöschten) Einheit E_i (teil-)versprachlicht wurde, unterschiedlich ist zu dem, was vom gleichen Produzenten nach der Löschung von E_i in seiner zunächst produzierten Einheit E_j versprachlicht wird.

In den in Kap. 6.6 beschriebenen Einzelfällen konnten verschiedene Faktoren (z.T. kombiniert miteinander) als mögliche Ursachen für die Komplettlöschung eingegebener Produktionseinheiten ermittelt werden, z.B.:

- S_j ergibt gegenüber S_i, dass der aktuell in Versprachlichung befindliche und auf Basis der Kenntnis von S_i gefasste Handlungsplan H_i die Realisierung einer Ergänzungsfrage anvisiert, die auf die Gewinnung einer Information zielt, die in einem Partnerbeitrag, der in S_j neu wahrgenommen wird, bereits versprachlicht ist (wie z.B. als Ursache für die Löschungen in den *Fallbeispielen 2*, *19* oder *20* denkbar);
- S_j zeigt gegenüber S_i einen Partnerbeitrag, mit welchem eine Antwort auf eine zuvor vom Produzenten gestellte Frage realisiert wird, was diesen – sofern der auf Basis der Kenntnis von S_i gefasste Handlungsplan H_i nicht die Realisierung eines Handlungstyps anvisiert, der handlungssemantisch und/oder thematisch als Folgehandlung zu diesem Partnerbeitrag passt – unter der Maßgabe des Kooperationsprinzips dazu veranlasst, die anvisierte Realisierung von H_i fürs erste nicht weiter zu betreiben, sondern stattdessen entweder einen alternativen Plan zu generieren, mit dem eine vom Partner als kooperativ zu interpretierende Folgehandlung zu seiner eigenen Handlung realisiert werden kann, oder aber einen günstigen Zeitpunkt im weiteren Kommunikationsverlauf abzuwarten, zu welchem die erneute Inangriffnahme einer Realisierung von H_i viel versprechend erscheint (vgl. *Fallbeispiele 4*, *8* und *11*);
- S_j zeigt gegenüber S_i einen Partnerbeitrag, mit welchem der Produzent direkt adressiert wird, was diesen – sofern der auf Basis der Kenntnis von S_i gefasste Handlungsplan H_i nicht die Realisierung eines Handlungstyps anvisiert, der handlungssemantisch und/oder thematisch als Folgehandlung zu diesem Partnerbeitrag passt – unter der Maßgabe des Kooperationsprinzips dazu veranlasst, statt H_i einen alternativen Plan zu generieren, mit dem eine vom Partner als kooperativ zu interpretierende Folgehandlung zu seiner eigenen Handlung realisiert werden kann (vgl. *Fallbeispiel 4*);
- S_j ergibt gegenüber S_i, dass derjenige Partner, an den die Handlung gerichtet ist, die mit dem aktuell in Versprachlichung befindlichen und auf Basis der Kenntnis von S_i gefassten Handlungsplan H_i anvisiert

wird, in S_j mit einem eigenen neuen Beitrag einen dritten Partner explizit adressiert (vgl. *Fallbeispiel 6*);

- S_j liegt nur kurz nach S_i und zeigt – für den Produzenten unerwartet – eine große Menge an neu zu verarbeitender Information; der aktuell in Versprachlichung befindliche und auf Basis der Kenntnis von S_i gefasste Handlungsplan H_i wird daher ohne Verarbeitung dieser neuen Information spontan für „wohl nicht mehr relevant" befunden (vgl. *Fallbeispiel 7*);
- S_j zeigt gegenüber S_i einen Partnerbeitrag, mit dem an den vorigen Beitrag des Produzenten angeschlossen wird, was diesen unter der Maßgabe des Kooperationsprinzips dazu veranlasst, anstelle seines aktuell verfolgten Handlungsplans H_i einen alternativen Plan zu generieren, der auf die Realisierung einer Folgehandlung zum Beitrag des Partners zielt und vom Partner als kooperativ interpretiert werden kann (vgl. *Fallbeispiel 9* und *22*);
- S_j zeigt gegenüber S_i eine erfolgte Änderung der Kommunikantenkonstellation, die der Produzent für so maßgeblich befindet, dass er das Thema, auf dessen Fortentwicklung sein auf Basis der Kenntnis von S_i gefasster Handlungsplan H_i zielt, abhakt (vgl. *Fallbeispiel 10*);
- S_j ergibt gegenüber S_i, dass ein mit S_i wahrgenommener Beitrag eines Partners nachträglich insofern umzudeuten ist, als er durch einen mit S_j gegebenen weiteren Beitrag dieses Partners als Beginn einer Splitting-Sequenz qualifiziert wird; der aktuell in Versprachlichung befindliche und auf Basis der Kenntnis von S_i gefasste Handlungsplan H_i wird aufgegeben, obwohl sich durch den mit S_j gegebenen erneuten Partnerbeitrag (als zweitem Teil der Splitting-Sequenz) für die Deutung der durch sie und den vorangegangenen Beitrag konstituierten Partnerhandlung kein solch drastischer Unterschied ergibt, dass H_i daran nicht mehr anschließbar wäre; offenbar ist der Produzent durch die unerwartete nachträgliche Umqualifizierung des mit S_i wahrgenommenen Partnerbeitrags irritiert, oder aber die erforderliche Revision des mentalen Kommunikationsprotokolls erfordert einen kognitiven Aufwand, zugunsten dessen H_i fürs erste verworfen wird (vgl. *Fallbeispiele 12* und *14*);
- S_j ergibt gegenüber S_i, dass der aktuell in Versprachlichung befindliche und auf Basis der Kenntnis von S_i gefasste Handlungsplan H_i die Realisierung eines Beitrags zu einem Thema Th_i anvisiert, das in S_i noch aktuell war, sich in S_j allerdings insofern als unterbrochen darstellt, als ein Partner mit einem neuen Beitrag ein neues Thema Th_j initiiert hat; an den betreffenden Partnerbeitrag lässt sich der mit H_i anvisierte Beitrag thematisch nicht ohne Weiteres anschließen (vgl. *Fallbeispiel 13*);

- S_j ergibt gegenüber S_i, dass die sprachliche Form der Produktionseinheit, die den aktuell in Versprachlichung befindlichen Handlungsplan H_i (teil-)versprachlicht, nicht mehr angemessen ist, um damit auf einen bestimmten Beitrag der Vorkommunikation Bezug zu nehmen oder an ein in der Vorkommunikation etabliertes Thema anzuschließen; um die Anschließbarkeit der Produktionseinheit zu gewährleisten, wäre eine Umarbeitung der Produktionseinheit erforderlich; die Entscheidung fällt zugunsten einer Löschung der Produktionseinheit (vgl. *Fallbeispiel 28*).

Eine Komplettlöschung eingegebenen Textes bedeutet zwar das Verwerfen eines aktuell verfolgten Handlungsplans, muss aber nicht zwangsläufig zugleich auch zu einer Komplettlöschung des betreffenden Plans aus der „mentalen Agenda“ des Chat-Teilnehmers führen. Dass Handlungspläne gänzlich obsolet werden, ist denkbar in Fällen, in denen eine vergleichbare Handlung von einem der Partner realisiert wurde, bevor der Produzent selbst eine entsprechende Produktionseinheit fertig stellen bzw. verschicken konnte, und bei denen es keinen Unterschied macht, ob die betreffende Handlung nun von einem selbst oder von einem der Partner ausgeführt wurde. In anderen Fällen ist eher davon auszugehen, dass eine Umpriorisierung von Handlungsplänen stattfindet: Wenn beispielsweise ein Handlungsplan aufgrund eines erfolgten Themenwechsels zum Zeitpunkt seiner anvisierten Realisierung thematisch irrelevant wird, bedeutet das nicht automatisch, dass damit das mit dem Plan verfolgte Ziel für den Produzenten im Zuge seiner weiteren Chat-Teilnahme nicht mehr von Interesse ist; wird das entsprechende Thema an späterer Stelle wieder aufgegriffen, ist durchaus denkbar, dass der Plan wieder aus der mentalen Agenda hervorgeholt und erneut zur Realisierung vorgesehen wird.

Im Folgenden wird abschließend am Beispiel einer Folge von fünf Produktionssequenzen aus dem Chat-Teilnahme-Ereignis von *mage*, bei denen offenbar jeweils derselbe Handlungsplan (teil-)versprachlicht wurde, veranschaulicht, dass ein Plan mehrfach aufgeschoben werden und trotzdem weiter auf der Agenda des Kommunikanten geführt werden kann. *mage* beginnt im Verlauf von knapp 17 Minuten fünfmal mit der Versprachlichung eines Projekts, mit welchem er über eine konkrete negative Erfahrung berichten möchte, die er selbst bei *eBay* gemacht hat. Viermal wird die Versprachlichung abgebrochen bzw. das Versprachlichte wieder verworfen (davon dreimal extrinsisch und einmal intrinsisch motiviert), erst beim fünften Mal wird die Produktionssequenz mit dem Ausführen einer Verschickungshandlung abgeschlossen. Zwischen erfolgter Löschung und erneutem Beginn der Versprachlichung des Plans werden z.T. andere Handlungspläne generiert und realisiert.

mage hatte zum Chat-Termin ein Blatt mit Notizen mitgebracht, auf welchem u. a. die Causa, von welcher er während seiner Chat-Teilnahme mehrfach zu berichten ansetzte, vorskizziert war (vgl. Abb. 6-14). Abb. 6-15 zeigt die Produktionseinheiten, die im Rahmen der fünf Sequenzen, in welchen diese Causa offensichtlich versprachlicht wurde, im Texteingabeformularfeld von *mage* entstanden sind. Zu den einzelnen Fällen sind jeweils die Gründe für die Löschung vermerkt. Detailbeschreibungen der 4 mit Löschung abgeschlossenen Sequenzen finden sich in Kap. 6.6 in den Beschreibungen zu den Fallbeispielen 1, 4, 5 und 8.

Negative Erfahrungen:

- **Ich habe mal einen Stapel „YPS-Hefte mit Gimmicks" versteigert (diese Comics) und die hat wohl starker Sammler ersteigert. Ein paar Gimmicks, also Baumodelle, waren aber nicht mehr in einwandfreiem Zustand (funktionierten zwar noch, aber hatten einen Riss oder eine Macke). Nach Lieferung habe ich dann eine ganz böse E-Mail von ihm bekommen mit der zynisch detaillierten Auflistung dieses Sammlers, was denn alles an diesen Gimmicks fehlerhaft sei, mit den Schlussworten: „Ich bin seriöser Sammler und kein Gimmickschrott-Sammler!", was etwas übertrieben war. Ich habe ihm dann die Versandkosten erlassen. Meine Frage: Wie detailliert muss man solche Angebote ins Netz stellen? -> Detailtreue vs. Leseinteresse.**

Abb. 6-14: Die „YPS-Hefte-Causa": Ausschnitt aus einem Blatt mit Notizen, das Proband *mage* zum Chat-Termin mitbrachte und während des Chattens neben sich liegen hatte.

ZEIT	Produktionsaktivitäten (Bildschirm) *mage*	Grund für die Aufgabe des Plans ?
1. Versuch (Fallbeispiel 1):		
t_1 13:16:31	ich hatte mal 30	Die Expertin hat mittlerweile auf einen Beitrag eines anderen Partners geantwortet. *mage*s Plan zielte darauf, eine zuvor von der Expertin gestellte (an alle drei Partner adressierte) Frage zu beantworten.
t_2 13:16:34		
t_3 13:16:36	~~ich hatte mal 30~~	
t_4 13:16:38		
2. Versuch (Fallbeispiel 4):		
t_1 13:17:58	Ich hatte mal einen Fall, wo ich	Eine von *mage* zuvor selbst gestellte Frage wird beantwortet; die Antwort ist zudem explizit an *mage* adressiert.
t_2 13:18:02		
13:18:03		
13:18:04		
t_3/t_4 13:18:05	~~Ich hatte mal einen Fall, wo ich~~	
3. Versuch (Fallbeispiel 5):		
t_1 13:19:08	ich hatte mal einen Fall, wo ich alte YPS-Hefte verkauft habe. 30 Stück mit diesen Gimmicks, also Extras. Ein paar davon waren nicht mehr in einwandfreiem Zustand, darüber hat sich der	(intrinsische Motivation)
t_2 13:19:38		

ZEIT	Produktionsaktivitäten (Bildschirm) *mage*	Grund für die Aufgabe des Plans ?
t_3 13:19:39	~~ich hatte mal einen Fall, wo ich alte YPS-Hefte verkauft habe. 30 Stück mit diesen Gimmicks, also Extras. Ein paar davon waren nicht mehr in einwandfreiem Zustand, darüber hat sich der~~	
t_4 13:19:41		
4. Versuch (Fallbeispiel 8):		
t_1 13:32:26	Also meine letzte auktion ist schon 1 1/2 Jahre her, das war eine Sammlung von YPS-Heftem	Abbruch aufgrund zwischenzeitlich eingetroffener Partnerbeiträge, die eine von *mage* selbst gestellte Frage beantworten.
t_2 13:32:46		
13:32:48		
t_3 13:32:49	~~Also meine letzte auktion ist schon 1 1/2 Jahre her, das war eine Sammlung von YPS-Heftem~~	
t_4 13:32:50		
5. Versuch (verschickt):		
13:32:59	also ich habe seit 1 1/2 Jahren nicht mehr mitgemacht, das letzte was ich versteigert habe, waren 30 YPS-Hefte mit Gimmicks. Die gingen an einen Sammler, der sich beschwert hat, diese Extras wäre tlw. mit Macken besetzt **VERSCHICKEN**	
13:33:40		

Abb. 6-15: Die „YPS-Hefte-Causa“ und ihre Realisierung.

7 Fazit und Ausblick

Die vorliegende Arbeit liefert Thesen und Befunde zu drei verschiedenen Aspekten linguistischer Chat-Forschung:

- In theoretischer Hinsicht leistet sie einen Beitrag zur Verortung der Chat-Kommunikation gegenüber dem Gespräch (Kap. 7.1) und speziell zur Frage der Sprachhandlungskoordination, die im Chat als ein von den einzelnen Beteiligten individuell und in Abgleich mit dem Bildschirmverlaufsprotokoll zu erbringendes Projekt aufgefasst werden kann (Kap. 7.2). Mit dem integrierten Rezipienten-/Produzenten-Modell der Chat-Teilnahme hat sie in diesem Zusammenhang einen Beschreibungsrahmen anzubieten, der die charakteristischen kommunikativen Rahmenbedingungen chatbasierten Austauschs – das Fehlen einer interpersonal geteilten Wahrnehmung der zeitlichen Ereignisstruktur und die damit einhergehende Individualisierung der Planung und Umsetzung von Handlungsplänen – sowie den individuellen Umgang mit ihnen auf Ebene des jeweils einzelnen Chat-Beteiligten beschreibbar und analytisch fassbar macht (Kap. 7.2.2/7.2.3).
- In methodologischer Hinsicht und auf dem Hintergrund der im Chat fehlenden Möglichkeit zur Verarbeitung von Verhaltensäußerungen zur Laufzeit ihrer Hervorbringung stellt die Arbeit die an mündlichen Diskursen (Gesprächen) entwickelten Konzepte *Rederecht*, *Turn* und *Turn-taking* als für die Beschreibung des Diskursaufbaus in Chat-Ereignissen ungeeignet heraus und macht einen eigenen Vorschlag für die Kategorisierung von Beitrags- und Handlungseinheiten in chatbasierter Kommunikation (Kap. 7.2.4).
- Zur empirischen Chat-Forschung leistet die Arbeit einen Beitrag, indem sie zeigt, dass solche Phänomene chatbasierten Austauschs, für deren Klärung eine Behandlung von Fragen der Ereignissukzession auf der Ebene der Beteiligtenaktivitäten erforderlich ist, allein auf Basis von Mitschnittsdaten nicht zufriedenstellend analysiert werden können. Insbesondere für die Analyse interaktionaler Phänomene (z.B. die interpretative Rekonstruktion von Handlungssequenzen) stellen daher – ergänzend zu Mitschnitten – Daten zu den Teilnehmeraktivitäten an und vor den Bildschirmen wichtige und erhellende Zusatzressourcen dar. Ein Design für die Erhebung solcher Daten sowie ein

Transkriptionsformat, um Daten dieser Art für linguistische Analysezwecke zu beschreiben, wurde in der Arbeit ausführlich vorgestellt (Kap. 7.3).

Die Thesen und Befunde insbesondere zur Kommunikationsteilhabe im Chat können bei der Entwicklung innovativer Werkzeuge und geeigneter Szenarien für den Chat-Einsatz in „seriösen" Anwendungskontexten (berufliche Nutzung, Zweckbereich Wissenskommunikation) von Interesse sein (Kap. 7.4); das vorgestellte Datenerhebungsdesign, die Arbeit mit „screen movies" und Videodaten sowie das zugehörige Transkriptionsformat mögen für Folgeuntersuchungen ähnlichen Zuschnitts und auch für die Evaluation von Chat-Werkzeugen zweckmäßig sein oder zumindest Anlass für eine Diskussion geeigneter Formate für die Arbeit mit multimodalen Daten zur Kommunikationsteilhabe am und vor dem Computer bilden.

7.1 Chat – Diskurs – Gespräch

Chat-Kommunikation leistet eine kommunikative Problembearbeitung im zeitlichen Nahbereich über die Ausführung kooperativer Handlungsschritte durch zwei oder mehrere Kommunikanten. Die sprachliche Enkodierung und die Verfügbarmachung von Kommunikaten in einer für die Adressaten wahrnehmbaren Form ist dabei auf die mediale Schriftlichkeit festgelegt. Mit der medialen Schriftlichkeit einher geht eine zumindest kurzzeitige Fixierung von Kommunikaten, welche die sprachliche Äußerung länger als das gesprochene Wort in Formen mündlicher Kommunikation verdauerbar macht, sie für die Kommunikanten in der Regel aber nicht länger als bis zum Ende des betreffenden Kommunikationsereignisses als potenziell überprüf- und nachlesbares Artefakt vorhält.

Die funktionalpragmatische Kategorie des *Diskurses* ist funktional bestimmt, nicht material. Mediale Schriftlichkeit ist daher kein Ausschlusskriterium, um einer Form den Status der Diskurshaftigkeit zu verweigern. Die prototypische Realisierungsform von Sprachlichem im Diskurs ist zwar die mediale Mündlichkeit – mediale Schriftlichkeit kann aber ersatzweise als Realisierungsform fungieren, beispielsweise wie in Formen synchroner internetbasierter Kommunikation, um in Anbetracht der Kapazität der Übertragungswege einen Austausch zu gewährleisten, bei welchem Kommunikate mit nur minimaler Zeitverzögerung übertragen werden können. In der Pionierzeit des Internet waren die Bandbreiten, gemessen an heutigen Durchsatzraten, vergleichsweise gering, eine zeitnahe Übertragung von Audiodaten erschien daher unrealistisch. Demgegenüber war die Fixierung und Übermittlung von Schriftzeichen zum Preis vergleichsweise geringer Paketgrößen und Übertragungskapazitäten zu haben. Die Festgelegtheit der Chat-Technologie auf die mediale Schriftlichkeit als Medium für die Enkodierung von Kommunikaten (siehe KM-3 in Abb. 3-1) hat damit in erster Linie technikgeschichtliche Ursachen.[129]

Chat-Kommunikation kann daher der Familie der *Diskursformen* zugerechnet werden. Fasst man *Gespräche* als Diskursformen, für die eine Simultaneität von Hervorbringung und Verarbeitung sowie eine ständige wechselseitige Beeinflussung der Partner charakteristisch ist, so liegt auf der Hand, dass Gespräche ausschließlich in der Mündlichkeit stattfinden können. Vom mündlichen Realisierungsmedium aufs schriftliche zu wechseln, bedeutet nicht lediglich, dass schriftlich enkodierte Beiträge eine zu mündlichen unterschiedliche materiale Qualität aufweisen. Mit Schriftlichkeit einher geht die (zumindest kurzzeitige) Beständigkeit sowie die Fixierung auf einem Träger. Mit Mündlichkeit einher geht die Unmittelbarkeit der Übertragung (akustische Signale dringen unweigerlich ans Ohr). Durch den Austausch medial schriftlich realisierter Beiträge vollzogene Kommunikation kann sich nicht auf eine unbedingte Simultaneität von Hervorbringung und Verarbeitung stützen. Dadurch scheidet auch die Möglichkeit eines kontinuierlichen interpersonalen Monitorings und einer kontinuierlichen wechselseitigen Beeinflussung zur Laufzeit der Interaktion aus.

Chat-Kommunikation ist somit *Diskurs*, aber nicht *Gespräch*. Legt man einen konzeptuell weiter gefassten Gesprächsbegriff zugrunde, mag man zu einer anderen Einschätzung gelangen. Ob allerdings für die Gesprächsforschung ein Gesprächsbegriff wünschenswert ist, der nicht-mündliche und daher nicht-simultane Formen integrierbar macht (in welchen damit zugleich eine Koordination von Kommunikantenaktivitäten zur Laufzeit der Interaktion ausgeschlossen ist), darf bezweifelt werden.

Ausgehend von den fundamentalen Differenzen, die sich für die Chat-Kommunikation gegenüber der elementaren Form des Kommunizierens – dem ortsgebundenen, multimodalen Face-to-face-Diskurs mit mündlicher Verbalisierung – und auch gegenüber mündlichen Formen der Distanzkommunikation wie z.B. der Telefonie feststellen lassen, wurde in dieser

---

129 Gerade die Indienstnahme medialer Schriftlichkeit für die Prozessierung synchronen Austauschs generiert aber einige der chat-typischen Mehrwerte, nämlich zum einen die Nutzbarkeit der schriftlichen Wortlautprotokolle von Kommunikationsereignissen als Ressourcen für die Anschlusskommunikation und zum anderen die mit der Kanalreduktion einhergehende Niedrigschwelligkeit (während in der Fernmündlichkeit immerhin noch die Stimme als wichtige Spur des Körpers unmittelbare Rückschlüsse auf Identität und Befindlichkeit eines Kommunikanten zulässt, sind vergleichbare Deutungen bei maschinenschriftlich realisierten Äußerungen nicht möglich).

Arbeit eine Charakteristik chatbasierten Kommunizierens vorgelegt, welche bei den technologiebedingten kommunikativen Rahmenbedingungen ansetzt (spezifisch textuelle Prozedur für die Produktion/Übermittlung/Rezeption von Beiträgen, mediale Schriftlichkeit der Kommunikate und des Darstellungsmediums) und chatbasierte Kommunikationsprozesse unter dem Aspekt betrachtet, wie einzelne Kommunikanten an diesen Prozessen teilhaben und ihre Teilhabe organisieren. Unter dieser Perspektive erweist sich Chatten als ein hochgradig individualisiertes Projekt: Der Diskurs entsteht erst in der Rezeption, die rezeptive Verarbeitung von Beiträgen geschieht nicht kontinuierlich, sondern jeweils nur punktuell. Die punktuellen „Updates", die ein Chat-Teilnehmer über den aktuellen Stand des Kommunikationsverlaufs einholt, erfolgen ohne Abstimmung mit dem, was die übrigen Beteiligten zum selben Zeitpunkt als aktuellen Stand des Kommunikationsverlaufs kennen, und sind hinsichtlich dessen, was (gegenüber dem letzten erfolgten Update) als „neu" kogniziert wird, unabhängig davon, ob dieses Neue auch tatsächlich unmittelbar vor dem Update neu auf dem Bildschirm angezeigt wurde oder dort möglicherweise bereits geraume Zeit zur Verfügung stand, aber bislang nicht wahrgenommen wurde. Ausgehend von einem neu eingeholten Update werden individuell an den damit kognizierten Stand des Verlaufs anschlussfähige Handlungsschritte geplant oder aktuell in sprachlicher Enkodierung befindliche Handlungspläne (die auf Basis des zuletzt kognizierten Standes zur Realisierung ausersehen wurden) dahingehend überprüft, ob sie auch an den neuen Stand anschließbar sind.

Koordination erweist sich unter dieser Perspektive nicht als ein Abgleichsprozess, der zwischen den Kommunikationsbeteiligten zur Laufzeit der Interaktion mitläuft, sondern als eine individuell zu leistende Aufgabe, die darin besteht, die eigene Planbildung bzw. -realisierung immer wieder aufs Neue an den punktuell neu kognizierten Stand des Kommunikationsverlaufs anzupassen. Die Möglichkeit einer direkten Interaktion – wie Dürscheid (2006: 29) hervorhebt – steht damit nicht zur Verfügung, Kohärenz sowie die diskursstrukturelle Einordnung von Beiträgen wird immer erst in der (nicht kontinuierlich, sondern stets nur punktuell erfolgenden) Rezeption hergestellt (Hoffmann 2004: 105).

7.2 Kommunikationsteilhabe und Sprachhandlungskoordination beim Chatten: Rahmenbedingungen, Modellierung, Beschreibungskategorien

7.2.1 *Technologische Determinanten*: Ausschluss einer Verarbeitung von Verhaltensäußerungen zur Laufzeit und medial schriftlicher Charakter der Kommunikate

Den Ausgangspunkt der Arbeit bildete die Perspektivierung der Chat-Kommunikation als einer Form der technologiebasierten Kommunikation (Kap. 2/3). Beschrieben wurden die grundlegenden Merkmale, anhand derer die Chat-Technologie gegenüber anderen Kommunikationstechnologien abzugrenzen ist, sowie die aus diesen Merkmalen resultierenden kommunikativen Rahmenbedingungen und Determinanten für die Herstellung von Verständnis und Verstehen zwischen Nutzern, die in je konkreten Nutzungskontexten zu Zwecken interpersonaler Kommunikation von Implementierungen dieser Technologie (Chat-Systemen) Gebrauch machen.

Die Gesamtheit der Nutzungsweisen der Technologie konstituiert eine Kommunikationsform, bei welcher Synchronizität und Simultaneität (im in Kap. 2.2.2 gefassten Sinne) charakteristischerweise entkoppelt sind: Die Notwendigkeit einer gleichzeitigen Orientierung der Kommunikanten auf den gemeinsamen Austausch geht einher mit der Unmöglichkeit einer partnerseitigen Verarbeitung von Verhaltensäußerungen zur Laufzeit ihrer Hervorbringung und mit einer prinzipiellen (durch die mediale Schriftlichkeit der Bildschirmverlaufsprotokolle bedingten) Beliebigkeit der Kenntnisnahme der angezeigten Partnerbeiträge. Dieses Charakteristikum wird der Chat-Kommunikation dadurch zuteil, dass die zugrunde liegende Kommunikationstechnologie hinsichtlich der genutzten Übertragungsprozeduren (Kommunikat wird als *Produkt* und nicht zur Laufzeit seiner Versprachlichung einem Transmitter überantwortet und von diesem weiterübermittelt) sowie hinsichtlich des für die Enkodierung von Kommunikaten festgelegten Kodes (der Schriftsprache) Merkmale der Familie der Boten-Technologien aufweist, der traditionell eher auf asynchronen Austausch hin orientierte Technologien zugehören (prototypischerweise die Buch- und die Brieftechnologie). Andererseits zielt die Chat-Technologie, da sie von einer synchronen Kopräsenz der Kommunikationsbeteiligten ausgeht, auf die Unterstützung eines dialogischen Austauschs im Jetzt. Hier nähert sie sich Merkmalen aus der Familie der Simultan-Technologien an – allerdings mit dem Unterschied, dass „echte“ Simultaneität eine

Laufzeit-Verarbeitung trotz räumlicher Trennung der Partner impliziert (vorausgesetzt natürlich, die Partner befinden sich gerade beide an ihren jeweiligen Endgeräten). In der Fern-Mündlichkeit (Telefontechnologie) oder in anderen Technologien mit einer Übermittlung von Signalen zur Laufzeit ihrer Materialisierung (z.B. der akustischen Telegraphie) ist solches der Fall, eine „Fern-Schriftlichkeit" wie sie durch die Chat-Technologie und auch die Instant Messaging-Technologie festgelegt ist, erlaubt aber schon allein aufgrund der visuellen anstatt auditiven Qualität der Schrift („Augenmedium", vgl. Kap. 3.2/4.6.1) keine zwingende Verarbeitung oder zumindest Wahrnehmung zur Laufzeit.

7.2.2 *Modellierung*: Chatten als Systemregulation bzw. individuelle Situationsbewältigung

Ausgehend von den durch die zugrunde liegende Kommunikationstechnologie gesetzten Rahmenbedingungen wurde in Kap. 4 ein situiertes Modell der individuellen Kommunikationsteilhabe beim Chatten vorgestellt und hinsichtlich seiner wesentlichen Konstituenten beschrieben. Das Modell ist angelehnt an das (psycholinguistische) ‚Regelkreismodell der Sprachproduktion' nach Herrmann & Grabowski (1994). Modelliert wird der Chat-Teilnehmer dabei als ein psychisches System, das sich in jeweils punktuellem Abgleich mit internen Repräsentationen seiner System-Umwelt (die beim Chatten maßgeblich durch das Bildschirmverlaufsprotokoll repräsentiert wird, das die eigenen Beiträge sowie die Beiträge der Partner als Input vorhält) in Hinblick auf selbst gesetzte Sollwerte (‚kommunikative Zielsetzungen') organisiert und über Stelloperationen die Umwelt diesen anvisierten Sollwerten anzugleichen bestrebt ist. Dass damit zunächst *psychische* und nicht *soziale* Systeme beziehungsweise Dyaden sozialer Interaktion modelliert werden, hat mit der Annahme zu tun, dass es in chatbasierten Kommunikationsprozessen keine interpersonal geteilte Wahrnehmung einer zeitlichen Ereignissukzession gibt und zeitliche Verläufe daher zunächst nur für einzelne Kommunikationsteilhaber rekonstruiert werden können. Die mit der theoretischen Ausrichtung des Modells einhergehende Perspektivenwahl (fokussiert wird primär auf das Individuum, nicht auf das Soziale) schließt aber nicht aus, auf Basis solcher Modellierungen einzelner psychischer Systeme in einem nachgeordneten Schritt zu einer Modellierung sozialer Interaktion zu gelangen, die sich zwischen diesen Einheiten abspielt. Die Datenbasis hierfür können Transkripte bilden, in denen Beschreibungen mehrerer einzelner Chat-Teilnahme-Ereignisse, die auf die Teilhabe an demselben Chat-Ereignis gerichtet sind und die z.B. nach den in Kap. 5.2 dargelegten Notationskonventionen dargestellt sind, miteinander entlang derselben Zeitachse aligniert werden. Ein Beispiel für einen Transkriptausschnitt, in dem zwei Teilnahmeereignisse (*fala* und *inab*) auf diese Weise miteinander aligniert sind, zeigt die Abb. 7-1.

Blick *inab*	**Produktions-aktivitäten (Bildschirm) *inab***	**ZEIT**	**Protokollverlauf**	**ZEIT**	**Produktions-aktivitäten (Bildschirm) *fala***	**Blick *fala***
Pro		10:49:08		10:49:08	sehr gute idee **VERSCHICKEN**	Key
		10:49:10		10:49:10		
		10:49:11		10:49:11		Form
		10:49:12	**fala:** sehr gute idee	10:49:12		
		10:49:13		10:49:13		Pro°–°–° 2 Form 1 Key
		10:49:14	**bsommer:** Ich habe schon oft gehört, dass die Kundenbetreuung bei eBay ziemlich für die Katz ist.	10:49:14		
		10:49:23		10:49:23		
Form | Pro | Form		10:49:24		10:49:24		
		10:49:25		10:49:25		
Key		10:49:26		10:49:26		
	wußte nur, das man Mails bei problemen schi-cken kann **VERSCHICKEN**	10:49:28		10:49:28		
		10:49:31	**bsommer:** Wie gut, dass Sie hiervon noch nicht Gebrauch machen mussten. :-)	10:49:31		
		10:49:32		10:49:32		
Form		10:49:33		10:49:33		
		10:49:34		10:49:34		
Key		10:49:35		10:49:35		
		10:49:37		10:49:37		
Form		10:49:38		10:49:38		
Key 1 Form		10:49:39		10:49:39		
		10:49:41		10:49:41		
		10:49:42		10:49:42		Key | Form
		10:49:43		10:49:43		
		10:49:44		10:49:44		Key

Blick *inab*	Produktions-aktivitäten (Bildschirm) *inab*	ZEIT	Protokollverlauf	ZEIT	Produktions-aktivitäten (Bildschirm) *fala*	Blick *fala*
		10:49:45		10:49:45	man kann doch vor dem erstei-gern	1 Form
		10:49:46		10:49:46		
Form | Pro | Form		10.49.47	**inab:** wußte nur, das man Mails bei problemen schicken kann	10.49.47		
		10:49:48		10:49:48		
		10:49:49		10:49:49		
Key	hab	10:49:50		10:49:50		
		10:49:51		10:49:51		
Pro°–°–°		10:49:52		10:49:52		
		10:49:53		10:49:53		
		10:49:54		10:49:54		Form
		10:49:56	**bsommer:** Noch mal we-gen dem privaten Rückgaberecht:	10:49:56		
		10:49:57		10:49:57		Key
		10:50:00		10:50:00		
Form | Key | Form	~~hab~~	10:50:01		10:50:01		
Key		10:50:02		10:50:02	[1]recher[1]	
	ja! **VERSCHICKEN**	10:50:03	**inab:** ja!	10:50:03		
Pro 1 Form		10:50:04		10:50:04		Form | Key | Form
		10:50:05		10:50:05		
		10:50:06		10:50:06	**Sub** [1]~~recher~~ nachgucken[1 2]	
		10:50:07		10:50:07		Key 1 Form
		10:50:09		10:50:09		
		10:50:10		10:50:10		
Key		10:50:11		10:50:11		
	Würde gerne wissen	10:50:12		10:50:12	inwieweit der handelspartner bereits auffällig geworden ist	
		10:50:15		10:50:15		
Pro | Form		10:50:16		10:50:16		
Key		10:50:17		10:50:17		

Blick *inab*	Produktions-aktivitäten (Bildschirm) *inab*	ZEIT	Protokollverlauf	ZEIT	Produktions-aktivitäten (Bildschirm) *fala*	Blick *fala*
Form		10:50:18	**bsommer:** Als Privatverkäufer müssen Sie keine Rücknahme und Garantieleistung gewähren.	10:50:18		
Pro		10:50:19		10:50:19		
		10:50:24		10:50:24		
Form		10:50:25		10:50:25		
1 Key	~~Würde gern wissen~~	10:50:26		10:50:26		Form
		10:50:27		10:50:27		
Key	Das weiß ich, aber was ist denn	10:50:28		10:50:28	**Add** ^{2,2} **VERSCHICKEN**	
		10:50:30		10:50:30		
		10:50:31		10:50:31		Key | Form | Key | Form
		10:50:33	**fala:** man kann doch vor dem ersteigern nachgucken, inwieweit der handelspartner bereits auffällig geworden ist	10:50:33		
		10:50:34		10:50:34		

Abb. 7-1: Beispiel für die synoptische Darstellung zweier Teilnahmeereignisse in einem Transkript (Ausschnitt). Zwischen 10:49:41 und der Verschickung ihres Beitrags um 10:50:33 hat *fala* nicht mehr aufs Bildschirmverlaufsprotokoll geblickt, in dem unterdessen vier neue Beiträge eingetroffen sind. Am Ausschnitt lässt sich auch zeigen, dass Chat zwar synchron ist, zwei Teilnehmer an einem Chat-Ereignis zum selben Zeitpunkt aber eine unterschiedliche Auffassung über den aktuellen Stand des Kommunikationsverlaufs haben können: Während zum Zeitpunkt 10:50:24 Teilnehmerin *inab* offenbar alle bis dato im Bildschirmverlaufsprotokoll eingetroffenen Beiträge zur Kenntnis genommen hat, ist *fala* nach wie vor auf einem Stand, der die vier zuletzt angezeigten Beiträge nicht umfasst. Während *inab* zum Zeitpunkt 10:50:24 bereits seit fünf Sekunden auf das Protokoll blickt, liegt der letzte Protokollblick von *fala* ganze 43 Sekunden zurück. Bezogen auf die Eintreffenszeitpunkte neuer Beiträge im Bildschirmverlaufsprotokoll divergieren die von den beiden Kommunikantinnen kognizierten Stände um 47 Sekunden: Für *inab* ist die Kommunikation auf Stand des um 10:50:18 angezeigten Beitrags von *bsommer*, für *fala* ist die Kommunikation auf Stand des um 10:49:31 angezeigten Beitrags von *bsommer*.

7.2.3 *Konsequenzen für die Handlungskoordination*: Individueller Abgleich von Handlungsplanung und -umsetzung mit dem Stand des Bildschirmverlaufsprotokolls anstatt interpersonaler Abgleich von Tätigkeitswünschen zur Laufzeit

Ausgehend vom vorgestellten Modell wurde die These vertreten, dass die Möglichkeit eines gemeinsamen Interaktionsmanagements zur Laufzeit im Chat (gegenüber mündlichen Diskursen) nicht zur Verfügung steht und stattdessen von den einzelnen Kommunikanten ein je individuelles Management der eigenen Partizipation an dem geleistet werden muss, was sich als je aktueller Stand des Austauschs schriftlich in ihren Bildschirmverlaufsprotokollen manifestiert. Da das Bildschirmverlaufsprotokoll nicht kontinuierlich, sondern jeweils punktuell überprüft und *nach*-gelesen wird sowie aufgrund der spezifisch konsekutiven Prozedur für die Versprachlichung von Handlungsplänen und für die Übermittlung und Darstellung ihrer textuellen Repräsentationen ergibt sich für den unter synchroner Kopräsenz der Beteiligten vollzogenen Austausch als Standardfall eine interpersonal divergent kognizierte zeitliche Ereignisstruktur.

Die im Rahmen der Fallstudie in Kap. 6 beschriebenen Daten stützen diese Auffassung. Die Untersuchung von Produktionssequenzen, die mit einer vollständigen Löschung eingegebenen Textes abgeschlossen wurden, hat gezeigt, dass solche Komplettlöschungen nicht immer intrinsisch (d.h. ohne Einwirkung externer Faktoren) zustande kommen. Für 71,63 % der untersuchten Fälle konnte anhand einer Auswertung von „screen movies" festgestellt werden, dass zwischen dem Beginn der Texteingabe und der Einleitung des Löschvorgangs mindestens ein neuer Partnerbeitrag im Bildschirmverlaufsprotokoll zur Anzeige kam. Eine genauere Betrachtung der Vorkommnisse von Komplettlöschungen in insgesamt sechs Chat-Teilnahme-Ereignissen unter Miteinbeziehung von Videodaten zum Blickrichtungsverhalten der Teilnehmer ergab, dass nach Datenlage für immerhin 55 % der Fälle mit einiger Sicherheit angenommen werden kann, dass die jeweilige Löschung als Ausdruck einer zwischenzeitlichen Verarbeitung oder zumindest Kenntnisnahme neuer Partnerbeiträge und einer dadurch ausgelösten Evaluation des der aktuellen Produktionstätigkeit unterliegenden Handlungsplans aufzufassen ist. Anhand von 29 Einzelfallbeschreibungen wurde veranschaulicht, welche Faktoren im Einzelfall dazu führen können, dass ein Handlungsplan (vorübergehend) aufgegeben und das zu seiner Realisierung bereits Versprachlichte wieder aus dem Texteingabeformularfeld gelöscht wird.

7.2.4 Kategorien für die Beschreibung von Kommunikationsteilhabe, Sprachhandlungskoordination und Beitragsproduktion

Wenn sich für die Beteiligten keine interpersonal geteilte Wahrnehmung einer zeitlichen Ereignisstruktur des gemeinsam prozessierten Kommunikationsereignisses annehmen lässt, dann steht zu fragen, inwieweit Kategorien der Konversationsanalyse bzw. Gesprächsforschung, die zur Beschreibung der Mesoebene mündlicher Kommunikation entwickelt wurden, sinnvoll auf die Beschreibung von Chat-Strukturen angewandt werden können. In Kapitel 4.5 wurde zunächst unter Bezugnahme auf einschlägige Arbeiten zur Diskursorganisation eine Position zur Sprachhandlungskoordination in mündlichen Diskursen entwickelt; anschließend wurde in Auseinandersetzung mit existierenden Positionen zum Turn-taking im Chat diskutiert, inwieweit für die chatbasierte Kommunikation, so wie sie sich in Standard-Chat-Umgebungen darbietet, das Gegebensein vergleichbarer Organisationsprinzipien angenommen werden kann. Es wurden Gründe dafür vorgetragen, dass eine Beschreibung von Beitragssequenzen in der Chat-Kommunikation mit den Kategorien der Rederechtsaushandlung und des Turn-taking nur unzureichend möglich ist, und es wurde dafür argumentiert, das Vorhandensein eines dem Rederecht vergleichbaren exklusiven „Senderechts" und einer Turn-taking-Strukturierung für Chat grundsätzlich auszuschließen. Unter Rekurs auf die zuvor vertretene These, die Kommunikationsteilhabe im Chat sei als ein weitgehend individualisiertes Projekt der einzelnen Beteiligten aufzufassen, wurde ein alternatives Set an Analyse- und Beschreibungskategorien vorgeschlagen, das es ermöglicht, Einheiten sprachlichen Handelns und ihre sprachlichen Realisierungen unter der Perspektive der individuellen Planung und Realisierung kommunikativer Beteiligungsaktivitäten der einzelnen Kommunikanten zu beschreiben. Hierbei wurde Wert darauf gelegt, die Handlungsebene und die Ebene der am Bildschirm sichtbaren Hervorbringungen der Kommunikanten als Beschreibungsebenen getrennt zu halten. Der *Turn* wurde als Analysekategorie ausgeschlossen, da eine dem Turn der Mündlichkeit vergleichbare, auf Aushandlung basierende Grundeinheit des Diskursaufbaus in der Chat-Kommunikation nicht existiert. Die Existenz eines aus mündlichen Diskursen übernommenen kognitiven Konzepts ‚Turn', das individuell im Einzelfall sogar als strategisches Vorbild für die Realisierung von Handlungsplänen fungieren kann (z.B. im Falle der Anwendung von Splitting-Techniken), wurde hingegen nicht geleugnet. Allerdings wirkt sich dieses Konzept nicht als Strukturierungskonzept auf der Ebene interpersonaler Interaktionsorganisation aus; verschickten Produkten sprachlicher Hervorbringung, so wie sie in den

Bildschirmverlaufsprotokollen angezeigt werden, oder eingegebenem unverschickten Text in den Texteingabeformularfeldern lässt sich daher kein Turnstatus im Sinne der Gesprächsforschung zuweisen. Der Turn wird somit als eine rein psychologische Größe anerkannt, als Analyseeinheiten kommen hingegen solche Einheiten in Betracht, die sich in Hinblick auf die beiden Beschreibungsebenen ‚sprachliches Handeln' und ‚sichtbare Hervorbringungen' entweder beobachten oder zumindest erschließen lassen. Für die Handlungsebene sind dies die einzelne *sprachliche Handlung* sowie – bezogen auf sprachliche Handlungsmuster – der *kommunikative Zug* (vgl. Kap. 4.5.4.3). In Verlaufsprotokollen (und Mitschnitten) beobachtbar ist zum einen der *Chat-Beitrag* als rein formale Einheit, die durch das Ausführen einer Verschickungshandlung konstituiert und nach Übermittlung in Form eines zwischen zwei Absatzwechseln angezeigten Textstücks angezeigt wird, das sich einem Chat-Teilnehmer als Autor zuordnen lässt. Zum anderen lassen sich in Verlaufsprotokollen (und Mitschnitten) *Sequenzen von Beiträgen* nachweisen, worunter Abfolgen von Chat-Beiträgen eines oder mehrerer Urheber verstanden werden, die zu Analysezwecken als fortlaufende Segmente aus den insgesamt in Verlaufsprotokollen oder Mitschnitten dokumentierten linearen Beitragsabfolgen herausgegriffen werden können (Kap. 4.5.4.4). Bei diesen Sequenzen handelt es sich um rein formale Abfolgen, die sich durch die Anordnung entlang einer ‚oberhalb–unterhalb'-Relation am Bildschirm ergeben. Ein systematischer Bezug auf Handlungssequenzen besteht nicht und darf auch nicht unterstellt werden, eine Konvergenz von Beitragssequenz und Handlungssequenz kann aber im Einzelfall, sofern sich eine entsprechende Interpretation durch den Kontext oder durch die Miteinbeziehung zusätzlicher Datenquellen (z.B. Daten zur Beitragsproduktion und zur visuellen Orientierung der Chat-Teilnehmer auf die Entwicklung des Bildschirmverlaufsprotokolls) stützen lässt, nachgewiesen werden. Die Notwendigkeit einer Trennung der Handlungsebene und der Ebene der am Bildschirm beobachtbaren Einheiten und ihrer Abfolge zeigt sich an der Einheit der Beitragssequenz besonders deutlich: Da das Bildschirmverlaufsprotokoll (und damit auch der Mitschnitt) lediglich Abfolgen übermittelter Produkte zeigt, kann selbst im Falle problemlos (aus der Außensicht des analysierenden Dritten) aufeinander beziehbarer adjazent stehender Chat-Beiträge die betreffende Paarsequenz nicht zwangsläufig als Ergebnis einer entsprechenden Handlungssequenz angenommen werden; vielmehr können sich aufgrund der Divergenz der kognizierten Ereignisstrukturen zwischen den Kommunikanten und für die Anzeige strukturiert durch die Sequenzierungsprozedur des Chat-Servers in den Protokollen auch so genannte „phantom adjacency pairs" (i.S.v. Garcia & Jacobs 1999: 354) ergeben. Diese stellen für die mitschnittsbasierte Chat-Analyse ein Problem dar, insofern sie zu Missinterpretationen führen können, die qua Datenlage *als* Missinterpretationen unerkannt bleiben.

Als Beschreibungskategorien für Einheiten auf der Ebene individueller Chat-Teilnahme-Aktivitäten wurden das *Kontributionsprojekt* und die *Produktionseinheit* vorgeschlagen (Kap. 4.5.4.5). Das Kontributionsprojekt ist eine erschlossene Größe; es bezeichnet das, was auf der Ebene der Handlungsplanung der Realisierung von Text im Texteingabeformularfeld, der Verschickung eingegebener Texte sowie ggf. einem in mehrfacher Folge ausgeführten Wechsel zwischen Texteingabe und Verschickung zugrunde liegt. Kontributionsprojekte bestehen aus einem Handlungsplan sowie Vorentscheidungen über die Art und Weise, wie der betreffende Handlungsplan in Sprache und sichtbar veräußerte Kommunikationsbeiträge umgesetzt werden soll. In systemtheoretischer Redeweise repräsentiert ein Kontributionsprojekt die anvisierte Stelloperation, den Protoinput sowie eine Spezifikation von Parametern für die Arbeit des Enkodiermechanismus (z.B. darüber, ob der betreffende Handlungsplan en bloc oder im Splitting-Modus realisiert werden soll). Die *Produktionseinheit* ist das, was als in Entstehung befindliches Resultat von Texteingabe und -bearbeitungshandlungen im Texteingabeformularfeld der Benutzeroberfläche sichtbar wird. Auf der Ebene der Versprachlichung von Kontributionsprojekten bildet die Produktionseinheit das Pendant zu dem, was auf der Ebene des Bildschirmverlaufsprotokolls als *Chat-Beitrag* sichtbar wird, allerdings mit dem wichtigen Unterschied, dass Chat-Beiträge – weil verschickt – Produktcharakter haben, während Produktionseinheiten, solange ihnen nicht qua Verschickung der Status von Produkten verliehen wird, „Werkstückcharakter" aufweisen und somit revidierbar sind. Für diejenigen Aktivitäten, die sich zwischen dem Beginn der Texteingabe und der nächsten (durch Ausführung einer Verschickungs- oder Deletionshandlung herbeigeführten) vollständigen Leerung des Texteingabeformularfelds beobachten lassen, habe ich in Kap. 6.3 den Terminus *Produktionssequenz* eingeführt. Die Untersuchung von insgesamt 1.097 Produktionssequenzen in einem Korpus mit 17 multimodal dokumentierten Chat-Teilnahme-Ereignissen (Kap. 6) ergab, dass nur ca. 81 % aller Produktionssequenzen mit Verschickung abgeschlossen werden, hingegen in 19 % der Fälle der eingegebene Text wieder komplett gelöscht wird. Dies zeigt einen weiteren Unterschied zwischen Produktionseinheiten und Chat-Beiträgen: Im Rahmen von Produktionseinheiten entstehen zwar diejenigen Texte, die den Partnern anschließend als Chat-Beiträge in den Bildschirmverlaufsprotokollen angezeigt werden sollen, nicht alle Produktionseinheiten werden aber letztlich auch tatsächlich durch Ausführung einer Verschickungshandlung an den Chat-Server abgeschickt. Vieles, was in die Texteingabeformularfelder eingegeben wird, erreicht nie das Protokoll (im untersuchten Korpus: 4.441 Tastaturanschläge[130]).

Produktionseinheiten haben, solange sie nicht verschickt oder wieder komplett gelöscht werden, Prozesscharakter. Texteingabeaktivitäten können mit Aktivitäten, die auf eine nachträgliche Bearbeitung/Revision bereits eingegebenen Textes zielen, abwechseln. Beitragsproduktionsprozesse haben daher vieles mit Schreibprozessen außerhalb direkter dialogischer Settings gemein; eine Beschreibung ihrer Prozesshaftigkeit kann daher in Anlehnung an Prozessbeschreibungen und Beschreibungskategorien erfolgen, wie sie in der empirisch ausgerichteten Schreibforschung unternommen werden (vgl. Kap. 4.4).

7.3 Sprachdaten in der empirischen linguistischen Chat-Forschung: Von der Mitschnittsanalyse zur multimodalen Modellierung von Kommunikationsereignissen

Chat-Mitschnitte – durch Speicherung erzeugte statische Instanzen derjenigen Beitragssequenzen, die über einen Chat-Server verschickt oder auf den Teilnehmerbildschirmen als Bildschirmverlaufsprotokolle angezeigt wurden – bilden bislang die zentrale Datengrundlage für empirische linguistische Untersuchungen zu den sprachlichen und kommunikativen Besonderheiten chatbasierter Kommunikation. Lässt man forschungsethische Fragen außer Betracht, so lassen sich Mitschnittsdaten einfach, kostengünstig und in großem Umfang erheben. Unter Berücksichtigung der technologischen Rahmenbedingungen (insbesondere der charakteristischen Prozedur für die Produktion und Übermittlung von Beiträgen sowie der Sequenzierung von Beiträgen durch den Chat-Server) kann Mitschnitten allerdings in keinem Fall derselbe Status und Quellenwert zuerkannt werden, der den intellektuell angefertigten Transkripten von Sprachdaten zukommt, die in der Gesprächsforschung zu Zwecken der Analyse mündlicher Diskurse angefertigt werden.

Gesprächstranskripte *modellieren* den durch sie beschriebenen Gegenstand (nämlich ein konkretes, aufgezeichnetes Gespräch oder einen Ge-

130 Diese Zahl bezeichnet lediglich die Summe derjenigen Tastaturanschläge, die im Zuge von Komplettlöschungen getilgt wurden. Nicht mitgezählt sind Tastaturanschläge, die im Rahmen direkter und nachträglicher Substitutionen gelöscht wurden oder im Rahmen solcher nachträglicher Deletionen, bei denen nicht der gesamte eingegebene Text wieder entfernt wurde.

sprächsausschnitt) und verfahren dabei selektiv, interpretativ und theoriegeleitet (vgl. Schmidt 2005). Chat-Mitschnitte hingegen sind durch Speicherung erzeugte sekundäre Instanzen von (automatisch von einer Programmroutine generierten) Beitragssequenzen, dadurch nicht-selektiv (alles, was auf dem Bildschirm bzw. auf dem Server als Datum bezeugt ist, wird abgespeichert), nicht-interpretativ und theoriefrei. Sie sind daher eher den Sekundärdaten (Audio-, Videoaufzeichnungen) bei der Analyse gesprochener Sprache vergleichbar. Zugleich dokumentiert sich – dies im Unterschied zu den Sekundärdaten zu mündlichen Diskursen – in Mitschnitten ausschließlich der Wortlaut der *verschickten* Ergebnisse sprachlicher Produktion. Chat-Mitschnitte sind somit eine Aneinanderreihung von seitens der Kommunikanten herausgegebenen *Produkten*, deren Abfolge durch eine zwischengeschaltete vermittelnde Instanz unter Absehnung von Kohärenzkriterien, thematischen oder handlungssemantischen Zusammenhängen hergestellt wurde. Beginn und Ende der diesen Produkten zugrunde liegenden Produktionstätigkeiten werden nicht mitdokumentiert. Gerade solche Information stellt aber, zumindest für die Behandlung interaktionaler Phänomene in den dokumentierten Kommunikationsereignissen, eine wichtige Ressource dar. Ohne für die Analyse im Zugriff zu haben, wann mit der Produktion welcher Beiträge begonnen wurde, lässt sich in vielen Fällen nicht eindeutig klären, in Kenntnis welcher Vorbeiträge die produktive Realisierung der durch einen Beitrag repräsentierten Handlung aufgenommen wurde und in welchen Bezug die mit diesem Beitrag realisierte Handlung zur Vorkommunikation zu setzen ist. Texteingaben, die überhaupt nicht verschickt, sondern wieder gelöscht werden (und die – wie einige der Einzelfallbeschreibungen in Kap. 6.6 zeigen – wichtige Hinweise auf ursprünglich präferierte Handlungsoptionen der betreffenden Teilnehmer beinhalten können), hinterlassen in Mitschnitten ebenfalls keine Spur.

Die in Kap. 6 beschriebene Fallstudie hat exemplarisch demonstriert, dass die Miteinbeziehung von Daten zu den Aktivitäten der einzelnen Chatter an und vor ihren Rechnern dazu beitragen kann, jenseits reiner Mitschnittsdaten einerseits Aufschlüsse über die spezifische Kommunikationssituation beim Chatten zu gewinnen und andererseits die gesamte sprachliche Produktion einzelner Chat-Teilnehmer offen zu legen, die in aller Regel mehr umfasst als nur das, was sich letztlich in Form verschickter Beiträge in Mitschnitten dokumentieren lässt. Darüber hinaus können auf Basis von Daten zum Blickrichtungsverhalten relativ verlässliche Annahmen darüber getroffen werden, wann ein Chat-Teilnehmer bestimmte neue Partnerbeiträge frühestens zur Kenntnis genommen haben kann. Nicht zuletzt hat die Fallstudie gezeigt, dass bestimmte Phänomene – zum Beispiel die Löschung eingegebenen Textes und die Revision von Handlungsplänen – auf Basis von Mitschnitten überhaupt nicht beobachtet oder untersucht werden können.

Die Datentypen, die anhand eines experimentellen Settings wie dem in Kap. 5.1 beschriebenen erhoben werden können, können für verschiedene Untersuchungsfragen eine wertvolle Ergänzung zu Mitschnittsdaten darstellen: Während eine ausschließlich mitschnittsbasierte Analyse lediglich die vorsätzlich herausgegebenen Ergebnisse sprachlicher Produktion zur Verfügung hat und bei der interpretativen Rekonstruktion kommunikativen Austauschs ausgehend von einzelnen Produkten danach fragt, in welchen (handlungslogischen, thematischen) Bezügen diese zu den Produkten anderer Kommunikanten stehen, stehen bei einer Analyse auf Basis multimodaler Daten zu individuellen Teilnahmeaktivitäten für den Phänomenbereich ‚sprachliche Produktion' sämtliche Produktionssequenzen und die in ihrem Rahmen hervorgebrachten Texteingaben sowie darüber hinaus Daten zum verbalen (chatbegleitende mündliche Äußerungen) und nichtverbalen Verhalten (Blickrichtung, Mimik, Körperpositur) der Chat-Teilnehmer vor ihren Rechnern zur Verfügung. Kommunikationsteilhabe kann unter dieser Perspektive als eine Abfolge von Planbildungen und Planrealisierungen aufgefasst werden, wobei die Aufgabe von Plänen und die Adaption der Planbildung an einen punktuell als verändert wahrgenommenen Stand des Kommunikationsverlaufs keine Ausnahme darstellen. Was als veräußerte sprachliche Handlung in Form eines Textbeitrags oder einer Folge von Textbeiträgen ins Protokoll gelangt und im Mitschnitt fixiert werden kann, kann Ergebnis verschiedener Umplanungen sein und sich darüber hinaus auf einen wahrgenommenen Stand des Kommunikationsverlaufs beziehen, der mit dem von den Adressaten des Beitrags wahrgenommenen Stand nicht deckungsgleich ist. Fälle der parallelen Bearbeitung verschiedener Themen oder der gleichzeitigen Abarbeitung verschiedener Handlungsmuster oder -musterpositionen durch zwei synchron und kooperativ auf den jeweils anderen orientierten Kommunikanten werden dadurch erklärbar. Welche der am Bildschirm angezeigten Beiträge zwei synchron auf Kommunikationsteilhabe orientierte Chat-Teilnehmer zum selben Zeitpunkt bereits kennen und welche nicht (wie sich also der je individuell kognizierte Stand des Kommunikationsverlaufs interpersonal unterscheidet), wird rekonstruierbar (im Beispiel in Abb. 7-1 unterscheidet sich der wahrgenommene Stand der beiden Kommunikantinnen zum Zeitpunkt 10:50:24 um vier Beiträge beziehungsweise – gemessen an der zeitlichen Entwicklung des Bildschirmverlaufsprotokolls – um 47 Sekunden). Wie ein Kommunikant vor seinem Bildschirm – nonverbal und/oder mündlich verbalisiert – auf einen wahrgenommenen Partnerbeitrag unmittelbar reagiert, wird sichtbar. Ob der Produktionsprozess, in dessen Verlauf ein in der Folge als Beitrag verschickter Text erarbeitet wird, kontinuierlich oder diskontinuierlich verläuft, ob er Überarbeitungen aufweist, die einer zwischenzeitlichen Neuorientierung am Stand des Bildschirmverlaufsprotokolls geschuldet sind, wird beobachtbar.

Abb. 7-2 zeigt einen Transkriptausschnitt, aus welchem hervorgeht, dass der Teilnehmer *mage* während der Produktion seines um 13:28:25 verschickten Beitrags eine erneute Überprüfung des Bildschirmverlaufsprotokolls vorgenommen hat (Blick aufs Protokoll mit Pupillenbewegung in Textverlaufsrichtung zwischen 13:27:09 und 13:27:14), um anschließend nachträglich seinem bis dato eingegebenen Text das Adressierungselement „@bsommer:“ voranzustellen.

Protokollverlauf	**ZEIT**	**Produktionsaktivitäten (Bildschirm) *mage***	**Blick**
bsommer: Sie haben allerdings auch bei privaten Verkäufen ein Rückgaberecht, wenn die Ware defekt ist oder nicht der Beschreibung entspricht.	13:26:55		
	13:26:56		Pro°–°–° 1 Form
	13:27:01		
	13:27:02	dabei	Key
	13:27:03	~~dabei~~	Form
	13:27:04		Key 1 Form
	13:27:05	[1]genau da setzt eine meiner fragen an:	
saschu: wenn der angebotene Artikel stark von der Artikelbeschreibung abweicht kann man auch bei Privat umtauschen	13:27:08		
chre: Ich habe das so verstanden, dass Ebay-Auktionen im Grunde Fernhandelskäufe (oder so) sind und somit ein ganz normales Vertragsrücktrittsrecht besteht (bin aber kein Jurist).	13:27:09		Pro°–°–° 1 Form
	13:27:14		
	13:27:15		Key 7 Form
	13:27:16	<u>**Add**</u> [1]@bsommer: [1]	
	13:27:20		
	13:27:21	inwiewiet kann man den Angaben trauen. ich hatte einen fall, wo ich ein wetten-dass geselslchaftsspiel ersteigert habe, für 10 euro	
	13:27:46		
	13:27:47		(off)
	13:27:50		

Protokollverlauf	ZEIT	Produktionsaktivitäten (Bildschirm) *mage*	Blick
	13:27:51		Key 1 Form 1 (off) 1 Form 1 (off) 1 Form 1 (off) 1 Form 1 (off) 3 Form
	13:27:52	, im netz war eine glanzvolle verpackung ange~~gebe~~zeigt, dabei war das spielt schon alt, aus den 80ern, als ausrede kam: "Oh, das war wohl ein Versehen". **VERSCHICKEN**	
bsommer: Bei Spiegel Online findet sich hierzu folgendes:	13:28:01		
[...]	[...]		
mage: @bsommer: genau da setzt eine meiner fragen an: inwiewiet kann man den Angaben trauen. ich hatte einen fall, wo ich ein wetten-dass geselslchaftsspiel ersteigert habe, für 10 euro, im netz war eine glanzvolle verpackung angezeigt, dabei war das spielt schon alt, aus den 80ern, als ausrede kam: "Oh, das war wohl ein Versehen".	13:28:25		

Abb. 7-2: Produktionssequenz, die Überarbeitungen enthält, die einer zwischenzeitlichen Neuorientierung am Bildschirmverlaufsprotokoll geschuldet sind. Die nachträgliche Hinzufügung des Adressierungselements „@bsommer:" ist nach Datenlage auf die Verarbeitung der zwischenzeitlich eingetroffenen Beiträge der Partner *saschu* (13:27:08) und *chre* (13:27:09) zurückzuführen.

7.4 Forschungsperspektiven und Anwendbarkeit der Ergebnisse für die Praxis des Chat-Einsatzes

Weitere Studien zu Teilnahmeaktivitäten beim Chatten versprechen dazu beizutragen, vertiefte Einblicke in die Spezifik der Sprachhandlungskoordination in synchroner internetbasierter Kommunikation zu liefern. Von besonderem Interesse dürfte in diesem Zusammenhang eine Beschreibung der Strategien sein, die Chat-Teilnehmer entwickeln, um das Dilemma der Chat-Situation (idealerweise gleichzeitig zu produzieren und zu rezipieren, beides aber nur abwechselnd leisten zu können) ökonomisch und effizient zu bewältigen. Ein Kandidat für eine Untersuchung auf Basis multimodaler Daten wäre beispielsweise die Strategie des ‚Splitting', die bislang ausschließlich auf Basis von Mitschnitten untersucht wurde. Anhand von Mitschnitten lässt sich in vielen Fällen nicht definitiv klären, ob eine Beitragssequenz tatsächlich „in einem Zug" produziert wurde und somit als Ganze als Realisierung *eines* Kontributionsprojekts anzusehen ist. Eine Miteinbeziehung von Daten zu den Produktionsaktivitäten und zum Blickrichtungsverhalten verspricht hier zum einen eine bessere Sicht auf ein Phänomen, das sich mitschnittsbasiert lediglich auf Basis verschickter Produkte, nicht aber in seiner Funktion als Realisierungsmodus bei der Versprachlichung von Handlungsplänen untersuchen lässt; zum anderen dürfte eine teilhabezentrierte Annäherung an Splitting-Strategien weitere grundlegende Aufschlüsse zu Struktur und Organisation der Kommunikationsteilhabe beim Chatten liefern – einerseits im Hinblick darauf, in welchen Situationen Splitting-Strategien bevorzugt zur Anwendung kommen, andererseits unter der Fragestellung, wie sich Chat-Teilnehmer durch den partnerseitigen Einsatz von Splitting-Strategien in ihren eigenen Teilnahmeaktivitäten beeinflussen lassen. Auch die Prozesshaftigkeit der Beitragsproduktion, die an Mitschnitten überhaupt nicht untersucht werden kann, dürfte in Hinblick auf Partizipationsstrategien einen interessanten Untersuchungsgegenstand bilden. Zwar kann, wie in Kap. 4.4 dargelegt, die Produktion von Chat-Beiträgen qualitativ unter Rückgriff auf Kategorien der empirischen Schreibforschung beschrieben werden. Dennoch zielen die Produktionssequenzen im Chat auf eine Textproduktion *für den Dialog*; während ihres Vollzugs kann der Kommunikationsverlauf fortschreiten und pragmatische Rahmenbedingungen schaffen, durch welche sich die Optionen für den Anschluss eines aktuell in Versprachlichung befindlichen Handlungsplans an die bereits zur Kenntnis genommenen Vorbeiträge verändert (siehe z.B. das Beispiel in Abb. 7-2). Studien zur Korrelation zwischen der Wahrnehmung eines gegenüber dem Beginn der Produktionstätigkeit veränderten Stands des Bildschirmverlaufsprotokolls und der Ausführung von Überarbeitungen an bereits eingegebenem Text können hier weitergehende Einsichten dazu liefern, wie die Nutzer damit umgehen, in einem dialogischen Setting, in dem jederzeit neue Partnerbeiträge eintreffen können, eine Veräußerung simultan zur Produktion aber ausgeschlossen ist, mit Textbeiträgen relevant und zielführend zu agieren, obwohl diese vor ihrer Veräußerung erst als Ganze produziert werden müssen.

Weitere Forschung zu den auf Basis von Daten zu Teilnahmeaktivitäten beobachtbaren Partizipationsstrategien kann Anhaltspunkte dafür liefern, was einen „erfolgreichen Chat-Teilnehmer" ausmacht. Diese können für die Formulierung und Vermittlung grundlegender „Chat-Kompetenzen" an die Nutzer von Chat-Angeboten in Beruf, Bildung und Beratung und auch für die Konzeption geeigneter Qualifizierungsprogramme für die Ausbildung von Chat-Moderatoren, Chat-Beratern und Chat-Tutoren genutzt werden.

Die in dieser Arbeit vorgelegten Thesen und Befunde zu den Besonderheiten bei der Sprachhandlungskoordination im Chat sind direkt für die Entwicklung und Optimierung von Maßnahmen für die Unterstützung einer strukturierten Abwicklung des Chat-Einsatzes in je konkreten Anwendungskontexten (z.B. Seminardiskussion, Individualberatung, Arbeitsgruppenbesprechung, virtuelle Sprechstunde, kollektive Expertenbefragung, chatbasierte Quizrunde, didaktisches Rollenspiel) nutzbar. Aufgrund der Schriftlichkeit, der Nicht-Simultaneität sowie der daraus resultierenden prinzipiellen Divergenz der individuellen zeitlichen Ereigniswahrnehmung der Kommunikanten werden ein Rederechtsmanagement und eine Turn-taking-Organisation in der Chat-Kommunikation nie in gleicher Weise installierbar sein wie sie in mündlichen Diskursen natürlicherweise auftreten. Wo die Voraussetzungen für die Aushandlung geordneter Bündel von gleichzeitigen Tätigkeiten verschiedener Kommunikanten zur Laufzeit der Interaktion technologiebedingt nicht gegeben sind, lassen sich diese Voraussetzungen innerhalb der durch die Technologie gesetzten Rahmenbedingungen auch nicht wieder einführen. „Echtes" Turn-taking ist in der Chat-Kommunikation nicht möglich – gerade das unterscheidet den Chat als paradiskursive Form von derivierten Diskursformen wie der Telefonie. Allerdings lassen sich sehr wohl funktionale Pendants konzipieren, die versprechen, unter den technologischen Vorzeichen der Chat-Kommunikation eine ähnliche Strukturierungsleistung zu erbringen wie Rederecht und Turn-taking in der Mündlichkeit. Gerade in Kontexten beruflicher Chat-Nutzung und des Chat-Einsatzes in Kontexten der Wissenskommunikation (Beraten, Lehren, Lernen) bildet eine effiziente und strukturierte Abwicklung des Austauschs eine notwendige Voraussetzung dafür, die Mehrwert*potenziale* der Kommunikationsform – die Ortsunabhängigkeit, die einfache und kostengünstige Nutzbarkeit, die Verwertbarkeit der schriftlichen Verlaufsprotokolle als Ressourcen für die Anschlusskommunikation und die mit der Kanalreduktion gegebene Niedrigschwelligkeit – auch als *tatsächliche* Mehrwerte gegenüber funktional vergleichbaren mündlichen Diskursformen erfahren und nutzen zu können.

Eine Unterstützung der Chat-Teilnehmer bei der Strukturierung ihres Austauschs kann sowohl durch die Bereitstellung geeigneter technischer Hilfestellungen erfolgen als auch durch die Einführung konventionenbasierter Organisationsformate (‚Konversationsregeln', ‚Chatiketten'):

- In punkto einer **Unterstützung durch technische Funktionen** ist derzeit noch vieles denkbar und besteht durchaus Raum für kreative Ideen. Dies wurde im vergangenen Jahrzehnt durch verschiedene innovative Chat-Systeme eindrucksvoll illustriert, wobei noch längst nicht alle Möglichkeiten ausgeschöpft sind. Das System *FACTCHAT* (Harnoncourt et al. 2005) beispielsweise hebt die Trennung zwischen dem Bildschirmverlaufsprotokoll für die Anzeige neuer Beiträge und dem Texteingabeformularfeld für die Produktion eigener Beiträge auf, um es Nutzern zu ermöglichen, ihre Beiträge auf der zweidimensionalen Fläche des Anzeigebereichs (der dann nicht mehr schriftrollenartig organisiert ist) frei mit der Maus zu positionieren. Die Aufhebung der räumlichen Trennung des Bereichs für die Texteingabe und für die Anzeige neuer Beiträge dürfte sich positiv auf die Wahrnehmung neuer Partnerbeiträge während der Produktion eigener Beiträge auswirken und damit die Koordination von Produktion und Rezeption bei der Chat-Teilnahme unterstützen. Eine vergleichende Evaluation eines Standard-Chat-Systems und beispielsweise des *FACTCHAT* könnte hier interessante Ergebnisse liefern.

FACTCHAT, *CONCERTCHAT* (Mühlpfordt & Wessner 2005) und *THREADED CHAT* (Holmer & Wessner 2005) integrieren Hyperlinking-Funktionen, mittels derer während der Beitragsproduktion explizite, technisch verwaltete Referenzen auf Beiträge der Vorkommunikation definiert werden können, die sich anschließend rezipientenseitig per Mausklick zurückverfolgen lassen und auf diese Weise als Navigationshilfen durch den angezeigten Kommunikationsverlauf fungieren. Durch diese Möglichkeit zur eindeutigen, standardisierten Referenzierung kann die Koordination von Produktion und Rezeption davon entlastet werden, zwischenzeitlich wahrgenommene neue Partnerbeiträge durch eine Anpassung der sprachlichen Referenzen für die Adressaten überbrücken zu müssen (wie dies beispielsweise im Beispiel in Abb. 7-2 der Fall ist). *FACTCHAT* setzt des Weiteren auf eine absolute Persistenz von Chat-Beiträgen: Alles, was jemals als Beitrag verschickt wurde, bleibt in einem unbegrenzten, chronologisch geordneten Archiv erhalten und kann jederzeit wieder eingesehen werden. Hyperlinks können auch Beiträge und Themen aus der Vergangenheit (Vorkommunikation) referenzieren; das Beitragsarchiv bildet somit eine Ressource für die Anschlusskommunikation, die zwar nachträglich nicht verändert, aber über das Anlegen beliebiger Hyperlinks mit dem je aktuell Kommunizierten vernetzt werden kann. *THREADED CHAT* generiert auf Wunsch eine dem Anordnungsprinzip von WWW-Foren nachempfundene Baumdarstellung, in welcher auf Basis der nutzerseitig definierten Hyperlinks Beiträge zu „Threads" verknüpft werden.

Speziell für die Einführung von Hilfestellungen zur bestmöglichen Abstimmung eigener Aktivität auf die Entwicklung des Bildschirmverlaufsprotokolls und auf die Aktivitäten der Partner sind verschiedene Funktionen denkbar und z.T. auch bereits erprobt. Verbesserte wechselseitige Awareness (d. i. die Möglichkeit der Einsicht in die Aktivitäten der Interaktionspartner zur Laufzeit ihres Vollzugs) lässt sich beispielsweise dadurch gewinnen, dass das System Schnittstellenmanipulationen der Kommunikationsbeteiligten erfasst und auf der Benutzeroberfläche jeweils sichtbar macht, welche Partner gerade die Tastatur bedienen und welche nicht. Eine Synchronisation der Wahrnehmung von Ereignisstrukturen und damit die Herstellung einer annähernd ähnlichen, also interpersonal geteilt wahrgenommenen zeitlichen Ereignisstruktur könnte dadurch unterstützt werden, dass die Beliebigkeit der Kenntnisnahme neuer Partnerbeiträge eingeschränkt wird (z.B. über akustische Signale beim Eintreffen neuer Beiträge im Verlaufsprotokoll) oder dass bei Aufnahme der Beitragsproduktion ein vom System generierter Hinweis erfolgt, wenn andere Partner gleichzeitig ebenfalls mit Texteingabe und -bearbeitung beschäftigt sind[131].

Denkbar wäre auch, im Falle gleichzeitigen Produzierens diejenigen Produktionseinheiten, die aktuell in den Texteingabeformularfeldern der betreffenden Partner entstehen, unter dem eigenen Texteingabeformularfeld anzuzeigen, um hierdurch abschätzbar zu machen, ob einer der Partner gerade mit der Realisierung eines ähnlichen Handlungsplans befasst ist wie man selbst oder ob ein Partner, den man mit einem aktuell verfolgten Projekt adressieren möchte, zeitgleich ein Projekt realisiert, das sich auf ein anderes Thema bezieht oder an einen anderen Partner gerichtet ist. Kombiniert werden könnte eine solche „Produktions-Awareness on demand" mit einer Abstimmungsfunktion, beispielsweise einem Button, nach dessen Betätigung auf dem Bildschirm eines ausgewählten Partners P_i direkt neben dessen Texteingabeformularfeld ein grafischer oder textueller Hinweis (z.B. „XY gewährt dir Vorfahrt") erscheint, welches anzeigt, dass man selbst die eigene Texteingabe aufgegeben hat, um P_i sein aktuell in Versprachlichung befindliches Projekt (welches man im Prozess einsehen konnte) zu Ende bringen zu lassen. Ein entsprechendes System müsste natürlich die entsprechenden Daten (Inhalt und Veränderung des Inhalts von Texteingabeformularfeldern) erfassen und übermittelbar machen. Inwieweit eine solche Anwendung tatsächlich nützlich sein kann oder die Nutzer möglicherweise kognitiv überlastet, sei dahingestellt und wäre sicherlich erst anhand der Evaluation eines entsprechenden Prototypen zu klären. Das Beispiel dient lediglich dazu zu zeigen, dass neben dem, was von innovativen Entwicklern bereits implementiert wurde, durchaus noch weitere technische Funktionen denkbar sind, um eine Angleichung der je individuell kognizierten Stände des Kommunikationsverlaufs zwischen den Chat-Teilnehmern sowie wechselseitige Aktivitäts-Awareness zu unterstützen.

- **Konventionenbasierte Organisationsformate**, so wie sie etwa von Lothar Lemnitzer und Karin Naumann für die Durchführung von „virtuellen Seminaren" erprobt wurden (Lemnitzer & Naumann 2001; 2003, Naumann 2005), setzen für die Strukturierung des Kommunikationsaufkommens auf die Kooperativität der Teilnehmer. In der Regel

131 Entsprechende Funktionen wurden in *CONCERTCHAT* (Mühlpfordt 2006) bereits implementiert und erprobt.

werden die entsprechenden Konventionen im Rahmen eines vorbereitenden „Chat-Trainings" (Naumann 2005) vermittelt und eingeübt. Die Teilnehmer werden hierbei dazu angehalten, ihre Beiträge nicht planlos und unkoordiniert zu produzieren und zu verschicken, sondern vor der Verschickung eines neuen eigenen Beitrags zu ermitteln, ob der zuletzt als Beitragsproduzent in Erscheinung getretene Partner durch die Verwendung eines für diesen Zweck reservierten Zeichens angezeigt hat, dass er das, was er aktuell zur Kommunikation beitragen wollte, vollständig beigetragen hat. Die Teilnehmer sind angehalten, im Falle umfangreicherer Projekte eine Splitting-Technik anzuwenden, um zwischen der Anzeige einzelner Beiträge keine allzu großen Pausen entstehen zu lassen, die Anlass für Irritationen bieten könnten. Um anzuzeigen, ob ein Projekt mit einem aktuell verschickten Beitrag abgeschlossen ist oder noch nicht, existiert eine Regel, dass am Ende jedes Beitrags durch Verwendung einer entsprechend eingeführten Markierung anzuzeigen, ob dem Beitrag noch weitere Beiträge nachfolgen sollen (Fortsetzungsmarkierung) oder ob er den terminalen Beitrag der betreffenden Sequenz bildet (Endemarkierung). Wird nicht gesplittet, sondern ein Projekt mit nur einem Beitrag realisiert, wird dieser direkt mit einer Endemarkierung abgeschlossen. Eine weitere Regel führt eine Moderatorenrolle ein und weist dieser die Funktion eines „Senderechtsmanagers" zu. Setzt ein Teilnehmer in einem Beitrag eine Endemarkierung, so fällt das Senderecht damit (qua entsprechend eingeführter Rollendefinition) automatisch an den Moderator zurück, der es anschließend erneut vergeben kann. Um Interesse an der Erlangung des Senderechts anzumelden, wird ein spezielles Zeichen für die Abgabe einer Wortmeldung eingeführt. Dieses kann jederzeit verschickt werden und signalisiert dem Moderator, dass man bei nächster Gelegenheit gerne das Senderecht zugewiesen bekommen haben möchte.

Über solche Festlegungen, die nur einer Handvoll Regeln bedürfen und sich erfahrungsgemäß durch propädeutische Trainigsmaßnahmen relativ gut vermitteln und aneignen lassen, wird als funktionales Pendant zum Rederecht mündlicher Diskurse das Produktions- und Senderecht, das standardmäßig von beliebig vielen Kommunikanten gleichzeitig in Anspruch genommen werden kann, in den Rang eines exklusiven, immer wieder neu vergebenen Privilegs erhoben. Dadurch werden die Produktions- und Verschickungsaktivitäten der Kommunikanten sequenziert. Fälle von „incomplete or interleaved exchange sequences" und von „turn disruption", wie sie Herring (1999) als typisch für „Plauder-Chat"-Umgebungen beschreibt (vgl. Kap. 4.5.3), kommen bei Einhaltung der Regeln durch die Beteiligten signifikant seltener vor. Bei Überreglementierung empfinden die Teilnehmenden entsprechende Chat-Ereignisse allerdings bisweilen als schwerfällig, da die aus Standard-Chat-Umgebungen geläufige Dynamik und Spontaneität des Austauschs aufgrund des Beachten-Müssens einer vom Moderator nach Liste vergebenen Senderechtsbefugnis sowie durch die Tatsache, dass schriftliche Äußerungsproduktion langwieriger ist als die Äußerungsproduktion in mündlichen Diskursen, hier als stark eingeschränkt erfahren wird. Vielversprechend dürfte daher ein Experimentieren mit Szenarien sein, die für bestimmte in einem Anwendungskontext erwartbare Diskursphasen oder Handlungsmuster Spontaneität und eine Freiheit der Beitragsverschickung zulassen, andere Phasen und Muster hingegen reglementieren.

Das in Kap. 5 dieser Arbeit vorgestellte Datenerhebungsdesign kann genutzt werden, um bei der (Weiter-)Entwicklung von Chat-Werkzeugen und beim Design von Chat-Szenarien für je konkrete Anwendungskontexte die Praxistauglichkeit einzelner Maßnahmen zur Kommunikationsunterstützung zu evaluieren.

Aus der in Kap. 6 festgestellten relativen Häufigkeit von Komplettlöschungen sowie aus der am Einzelfall (Teilnahmeereignis *mage*) beschriebenen mehrfachen Projektierung ein- und desselben Handlungsplans kann die Annahme abgeleitet werden, dass es der individuellen Organisation der Chat-Teilnahme möglicherweise zuträglich sein könnte, wenn ein Chat-System sämtliche gelöschten Textstücke in einem nachträglich zugänglichen Zwischenspeicher ablegte, aus welchem einzelne, schon einmal eingegebene, aber nicht verschickte Textbausteine per Mausklick oder mittels eines Tastatur-Shortcuts erneut ins Texteingabeformularfeld kopiert werden könnten. Chat-Teilnehmer *mage* hat in fünf verschiedenen Produktionssequenzen insgesamt 542 Tastaturanschläge benötigt, um fünfmal denselben Handlungsplan (zumindest teilweise) zu versprachlichen und letzten Endes nach etwa 17 Minuten und vier erfolgten Komplettlöschungen 220 Tastaturanschläge als Chat-Beitrag an den Server abzuschicken und seinen Plan damit zu veräußern. Für ihn wäre es sicherlich hilfreich gewesen, eine Systemfunktion nutzen zu können, anhand derer einmal gelöschter Text zur erneuten Bearbeitung hätte abgerufen werden können (in einem der vier Fälle betraf der Löschvorgang ganze 184 eingegebene Zeichen). Des weiteren könnte es – insbesondere für die Kommunikationspartner – interessant sein, neben einem Timestamp, der die Entgegennahme eines Beitrags durch den Chat-Server bezeichnet, zusätzlich oder alternativ eine Angabe des Zeitpunkts des Beginns der Produktion des betreffenden Beitrags abrufen zu können. Zuordnungsprobleme im Falle mehrerer möglicher infrage kommender Referenzbeiträge könnten sich auf diese Weise sicherlich in einigen Fällen durch individuellen Abgleich der Zeitpunktangaben für den Produktionsbeginn mit den Eintreffenszeitpunkten der Beiträge beim Chat-Server klären lassen; auf eine (umständliche) metakommunikative Thematisierung und Klärung von Bezügen könnte auf diese Weise sicherlich in einigen Fällen verzichtet werden. Überdies dürfte ein Chat-System, das sämtliche Texteingaben inklusive ihrer Start- und End- und ggf. Löschzeitpunkte automatisch mitprotokolliert, zugleich ein ideales Werkzeug für die Gewinnung umfangreichen Datenmaterials zu den in den Texteingabeformularfeldern beobachtbaren Produktionsaktivitäten der einzelnen Chat-Teilnehmer darstellen. Ein solches Werkzeug könnte es erlauben, Daten zu den Teilnahmeaktivitäten von Chat-Nutzern auch außerhalb von Laborsituationen zu erheben. Für Untersuchungen, die auf die Gewinnung weitergehender Aufschlüsse über die individuelle Kommunikationsteilhabe beim Chatten zielen, wäre ein solches Werkzeug ein nicht zu unterschätzender Gewinn. Insgesamt könnte sich dadurch die Reichhaltigkeit des Datenangebots, auf welches die empirische Chat-Forschung zurückgreift (bislang: fast ausschließlich Mitschnittsdaten), nachhaltig verändern.

Literaturverzeichnis

Androutsopoulos, Jannis K., Jens Runkehl, Peter Schlobinski & Torsten Siever (Hrsg., 2006): Neuere Entwicklungen in der linguistischen Internetforschung. Hildesheim. Zürich. New York (Germanistische Linguistik 186-187).

Assmann, Jan (1999): Das kulturelle Gedächtnis. Schrift, Erinnerung und politische Identität in frühen Hochkulturen. München.

Bahl, Anke & Stefan Beck (1996): Technogene Nähe. In: Tübinger Korrespondenzblatt 46, 38-53.

Bechar-Israeli, Haya (1995): From <Bonehead> to <cLoNehEAd>. Nicknames, Play, and Identity on Internet Relay Chat. In: Journal of Computer-Mediated Communication 1 (2). WWW-Ressource: http://jcmc.indiana.edu/vol1/issue2/bechar.html (27.07.2007).

Becker, Barbara (1999): Die Inszenierung von Identität: Körper, Texte, Imaginäres. WWW-Ressource: http://intertwine.aec.at/otxt/becker.html (19.05.1999; nicht mehr online verfügbar).

Beißwenger, Michael (2000): Kommunikation in virtuellen Welten: Sprache, Text und Wirklichkeit. Stuttgart: ibidem. Zugl. M.A.-Arbeit, Universität Heidelberg 1999.

Beißwenger, Michael (2001): Das interaktive Lesespiel. Chat-Kommunikation als mediale Inszenierung. In: Beißwenger (Hrsg.), Stuttgart, 79-138.

Beißwenger, Michael (2003): Sprachhandlungskoordination im Chat. In: Zeitschrift für germanistische Linguistik 31 (2), 198-231.

Beißwenger, Michael (2002): Getippte „Gespräche“ und ihre trägermediale Bedingtheit. Zum Einfluß technischer und prozeduraler Faktoren auf die kommunikative Grundhaltung beim Chatten. In: Ingo W. Schröder & Stéphane Voell (Hrsg.): Moderne Oralität. Marburg 2002 (Reihe Curupira), 265-299.

Beißwenger, Michael (2005): Interaktionsmanagement in Chat und Diskurs. Technologiebedingte Besonderheiten bei der Aushandlung und Realisierung kommunikativer Züge in Chat-Umgebungen. In: Beißwenger & Storrer (Hrsg.), 63-87.

Beißwenger, Michael (Hrsg., 2001): Chat-Kommunikation. Sprache, Interaktion, Sozialität & Identität in synchroner computervermittelter

Kommunikation. Perspektiven auf ein interdisziplinäres Forschungsfeld. Stuttgart.

Beißwenger, Michael; Lemnitzer, Lothar; Storrer, Angelika (2003): „Wer wird Junggrammatiker?" – Chatbasierte Quizrunden als Motivationsfaktor im Rahmen des universitären Grammatikunterrichts. In: Sprache und Datenverarbeitung 27 (1-2), 161-184.

Beißwenger, Michael & Angelika Storrer (2005): Chat-Szenarien für Beruf, Bildung und Medien. In: Beißwenger & Storrer (Hrsg.), 9-25.

Beißwenger, Michael, Ludger Hoffmann & Angelika Storrer (Hrsg., 2004): Internetbasierte Kommunikation (Osnabrücker Beiträge zur Sprachtheorie 68).

Beißwenger, Michael & Angelika Storrer (Hrsg., 2005): Chat-Kommunikation in Beruf, Bildung und Medien: Konzepte – Werkzeuge – Anwendungsfelder. Stuttgart.

Bergmann, Jörg R. (2001): Das Konzept der Konversationsanalyse. In: HSK 16.2, 919-927.

Bittner, Johannes (2003): Digitalität, Sprache, Kommunikation. Eine Untersuchung zur Medialität von digitalen Kommunikationsformen und Textsorten und deren varietätenlinguistischer Modellierung. Berlin (Philologische Studien und Quellen 178).

Bortz, Jürgen & Nicola Döring (2006): Forschungsmethoden und Evaluation für Human- und Sozialwissenschaftler. 4., überarb. Aufl. Berlin. Heidelberg. New York.

Brinker, Klaus (2001): Linguistische Textanalyse. Eine Einführung in Grundbegriffe und Methoden. 5., durchgesehene und ergänzte Auflage. Berlin (Grundlagen der Germanistik 29).

Bruckman, Amy, Thomas Erickson, Danyel Fisher & Christopher Lueg (2000): Dealing with Community Data: A Report on the CSCW 2000 Workshop. WWW-Ressource: http://www.visi.com/~snowfall/CSCW00CommDataReport.html (12.09.2007).

Brünner, Gisela & Gabriele Graefen (1994): Einleitung: Zur Konzeption der Funktionalen Pragmatik. In: Brünner & Graefen (Hrsg.), 7-21.

Brünner, Gisela & Gabriele Graefen (Hrsg., 1994): Texte und Diskurse. Methoden und Forschungsergebnisse der Funktionalen Pragmatik. Opladen.

Bühler, Karl (1934): Sprachtheorie. Die Darstellungsfunktion der Sprache. Jena 1934 (Neudruck mit einem Geleitwort von Friedrich Kainz: Stuttgart. New York 1982).

Bührig, Kristin & Jan D. ten Thije (2005): Diskurspragmatische Beschreibung. In: HSK 3.2, 1225-1250.

Cherny, Lynn (1999): Conversation and Community. Chat in a Virtual World. Stanford (CSLI Lecture Notes 94).

Crystal, David (2001): Language and the Internet. Cambridge University Press.

December, John (1996): Units of Analysis for Internet Communication. In: Journal of Computer-Mediated Communication 1 (4). WWW-Ressource: http://jcmc.indiana.edu/vol1/issue4/december.html (27.07. 2007).

December, John (1997): Notes on Defining of Computer-Mediated Communication. In: CMC Magazine. WWW-Ressource: http://www. december.com/cmc/mag/1997/jan/december.html (27.07.2007).

Diekmannshenke, Hajo (2001): „Das ist aktive Politik, Danke und Tschüß Franz" – Politiker im Chatroom. In: Beißwenger (Hrsg.), 227-254.

Döring, Nicola (2003): Sozialpsychologie des Internet. Die Bedeutung des Internet für Kommunikationsprozesse, Identitäten, soziale Beziehungen und Gruppen. 2. vollst. überarb. u. erw. Aufl. Göttingen.

Dürscheid, Christa (1999): Zwischen Mündlichkeit und Schriftlichkeit: die Kommunikation im Internet. In: Papiere zur Linguistik 60 (1), 17-30.

Dürscheid, Christa (2005): Medien, Kommunikationsformen, kommunikative Gattungen. In: Linguistik online 22 (1). WWW-Ressource: http://www.linguistik-online.de/22_05/duerscheid.pdf (27.07.2007).

Dürscheid, Christa (2006): Einführung in die Schriftlinguistik. 3., überarbeitete und ergänzte Auflage. Göttingen (Studienbücher zur Linguistik 8).

Edelsky, Carole (1981): Who's got the Floor? In: Deborah Tannen (Ed.; 1993): Gender and Conversational Interaction. Oxford University Press, 189-227. [Wiederabdruck aus: Language in Society 10.3 (1981), 383-421].

Ehlich, Konrad (1983): Text und sprachliches Handeln. Die Entstehung von Texten aus dem Bedürfnis nach Überlieferung. In: Aleida Assmann, Jan Assmann, Jan et al. (Hrsg.): Schrift und Gedächtnis. Archäologie der literarischen Kommunikation I. München, 24-43.

Ehlich, Konrad (1984): Zum Textbegriff. In: Annely Rothkegel & Barbara Sandig (Hrsg.): Text – Textsorten – Semantik. Hamburg, 9-25.

Ehlich, Konrad (1989): Zur Genese von Textformen. In: Gerd Antos & Hans-Peter Krings (Hrsg.): Textproduktion. Tübingen, 84-99.

Ehlich, Konrad (1994): Funktion und Struktur schriftlicher Kommunikation. In: HSK 12.1, 18-41.

Ehlich, Konrad & Jochen Rehbein (1979): Sprachliche Handlungsmuster. In: Hans-Georg Soeffner (Hrsg.): Interpretative Verfahren in den Sozial- und Textwissenschaften. Stuttgart, 243-274.

Ehlich, Konrad & Jochen Rehbein (1986): Muster und Institution. Untersuchungen zur schulischen Kommunikation. Tübingen (Kommunikation und Institution 15).

Faulstich, Werner (2000): Medium. In: Werner Faulstich (Hrsg.): Grundwissen Medien. 4. Aufl. München, 21-105.

Fiehler, Reinhard, Birgit Barden, Mechthild Elstermann & Barbara Kraft (2004): Eigenschaften gesprochener Sprache. Tübingen (Studien zur Deutschen Sprache 30).

Franck, Dorothea (1983): Das Gespräch im Zeitalter seiner technischen Reproduzierbarkeit. In: Elisabeth Gülich & Thomas Kotschi (Hrsg.): Grammatik, Konversation, Interaktion. Beiträge zum Romanistentag 1983, Tübingen (Linguistische Arbeiten 153), 19-41.

Franck, Dorothea & Georg Franck (1986): Zwischenmenschliche Verhandlung versus intersubjektive Norm. Für eine Analytik des Sprecherwechsels als nicht regelgeleitete Selbstorganisation des Gesprächs. In: Papiere zur Linguistik 35 (2), 55-78.

Gallery, Heike (2000): „bin ich-klick ich" – Variable Anonymität im Chat. In: Caja Thimm (Hrsg.): Soziales im Netz. Sprache, soziale Beziehungen und Kommunikationskulturen im Internet. Opladen. Wiesbaden, 72-88.

Garcia, Angela Cora & Jennifer Baker Jacobs (1998): The Interactional Organization of Computer Mediated Communication in the College Classroom. In: Qualitative Sociology 21 (3), 299-317.

Garcia, Angela Cora & Jennifer Baker Jacobs (1999): The Eyes of the Beholder: Understanding the Turn-Taking System in Quasi-Synchronous Computer-Mediated Communication. In: Research on Language and Social Interaction 32(4), 337-367.

[GDS] Zifonun, Gisela, Ludger Hoffmann & Bruno Strecker (1997): Grammatik der deutschen Sprache. 3 Bde. Berlin. New York (Schriften des Instituts für deutsche Sprache 7.1-7.3).

Geers, Rainer (1999): Der Faktor Sprache im unendlichen Daten(t)raum. Eine linguistische Betrachtung von Dialogen im Internet Relay Chat. In: Naumann (Hrsg.):, 83-100.

Goffman, Erving (1981): Footing. In: Ders.: Forms of Talk. Oxford, 124-159. [Erstveröffentlichung in: Semiotica 25. 1979, 1-29].

Grabowski, Joachim (1995): Schreiben als Systemregulation. Ansätze einer psychologischen Theorie der schriftlichen Sprachproduktion. In: Eva-Maria Jakobs, Dagmar Knorr & Sylvie Molitor-Lübbert (Hrsg.): Wissenschaftliche Textproduktion. Mit und ohne Computer. Frankfurt a.M., 11-34.

Grabowski, Joachim (2003): Bedingungen und Prozesse der schriftlichen Sprachproduktion. In: HSK 24, 355-368.

Grosch, Yvonne (1999): Turn-Verteilung in synchroner computervermittelter Kommunikation: eine Frage der medialen Rahmenbedingungen oder der sozialen Regulierung? In: Naumann (Hrsg.), 101-112.

Gruber, Helmut (2001): Die Struktur von Gesprächssequenzen. In: HSK 16.2, 1226-1241.

Günther, Hartmut & Bernd Pompino-Marschall (1996): Produktion und Perzeption mündlicher und schriftlicher Äußerungen. In: HSK 12.2, 903-917.

Günthner, Susanne (1995): Gattungen in der sozialen Praxis. Die Analyse „kommunikativer Gattungen" als Textsorten mündlicher Kommunikation. In: Deutsche Sprache 25 (1), 193-218.

Günthner, Susanne & Hubert Knoblauch (1994): „Forms are the Food of Faith". Gattungen als Muster kommunikativen Handelns. In: Kölner Zeitschrift für Soziologie und Sozialpsychologie 46 (4), 693-723.

Hafner, Katie & Matthew Lyon (2000): ArpaKadabra oder die Geschichte des Internet. 2. Aufl. Heidelberg.

Harnoncourt, Max, Astrid Holzhauser, Ursula Seethaler & Paul Meinl (2005): Referenzierbarkeit als Schlüssel zum effizienten Chat. In: Beißwenger & Storrer (Hrsg.), 161-179.

Henne, Helmut & Helmut Rehbock (2001): Einführung in die Gesprächsanalyse. 4. Aufl. Berlin. New York.

Herring, Susan C. (1996): Introduction. In: Herring (Ed., 1996), 1-10.

Herring, Susan C. (Ed., 1996): Computer-Mediated Communication. Linguistic, Social and Cross-Cultural Perspectives. Amsterdam. Philadelphia (Pragmatics & Beyond New Series 39).

Herring, Susan C. (1999): Interactional Coherence in CMC. In: Journal of Computer-Mediated Communication 4.4. WWW-Ressource: http://jcmc.indiana.edu/vol4/issue4/herring.html (27.07.2007).

Herring, Susan C. (2004): Computer-mediated discourse analysis: An approach to researching online communities. In: Sasha A. Barab, Rob Kling & James H. Gray (Eds.): Designing for Virtual Communities in the Service of Learning. Cambridge. New York, 338-376.

Herrmann, Theo (1982): Sprechen und Situation. Eine psychologische Konzeption zur situationsspezifischen Sprachproduktion. Berlin. Heidelberg. New York.

Herrmann, Theo (1985): Allgemeine Sprachpsychologie. Grundlagen und Probleme. München. Wien. Baltimore.

Herrmann, Theo (2003): Theorien und Modelle der Sprachproduktion. In: HSK 24, 213-228.

Herrmann, Theo (2003a): Planung und Regulation der Sprachproduktion. In: Herrmann & Grawobski (Hrsg.), 309-331.

Herrmann, Theo (2003b): Die Sprachpsychologie und ihr Kommunikanten-Prozeß-Dilemma. In: Helmut Richter & H. Walter Schmitz (Hrsg.): Kommunikation – ein Schlüsselbegriff der Humanwissenschaften? Münster (Signifikation. Beiträge zur Kommunikationswissenschaft 5), 81-92.

Herrmann, Theo & Joachim Grabowski (1994): Sprechen. Psychologie der Sprachproduktion. Heidelberg. Berlin. Oxford.

Herrmann, Theo & Joachim Grabowski (Hrsg., 2003): Sprachproduktion. Göttingen. Bern. Toronto. Seattle (Enzyklopädie der Psychologie, Themenbereich C Serie III Bd. 1).

Hess-Lüttich, Ernest W.B. & Eva Wilde (2003): Der Chat als Textsorte und/oder Dialogsorte. In: Ulla Kleinberger Günther & Franc Wagner (Hrsg.): Neue Medien – Neue Kompetenzen? Texte produzieren und rezipieren im Zeitalter digitaler Medien. Frankfurt a.M. (Bonner Beiträge zur Medienwissenschaft 3), 49-70.

Hoffmann, Ludger (2004): Chat und Thema. In: Beißwenger, Hoffmann & Storrer (Hrsg.), 103-122. [Ergänzte Version als Online-Ressource unter http://home.edo.uni-dortmund.de/~hoffmann/PDF/Chat_Thema1.pdf (27.07.2007)].

Hoffmann, Ludger (Hrsg., 1989): Rechtsdiskurse. Untersuchungen zur Kommunikation in Gerichtsverfahren. Tübingen (Kommunikation und Institution 11).

Holmer, Torsten & Martin Wessner (2005): Gestaltung von Chat-Werkzeugen zur Verringerung der Inkohärenz. In: Beißwenger & Storrer (Hrsg.), 181-199.

[HSK 3.2] Soziolinguistics. Soziolinguistik. An International Handbook of the Science of Language and Society. 2nd completely revised and extended edition. Ed. by Ulrich Ammon, Norbert Dittmar, Klaus J. Mattheier & Peter Trudgill. Berlin. New York 2005 (Handbücher zur Sprach- und Kommunikationswissenschaft 3.2).

[HSK 12.1] Schrift und Schriftlichkeit. Writing and Its Use. Ein interdisziplinäres Handbuch internationaler Forschung. Hrsg. v. Hartmut Günther & Otto Ludwig. 1. Halbbd. Berlin. New York 1994 (Handbücher zur Sprach- und Kommunikationswissenschaft 12.1).

[HSK 12.2] Schrift und Schriftlichkeit. Writing and Its Use. Ein interdisziplinäres Handbuch internationaler Forschung. Hrsg. v. Hartmut Günther & Otto Ludwig. 2. Halbbd. Berlin. New York 1996 (Handbücher zur Sprach- und Kommunikationswissenschaft 12.2).

[HSK 16.1] Text- und Gesprächslinguistik. Linguistics of Text and Conversation. Hrsg. v. Klaus Brinker, Gerd Antos, Wolfgang Heinemann & Sven F. Sager. 1. Halbbd. Berlin. New York 2000 (Handbücher zur Sprach- und Kommunikationswissenschaft 16.1).

[HSK 16.2] Text- und Gesprächslinguistik. Linguistics of Text and Conversation. Hrsg. v. Klaus Brinker, Gerd Antos, Wolfgang Heinemann

& Sven F. Sager. 2. Halbbd. Berlin. New York 2001 (Handbücher zur Sprach- und Kommunikationswissenschaft 16.2).

[HSK 24] Psycholinguistik. Psycholinguistics. Hrsg. v. Gert Rickheit, Theo Herrmann & Werner Deutsch. Berlin. New York 2003 (Handbücher zur Sprach- und Kommunikationswissenschaft 24).

Hufschmidt, Jochen & Klaus J. Mattheier (1976): Sprachdatenerhebung. Methoden und Erfahrungen bei sprachsoziologischen Feldforschungen. In: Wolfgang Viereck (Hrsg.): Sprachliches Handeln. München, 105-138 u. 360-361.

[IP 1981] Information Sciences Institute (1981): Internet Protocol. DARPA Internet Program Protocol Specification. WWW-Ressource: http://www.ietf.org/rfc/rfc791.txt (27.07.2007).

[IRC 1993] Oikarinen, J. & D. Reed (1993): Internet Relay Chat Protocol. Network Working Group RFC 1459. WWW-Ressource: http://www.ietf.org/rfc/rfc1459.txt (27.07.2007).

Jones, Rodney (2001): Beyond the Screen. A Participatory Study of Computer Mediated Communication Among Hong Kong Youth. Paper presented at the Annual Meeting of the American Anthropological Association Nov. 28–Dec. 2, 2001. WWW-Ressource: http://personal.cityu.edu.hk/~enrodney/Research/ICQPaper.doc (27.07.2007).

Kallmeyer, Werner (1985): Handlungskonstitution im Gespräch. Dupont und sein Experte führen ein Beratungsgespräch. In: Elisabeth Gülich & Thomas Kotschi (Hrsg.): Grammatik, Konversation, Interaktion. Beiträge zum Romanistentag 1983. Tübingen 1985, 81-122.

Kallmeyer, Werner (1999): Others' inserts in an ongoing turn. Some sequential, grammatical and rhetoric observertions. In: Eddo Rigotti (Ed.): Rhetoric and Argumentation. Proceedings of the Colloquium I.A.D.A., Lugano, April 22-23 1997. Tübingen, 255-268.

Kallmeyer, Werner (2005): Konversationsanalytische Beschreibung. In: HSK 3.2, 1212-1225.

Kallmeyer, Werner & Fritz Schütze (1976): Konversationsanalyse. In: Studium Linguistik 1, 1-28.

Kienle, Andrea (2006): The Integration of asynchronous and synchronous communication support in cooperative systems. In: Parina Hassanaly, Thomas Herrmann, Gabriele Kunau & Manuel Zacklad (Eds.): Cooperative Systems Design. Seamless Integration of Artifacts and Conversations – Enhanced Concepts of Infrastructures for Communication. Amsterdam (Frontiers in Artificial Intelligence and Applications 137), 180-195.

Klein, Wolfgang (1985): Gesprochene Sprache – geschriebene Sprache. In: Zeitschrift für Literaturwissenschaft und Linguistik 59, 9-35.

Klemm, Michael & Lutz Graner (2000): Chatten vor dem Bildschirm: Nutzerkommunikation zur alltäglichen Computerkultur. In: Thimm (Hrsg.), 156-179.

Knopp, Matthias (2006): (Sprach-)didaktische Potenziale synchroner computervermittelter Kommunikation und ihre empirische Überprüfbarkeit. In: Androutsopoulos et al. (Hrsg.), 297-322.

Koch, Peter & Wulf Oesterreicher (1985): Sprache der Nähe – Sprache der Distanz. Mündlichkeit und Schriftlichkeit im Spannungsfeld von Sprachtheorie und Sprachgeschichte. In: Romanistisches Jahrbuch 36, 15–43.

Koch, Peter & Wulf Oesterreicher (1994): Schriftlichkeit und Sprache. In: HSK 12.1, 587–604.

Kotthoff, Helga (1993): Unterbrechungen, Überlappungen und andere Interventionen. Vorschläge zur Kategorienunterscheidung und kontextorientierten Interpretation. In: Deutsche Sprache 21, 162-185.

Labov, William (1972): Das Studium der Sprache im sozialen Kontext. In: W. Klein & D. Wunderlich (Hrsg.): Aspekte der Soziolinguistik. Frankfurt a.M., 123-206.

Labov, William (1980): Sprache im sozialen Kontext. Hrsg. v. Norbert Dittmar und Bert-Olaf Rieck. Königstein/Ts.

Lemnitzer, Lothar & Karin Naumann (2001): „Auf Wiederlesen!“ – das schriftlich verfasste Unterrichtsgespräch in der computervermittelten Kommunikation. Bericht von einem virtuellen Seminar. In: Beißwenger (Hrsg.), 469-491.

Lemnitzer, Lothar & Naumann, Karin (2003): Lernen von der Bettkante aus – Der virtuelle Kurs *Applied Computational Linguistics*. In: Sprache und Datenverarbeitung 27 (1-2), 143-160.

Lenke, Nils & Peter Schmitz (1995): Geschwätz im ‚Globalen Dorf‘ – Kommunikation im Internet. In: Schmitz (Hrsg.), 117-141.

Levinson, Stephen C. (1983): Pragmatics. Cambridge (Cambridge Textbooks in Linguistics).

Linell, Per (1998): Approaching Dialogue. Talk, interaction and contexts in dialogical perspectives. Amsterdam. Philadelphia (Impact: Studies in Language and Society 3).

Luckmann, Thomas (1986): Grundformen der gesellschaftlichen Vermittlung des Wissens: Kommunikative Gattungen. In: Fritz Neidhart u.a. (Hrsg.): Kultur und Gesellschaft. Opladen (Sonderheft 27 der Kölner Zeitschrift für Soziologie und Sozialpsychologie), 191-211.

Markman, Kris (2006): Computer-Mediated Conversation: The Organization of Talk in Chat-Based Virtual Team Meetings. Dissertation, University Texas at Austin. [Abstract unter http://linguistlist.org/issues/17/17-1709.html (27.07.2007)].

Meise-Kuhn, Katrin (1998): Zwischen Mündlichkeit und Schriftlichkeit. In: Alexander Brock & Martin Hartung (Hrsg.): Neuere Entwicklungen in der Gesprächsforschung. Tübingen (ScriptOralia 108), 213-235.

Mühlpfordt, Martin (2006): Dual Interaction Spaces: Integration synchroner Kommunikation und Kooperation. In: Max Mühlhäuser, Guido Rößling & Ralf Steinmetz (Hrsg.): DeLFI 2006, 4. e-Learning Fachtagung Informatik, 11.-14. September 2006, Darmstadt, Germany. Bonn (Lecture Notes in Informatics P-87), 99-110.

Mühlpfordt, Martin & Martin Wessner (2005): Die Rolle von Kommunikationsprotokollen und Referenzierungen in der Chat-Kommunikation. In: Beißwenger & Storrer (Hrsg.), 241-256.

Murray, Denise E. (1989): When the medium determines turns: turn-taking in computer conversation. In: Hywel Coleman (Ed.): Working with Language. A Multidisciplinary onsideration of Language Use in Work Contexts. Berlin. New York (Contributions to the Sociology of Languages 52), 319-337.

Naumann, Bernd (Hrsg., 1999): Dialogue Analysis and the Mass Media. Proceedings of the International Conference Erlangen, April 2-3, 1998. Tübingen.

Naumann, Karin (2005): Kann man Chatten lernen? Regeln und Trainingsmaßnahmen zur erfolgreichen Chat-Kommunikation in Unterrichtsgesprächen. In: Beißwenger & Storrer (Hrsg.), 257-272.

Norris, Sigrid (2004): Analyzing Multimodal Interaction. A methodological framework. New York. London.

Ogura, Kanayo & Kazushi Nishimoto (2004): Is a Face-to-Face Conversation Model Applicable to Chat Conversations? Paper presented at the Eighth Pacific Rim International Conference on Artificial Intelligence (PRICAI2004). WWW-Ressource: http://ultimavi.arc.net.my/banana /Workshop/PRICAI2004/Final/ogura.pdf. (27.07.2007).

Oikarinen, Jarkko (o.J.): IRC History by Jarkko Oikarinen. WWW-Ressource: http://www.ircnet.org/History/jarkko.html (25.06.2006).

Orthmann, Claudia (2002): Methoden und Probleme der Datenerhebung in der qualitativen Chat-Forschung. WWW-Ressource: http://www.psych.uni-goettingen.de/congress/gor-2001/contrib/orthmann-claudia (27.07.2007).

Orthmann, Claudia (2004): Strukturen der Chat-Kommunikation. Konversationsanalytische Untersuchung eines Kinder- und Jugendchats. Dissertation, Freie Universität Berlin. WWW-Ressource: http://www.diss.fu-berlin.de/2004/78/ (27.07.2007).

Paccagnella, Luciano (1997): Getting the Seats of Your Pants Dirty: Strategies for Ethnographic Research on Virtual Communities. In: Journal of Computer-Mediated Communication 3(1). WWW-Ressource: http://jcmc.indiana.edu/vol3/issue1/paccagnella.html. (27.07. 2007).

Quasthoff, Uta (2003): Beobachtungsmethoden. In: In Herrmann & Grawobski (Hrsg.), 71-100.

Rath, Rainer (2001): Gesprächsschritt und Höreraktivitäten. In: HSK 16.2, 1213-1226.

Rau, Cornelia (1994): Revisionen beim Schreiben. Zur Bedeutung von Veränderungen in Textproduktionsprozessen. Tübingen (Reihe Germanistische Linguistik 148).

Redder, Angelika (Hrsg., 1994): Diskursanalysen in praktischer Absicht (Osnabrücker Beiträge zur Sprachtheorie 49).

Rehbein, Jochen (1977): Komplexes Handeln. Stuttgart.

Rehbein, Jochen (1988): Ausgewählte Aspekte der Pragmatik. In: Ludger Hoffmann (Hrsg.; 2000): Sprachwissenschaft. Ein Reader. 2., verbesserte Aufl. Berlin. New York, 106-131. [Wiederabdruck aus: Soziolinguistik. Hrsg. v. Ulrich Ammon, Norbert Dittmar & Klaus J. Mattheier. Berlin. New York 1988 (Handbücher zur Sprach- und Kommunikationswissenschaft 3.2), 1181-1195].

Rintel, E. Sean & Jeffrey Pittam (1997): Strangers in a Strange Land. Interaction Management on Internet Relay Chat. In: Human Communication Research 23 (4), 507-534.

Runkehl, Jens, Peter Schlobinski & Torsten Siever (1998): Sprache und Kommunikation im Internet. Überblick und Analysen. Opladen. Wiesbaden.

Sacks, Harvey, Emanuel A. Schegloff & Gail Jefferson (1974): A Simplest Systematics for the Organization of Turn-Taking for Conversation. In: Language 50 (4), 696-735.

Sager, Sven F. & Kristin Bührig (2005): Einleitung. In: Kristin Bührig & Sven F. Sager (Hrsg.): Nonverbale Kommunikation im Gespräch (Osnabrücker Beiträge zur Sprachtheorie 70), 5-17.

Sassen, Claudia (2000): Phatische Variabilität bei der Initiierung von Internet-Relay-Chat-Dialogen. In: Thimm (Hrsg.), 89-108.

Schank, Gerd (1979): Zum Problem der Natürlichkeit von Gesprächen in der Konversationsanalyse. In: Jürgen Dittmann (Hrsg.): Arbeiten zur Konversationsanalyse. Tübingen, 73-93.

Schegloff, Emanuel A. & Harvey Sacks (1973): Opening Up Closings. In: Semiotica, 8 (4), 289-327.

Schmid, Gerhard (1988): Aus einem Gespräch über Theo Herrmanns „Allgemeine Sprachpsychologie". In: Gerd Reger, Thomas Arnhold, Klaus Dahlmeier, Gerhard Schmid & Bernd Tischer (Hrsg.): Sprechwissenschaft & Psycholinguistik 2. Beiträge aus Forschung und Praxis. Opladen, 337-356.

Schmidt, Thomas (2005): Computergestützte Transkription. Modellierung und Visualisierung gesprochener Sprache mit texttechnologischen Mitteln. Frankfurt a.M. (Sprache, Sprechen und Computer 7).

Schmidt, Gurly (2000): Chat-Kommunikation im Internet – eine kommunikative Gattung? In: Thimm (Hrsg.), 109-130.

Schmitt, Reinhold (2004): Bericht über das 1. Arbeitstreffen zu Fragen der „Multimodalität" am Institut für Deutsche Sprache in Mannheim. In: Gesprächsforschung – Online-Zeitschrift zur verbalen Interaktion 5, 1-5. WWW-Ressource: http://www.gespraechsforschung-ozs.de/heft 2004/tb-schmitt.pdf (27.07.2007).

Schmitt, Reinhold (2005): Zur multimodalen Struktur von *turn-taking*. In: Gesprächsforschung – Online-Zeitschrift zur verbalen Interaktion 6, 17-61. WWW-Ressource: http://www.gespraechsforschung-ozs.de/heft2005/ga-schmitt.pdf (27.07.2007).

Schmitz, Ulrich (2004): Sprache in modernen Medien. Einführung in Tatsachen und Theorien, Themen und Thesen. Berlin.

Schmitz, Ulrich (Hrsg., 1995): Neue Medien (Osnabrücker Beiträge zur Sprachtheorie 50).

Schönfeldt, Juliane & Andrea Golato (2003): Repair in Chats: A Conversation Analytic Approach. In: Research on Language and Social Interaction 36 (3), 241-284.

Schu, Josef (2001): Formen der Elizitation und das Problem der Natürlichkeit von Gesprächen. In: HSK 16.2, 1013-1021.

Schütz, Rüdiger (1995): Nachts im Cyberspace... In: Schmitz (Hrsg.), 107-115.

Schwitalla, Johannes (1993): Über einige Weisen des gemeinsamen Spechens. Ein Beitrag zur Theorie der Beteiligungsrollen im Gespräch. In: Zeitschrift für Sprachwissenschaft 11.1, 68-98.

Schümmer, Till & Jörg M. Haake (2005): Kooperative Übungen im Fernstudium: Erfahrungen mit dem Kommunikations- und Kreativitätswerkzeug FUB. In: Beißwenger & Storrer (Hrsg.), 323-338.

Small, David & Sandy Small (1984): PLATO rising. In: Antic Magazine 3 (3), 36. WWW-Version: http://www.atarimagazines.com/v3n3/plato rising.html (27.07.2007).

Spitzmüller, Jürgen (2005): Spricht da jemand? Konzeption und Repräsentation in virtuellen Räumen. In: Galina Kramorenko (Hrsg.): Aktual'nije problemi germanistiki i romanistiki [Aktuelle Probleme der Germanistik und der Romanistik], Bd. 9, Teil I: Slovo v jasyke u retschi [Das Wort in Sprache und Rede]. Smolensk, 33–56. Preprint als WWW-Ressource: http://www.ds.unizh.ch/lehrstuhlduerscheid/docs /spitzm/chat-05.pdf (27.07.2007).

Spranz-Fogasy, Thomas & Arnulf Deppermann (2001): Teilnehmende Beobachtung in der Gesprächsanalyse. In: HSK 16.2, 1007-1013.

Stewart, William (2000-2006): IRC History. WWW-Ressource ohne datierte Versionen: http://www.livinginternet.com/r/ri.htm (27.07.2007).

Storrer, Angelika (2001): Getippte Gespräche oder dialogische Texte? Zur kommunikationstheoretischen Einordnung der Chat-Kommunikation. In: Sprache im Alltag. Beiträge zu neuen Perspektiven in der Linguistik. Herbert Ernst Wiegand zum 65. Geburtstag gewidmet. Hrsg. v. Andrea Lehr, Matthias Kammerer, Klaus-Peter Konerding, Angelika Storrer, Caja Thimm und Werner Wolski. Berlin 2001, 439-465.

Storrer, Angelika (2001a): Sprachliche Besonderheiten getippter Gespräche: Sprecherwechsel und sprachliches Zeigen in der Chat-Kommunikation. In: Beißwenger (Hrsg.), 3-24.

Storrer, Angelika (2007): Chat-Kommunikation in Beruf und Weiterbildung. In: Der Deutschunterricht 1, 49-61.

Suler, John (1997): Psychological Dynamics of Online Synchronous Conversations in Text-Driven Chat Environments. WWW-Ressource: http://www.rider.edu/~suler/psycyber/texttalk.html (27.07.2007).

Suler, John (2001): The Psychology of Avatars and Graphical Space in Multimedia Chat Communities, or: How I Learned to Stop Worrying and Love My Palace Props. In: Beißwenger (Hrsg.), 305-343.

Tannen, Deborah (1984): Spoken and written narratives in English and Greek. In: Deborah Tannen (Ed.): Coherence in spoken and written discourse. Norwood (Advances in Discourse Processes 12), 21-41.

ten Have, Paul (1999): Doing Conversation Analysis. A Practical Guide. London. Thousand Oaks. NewDelhi (Series Introducing Qualitative Methods).

Thaler, Verena (2005): Zur Problematik der Synchronzität computervermittelter Kommunikation. In: Zeitschrift für Angewandte Linguistik 43, 79-101.

Thimm, Caja (Hrsg., 2000): Soziales im Netz. Sprache, soziale Beziehungen und Kommunikationskulturen im Internet. Opladen. Wiesbaden.

van Eckert, Edgar (2005): Termingebundene Chats *one-to-one* in der psycho-sozialen Beratung. In: Beißwenger & Storrer (Hrsg.), 349-359.

Viegas, Fernanda B. & Donath, Judith S. (1999): Chat Circles. In: Proceedings of the 1999 ACM Conference on Human Factors in Computing (CHI 99). WWW-Ressource: http://web.media.mit.edu/~fviegas/chat_circles.pdf (27.07.2007).

Vronay, David, Marc Smith & Steven Drucker (1999): Alternative interfaces for chat. In: Proceedings of the 12th annual ACM symposium on User interface software and technology (CHI Letters 1,1), 19-26.

Walther, J. B. (1996): Computer-mediated communication: Impersonal, interpersonal, and hyperpersonal interaction. In: Communication Research 23, 3-43.

Weingarten, Rüdiger (1989): Die Verkabelung der Sprache. Grenzen der Technisierung von Kommunikation. Frankfurt.

Werry, Christopher C. (1996): Linguistic and interactional features of Internet Relay Chat. In: Herring (Ed.), 47-63.

Wichter, Sigurd (1991): Zur Computerwortschatz-Ausbreitung in die Gemeinsprache. Elemente der vertikalen Sprachgeschichte einer Sache. Frankfurt a.M. (Germanistische Arbeiten zur Sprache und Kulturgeschichte 17).

Wrobel, Arne (1995): Schreiben als Handlung. Überlegungen und Untersuchungen zur Theorie der Textproduktion. Tübingen (Reihe Germanistische Linguistik 158).

Zitzen, Michaela & Dieter Stein (2005): Chat and conversation: a case of transmedial stability? In: Linguistics 42.5, 983-1021.

Zumbach, Jörg & Peter Reimann (2001): Analyse und Förderung komplexer Kooperation und Kollaboration in synchronen Lernumgebungen. In: Beißwenger (Hrsg.), 515-536.

Glossar zentraler Termini

Das Glossar versteht sich als Lektürehilfe für Querleser. Es umfasst Kurzdefinitionen zu einigen Termini, die für diese Arbeit zentral sind und die in dieser Arbeit zur Ermöglichung einer differenzierten Redeweise in Bezug auf den bearbeiteten Gegenstand eingeführt wurden. Um die Glossareinträge prägnant zu halten, wird im Einzelnen auf eine Wiedergabe der Motivation, die der jeweiligen Terminologisierungsoperation zugrunde lag, verzichtet; ebenso wird im Falle von Termini, die in dieser Arbeit anders gefasst werden als in anderen Arbeiten, auf eine entsprechende theoretische Begründung verzichtet. Motivation und theoretische Begründung ergeben sich aus dem Argumentationsverlauf derjenigen Teile dieser Arbeit, in welche die betreffenden Terminologisierungen eingebettet sind. Das Glossar greift somit einzelne Terminologisierungen aus ihrem Kontext heraus und reduziert sie auf kurze Konzeptualisierungen, die cum grano salis für alle Instanzen der Verwendung der betreffenden Termini im laufenden Text als Minimaldefinitionen zugrunde gelegt werden können. Detaillierte Konzeptualisierungen zu den verschiedenen Termini finden sich in denjenigen Kapiteln der Arbeit, auf die jeweils am Ende der Glossareinträge verwiesen wird.

Ikonische Hochpfeile (⇧) kennzeichnen Verweise auf Teile der Arbeit; die zugehörigen Angaben benennen jeweils eines oder (abgetrennt durch Kommata) mehrere Kapitel, ggf. auch Abbildungen im Text der Arbeit. Schräge Hochpfeile (⬀) kennzeichnen Verweise innerhalb des Glossars.

Beitragssequenz

Der Ausdruck *Beitragssequenz* bezeichnet eine Abfolge von ⬀ *Chat-Beiträgen* eines oder mehrerer Urheber, die zu Analysezwecken als fortlaufendes (ggf. diskontinuierliches) Segment aus einer im ⬀ *Bildschirmverlaufsprotokoll* oder in einem ⬀ *Chat-Mitschnitt* dokumentierten linearen Beitragsabfolge herausgegriffen wird. Die Beitragssequenz ist nicht mit einer *Handlungssequenz* gleichzusetzen, ebenso wie der ⬀ *Chat-Beitrag* nicht mit einer sprachlichen Handlung gleichgesetzt werden darf.

⇧ Kap. 4.5.4.4

Bildschirmverlaufsprotokoll

Das *Bildschirmverlaufsprotokoll* (kurz: *Verlaufsprotokoll*, *Bildschirmprotokoll*) ist die temporäre Protokollierung der zwischen den Kommunikanten ausgetauschten Textbeiträge auf dem Bildschirm eines Teilnehmerrechners. Der Kommunikationsverlauf wird vom System lediglich zu Zwecken einer direkten Verarbeitung durch die Kommunikanten vorgehalten; die hierzu erzeugte Protokolldatei steht dem Teilnehmer nach Beendigung seiner Chat-Teilnahme in der Regel nicht mehr zur Verfügung. Angezeigt wird vom Verlaufsprotokoll jeweils nur der jüngste Teil; bei den meisten ⬀ *Chat-Systemen* lassen sich ältere Teile bei Bedarf jedoch wieder individuell in die Anzeige zurückholen (Scroll-Funktion). Durch Speicherung können die in Verlaufsprotokollen temporär vorgehaltenen Beitragssequenzen in ⬀ *Chat-Mitschnitten* archiviert werden.

⇧ Kap. 3.6

Chat-Angebot

Der Ausdruck *Chat-Angebot* bezieht sich auf die Stellung und Funktion einer ⬀ *Chat-Umgebung* im Rahmen ihres medialen Kontexts (z.B. Community-Website, Informationsportal) und ihrer institutionellen Einbettung (z.B. im Online-Angebot einer Behörde, eines TV-Senders oder eines kostenpflichtigen Online-Games) inklusive der Intentionen, die der Bereitstellung dieser Chat-Umgebung seitens der Anbieter unterliegen (z.B. Bindung einer bestimmten Zielgruppe an eine Website; politische Information) und inklusive derjenigen Ressourcen und chatexternen Angebote, die in Kombination mit der Nutzung der Chat-Umgebung eine Rolle spielen und diese beeinflussen können (z.B. gleichzeitige oder vorangehende Ausstrahlung einer TV-Sendung; parallele Interaktion in einem Online-Game; parallele Nutzung eines Online-Forums oder einer Wiki-Anwendung).

⇧ Kap. 3.4

Chat-Beitrag

Textuelle Einheit, die durch Ausführen einer ⬀ *Verschickungshandlung* als Einheit konstituiert, im ⬀ *Bildschirmverlaufsprotokoll* zwischen zwei erzwungenen Absatzwechseln dargestellt und durch den Chat-Server (z.B. durch Voranstellung eines autogenerierten Textsegments, das den Teilnehmernamen angibt) einem bestimmten Chat-Teilnehmer als Produzenten zugeordnet wird. Der Chat-Beitrag ist somit eine rein formale Einheit; mit ihm kann genau eine sprachliche Handlung realisiert werden, er kann aber ebenso gut auch kleiner (im Falle der Anwendung einer ⬀ *Splitting*-Strategie) oder größer sein (im Falle einer Verkettung mehrerer sprachlicher Handlungen) als die Repräsentation genau einer sprachlichen Handlung. Die Kategorie *Chat-Beitrag* ist daher nicht mit der Kategorie *Sprachhandlung* gleichzusetzen.

⇧ Kap. 4.5.4.4

Chat-Ereignis

Ein *Chat-Ereignis* ist ein konkreter Vollzug dialogischer und thematisch zentrierter Interaktion zwischen zwei oder mehreren Beteiligten in einer ⬀ *Chat-Umgebung* und unter dem Einfluss der durch sie gesetzten kommunikativen Rahmenbedingungen.

⇧ Kap. 3.5

Chat-Kommunikation

Der Ausdruck *Chat-Kommunikation* bezeichnet diejenige ⬀ *Kommunikationsform*, die durch die Gesamtheit der Nutzungsweisen der ⬀ *Chat-Technologie* konstituiert wird.

⇧ Kap. 3.7

Chat-Mitschnitt

Chat-Mitschnitte (kurz: *Mitschnitte*; auch: *Chat-Logfiles*, *-Logs*) sind Dokumente, die Sequenzen von Textbeiträgen archivieren, die im Rahmen von ⬀ *Chat-Ereignissen* ausgetauscht wurden. Chat-Mitschnitte können server- oder clientseitig erzeugt werden (in zweiterem Fall handelt es sich um Archivierungen einzelner ⬀ *Bildschirmverlaufsprotokolle*) und geben nicht zwangsläufig (sondern in Abhängigkeit vom Start- und Endzeitpunkt der Aufzeichnung) das komplette ⬀ *Chat-Ereignis* wieder.

⇧ Kap. 3.6

Chat-System

Ein *Chat-System* (auch: *Chat-Werkzeug*, *-Tool*) ist eine konkrete Instanzierung und softwaretechnische Umsetzung der ⬀ *Chat-Technologie*, welche die Konfigurationen der Technologie (in z.T. individueller Ausgestaltung) implementiert.

⇧ Kap. 3.3

Chat-Szenario

Ein *Chat-Szenario* ist eine Spezifikation für eine ⬀ *Chat-Umgebung*, in der technische und konversationsstrategische Parameter auf die pragmatischen Anforderungen einer bestimmten Diskursart abgestimmt sind.

⇧ Kap. 3.4

Chat-Technologie

Die *Chat-Technologie* ist eine ⇗ *Kommunikationstechnologie*, die einen ⇗ *synchronen* (nicht ⇗ *simultanen*) Austausch zwischen mehreren Kommunikanten ermöglicht, der auf einem das Internet Protocol (IP) und das Client-Server-Prinzip des Internet als Infrastruktur nutzenden Distributionsverfahren sowie auf Nutzerseite einem mit einer entsprechenden Client-Software ausgestatteten PC als Kommunikationsmittel basiert. Die Enkodierung von Kommunikaten ist auf das Medium der Schrift festgelegt. Für den Austausch von Kommunikaten müssen Produzent und Adressat(en) zeitgleich auf demselben Chat-Server eingeloggt sein.

⇧ Kap. 3.2

Chat-Teilnahme-Ereignis

Ein *Chat-Teilnahme-Ereignis* ist ein individueller, auf die Teilhabe an chatbasiertem kommunikativen Austausch gerichteter Handlungskontext, in dessen Rahmen ein Individuum diejenigen Aktivitäten ausübt, die für die Verarbeitung von Partnerbeiträgen, für die Produktion und Veräußerung von eigenen Beiträgen sowie für den Abgleich von Input und Output erforderlich sind. Dieser Handlungskontext spielt sich nicht „im Netz" ab, sondern als Teil einer realen Handlungswirklichkeit vor dem Computer.

⇧ Kap. 4.2

Chat-Umgebung

Eine *Chat-Umgebung* ist eine konkrete, auf einen spezifischen Anwendungskontext zugeschnittene Verwendung eines ⇗ *Chat-Systems*. Sie umfasst eine Installation des betreffenden Chat-Systems (wobei die variablen Parameter des Systems mit konkreten Werten versehen, d. h. mit Blick auf die Erfordernisse der Anwendung „eingestellt" werden) und darüber hinaus ggf. konversationsstrategische Festlegungen (z.B. ein Inventar an Kommunikantenrollen und/oder Konventionen für die Aushandlung einer Beitragsabfolge).

⇧ Kap. 3.4

Computer-Mediated Communication (CMC)

⇗ *Computervermittelte Kommunikation*

Computervermittelte Kommunikation

Der Ausdruck *Computervermittelte Kommunikation* ist eine Lehnübersetzung von engl. *Computer-Mediated Communication* und bezeichnet die Gesamtheit aller Nutzungsweisen von Kommunikationstechnologien, bei denen für den Austausch von Kommunikaten Computermedien zum Einsatz kommen.

⇧ Kap. 2.2

Eingabeformularfeld

⇗ *Texteingabeformularfeld*

elementare Kommunikationsform

Die *elementare Kommunikationsform* ist diejenige, die im Hier und Jetzt eines interpersonal geteilten physikalischen Wahrnehmungsraums stattfindet. Sie kommt ohne die Nutzung einer ⇗ *Kommunikationstechnologie* aus und kann auf prinzipiell sämtliche Sinnesmodalitäten zugreifen, die im Raum unmittelbarer Begegnung zur Verfügung stehen (auch: *Face-to-face-Kommunikation*). Sie ist beschränkt auf die Reichweite körperlicher Präsenz und unmittelbarer sinnlicher Wahrnehmung und bietet zugleich maximale Effizienz bei der Aushandlung und wechselseitigen Evaluation von Verständnis und Verstehen.

⇧ Kap. 2.1

individuelle Ereignis-Sicht

Die *individuelle Ereignis-Sicht* ist ein analytisches Konstrukt, das dazu dienen kann, aus ⇗ *Chat-Mitschnitten* mit kontinuierlich wechselnder Kommunikantenmenge sowie paralleler kommunikativer Bearbeitung verschiedener Themen durch unterschiedliche, z.T. personell überlappende Kommunikantengruppen diejenigen ⇗ *Chat-Beiträge* zu isolieren, von denen anzunehmen ist, dass sie für einen bestimmten Kommunikationsbeteiligten während seiner Chat-Teilnahme relevant waren. Insgesamt konstituieren die betreffenden Beiträge dann die (angenommene, retrospektiv rekonstruierte) *individuelle Sicht* des betreffenden Kommunikanten auf die Gesamtheit der im mitgeschnittenen Kommunikationsaufkommen dokumentierten Beiträge. *n* Kommunikanten, die zeitgleich in ein- und demselben Chat-„Raum" präsent sind, können somit *n* unterschiedliche (mehr oder weniger stark überlappende) Sichten auf das Kommunikationsgeschehen haben, obwohl auf allen Bildschirmen dieselben Beiträge zu sehen sind.

⇧ Kap. 3.5.1, 3.5.2

Internetbasierte Kommunikation

Der Ausdruck *Internetbasierte Kommunikation* bezeichnet die Gesamtheit aller Nutzungsweisen von Kommunikationstechnologien, deren Distributionsverfahren als IP-kompatibel gelten können und die auf Basis IP-basierter Computernetze realisiert werden. Der Ausdruck bezeichnet somit eine Teilklasse der ⇗ *Computervermittelten Kommunikation.*

⇧ Kap. 2.2

Kommunikationsform

Der Ausdruck *Kommunikationsform* bezeichnet die Gesamtheit der Kommunikationsereignisse, die entweder face-to-face (↗ *elementare Kommunikationsform*) oder auf Basis von ein- und derselben ↗ *Kommunikationstechnologie* (Formen ↗ *technologiebasierter Kommunikation*) realisiert werden (können).

⇧ Kap. 2.1.3, 3.7

Kommunikationstechnologie

Eine *Kommunikationstechnologie* definiert ein geregeltes Zusammenspiel von Medien und Prozeduren, die für die Abwicklung kommunikativen Austauschs über räumliche und/oder zeitliche Distanz benötigt werden. Sie umfasst eine Spezifikation derjenigen Hilfsmittel, die für die Produktion und Rezeption von Kommunikaten erforderlich sind (*Kommunikationsmittelkonfiguration*) sowie eine Spezifikation der Art und Weise, wie und unter Nutzung welcher Hilfsmittel Kommunikate zwischen den Kommunikationsbeteiligten ausgetauscht und für die Adressaten verfügbar gemacht werden (*Distributionsverfahrenskonfiguration*). Kommunikationstechnologien konstituieren ↗ *Kommunikationsformen*. Die einzige Kommunikationsform, die ohne Rückgriff auf eine Kommunikationstechnologie auskommt, ist die ↗ *elementare Kommunikationsform* (face-to-face).

⇧ Kap. 2.1

Kontributionsprojekt

Der Ausdruck *Kontributionsprojekt* bezeichnet das, was auf der Ebene der individuellen Handlungsplanung der Realisierung von Text im ↗ *Texteingabeformularfeld* und der Verschickung eingegebener Texte zugrunde liegt. Ein Kontributionsprojekt besteht aus einem Handlungsplan sowie einer Spezifikation über die Art und Weise, wie der betreffende Plan in Sprache und sichtbar veräußerte ↗ *Chat-Beiträge* umgesetzt werden soll (*Realisierungsmodus*). Zum Realisierungsmodus gehören eine Spezifikation darüber, ob der zu realisierende Handlungsplan in einem Chat-Beitrag versprachlicht oder auf eine Sequenz mehrerer Chat-Beiträge verteilt werden soll (↗ *Splitting*) sowie Vorentscheidungen über die sprachliche und formale Gestaltung der zu produzierenden textuellen Repräsentation des Plans.

⇧ Kap. 4.5.4.5

Logfile

engl. Bezeichnung für Aufzeichnungen von Daten sprachlicher Kommunikation, die bei der Nutzung internetbasierter Kommunikationstechnologien ausgetauscht werden; als Lehnwort und in der Kurzform *Logs* auch im Deutschen gebräuchlich. Als Lehnübersetzung existiert auch der Ausdruck *Logdatei.* Ein deutsches Pendant ist der Ausdruck *Mitschnitt*, mit Bezug auf die Chat-Kommunikation wird in der vorliegenden Arbeit der Terminus ⇗ *Chat-Mitschnitt* verwendet.

⇧ Kap. 3.6

Mitschnitt

⇗ *Chat-Mitschnitt*

„Plauder-Chat"

Fachumgangssprachlicher Ausdruck, mit dem in der linguistischen Chat-Forschung solche ⇗ *Chat-Angebote* bezeichnet werden, die sich als Online-Kontaktplattformen im Bereich der Freizeitkommunikation verstehen und deren ⇗ *Chat-Umgebungen* nicht auf die Nachbildung bestimmter Diskursarten zugeschnitten sind. Häufig handelt es sich bei den genutzten Chat-Umgebungen um ⇗ *Standard-Chat-Umgebungen.* Alternativ zum Ausdruck „Plauder-Chat" sind in der deutschsprachigen Chat-Forschung auch die (weitgehend referenzidentischen) Bezeichnungen „freier Chat" und „unmoderierter Chat" gebräuchlich.

⇧ Kap. 3.4

Produktionseinheit

Der Ausdruck *Produktionseinheit* bezeichnet das, was als in Entstehung befindliches Resultat von Texteingabe- und -bearbeitungshandlungen im ⇗ *Texteingabeformularfeld* am Bildschirm eines Chat-Teilnehmers sichtbar wird. Produktionseinheiten haben „Werkstückcharakter", insofern sie verändert und revidiert werden können. Mit dem Ausführen einer ⇗ *Verschickungshandlung* durch den betreffenden Produzenten wird ihnen Produktcharakter verliehen; nach Distribution durch den Chat-Server erscheinen sie anschließend in aufbereiteter Form als ⇗ *Chat-Beiträge* in den ⇗ *Bildschirmverlaufsprotokollen* ihrer Adressaten. Produktionseinheiten realisieren ⇗ *Kontributionsprojekte*, die Zuordnung von Produktionseinheiten zu Kontributionsprojekten muss aber nicht 1:1 sein. Im Fall der Spezifikation einer ⇗ *Splitting*-Technik für die Realisierung eines Kontributionsprojekts repräsentiert eine Produktionseinheit ggf. nur einen Teil des Projekts. Produktionseinheiten bzw. Sequenzen von Produktionseinheiten beschreiben den Prozess der Versprachlichung von Kontributionsprojekten, der im Chat – im Gegensatz zu ⇗ *simultan*en Formen des Kommunizierens – charakteristischerweise dem Akt der Veräußerung vorausgeht. Realisiert werden Kontributionsprojekte erst in Form der entsprechenden ⇗ *Chat-Beiträge* bzw. ⇗ *Beitragssequenzen*, d.h. nach Ausführung einer oder einer Folge von ⇗ *Verschickungshandlung(en)*.

Die Abfolge von Produktionsaktivitäten (Texteingabe- und -bearbeitungsaktivitäten), mit denen eine Produktionseinheit realisiert wird, kann als ⇗ *Produktionssequenz* beschrieben werden.

⇧ Kap. 4.5.4.5, 6.3

Produktionssequenz

Eine *Produktionssequenz* beschreibt im Detail die Abfolge der Produktionsaktivitäten (Texteingabe- und -bearbeitungsaktivitäten), die von einem Chat-Teilnehmer zu Zwecken der Realisierung einer Produktionseinheit ausgeführt werden. Eine Produktionssequenz reicht vom Zeitpunkt der Eingabe des ersten Schriftzeichens in das bis dahin leere ⇗ *Texteingabeformularfeld* bis zu demjenigen zunächst liegenden Zeitpunkt, zu welchem das Eingabeformularfeld erneut vollständig geleert ist. Zwei Strukturvarianten von Produktionssequenzen lassen sich unterscheiden: Entweder kann die Sequenz durch Ausführung einer ⇗ *Verschickungshandlung* beendet werden, durch welche das Texteingabeformularfeld geleert und sein kompletter Inhalt als finale Version der Produktionseinheit zur Weiterübermittlung an den Chat-Server übergeben wird (*Produktion/Verschickung-Sequenz*). Nach Distribution durch den Chat-Server erscheint eine aufbereitete Version der verschickten Einheit dann als ⇗ *Chat-Beitrag* im ⇗ *Bildschirmverlaufsprotokoll* der Adressaten. Alternativ kann die Produktionssequenz anstatt mit einer Verschickungshandlung aber auch mit einer vollständigen Löschung der Produktionseinheit (d.h. sämtlichen im Texteingabeformularfeld stehenden Textes) beschlossen werden (*Produktion/Verwerfen-Sequenz*).

⇧ Kap. 6.1.2, 6.3; Abb. 6-1

simultan

⇗ *Simultaneität*

Simultaneität

Kommunikation besitzt das Merkmal der *Simultaneität*, wenn für die beteiligten Kommunikanten eine Verarbeitung von Verhaltensäußerungen zur Laufzeit ihrer Hervorbringung möglich ist. Simultaneität impliziert immer ⇗ *Synchronizität*, synchrone Kommunikation muss aber nicht zwangsläufig simultan ablaufen. Face-to-face-Kommunikation ist synchron und simultan, chatbasierte Kommunikation hingegen vollzieht sich synchron, aber nicht simultan.

⇧ Kap. 2.2.2

Splitting

Der Ausdruck *Splitting* bezeichnet eine Strategie für die Realisierung von ⬀ *Kontributionsprojekten*, bei welcher ein Handlungsplan nicht in Form einer mit einer einzigen ⬀ *Verschickungshandlung* zu veräußernden ⬀ *Produktionseinheit* versprachlicht, sondern auf eine Sequenz aus zwei oder mehreren, in unmittelbarer Folge realisierten Produktionseinheiten verteilt wird. Die Unabgeschlossenheit der zweiten bis vorletzten Beitragseinheit im Rahmen einer *Splitting*-Sequenz wird bisweilen syntaktisch und/oder graphostilistisch markiert.

⇧ Kap. 4.5.3, 4.5.4.5

Standard-Chat-System

Ein *Standard-Chat-System* ist ein ⬀ *Chat-System*, das seinen Nutzern einen jederzeitigen Wechsel zwischen Produzenten- und Rezipientenrolle sowie die parallele Produktion und Verschickung von Beiträgen erlaubt. Der Produktionsprozess wird als ein privater Akt behandelt, dessen Ausführung für die Partner nicht ersichtlich ist. Die Sequenzierung eingehender Beiträge wird vom Chat-Server in der Reihenfolge der Entgegennahme vorgenommen („Mühlen-Prinzip"). Die Darstellung von Beiträgen in den ⬀ *Bildschirmverlaufsprotokollen* basiert auf der Schriftrolle als visueller Metapher. Die überwiegende Mehrzahl der existierenden ⬀ *Chat-Systeme* ist der Familie der Standard-Chat-Systeme zuzurechnen.

⇧ Kap. 3.3

Standard-Chat-Umgebung

Standard-Chat-Umgebungen sind ⬀ *Chat-Umgebungen*, die lediglich aus der Installation eines ⬀ *Standard-Chat-Systems* bestehen. Standard-Chat-Umgebungen begegnen üblicherweise in „Plauder-Chat"-Angeboten.

⇧ Kap. 4.5.1

synchron

⬀ *Synchronizität*

Synchronizität

Kommunikation besitzt das Merkmal der *Synchronizität*, wenn die beteiligten Kommunikanten zeitgleich auf den gemeinsamen Austausch orientiert sind.

⇧ Kap. 2.2.2

technologiebasierte Kommunikation

Der Bereich der *technologiebasierten Kommunikation* umfasst all diejenigen Formen zwischenmenschlichen Kommunizierens, für deren Zustandekommen die Nutzung einer ↗ *Kommunikationstechnologie* erforderlich ist.

⇧ Kap. 2

Texteingabeformularfeld

Das *Texteingabeformularfeld* (kurz: *Eingabeformularfeld*) bezeichnet denjenigen Teil des Interfaces eines ↗ *Chat-Systems*, in den der Nutzer Text eingeben und anschließend – durch Ausführung einer ↗ *Verschickungshandlung* – zur Distribution an den Chat-Server übermitteln kann.

Timestamp

Timestamps sind Protokollierungen der Zeitpunkte der Entgegennahme einer übermittelten Dateneinheit durch die vermittelnde Instanz (im Falle des Chat: der Zeitpunkte der Entgegennahme eines von einem Kommunikanten übermittelten Textbeitrags durch den Chat-Server). Bei einigen ↗ *Chat-Systemen* werden Timestamps lediglich auf dem Server protokolliert, einige übermitteln die Timestamps gemeinsam mit den betreffenden Beiträgen an die Teilnehmerrechner, auf denen sie dann zusammen mit den Beiträgen in den ↗ *Bildschirmverlaufsprotokollen* angezeigt werden. Viele Chat-Systeme halten überhaupt keine Timestamps vor, was für die retrospektive Analyse zur Konsequenz hat, dass die zeitliche Dynamik der Entwicklung des Kommunikationsgeschehens aus dem ↗ *Chat-Mitschnitt* nicht oder nur spekulativ rekonstruiert werden kann.

⇧ Kap. 3.6

Verlaufsprotokoll

↗ *Bildschirmverlaufsprotokoll*

Verschickungshandlung

Mit Ausführung einer *Verschickungshandlung* übergeben Chat-Teilnehmer eingegebenen Text zur Weiterübermittlung an den Chat-Server. Mit der Verschickungshandlung wird die bis dahin für die Partner unsichtbare Textproduktion im ↗ *Texteingabeformularfeld* abgeschlossen und der aktuellen Fassung der zuletzt bearbeiteten ↗ *Produktionseinheit* Produktcharakter verliehen. Das entsprechende Produkt erscheint nach Entgegennahme und Distribution durch den Chat-Server als ↗ *Chat-Beitrag* in den ↗ *Bildschirmverlaufsprotokollen* der Adressaten.

⇧ Kap. 3.2 (Abb. 3-3), Kap. 4.4.1.3

Kolibri 360 GmbH
Ferdinand-Jühlke-Straße 7
99095 Erfurt, Deutschland
produktsicherheit@kolibri360.de